既有建筑改造技术创新与实践

杨学林　祝文畏　王擎忠　著

中国建筑工业出版社

图书在版编目（CIP）数据

既有建筑改造技术创新与实践/杨学林，祝文畏，王擎忠著. —北京：中国建筑工业出版社，2016.12（2022.9 重印）
ISBN 978-7-112-19745-3

Ⅰ.①既… Ⅱ.①杨… ②祝… ③王… Ⅲ.①建筑物-加固 Ⅳ.①TU746.3

中国版本图书馆 CIP 数据核字（2016）第 210861 号

本书以既有建筑加固改造为背景，结合典型案例，阐述既有建筑增层（含既有建筑地下逆作开挖增层）、倾斜纠偏、水平或竖向移位、托换加固等改造技术的最新创新成果与工程应用实践。

本书适合于既有建筑加固改造行业相关专业人员阅读参考，也可供高校、科研机构相关专业教学、科研人员参考。

责任编辑：刘瑞霞　武晓涛
责任设计：李志立
责任校对：李欣慰　姜小莲

既有建筑改造技术创新与实践

杨学林　祝文畏　王擎忠　著

*

中国建筑工业出版社出版、发行（北京海淀三里河路9号）
各地新华书店、建筑书店经销
北京红光制版公司制版
北京建筑工业印刷厂印刷

*

开本：787×1092 毫米　1/16　印张：23½　字数：583 千字
2017 年 1 月第一版　　2022 年 9 月第二次印刷
定价：**78.00** 元
ISBN 978-7-112-19745-3
（39364）

前　言

既有建筑加固改造技术是随着建筑业的发展而发展起来的。近年来，我国既有建筑维护、加固和改造的需求量年增长近50%，这种需求量急剧增长的背后是我国当前巨大的既有建筑存量。据统计，我国现存的各种建（构）筑物总面积在500亿m^2以上，其中，新中国成立初期建造的大量工业与民用建筑，服役期大多已超过设计使用年限，结构存在各种安全隐患，急需进行加固改造；20世纪70～80年代建设的城市老旧房屋，有的与当前日益完善的城市功能和居住需求不相适应，需要通过增层、扩面并结合建筑节能改造、抗震加固等手段，提升其使用功能和品质。同时，随着新型城市化建设的不断推进，中心城区商业开发、市政基础设施和大型综合体建设与既有建（构）筑物使用、历史古建筑保护之间的矛盾，需要运用平移、托换、顶升、增层、纠倾等多种特种技术手段加以综合改造和利用。从国际经验看，建筑业发展通常会经历以下三个阶段：大规模新建阶段、新建与既有建筑改造并重阶段、既有建筑改造为主的阶段。欧美等发达国家从20世纪60年代开始就进入大规模加固改造阶段，目前已处于第三阶段。我国建筑业发展当前正面临转型升级，并将逐步进入新建与既有建筑改造并重的新常态。

既有建筑改造具有投入小、产出大、低碳环保、节能减排、新技术和新材料应用广泛等特点，符合国家可持续发展战略，对我国经济和社会发展具有重要意义和影响。因此，既有建筑加固改造技术将面临新的、更大的机遇和挑战。

本书以既有建筑加固改造为背景，结合典型案例，阐述既有建筑增层（含既有建筑地下逆作开挖增层）、倾斜纠偏、水平或竖向移位、托换加固等改造技术的最新创新成果与工程应用实践。

全书共11章。第1章简要介绍既有建筑纠倾、增层、移位、托换加固等改造技术的基本概况及国内外发展现状，提出既有建筑改造后的设计使用年限确定和参数取值的相关建议，分析承重构件托换引起的结构内力变化，阐述既有建筑地下逆作开挖增层的关键技术。

第2章介绍某16层高层宾馆建筑因不均匀沉降导致倾斜，采用顶升纠偏方法进行纠倾扶正的工程案例，顶升前需临时截断底层所有剪力墙墙肢，纠倾过程中需采取可靠的限位稳定措施，技术难度大，全国可借鉴的成功案例很少，设计和施工过程中应用了许多创新技术。

第3章介绍杭州天工艺苑由5层加层至12层的增层工程案例，增层前为多层建筑，增层后为高层建筑，且属于复杂超限高层建筑。增层设计中较好解决了上部钢结构、下部混凝土结构构成的组合高层结构的地震作用计算、结构阻尼取值，以及如何确保上下部连接可靠等关键问题。

第4章介绍既有高层建筑地下逆作开挖增建地下停车库的工程案例。该案例在全国尚属首次，没有可借鉴的成功案例和经验，设计采用了多项创新技术，经过多次技术论证最终得以通过。

第 5 章介绍杭州甘水巷 3 号组团既有多层建筑下方增建地下室的案例。该建筑原为天然浅基础，增建地下室前，采用锚杆静压钢管桩作为新增地下室逆作开挖施工阶段的竖向支承体系。

第 6 章介绍杭州京江桥・东辅道桥平移工程，该桥 3 跨长 93m、重 1100t，主跨 53m。采用同步顶升和平移技术，使钢梁桥整体平移约 5.5m。

第 7 章介绍杭州汇和商城屋面整体顶升工程。该案例的特点是大跨度屋面结构整体同步顶升，并结合内部拔柱改造。

第 8 章介绍某 25 层框架—剪力墙结构高层住宅承重构件整层置换的工程案例。该高层住宅在主体结构施工封顶后发现第 17 层的竖向和水平承重构件混凝土强度均未达到设计要求，利用托换技术对该层剪力墙、柱、梁板、电梯井、楼梯间等承重构件实施了整体置换。

第 9 章介绍某 34 层高层建筑因不均匀沉降导致倾斜和底板挠曲，采用桩侧土地基应力解除法进行纠倾的案例。纠倾过程合理调整控沉桩的施工流程，通过临时持荷与卸载的方式调节控沉桩的受力状态，实现对纠倾过程的动态控制。

第 10 章介绍深厚人工块石填土地基基础托换控沉工程的案例，重点阐述托换桩如何穿越大面积填海地基深厚人工块石填土层（局部块石填层超过 12m）的技术措施。

第 11 章介绍利用耗能减震技术对高烈度设防区的既有建筑结构进行增层改造的工程案例。

上述工程案例均具有较好的代表性，充分反映了现阶段既有建筑改造技术的创新成果与工程实践。书中各工程案例对改造方案思路、关键技术、分析计算、现场实施和监测等关键环节和细节问题进行了详细阐述，对同类工程具有较强的借鉴作用。

杭州圣基建筑特种工程有限公司和浙江省建筑设计研究院为书中引用的工程案例提供了大量资料，杭州天工艺苑增层改造项目业主方刘伟群先生和设计方负责人曹立勇院长，杭州甘水巷 3 号组团增建地下室工程的承建单位杭州岩土科技股份有限公司潘金龙总经理、杜晓飞高工等也为本书提供了部分宝贵资料，作者单位同事张林波、蔡凤生、周平槐、徐根富等为本书出版给予了大力帮助，在此一并向上述同行专家和相关单位表示衷心感谢。同时，感谢中国建筑工业出版社为本书出版给予的大力支持。

由于作者工程经历和学术水平所限，书中疏漏和不当之处在所难免，敬请读者批评指正。

作者

2016 年 6 月于杭州

目　录

第1章 既有建筑改造技术概述

1.1 既有建筑改造技术的背景

1.1.1 既有建筑改造技术发展现状

随着人类社会的不断进步，人们对建筑物的安全性能、使用功能等各方面提出了越来越高的要求，然而，建筑物由于材料自然老化、累积损伤、环境侵蚀、自然灾害以及施工质量等原因又不可避免地出现大量的问题，因此，许多既有建筑物都面临着改造与加固问题。

国外建筑工程的发展过程表明，当工程建设进行到一定阶段后，工程结构的改造维修将成为主要的建设方式。迄今为止，世界上经济发达国家的工程建设大体经历了大规模新建、新建与维修改造并重以及既有建筑维修改造三个发展阶段[1]。20世纪70年代末以来，经济发达国家就已先后进入第三阶段，而且维修改造工程量仍处于上升趋势。在基本解决居住问题之后，人们逐渐重视旧建筑的修缮保养和更新改造，加拿大、日本、丹麦等国逐步将重点放在对既有房屋的现代化改造方面，制定了一整套系统完备的涵盖了维修改造业方方面面的政策和法规，美国也已把改造旧建筑和建造新建筑列于同等重要的位置。从20世纪70年代开始，英国把旧住宅维修改造作为住宅发展计划的重心，改变了大规模拆旧建新的住宅建设模式，转为保护性维修改造和内部设施现代化。瑞典的建筑业80年代就将既有建筑物的改造列为首要任务，1983年用于维修改造的投资占总投资的50%，1988年旧房维修改造工程占42%。至80年代，欧洲各国的建筑日常维修资金投入年递增6%～10%，其中，旧住宅维修改造总额占住宅建设总额的1/3～1/2[2]，建筑维修改造市场开始进入了全盛时期。至2004年，美国建筑加固改造的工程规模占建筑业总产值的1/3以上，英国建筑加固改造的工程规模占建筑业总产值的50%以上[3]。

改革开放以来，随着国民经济的快速发展，居民的生活条件及居住环境得到极大改善和提高。然而，早期建设的城市老旧房屋与日益完善的城市功能和居住需求不相适应，已成为我国当前城市化进程中需要改进和加强的薄弱环节，这些房屋大部分为多层建筑，其结构承载力尚有一定潜力，如果将这批建筑全部拆掉并重新规划建设，将造成极大的社会问题和资源浪费，此类建筑急需进行改造以提升使用功能和品质。同时，我国现有一大批20世纪50～60年代建造的老房屋因超过了设计基准期而有待加固，全国又有较多的建筑安全储备不足，部分住宅结构逐渐进入老龄化，同样需要进行加固改造。我国的工程结构特别是既有建筑物因为特殊的历史和发展方式，在许多方面更需要进行加固改造。此外，随着城市化进程的不断发展，城市土地资源日益稀缺，合理开发和利用城市既有建筑地下室以下空间，在周边建筑密集、市政道路及管线设施众多的城市核心区进行地下增层具有十分显著的经济效益。

据统计，我国目前既有建筑面积达500多亿m^2，同时每年新建16亿～20亿m^2，城市化进程不断加快。由于地震、台风、火灾等灾害的影响以及规划、勘察、设计、施工和使用等方面的问题，建筑损伤、破坏、倾斜等问题不断出现。同时，为了适应人口增长和经济的发展，解决城市发展与古建筑保护、市政建设以及中心区域商业开发与既有建筑使用等之间的矛盾，均需要运用纠倾、移位、托换、增层等建筑特种工程技术予以解决。

1.1.2 既有建筑改造中的加固原则和方法

采用纠倾、移位、托换以及增层等技术对建筑物进行改造过程中，原结构的功能、荷载、传力途径往往发生变化，因而需要对结构进行加固。结构加固是为了提高或恢复建筑结构降低的或已丧失的可靠性，其主要包括如下内容：提高结构构件承载力、增加结构构件刚度以降低荷载作用下的变形及位移、增强构件稳定性以及降低结构裂缝开展并改善其耐久性。建筑物改造过程中，应尽量利用和保护原有结构，控制加固范围，避免不必要的更换及拆除，以免加固过程中导致结构受损加剧及新问题的出现，此外，还应遵循如下原则进行加固：

（1）建筑结构的加固设计应由相关资质的专业机构实施，加固前做好建筑物结构安全性鉴定和抗震性能鉴定。建筑结构是否需要加固，应经结构可靠性鉴定而定，并将鉴定意见书作为结构维修加固改造设计的依据之一。由于建筑结构加固设计所面临的不确定因素比新建工程多而复杂，因此，承担维修加固改造设计的人员除具有较强的结构理论、明晰的结构概念外，还应具备较为丰富的工程经验才能够全面系统地分析问题，提出较为合理的结构加固设计方案。

（2）加固改造应结合既有建筑的实际情况，按照安全合理、经济可行的原则进行加固设计。加固改造的实施必须有科学的先后顺序，一般而言，应先加固后拆除；先加固后开洞；先基础后柱、梁和板；先重要构件，后次要构件。

（3）加固改造设计应遵循先整体后局部的原则，处理好构件与结构、局部与整体关系。当个别构件加固不影响整体结构体系的受力性能时，可进行局部加固；结构整体不满足要求时，应对结构进行整体加固。加固过程中应首先考虑结构整体承载性能的改善，重点处理重要的结构构件，结构加固应避免因局部加强或刚度突变而形成新的薄弱部位，同时还应考虑结构刚度增大或变化而导致地震作用效应增大或变化的影响。进行抗震加固设计时，结构的刚度和强度的分布要均匀，避免出现新的薄弱层；要使结构的受力状态更加合理，防止构件发生脆性破坏，消除不利于抗震的强梁弱柱、强构件弱节点等不良受力状态；此外还应对薄弱部位的抗震构造进行加强。

（4）加固过程应确保新、旧构件具有可靠的连接承载力，避免在连接节点以及新、旧结构交界面发生破坏。

（5）加固方法应消除加固结构的应力、应变滞后现象。加固结构的受力性能与新建结构不同，其新加部分往往不能立即承担荷载，而是在新增荷载下才开始受力，新加部分的应力、应变滞后于原结构。因此，结构加固前一般宜先卸载或部分卸载。

（6）所选的加固形式应具有可靠的耐久性，避免加固后的结构因耐久性问题在后续使用过程中产生破坏。对加固结构所用化学灌浆材料及胶粘剂，要求粘结强度高，可灌性好收缩性小，耐老化，无毒或低毒。

7. 对加固工作中可能会出现的结构倾斜、失稳、坍塌以及过大变形等问题，加固设计中应有相应的安全措施以确保工程安全。

建筑物改造过程中往往需要对结构进行加固，常用的混凝土结构加固的主要方法有增大截面加固法、置换混凝土加固法、外加预应力加固法、外粘型钢加固法、粘贴纤维复合材加固法、粘贴钢板加固法、增设支点加固法等[4]。

1. 增大截面加固法

增大截面加固法是指在现有混凝土构件外加钢筋混凝土，增大原构件截面面积，以提高其承载力和刚度的加固方法。该法适用于承载力或刚度不足引起的受弯、受压构件的加固。

2. 置换加固法

置换加固法是指用高强度等级的混凝土置换原结构中受压区强度偏低或局部有严重缺陷的混凝土的一种加固方法。该法适用于承重构件受压区混凝土强度偏低或严重缺陷的局部加固。

3. 外加预应力加固法

外加预应力加固法是指通过施加体外预应力，使原结构、构件的受力得到改善或调整的一种间接加固法。用预应力钢筋在构件外进行张拉，可以增加主筋，提高正截面及斜截面强度，该法具有加固、卸载、改变结构内力的多重效果，适用大跨结构加固。

4. 外粘型钢加固法

外粘型钢加固法是指对钢筋混凝土梁、柱外包型钢、扁钢焊成构架并灌注结构胶粘剂，以达到整体受力、共同约束原构件要求的加固方法。该法适用于截面受到限制而无法大幅度提高截面承载力和抗震能力的钢筋混凝土梁、柱结构的加固。

5. 粘贴纤维复合材加固法

粘贴纤维复合材加固法是指通过粘贴碳纤维、玻璃纤维等纤维复合材料对钢筋混凝土受弯、受拉以及大偏心受压构件等进行的加固方法。粘贴前纤维复合材表面应进行防护处理，且基材混凝土强度不低于C15，处于高温（高于60℃）或特殊环境时，宜选用无机胶粘剂以提高耐久性。

6. 粘贴钢板加固法

粘贴钢板加固法是指在钢筋混凝土受弯、大偏心受压和受拉构件的表面粘贴钢板进行加固的方法。与粘贴纤维复合材加固法类似，其基材混凝土强度不低于C15，处于高温或特殊环境时，宜采用无机胶粘剂。

7. 增设支点加固法

增设支点加固法是指通过增设支点以减小被加固结构、构件的跨度或位移，以改变结构不利受力状态的一种间接加固方法。该法适用于对外观和使用功能要求不高的梁、板、桁架、网架等的加固。其支点根据支承结构、构件受力变形性能的不同，可分为刚性支点加固法和弹性支点加固法。刚性支点法是通过支承结构的轴心受压或轴心受拉将荷载直接传给基础或柱子进行加固的方法；弹性支点法是以支承结构的受弯或桁架作用间接传递荷载进行加固的方法。

此外，绕丝加固、粘贴钢筋加固、聚合物浸渍混凝土加固、钢丝网片和聚合物砂浆面层加固等方法也出现在混凝土结构加固中。

1.1.3 消能减震技术在既有建筑改造中的应用

在抗震设防区，结构进行加层或者较大幅度的功能改造后，原结构的承载能力往往无法满足要求，部分地区抗震设防烈度的提升，也给结构加固改造带来了很大的困难。

传统结构抗震加固主要是通过改变结构体系、增设剪力墙、加大结构构件截面尺寸或者增加配筋等途径来提高结构的抗震能力，特别是在高烈度区，这将导致结构改造费用大幅度提高，并对使用功能造成一定的影响。

采用隔震技术或消能减振技术可通过柔性消能的方式较大幅度地降低结构的地震反应，主体结构和消能装置分工明确，主体结构的承重构件负责承受竖向荷载和侧向地震作用，消能装置则为结构提供较大阻尼，以减小地震作用并耗散输入结构的地震能量。结构在小震或风载作用下，消能装置与原结构处于弹性工作状态，结构的刚度、强度和舒适度均满足正常使用要求；在强震或强风作用下，消能装置则进入非弹性状态，从而产生较大的阻尼并吸收和耗散大量的地震能量，使主体结构的动力反应减小，达到减震目的[5]。

传统加固方法用结构本身的抗侧性能来抵御地震作用，是通过材料的强度与构件的弹塑性变形能力来耗散和吸收地震输入结构的能量。通过在既有建筑物的抗侧力体系中设置消能部件后，结构构件截面以强度控制为主，不但可以减小地震作用和耗散地震输入结构的量，从而提高结构的抗震性能，还可以大大减小构件截面尺寸，降低含钢量，并有效节约经费和缩短工期。据统计，消能减震体系可比传统加固方法节约造价10%～50%[6,7]。此外，消能减震技术具有构造简单、自重轻以及加固效果可靠的特点，在既有建筑的抗震改造加固中具有广泛前景。

1.2 既有建筑纠倾技术

在生产和生活中，人们建造了大量的建筑物和构筑物。近年来，随着国民经济的迅速发展和城市化进程的加快，高层建筑也不断涌现。但由于勘察、设计以及施工等种种原因，一些建（构）筑物在建设或者使用过程中发生了不均匀沉降，甚至倾斜，如著名的意大利比萨斜塔、苏州虎丘塔等。建筑物倾斜后，轻者影响正常使用，严重时会使结构破坏或产生整体失稳破坏。此外，全国部分地区甚至出现了个别高层建筑因严重倾斜而拆除的案例。伴随着建筑倾斜病害的出现，建筑物纠倾技术得以逐步发展，通过纠倾可以用较小的经济代价确保建筑物安全并恢复其使用功能。因此，建筑物纠倾技术的研究具有重要的工程意义。

1.2.1 既有建筑纠倾技术发展现状

建筑物纠倾技术最早出现在国外，较为典型的是加拿大的特朗斯康谷仓纠倾工程和比萨斜塔纠倾工程。特朗斯康谷仓建于1913年，长59m，宽23m，高31m，由65个圆形筒仓组成，采用筏板基础，基础下分布约16m厚的软黏土。在装载谷物过程中，因地基强度破坏，谷仓发生整体滑移失稳，西侧下陷达8.8m，东侧则抬高了1.5m，仓身倾斜约

27°，详见图 1.2.1。事故发生后，在基础下设置了70多个支承于埋深16m基岩上的混凝土墩，通过千斤顶顶升，成功将谷仓纠倾，但整体标高降低了约4m。

比萨斜塔始建于1173年，建设过程前后经历近200年，塔高56m，塔楼为中空圆柱形砌体结构。由于不均匀沉降，塔顶最大水平偏移量曾达到5.27m，详见图 1.2.2。关于比萨斜塔倾斜的原因，学术界一直存在争议，近来较为一致的观点是认为塔体发生了平衡失稳[8]，由于对地质构造缺乏全面、缜密的调查和勘测，塔基下地基土对塔基产生的力矩无法抵抗倾斜所产生的倾覆力矩导致塔身逐渐向南倾斜。

图 1.2.1 特朗斯康谷仓倾斜图

图 1.2.2 比萨斜塔倾斜图

自1934年以来，为治理比萨斜塔，意大利政府采用了基础注射水泥浆、北侧地表加载、电渗固结等一系列方法进行比选和加固。经过长时间的论证和试验，最终采用斜孔掏土法（图1.2.3），于2001年使比萨斜塔顶部向北回倾了440mm，塔身的倾斜度由5.5°减小到5°，从而保证了比萨斜塔的稳定和安全。

20世纪90年代前，我国的建筑物纠倾技术处于探索阶段，部分学者和工程技术人员进行了一些理论研究和小规模的纠倾实践。近年来，随着城市建设的不断发展，高层建筑

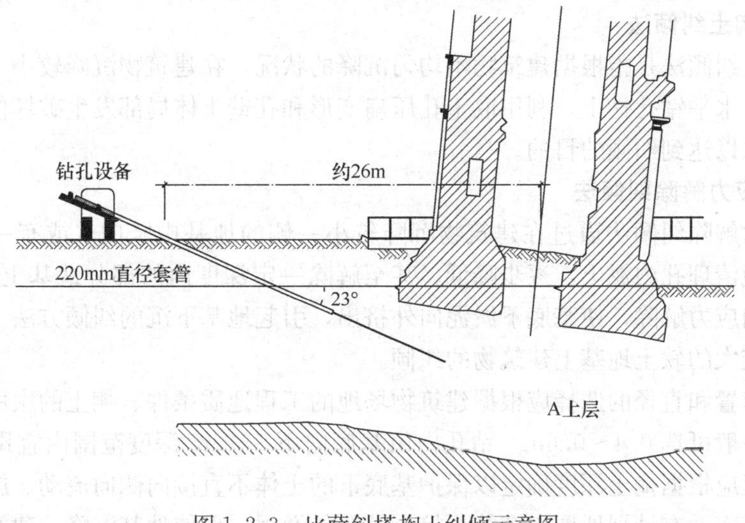

图 1.2.3 比萨斜塔掏土纠倾示意图

大量出现，由于规划、勘察、设计、施工以及自然灾害等各方面原因，倾斜建筑物大量出现，纠倾技术的发展和研究逐渐受到人们的重视。我国的纠倾技术虽起步较晚，但经过近20年的应用和发展，涌现出许多新工艺、新方法和新技术，如在意大利工程师Terracina针对比萨斜塔的倾斜恶化问题而提出的“地下抽土法”的基础上，刘祖德教授首创了“地基应力解除法”的纠倾方法；唐业清教授发明了辐射井射水取土纠倾法；阮慰文等开发了建筑物顶升纠倾技术等。我国的专家学者在实践的基础上，不断对建筑物纠倾和加固理论进行研究、总结，使建筑物纠倾这门学科逐渐由实践上升到理论，再由理论进一步指导实践。其中，水平孔洞条件下地基土应力场的数值分析技术，地基土塑性变形理论在掏土纠倾中的应用技术等均对纠倾实践起了指导作用。

总体而言，目前建筑物纠倾技术的理论研究仍落后于工程实践，加强理论研究、提高计算机数值分析水平、完善建筑物纠倾设计理论与计算方法，是十分必要的。

1.2.2 建筑纠倾方法

建筑物纠倾主要分为迫降和抬升两类方法[9,10]，迫降纠倾法是基于土力学原理，通过加大沉降较小一侧的地基变形来纠倾（图1.2.4*a*），常见的迫降纠倾法包括浅层掏土法、地基应力解除法、浸水法、降水法、加压法、桩基卸载法等；抬升纠倾法是通过直接改变上部结构的受力、位移或位移趋势来达到纠倾目的（图1.2.4*b*），常见的抬升纠倾法包括结构抬升法和地基注入膨胀剂的地基抬升法等。在实际工程中，需要根据建筑物、场地地质条件以及周围环境特点选用适宜的纠倾方法，有时候甚至需要多种纠倾方法联合使用。

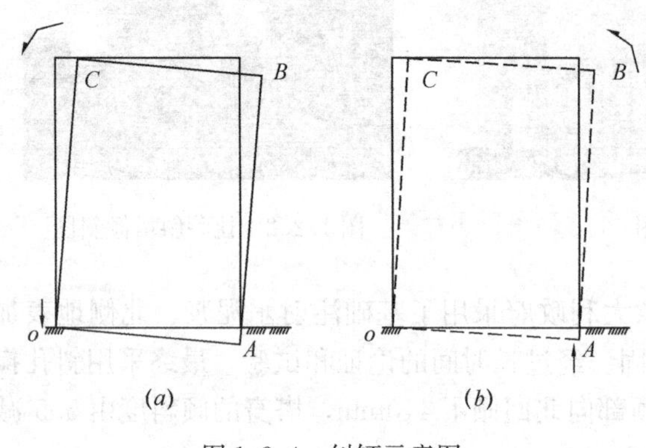

图1.2.4 纠倾示意图

(*a*) 迫降法；(*b*) 抬升法

1. 浅层掏土纠倾法

浅层掏土纠倾法是指根据建筑物不均匀沉降的状况，在建筑物沉降较小一侧基底下浅部硬土层内，水平钻孔掏土，利用取土孔压扁变形和孔壁土体局部发生破坏使建筑物产生相应的沉降，以达到纠倾的目的。

2. 地基应力解除纠倾法

地基应力解除纠倾法通过在建筑物沉降较小一侧的地基中竖向（或有一定倾角）钻孔，有次序地清理孔内泥土，逐步降低、甚至解除一定深度内的部分地基土的侧向应力，造成地基侧向应力解除，使基底下淤泥向外挤出，引起地基下沉的纠倾方法。该法适用于建造在厚度较大的软土地基上建筑物的纠倾。

钻孔的布置和直径的选择应根据建筑物场地的工程地质条件、掏土的次序、纠倾量等确定，孔径一般可选0.4～0.6m。钻孔内由基底向下3～5m深度范围内宜设置钻孔的套管，套管长度应根据掏土深度确定以保护基底下的土体不直接向侧向流动。施工时要根据建筑物回倾速率，有计划地取出套管下挤入钻孔的淤泥，促使地基沉降，建筑物回倾。

3. 辐射井射水纠倾法

辐射井射水纠倾法是通过在沉降较少的一侧设置辐射井，由射水孔向地基土中压力射水并把部分地基土带出孔外，加大持力层局部土体应力集中，促使地基压缩变形，进行排土纠倾的方法。该法适用范围广，对砂土、黏性土、粉土、淤泥质土以及填土等天然地基上的独立、条形基础建筑物以及箱形深基础建筑物具有很好的纠倾作用。

辐射井应设置在建筑物沉降较小一侧，井外壁距基础边缘宜为0.5～1.0m，其数量、下沉深度和中心距应根据建筑物的倾斜情况、基础类型、埋深、场地环境以及基底下土层性质等因素确定。

通过高压射水枪的射水排土，在基础下地基中，形成若干水平孔洞，使部分地基应力被解除，可引起地基土不断塌落变形，迫使建筑物沉降小的一侧地基不断沉降。由于成孔大小、深度、间距的可调性，该法能有效控制建筑物的回倾速率和变形量。

4. 浸水纠倾法

浸水纠倾法就是在沉降小的一侧基础边缘开槽或钻孔，有控制地将水注入地基内，使土产生湿陷变形，从而达到纠倾的目的。浸水纠倾法适用于含水量小于塑限、湿陷系数大于0.05的湿陷性土或填土地基上整体性较好的建筑物的纠倾工程。

对可能引起相邻建筑或地下设施沉降以及靠近边坡或滑坡地段的纠倾工程，不得采用该法。对于含水量大，湿陷系数较小的黄土，单靠浸水效果有限，可辅以加压进行纠倾，同时要求注水一侧土中的压力超过湿陷土层的湿陷起始压力。

5. 降水纠倾法

降水纠倾法是在建筑物沉降较小一侧，通过设置轻型井点、沉井以及大口径深井等方式降低地下水位，增加土中的有效应力，使该侧的地基土产生固结沉降，从而达到纠倾的目的。详见图1.2.5。

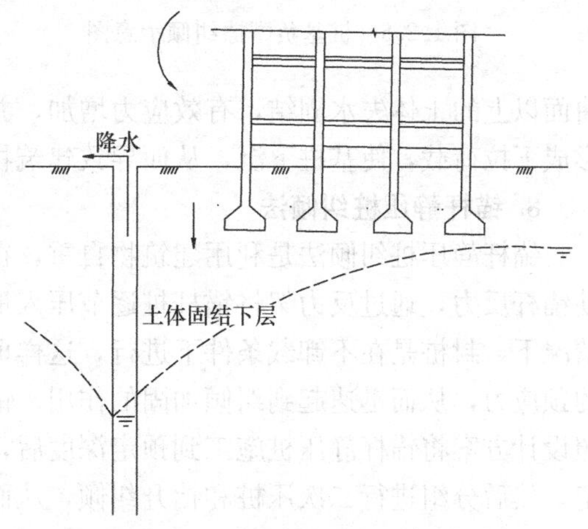

图1.2.5 降水纠倾示意图

该法适用于地下水位较高、可失水固结沉降的砂性土、粉土以及渗透性较好的黏性土地基上的建筑物纠倾工程。降水井深度范围内有承压水时不得采用降水法，可能引起相邻建筑物或地下设施沉降时应慎用。

6. 加压纠倾法

加压纠倾法是通过在建筑物沉降较小的一侧增加荷载对地基加压，形成一个与建筑物倾斜相反的力矩，加快该侧的沉降速率，或在沉降较大的一侧减小荷载，减缓该侧的沉降速率，从而达到纠倾的目的。加压法包括堆载加压法、卸荷反向加压法和增层加压法等。

堆载加压纠倾法通过在沉降较小侧堆载，将使浅基础产生附加沉降或使桩基础产生桩身负摩阻力。由于产生附加沉降或桩身负摩阻力需要较大且持续时间较长的堆载，所以在具体的纠倾过程中往往作为一种辅助方法与其他纠倾方法联合使用。卸荷反向加压法纠倾往往是通过对沉降较大一侧基础卸荷和在沉降较小一侧堆载的联合方式进行纠倾；而增层加压法则是通过上部增层以增加荷载分布的方式来进行纠倾。

7. 桩基卸载纠倾法

桩基卸载法就是通过人为方法使沉降较小一侧的桩或承台产生沉降，从而达到纠倾的目的，主要包括桩顶卸载、桩身卸载纠倾法和负摩擦纠倾法。

对于支承在岩层或者坚硬土层上的端承桩、桩长很大的摩擦桩或摩擦端承桩，可将承台下的基桩桩顶切断，使承台下沉以达到纠倾的目的，此方法称为桩顶卸载法，即通常所说的截桩法。对于原设计承载力不足的桩基，桩顶卸载法可在纠倾的同时进行补桩，使沉降收敛加快。

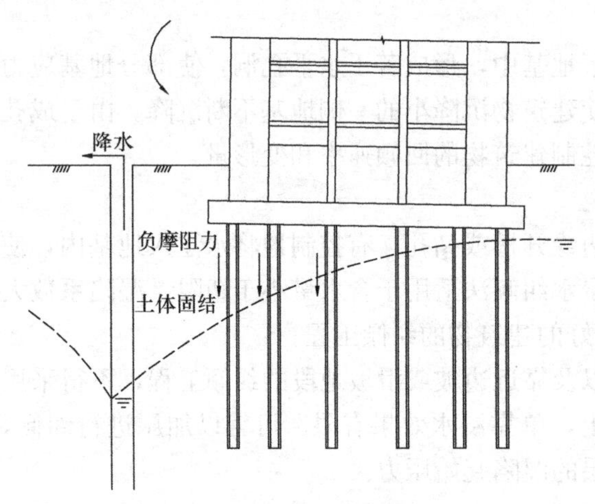

图 1.2.6　桩基负摩擦纠倾示意图

对于摩擦桩宜采用桩身卸载，可通过开挖暴露沉降较小一侧的桩体上部土方，增加桩体下部和桩端的荷载，或采用高压水，喷射建筑物沉降较小一侧桩身的全部或部分，或冲松柱底土层，暂时破坏部分桩的承载力，促使桩基础产生下沉。该方法纠倾需要时间比较长，且工作量比较大，往往需要与其他方法联合使用。采用桩身卸荷法纠倾时，应验算卸荷一侧桩承台的支承能力，防止建筑物产生不可控制的下沉。

负摩擦纠倾法是通过降低桩基建筑物原沉降较小一侧的地下水位，使降水漏斗曲面以上的土体失水固结，有效应力增加，并产生显著压缩沉降，对桩侧产生负摩阻力，形成下拉荷载，使基桩下沉，从而导致建筑物回倾的方法。详见图 1.2.6。

8. 锚杆静压桩纠倾法

锚杆静压桩纠倾法是利用建筑物自重，在原建筑物沉降较大一侧基础上埋设锚杆，借助锚杆反力，通过反力架将锚杆桩逐节压入地基，以阻止建筑物不均匀沉降的方法。一般情况下，封桩是在不卸载条件下进行，这样可对桩头和基础下一定范围内的土体施加一定的预应力，从而迅速起到纠倾加固的作用。锚杆静压桩也可以用于建筑物的抬升纠倾。按照设计方案将锚杆静压桩施工到预定深度后，在不进行桩头封闭的条件下实施临时持荷锁定，然后分组进行二次压桩和抬升纠倾，从而完成建筑物的纠倾与加固。

9. 顶升纠倾法

顶升纠倾法是采用顶升机具或液压原理使建筑物上移，从而达到纠倾的目的。该法适用于建筑物的整体沉降及不均匀沉降较大、标高较低以及其他不宜采用迫降纠倾的倾斜建筑。顶升纠倾前要全面考虑地基基础及上部结构、荷载的特点，通过钢筋混凝土或砌体结构托换加固技术，将建筑物的基础和上部结构沿某一特定的位置进行分离。纠倾前需设置支承点，通过支承点的顶升设备，使建筑物沿某一直线或点作平面转动，使建筑物得到纠正。根据千斤顶设置位置的不同，可分为基础底部顶升法、地圈梁顶升法和上部结构顶升法等。具体视被顶升的单体结构形式、基础形式及施工作业环境等确定。当采用在基础底部顶升时，可在既有基础下设置桩体，提供有效反力。当采用其他顶升法时，要将设置千斤顶处的上下结构断开，并计算千斤顶作用处的局部抗压承载力是否满足要求，必要时要对建筑物的结构部分进行加固。

10. 压密注浆与膨胀纠倾法

压密注浆纠倾法是通过注浆对土体产生挤压，随着浆液对土体的挤压力的上升，浆液在土体中发生水平劈裂，形成浆脉之后，浆液对土体的作用方式以浆脉对土体的竖向挤压为主，浆液对土体产生了较大的向上顶升力，达到抬升基础的效果。

膨胀纠倾法就是用机械或人工方法成孔，然后将不同比例的生石灰、粉煤灰、炉渣、矿渣、钢渣等掺合料及少量石膏、水泥附加剂灌入，并进行振密或夯实形成石灰桩桩体，利用石灰桩遇水膨胀机理进行纠倾。石灰桩法具有施工简单、工期短和造价低等优点，混合膨胀材料的方法对于湿陷性黄土地区倾斜建筑物的纠倾和地基加固，具有明显的技术效果和经济效益。

1.3　既有建筑增层技术

1.3.1　既有建筑增层技术的意义及发展现状

随着国民经济的不断发展，许多建筑物受当时的经济条件和建筑技术所制约，建筑使用功能和结构的形式、装饰方面已不能满足时代要求，尤其是20世纪50～70年代末所建住宅，大多只是解决最基本的居住问题，很少有起居室、卫生间、储藏室等，功能很不完善。这些房屋大部分是2～4层的多层建筑，其结构承载力尚有一定潜力，如果将这批建筑全部拆掉并重新规划建设，将造成极大的社会问题和资源浪费，且国家财力也难以承受。采用房屋增层的方法对既有建筑中结构质量较好的进行改造，可以达到经济、适用的目的。

我国人口众多，人均土地占有量相对较少，加上每年基本建设、堆积工业废料等新占大量土地，城乡用地非常紧张。建筑物的增层是缓解用地矛盾的有效途径，通过建筑物的增层，可以增加建筑使用面积，提高土地利用率；同时，在旧房屋上加层属于旧房改造，在占地面积不变的情况下，增加该区域的建筑密度，对该区域生活环境影响较小；在增层改造的过程中，通过合理调整原建筑的平面和立面格局，加固和改造主体结构，扩建原有水、暖、电等配套设备，达到调整使用、增强房屋承载能力、延长使用年限的要求。建筑增层改造是现代建筑中常用的一种模式，是对原有建筑物体的空间拓展和延伸。

加层改造的房屋已从多层发展为高层建筑加层，其中比较有代表性的是美国的Julsa Oklahoma中州大楼（图1.3.1）的加层改造。它是在原16层的建筑内构筑一个内筒来承担新增的21层建筑，成为世界上加层层数最多的增层改造工程。意大利的Naples市政府办公楼[11]（图1.3.2）也是较有特色的加层工程。原建筑包括地下室在内共四层，要求增加五层，同时要求施工期间不能停止使用。该工程在靠近原结构基础部位施打树根桩，树根桩上设置基础梁，基础梁上钢柱穿越原结构直通屋面。施工在晚间进行，办公楼白天不停止使用。加建的五层钢框架完成后，拆除原三层房屋并进行重建，并将有关楼板和整个结构连接起来形成整体。

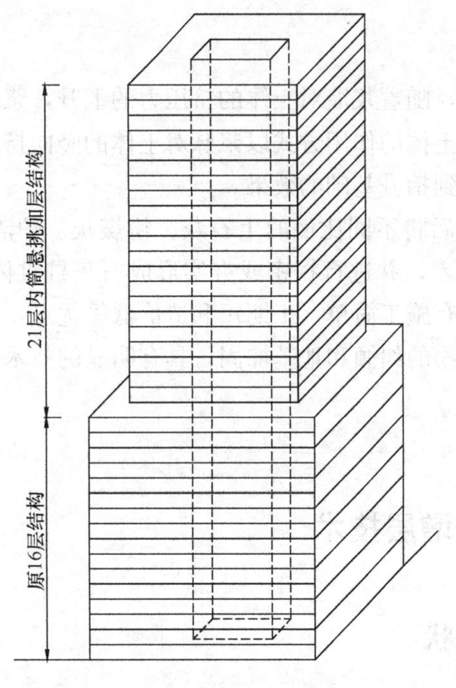

图 1.3.1 Oklahoma 中州大楼

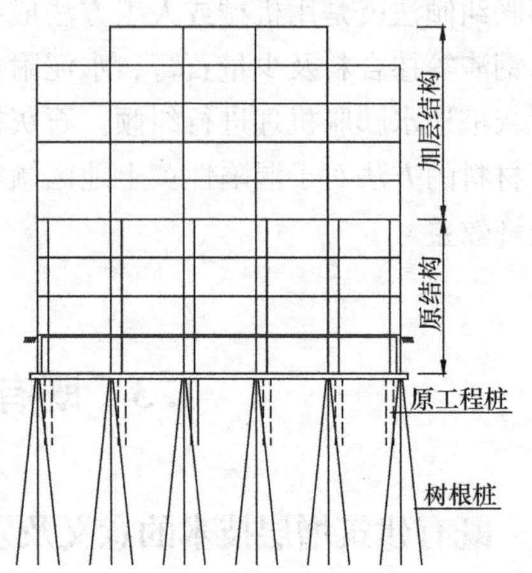

图 1.3.2 意大利的 Naples 市政府办公楼

国内既有房屋加层改造实践起步较早，比较有代表性的是建于 1915 年的上海工艺美术品服务部（图 1.3.3）的加层改造工程。它是我国最早的既有建筑加层改造工程之一，同时也是加层次数最多的建筑物，由最初的两层现浇钢筋混凝土框架结构，先后进行了三次加层改造，逐步成为四、五、六层结构。

然而，我国既有房屋加层改造的发展速度较为缓慢。直到 20 世纪 70 年代初，既有建筑物的加层改造工程才迅速发展起来，全国各地纷纷开展对旧房的挖潜、改造、加固、加层工作。许多城市先后将旧房屋改造列入城市发展规划，颁布了有关旧城区现代化改造的文件和规定。其中较有代表性的加层改造工程有原纺织工业部办公楼、北京日报社办公楼、中国石油天然气总公司办公楼、杭州天工艺苑商场等。

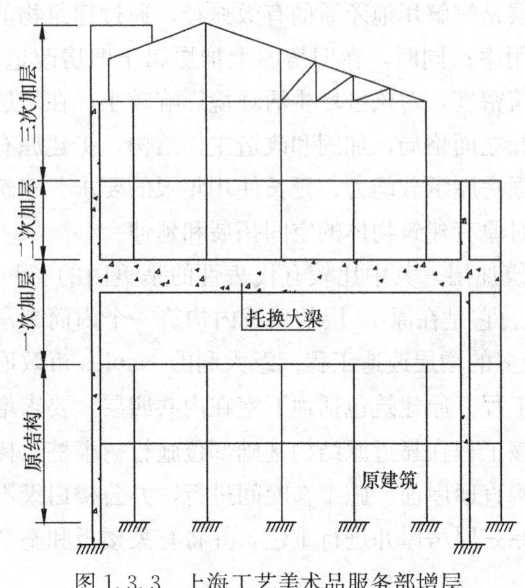

图 1.3.3 上海工艺美术品服务部增层

总的来说，我国既有建筑加层改造出现了一系列新的发展方向：①由过去单个零散房屋增层发展到区域性、数十栋建筑的增层改造。②由一般的民用建筑增层发展到大型公共建筑、工业建筑、商业建筑、办公建筑增层。③由旧房屋增层发展到新建房屋增层。④由较为单一的砖混结构增层发展到多种结构形式的增层，由单层增层发展到多层增层，甚至出现了加建层数多于原结构的增层。⑤由地上增层发展到地下增层。⑥结构加层方法趋于多样化，耗能减震、隔震等新工艺、新材料逐步应用于房屋加层改造。⑦不同阻尼比的混合结构增层技术的研究和工程实践取得了很大进展。

1.3.2　建筑增层技术的方法分类

既有建筑增层是指在原有建筑基础上进行新的扩充、挖潜和改造加固，在安全、可靠以及经济合理的前提下，满足新的功能要求进行建筑物楼层增建。增层改造与新建建筑不同，涉及既有下部建筑和新建上部建筑两部分，上、下部分建筑间的设计标准、使用年限等影响因素众多，必须妥善处理好设计和施工等技术问题。因此，需要从既有建筑实际情况出发，采用合理、可靠的结构形式进行增层改造。

总的来说，建筑物增层可分为地上增层和地下增层两大类。具体而言，结构增层又可分为直接增层、外套增层、室内增层以及地下增层四种方法。

1. 直接增层法

直接增层法是指在既有建筑上直接加层，增加部分的荷载全部或部分由原建筑承担。原结构竖向构件和基础承载力有一定富余时，直接增层具有较好的经济性。但是，直接增层也往往造成原建筑主体承重结构或地基基础难以承受的过大荷载，而增层建筑很大程度上需要利用原结构的承载力，所以增加层数一般较少，以1～3层居多。常见的直接增层方式有多层结构屋顶增层、高层结构屋顶增层。为减少整体建筑物荷载，常采用钢结构作为增层结构。近年来，随着土地资源的日益稀缺，也出现了增建层数多于原建筑层数的直接增层工程，如杭州天工艺苑增层，该工程在5层混凝土结构基础上增建了7层钢结构。

2. 外套增层法

外套框架加层指在不触动原有结构物及其基础的前提下，在原房屋外围增设新的结构形式，通过外侧承重构件支承并跃过原有结构物，将原结构套在里面，在其上加若干层新建筑物的技术。外套增层具有下列特点：外套增层施工期间，不影响原建筑的正常使用；新增层数不受限制，增层部分的平面不受旧房平面的限制，布置灵活；当外套增层与原建筑完全分开时，可解决旧房与新增部分新房由于建筑使用年现不同而造成的不合理问题。外套结构的形式很多，但从是否与原结构共同受力角度来看，可以划分为分离式体系和整体协同式体系两大类。

分离式是指新增结构同原结构彻底分开，新旧结构各自独立地承担竖向荷载和抵抗侧力。增层部分完全按新结构设计，原结构按有关规范标准进行鉴定加固。分离式加层具有传力路径明确，计算简图明晰，对原结构影响较小，而且增加的结构平面布置灵活，不受原结构的限制等优点，因而应用较广。然而，在抗震设防区采用分离式外套框架，最大的缺陷是易形成头重脚轻、上刚下柔的结构，柔性底层容易形成抗震薄弱环节。

整体协同式外套结构，即将新旧结构采用某种构造连接起来，形成整体来共同抵抗侧向力。旨在充分利用原结构的抗震潜力，通过连接的作用使新旧结构互相制约，彼此传递能量，共同抵抗侧力，改善结构整体抗震性能。整体式避免了分离式出现的“高腿柱”现象，减小了底层柱的计算长度，提高了抗侧刚度，但加层后新旧结构之间作用不明确，新旧结构交织在一起，竖向和水平传力路径复杂。

3. 室内增层法

建筑物室内增层是指在旧房室内增加楼层或夹层的一种加层方式，它可充分利用旧房屋盖、部分楼盖及外墙，只需在室内增设部分承重及抗侧力构件，在保持原建筑立面的条件下达到改变房屋用途，扩大使用面积的目的。通过室内增层可提高土地使用效率，增加使用面积，结合旧房的立面改造和抗震加固，延长旧房的使用寿命，是一种经济合理的加层形式。室内增层基本的结构形式有分离式、整体式、吊挂式、悬挑式等四种。

① 分离式室内增层是指在室内增加新的结构体系（一般为框架体系），新旧结构之间是相互独立的，彼此间无变形协调要求，对原建筑仅涉及抗震加固和立面改造，相对比较简单，加固改造与新建施工互不干扰。如大型体育场馆或机场、博物馆等大空间结构内部增建独立用房。

② 整体式室内增层是指室内增层时将新建承重结构与原结构连接在一起，新旧结构结合形成整体，共同工作。该方法整体性较好，要求新旧建筑必须具有可靠的连接措施。如大跨度厂房内增建的多层管理用房，其往往与原有竖向承重构件直接连接。

③ 吊挂式室内增层是指采用吊挂的方式把增层荷载传递到上一楼层。

④ 悬挑式室内增层是指用悬挑构件将荷载转移到原建筑物。

4. 地下增层法

随着城市化进程的不断发展，城市土地资源和空间发展的矛盾和问题日益突出，地下空间的利用不断立体化。合理开发和利用城市既有建筑地下室以下空间，是当前解决城市土地资源和空间发展矛盾的有效途径之一。在周边建筑密集、市政道路及管线设施众多的城市核心区进行地下增层具有十分显著的经济效益，对于需要保护的历史文化建筑以及其他建筑，通过地下增层拓展使用功能、改善居住条件也具有显著社会意义。

由于受诸多因素的影响，既有建筑下方地下工程的改扩建技术和施工难度较大，经济成本高昂。地下工程改扩建一般局限于以下方面，如：新增局部地下室；单层空旷房屋的中部离原基础较远的地方加建地下室；既有地下室向四周扩建，一般也仅在地下室的一边或两边向外扩大等方面。

随着社会发展的需要，出现了既有建筑下方整层性质的地下室增建工程，如杭州甘水巷多层建筑组团下增建整体地下室；此外，本书第 4 章介绍的既有高层建筑下方逆作开挖增建地下室的案例，通过采用狭小空间内锚杆静压钢管桩与既有工程桩联合支撑托换技术以及后增柱竖向差异变形控制技术，提供了建筑密集区高层建筑地下室向下增层的方法。该项目的设计实践表明，该方法可保持地上原有高层建筑使用功能以及不影响周边环境的同时进行地下室逆向加层施工，可为今后国内高层建筑地下室向下增层提供借鉴。

1.3.3 增层建筑的地基与基础

建筑物增层后，上部结构需要通过基础将原结构与新增结构的荷载传递到地基中去，因此，既有建筑下方地基承载力的确定是加层设计中至关重要的问题，其大小决定增加层数和上部结构方案的选择。地基土在既有房屋长期荷载作用下土的性状将发生显著变化，地基逐步固结，产生压密效应，因而地基承载力得到提高。对柱下独立基础而言，地基土的压密效应是既有建筑地基承载力提高的关键因素，其影响的深度主要在基础下 1.25 倍基础宽度范围内[12]。这种土的压密过程与基础压力的大小、基础宽度、房屋建成的时间、土体本身的性质及渗透性、排水条件等有关。根据经验，一般情况下可比原始承载力提高10%～50%，设计时可取20%～30%。当房屋建造时间太长、原始资料不全、难于确定原有房屋的原始承载力时，也可以通过原位测试或取样试验，按与新建筑物相同的方法确定其承载力。根据经验确定由恒载引起的地基沉降量：对于低压缩性黏土，一般在施工期间已完成50%～80%；中等压缩性黏土为30%～50%；高压缩性黏土为10%～30%。砂土地基的沉降量一般在施工期间已基本完成，建成10年以上的建筑都可认为地基承载力已得到提高，在实际工程中最好在基底下1m范围内取土样进行试验以确定土的允许承载力和压缩模量。

对于重要增层、增加荷载的建筑物，地基承载力特征值应采用原位测试结果，并按《既有建筑地基基础加固规范》JGJ 120—2000附录A或《建筑物移位纠倾增层改造技术规范》CECS 225：2007附录C的规定综合确定。此外，增层建筑地基承载力特征值可按以下原则确定：

① 外套结构增层和需单独新设基础的室内增层，其承载力特征值应按新建工程的要求确定。

② 沉降稳定的建筑物直接增层时，其承载力特征值可适当提高，并按下式进行估算[13]：

$$f_{ak} = \mu[f_k] \tag{1.3.1}$$

式中：f_{ak}为建筑物增层设计时地基承载力特征值（kPa）；$[f_k]$为原建筑物设计时地基承载力特征值（kPa）；μ地基承载力提高系数，按表1.3.1采用。

地基承载力提高系数　　**表1.3.1**

已建时间（年）	5～10	10～20	20～30	30～50
μ	1.05～1.15	1.15～1.25	1.25～1.35	1.35～1.45

注：1. 对湿陷性黄土、地下水位上升引起承载力下降的地基、原地基承载力特征值低于80kPa的地基，上表不适用。

2. 对于砂土和碎石土地基，μ值不宜超过1.25。

3. 当有成熟经验时，可采用其他方法确定μ值。

4. 当原建筑物为桩基础且已使用10年以上时，原桩基础的承载力可提高10%～20%。

考虑地基承载力的提高，多层建筑屋顶增加单层轻钢后，地基基础一般无须进行加固。

既有建筑地基承载力确定后，根据增层后基础所承受的荷载因素以及现有基础的实际情况，可以确定地基基础是否需要加固以及加固方法。

常规基础加固方式有基础补强注浆法、扩大基础底面积法、改变基础形式和基础托换等方法。其中，基础补强注浆法可用于基础因受不均匀沉降、冻胀或材料老化等原因引起的基础开裂或损害加固；扩大基础底面积法用于地基土质良好、承载力高而基础底面尺寸不满足时的基础加固；当不宜采用钢筋混凝土外套加大基础底面积时，可采用改变基础形式的方法，如将独立基础改为条形基础，将条形基础改为十字交叉基础；当基础承载力不足时，为了大幅度提高现有基础的承载能力，可在现有基础的下部增加新的永久性基础的方式，如锚杆静压桩、树根桩等方法。

常用的地基加固方法主要有注浆加固法、高压喷射注浆法和水泥土搅拌法等。其中，注浆加固法可用于砂土、粉土、黏性土、黄土和人工填土的地基加固；高压喷射注浆法可用于淤泥、淤泥质土、黏性土、粉土、黄土、砂土、人工填土和碎石土的地基加固；水泥土搅拌法可用于处理正常固结的淤泥和淤泥质土、粉土、饱和黄土、素填土、黏性土以及无流动地下水的饱和松散砂土的地基加固。

1.3.4 增层结构非比例阻尼地震反应分析

结构由钢筋混凝土和钢两种不同类型材料组成时，按照全楼统一的阻尼比计算地震作用，其结果是不合理的。按照混凝土阻尼比输入将使计算的整体地震作用偏小，按照钢的阻尼比输入将使计算的整体地震作用偏大，但对于交界部位的构件，安全性也仍然无法保证。

振型分解反应谱法利用振型正交的特性，将地震作用下结构的复杂振动分解为各振型独立振动的叠加，利用设计反应谱分别计算结构在各自振型下的等效地震作用，然后按照一定的组合原则对各阶振型的地震作用效应进行组合，从而得到多自由度体系的整体地震作用。采用振型分解法时，要对振型进行解耦，要求阻尼体系为比例阻尼。然而对于不同材料组成的结构体系，其阻尼体系为非比例阻尼。在混凝土结构上采用钢结构进行加层，新结构为混合结构，不同材料的能量耗散机理不同，因此相应构件的阻尼比也不相同，一般钢构件取 0.02，混凝土构件取 0.05，各阶振型的阻尼比无法采用同一数值进行确定。然而，对于每一阶振型，不同构件单元对于振型阻尼比的贡献认为与单元变形能有关，变形能大的单元对该振型阻尼比的贡献较大，反之则较小。因此，可根据该阶振型下的单元变形能，采用加权平均的方法计算出振型阻尼比。

当结构中使用不同的材料或者设置了阻尼器时，各单元的阻尼特性可能会不一样，并且阻尼矩阵为非古典阻尼矩阵，不能按常规方法分离各模态。而这时在时程分析中要使用振型叠加法，需要使用基于应变能的阻尼比计算方法。

具有黏性阻尼特性的单自由度振动体系的阻尼比，可以定义为谐振动中的消散能和结构中储藏的应变能的比值。

$$\zeta = \frac{W_{\mathrm{D}}}{4\pi W_{\mathrm{s}}} \tag{1.3.2}$$

式中：W_{D} 为阻尼耗能；W_{s} 为弹性应变能。

在多自由度体系中，计算某单元的消散能和应变能时使用以下两个假定。

首先假定结构的变形与振型形状成比例。第 i 个振型的单元节点的位移和速度向量如下：

$$u_{i,n} = \varphi_{i,n}\sin(\omega_i t + \theta_i) \tag{1.3.3}$$

$$\dot{u}_{i,n} = \omega_i\varphi_{i,n}\cos(\omega_i t + \theta_i) \tag{1.3.4}$$

式中：$u_{i,n}$ 为第 i 振型中第 n 个单元的位移；$\dot{u}_{i,n}$ 为第 i 振型中第 n 个单元的速度；$\varphi_{i,n}$ 为第 i 个单元的相应自由的第 n 阵型形状；ω_i 为第 i 振型的固有频率；θ_i 为第 i 振型的相位角。

其次，假定单元的阻尼与单元的刚度成比例。

$$C_n = \frac{2\xi_n}{\omega_i}K_n \tag{1.3.5}$$

式中：C_n 为第 n 个单元的阻尼矩阵；K_n 为第 n 个单元的刚度矩阵；ξ_n 为第 n 个单元的阻尼

比。

基于上述假定，单元的消散能和应变能的计算如下：

$$W_D(i,n) = \pi u_{i,n}^T C_n \dot{u}_{i,n} = 2\pi h_n \varphi_{i,n}^T K_n \varphi_{i,n} \tag{1.3.6}$$

$$W_s(i,n) = \frac{1}{2} u_{i,n}^T K_n u_{i,n} = \frac{1}{2} h_n \varphi_{i,n}^T K_n \varphi_{i,n} \tag{1.3.7}$$

式中：$W_D(i,n)$ 为第 i 振型的第 n 个单元的阻尼耗能；$W_s(i,n)$ 为第 i 振型的第 n 个单元的应变耗能。

整体结构的第 i 振型的阻尼比可以用单元（构件）第 i 振型的阻尼耗能与应变能之比来计算。

$$\zeta_i = \frac{\sum_{n=1}^{N} W_D(i,n)}{4\pi \sum_{n=1}^{N} W_s(i,n)} = \frac{\sum_{n=1}^{N} h_n \varphi_{i,n}^T K_n \varphi_{i,n}}{\sum_{n=1}^{N} \varphi_{i,n}^T K_n \varphi_{i,n}} \tag{1.3.8}$$

建筑增层由于受荷载制约，多采用钢结构进行加建，因此出现上部为钢结构下部为混凝土结构，或者上部为钢结构而下部为钢框架与混凝土核心筒所组合的混合结构。基于应变能的振型阻尼比法分析表明，加建结构由于结构自身的特点，计算所得到的各阶振型阻尼比往往也有较大差别，抗侧力构件中混凝土构件所占比重较大则主要振型阻尼比接近0.05，抗侧力构件中钢构件所占比重加大则主要振型阻尼比接近0.035～0.04。《高层建筑混凝土结构技术规程》所定义的钢框架或型钢混凝土框架与钢筋混凝土核心筒所组成的混合结构，其计算阻尼比一般取0.04，多高层钢结构加层计算表明，钢结构增层项目采用单一阻尼比0.04进行计算，与振型阻尼比方法计算结果误差一般在5%以内。

当建筑结构的阻尼比按有关规定不等于0.05时，地震影响系数曲线的阻尼调整系数和形状参数应符合《建筑抗震设计规范》GB 50011—1010 第5.1.5条的相关规定[14]。

不同阻尼比时地震影响系数曲线(图1.3.4) 表明，除反应谱曲线平台段以外，阻尼比对地震力影响相对较小。

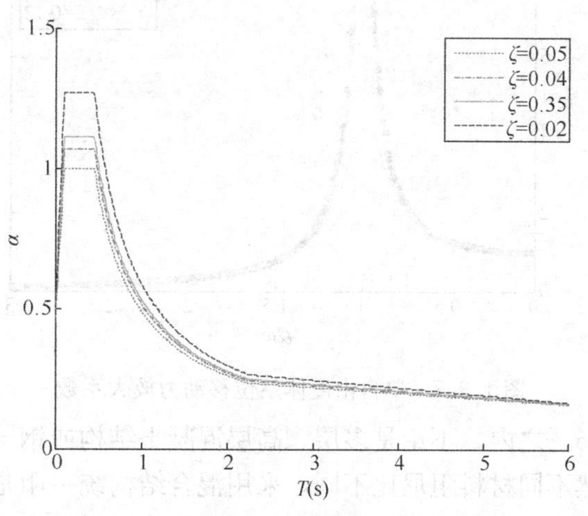

图1.3.4 不同阻尼比地震影响系数曲线

若以阻尼比0.04地震影响系数曲线对应地震力为基准，不同阻尼比计算地震力与之比值详见图1.3.5。显然，对应阻尼比在0.05～0.02之间，该比值的最大波动区间为95%～118%；对应阻尼比在0.05～0.035之间，该比值的最大波动区间为95%～104%。高层加层建筑控制振型一般在反应谱曲线平台段以外，地震力差值将减小，考虑到加层钢结构的实际阻尼比与0.04一般比较接近，同时各阶不同阻尼比振型的共同作用，采用单一阻尼比计算所得地震力与振型阻尼比方法计算地震力差值将在0～3%左右，单一阻尼比方法可以满足屋顶钢结构加层工程的需要。

图 1.3.6 为有阻尼单自由度体系的振动响应曲线，图中 ω 为无阻尼体系的自振频率。由图可知，对于阻尼比为 0.05、0.04、0.02 的低阻尼体系，其自振频率与无阻尼自由振动频率接近，阻尼对自振频率的影响很小；从振幅的角度而言，其随时间而逐渐衰减，不同阻尼比的振幅差异随时间增大，阻尼比为 0.05、0.04、0.02 时前期差异较小。但是对于采用了耗能减震的高阻尼体系，振幅衰减剧烈。

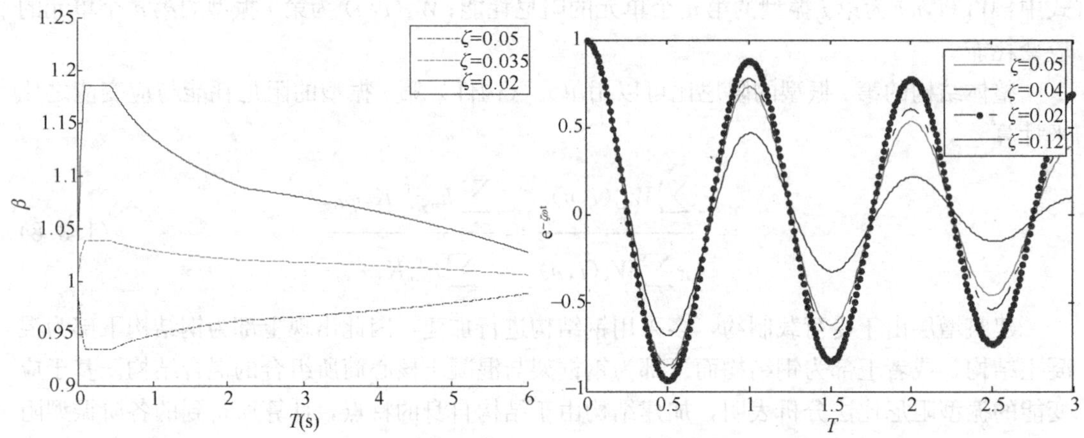

图 1.3.5　不同阻尼比地震影响系数比值　　图 1.3.6　有阻尼单自由度体系的振动响应曲线

图 1.3.7 为单自由度体系在简谐荷载作用下结构位移动力放大系数。地震波可以离散为一定频段范围内无数简谐波，由图 1.3.7 可知，对于阻尼比为 0.05、0.04、0.02 的低阻尼体系，除了接近共振区的极小频段外，动力响应系数均很接近。但是对于采用了耗能减震的高阻尼体系，动力响应系数则在较大一个频段范围皆下降迅速。

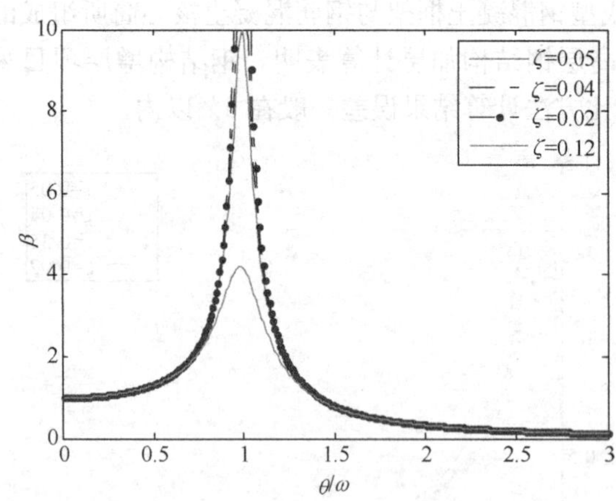

图 1.3.7　单自由度体系位移动力放大系数

总体而言，对于混凝土和钢结构等低阻尼体系，弹性阶段整体地震响应差异一般在 25%之内，高层建筑一般在 15%之内。不论是多层、高层混凝土结构或钢－混凝土混合结构，进行钢结构加层后，虽然不同材料阻尼比不同，采用混合结构统一阻尼比 0.04 计算，结构总体地震反应偏差将减小。但是，对于局部振型起控制作用的钢构件（或构件组），如顶层轻钢、屋顶钢网架（竖向振动控制）以及悬挑钢雨篷，最大可引起 20%左右的偏差，因此此类构件的连接节点必须有可靠的保证。

此外，还需指出的是，当结构构件进入弹塑性状态后，地震作用下构件屈服将取代材料阻尼特性成为结构耗能的主要形式。因此，弹塑性状态下，不同材料结构间的地震反应差异（尤其是内力方面）可能比弹性状态下的地震反应差异要小。

1.4 既有建筑物移位技术

1.4.1 既有建筑物移位技术的意义与发展现状

1. 既有建筑物移位的意义

建筑物的移位是指在保持房屋整体性和使用性不变的前提下，将其从原址移到新址，它包括纵横向移动、竖向移位、转向或者三者兼而有之。建筑物的移位是一项技术要求较高，具有一定风险性的工程，通过移位后建筑物能满足规划和市政方面的要求，而且还不能对建筑物的结构造成损坏。因此，移位前应当根据建筑物结构特性予以针对性补强和加固。

目前，我国正处于经济迅速发展阶段，城市建设日新月异，城市建设和改造在大规模进行。旧城改造主要手段是强制拆除，但在规划强制拆除的建筑中有一部分仍具有较大的使用价值，这些建筑强制拆除将造成巨大的经济损失和大量的不可再生的建筑垃圾，特别是一些具有人文价值的历史建筑，一旦拆除，将给国家造成无法弥补的损失，建筑物整体迁移技术是解决上述矛盾的有效手段。大量的工程实践表明，建筑物整体平移技术有较高的社会效益和经济效益，建筑物的整体迁移造价大约为新建同类建筑物的 30%～60%，迁移施工工期约为重建同类建筑物的 1/4～1/3。移位施工过程中，除底层外上部使用功能基本不受影响，由此产生的间接经济效益甚至比单纯土建造价节省更显著。此外，整体平移技术对环境保护有着非常重大的意义，建筑物拆除将产生大量的不可再利用的建筑垃圾，从而对环境造成极大的污染；同时在拆除过程中，产生的大量粉尘和噪声，对环境和人本身都造成了极大的危害。

由此可见，通过整体平移技术，将仍具有历史价值或使用价值的建筑物保存下来，不但可以满足城市整体规划和环境保护的需要，还可以节省大量的建设资金和搬迁安置费用，且能大幅缩短工期，该项技术在全国范围内广泛推广使用将具有良好的社会和经济效益。

2. 既有建筑物移位的发展现状

建筑物整体移位技术在国外已有上百年的历史，发达国家非常重视对有继续使用和文物价值的古建筑的保护，经常通过移位技术将其移至合适位置予以保留和保护。我国从 20 世纪 90 年代初开始应用这项技术，目前已移位上百例建筑物，积累了一定的工程实践经验。

世界上第一座建筑物整体迁移工程是 1873 年位于新西兰新普利茅斯市的一所一层农宅的平移，当时使用蒸汽机车作为牵引装置[15]。现代整体平移技术始于 20 世纪初，1901 年美国依阿华大学由于校园扩建，将重约 6000t 的三层高的科学馆进行了整体平移，而且在移动的过程中，为了绕过另一栋楼，采用了转向技术，将其旋转了 45°。移位工程采用圆木作为滚轴滚动装置，并以螺旋千斤顶提供水平牵引力。该建筑物至今仍在使用，已经经受了上百年的考验。

在以后近 100 年的时间里，许多国家都采取了移位技术对既有建筑进行保护。

1999 年美国明尼苏达州 Shubert 剧院（图 1.4.1*a*）进行了平移[16]，平移采用的平板拖车自身具有动力装置，在平移现场外观看不到牵引设备。为了增加其整体性，将剧院内地面开挖 6.1m 深，在墙下浇筑了混凝土墙对建筑物进行了加固，然后填砂至地面下 1.52m 处，并在此空间内设置主次钢梁托换系统。

(*a*)

(*b*)

图 1.4.1　国外移位工程实例

(*a*) 明尼苏达 Shubert 剧院移位；(*b*) 丹麦机场候机厅移位

1999 年，丹麦哥本哈根飞机场由于扩建需要，将候机厅从机场一端移至另一端（图 1.4.1（*b*））。工程经过四个月的准备工作，在 4 天之内移动了 2500m。该工程采用了多种规格的液压多轮平板拖车，在车上安装了自动化模块和电脑设备，可以自动调节 x 或 y 方向的同步移动以及补偿 z 方向不同路面之间的沉降差。较为可惜的是，由于各拖车荷载分配与计算问题，平移时建筑物内部出现了一些细小裂缝。

近几年我国的整体平移技术得到了迅速发展，取得了许多成功的实践经验。我国整体移位应用的首例是 1992 年重庆地区某四层砖混结构，平移了 8.0m。此工程采用了液压千斤顶钢拉杆牵引机构，底部采用滚动装置[17]。2000 年 12 月，山东省临沂市国家安全局办公大楼进行了移位，该建筑物高度为 34.5m，建筑物总重约 6000t，其先向西平移 96.9m，然后换向向南平移 74.5m。该工程规模大，并且采用了许多成功的施工技术，对平移工程具有借鉴作用[18]。

国内移位工程中，比较具有代表性的是上海音乐厅的整体平移[19]（图 1.4.2）。上海音乐厅位于延安东路 523 号，建于 1930 年，占地面积 1254m^2，建筑面积 3000m^2，重量 5850t，采用框架－排架混合结构，是中国著名建筑师设计的西方古典建筑形式的优秀作品，也是上海近代的优秀历史建筑。上海音乐厅在音乐界代表了上海最高水平的演出场所。自从延安高架建成后，高架下匝道距离音乐厅大门不足 20m 距离，高架与音乐厅超近的距离使音乐厅无法正常发挥演出效果。在人民广场规划改造时，发现音乐厅的位置对整个广场改造布局也增加了难度。如果将其拆除，这座优秀历史建筑就从此消失，如不拆除则影响规划，音乐厅遭受高架高密度行车影响，演出效果大打折扣。为解决建筑保护、改善建筑使用功能的环境条件、方便人民广场总体规划三大问题，上海市政府决定将其移位保护。上海音乐厅结构空旷，空间刚度较差，加之历史悠久，其结构强度很低。2002

年12月，上海音乐厅整体移位开工，2003年7月移位顶升就位，并在新址增加两层地下室。该工程斜向移位66.48m，顶升3.38m，其中原址顶升1.7m，新址顶升1.68m。工程

(a)

(b)

图1.4.2 上海音乐厅移位工程

(a) 移位前状况；(b) 移位过程

在国内首次采用了PLC控制的液压同步平移顶升系统，提高了移位施工的整体技术水平。

除建筑工程外，移位技术也大量应用于构筑物、桥梁等领域。杭州京江桥东辅道桥为3跨钢箱梁桥，全长93m，主跨53m，桥体宽14.5m，桥下净空8.5m，钢箱梁自重1000多吨（图1.4.3）。因秋石高架城市道路改造需要，将该桥整体向东平移5.5m，杭州圣基特种工程公司采取整联同步升降、同步顶推移位技术，通过设计空间桁架式滑道，顶升托换后，将桥体精确无误平移，同步降落至新桥墩上。工程施工期间保持通航，快速成功地完成了华东地区首例城市桥梁移位工程。

工程移位后，通过设置减震、隔震装置进行就位连接，还可以有效提高建筑物的抗震性能，提高移位建筑的使用寿命。济南市纬六路老洋行是济南仅存的一座欧洲巴洛克建筑风格的建筑，建于1919年，为三层砖石结构，木楼板，建筑面积约600m²。2005年9月因道路拓宽将其沿建筑物横向平移17.0m。该建筑物平移就位后，安装了隔震橡胶垫（图1.4.4）。

图1.4.3 杭州京江桥东辅道桥移位工程

图1.4.4 基础隔震连接

我国建筑物整体平移工程越来越多，与国外相比，我国建筑物整体平移工程的规模较大，但牵引设备和自动控制技术明显落后。目前，在国外使用最多的移位设备是多轮平板拖车，尤其是自身可提供动力的多轮平板拖车。2009年以来，在国内也有部分建筑物整体移位工程采用了自身可提供动力的多轮平板拖车作为牵引设备。

国内移位工程涉及砖混、框架等多种结构形式，有竖向顶升、水平纵横向移位和旋转等多种移动方式，采用了滚动式、滑动式和轮动式等多种方式，从事整体移位工程的技术人员已积累了丰富的工程经验，但是大部分工程的设计与施工大多依靠经验，至今没有形成成熟的计算理论和设计依据，对建筑物整体平移的研究明显落后于工程实践。在移位工程中涉及的托换、牵引以及自动化控制等关键技术领域还需要进行更多的研究。

1.4.2 建筑物移位分类

移位工程根据建筑物上部结构和基础的整体性、动力形式、移位方式可分为以下几种形式：

1. 根据上部结构和基础的整体性划分，可分为整体移位和分体移位。

2. 根据移位过程的动力形式，可分为牵引移位、顶推移位和牵引与顶推相结合的综合法移位。

3. 根据移位方向划分，可分为水平移位和竖向移位。其中，水平移位主要有三种方式：轮动式、滚动式和滑动式。

轮动式移位是指将需要移位工程托换在一种特殊的平板拖车上，用拖车带动其移位。该法一般适用于长距离以及荷载较小的工程。滚动式移位是指在移位物体的托换梁和轨道梁之间安放滚轴，通过施加反力实现其移位的目的。该方法移动阻力小，移动速度快，但是容易因轨道不平或者个别滚轴破坏引起桥身内力重分布进而导致其开裂或者损坏。滑动式移位是指在托换结构和轨道梁间设置滑块，施加动力使其产生相对移动以达到移位的目的。通过设置聚四氟乙烯等低摩阻材料和滑动面涂抹黄油等润滑介质可有效减少移动过程的阻力。然而总体而言，该法摩擦系数较大，移位需提供较大的推力，并且对轨道的平整度要求非常高。在这种传统滑动式移位的基础上发展了一种内力可控的滑动支座，采用液压千斤顶代替普通滑块，千斤顶下设置滑动材料。通过实时自动调整千斤顶反力，能有效地避免轨道不平整和滑块变形对上部结构的影响。

1.5 既有建筑托换技术

1.5.1 既有建筑托换技术发展现状

1. 既有建筑物托换的应用意义

城市发展是一个渐进的过程，大部分空间拓展都要在原有建设的基础上进行，不可避免与原有空间设施发生重叠与冲突，因而需要尽量在不破坏原有建筑物的基础上进行房屋的改造和处理。托换技术是针对这些特殊的情况和需要发展起来的一种建筑特种工程技术。

随着我国经济的发展和城市化水平的提高，城市人口不断增加，城市建筑用地越来越紧张，城市空间日益拥挤，交通堵塞等问题层出不穷。城市地下交通的修建可以很大程度缓解路面上的交通压力，并促进城市轨道交通的发展。然而，在城市地下工程施工建造中经常要涉及对已有地面建（构）筑物的保护和加固，因此建（构）筑物的托换技术必然成为城市地下工程经常采用的技术手段。图 1.5.1 为地铁隧道穿越徐家汇天主教堂时的加固托换，图 1.5.2 为深圳地铁穿越框架结构时桩基托换图。

图 1.5.1 徐家汇天主教堂加固托换

上部结构柱
桩承台
托换主梁
千斤顶
被托换桩
托换桩
托换桩
6795
1500
6340
1500

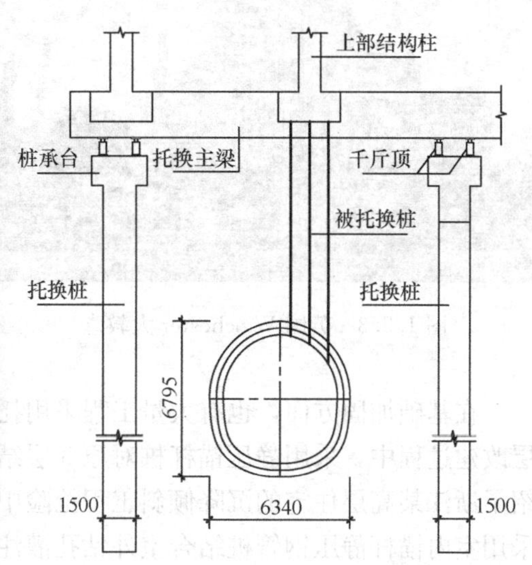

图 1.5.2 框架结构桩基托换

此外，托换技术在建筑物抽柱托梁的功能改造、增层托换以及抢险控沉等方面都有着广泛的应用。

2. 托换技术发展现状

托换技术的起源可追溯到古代，但是直到 20 世纪 30 年代纽约兴建地铁时才得到迅速发展。国外最早的大型基础托换工程之一是英国的 Winchester 大教堂（图 1.5.3），该教堂已持续下沉了 900 年之久，在 20 世纪初由两位潜水工在水下挖坑，穿越泥炭和粉土到达砾石层，并用混凝土包填实而进行托换，使其完好至今。国外建筑结构加固与改造工程的研究与应用起步较早，一些欧美工业国家在“二战”后，工业结构出现重大调整，工业建筑的改造逐步成为建筑物的加固与改造的重点。尤其是德国，在许多城市的扩建和改建工程中，特别是在修建地铁工程中，大量地采用了综合托换技术，积累了丰富的经验，取得了显著的成绩，并已将托换技术编入了德国工业标准（DIN）。近年来，当前世界各国托换加固的工程数量日益增多，因而托换技术也有了飞跃式的发展。

我国的托换技术起步较晚，但由于现阶段我国大规模建设事业的发展，其数量与规模在不断增长，托换技术正处于蓬勃发展时期。从 20 世纪中期开始，国内学者就对托梁换柱结构改造进行了相关探索。1982 年，王重穆[20]利用托梁换柱方法拔除柱子，扩大了车间空间；1988 年，黎伟等[21]对重钢五厂二期节能改造工程中的一单层双跨厂房进行托梁换柱改造。之后很多学者对托梁换柱进行了研究与应用，很多的改造项目都属于为了满足工艺流程而进行改进的工业建筑，尤其以电力、冶金及机械等厂房居多。在汇合城商业改造中，杭州圣基特种工程有限公司对覆土屋面进行了预应力托梁抽柱提升改造（图 1.5.4）。

图 1.5.3　英国 Winchester 大教堂

图 1.5.4　汇和城抽柱改造

在基础加固方面，也有大量工程采用托换技术并取得成功的案例。如杭州天工艺苑增层改建过程中，采用静压锚杆桩对原 5 层结构的夯扩桩基础进行了托换；本书第 10 章介绍了浙江某高层住宅的沉降倾斜工程抢险中，在以大块石和塘渣为填料的深厚海涂地基，采用室内锚杆静压钢管桩结合室外钻孔灌注桩进行控沉托换的案例。此外，为了进一步开发和利用城市核心区地下空间，本书第 4 章提出了高层建筑下方可控制后增结构柱竖向差异变形的托换技术。

现代城市建筑物的体量大，对沉降、变形等控制要求严格，地铁、市政综合管廊等各种地下工程在地下交叉情况不断涌现，使得地下空间设计和施工更加复杂，单一的托换施工技术已经不能满足要求，这也促使托换技术趋向大型化、综合化和信息化方向发展。

1.5.2　建筑托换技术的分类

托换技术是指通过某种措施改变原结构传力途径对结构进行改造加固的技术。托换技术按部位可分为基础托换和上部结构托换；按性质可分为改造托换、移位托换以及灾损事故处理托换等。按不同要求和目的，托换技术可分为多种方法。

基础托换是指在地基中设置构件，改变原地基基础受力状态而采取的技术措施。基础托换的力学机理简单明了，将既有建筑物的部分或整体荷载经由托换结构传至基础持力层。但由于地基条件的复杂性、基础形式的不同、地基与基础相互作用以及托换原因和要求的差别等，复杂条件下的基础托换技术实际上是一项多学科技术高度综合、难度大、费用高的特殊工程技术。

常见的基础托换方法有：注浆法托换、锚杆静压桩托换、灌注桩托换、树根桩托换、加大基础底面积托换以及改变基础形式托换等。桩基托换是地基基础托换中最为常用的形式（图 1.5.5），桩基托换按托换时变形可控性可分为被动托换和主动托换。

主动托换技术是指原工程桩在卸载之前，对新桩和托换体系施加荷载，以部分消除被托换体系的长期变形，将上部的荷载及变形运用顶升装置进行动态调控。当被托换建筑托

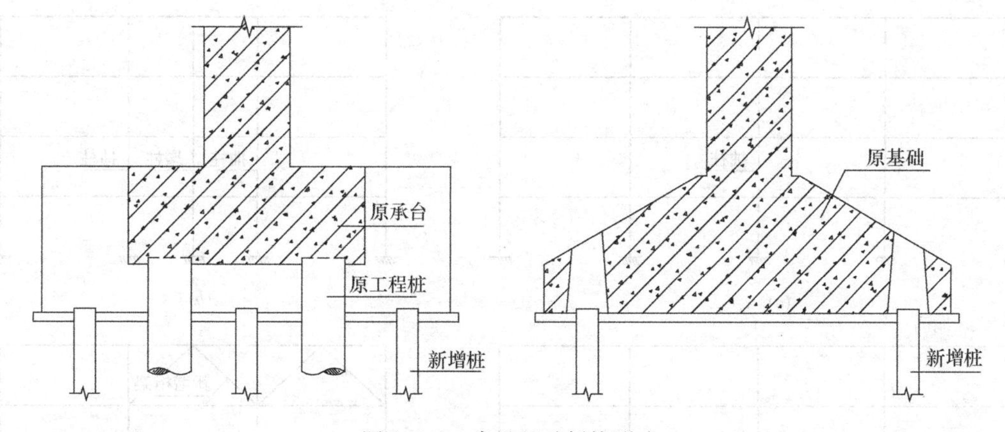

图 1.5.5 常见基础托换形式

换荷载大、变形控制要求严格时，需要通过主动变形调节来保证变形要求，即在需要被托换桩切除之前，对新桩和托换结构施加荷载，使被托换桩在预加荷载的作用下，随托换梁上升，从而使被托换的桩截断后，上部建筑物荷载全部转移到托换梁上，同时通过预加载，可以消除部分新桩和托换结构的变形，使托换后桩和结构的变形可以控制在较小的范围内，因此，主动托换的变形控制具有主动性。

被动托换技术是指原桩在卸载的过程中，其上部结构荷载随托换结构的变形被动地转换到新桩上，托换后对上部结构的变形无法进行调控。被动托换技术一般用于托换荷载较小的托换工程，可靠性相对较低。当托换建筑物托换荷载小、变形控制要求不高时，依靠结构自身的截面刚度，可以在托换结构完成后，即将托换桩切除，直接将上部荷载通过托换结构传递到新桩，而不采取其他调节变形的措施。托换后桩和结构的变形不能进行调节，上部建筑物的沉降由托换结构承受变形的能力控制。

为了对既有建筑物进行改造、加固、纠倾、增层、扩建、移位、保护等，过去一般比较直接地让被托换的结构部分“退出工作”，并对“退出工作”的部分行改造加固。现在的托换不一定先托后换，而是一个广泛的托换概念，比如复合地基理论的应用，就是在原来地基承载力不满足要求，经过桩的“托换”作用，桩土共同承载以满足要求，再有地下空间开发利用中，经常会遇到对既有建筑物的保护。

为满足建筑物上部结构增层、纠倾、移位以及改扩建的需要，上部结构的托换分为整体托换和构件托换两类。

上部结构整体托换情况较少，一般常用于外套增层，上海工艺美术馆通过薄腹大梁实现对上部结构的整体增层托换。此外，部分纠倾、移位和改造工程也需要进行上部结构整体性的临时托换，如本书所涉及的秦山核电国光宾馆纠倾工程、杭州某高层剪力墙结构竖向构件整层置换工程以及京江桥·东辅道桥移位工程，均在施工过程中对上部结构进行了临时性整体托换。

构件托换则常用于建筑物的改扩建中，较为常见的有抽柱式托换、抽墙式托换、抽柱增柱式托换、抽柱断梁式等。如图 1.5.6 所示。

抽柱法是在柱列中切除部分柱；抽柱增柱法是去掉较多内柱，重新增设少量新柱。抽柱断梁法是将多跨框架以及与之相连的梁、板切除，形成局部大空间；抽墙法则是砌体结

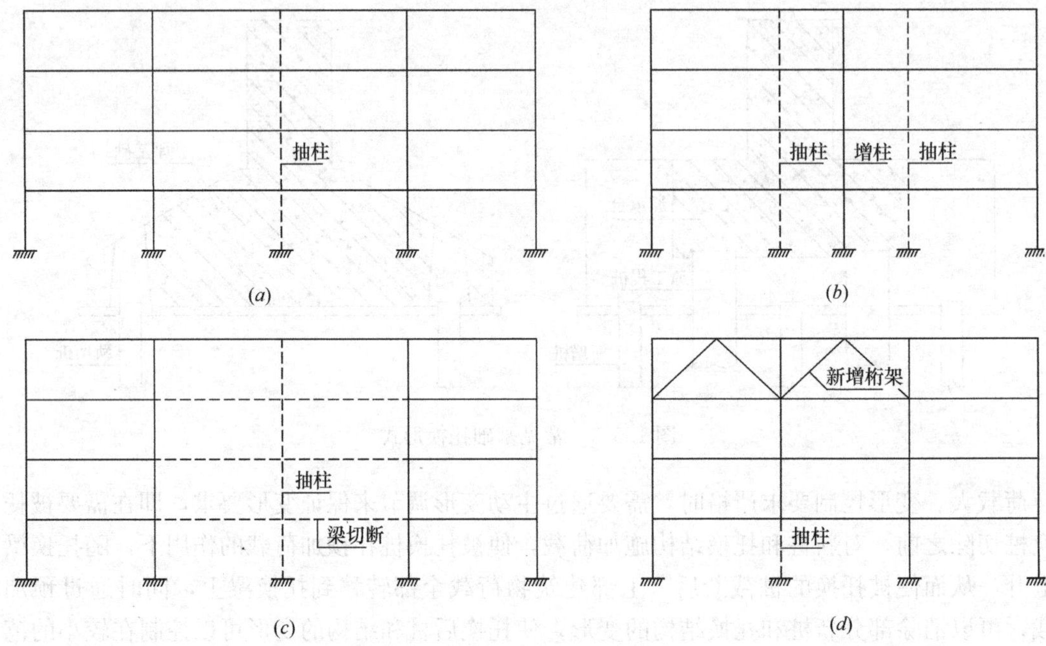

图 1.5.6　上部结构常见托换形式

(a) 抽柱示意图；(b) 抽柱增柱示意图；(c) 抽柱断梁示意图；(d) 悬挂式抽柱示意图

构中拆除部分承重墙，增设托梁的方法。采用上述方法实施工程托换必须对相关的梁、柱、墙和基础进行加固，以满足建筑物竖向承重以及抗震性能的要求。竖向构件抽除后，可采用梁式或者桁架式进行托换加固（图 1.5.7）。

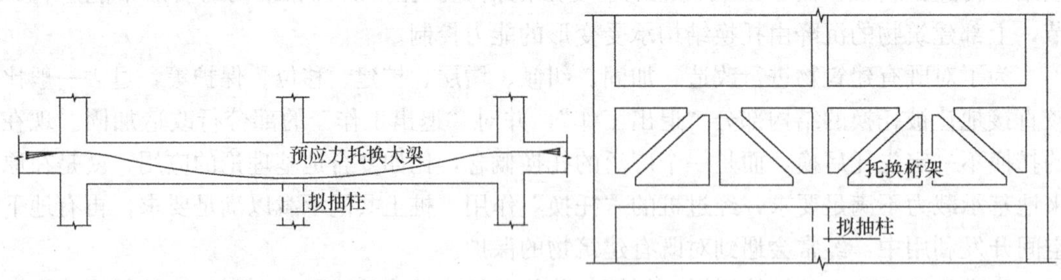

图 1.5.7　构件托换示意

1.6　改造建筑后续使用年限的确定与相关设计参数取值

1.6.1　改造建筑后续使用年限的确定

设计使用年限是指在设计规定的一个时期内，只需要进行正常的维护而不需进行大修就能按预期目的使用，完成预定的功能，即房屋建筑在正常设计、正常施工、正常使用和维护下所应达到的使用年限。在规定的设计使用年限内，结构应具有足够的可靠度，满足安全性、使用性和耐久性的要求。新建建筑设计使用年限一般不少于50年，然而对于需要改造或加固的既有建筑而言，其一般已使用多年，如按新建工程50年的设计基准期的要求进行设计，由于抗力的衰减可能需要对现有结构进行大规模加固，这既不经济也不合理。由于既有结构存在不同程度的损伤和老化，故存在后续使用年限的问题。

改造建筑后续设计使用年限就是结构加固改造后的目标使用期，一般应由业主和设计单位共同商定。设计使用年限到期后，当重新进行的可靠性鉴定认为该结构工作正常，仍可继续延长其使用年限[22]。此规定是原则性规定，既有建筑结构形式多样、服役年限长短不一，改造加固工程的设计使用年限应结合实际情况合理确定。确定改造加固工程的设计使用年限应考虑以下三方面的情况：既有建筑交付使用后已服役的年限、结构安全性鉴定情况和业主的要求。

《建筑抗震鉴定标准》GB 50023—2009明确，现有建筑应根据实际需要和可能，按下列规定选择其后续使用年限：

① 在20世纪70年代及以前建造经耐久性鉴定可继续使用的现有建筑，其后续使用年限不应少于30年；在20世纪80年代建造的现有建筑，宜采用40年或更长，且不得少于30年。

② 在20世纪90年代（按当时施行的抗震设计规范系列设计）建造的现有建筑，后续使用年限不宜少于40年，条件许可时应采用50年。

③ 在2001年以后（按当时施行的抗震设计规范系列设计）建造的现有建筑，后续使用年限宜采用50年。

对于上述第③条，根据《建筑抗震鉴定标准》GB 50023—2009，后续使用年限50年的既有建筑（即C类建筑），应按现行国家标准《建筑抗震设计规范》的要求进行抗震鉴定。由于《建筑抗震鉴定标准》GB 50023—2009于2009年发布和实施时，当时施行的抗震设计规范为《建筑抗震设计规范》GB 50011—2001，该规范发布于2001年，因此要求对2001年以后按GB 50011—2001规范系列设计和建造的既有建筑的后续使用年限采用50年是合适的。然而，新版《建筑抗震设计规范》GB 50011—2010于2010年发布并实施，该版抗震设计规范在设防标准和抗震措施及要求等方面较2001版有所提高，因此对于2001年以后按GB 50011—2001版规范系列设计和建造的既有建筑，若后续使用年限定为50年，并按现行《建筑抗震设计规范》GB 50011—2010的要求进行抗震鉴定，则在设防标准和抗震构造措施等方面将存在较多问题。

另外，从2016年6月1日起，国家第五代地震动区划图正式实施。新版区划图中在全国范围内消除了地震动峰值加速度小于0.05g的分区，基本地震动峰值加速度0.10g及以上的区域面积由49%上升到58%，0.20g及以上的区域面积从12%上升到18%，其中有6.9%的城市从0.05g提高到0.10g或0.15g，有4.6%的城市从0.10g或0.15g提高到0.20g，1%的城市从0.20g提高至0.30g。

因此，对于2001年后按GB 50011—2001规范系列设计和建造的既有建筑，如因使用功能等变更进行改造，并以50年后续使用年限为标准，要求改造后的建筑满足现行《建筑抗震设计规范》GB 50011—2010的要求，则该建筑从承载力、抗震构造措施等多方面需要进行抗震加固的幅度较大，加固改造费用很大，与同时期建造的其他建筑在抗震可靠度方面也不相同。

针对上述情况，作者建议：对于2001～2010年期间按GB 50011—2001版规范系列设计和建造的既有建筑，其抗震鉴定要求可适当放宽，后续使用年限可少于50年，但不应少于40年，并按当时施行的《建筑抗震设计规范》GB 50011—2001的要求进行抗震鉴定；对于2010年以后按GB 50011—2010版规范系列设计和建造的既有建筑，其后续使用年限则应采用50年。

结构设计使用年限受多方面因素的影响。通过加固措施提高结构构件的抗力只是一个方面，其设计使用年限的确定还应综合考虑结构的连接构造、维护要求，特别是加固改造后结构的耐久性等方面的因素。新旧结构之间的可靠连接是保证结构整体工作和改造加固有效性的关键因素，然而由于改造加固工程的特点，现场施工过程对原结构的损伤以及所使用的胶粘剂和聚合物材料性能的自然老化，后续设计使用年限一般较难达到新建结构50年的要求。根据《混凝土结构加固设计规范》GB 50367—2013，当使用的加固材料含有合成树脂（如常用的结构胶）或其他聚合物成分时，其设计使用年限宜按30年确定。若业主要求结构加固的设计使用年限为50年，其所使用的合成材料的粘结性能应通过耐长期应力作用能力的检验，检验方法应按现行国家标准《工程结构加固材料安全性鉴定技术规范》GB 50728的规定执行。综合考虑国内当前既有建筑加固改造的手段、方法和所采用的材料，结合已有加固工程经验、造价和耐久性等因素，结构改造后的设计使用年限定为30年是比较适宜的。设计使用年限定30年，并不意味着30年后其使用寿命的终结，当重新进行的可靠性鉴定认为该结构工作正常，仍可继续延长其使用年限。因此，既有建筑加固改造设计时，结构抗力验算所采用的荷载取值基准期可与设计使用年限不一致，但不得低于设计使用年限。如对于设计使用年限为30年的加固改造工程，结构抗风计算时可取50年一遇的基本风压，结构抗震鉴定时可采用后续使用年限40年或50年的要求进行鉴定。

对现有建筑进行功能改造时，若不增加层数，应按鉴定标准的要求进行抗震鉴定；若进行增层改造，一般而言，加层的要求应高于现有建筑鉴定接近或达到新建工程的要求[23]。上海市《现有建筑抗震鉴定与加固规程》DGJ 08—81—2000明确规定[24]：未经抗震设计的现有建筑一般不宜进行加层，如确需加层时，必须按现行规范进行抗震设计；加层建筑应进行整体抗震计算，其强度验算和构造措施应满足现行上海市《建筑抗震设计规程》的各项规定。为使加层工程达到安全、适用、可实施性强、经济合理的目标，增层后新老结构成为一个整体的建筑，增层设计应根据建筑物的现状、使用要求、建造年代、检测鉴定结果等因素，与建设单位共同商定加层后建筑物的设计使用年限，即增层设计使用年限。在设防烈度不变的前提下，增层改造后的新结构应满足相关规范的要求，使其在增层设计使用年限内，具有足够的可靠度，满足安全性、适用性和耐久性的要求[13]。

对于增层建筑，应根据增层部分对原结构影响程度、业主对后续使用年限的要求、原结构加固改造的可操作性等具体情况综合确定增层后建筑物整体的抗震设计要求。在后续使用年限确定的条件下，加层部分的强度验算和构造措施建议按现行规范执行，通过提高增层部分的抗震性能，一方面可以减小地震作用下增层部分的震害，从而减小建筑物整体的震害，又不至于产生由于加层部分性能提高而使下部结构震害加重的现象；另一方面，可为建筑物的后续改造或延长使用年限创造条件。对于顶部增层少，加层部分对既有结构影响小，以及下部结构刚装修完毕或改造实施确有困难的建筑，原有结构可不按现行设计标准执行；反之，对于增层较多，下部有条件进行改造的项目，如杭州天工艺苑增层，则必须按现有设计规范执行。

改造加固工程应首先确定后续设计使用年限，它是改造加固工程的设计基准期，为使结构与原设计具有相同的概率保证，对于各种可变荷载，如楼面活荷载、风荷载以及雪荷载，不同的设计使用年限可有不同的取值，而且，地震作用也随设计使用年限而改变。

1.6.2 不同使用年限对应的地震作用计算

如何使不同使用年限建筑物的地震作用具有相同的概率保证，文献［25］从后续的使用年限内与原设计具有相同的概率保证角度出发，根据不同使用年限建立相应的地震参数，通过估算不同服役期或后续设计使用年限的各水准烈度，再确定对应于各水准烈度的设计参数。

根据三个概率水准的设防烈度之间的平均相互关系，文献［25］提供了估计不同服役期结构抗震设防烈度的方法。由此可以导算出不同设计使用年限，当超越概率为10％时的重现期，根据重现期可计算出不同设计使用年限所对应的抗震设防烈度（表1.6.1）。

不同设计使用年限对应的抗震设防烈度　　表1.6.1

设计使用年限			20	30	40	50	100
设防烈度	7	0.10g	6.37	6.65	6.95	7.00	7.49
		0.15g	6.86	7.22	7.42	7.58	8.06
	8	0.20g	7.37	7.59	7.85	8.00	8.49
		0.30g	7.86	8.22	8.42	8.58	9.06
	9		8.43	8.73	8.89	9.00	9.29

在确定后续设计使用年限的各水准烈度基础上，计算出与之相对应的不同设计使用年限所对应地震影响系数最大值（表1.6.2）。

不同设计使用年限对应的地震影响系数最大值　　表1.6.2

设计使用年限			20	30	40	50	100
设防烈度	7	0.10g	0.055	0.066	0.078	0.080	0.119
		0.15g	0.074	0.091	0.107	0.120	0.151
	8	0.20g	0.110	0.127	0.148	0.160	0.238
		0.30g	0.149	0.182	0.214	0.240	0.317
	9		0.229	0.277	0.302	0.320	0.413

《建筑抗震鉴定标准》GB 50023—2009给出了较为简洁的地震影响调整系数（表1.6.3）。

不同设计使用年限对应的地震作用调整系数　　表1.6.3

设计使用年限	30	40	50
调整系数	0.75	0.88	1.0

1.6.3 不同设计使用年限对应的抗震构造措施

为确定不同设计使用年限对应的抗震构造措施，可以把建筑物的设计使用年限与它的

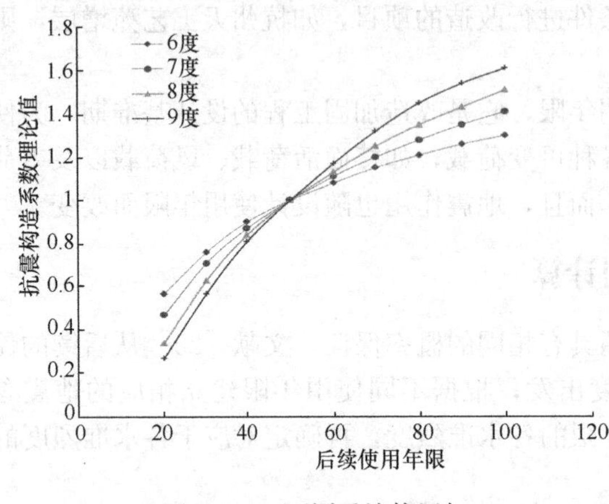

图 1.6.1 不同后续使用年限抗震构造措施调整系数图

设防烈度直接联系起来，进而根据所求得的地震烈度来确定该建筑的抗震构造措施。规范的抗震构造措施与设计使用年限中超越概率为 0.1 的地震烈度紧密相连，根据 50 年基准期与设计使用年限中超越概率为 0.1 的地震烈度的关系，求出各个烈度区不同设计使用年限对应的地震烈度与基本烈度的差值，取基本烈度对应的构造措施调整系数为 1.0，而其他设计使用年限对应的设防烈度的构造措施调整系数用不同设计使用年限对应的地震烈度与基本烈度的差值的代数和求得。不同设计使用年限对应的构造措施调整系数详见表 1.6.4[23]。对于后续使用年限小于 50 年的改造建筑，低烈度区的调整幅度小于高烈度区（图 1.6.1）。

不同设计使用年限对应的抗震构造措施调整系数 **表 1.6.4**

设计使用年限		30	40	50
设防烈度	6	0.76	0.90	1.0
	7	0.71	0.87	1.0
	8	0.63	0.84	1.0
	9	0.57	0.81	1.0

不同设计使用年限改造加固工程的抗震构造措施可按表 1.6.5 满足相应烈度要求。也可根据设计使用年限的不同，分别满足不同时期的建筑抗震设计规范的要求[26]（表 1.6.6）。

不同设计使用年限对应的抗震设防烈度 **表 1.6.5**

设计使用年限			20	30	40	50
设防烈度	7	0.10g	6	6	7	7
		0.15g	7	7	7	7
	8	0.20g	7	7	8	8
		0.30g	8	8	8	8
	9		8	8	9	9

现有建筑抗震加固前，应依据其设防烈度、抗震设防类别、后续使用年限和结构类型，进行抗震鉴定。

不同设计使用年限对应的抗震措施 **表 1.6.6**

设计使用年限	满足规范	备注
20	TJ 11—1978	薄弱部位重要构件满足 89 规范少数构件满足 01 规范
30	GBJ 11—1989	少数构件满足 01 规范
40	GB 50011—2001	少数构件满足 10 规范
50	GB 50011—2010	

不同后续使用年限的现有建筑，其抗震鉴定方法应符合下列要求：

① 后续使用年限30年的建筑（简称A类建筑），应采用《建筑抗震鉴定标准》GB 50023—2009规定的A类建筑抗震鉴定方法。

② 后续使用年限40年的建筑（简称B类建筑），应采用《建筑抗震鉴定标准》GB 50023—2009规定的B类建筑抗震鉴定方法。

③ 后续使用年限50年的建筑（简称C类建筑），应按现行国家标准《建筑抗震设计规范》GB 50011—2010的要求进行抗震鉴定。

1.6.4 不同设计使用年限对应的楼面活荷载以及风压、雪压的合理取值

新建建筑中，重现期为10年、50年以及100年的风压和雪压值可按《建筑结构荷载规范》GB 50009—2012[27]采用，对应重现期R的相应值根据10年和100年的风速和雪压值按下式确定：

$$x_R = x_{10} + (x_{100} - x_{10})\left(\frac{\ln R}{\ln 10} - 1\right)$$

式中：x_{10}、x_{100}分别为重现期为10年、100年的最大雪压和最大风速。

对于既有建筑改造工程，《民用建筑可靠性鉴定标准》GB 50292—2014[28]规定，进行加固设计验算时其基本风压值、基本雪压值和楼面活荷载的标准值可在现行规范的基础上，按后续使用目标年限乘以表1.6.7所示的修正系数。

不同后续使用年限对应的楼面活荷载及风、雪荷载调整系数　　表1.6.7

后续使用年限	10	20	30～50
雪荷载或风荷载	0.85	0.95	1.0
楼面活荷载	0.85	0.9	1.0

既有结构的后续使用年限不同于设计时采用的基准期，在假设可变荷载为平稳二项随机过程的前提下，可变荷载的统计参数会有所不同。民用建筑的楼面活荷载、风荷载和雪荷载经统计假设验证均服从极值Ⅰ型分布，可根据其概率分布函数确定用于既有结构鉴定的修正系数。

同济大学杨艳[29]根据既有结构已使用的特点，结合既有结构鉴定时所要求的后续使用年限内的最大荷载概率分布，推导出既有结构的楼面活荷载、风荷载、雪荷载在后续使用年限内对应于《建筑结构荷载规范》GB 50009—2001中的荷载取值修正系数，如表1.6.8所示。

同济大学顾祥林教授[30]根据可接受的概率，由可变荷载在目标使用期内最大值概率分布的某个分位值确定出可变荷载的标准值，将既有结构的目标使用期作为基本风压、雪压的重现期，得到与文献［29］基本一致的结果。

作者建议，改造加固工程一般按后续使用年限30年进行设计，此时，可不考虑活荷载、雪荷载以及风荷载的折减。

不同后续使用年限楼面活荷载及风、雪荷载调整系数　　表 1.6.8

后续使用年限	办公楼楼面活荷载	住宅楼面活荷载	基本风压	基本雪压
10	0.85	0.84	0.76	0.72
20	0.92	0.91	0.86	0.84
30	0.95	0.94	0.92	0.91
40	0.98	0.98	0.96	0.96
50	1.00	1.00	1.00	1.00

1.7　承重构件托换过程引起的结构内力变化分析

在既有建筑的改造、古建筑保护以及抢险救灾等工程中，经常涉及顶升、移位以及托换等特种工程技术的运用。然而，顶升、移位过程中，建筑物构件之间的连接方式和约束的改变，也将引起结构内力的变化。

1.7.1　移位过程中约束释放引起的结构内力调整分析

建筑物为了满足承载力和使用功能的要求，一般都具有稳定的基础和较强的整体刚度。受重力荷载作用，在原有的约束条件下结构将产生内力和变形。为了移动建筑物，竖向构件（柱或剪力墙）将进行切断，竖向构件的底部约束释放将导致结构内力重分布。

如图 1.7.1 所示单层框架，柱刚度为 EI，柱高 $h=l$，梁刚度为 $2EI$，梁跨度为 $2l$，在均布荷载 q 作用下，梁端以及柱顶弯矩均为 $\frac{2}{9}ql^2$，梁跨中弯矩为 $\frac{5}{18}ql^2$，柱底弯矩为 $\frac{1}{9}ql^2$。柱底截断后，柱底弯矩为 0，梁端及柱顶弯矩为 $\frac{1}{5}ql^2$，梁端及柱顶弯矩减小了 10%，跨中弯矩为 $\frac{9}{30}ql^2$，跨中弯矩增加了 8%。定义梁柱线刚度比 k，那么截断前柱顶、梁端弯矩为 $M_0=\frac{2ql^2}{3(k+2)}$，截断后柱顶、梁端弯矩为 $M'_0=\frac{ql^2}{2k+3}$，弯矩减少为 $\frac{M'_0}{M_0}=\frac{3(k+2)}{2(2k+3)}$。同理，截断前梁跨中弯矩为 $M=\frac{(3k+2)ql^2}{6(k+2)}$，截断后梁跨中弯矩为 $M'=$

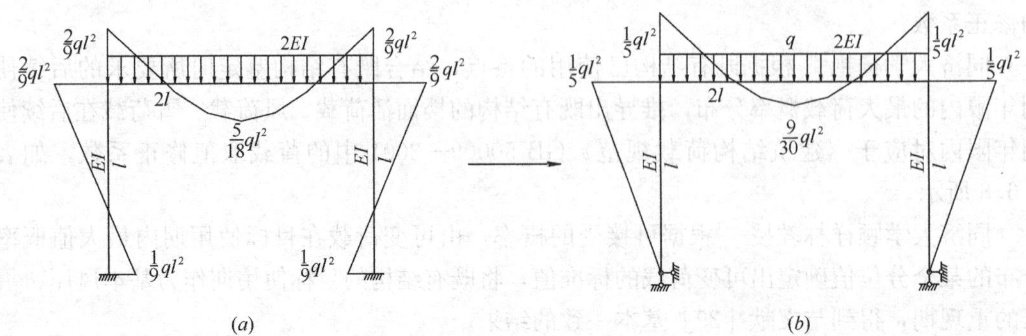

图 1.7.1　竖向荷载作用下单层框架弯矩图

（a）柱底刚接；（b）柱底铰接

$\dfrac{(2k+1)ql^2}{2(2k+3)}$，跨中弯矩则相应地增加为 $\dfrac{M'}{M}=\dfrac{3(2k+1)(k+2)}{(2k+3)(3k+2)}$。图 1.7.2 为在常见梁柱线刚度比范围内柱底截断前后的弯矩变化情况。由图可知，柱底截断后，梁端及柱顶弯矩减小幅度在 2%～20%之间，跨中弯矩增加幅度在 4%～8%之间。

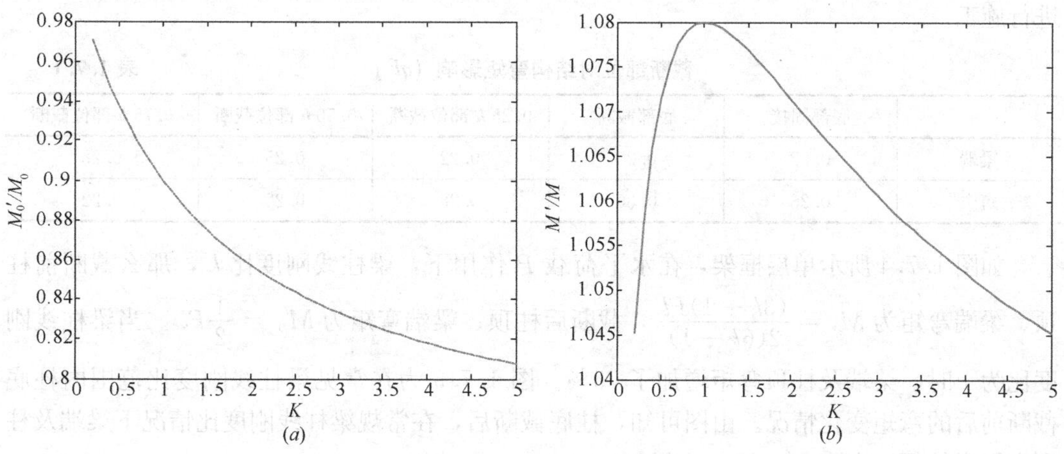

图 1.7.2 弯矩变化示意图

(a) 梁端；(b) 跨中

柱底截断后，除部分柱脚采取限位措施外，柱底理论上仅有竖向受压约束，而水平方向无约束。此时，底层柱处于 0 弯矩状态，上述单层框架梁处于简支状态（图 1.7.3a），梁的跨中弯矩比柱底简支增加了 66.7%，比原结构增加了 80.0%。实际上，这种极端不利情况发生概率较小。由于结构自重，截断柱柱底与支承结构（如千斤顶）之间的摩擦力限制了柱底的自由滑动，钢与混凝土之间的摩擦系数一般可取 0.4，因此柱底处于铰接与自由滑动之间，刚架的实际内力详见图 1.7.3b。多层房屋由于节点弯矩随转动刚度变化而向上层柱重新分配也会削弱这种影响。门式刚架或者顶部大空间结构竖向构件轴压比一般较小，弯矩起控制作用，竖向移位过程中引起的弯矩大幅增加将使结构存在安全隐患，此类结构应对柱脚采取可靠水平约束或者采取其他措施进行加强。

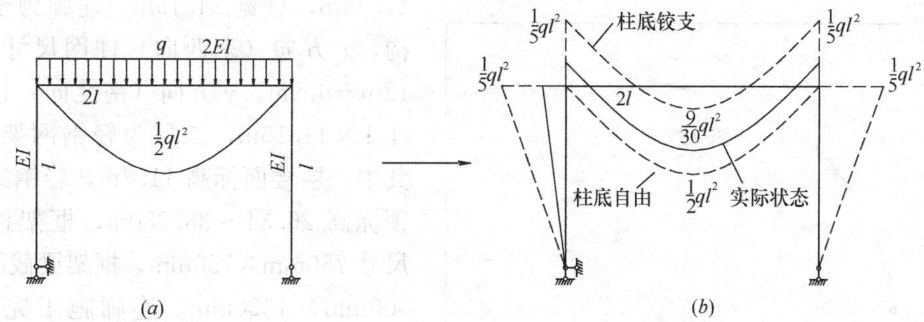

图 1.7.3 竖向荷载作用下单层刚架弯矩图

(a) 柱底自由；(b) 实际状态

出于某种需要，截断部位在柱中部时，则截断后，柱顶弯矩为 $\dfrac{1}{4}ql^2$，跨中弯矩为

$\frac{1}{4}ql^2$，梁端及柱顶弯矩反而增大了12.5%，跨中弯矩减少了9%。随着截断部位的提高，梁端及柱顶弯矩幅度将大幅提高，而跨中弯矩减少幅度一般不超过10%。由表1.7.1可知，不同截断部位对结构弯矩重分布具有很大影响，施工前必须予以重视，选择合理部位进行施工。

截断部位对结构弯矩影响（ql^2） **表1.7.1**

	底部固接	底部截断	0.25h部位截断	0.50h部位截断	0.75h部位截断
梁端	0.22	0.20	0.22	0.25	0.28
跨中	0.28	0.30	0.28	0.25	0.22

如图1.7.4所示单层框架，在水平荷载P作用下，梁柱线刚度比k，那么截断前柱顶、梁端弯矩为$M_0=\frac{(3k+1)Pl}{2(6k+1)}$，截断后柱顶、梁端弯矩为$M'_0=\frac{1}{2}Pl$。当梁柱线刚度比为1时，梁端及柱顶弯矩增加了75%。图1.7.5为在常见梁柱线刚度比范围内柱底截断前后的弯矩变化情况。由图可知，柱底截断后，在常规梁柱线刚度比情况下梁端及柱顶弯矩增加幅度在35%～90%之间。

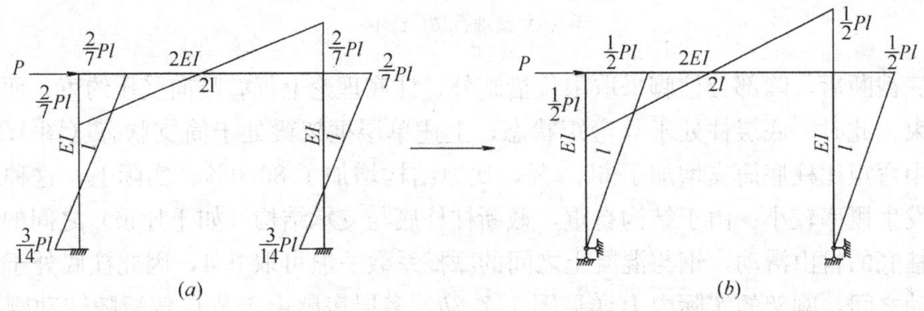

图1.7.4　水平荷载作用下单层刚架弯矩图

(a) 柱底刚接；(b) 柱底铰接

某连廊（图1.7.6、图1.7.7）位于杭州市延安路与耶稣堂弄交叉处，连廊总长41.74m，总宽24.15m。连廊为框架结构，x方向（东西向）柱网尺寸：2×12m+9.9m，y方向（南北向）柱网尺寸1×14.15m，二层为轻钢网架结构。其中二层楼面标高11.7m，轻钢结构屋顶标高26.34～35.980m，框架柱截面尺寸750mm×750mm，框架梁截面尺寸500mm×1300mm。连廊施工完毕后，因两侧百货大楼楼面标高与设计标高不一致，且相差较大，现采取混凝土结构整体同步迫降移位的方法调整标高，以满足连廊的正常使用功能。

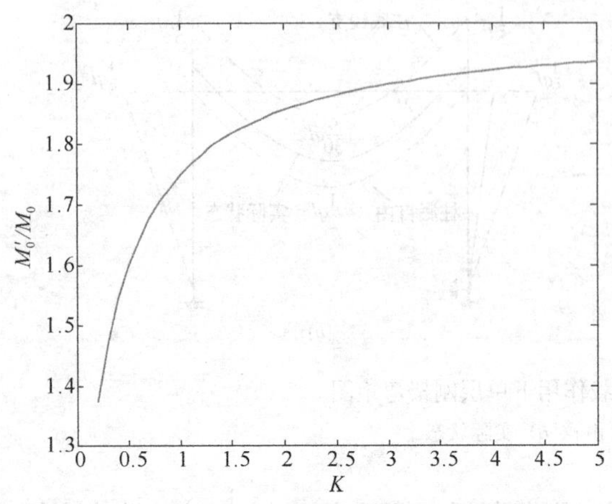

图1.7.5　水平荷载作用下弯矩变化示意图

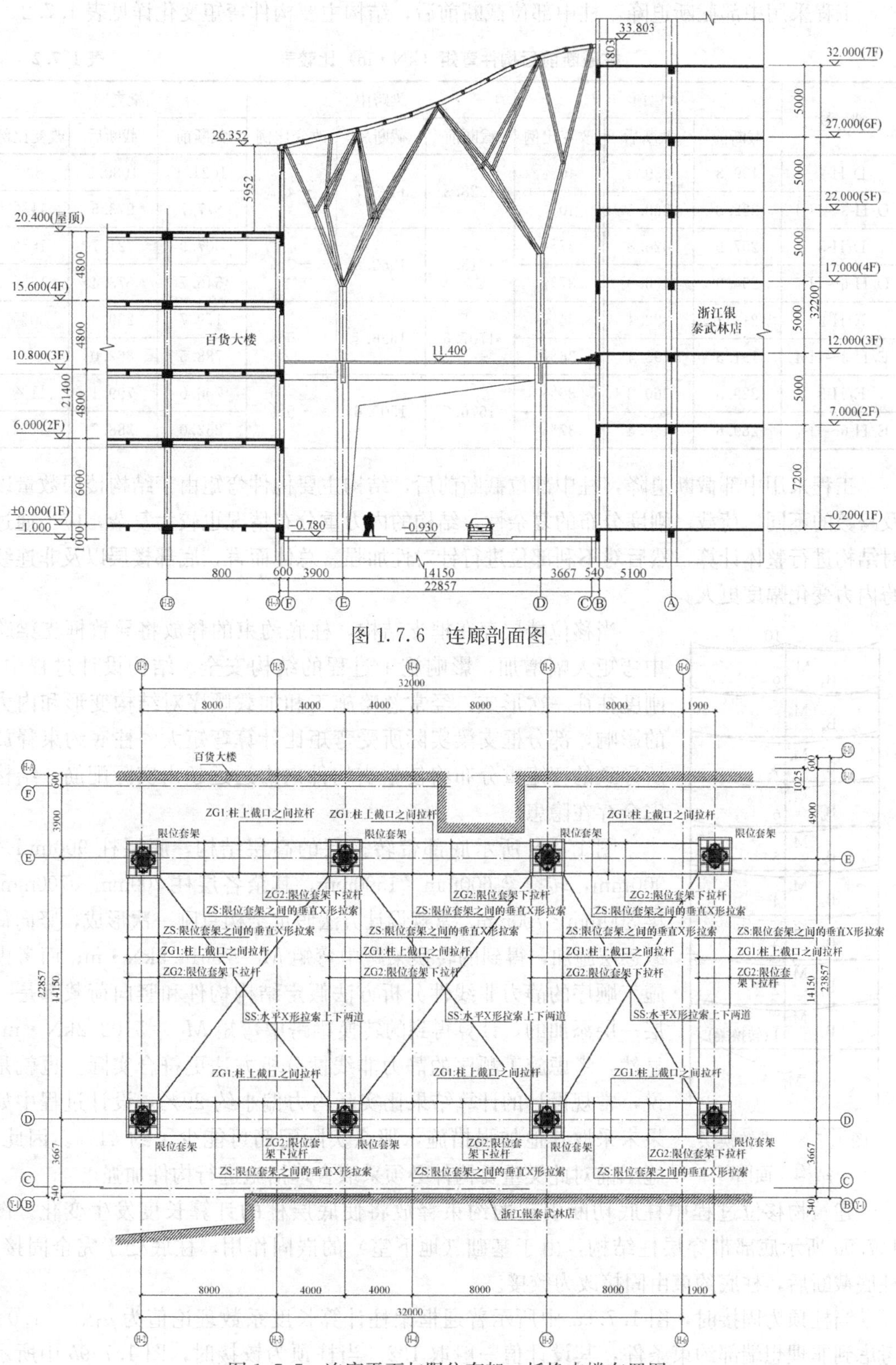

图 1.7.6 连廊剖面图

图 1.7.7 连廊平面与限位套架、托换支撑布置图

工程采用中部截断迫降，柱中部位截断前后，结构主要构件弯矩变化详见表 1.7.2。

柱截断前后构件弯矩（kN·m）比较表　　表 1.7.2

轴　号	柱顶			梁跨中			梁支座		
	截断前	截断后	改变比例	截断前	截断后	改变比例	截断前	截断后	改变比例
D/H-2	139.8	239.0	40%	1228.3	1183.7	−4%	1021.1	1080.5	6%
D/H-3～H-4	222.8	368.5	40%				877.7	973.5	11%
D/H-5	267.9	426.8	37%	1615.7	1562.8	−3%	607.9	721.7	16%
D/H-6～H-7	254.9	406.9	37%				546.7	673.4	16%
E/H-2	213.7	322.1	34%	1707.6	1626.4	−5%	179.7	259.3	30%
E/H-3～H-4	191.5	298.4	36%				788.5	862.0	9%
E/H-5	229.8	360.3	36%	1576.0	1505.6	−5%	706.0	799.1	11%
E/H-6～H-7	289.6	460.4	37%				262.0	388.7	32%

工程采用中部截断迫降，柱中部位截断前后，结构主要构件弯矩由于结构楼层数量以及跨数的不同，荷载、刚度分布的复杂性，结构的内力重分布情况也较为复杂，应当通过对结构进行整体计算，然后对不利部位进行针对性加强。总体而言，底部楼层以及非连续跨内力变化幅度更大。

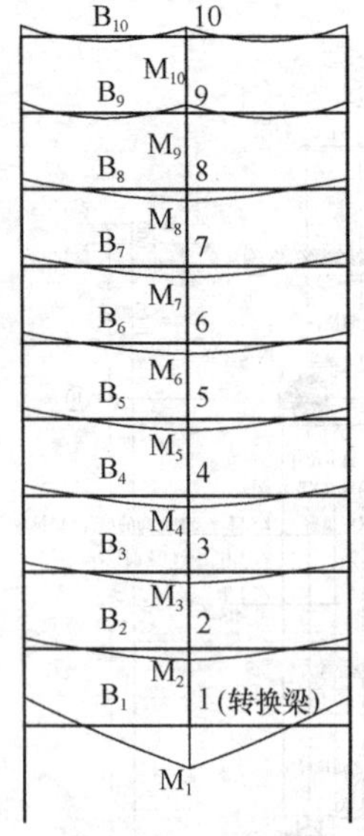

图 1.7.8　带转换层结构立面图

当移位楼层存在框支结构，柱底约束的释放将导致框支梁跨中弯矩大幅增加，影响施工过程的结构安全。结构设计过程中，刚度往往一次形成，经常忽略施工和加载顺序对结构变形和内力的影响，部分框支梁实际所受弯矩比计算弯矩大。柱底约束释放所导致的弯矩重分布将使框支构件内力远远超出实际配筋，结构安全存在隐患。

图 1.7.8 所示底部带转换层的高层结构，底层柱 900mm×900mm，转换梁 600mm×1500mm，其余各层柱 700mm×700mm，梁 300mm×700mm。常规设计方法假定结构总刚一次形成，竖向荷载逐层施加，得到的转换梁跨中弯矩 M_1 =3614.5kN·m；而考虑施工顺序的静力非线性分析方法假定结构构件和竖向荷载都是一层一层添加的，计算得到的转换梁跨中弯矩 M_1 =5102.2kN·m。显然，考虑施工顺序的静力非线性分析方法更符合实际。也就是说，常规设计的计算结果比实际内力偏小约 29%，设计过程中如果未采取其他加强措施，那么实际配筋可能少了约 41%。因此，施工前对此类重要构件必须采取合理措施进行构件加强。

建筑物移位过程中柱底切断引起的约束释放将使底层柱的计算长度发生变化。图 1.7.9*a* 所示底部带穿层柱结构，由于基础（地下室）的嵌固作用，柱底处于完全固接，柱底截断后，柱底约束由固接改为铰接。

当柱顶为固接时，图 1.7.9*a* 中所示普通框架柱计算长度系数理论值为 $\mu_{1,a}=1.0$，考虑到非理想端部约束条件，其设计值一般取 1.2。当柱顶为铰接时，图 1.7.9*b* 中所示普通框架柱计算长度系数理论值为 $\mu_{1b}=2.0$，考虑到非理想端部约束条件后，其设计值一般仍取 2.0。根据欧拉公式 $N_{cr}=\pi^2EI/(\mu l)^2$，底部约束改为铰接后，穿层柱承载力之比为 $\kappa=\dfrac{\pi^2EI/(\mu_{2,b}l)^2}{\pi^2EI/(\mu_{2,a}l)^2}=0.36$。由此可见，柱底截断后约束条件的变化将使柱的极限承载力产生极大变化，减少到原有设计承载力的 36%。对于一般由稳定控制的钢柱，稳定承载力的迅速下降将导致柱子失稳破坏。对于混凝土结构，非抗震以及低烈度设防区域内抗震等级为四级的框架，多层框架柱截面一般由轴压比控制，设计时轴压比一般在 0.8～0.9 之间。若图 1.7.9*a* 中所示普通框架结构层高 4.0m，柱 $Z_{1,a}$截面 500mm×500mm，混

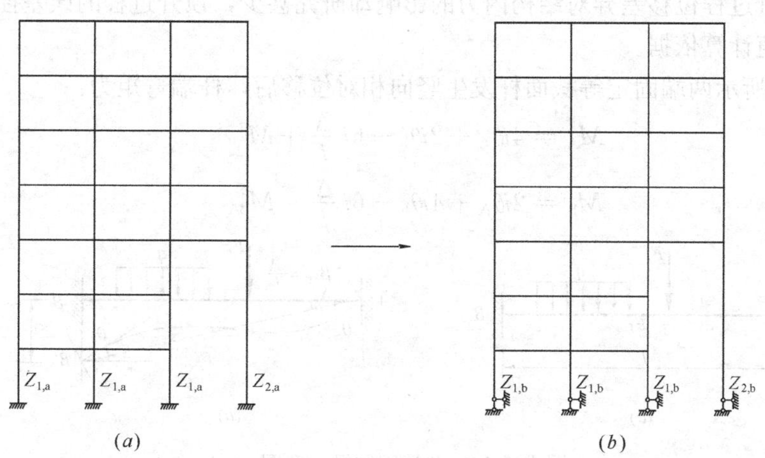

图 1.7.9　底层柱简图

凝土强度等级为 C35，轴压比为 0.85，则柱承载力为 $N=3.54\times10^6$N。柱底截断后其稳定承载力 $N_{cr}=\dfrac{\pi^2EI}{(\mu_{1,b}l)^2}=1.58\times10^7$N。显然对普通混凝土柱，承载力能力是足够的。然而，建筑物底部设置多层通高大堂时，柱底切断引起的约束释放将使穿层柱的计算长度同样发生变化。图 1.7.9*a* 所示穿层柱计算长度为$\mu_{2,a}=3.0$，为普通柱的 3 倍。穿层柱由于计算长度大，其自身容易发生屈曲失稳，柱底截断并释放约束后其竖向承载力迅速下降，柱 $Z_{2,b}$的稳定 $N_{cr}=\dfrac{\pi^2EI}{(\mu_{2,b}l)^2}=1.75\times10^6$N，即使其轴压比为较低为 0.5 时，柱轴力 $N=2.08\times10^6$N，此时承载力并不满足要求。考虑到建筑物活荷载占建筑物总荷载的 10%～20%左右，移位过程中中断使用功能并去除所有活荷载，取活荷载所占比重为 15%，则此时普通框架柱承载力为 1.76×10^6N，安全隐患仍然极大，必须采取加强措施以确保移位过程中的结构安全。建议对于轴压比较大的穿层柱应设置支撑，以提高构件的稳定承载力。

实际上，对于采用框架一核心筒或者框架一支撑体系的高层结构，由于核心筒等支撑构件的支援效应，采用上述公式所计算的穿层柱计算长度比实际值偏大，可采用屈曲分析做进一步精确分析。

另外需要指出的是，柱截断后由于抗弯约束同时释放，不仅柱构件计算长度系数变化导致单构件承载力下降，高层结构的整体稳定承载力也必将下降。因此，高层结构在移位过程中应对整体稳定进行复核。

1.7.2 移位过程顶升差异对结构的内力影响分析

地基不均匀沉降会引起上部结构产生附加内力，构件的内力变化将导致结构不同程度的损伤，甚至引起构件开裂和破坏。地基基础沉降对上部建筑物的影响已引起部分学者的关注，贾强[6]研究了框架结构在边柱沉降和中柱沉降两种工况下构件的开裂和破坏规律；董军等[7]分析了地基不均匀沉降引起上部钢结构损坏的非线性全过程；马杰[8]采用有限元分析了局部沉降对框架结构的空间作用影响。建筑物顶升过程不可避免的会产生位移差异，然而，顶升过程位移差异对结构内力的影响却研究甚少，顶升过程的误差控制缺乏一定的理论和数值计算依据。

图 1.7.10 所示两端固定等截面杆发生竖向相对位移后，杆端弯矩为：

$$M_A = 4i\theta_A + 2i\theta_b - 6i\frac{\Delta}{l} + M_{AB}^F \tag{1.7.1}$$

$$M_B = 2i\theta_A + 4i\theta_b - 6i\frac{\Delta}{l} + M_{BA}^F \tag{1.7.2}$$

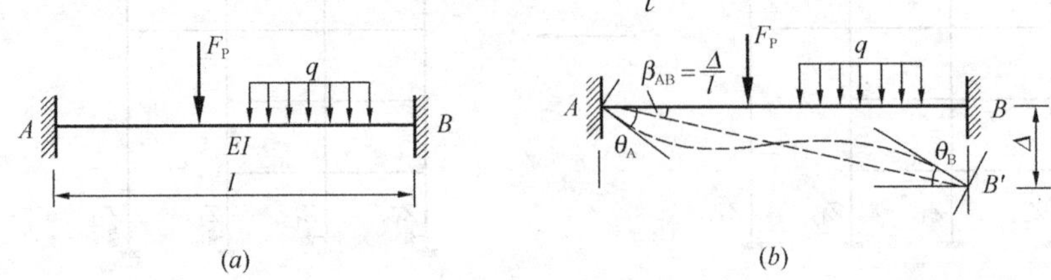

图 1.7.10 两端固结梁示意图

式中：$i=\frac{EI}{l}$ 为线刚度，θ_A、θ_B 为杆端截面转角，M_{AB}^F、M_{BA}^F 为固端弯矩。

显然，竖向差异位移后，杆端弯矩将发生 $6i\frac{\Delta}{l}$ 的变化。当然，建筑物作为一个空间结构体系，在空间形态以及梁柱刚度比上存在很大差异，这将导致竖向移位后结构内力更为复杂。

某 5 层框架结构，层高 3.6m，x 方向（东西向）柱网尺寸为 5m×8.4m，y 方向（南北向）柱网尺寸为 3m×8.4m（平面详见图 1.7.11），框架柱截面尺寸 500mm×500mm，框架梁截面尺寸 300mm×700mm。将 1 轴交 C 轴柱进行位移差异顶升，以研究其内力变化。分别将 1 轴交 C 轴柱进行 1mm、2mm 和 3mm 的位移差异顶升，框架弯矩变化详见图 1.7.12。由图可知，当发生差异顶升时，C 轴支座负弯矩由 210.72kN·m 增加到 251.10kN·m、268.75kN·m 和 287.55kN·m，分别增加了 19.1%、27.5%和 36.5%，增幅明显，并随千斤顶顶升差异的增加而不断增大。C 轴柱子差异顶升后，与之相邻的边支座弯矩则由 163.60kN·m 减少到 126.26kN·m、113.63kN·m 和 95.50kN·m，分别减少了 22.8%、30.5%和 41.6%；而与之相邻的内支座由 202.28kN·m 减小到 166.04kN·m、147.62kN·m 和 131.61kN·m，分别减小了 17.9%、27.0%和 34.9%。可见差异顶升后，在顶升支座弯矩大幅增加的同时，与之相邻支座负弯矩则减小明显，在本工程刚度、荷载分布均匀的情况下，减幅与增幅相当，而相邻跨中弯矩变化幅度均不大；同一楼层内，除相邻跨外，其余部位内力变化幅度不大。由于顶升后各楼层差异变形基本相同，因此各楼层内力变化幅度和规律基本相同。

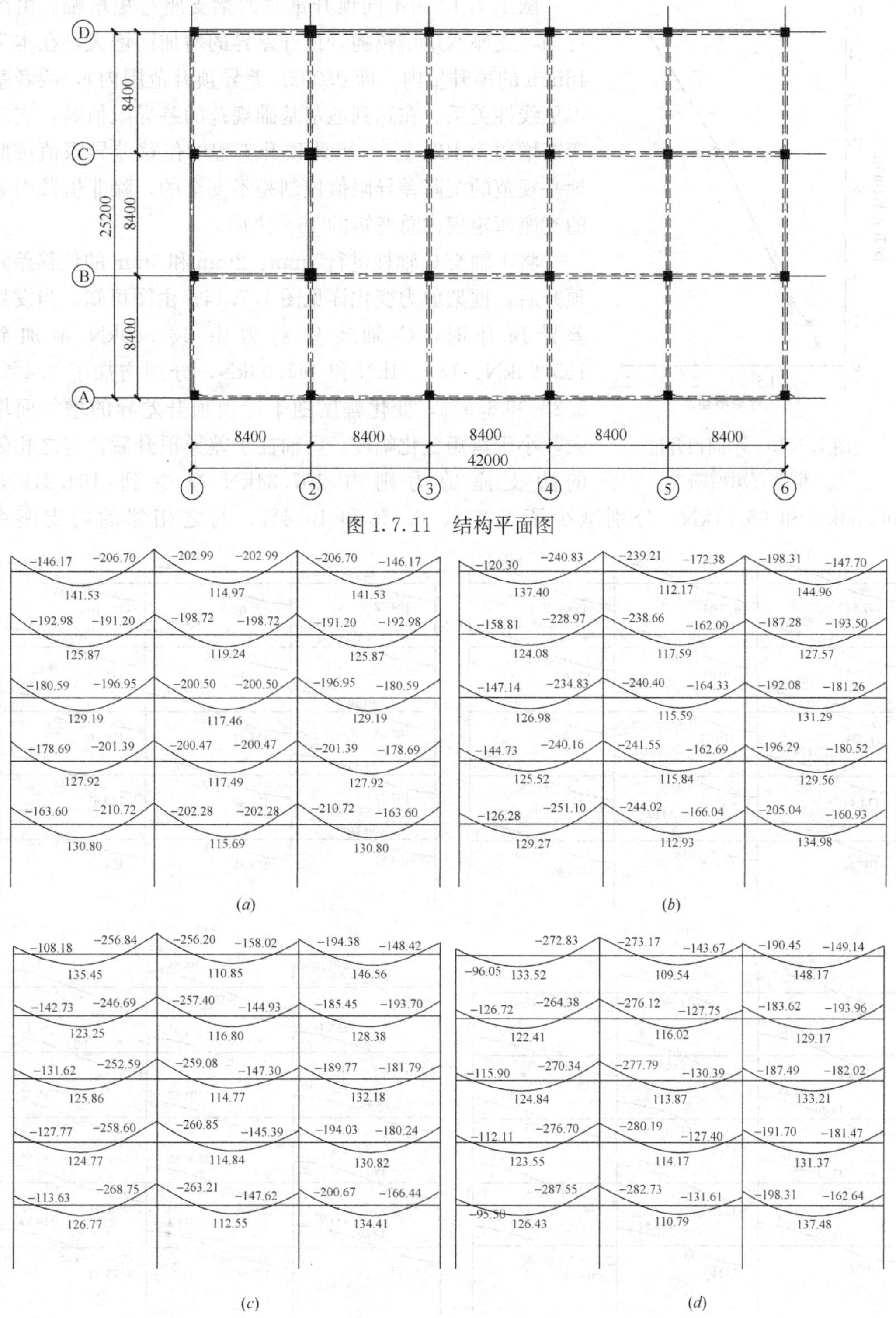

图 1.7.11　结构平面图

图 1.7.12　中柱不均匀顶升框架弯矩图

(*a*) 无顶升差异；(*b*) 1mm 顶升差异；(*c*) 2mm 顶升差异；(*d*) 3mm 顶升差异

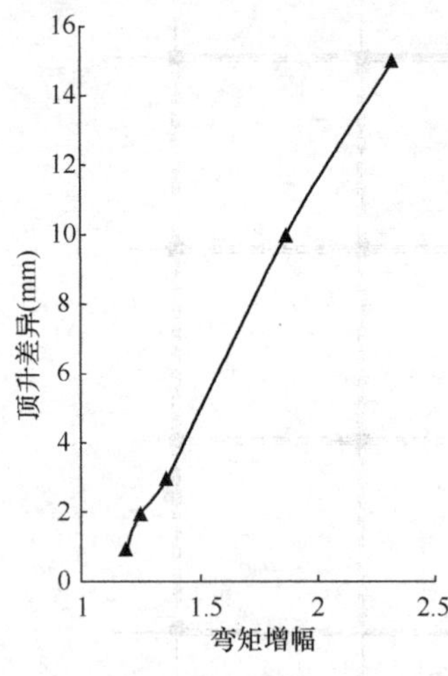

图 1.7.13　不同顶升量框架弯矩增幅

图 1.7.13 为不同顶升量时的梁支座弯矩增幅。由图可知，支座弯矩增幅随着顶升差异的增加而增大，在本文 16mm 的顶升量内（即 0.002L 差异顶升范围内），两者基本呈线性关系。在达到地基基础规范的差异限值时，支座弯矩增幅为 123.1%，因此顶升工程的位移差异限值按照地基规范的沉降差异限值控制是不安全的，除非恒载引起的支座弯矩仅占总弯矩的 45%之内。

将 1 轴交 C 轴柱进行 1mm、2mm 和 3mm 的位移差异顶升后，框架剪力变化详见图 1.7.14。由图可知，当发生差异顶升时，C 轴支座剪力由 130.80kN 增加到 133.93kN、137.54kN 和 141.93kN，分别增加了 2.4%、5.2%和 8.5%，变化幅度随千斤顶顶升差异的增加而增大，小于弯矩变化幅度。C 轴柱子差异顶升后，与之相邻的边支座剪力则由 107.34kN 减少到 104.21kN、100.60kN 和 96.21kN，分别减少了 2.9%、6.5% 和 10.4%；与之相邻的内支座由

(*a*)　(*b*)

(*c*)　(*d*)

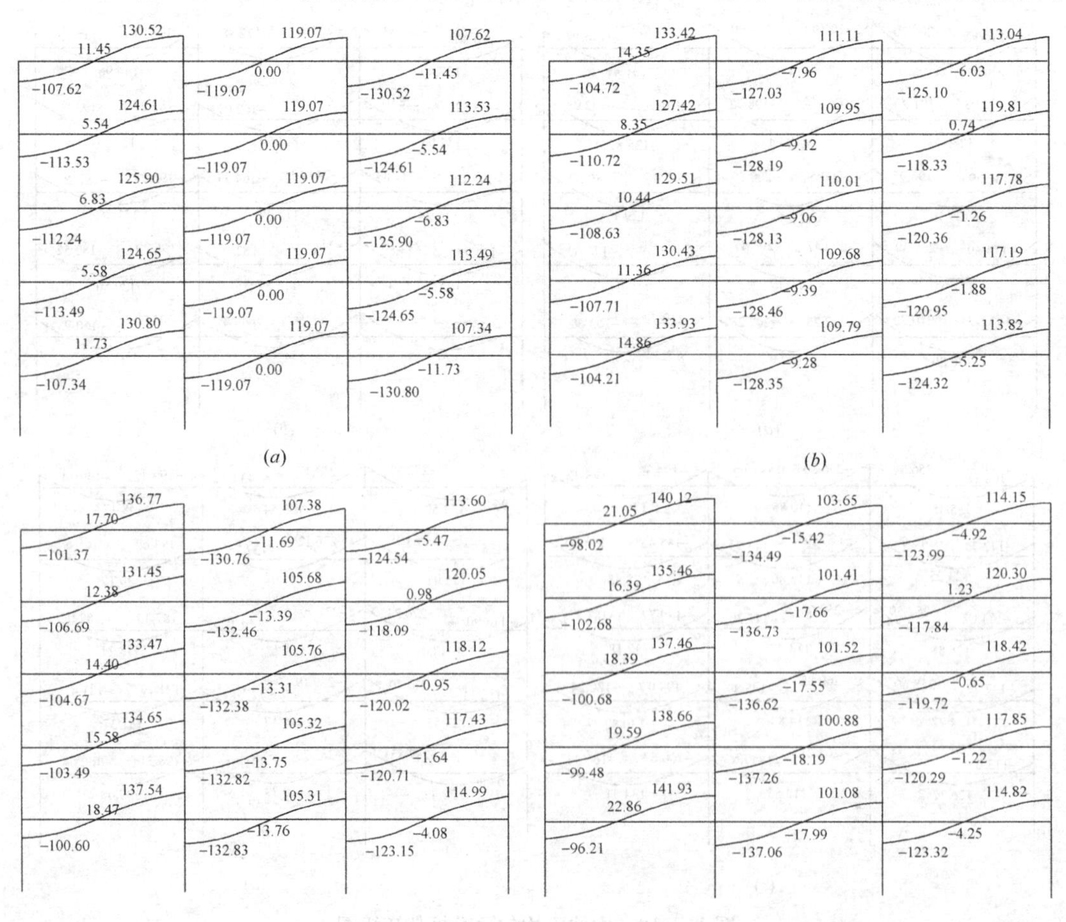

图 1.7.14　不均匀顶升框架剪力图

(*a*) 无顶升差异；(*b*) 1mm 顶升差异；(*c*) 2mm 顶升差异；(*d*) 3mm 顶升差异

119.07kN 减小到 109.79kN、105.31kN 和 101.08kN，分别减小了 7.8%、11.6%和 15.1%。差异顶升后，在顶升支座弯矩增加的同时，与之相邻支座负弯矩则减小明显；同一楼层内，其余部位内力变化幅度不大，其余楼层内力变化幅度和规律基本相同。

1轴交C轴柱进行 1mm、2mm 和 3mm 的位移差异顶升后，C轴底层柱轴力由 2371.74kN 增加到 2427.39kN、2482.93kN 和 2538.48kN，分别增加了 2.4%、4.7%和 7.0%，差异位移对柱轴力影响相对较小；差异顶升对二层以上各柱轴力影响与一层类似，数值上略有减小。C轴柱子差异顶升后，与之相邻的柱子轴力有所减小。

实际上，柱的内力增加源自于柱底抬升后，与之相连的梁在相邻支座的嵌固下对该柱的约束作用（如嵌固作用不明显梁发生转动，则约束作用减弱，柱的内力增幅会减小）柱内力增幅可采用下式估算：

$$\Delta N = \sum\sum K_{i,j}\Delta \tag{1.7.3}$$

式中：$K_{i,j}$ 为与该柱相连的梁的抗侧刚度。

对于本工程，当顶升差异 Δ 为 2mm 时，则：

$$\Delta N = 15 \times \frac{12EI}{l^3} \times 2 = 104.2\text{kN}$$

这与 2mm 顶升差异时的内力差 111.79kN 非常接近，由该公式可以推断，当结构整体刚度较好，楼层数量多，与之相连的梁、柱刚度刚度大时，柱的内力增幅大。

图 1.7.15 为不同顶升量时的柱内力增幅。显然，内力增幅随着顶升差异的增加而增大，在本书 16mm 的顶升量内（即 0.002L 差异顶升范围内），两者基本呈线性关系。《建筑地基基础设计规范》规定的框架结构相邻柱基沉降差异允许值为 0.002L，日本东京地铁基础托换工程竖直方向容许位移量为 5mm。在达到地基基础规范的差异限值时，本工程柱内力增幅为 25.3%。

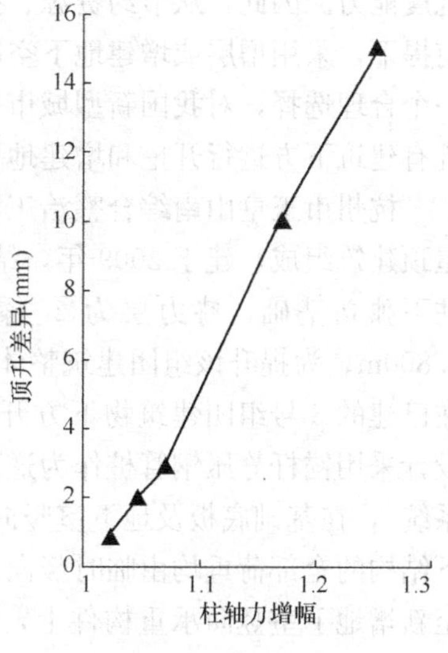

图 1.7.15 不同顶升量框架轴力增幅

总体而言，顶升过程产生差异位移后，跨中弯矩变化一般较小，而支座弯矩则变化幅度较大。顶升工程的差异限值一般由支座弯矩控制。顶升时楼面活载一般不存在，考虑当活载占建筑物总荷载的 30%，则支座弯矩增幅在 40%～50%之内，梁配筋可以满足内力变化的需要。在千斤顶布置时，一般要求安全系数为 2。对本工程，可限定千斤顶误差限值为 2mm。

顶升过程的差异位移对结构内力具有很大影响，内力变化与上部结构的刚度关系密切，顶升前应进行具体分析并严格控制顶升误差的限值。

1.8 既有建筑地下逆作开挖增建地下空间关键技术

1.8.1 既有建筑增建地下空间的工程意义

随着中国城市化进程的不断发展，城市土地资源和空间发展的矛盾和问题日益突出，如何建设具有中国特色的资源节约型城市，已成为我国城市建设面临的重大课题。城市地下空间开发和利用，对提高土地利用率、缓解中心城市密度、疏导交通、扩充基础设施容量、增加城市绿地、保持历史文化景观、减少环境污染和改善城市生态起到不可忽视的作用。近20多年来，国内城市地下空间开发和利用得到快速发展，地下空间建造规模越来越大。城市地下空间的开发和利用，已成为世界性发展趋势，并逐步成为衡量城市现代化的重要标志。

同时，从节约资源和有效保护城市环境出发，我们也应尽快改变当前大拆大建的城市建设模式。对市内、特别是城市中心地带的既有建筑进行增层或增建地下空间等方面的改造，可充分利用现有城市设施，节省城市配套设施费，节省拆迁、建筑垃圾清运和征地成本，且施工周期短，对周边环境影响小。若能与抗震加固和改造技术结合起来，可在增建建筑使用面积、提升建筑使用功能的同时，还可改善既有建筑的结构受力性能，增强房屋抗震能力。因此，从节约资源、提升功能、保护环境等方面综合考虑，在保留既有建筑的前提下，采用增层或增建地下空间的改造方式代替过去的大拆大建模式是城市建设发展的一个合理选择，对我国新型城市化进程具有重要意义。目前国内已有多个利用逆作技术在既有建筑下方进行开挖和增建地下空间的工程案例。

杭州市玉皇山南综合整治工程甘水巷3号组团由前后排列的3幢2层（局部1层）坡屋顶建筑组成，建于2009年，结构体系采用现浇钢筋混凝土框架结构，基础为天然地基柱下独立基础，持力层为②$_2$黏质粉土层，柱下独立基础和基础梁的底标高均为－1.800m。为提升该组团建筑整体使用功能，该项目于2014年进行了增建地下室工程，即在已建的3号组团建筑物下方开挖增建一层地下室，新增建地下室建筑面积约1700m^2。设计采用锚杆静压钢管桩作为逆作施工阶段上部既有建筑的临时竖向支承体系（基础托换系统），在基础底板及地下室竖向承重构件（框架柱、周边外墙）施工前，上部结构及地下结构的全部荷重均由临时竖向支承体系承担，施工结束后，再将上述全部荷重托换转移至新增地下室竖向承重构件上，并最终将地下室层高范围内的钢管桩和柱下独立基础割除，以保证新增地下室的有效使用功能。

锚杆静压钢管桩直径250mm，内灌细石混凝土，以每根框架柱为一组，每组布置4根钢管桩，以原柱下独立基础为静压沉桩施工作业面。考虑到原建筑首层室内地面为实土夯实地坪，为确保建筑物下部土方开挖阶段上部结构的受力和稳定要求，先施工地下室顶板结构。每组静压钢管桩顶部均伸至地下室顶板结构，并与局部加厚顶板（混凝土承台）连为一体，形成整体受力的竖向支承体系（基础托换系统），如图1.8.1、图1.8.2所示。

位于北京市中山公园内的北京市音乐堂（原中山音乐堂）于20世纪50年代加建而

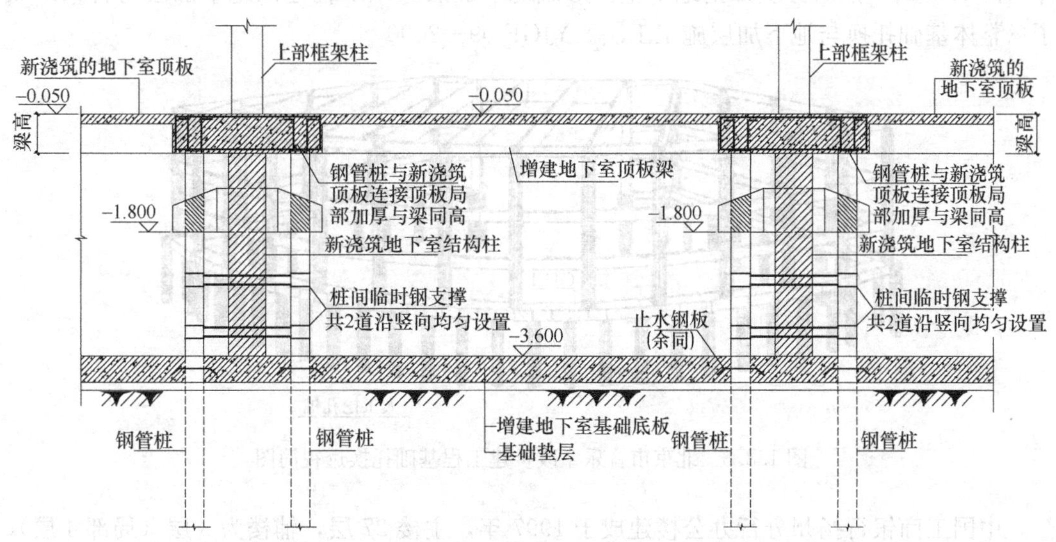

图 1.8.1 杭州玉皇山南甘水巷 3 号组团增建地下室剖面

图 1.8.2 杭州玉皇山南甘水巷 3 号组团增建地下室
施工阶段的“一柱四桩”式竖向支承体系

成，原建筑面积 $2800m^2$，无地下室。主体结构采用框排架结构，由 22 根直径 750mm 的圆柱和 2 根 750mm×750mm 的方柱支承现浇钢筋混凝土梯形屋架和现浇屋面板，除 2 根方柱采用混凝土独立基础外，其余 22 根圆柱均采用毛石混凝土刚性独立基础。20 世纪 90 年代后期改扩建时，北京城建七公司研究应用了“整体基础托换与地下加层技术”，成功保留了原结构的独立柱及混凝土桁架屋盖，并向地下扩层，增建了 6.3m 深的筏形基础地下室约 $4000m^2$，又将原结构改建成有两层看台的框架结构，改建后总建筑面积达 $11200m^2$，满足了业主对新建筑的结构安全和各项使用功能要求[31]。

增建地下室时，采用“两桩托一柱”的整体基础托换方案，即沿基础轴线方向每一基础两侧进行人工挖孔灌注桩，再在±0.000m 处设承台（转换大梁），承台相连并形成整体（图 1.8.3），然后分块开挖地下室，形成地下加层。该工程还以地下加层为背景形成了《整体基础托换与地下加层施工工法》YJGF 09—2000[32]。

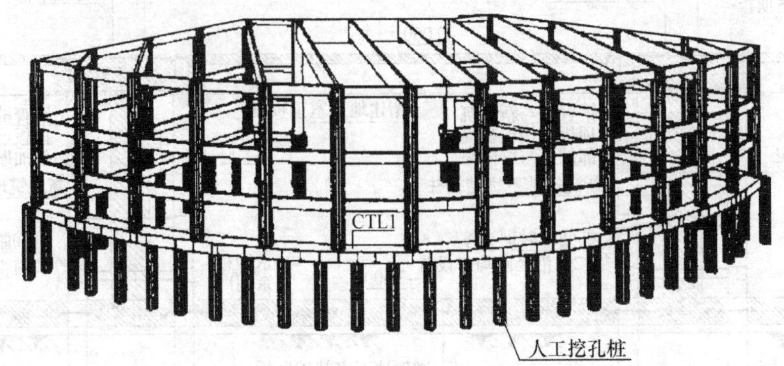

图 1.8.3　北京市音乐堂改扩建工程基础托换透视简图

中国工商银行扬州分行办公楼建成于 1997 年，主楼 27 层，辅楼为 3 层（局部 4 层）。辅楼建筑面积 5360m^2，无地下室，采用框架结构，一层层高为 3.6m，原基础为柱下锥形钢筋混凝土独立基础，埋深为－2.2～－3.5m。为解决停车难问题，2011 年在对辅楼进行改造时，采用静压锚杆桩托换技术[3]，成功在辅楼下面增建了一层 3.6m 高的地下车库，实现了既有建筑物地下空间的二次开发，新增地下室建筑面积 1800m^2，增加停车位 80 个，见图 1.8.4、图 1.8.5。

图 1.8.4　既有建筑地下土方开挖

图 1.8.5　锚杆静压桩托换

浙江饭店为高层酒店建筑，地处杭州市商业中心延安路与凤起路交叉口，建于 1997 年，建筑平面呈 L 形，地上 13 层，地下 1 层。上部结构为钢筋混凝土框架一剪力墙体系。因酒店经营需要，拟考虑在原地下一层的正下方增建地下二层作为停车库，新增地下二层建筑面积 2525.6m^2，层高 5.27～6.77m，可新增停车位 121 个。该工程利用原工程桩（钻孔灌注桩）及后增锚杆静压钢管桩共同作为既有建筑的竖向支承体系（基础托换系统），采用暗挖逆作方式进行下部土方开挖，边挖边施工水平内支撑，待开挖至设计基底标高后，施工基础承台和底板，再进行地下二层墙、柱等竖向承重构件的托换施工，最后凿除地下二层层高范围内的原工程桩和钢管桩，如图 1.8.6 所示。

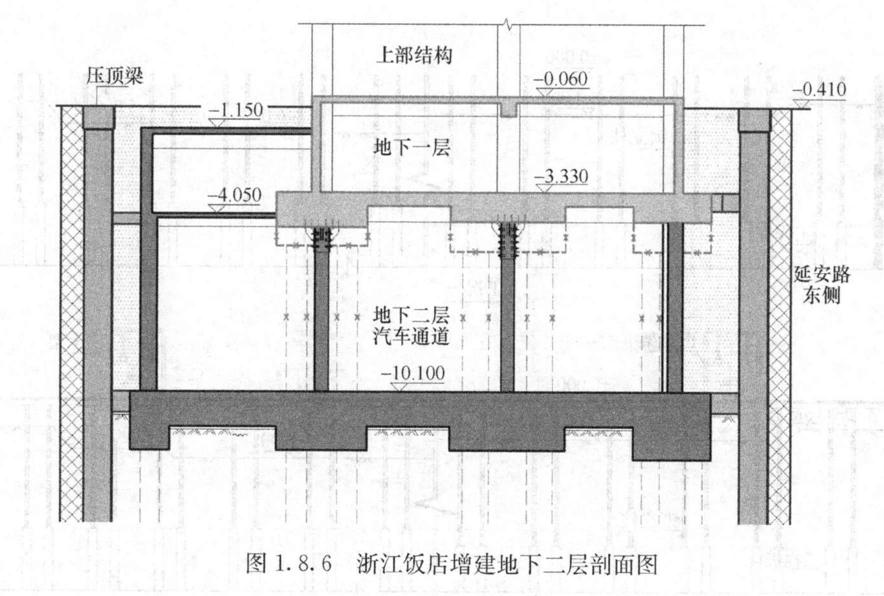

图 1.8.6　浙江饭店增建地下二层剖面图

1.8.2　工艺原理及需解决的关键技术

既有建筑下方开挖和增建地下室，可视为基坑工程逆作法技术应用的延伸。所谓逆作法技术，其基本原理是利用地下室基坑四周的围护墙和坑内的竖向立柱作为“逆作”阶段的竖向承重体系，利用地下室自身结构层的梁板作为基坑围护的内支撑，以±0.000 层（也可以是地下一层）为起始面，由上而下进行地下结构的“逆作”施工，同时由下而上进行上部主体结构的施工，组成上部、下部结构平行立体作业。

这里以杭州西湖凯悦大酒店 3 层地下室逆作工程为例，阐述逆作法技术的工艺原理和作业流程。该工程坐落于杭州西湖东岸，东贴东坡路，南为平海路，西临湖滨路，北靠学士路。工程由宾馆区、商场和公寓区组成，地上 7～8 层，地下 3 层，地下室南北向长 110～170m，东西向宽 135m，土方开挖面积约 17500m^2，开挖深度 14.65m。地下室逆作开挖、上下部结构同步施工的作业流程共包含以下 7 种典型工况（如图 1.8.7 所示）：

（1）工况一：施工周边围护墙（地下连续墙）和竖向支承结构（钢立柱）；为加快挖土速度，首先明挖至地下一层板底标高，周边放坡保留三角土，以控制地连墙侧向变形。

（2）工况二：施工±0.000 层楼板（地下室顶板）及地连墙压顶梁，安装出土架。

（3）工况三：施工地下一层楼板（标高−4.000m、−5.000m、−6.000m）的中心部位；当中心部位达到设计强度后，分段、对称开挖周边保留的三角土，边开挖边施工周边楼板；同时施工地面以上第 1～2 层。

（4）工况四：开挖宾馆区土方至地下二层板底（标高−8.000m），浇注宾馆区地下二层中心部位−8.000m 标高楼板；待达到设计强度后，分段、对称开挖周边保留的三角土，边开挖边施工周边−8.000m 标高楼板；同时施工地面以上第 3～4 层。

（5）工况五：开挖宾馆区土方至−14.650m 标高，开挖商场公寓区至−12.650m 标高，周边放坡保留三角土；浇筑中心部位的底板混凝土；同时，施工地面以上第 5 层。

（6）工况六：中心部位底板混凝土达到设计强度后，周边设置临时钢斜撑，上端支承

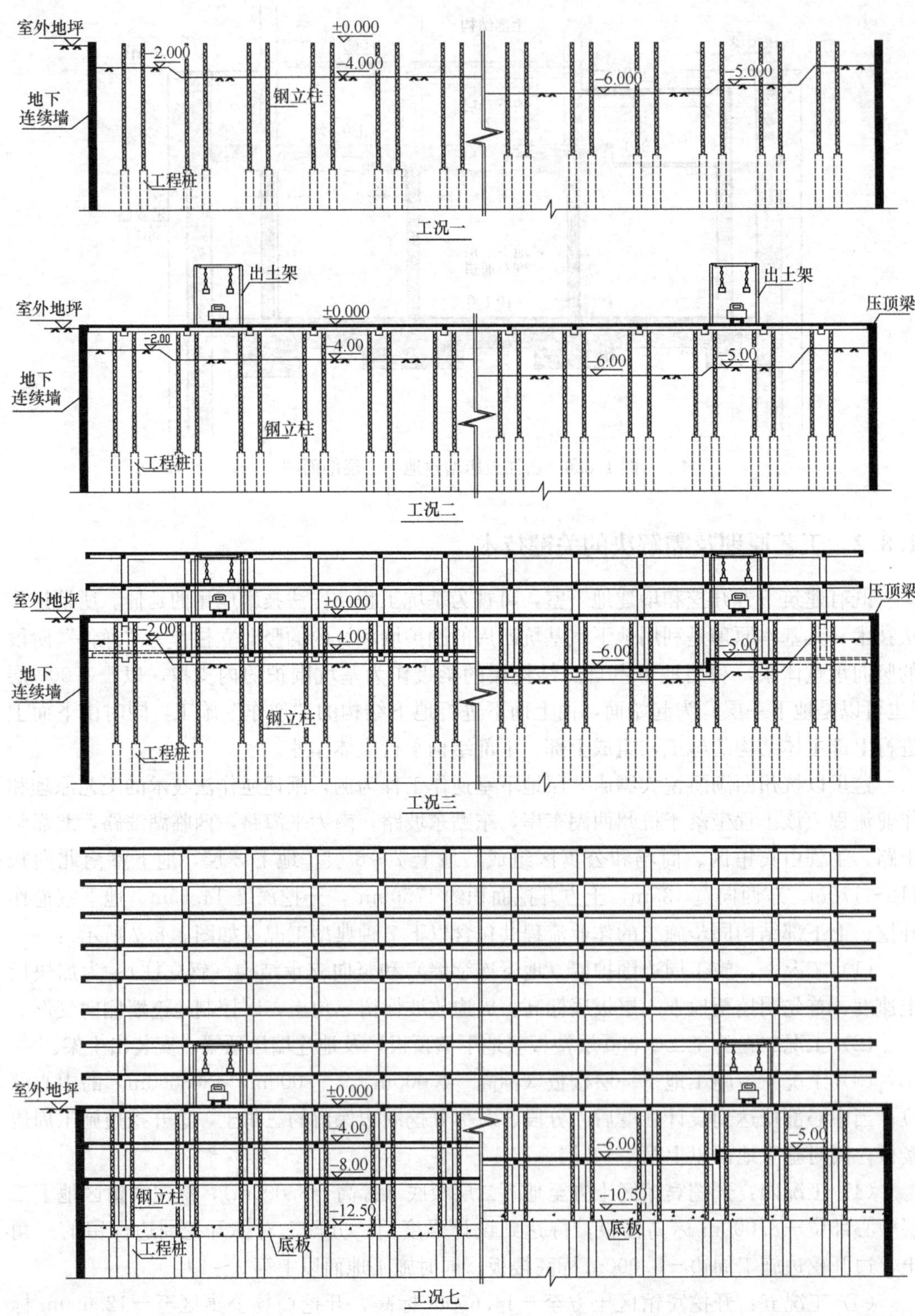

图 1.8.7　杭州西湖凯悦大酒店逆作法流程示意图

在地连墙上，下端支承于中心部位的底板上；同时，施工地面以上第6层。

（7）工况七：分段、对称开挖周边保留的三角土，边开挖边浇注周边－12.500m、－10.500m标高的底板混凝土；底板达到设计强度后，同时施工地面第7～8层。

由于在地下室逆作开挖期间，基础承台、底板尚未施工，地下室墙、柱等竖向承重构件尚未形成，地下各层和地上计划施工楼层的结构自重及施工荷载均需由竖向支承体系承担，因此，竖向支承体系设计是逆作法技术的关键环节之一。杭州西湖凯悦大酒店逆作施工期间，地面以上按施工6层考虑上部结构自重及施工活载。在宾馆及公寓主楼部位按“一柱四桩”设计，即1根结构柱对应设置4根井形钢立柱；广场区域由于竖向荷载较小，按“一柱二桩”设计竖向支承体系。钢立柱顶部设置临时承台（图1.8.8），利用承台将施工阶段的全部竖向荷载传给钢立柱，再由钢立柱传递给下部的4根工程桩。当底板封底、地下各层结构柱、墙施工完毕后，即可割除临时钢立柱（图1.8.9），完成逆作施工阶段的荷载转换。

图1.8.8　逆作阶段临时钢立柱及承台

图1.8.9　钢立柱割除后的地下室永久结构柱

既有建筑增建地下空间工程技术的工艺原理与上述逆作法技术相似，其总体作业流程也是先施工周边围护结构和竖向支承体系（即基础托换系统），再逆作开挖下部土方，边开挖边施工地下结构（兼作基坑水平支撑结构），开挖至基底标高时浇筑基础底板，最后施工地下室外墙及竖向承重构件（框架柱、剪力墙等）。当地下室竖向构件达到设计强度后，凿除新建地下室层高范围内的临时托换构件（如锚杆静压桩、原工程桩等），完成新建地下室的增建工作。

可以看出，既有建筑增建地下空间技术充分借鉴了逆作法技术的工艺原理和作业流程，因此可视为逆作法技术应用的延伸。两者不同的地方是，常规逆作法技术是针对地下结构和地上结构同步施工，竖向支承体系承担的总荷重是随施工进程逐步增加的；而既有建筑增建地下空间技术是在上部结构已先期施工完成的前提下实施的，上部结构总荷重需要在下部土方逆作开挖前就全部托换转移至竖向支承体系（即托换系统）上。

由于既有建筑增建地下空间技术是在上部建筑物已先期施工完成的前提下进行地下逆作开挖，因而其实施难度与常规逆作法工程相比要大得多。对既有建筑地下逆作开挖增建地下空间来说，需要解决的关键技术问题主要有以下几个方面：

1. 竖向支承体系（托换系统）受力复杂，设计和施工难度比常规逆作法工程更大，是既有建筑地下逆作增层能否成功实施的最核心、最关键的环节之一。前面提到，常规逆作法工程竖向支承体系承担的竖向荷重是随地下结构和地上结构施工层数的增加而逐步增加的，而既有建筑地下增层时，既有建筑物荷重一开始就要全部由竖向支承体系（即托换系统）来承担；常规逆作法工程在逆作阶段的上部结构施工层数，可根据其竖向支承体系的承载力事先进行优化和控制，如西湖凯悦大酒店上部结构施工层数在基础底板完成前控制不超过 6 层，以确保竖向支承体系的受力安全，但既有建筑地下增层工程无法做到这一点。

另外，由于受施工空间条件限制，大型施工设备无法进入既有建筑内部进行施工，因此既有建筑地下增层工程大多采用锚杆静压桩等小型桩来进行托换，其承载力和稳定性相对较小，一般仅用于上部层数较少的既有建筑。当既有建筑层数较多或为高层建筑时，尚须采用承载性能更高的竖向支承体系。

某些项目要求在地下逆作增层阶段上部建筑处于不停业状态，此时竖向支承体系不仅要求在承载力方面能绝对保证上部结构安全，同时还要严格控制立柱之间的差异变形（沉降），使上部结构不至于产生过大附加内力和附加变形而引起开结构裂或影响其正常使用功能。

2. 地下土方开挖难度比常规逆作法工程更大。常规逆作法工程在利用地下结构楼板作为基坑水平支撑结构时，往往结合建筑平面布置设置多个尺寸较大的预留洞口，作为地下逆作施工阶段土方运输、材料和机械设备进出的施工临时洞口，也有的逆作法工程采用顺逆结合的设计方案，即裙楼区域逆作、主楼区域顺作，主楼顺作区域作为地下逆作施工阶段的临时施工出土口。而对于既有建筑地下增层工程来说，往往难以按需要留设临时施工洞口，一般情况下需采用小型挖机配合人工挖土，有时甚至以人工开挖方式为主，因而下部土方逆作开挖难度更大。

3. 基础底板结构和竖向承重构件与临时托换构件和上部既有结构之间的连接构造十分复杂，如何确保新增地下室墙、柱等竖向承重构件顶部与既有建筑基础之间的连接和传力可靠，如何保证新浇筑混凝土承台、地梁或底板与托换系统的立柱桩（如锚杆静压桩或利用原工程桩）之间的抗剪连接和防水可靠，这些都是既有建筑增建地下空间的核心技术。

另外，新增地下室墙、柱等竖向承重构件施工前，上部结构及地下结构的所有荷重均由锚杆静压桩等竖向支承体系承担。施工结束后，需要将上述全部荷重托换转移至新增的竖向承重构件上，并最终将地下室层高范围内的临时托换桩切断凿除，以确保新增地下室的有效使用功能。上述荷载转移过程中，新浇筑的墙和柱在重力荷载作用下将产生一定的压缩变形量，墙、柱混凝土本身的收缩徐变效应也将进一步增大其压缩变形，而且这种压缩变形在柱与柱之间、柱与墙之间不可能是相等和同步的，这将引起在上部既有结构中产生不同程度的附加内力和变形，对上部结构受力可能产生不利影响。如何控制或减轻上述不利影响的程度，也是设计时需要解决的关键问题之一。

1.8.3 竖向支承体系（基础托换系统）设计计算

1. 竖向支承体系选型与布置

新增地下室框架柱、剪力墙等竖向承重构件施工前，既有建筑物的全部荷重及施工荷载均由竖向支承体系（即既有建筑基础托换系统）承担。因此，竖向支承体系必须具有足够的刚度和承载力，确保上部既有建筑在竖向荷重及侧向荷载（如风荷载等）作用下的承载力和稳定性要求。考虑到既有建筑内部施工空间限制，竖向支承体系大多只能采用锚杆静压桩等小型桩，如杭州甘水巷3号组团和中国工商银行扬州分行办公楼辅楼分别采用锚杆静压钢管桩和锚杆静压预制方桩，作为既有建筑基础以下逆作开挖增层施工阶段的竖向支承体系。

锚杆静压桩应按"对称布置、受力均衡"的原则，以一根框架柱为一组，采用"一柱两桩"、"一柱四桩"等形式进行布置。每组锚杆桩的顶部应设置混凝土转换承台，上部结构柱的柱底反力（轴力、弯矩和剪力）通过转换承台传递给下部锚杆桩，使每组锚杆桩能整体受力、共同工作。混凝土承台可利用原柱下独立基础，当原基础尺寸偏小或承载力不足时，应事先进行加固，如中国工商银行扬州分行办公楼辅楼锚杆桩施工前，对原柱下独立基础的平面尺寸和高度均进行了加大处理（图1.8.10、图1.8.11）[33]。

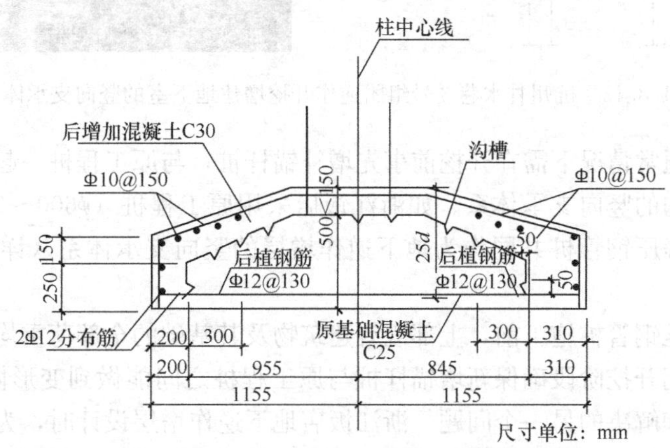

图1.8.10　原柱下独立基础加固

当利用原柱下独立基础作为每组锚杆桩共同工作的转换承台时，不利于后期新增地下室内部结构柱的施工，新浇筑的柱顶部与原结构柱的底端之间的连接处理相对比较困难。为方便后期新增地下室结构柱施工，杭州甘水巷3号组团采用了在原独立柱基的上方另行浇筑混凝土转换承台的方式，如图8.1.12所示。

图1.8.11　加固后的独立柱基开孔和锚杆种植

当既有建筑原基础为桩基础时，应尽可能利用原工程桩作为施工阶段的竖向支承体系，但原工程桩的承载力取值不能简单套用原设计时采用的单桩承载力特征值，应根据原工程桩的桩型、打桩记录、静载荷试验及完整性检测结果，结合水文地质条件对原桩基质量及承载能力等情况进行评估，并充分考虑后期土方开挖卸荷对既有工程桩承载性能的影响。考虑到地下增建结构的新增荷载及施工荷载作用，施工阶段原工程桩承担的荷载比施工前一般会有所增加，后期逆作开挖卸荷效应又会降低原工程桩的竖向抗压刚度和极限

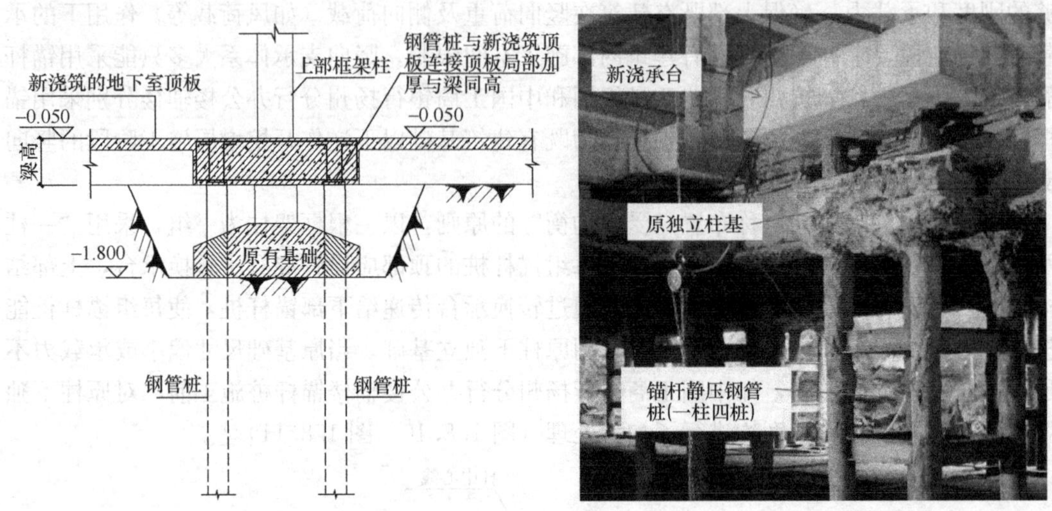

图 1.8.12　杭州甘水巷 3 号组团逆作开挖增建地下室的竖向支承体系

承载力，因此，通常情况下需在开挖前事先增补锚杆桩，与原工程桩一起共同作为施工阶段的上部既有结构的竖向支承体系。如浙江饭店采用原工程桩（ϕ600～900mm 钻孔灌注桩）及后增锚杆静压钢管桩共同作为地下逆作增层的竖向支承体系（详见本书第 4 章介绍）。

由于锚杆静压钢管桩施工前，上部既有建筑物及其基础的全部荷重均已作用在原工程桩上，如何在后期开挖阶段确保新增锚杆桩与原工程桩之间能做到变形协调、协同工作，是设计需要考虑和解决的另一个问题。浙江饭店地下逆作增层设计时，为保证锚杆静压钢管桩与原钻孔灌注桩之间能协调作用，要求钢管桩静压到位后，通过设置临时反力架使钢管桩桩顶封孔前保留一定的预压力，并在原地下一层基础底板的上方浇筑厚 500mm 的“反向柱帽”，使新增锚杆桩与原工程桩之间能整体受力，共同承担上部既有结构的竖向荷载。“反向柱帽”高出原板面部分，待地下二层墙柱托换施工完成并达到设计强度后再予以凿除，详见图 4.5.2、图 4.5.3 示意。

2. 高承台桩压曲稳定分析

不论是利用原工程桩还是新增锚杆静压桩对原基础进行托换，随着下部土方开挖，竖向支承桩受力方式逐渐由原低承台桩转变为高承台桩。

根据《建筑桩基技术规范》JGJ 94—2008，计算高承台桩的正截面受压承载力时，应考虑桩身压屈的影响。该规范采用桩身正截面受压承载力乘以稳定系数 φ 进行折减的方法来考虑桩身压屈的影响，其中的稳定系数 φ 可根据桩的直径 d（对矩形截面桩取其短边尺寸 b）、桩身压屈计算长度 l_c 按表 1.8.1 确定，而 l_c 则需根据桩顶约束情况、桩身露出地面的自由长度、桩的入土深度、桩侧和桩底的土质条件等因素综合确定。

桩身稳定系数 φ　　　　表 1.8.1

l_c/d	≤7	8.5	10.5	12	14	15.5	17	19	21	22.5	24
l_c/b	≤8	10	12	14	16	18	20	22	24	26	28
φ	1.00	0.98	0.95	0.92	0.87	0.81	0.75	0.70	0.65	0.60	0.56

续表

l_c/d	26	28	29.5	31	33	34.5	36.5	38	40	41.5	43
l_c/b	30	32	34	36	38	40	42	44	46	48	50
φ	0.52	0.48	0.44	0.40	0.36	0.32	0.29	0.26	0.23	0.21	0.19

对于非嵌岩桩（桩端支于非岩石土中），当 $h<4.0/\alpha$ 时：

桩顶按铰接考虑：$l_c=1.0\times(l_0+h)$ (1.8.1)

桩顶按刚接考虑：$l_c=0.7\times(l_0+h)$ (1.8.2)

当 $h\geqslant4.0/\alpha$ 时：

桩顶按铰接考虑：$l_c=0.7\times(l_0+4.0/\alpha)$ (1.8.3)

桩顶按刚接考虑：$l_c=0.5\times(l_0+4.0/\alpha)$ (1.8.4)

对于嵌岩桩（桩端嵌于岩石内），当 $h<4.0/\alpha$ 时：

桩顶按铰接考虑：$l_c=0.7\times(l_0+h)$ (1.8.5)

桩顶按刚接考虑：$l_c=0.5\times(l_0+h)$ (1.8.6)

当 $h\geqslant4.0/\alpha$ 时：

桩顶按铰接考虑：$l_c=0.7\times(l_0+4.0/\alpha)$ (1.8.7)

桩顶按刚接考虑：$l_c=0.5\times(l_0+4.0/\alpha)$ (1.8.8)

式中，l_0 为高承台桩露出地面（开挖面）以上的长度，h 为桩的入土长度，α 为桩的水平变形系数，按下式计算：

$$\alpha=\sqrt[5]{\frac{mb_0}{EI}} \tag{1.8.9}$$

其中，m 为开挖面以下土体水平抗力系数的比例系数，b_0 为桩的计算宽度，EI 为桩身抗弯刚度。

当开挖面较深，桩露出的长度较长，尤其是开挖面以下为深厚的淤泥质软弱土层时，考虑桩身压曲影响的稳定承载力可能较小。设置桩间临时水平支撑，可有效增加支承桩稳定性，提高压曲稳定承载力，如浙江饭店地下逆作开挖增建地下二层工程（见本书第4章介绍），随下部土方开挖，设计考虑共设置上下两道临时水平钢支撑，以加强竖向支承桩（原工程桩与新增锚杆静压钢管桩）之间的整体受力性能，提高稳定性及承载力。但表1.8.1中的桩身稳定系数 φ 不能考虑桩间水平支撑的影响，因此，当需要考虑水平临时支撑对高承台桩压曲稳定的有利作用时，无法采用《建筑桩基技术规范》JGJ 94—2008的方法进行分析计算。

实际上，侧向约束是决定竖向支承桩稳定承载力的主要因素。逆作施工期间，竖向支承桩上部受已施工基础和临时水平支撑的侧向约束，下部受未开挖土体的侧向约束。由于不同土方开挖阶段、不同施工工况条件下支承桩的侧向约束是变化的，其稳定承载力也是不断变化的，因此支承桩的计算长度确定和稳定承载力计算必须按照不同工况条件、不同侧向约束条件分别进行分析，并按最不利工况进行截面设计。另一种考虑支承桩桩身压屈影响的方法是数值计算[4][5]，利用有限元进行特征值屈曲分析，反算基桩的压屈长度 l_c。通过特征值屈曲分析，可以得到临界荷载 P_{cr}（等于桩顶施加的荷载与屈曲因子的乘积），相应的压曲计算长度为：

$$l_c = \pi \cdot \sqrt{\frac{EI}{P_{cr}}} \tag{1.8.10}$$

建立单桩分析有限元模型时，采用弹簧模拟土体抗力，土体弹簧刚度 k 按下式确定：

$$k = mb_0 z \tag{1.8.11}$$

式中，m 为桩侧土水平抗力系数的比例系数，b_0 为桩身计算宽度，z 为节点距开挖面的垂直距离。

3. 土方开挖卸荷对支承桩竖向承载力的影响

土体开挖对竖向支承桩承载力的影响，一方面，反映在原基础底板下方土体开挖引起原工程桩侧摩阻力降低，即在计算桩侧总摩阻力时，应扣除开挖面以上段土体的侧摩阻力；另一方面，超深开挖产生的卸载效应会显著减小桩身法向应力，导致桩侧摩阻力下降，从而使桩的极限承载力（抗压、抗拔）显著降低。

黄茂松、郦建俊[36]等通过理论方法研究、离心模型试验、有限元模拟以及现场实测数据相结合的方法研究了软土地基中开挖条件下抗拔桩的极限承载力及其损失；胡琦[37]、陈锦剑[38]、杨敏[39]等先后研究了大面积基坑深开挖对坑中桩受力性状的影响，认为开挖条件下桩体会产生回弹受拉，桩基承载力降低；龚晓南[40]、伍程杰[41]分别对既有建筑地下增层开挖引起的桩基侧摩阻力损失和桩端阻力损失进行了分析。

假设桩在竖向极限荷载作用下沿桩-土接触界面破坏，黏性土地基中桩侧摩阻力可按下式计算[42]：

$$f_s = K\sigma_v \tan\delta \tag{1.8.12}$$

式中，K 为桩侧土的侧压力系数，σ_v 为计算点的竖向有效应力，δ 为桩-土破坏界面的摩擦角。根据桩及土层性质不同，δ 可取 $\delta = 0.6\varphi' \sim 0.9\varphi'$，对软土地基可取 $\delta = 0.6\varphi'$，当桩侧采用后注浆工艺时可取 $\delta = 0.8\varphi'$[40]。

假定既有建筑原基础以下土体已固结完成，土中超静孔隙水压力已充分消散，则开挖前桩侧土的侧压力系数 K 可取静止土压力系数 K_0。对正常固结土体的静止土压力系数，目前工程中应用最多的是 Jaky 在 1944 年提出的经验公式，即：

$$K_0 = 1 - \sin\varphi' \tag{1.8.13}$$

式中，K_0 为静止土压力系数，φ' 为土的有效内摩擦角。

土体开挖后，开挖面以下土体处于超固结状态，超固结土的土压力系数 K_0^{OC} 受土体超固结比的影响，并呈非线性关系。此时桩侧土的侧压力系数可按下式计算：

$$K = K_0^{OC} = K_0 OCR^{\alpha} = (1 - \sin\varphi') OCR^{\alpha} \tag{1.8.14}$$

式中，OCR 为土的超固结比，等于计算点位置开挖前与开挖后的竖向有效应力之比，α 为土体开挖卸荷过程中土体的卸载系数。根据 Mayne & Kulhawy（1982）对已有试验数据的回归分析，α 的取值可按下式计算：

$$\alpha = \sin\varphi' \tag{1.8.15}$$

已有研究成果表明，当土体竖向卸荷程度较大，超固结比大于某一临界值时，土体将会产生被动破坏，因此，超固结土的土压力系数 K_0^{OC} 有上限值，一般不超过土的被动土压力系数，即有：

$$K_0^{OC} \leqslant K_p = (1 + \sin\varphi')/(1 - \sin\varphi') \tag{1.8.16}$$

将式（1.8.13）代入式（1.8.12），可得到开挖前的桩侧摩阻力 f_{s0}：

$$f_{s0} = (1 - \sin\varphi')\sigma_{v0}\tan\delta \tag{1.8.17}$$

将式（1.8.14）和式（1.8.15）代入式（1.8.12），可得到开挖后的桩侧摩阻力 f_{s1}：

$$f_{s1} = (1 - \sin\varphi')OCR^{\sin\varphi'}\sigma_{v1}\tan\delta \tag{1.8.18}$$

式中，σ_{v0} 和 σ_{v1} 分别为计算点在开挖前和开挖后的竖向有效应力。

开挖前土体已固结，计算点深度 z 处的竖向有效应力为：

$$\sigma_{v0} = \overline{\gamma}'z + q \tag{1.8.19}$$

式中，z 为计算点的深度，$\overline{\gamma}'$为原基础底面至计算点深度范围内土层的平均有效重度，q 为原基础底面处的土体超载。

开挖后计算点深度 z 处的竖向有效应力为：

$$\sigma_{v1} = \overline{\gamma}'(z-h) \tag{1.8.20}$$

式中，h 为原基础底面以下土方开挖深度。

显然，式（1.8.20）理论上适用于开挖尺寸无限大的基坑，故仅用于粗略估算。对于有限开挖尺寸的基坑，开挖面以下各点的应力状态是不一样的，接近基坑中心位置因开挖卸荷引起的竖向有效应力减小幅度最大，靠近坑边位置减小幅度最小。为计算开挖卸荷引起不同部位土体竖向有效应力的变化，可将基坑开挖卸荷视为在开挖面施加向上的均布荷载，大小为 $\overline{\gamma}'h$，利用经典 Mindlin 应力解，通过积分可得到考虑开挖卸荷引起的坑底以下土体各计算点的附加应力及竖向有效应力，再利用式（1.8.18）计算不同位置、不同深度桩-土界面的侧摩阻力，最后可计算得到考虑基坑开挖卸荷影响的支承桩竖向极限承载力。

1.8.4 新增基础底板及地下室墙、柱设计

地下逆作增层施工空间小，施工难度大、周期长，设计方案应尽可能为地下结构逆作施工创造条件。新增地下室底板宜采用平板式筏形基础或防水底板结合柱下独立基础（或独立承台）的布置形式，避免设置基础梁，这样可以在开挖至基底标高后，不用进行开槽砌筑砖胎模和施工基础梁，加快基础底板浇筑和封闭时间，减小周边围护结构变形。当基底以下为深厚软弱土层时，宜在地下室底板下面设置加厚混凝土配筋垫层，并将加垫层延伸铺设至基坑边缘，对周边围护结构起到支撑作用。

基础底板（或承台）与支承桩（如锚杆静压桩或原工程桩）之间的抗剪连接及防水构造也是设计的重点。当支承桩为混凝土灌注桩时，可在灌注桩表面抛圆后通过螺栓将钢桩套与灌注桩连接，并在桩和桩套间进行压力灌浆。钢桩套外侧宜加焊抗剪键，以满足新浇筑的混凝土承台与灌注桩之间的传力要求。考虑到新老交界面的防水要求，应增设钢板止水片。底板（或承台）上下钢筋遇到支承桩不能通过时，可绕过支承桩或与设在钢桩套外侧的上下法兰钢板进行焊接连接。

竖向支承体系设计时，锚杆桩的平面位置及桩顶转换承台的布置，宜为后面地下室墙、柱施工留出必要空间。如图 1.8.12 所示，将锚杆桩对称布置在结构柱的四周，桩顶混凝土转换承台布置在原独立柱基的上方，随着下部土方开挖，原基础处于临空状态，上部结构荷载通过新浇筑的转换承台被托换转移至锚杆桩上，此时原基础可先行凿除，大大方便后期新增地下室结构柱的施工，并使新增结构柱上端与其上方的既有结构柱柱脚之间的连接可靠性更容易得到保证。

对于“一柱一桩”式的竖向支承体系，宜将桩直接作为新增地下室的结构柱使用。如浙江饭店地下增层工程，将原工程桩钢筋笼外侧的保护层凿除并凿毛，再在其外侧外包混凝土，形成地下二层的永久结构柱（图 4.6.1）。外包混凝土内的纵向钢筋，下端锚入新浇筑的混凝土承台内，上端通过植筋技术锚入原混凝土承台或基础梁内。由于地下增层施工前后，上部结构柱传来的荷载始终由该工程桩支承，因此这种托换方式受力直接，不存在荷载二次转换的问题，因而对上部既有结构受力有利。

对于“一柱多桩”的情况，由于支承桩均不在结构柱的轴线位置，待新增柱施工完成并达到设计强度后，需要将施工阶段由支承桩承担的全部荷载二次转移至新增柱上。在上述荷载转移过程中，新增柱在重力荷载作用下将产生一定的压缩变形，柱混凝土本身的收缩徐变效应也将进一步增大其变形量，而且这种压缩变形在柱与柱之间、柱与剪力墙（核心筒）之间不可能是相等和同步的，这将引起在既有上部结构构件中产生不同程度的附加内力和变形，对上部结构受力可能产生不利影响。为解决这一问题，浙江饭店地下增层工程中，将新增地下二层的结构柱设计成型钢混凝土柱，先安装柱内型钢柱，并在型钢柱底部设置顶紧装置，使型钢柱先受力，再浇筑柱的混凝土部分，如图 4.6.2～图 4.6.3 所示。

对于新增地下室的剪力墙（核心筒），可采用“分段浇筑、分批拆除、再分段补浇”的方式进行托换施工。如浙江饭店地下增层工程，新增的地下二层核心筒墙肢共分四批进行分段施工，原核心筒筏板下方的 24 根工程桩（施工阶段作为竖向支承桩）共分 3 批依次进行凿除。每凿除一批支承桩，需要对新增结构和既有结构进行一次详细的应力和变形分析，确保在最不利施工工况下新增墙肢和上部结构墙肢的应力、变形控制在允许范围内。

1.8.5 基坑支护和土方开挖施工

周边围护结构形式应根据基坑开挖深度、水文地质条件、周边环境情况及对支护变形的控制要求等因素综合考虑后确定，当开挖深度较浅、土质条件较好、周边环境情况简单时，可采取放坡开挖或采用重力式挡墙、土钉墙、复合土钉墙等支护形式，如杭州甘水巷 3 号组团采用高压旋喷桩重力式挡墙作为周边围护结构，挡墙采用格构式布置，宽度 1.5～2.58m，高压旋喷桩直径 600mm，桩间搭接长度 150mm。当开挖深度较深或周边环境条件复杂、需严格控制基坑变形时，可采用围护墙（如钻孔灌注桩排桩墙、地下连续墙等）结合内支撑的支护形式，如浙江饭店地下逆作增层工程，设计采用钻孔灌注桩排桩墙和高压旋喷桩止水帷幕作为周边围护结构，同时布置三道钢筋混凝土水平内支撑，其中第一道和第二道水平内支撑分别利用原一层地下室的顶板和底板，即在原地下室顶板和底板的周边布置钢筋混凝土水平支撑，与顶板和底板共同形成平面内刚度很大的第一道和第二道支撑结构（图 4.3.4），第三道内支撑设置在−8.500m 标高位置（图 4.3.6）。

对于既有建筑地下增层而言，不能像常规逆作法基坑一样在地下水平结构板内预先留设出土口、材料和设备进出口等临时施工洞口，下部土方开挖难度更大，挖土周期更长，一般情况下需采用人工开挖为主、小型挖机配合为辅的挖土方式进行。条件许可时，可在既有建筑四周边界线的适当部位局部外扩一跨，进行支护和开挖，作为地下土方逆作开挖的出土口和小型机械设备进出口。

土方开挖过程中，应严格控制既有建筑沉降和周边围护结构变形，充分利用基坑开挖的“时空效应”，遵循“分层、分块、对称、均衡”和“大基坑小开挖”的原则，宜采用“盆式开挖”方式，即先开挖基坑中间部位土方，后开挖周边土方，以尽可能缩短周边围护结构的暴露时间。

当开挖深度接近底板标高时，应立即进行地下室基础底板混凝土施工，以减少暴露时间。当基底为深厚软弱土时，宜事先对坑底土体进行加固，避免因坑底土体隆起变形过大而造成对既有建筑竖向支承体系的危害。应全过程进行基坑变形监测，包括周边围护体沿深度的侧向变形、竖向支承桩隆沉、坑内外地下水位变化等情况的监测，以及对周围建筑物、道路及地下管线设施的监测。

参 考 文 献

[1] 苗启松，李今保，李文锋，阁东东. 建筑物增层工程设计与施工[M]. 北京：中国建筑工业出版社，2013.

[2] 高剑平. 国内外既有房屋加层改造发展概况[J]. 华东交通大学学报，2006，23(2)：1-4.

[3] 范世平，孔广亚. 建筑物加固改造技术的发展与应用 [J]. 煤炭科学技术，2007，35(10)：23-27.

[4] 张鑫，李安起，赵考重. 建筑结构鉴定与加固改造技术的进展[J]. 工程力学，2011，28(1)：1-11.

[5] 杨沈，王亚勇，张维碲. 建筑结构鉴定与加固改造技术的进展[J]. 南京：第六届全国地震工程学会会议论文集 ，2002.

[6] 翁大根，张瑞甫，张世明，吕西林. 基于性能和需求的消能减震设计方法在震后框架结构加固中的应用[J]. 建筑结构学报，2010(s2)：66-68.

[7] 曹炳政，朱春明. 消能减震技术在某既有综合楼抗震加固中的应用研究[J]. 四川建筑可科学研究，2009，35(4)：149-152.

[8] 曹宇春，陈云敏，夏建中，郑锐锋. 比萨斜塔倾斜原因及纠倾技术文献研究综述[J]// 全国首届建(构)筑物地基基础特殊技术研讨会论文集，2004：1-9.

[9] 叶书麟，韩杰. 地基处理与托换加固技术[M]. 北京：中国建筑工业出版社，2000.

[10] 唐业清. 我国旧建筑物增层纠偏技术的新进展[J]. 建筑结构，1993，(6)：3-9.

[11] 陈仲颐，叶书麟. 基础工程学[M]. 北京：中国建筑工业出版社，1995.

[12] 李钦锐，滕延京. 既有建筑增层改造地基基础的再设计试验研究 [J]. 建筑科学，2009，25 (3) ：63-43.

[13] CECS 225—2007 建筑物移位纠倾增层改造技术规范[S]. 北京：中国计划出版社，2008.

[14] GB 50011—2010 建筑抗震设计规范[S]. 北京：中国建筑工业出版社，2010.

[15] Lamar K，Pan D，Stan B. Photo from southcombe's collection. NewPlymouth，New Zealandp[J]. The Structural Mover，1999，17(1)：40.

[16] Etalco. The Shubert theater was self-propelled[J]. The Structural Mover，1999，17(2)：11-15.

[17] 姚国中，黄自新. 房屋整体平移技术及模拟试验研究[J]. 建筑结构，1995(11)：53-57.

[18] 贾留东，张鑫，徐向东. 临沂国家安全局八层办公楼整体平移设计[J]. 工业建筑，2002(7)：7-10.

[19] 优秀建筑保护平移及顶升-上海音乐厅整体平移顶升工程[J]. 城市道桥与防洪，2009(1)：80-81.

[20] 王重穆. 托梁拔柱[J]. 冶金建筑，1982(10)：61-62.

[21] 黎伟，吴武德，陈国旗. 工业厂房扩大柱距的“托梁拔柱”施工工业[J]. 建筑施工，1988(12)：30-32.

[22] GB 50367—2013 混凝土结构加固设计规范[S]. 北京：中国建筑工业出版社，2013.

[23] GB 50023—2009 建筑抗震鉴定标准[S]. 北京：中国建筑工业出版社，2009.

[24] DGJ08-81—2000 现有建筑抗震鉴定与加固规程[S]. 上海：上海市建设委员会，2000.

[25] 周锡元，曾德民，高晓安. 估计不同服役期结构的抗震设防水准的简单方法 [J]. 建筑结构，2002，32 (1) ：37-40.

[26] 徐传亮，光军. 改造加固工程设计计算参数的合理取值 [J]. 建筑技术，2012，43 (7) ：655-657.

[27] GB 50009—2012 建筑结构荷载规范[S]. 北京：中国建筑工业出版社，2012.

[28] GB 50292—2014 民用建筑可靠性鉴定标准[S]. 北京：中国建筑工业出版社，2012.

[29] 杨艳. 既有结构可靠性鉴定的荷载研究及其应用[D]. 上海：同济大学，2008.

[30] 顾祥林，许勇，张伟平. 既有建筑结构构件的安全性分析[J]. 建筑结构学报，2004，25(6)：117-122.

[31] 邱仓虎，詹永勤等. 北京市音乐堂改扩建工程的结构设计[J]. 建筑科学，1999，15(6)：28-32.

[32] 北京城建第七建设工程有限公司. 整体基础托换与地下加层施工工法(YJGF 09—2000)[J]. 施工技术，2002，31(5)：45-46.

[33] 文颖文，胡明亮，韩顺有，刘松玉. 既有建筑地下室增设中锚杆静压桩技术应用研究[J]. 岩土工程学报，2013，35(S2)：224-229.

[34] 杨学林，周平槐. “逆作法”基坑竖向支承系统设计计算研究[J]，建筑结构，2012，42(8).

[35] 周平槐，杨学林. 逆作法施工中间支承桩承载能力的计算分析[J]，岩土工程学报，2010，32(S).

[36] 黄茂松，郦建俊等. 开挖条件下抗拔桩的承载力损失比分析[J]. 岩土工程学报，2008，30(9)：1291-1297.

[37] 胡琦，凌道盛，陈云敏等. 深基坑开挖对坑内基桩受力特性的影响分析[J]. 岩土力学，2008，29(7)：1965-1970.

[38] 陈锦剑，王建华，范巍等. 抗拔桩在大面积深开挖过程中的受力特性分析[J]. 岩土工程学报，2009，31(3)：402-407.

[39] 杨敏等. 深开挖基坑回弹引起的坑中桩受力与位移计算[J]. 同济大学学报，2010，38(12)：1730-1735.

[40] 龚晓南，伍程杰等. 既有地下室增层开挖引起的桩基侧摩阻力损失分析[J]. 岩土工程学报，2013，35(11).

[41] 伍程杰，龚晓南等. 既有高层建筑地下增层开挖桩端阻力损失[J]. 浙江大学学报，2014，48(4).

[42] CHANDLER R J. The shaft friction of piles in cohesive soils in terms of effective stress[J]. Civil Engineering and Public Works Review，1968，63：48-51.

第 2 章　秦山核电国光宾馆控沉与顶升纠倾

2.1　工　程　概　况

2.1.1　既有建筑结构体系及主体倾斜概况

秦山核电国光宾馆（图 2.1.1）由主楼（图 2.1.2）和两个裙房组成，建筑面积 13800m^2，建成交付于 1995 年。国光宾馆整体平面近似呈凹形，裙房Ⅲ段及裙房Ⅰ段分别位于主楼Ⅱ段东侧和南侧，地下一层，局部设置夹层，地下室平面详见图 2.1.3。主楼与裙房间设有沉降缝，Ⅰ段与Ⅱ段缝宽 50mm，Ⅱ段与Ⅲ段缝宽 70mm。其中，Ⅰ段和Ⅲ段裙房为纯框架结构，主楼（Ⅱ段）地上 16 层、高 56.16m、建筑面积 9940m^2，房屋总重约 13000t，采用剪力墙结构，底部带局部框支剪力墙。主楼标准层建筑平面图详见图 2.1.4。工程结构安全等级为二级，抗震设防烈度 6 度，设计基本地震加速度 0.05g，设计地震分组为第一组，建筑场地类别Ⅳ类。主楼基础采用 400mm×400mm 预制方桩，桩长约 27m，基础埋深约 8m，地面以下 80m 内均为粉质黏土、淤泥质黏土、粉土和黏土层，且桩端存在较厚的软弱下卧层。

图 2.1.1　宾馆实景图

图 2.1.2　主楼实景图

2013 年改造之前的安全鉴定中发现主楼倾斜超标，现场调查发现：房屋Ⅰ段出现局部填充墙体严重开裂、外墙大理石脱落等现象；房屋Ⅱ段出现屋面漏水、绝大多数窗台处

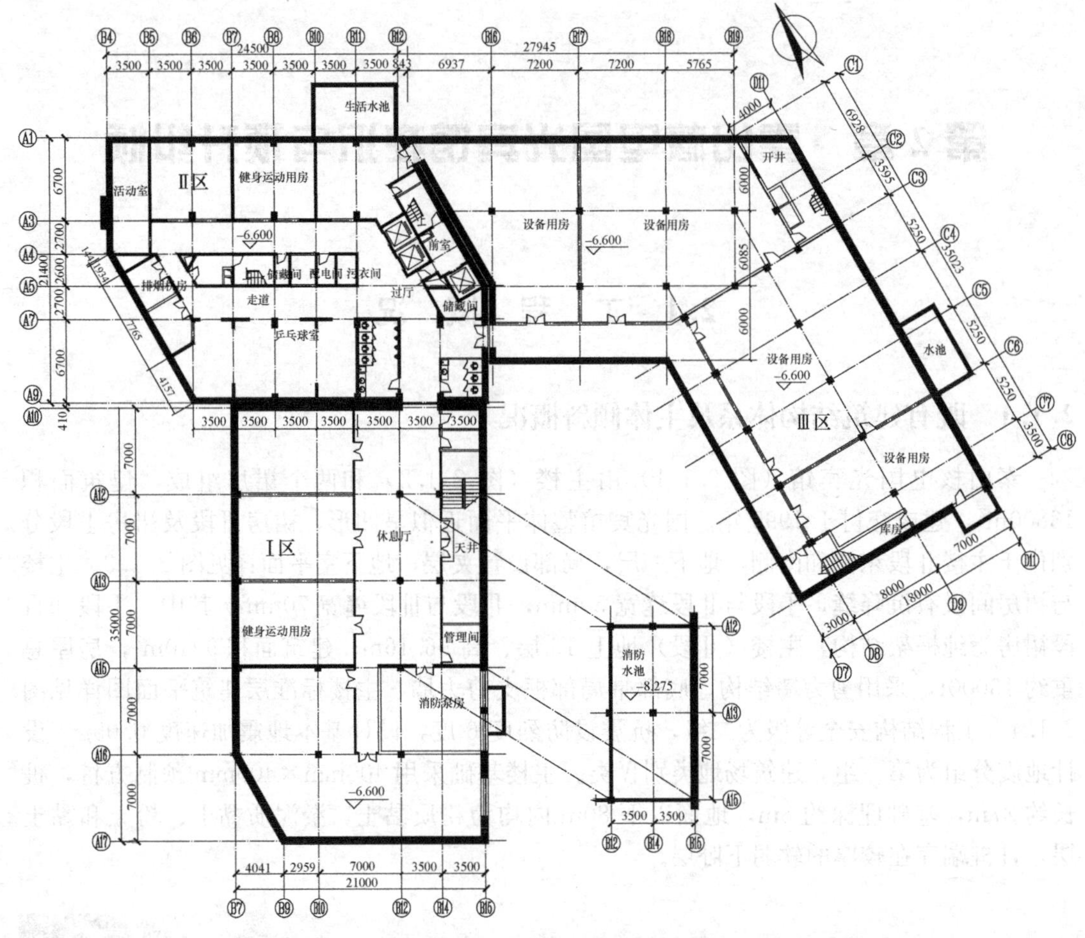

图 2.1.3　地下室平面布置图

出现外墙渗水现象，14 层出现管道漏水，15 层出现局部外墙渗水现象。实测表明，外墙向北倾斜 6.6‰～8.2‰，楼面高差达 100～120mm，工程总体沉降及倾斜情况详见图 2.1.4，具体情况如下：

1. 现场不均匀沉降测量结果表明：

① 房屋Ⅰ段呈由西南往东北方向、由东南往西北方向倾斜，由西南往东北方向的平均倾斜率（楼面）为 4.6‰，由东南往西北方向的平均倾斜率（楼面）为 0.7‰，其中西南往东北向的倾斜数值超过了《建筑地基基础设计规范》GB 50007—2011 的 3‰的限值。

② 房屋Ⅱ段呈由西南向东北方向、由西北向东南方向倾斜，由西南往东北方向的平均倾斜率（楼面）为 6.6‰，由西北往东南方向的平均倾斜率（楼面）为 1.7‰，其中西南往东北向的倾斜数值超过了规范的 3‰的限值。

③ 该房屋Ⅲ段呈由南往北，由西往东倾斜，由南往北的平均倾斜率（楼面）为 5.7‰，由西往东的平均倾斜率（楼面）为 6.4‰，两个方向的倾斜数值均超过了规范 3‰的限值。

2. 从房屋的倾斜测量表明：

① 房屋Ⅰ段由南往北向倾斜，房屋的最大倾斜率为 3.72‰，超过了规范 3‰的限值。

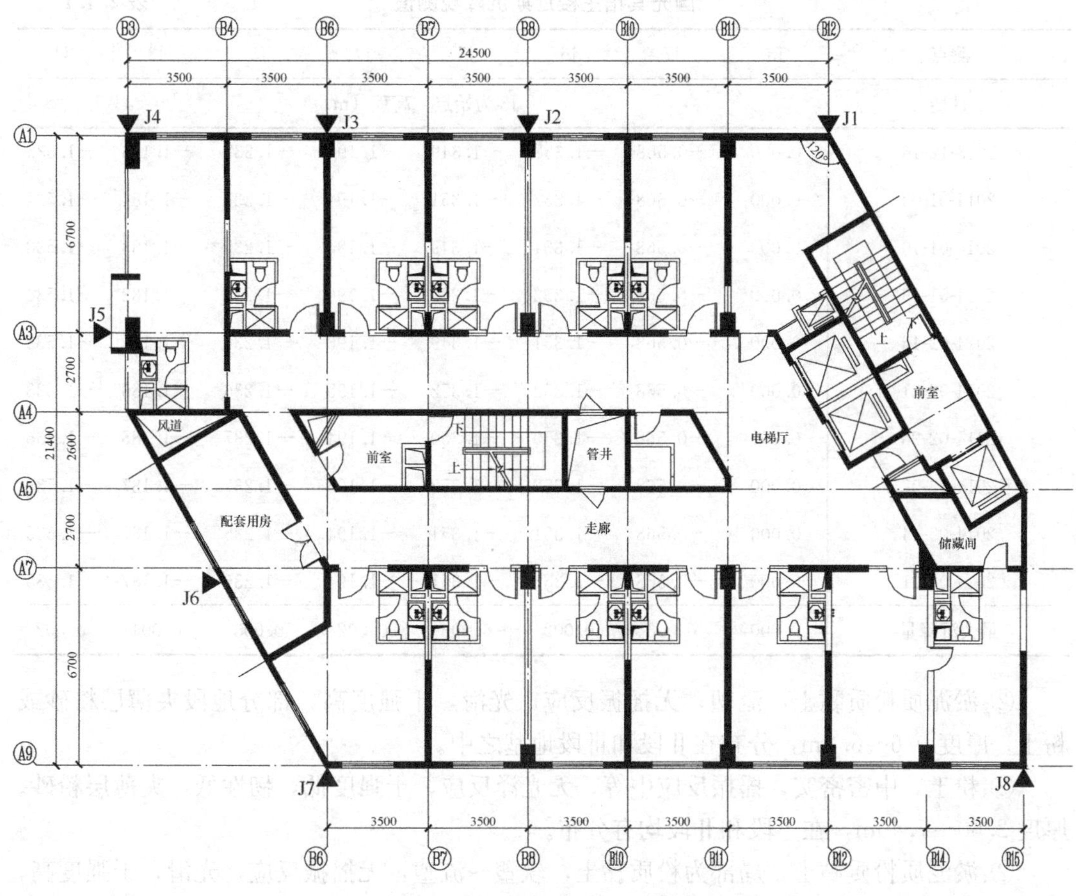

图 2.1.4　标准层建筑平面图

② 房屋Ⅱ段由西南往东北向倾斜，房屋的最大倾斜率为 5.16‰，超过了规范 3‰的限值。

③ 房屋Ⅲ 段呈由南往北，由西往东的倾斜趋势，东西方向的最大倾斜率为 4.95‰，南北方向的最大倾斜率为 2.56‰。东西向倾斜超过了规范 3‰的限值。

为了监测房屋近期的沉降情况，在 2013 年 12 月至 2014 年 3 月期间对国光宾馆Ⅱ段进行了为期 3 个月的沉降观测，沉降观测点布置详见图 2.1.4，沉降数据见表 2.1.1。沉降观测期间，8 个测点中相对高差最大值为 0.004m，平均高差值为 0.002m，平均沉降速率 0.022mm/d，主体结构在近 3 个月内沉降基本处于稳定状态。

2.1.2　工程地质概况

工程场地地形平坦，标高在 4.800～4.950m 之间，工程地质条件较差，系典型的深厚软土地基，该区域第四系松散沉积层厚度大于 80m。根据郑州中核岩土工程有限公司所提供的《岩土工程补勘报告》，在勘探深度范围内的地基土可分为 3 个大层，10 个亚层，现自上而下摘录如下：

①$_1$杂填土，松散稍密，主要为黏性土，夹少量碎石、砖块及少量建筑垃圾。层厚 5.5～12.50m。该层稳定分布于整个场地。

国光宾馆主楼近期沉降观测值　　表 2.1.1

测点	J8	J7	J6	J5	J4	J3	J2	J1
日期	J8 为始点，高程（m）							
2013-12-16	0.000	−0.568	−1.352	−1.349	−1.194	−1.235	−1.186	−1.535
2014-01-03	0.000	−0.568	−1.352	−1.351	−1.194	−1.234	−1.184	−1.534
2014-01-10	0.000	−0.568	−1.351	−1.349	−1.194	−1.235	−1.183	−1.533
2014-01-16	0.000	−0.568	−1.352	−1.350	−1.196	−1.235	−1.183	−1.534
2014-02-15	0.000	−0.568	−1.351	−1.349	−1.196	−1.236	−1.184	−1.533
2014-02-21	0.000	−0.568	−1.352	−1.352	−1.195	−1.236	−1.185	−1.533
2014-02-28	0.000	−0.568	−1.350	−1.350	−1.194	−1.237	−1.188	−1.535
2014-03-07	0.000	−0.568	−1.352	−1.352	−1.195	−1.237	−1.187	−1.535
2014-03-14	0.000	−0.568	−1.351	−1.351	−1.194	−1.235	−1.187	−1.535
2014-03-21	0.000	−0.568	−1.351	−1.351	−1.194	−1.236	−1.187	−1.535
最大沉降量	0.000	0.000	0.002	0.003	0.002	0.003	0.004	0.002

②$_2$淤泥质粉质黏土，流塑，无摇振反应，光滑，干强度高，部分地段夹薄层粉砂或粉土。厚度 0.6～6.8m，分布在Ⅱ段和Ⅲ段地基之中。

②$_3$粉土，中密密实，摇振反应中等，无光泽反应，干强度低，韧性低，夹薄层粉砂。厚度 2.60～7.40m，在Ⅰ段和Ⅱ段均有分布。

②$_4$淤泥质粉质黏土，局部为粉质黏土，软塑～流塑，无摇振反应，光滑，干强度高，韧性高，部分地段夹薄层粉砂或粉土。厚度 11.00～14.30m，全场分布。

②$_5$淤泥质粉质黏土，局部为粉质黏土、粉土，流塑，无摇振反应，光滑，干强度高，韧性高，部分地段夹薄层粉砂，底部 1～2.0m 夹贝壳碎片，含量 5%～30%。厚度 3.00～6.10m，全场分布。

③$_1$黏土，局部为粉质黏土，硬塑～可塑，无摇振反应，切面光滑，干强度高，韧性高，层状构造，局部夹薄层状粉砂。厚度 7.60～8.60m，全场分布。

③$_2$淤泥质粉土，该层以粉土为主，夹薄层粉质黏土，松散，摇振反应缓慢，切面稍光滑，干强度中等，韧性低。厚度 4.30～6.60m，全场分布。

③$_3$黏土，可塑～软塑，无摇振反应，切面光滑，干强度高，韧性高。厚度 2.80～5.60m，全场分布。

③$_4$粉质黏土夹粉土，软塑，摇振反应缓慢，切面稍有光泽，干强度低，韧性低，含少量腐殖质及云母碎屑，局部粉粒含量较高，表现为粉土。厚度 1.90～3.70m。

③$_5$黏土，可塑，无摇振反应，切面光滑，干强度高，韧性高，该层未揭穿，最大揭露厚度 5.90m。

场地土典型地质剖面（图 2.1.5）揭示，26m 以上主要为杂填土、淤泥质粉质黏土和局部粉土，土层性质较差，在埋深 26m 左右全场分布③$_1$ 黏土层，厚度 7.60～8.60m，其下分布淤泥质粉土等软弱下卧层。各层土的物理力学指标详见表 2.1.2。

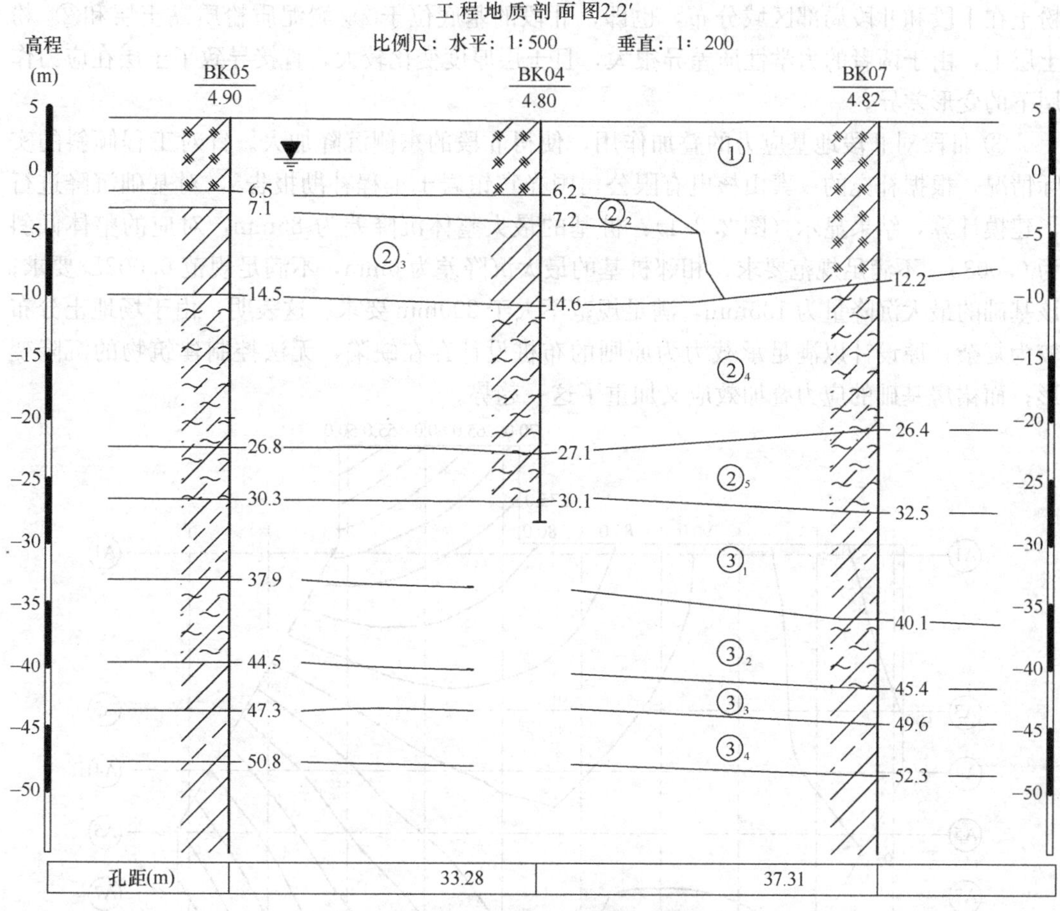

图 2.1.5　场地土典型地质剖面

各土层的地基承载力特征值和压缩模量设计参数表　　表 2.1.2

层　号	①$_1$	②$_2$	②$_3$	②$_4$	②$_5$	③$_1$	③$_2$	③$_3$	③$_4$	③$_5$
地基承载力特征值（kPa）		120	150	75	95	190	85	80	85	100
压缩模量（MPa）		4.8	11.1	4.5	5.0	6.7	5.6	4.7	5.2	6.2
压缩性评价	中等	中等	中等	高	中等	中等	中等	中等	中等	中等

2.2　结构不均匀沉降原因分析

通过对本项目的三个部分——Ⅰ段、Ⅱ段、Ⅲ段的地基条件、基础形式与埋深、主体结构特征以及邻边建筑影响等因素进行综合分析，结构不均匀沉降主要有如下原因：

① 工程地处深厚软土地基、在 55m 深度之内无土性坚硬、层厚较大的理想持力层，主楼预制方桩位于 3-1 粉质黏土层、长达 26m，持力层厚度 7.60m～8.60m，持力层属中等压缩性土，且其下又存在软弱下卧层，预制桩基为端承摩擦桩，端承力占桩基总承载力不到 10%。

② 由于采用摩擦型桩基，基底土层必然会承担部分竖向荷载作用，桩土共同作用现象明显。由于流塑态的②$_2$ 淤泥质粉质黏土在Ⅱ段和Ⅲ段局部区域分布，中等密实的②$_3$

粉土在Ⅰ段和Ⅱ段局部区域分布，也即，Ⅱ段的基底位于②$_2$ 淤泥质粉质黏土层和②$_3$ 粉土层上，由于两者的力学性质差异很大，且土层厚度变化较大，直接导致了土层在应力作用下的变形差异。

③ Ⅲ段对Ⅱ段地基应力的叠加作用，使得Ⅱ段的东侧沉降加大。针对工程倾斜的实际情况，根据补充的《秦山核电有限公司国光宾馆岩土工程补勘报告》，对基础沉降进行了建模计算，结果显示（图 2.2.1）：桩基的最大整体沉降差为 85mm，对应的整体倾斜为 0.0035，不满足规范要求；相邻桩基的最大沉降差为 6mm，不满足规范 0.002L_0要求；该基础的最大沉降量为 135mm，满足规范不大于 200mm 要求。这表明，由于场地土分布较为复杂，原设计以满足承载力为原则的布桩设计存在缺陷，无法控制建筑物的沉降变形；而裙房基础的应力叠加效应又加重了这一趋势。

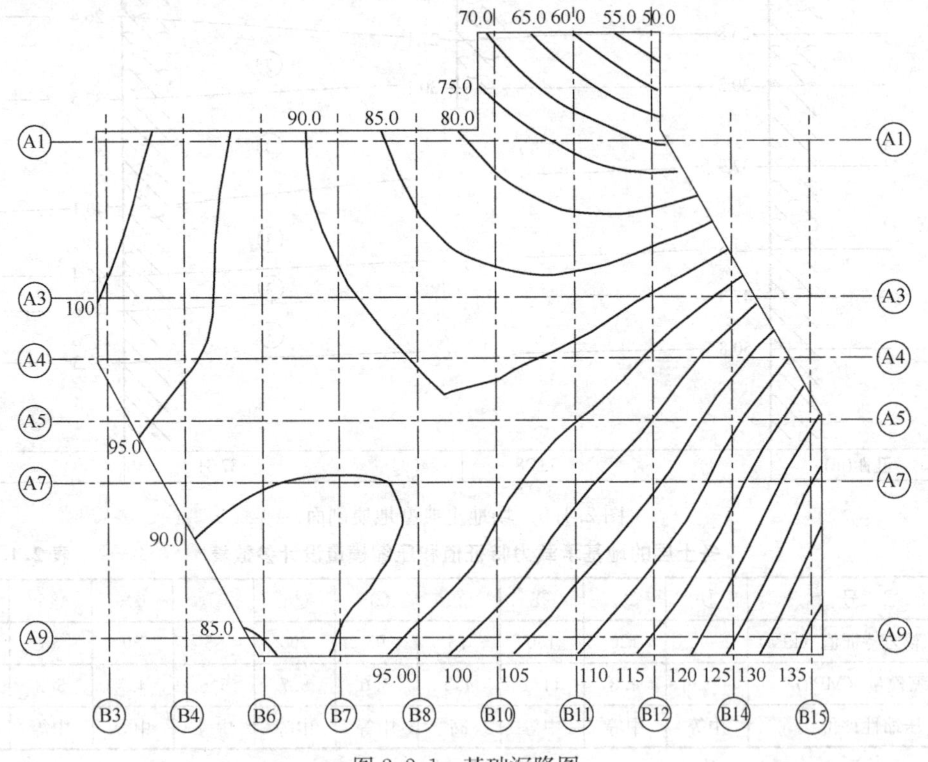

图 2.2.1　基础沉降图

④ Ⅱ段重心偏东，而桩基基本沿对角线呈反对称布置，东侧桩间土应力分布大于其他部位，在某种程度上有东倾现象。

⑤ Ⅱ段系高层建筑，自身竖向荷载较大，其沉降量比Ⅰ段和Ⅲ段大，三者紧密相间而引发拖带沉降，致使Ⅰ段和Ⅲ段产生不均匀沉降。此外，Ⅰ段、Ⅲ段地下室均处于①$_1$ 杂填土与②$_3$ 粉土层等土性相差很大的地基土上，容易引发不均匀沉降。

2.3 基础控沉设计

针对主楼下②$_2$ 淤泥质粉质黏土层和②$_3$ 粉土层两者的力学性质差异太大以及持力层

以下软弱下卧层而导致的沉降不均匀，拟在地基承载力不足的建筑物基础底面下，采取土体加固以及静力压入基桩的方式，使桩端置入地基深部的持力层中，并将建筑物的部分荷载转移到新增基桩，从而减小场地浅层软弱区域基桩内力以及地基土的附加应力，控制沉降的发展，达到加固的目的。

经整体建模计算分析，Ⅰ段裙房基底应力均未超过地基土承载力特征值，并且从监测数据上显示房屋沉降已趋于稳定，故对本段基础不做加固处理。根据房屋沉降及倾斜状况，对Ⅱ段采用高压旋喷桩＋锚杆静压钢管桩加固基础，实施结构整体同步顶升纠偏处理（图 2.3.1）。基于Ⅲ段地基应力对Ⅱ段地基的影响，采用锚杆静压钢管桩加固基础，通过钢管桩托换上部结构重量，以降低基底土附加应力对邻边基础Ⅱ段的影响。

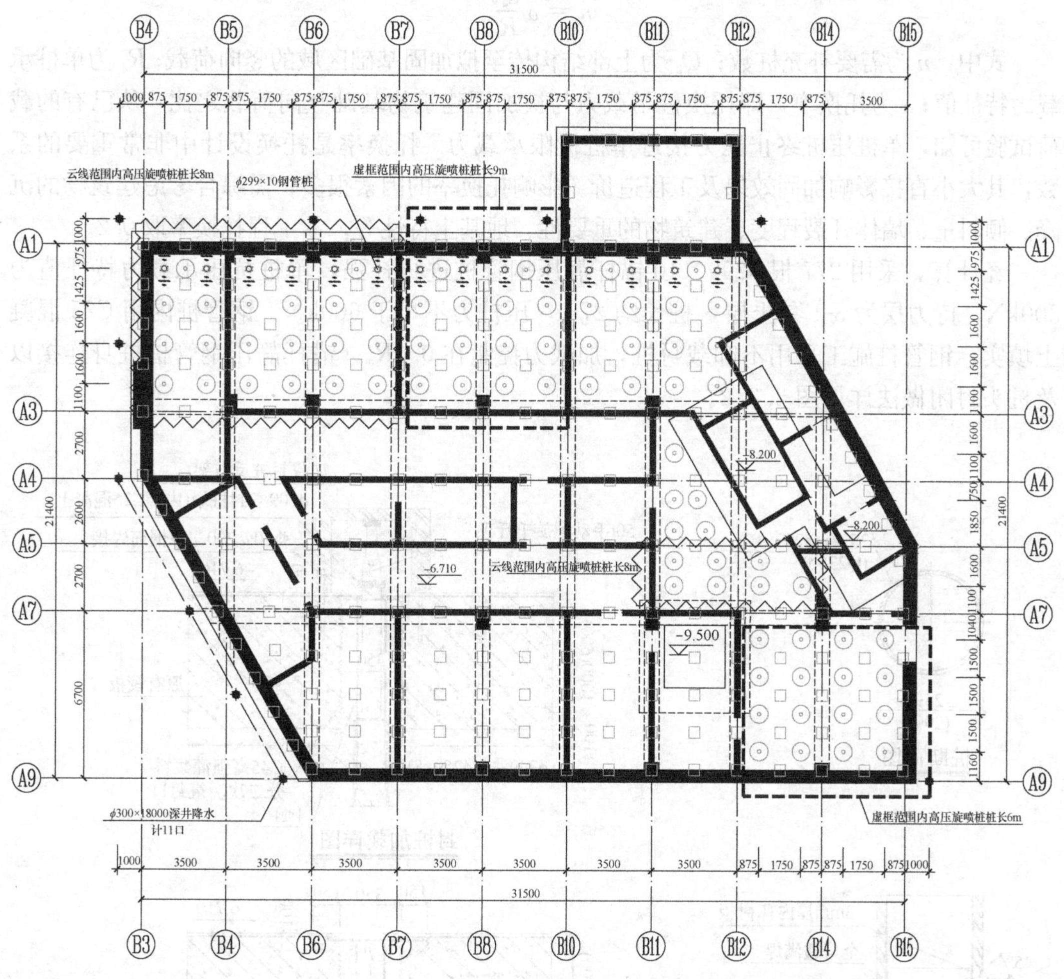

图 2.3.1　Ⅱ段基础补桩平面图

首先，采用高压旋喷工艺设置 77 根双重管高压旋喷桩对沉降较大区域土体进行加固，以改良基底软土层。高压旋喷桩桩径 800mm，浆液配合比（水灰比）1∶1，水泥掺量不小于45%，选用优质42.5级普通硅酸盐水泥，另掺混凝土早强剂2%。高压旋喷桩采用二重管法喷射注浆，即使用双通道的二重注浆管，钻到土层预定深度后，通过在管底部侧面的同轴双重喷嘴，同时喷射出≥30MPa的高压浆液和≤0.8MPa空气两种介质的射流冲击破坏土体，通过旋转和提升，最后在土中形成圆柱状固结体。

其次，采用小口径钢管桩对北部区域进行控沉加固，并对Ⅱ段、Ⅲ段基础补入钢管桩托换，以达到Ⅱ段东部卸荷的目的。在地基承载力不足的建筑物基础下，静力压入基桩，使桩端进入地基深部较好的持力层中，将建筑物部分荷载传入该土层，从而减小浅层地基土附加应力，可有效制止沉降继续发展。

根据工程经验及相关的托换桩静载荷试验资料，可按以下方法设计托换桩数：

$$n = \alpha \frac{Q_k}{R_a}$$

式中：n为需要补充桩数；Q_k为上部结构传至拟加固基础区域的竖向荷载；R_a为单桩承载力特征值；α为托换率，即托换桩承载力与被加固建筑物基础竖向荷载之比。从已有的载荷试验可知，单桩压桩终止压力接近单桩极限承载力。托换率是托换设计中非常重要的系数，其大小直接影响加固效果及工程造价。影响托换率的因素很多，需综合考虑建筑物的沉降、倾斜量、墙体开裂程度、建筑物的重要性、地基土特性等，本工程托换率取0.2。

经计算，采用277根$\phi299\times10$锚杆静压钢管桩进行补强，单桩抗压承载力特征值为300kN，持力层为3-1黏土层，桩长约27m，压桩力不小于600kN。钢管桩内用C25混凝土填实。钢管桩施工采用不卸载封桩，加载力控制在$0.6R_a$。锚杆静压钢管桩桩身连接以及桩头封闭做法详见图2.3.2。

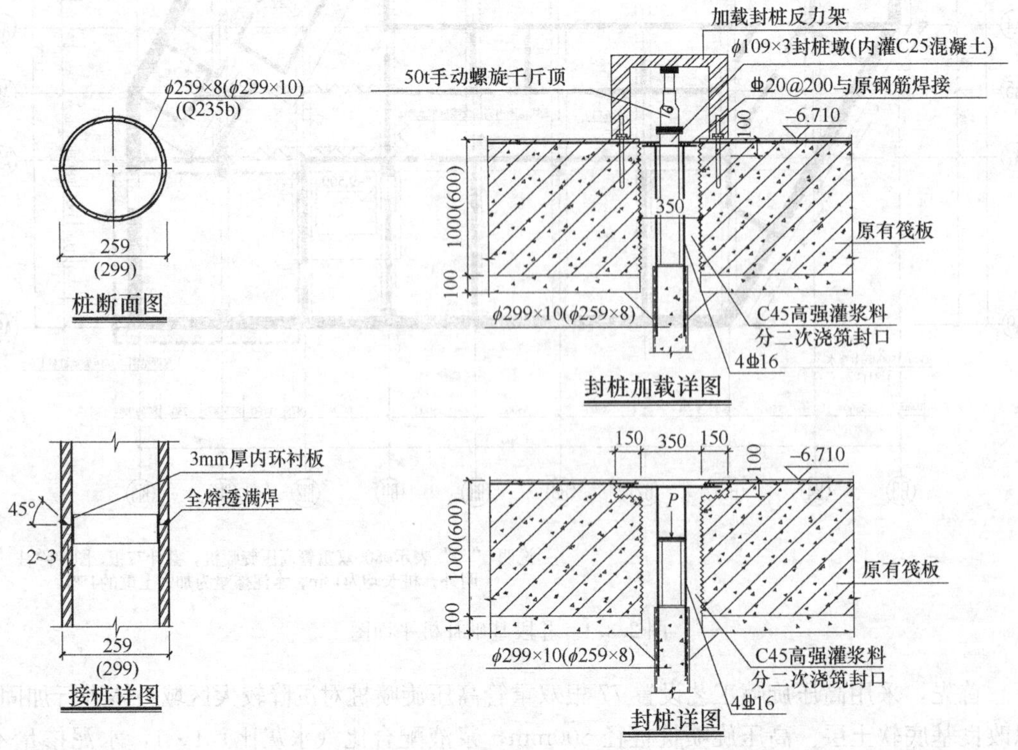

图2.3.2 锚杆桩管桩桩身连接以及桩头封闭详图

2.4 建筑物纠倾设计

2.4.1 纠倾方案比选

对倾斜房屋进行纠偏主要有迫降和顶升两类方法，迫降法中根据采取的手段不同又可细分为掏土纠偏[1,2]、注水纠偏[3]和压重纠偏法等；顶升法中可分为截桩纠偏[4]和托换纠偏法[5]等，而这些方法亦可组合使用。本工程对如下方案进行了比选：

1. 深层冲孔取土法

迫降法是采取适当的措施使南边沉降大于北边沉降，从而使房屋逐渐恢复垂直。对于该楼拟采用托换桩加固北部的地基基础，以制止沉降进一步发展，然后在 A 轴南侧打大直径排孔，预埋塑料管后用碎石封填，通过向里注水，使地基湿陷、软化下沉从而达到纠偏的目的（图 2.4.1）。然而，该方案的实施存在如下问题：

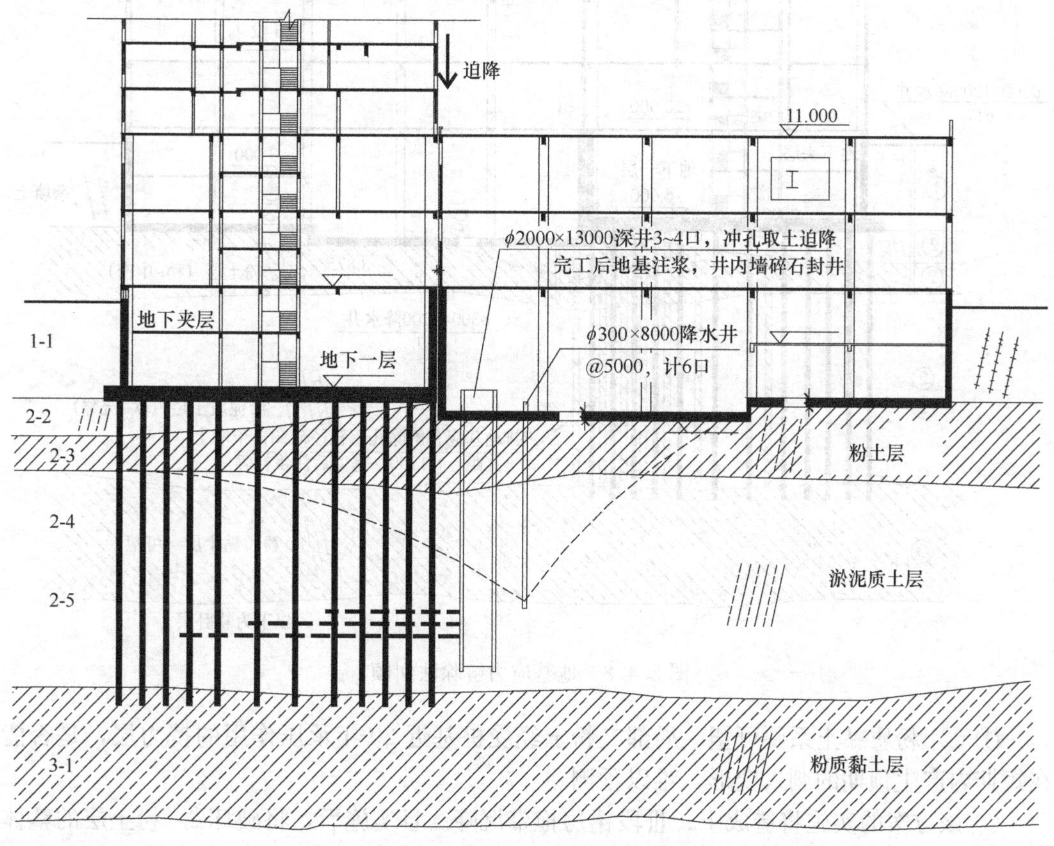

图 2.4.1　冲孔取土法纠倾

① 冲孔深井直径 2.0m、深达 13m，开挖过程以及后期影响可能导致Ⅰ段不匀沉降加大，且对基础底板破坏面较大。

② 深井开挖及封底困难，尽管设置降水井，但井周围的粉砂土形成流砂的概率较高，

且进入②$_4$ 土层，井内涌土的可能性较大。

③ 由于方桩布置较密，平面上冲孔线难以布置，冲孔取土的方法较难实施。在冲孔可行基础上，由于桩尖进入③$_1$ 土层，短期内桩尖刺入变形不会很灵敏，迫降速度将非常缓慢，甚至不会下沉，即可能发生短期内纠倾无效的现象。如果耗时较长，使迫降纠倾取得成效，那么冲孔面的注浆补强实效非常有限，极易形成地基土层疏松的隐患。

④ Ⅱ段主楼的迫降纠倾可能会对Ⅰ、Ⅲ段裙房产生拖带沉降。

总体而言，该方案的可行性、可靠性不足，且环境保护方面存在隐患。

2. 地基应力解除法

在地下室采用干取土解除桩间土的侧向应力，减少侧向阻力，同时降低承台及底板效应，增大桩的端部压力，促使桩体产生一定的刺入变形而获得迫降效果（图 2.4.2）。然而，该方法面临如下问题：

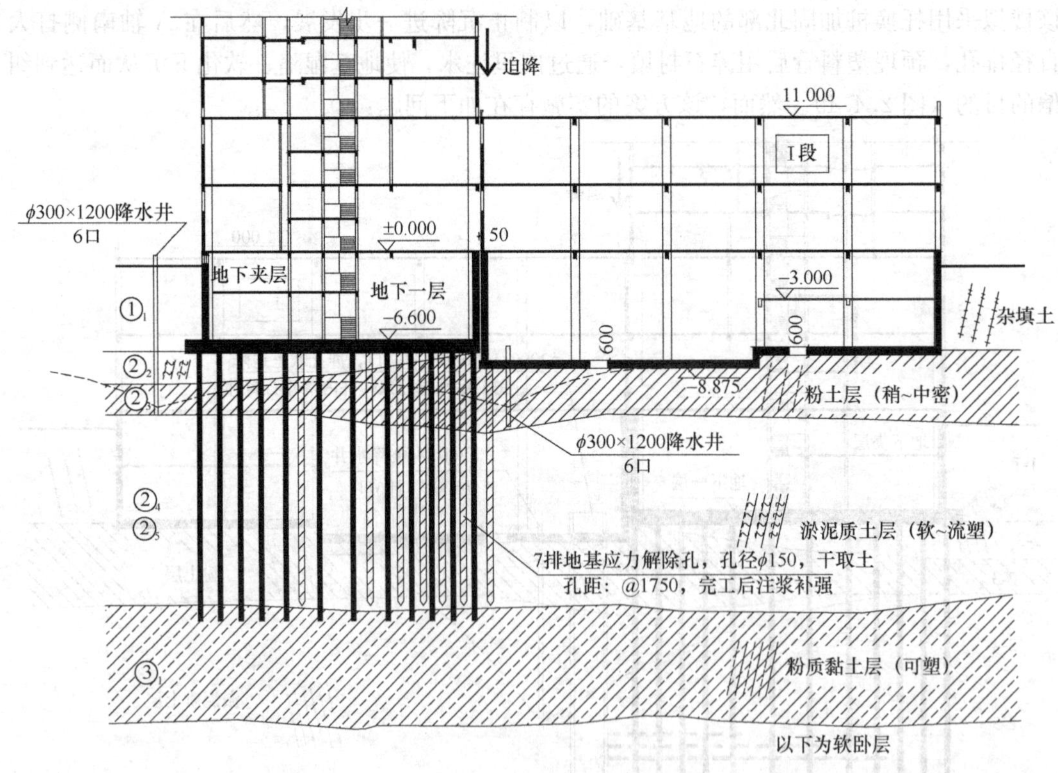

图 2.4.2　地基应力解除法纠倾

① ③$_1$ 粉质黏土系硬可塑、局部夹粉土经受桩基近 20 年承压作用的持力层，是否能在短期内产生预期的刺入变形，难以预测。

② 该方案的实施将造成Ⅰ、Ⅲ段裙房拖带沉降。且实施后，将破坏②$_3$ 粉土层的整体性，密集的钻孔取土，后期的注浆补强可能难以有效恢复相应土层的整体性和密实性。

经对该方案的可行性、可靠性以及不良后果综合预估，工程未采纳这一方案。

3. 基底截桩迫降法

基底截桩迫降法是在地下室以下、桩基顶部位置，通过截断部分桩身迫使主体结构开始沉降直至沉降均匀，纠偏完成后将截断桩与基础重新连接（图 2.4.3）。当未截断桩的

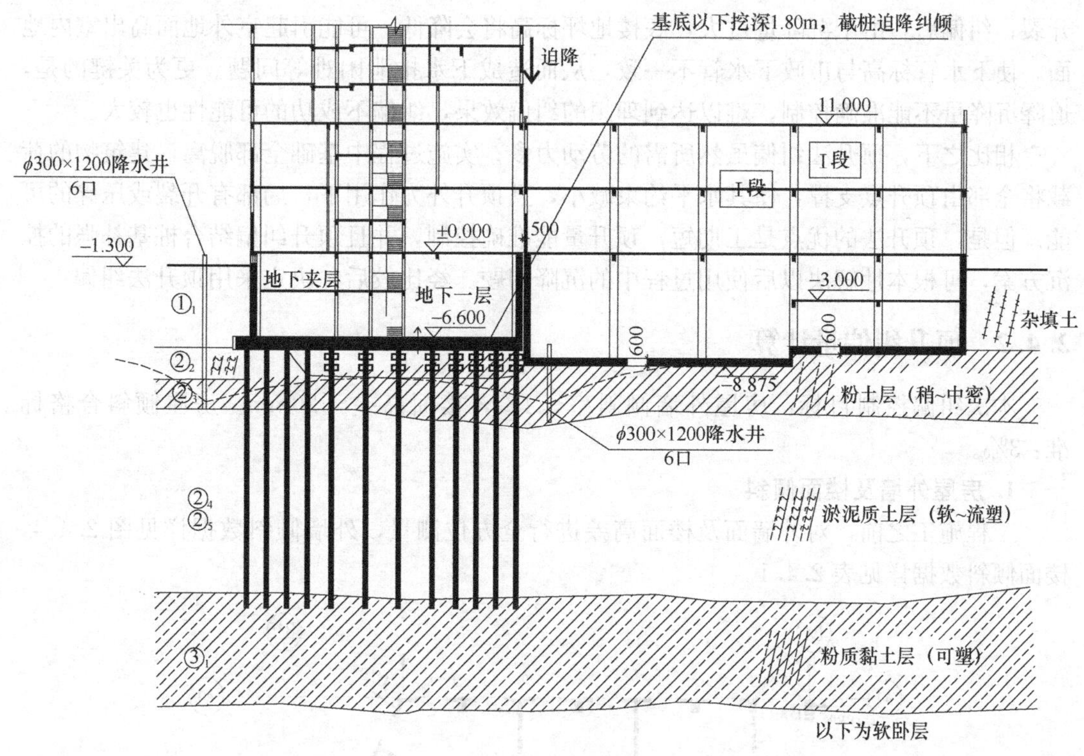

图 2.4.3　截桩纠倾

总抗力小于建筑物上部荷载时，建筑开始产生下沉趋势，随着截断桩数的增加，桩的抗力从承载力特征值逐步增加，在此过程中必须确保抗力小于桩的极限承载力。桩抗力接近极限承载力后，建筑将快速下沉。由于下沉速率很难控制，风险较大，必须采取其他保护措施。该方法还面临如下问题：

① 地下室底板以下需大面积开挖，基底土可能形成流砂不易开挖，且出土困难。

② 迫降完工后需回填作业，回填施工同样困难，且难以保证填土的密实度。

③ 截桩迫降受北面地下水池影响很大，若要减少影响，则需扩大截桩范围至北侧边桩，那么将会增加 33％的土方量，同时增加开挖基槽的临时支护量。

④ 截桩迫降本身可行，过程中同样会对Ⅰ、Ⅲ段产生附加沉降。

该法工期很长、造价亦高，加之施工面深入基底以下，现场管理与技术监控困难，工程安全施工条件不足，具有较高的风险。关键在于，由于未对前期沉降较大的软弱区域采取加强措施，后期使用过程中仍有继续产生沉降差异的可能，因此未采用此方案。

4. 底层截断顶升纠倾法

在沉降较大一侧（也即桩基承载能力不足一侧）补充基桩，提高该侧基础承载力，然后在一层柱底、墙底部位，通过截断竖向受力构件并顶升使建筑物逐步回倾，纠偏完成后将截断构件重新连接。

综上所述，迫降法的优点是所需的施工人员少；基础不脱离地基，楼房的安全性较高；所需的托换桩较少，造价较低。然而，迫降法工期长，地下情况不明，注水对周围建筑物有影响，且楼房东西向较长，注水纠偏不易做到两边沉降一致，反而易引起上部结构开裂；纠偏后，由于沉降量过大，底楼地坪标高将会降低，可能引起室外地面高出室内地面，使下水管标高与市政下水管不一致，从而造成下水排泄困难等问题。更为关键的是，迫降沉降量不能准确控制，难以达到理想的纠偏效果，纠偏不成功的可能性也较大。

相比之下，顶升法纠偏虽然所需的劳动力多；实施过程中基础全部脱离，建筑物的荷载将全部由顶升点支撑，使其水平约束减小，且顶升外力作用下，局部有开裂或压碎的可能。但是，顶升法的优点是工期短，顶升量能准确控制，并且顶升纠偏结合桩基补强的控沉方案，可根本性解决以后使用过程中的沉降问题。经比较后，决定采用顶升法纠偏。

2.4.2 顶升纠偏量计算

本次纠偏控制目标：房屋外墙倾斜率≤1‰，楼面高差≤20mm。房屋倾斜合格标准：3‰。

1. 房屋外墙及楼面倾斜

工程施工之前，对外墙面及楼面高差进行全方位测量，外墙倾斜数据详见图 2.4.4，楼面倾斜数据详见表 2.4.1。

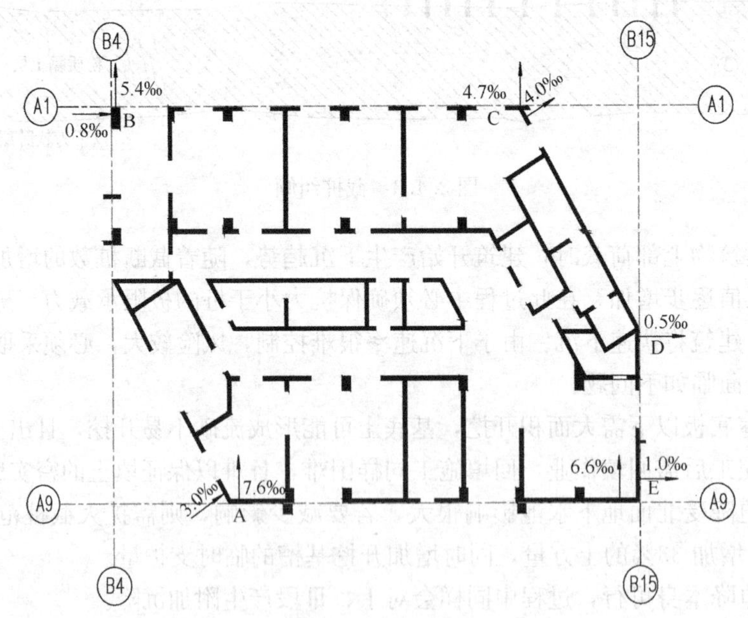

图 2.4.4　外墙倾斜观测

楼面倾斜数据表　　　　**表 2.4.1**

部　位	方　向	高　差（m）	倾斜率
Ⅱ段 2 层	南北方向	0.1320	6.2‰
	东西方向	0.0125	0.4‰
Ⅱ段 3 层	南北方向	0.1109	5.2‰
	东西方向	0.0187	0.6‰
Ⅱ段 5 层	南北方向	0.1390	6.4‰
	东西方向	0.0027	0.1‰

续表

部 位	方 向	高 差（m）	倾斜率
Ⅱ段8层	南北方向	0.1239	5.8‰
	东西方向	0.0119	0.4‰
Ⅱ段10层	南北方向	0.1158	5.4‰
	东西方向	0.0007	0.0‰

2. 纠偏顶升量的确定

上述测量数据显示：南北向外墙倾斜最大点发生在西南角A点（往北倾斜7.6‰），最小点在东北角C点（往北倾斜4.7‰），平均倾斜率为6.1‰，楼面平均倾斜为5.8‰；东西向外墙倾斜最大点发生在东北角C点（往东偏北倾斜4.0‰），最小点在东侧D点（往东倾斜0.5‰），平均倾斜率为2.2‰，楼面平均倾斜为0.3‰。

上述数据表明，该楼南北向外墙倾斜实测值与楼面倾斜实测值基本接近，呈线形关系；而东西向外墙倾斜实测值与楼面倾斜实测值相差较大，但平均最大倾斜率均未超标。故仅对南北向实施纠偏，东西方向不作处理。南北向纠偏时以外墙平均倾斜6.1‰作为变位设计控制值。各轴线的顶升量如表2.4.2所示。

建筑物的抬升量以及纠倾过程中需要调整的抬升量可按下式计算（图2.4.5）：

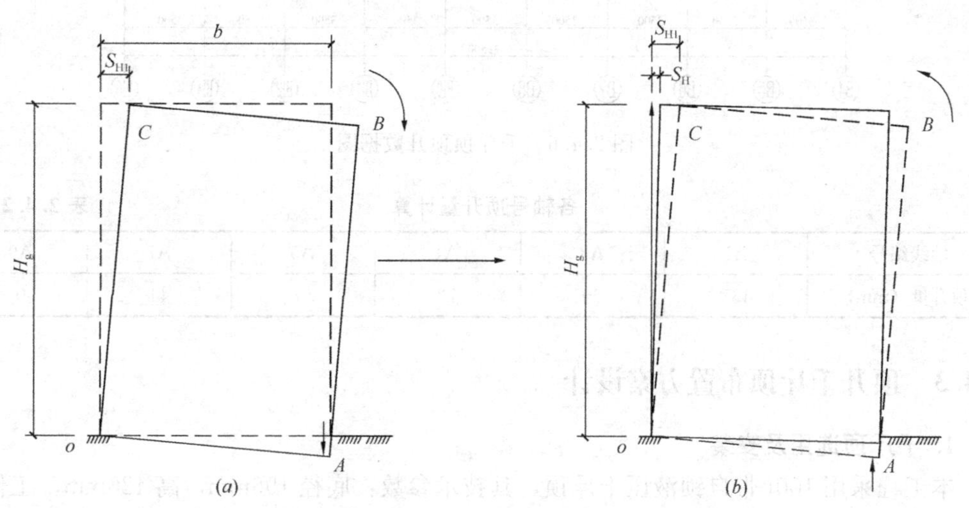

图2.4.5 顶升法纠倾示意图

(*a*) 纠倾前；(*b*) 纠倾后

$$S_V = \frac{S_{H1} - S_H}{H_g} b \tag{2.4.1}$$

$$S'_V = S_V \pm a \tag{2.4.2}$$

式中：S_V 为建筑物设计抬升量；S'_V 为纠倾施工需要调整的抬升量；S_{H1} 为建筑物水平偏移值；S_H 为建筑物纠倾水平变位设计控制值；H_g 为自室外地坪算起建筑物高度；b 为纠倾方向建筑物宽度；a 为预留沉降值。

各轴线位置顶升数据详见表2.4.2，各千斤顶具体顶升数据详见图2.4.6。

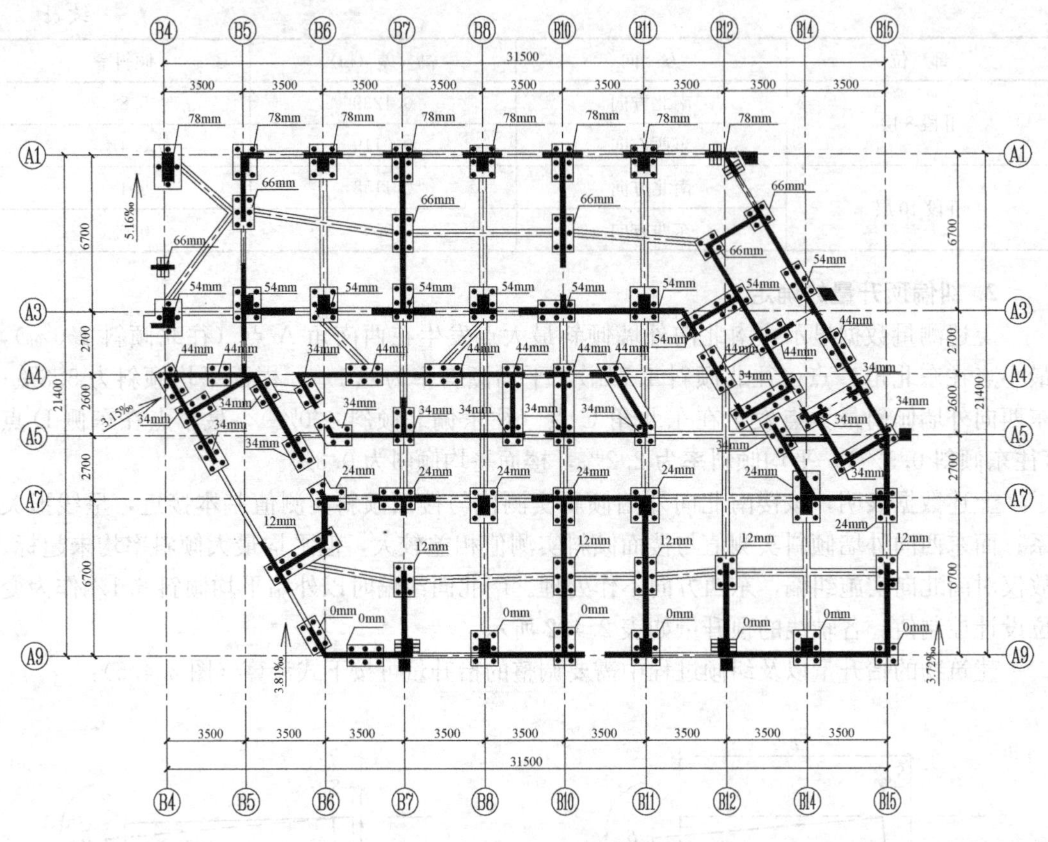

图 2.4.6 千斤顶顶升数据图

各轴号顶升量计算 表 2.4.2

轴线编号	A1	A3	A4	A5	A7	A9
顶升量（mm）	131	90	73	57	41	0

2.4.3 顶升千斤顶布置方案设计

1. 千斤顶选用及安装

本工程采用100t带自锁液压千斤顶，其技术参数：底径196mm，高420mm，工作压力70MPa，工作推力为100t，工作行程为130mm，可偏载角度3°。千斤顶安装要保证千斤顶轴线的垂直，以免因千斤顶安装倾斜而在顶升过程中产生水平分力。千斤顶顶升数据见图2.4.6。千斤顶的上下均设置钢垫板以免应力集中（图2.4.7），保证结构不受损坏。

2. 千斤顶布置

根据设计图纸，采用SAP2000有限元软件和SATWE空间计算软件分别计算各墙柱的内力（图2.4.1），并以此为依据布置千斤顶。千斤顶数量按下式估算：

$$n = k\frac{Q_k}{N_a} \tag{2.4.3}$$

式中：n 为千斤顶数量；Q_k 为顶升时建筑物总荷载标准值；N_a 为单个千斤顶额定荷载值；k 为安全系数，取2.0。

图 2.4.7　千斤顶安装图

本次实际布置 100t 液压千斤顶共计 359 台，具体布置见图 2.4.8。该房屋理论重量计算值为 13525.2t（含楼面活载 $0.5kN/m^2$），顶升设备数量与总荷载之比：

$$k=\frac{nN_a}{Q_k}=\frac{35900}{13525.2}=2.65$$

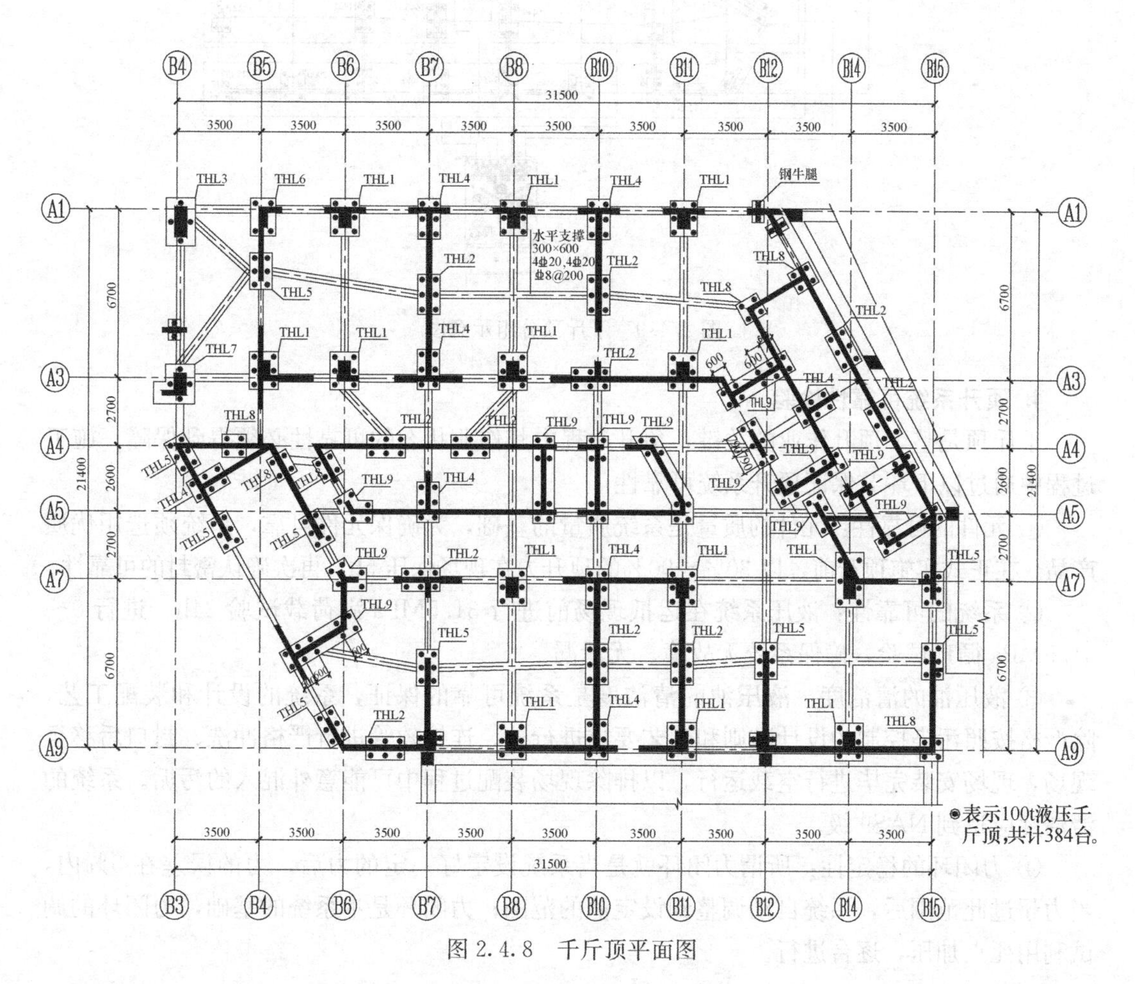

图 2.4.8　千斤顶平面图

安全系数 k 大于 2，满足要求。

3. 千斤顶分组

根据千斤顶数量和顶升纠倾量，本次顶升时划分 18 组进行控制（图 2.4.9），每组设置一个监控点，每个监控点安装一台位移传感器。通过布置 5 台变频调速控制液压泵站，可提供 18 点位移同步控制，并用专用的工业网络通信电缆将 5 台变频调速控制液压泵站和主控系统进行连接。

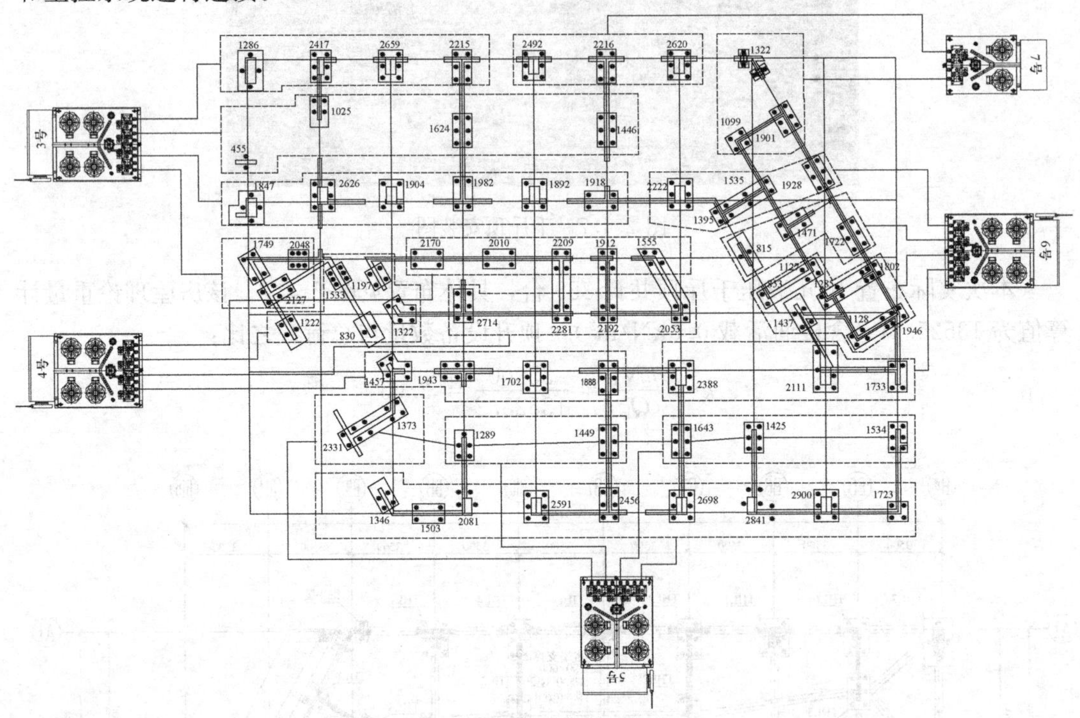

图 2.4.9 千斤顶分组示意图

4. 顶升系统可靠性检验

千斤顶是整个顶升作业的关键，顶升过程中其作业状态的可靠性必须得到保障。施工过程中通过以下环节保证顶升系统可靠性：

① 元件的可靠性：元件的质量是系统质量的基础，为确保元件可靠，系统须选用优质产品。在正式实施顶升前，以 30%～90%的顶升力在现场保压 5h，再次确认密封的可靠性。

② 系统的可靠性：液压系统在运抵现场前进行 31.5MPa 满荷载试验 24h，进行 0～31.5MPa 循环试验，确保系统无故障、无泄漏。

③ 液压油的清洁度：液压油的清洁度是系统可靠的保证，系统的设计和装配工艺，除严格按照污染控制的设计准则和工艺要求进行外，连接软管进行严格冲洗、封口后移至现场，现场安装完毕进行空载运行，以排除现场装配过程中可能意外混入的污垢。系统的清洁度应达到 NAS9 级。

④ 力闭环的稳定性：所谓力闭环就是当系统设定好一定的力后，力的误差在 5%内，当力超过此范围后，系统自动调整到设定值的范围；力闭环是本系统的基础，力闭环的调试利用死点加压，逐台进行。

⑤ 位置闭环的稳定性：所谓位置闭环就是当系统给位移传感器设定顶升高度后，当顶升高度超过此高度，系统自动降至此高度；当顶升高度低于此高度，系统自动升至此高度，保证系统顶升的安全性与同步性。

2.4.4　顶升阶段托换节点设计

建筑物截断之后，托换结构承受上部结构的重力荷载，为确保顶升过程中结构的安全，托换结构必须具有可靠性。针对建筑物的结构形式，托换结构一般分墙下托换和柱下托换。本文研究了墙下钢牛腿托换和柱下抱柱梁托换。

1. 墙下后锚固钢牛腿托换设计

墙下采用后锚固钢牛腿作为托换构件具有施工方便、传力明确等优点。螺栓可根据实际计算内力布置，也可按与千斤顶相等承载力的原则布置。钢牛腿做法详见图 2.4.10，作用在钢牛腿最大处的支座内力为：剪力 $V=750\text{kN}$，偏心距 $e=0.175\text{m}$。采用 Q345 材质钢板，8.8 级 M24 螺杆。

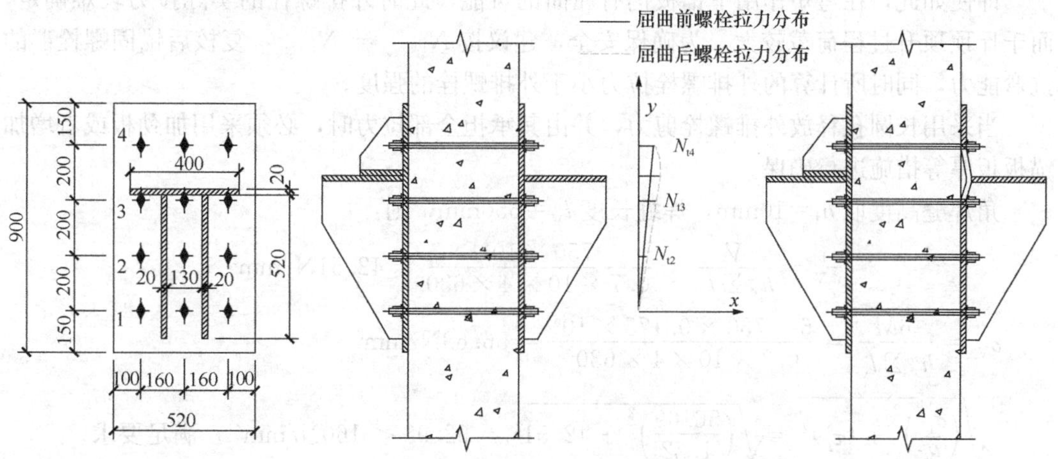

图 2.4.10　钢牛腿后锚固螺栓示意图

作用于牛腿根部的弯矩：

$$M = V \times e = 750 \times 0.175 = 131.2\ \text{kN} \cdot \text{m}$$

锚栓屈服强度标准值 $f_{yk}=640\text{N/mm}^2$，则单个锚栓抗拉、抗剪强度设计值分别为：

$$N^{s}_{Rd,s} = \frac{f_{yk}A_s}{\gamma_{Rs,N}} = \frac{3.14 \times 21.2^2}{4} \times 640/1.3 = 173.7\ \text{kN}$$

$$V^{s}_{Rd,s} = \frac{0.5 \times f_{yk}A_s}{\gamma_{Rs,V}} = \frac{0.5 \times 3.14 \times 21.2^2}{4} \times 640/1.3 = 86.8\ \text{kN}$$

式中：$\gamma_{Rs,N}$、$\gamma_{Rs,V}$ 分别为锚栓受拉、受剪破坏承载力分项系数。

此时，锚栓所受拉力、剪力分别为：

$$N_{Rd,s} = \frac{My_{i_{max}}}{\sum y_i^2} = 46.7\text{kN}$$

$$V_{Rd,s} = \frac{V}{12} = \frac{750}{12} = 62.5\text{kN}$$

式中：y_i 为第 i 排螺栓距最下排螺栓的距离，$y_{i_{max}}$ 为最外排螺栓距最下排螺栓的距离。

$$\left(\frac{N_{Rd,s}}{N^{s}_{Rd,s}}\right)^2 + \left(\frac{V_{Rd,s}}{V^{s}_{Rd,s}}\right)^2 \leqslant 1$$

螺栓承载力满足要求。

需要指出的是，按混凝土设计规范锚栓拉力设计值为：

$$N_{\mathrm{Rd,s}}=\frac{M}{1.3\times\alpha_{\mathrm{r}}\times\alpha_{\mathrm{b}}\times z}=\frac{131.2}{(0.4\sim1.3)\times0.85\times0.81\times0.6\times12}=20.35\sim66.2\,\mathrm{kN}$$

该公式考虑了锚筋层数等因素，这与后锚固技术规程计算值差异较大。同时，与钢梁栓焊拼接时腹板螺栓群弯矩分配有所不同的是，钢梁栓焊拼接时由于连接板平面内刚度极大，螺栓群受力与螺栓距形心的距离成正比，而锚板弯矩作用于钢板平面外，其拉力未必与距离成线性比例关系，没有加劲板时其内力分布非常复杂。

当有后锚固螺栓排列在牛腿之外时，在弯矩作用下为确保锚板可以传递螺栓的拉力，锚板厚度需满足：

$$t\geqslant\sqrt{\frac{6j_{\max}N_{\mathrm{t}}e}{f_{\mathrm{y}}b}}\tag{2.4.4}$$

式中：$j_{\max}$ 为螺栓列数，b 为锚板宽度。

即使如此，在弯矩作用下锚板仍有屈曲的可能，此时外排螺栓的实际拉力较难确定，而千斤顶顶升过程荷载较大，为确保安全，建议按 $N_{\mathrm{t},i_{\max}}=N_{\mathrm{t},i_{\max-1}}$ 复核后锚固螺栓群的抗弯能力，同时所计算的外排螺栓拉力小于外排螺栓的强度。

当采用长圆孔释放外排螺栓剪力，并由其承担全部拉力时，必须采用加劲板或者增加锚板板厚等措施进行确保。

角焊缝高度取 $h_{\mathrm{f}}=10\mathrm{mm}$，焊缝长度 $l_{\mathrm{w}}=650\mathrm{mm}$，则：

$$\tau_{\mathrm{V}}^{\mathrm{b}}=\frac{V}{h_{\mathrm{e}}\sum l_{\mathrm{w}}}=\frac{750\times10^{3}}{0.7\times10\times4\times630}=42.51\mathrm{N/mm^{2}}$$

$$\sigma_{\mathrm{V}}^{\mathrm{M}}=\frac{6M}{h_{\mathrm{e}}\sum l_{\mathrm{w}}^{2}}=\frac{6\times750\times0.175\times10^{6}}{0.7\times10\times4\times630^{2}}=56.69\mathrm{N/mm^{2}}$$

$$\sqrt{\left(\frac{\sigma_{\mathrm{f}}^{\mathrm{M}}}{\beta_{\mathrm{f}}}\right)^{2}+(\tau_{\mathrm{f}}^{\mathrm{v}})^{2}}=\sqrt{\left(\frac{56.69}{1.22}\right)^{2}+42.51^{2}}=62.98<160\mathrm{N/mm^{2}}$$，满足要求。

钢牛腿托换节点图详见图 2.4.11。

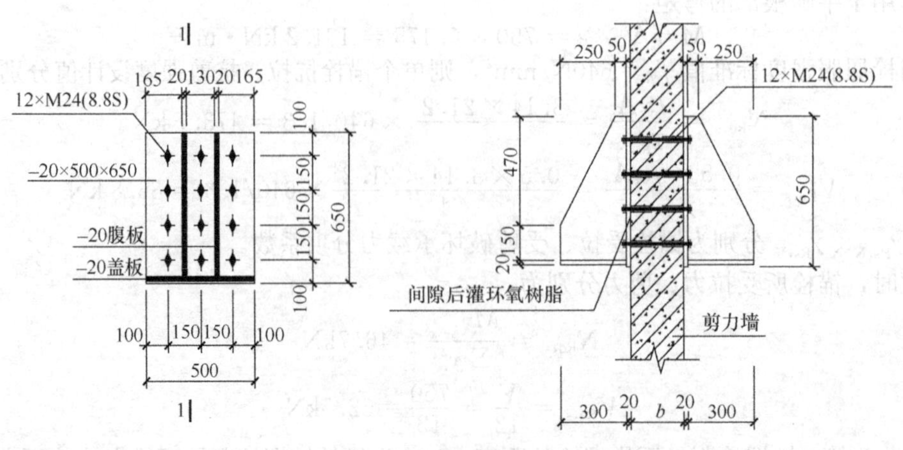

图 2.4.11　钢牛腿详图

2. 抱柱梁托换设计

柱下托换结构应进行正截面抗弯、抗冲切以及抗剪验算。结构托换过程中被托换柱截面种类繁杂，各柱间承载力差异也较大，工程计算量大。托换结构作为顶升作业的重要环节，需要一套完善的计算体系确保其安全合理。然而，由于此类工程相对较少，缺乏大量的工程实践和试验数据，目前尚未形成统一的计算理论。根据托换结构和千斤顶的实际工作状态，抱柱梁托换结构受力机理类似于柱下承台，其计算可参照桩基础的承台计算原理，其中抱柱梁相当于承台，而千斤顶相当于基桩。

柱下托换结构应进行正截面受弯承载力计算，其弯矩可按《建筑桩基技术规范》JGJ 94—2008 第 5.9.2～5.9.5 条的规定计算，受弯承载力和配筋可按现行国家标准《混凝土结构设计规范》GB 50010 的规定进行。托换结构弯矩计算截面取在柱边（图 2.4.12），可按下列公式计算：

$$M_x = \Sigma N_i y_i \tag{2.4.5}$$

$$M_y = \Sigma N_i x_i \tag{2.4.6}$$

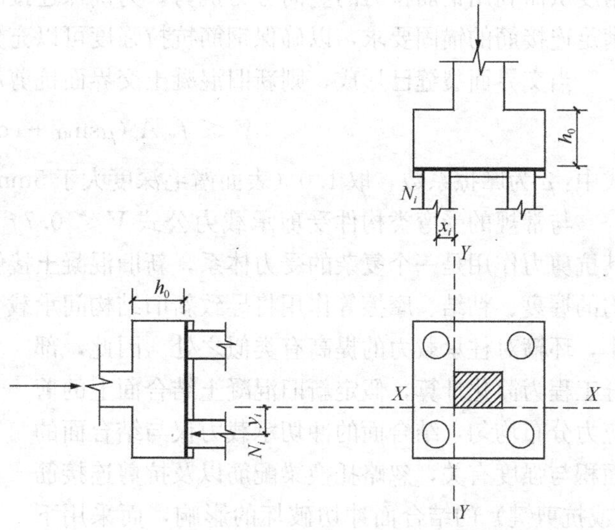

图 2.4.12　弯矩计算示意

式中：M_x、M_y 分别为绕 x 轴和绕 y 轴方向计算截面处的弯矩设计值；x_i、y_i 为垂直 y 轴和 x 轴方向自千斤顶中心线到相应计算截面的距离；N_i 为荷载效应基本组合下的千斤顶竖向反力设计值。

由于托换构件混凝土浇筑于已经硬化的混凝土表面，顶升过程中沿新旧混凝土交界面的破坏可能大于柱边与千斤顶边缘连线所构成的锥体（图 2.4.13），并且受交界面粗糙程度的影响。其中，沿柱边与千斤顶边缘连线所构成的锥体的冲切计算可参考《建筑桩基技术规范》。沿新旧混凝土交界面剪力为摩擦剪力，参照美国 ACI 318M-05 规范摩擦剪力应满足：

$$V \leqslant 0.2 f_c A_c \tag{2.4.7}$$

式中：A_c 为新旧混凝土交界面面积；f_c 为新旧混凝土抗压强度设计值的较低值。

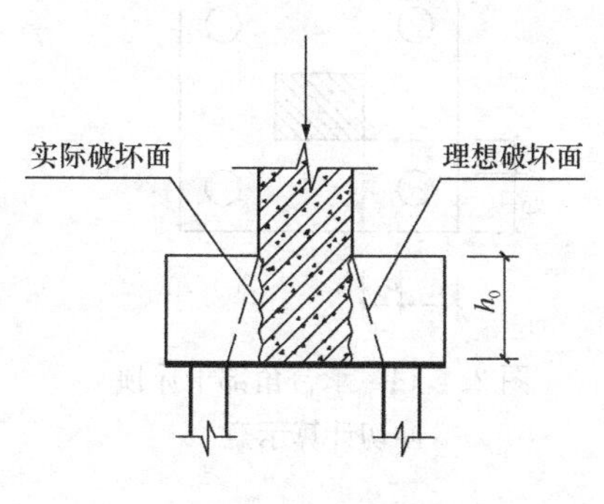

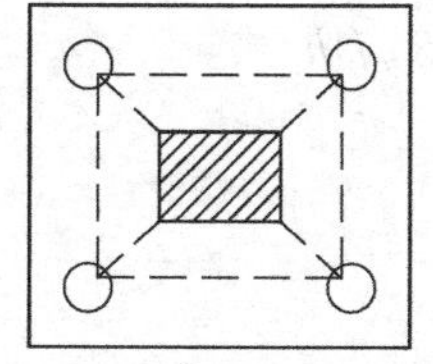
图 2.4.13　柱对承台的冲切计算示意

结合《建（构）筑物托换技术规程》，新旧混凝土交界面抗剪承载力应满足：

$$V \leqslant 0.16 f_c A_c + 0.56 f_s A_s \tag{2.4.8}$$

并要求：

$$f_s A_s \leqslant 0.07 f_c A_c \tag{2.4.9}$$

式中：A_s 为垂直通过交界面的钢筋面积；f_s 为新旧混凝土交界面配置植筋钢筋抗拉强度设计值。

按照美国 ACI 318M-05 规范交界面抗剪承载力应满足：

$$V \leqslant A_c K_1 \sin^2\alpha + f_y A_s(0.8\sin\alpha + \cos\alpha) \tag{2.4.10}$$

式中：K_1 为 2.8N/mm²；f_y 为新旧混凝土交界面配置植筋钢筋抗拉强度设计值。

显然，为了取得更高的抗剪能力，抱柱梁植筋时不应垂直于柱表面，而应具有一定的角度从而利用钢筋拉力的竖向分力抗剪。为确保连接的可靠性，托换结构的外伸宽度需要满足连接筋的锚固要求，以确保钢筋抗拉强度可以充分发挥。

当交界面裂缝已形成，则新旧混凝土交界面抗剪承载力应满足：

$$V \leqslant f_{yv} A_s(\mu\sin\alpha + \cos\alpha) \tag{2.4.11}$$

式中：μ 为摩擦系数，取 1.0（表面凿毛深度大于 5mm）或 0.6（交界面未凿毛）。

与常规的受弯类构件受剪承载力公式 $V \leqslant 0.7 f_t b h_0$ 相比，托换承台作为环梁结构，其抗剪力作用是一个复杂的受力体系，新旧混凝土接触面不单是剪力作用，环梁对原有结构的握裹、粘结、摩擦等作用将导致新旧结构间承载力的增加。这与梁、承台冲跨比的减小，环箍对柱承载力的提高有类似之处。因此，部分工程为简化计算，假定新旧混凝土结合面上的剪应力分布均匀，结合面的冲切承载力仅与结合面的面积与强度有关，忽略托换梁配筋以及抗剪连接筋（或抗剪键）的结合面冲切破坏的影响，而采用下式进行冲切墩截面高度的估算：

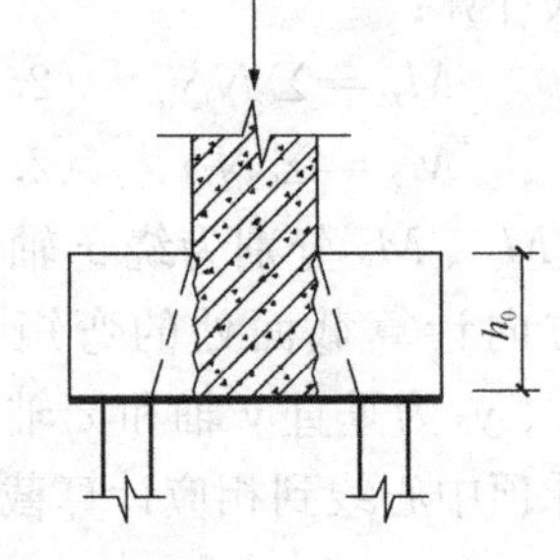

$$h = \frac{V}{k f_t C} \tag{2.4.12}$$

式中：C 为柱截面周长；k 为新旧混凝土交界面混凝土强度折减系数。

这种做法忽略了环梁的有利作用，是不经济的。当无法采用包裹式节点托换时（如墙下托换），建议按 $V \leqslant 0.7 f_t b h_0$ 进行计算。

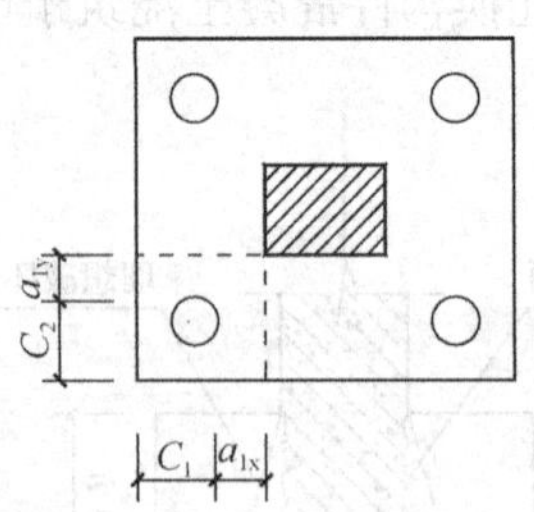

图 2.4.14　承台角部千斤顶冲切计算示意

对于柱（墙）冲切破坏锥体以外的千斤顶，可参照《建筑桩基技术规范》按下列规定计算托换墩受千斤顶冲切的承载力：

托换承台受角部千斤定冲切的承载力可按下列公式计算（图 2.4.14）：

$$N_l \leqslant [\beta_{1x}(c_2 + a_{1y}/2) + \beta_{1y}(c_1 + a_{1x}/2)]\beta_{hp} f_t h_0 \tag{2.4.13}$$

$$\beta_{1x} = \frac{0.56}{\lambda_{1x} + 0.2} \tag{2.4.14}$$

$$\beta_{1y} = \frac{0.56}{\lambda_{1y} + 0.2} \tag{2.4.15}$$

式中：N_l 为荷载效应基本组合作用下角部千斤顶反力设计值；β_{1x}、β_{1y} 为角部千斤顶冲切系数；a_{1x}、a_{1y} 为从托换承台底角部千斤顶内边缘引 45°冲切线与托换承台顶面相交点至千斤顶内边缘的水平距离；h_0 为托换构件有效高度；λ_{1x}、λ_{1y} 为冲跨比，$\lambda_{1x}=a_{1x}/h_0$，$\lambda_{1y}=a_{1y}/h_0$，其值均应满足 0.25～1.0 的要求。

柱托换节点图详见图 2.4.15。

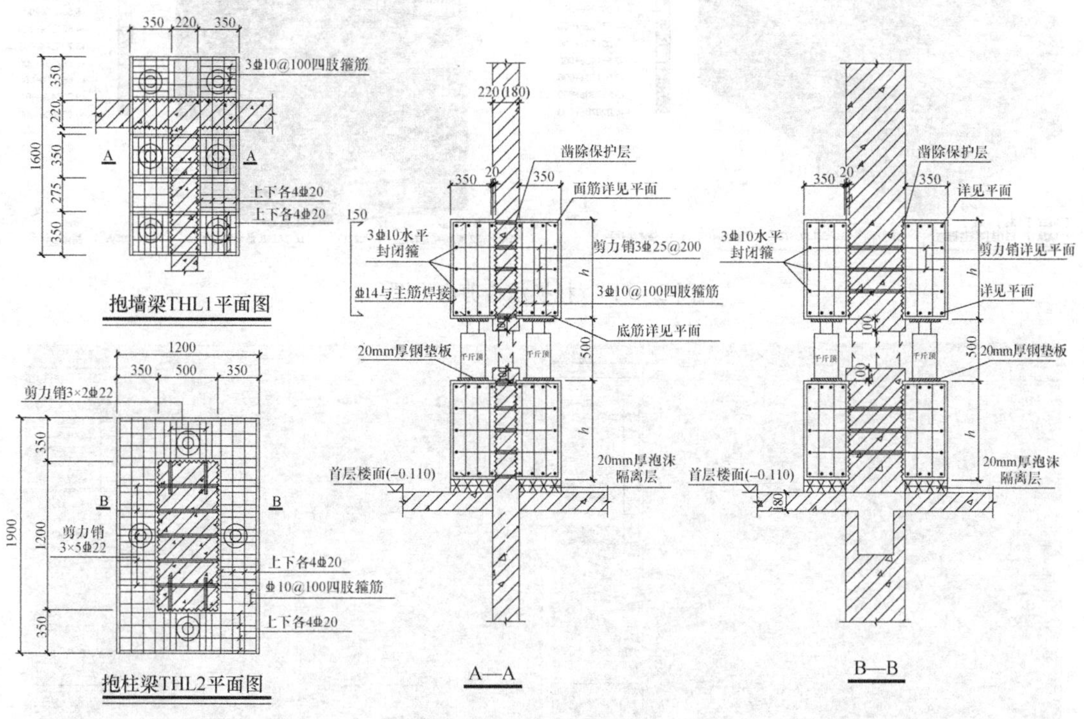

图 2.4.15　托换节点设计图

3. 复杂托换节点的有限元分析

柱的托换一般采用四周包裹式托换，通过新增部分混凝土与柱表面之间的粘结力来传递柱上荷载。为确保荷载传递的有效性，不发生冲切破坏，柱表面需要凿毛，并设置连接筋或抗剪键等措施。

本工程对于典型的柱下托换节点进行了有限元分析，详见图 2.4.16～图 2.4.18。图 2.4.16 为托换承台剪应力图，承台部分混凝土剪应力基本在 1.0N/mm^{2}之内。然而，不像整浇承台，混凝土抗冲切呈斜截面锥体破坏，托换构件由于后浇筑，构件整体抗剪能力由新旧混凝土交界面的抗剪能力决定。图 2.4.17 为托换承台交界面剪应力图，由图可知，该控制截面混凝土剪应力基本在 1.8N/mm^2，远小于 $0.20f_c$=3.34N/mm^2（其中，f_c 为 C35 混凝土的抗压强度设计值），也小于 $0.16f_c$=2.67N/mm^2。

如图 2.4.18 托换承台正应力图显示，承台底部柱周拉应力集中，承台部分混凝土拉应力接近 0.9N/mm^2，局部最大部位达到 1.3N/mm^2，接近混凝土抗拉强度设计值。当千斤顶布置离柱边距离较大时，应进行正截面抗弯计算并配置底部受拉钢筋。

顶升过程中，千斤顶接触部位应力较为集中，混凝土应满足局部抗压要求。也可通过

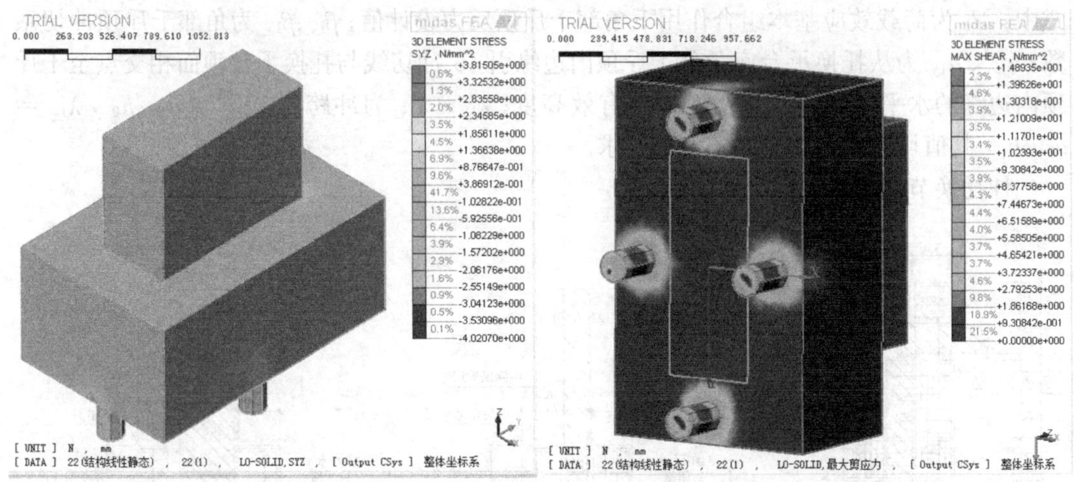

图 2.4.16　托换承台剪应力图

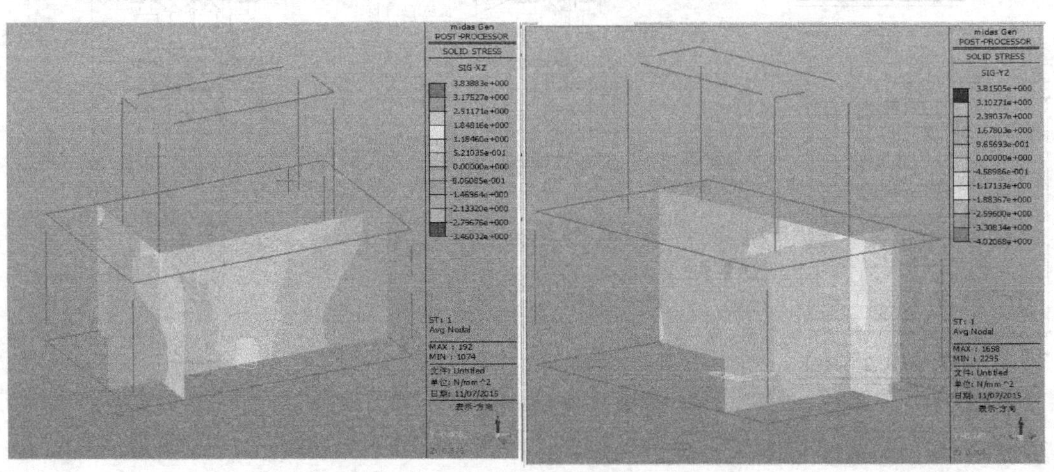

图 2.4.17　托换承台交界面剪应力图

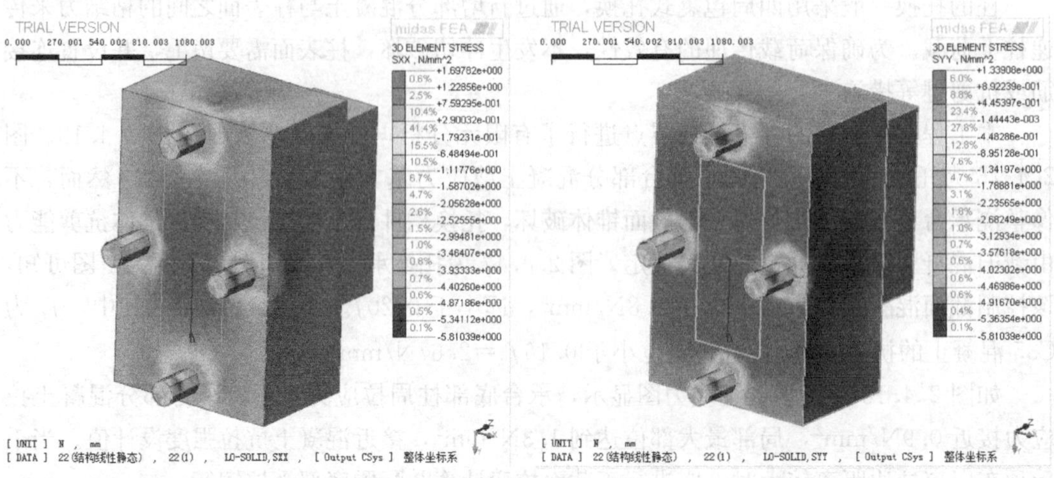

图 2.4.18　托换承台正应力图

设置钢板提高该部位的局部抗压能力。

千斤顶所承担荷载设计值为 525kN，因为承台材质为混凝土，其强度小于千斤顶，需验算千斤顶上承台局部受压承载力：

$$F_l = \omega\beta_l f_{cc} A_l = 1.0 \times 3.0 \times 14.2 \times 21382.5/1000 = 910.6\ \text{kN}$$

其中：$f_{cc} = 0.8 f_c$

$= 0.85 \times 16.7$

$= 14.2\ \text{N/mm}^2$

式中：ω 为荷载分布影响系数，取 1.0；β_l 为混凝土局部受压强度提高系数；f_{cc} 为素混凝土轴心抗压强度设计值；A_l 为局部受压面积。

与千斤顶接触面混凝土局部受压承载力 910kN，承台局部受压承载力满足规范要求。图 2.4.19 托换承台局部抗压应力图显示，局部承压区混凝土压应力在 23.5N/mm² 以下，C40 混凝土抗压强度标准值为 23.4N/mm²，可以满足要求。

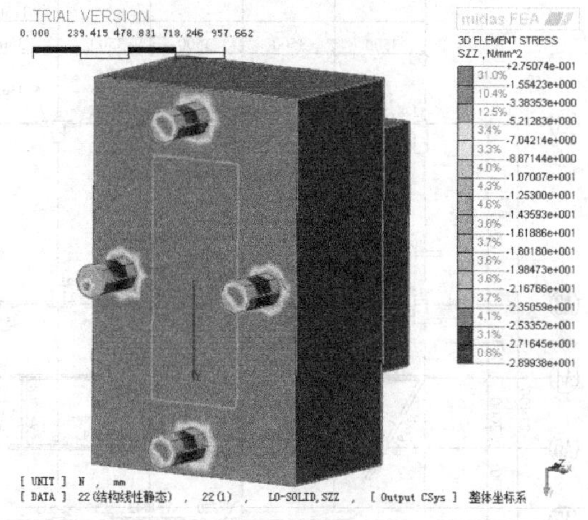

图 2.4.19　托换承台局部抗压应力图

2.5　顶升工况下上部结构整体分析

采用顶升法对建筑物进行纠倾，顶升前需对底部竖向构件进行截断，柱、墙底部的转动约束将被释放。为确保施工过程的结构以及人员安全，对本工程重新建模进行整体分析。同时为了模拟施工过程的实际受力状态，将底部约束释放后进行重新计算，并将计算结果与底部固接的原模型进行了对比，结果详见表 2.5.1。

截断前后结构整体参数对比　　　　**表 2.5.1**

计算模型		截断前（柱底固接）	截断后（柱底铰接）
水平地震作用下基底总剪力（kN）		2515	2541
风荷载作用下基底总剪力（kN）		1797	1218
前三阶周期	T_1	0.63	0.62
	T_2	0.47	0.47
	T_3	0.31	0.30
风荷载作用下最大层间位移角		1/5095	1/4528
地震作用最大层间位移角		1/5417	1/4081
风荷载作用下顶点最大位移（mm）		3.0	3.3
地震作用下顶点最大位移（mm）		6.0	8.1
刚重比		32.39	35.12

注：1. 根据《建筑物移位纠倾增层改造技术规范》(CECS 225：2007)，建筑物在移动过程中活荷载按实际荷载取值，本工程楼面活荷载取 0.5kN/m²，基本风压可按 10 年一遇风压取值，平移过程中可不考虑地震作用。考虑到安全性，本工程按后续使用年限 40 年设防标准计算了地震作用。

2. 表中所列基底总剪力、位移角等参数均为结构 y 向计算值。

本工程为局部框支剪力墙结构，整体刚度很大，刚重比远大于规范不小于1.4的要求，底部铰接后结构整体特性变化较小。图2.5.1为Ⅱ段底层柱、剪力墙底部荷载标准组合内力图，可作为千斤顶布置依据。

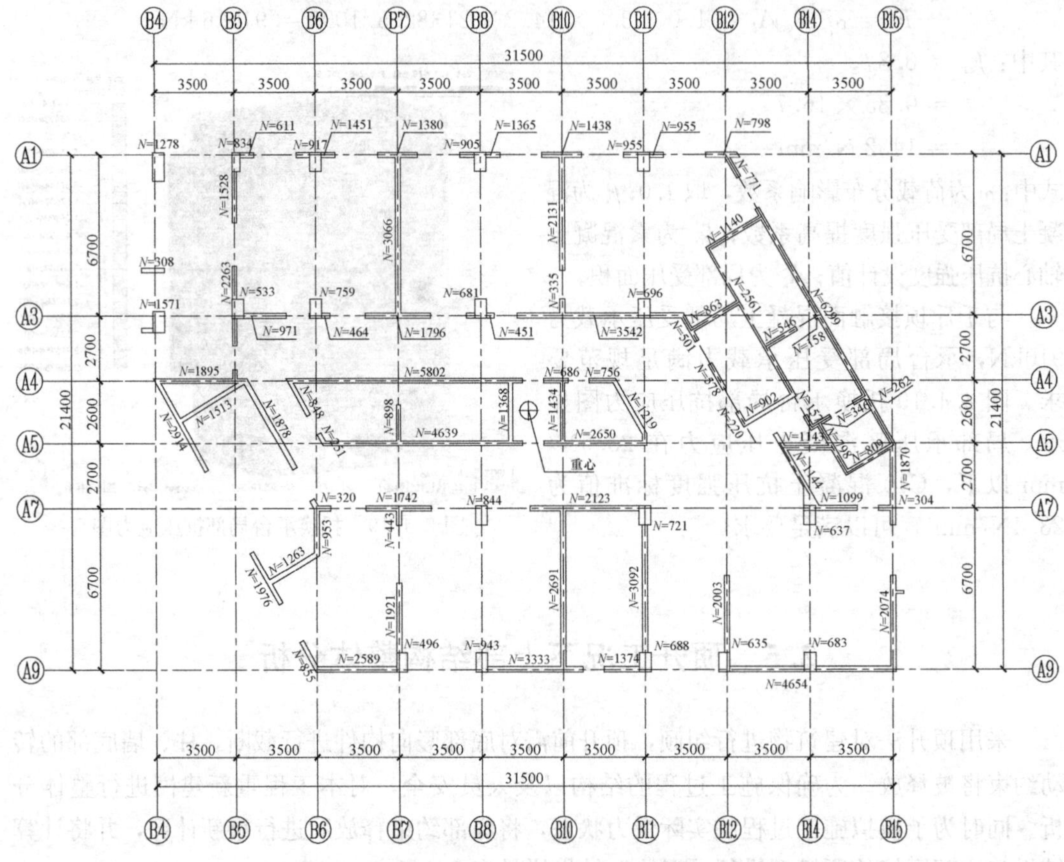

图2.5.1 Ⅱ段底层柱、剪力墙底部荷载标准组合内力图

2.6 顶升阶段上部结构的限位设计

2.6.1 侧向限位装置设计

整体截断顶升常用于不均匀沉降房屋的纠倾，多层房屋受水平风荷载影响较小，房屋截断顶升过程中水平方向通常不采取限位措施而直接施工。随着高层建筑的不断涌现，高层建筑由于自身荷载大、场地复杂以及设计、施工不合理等原因易产生不均匀沉降。沿海地区高层建筑受风荷载影响显著，当顶升过程中遭遇强风、小型地震动等偶然因素影响时，建筑容易发生难以复位的侧向位移，为避免出现此类情况，需设置平面限位装置，限制纵横向可能发生的位移。

本工程设计了一种建筑结构截断顶升纠偏过程的水平限位装置，该装置由上、下限位墩、橡胶垫层以及填充聚苯乙烯泡沫板四部分组成。其中：上限位墩与被顶升结构连接，下限位墩与下部结构连接，限位墩中部设置橡胶垫层，其余部位填充泡沫塑料板。见图 2.6.1。

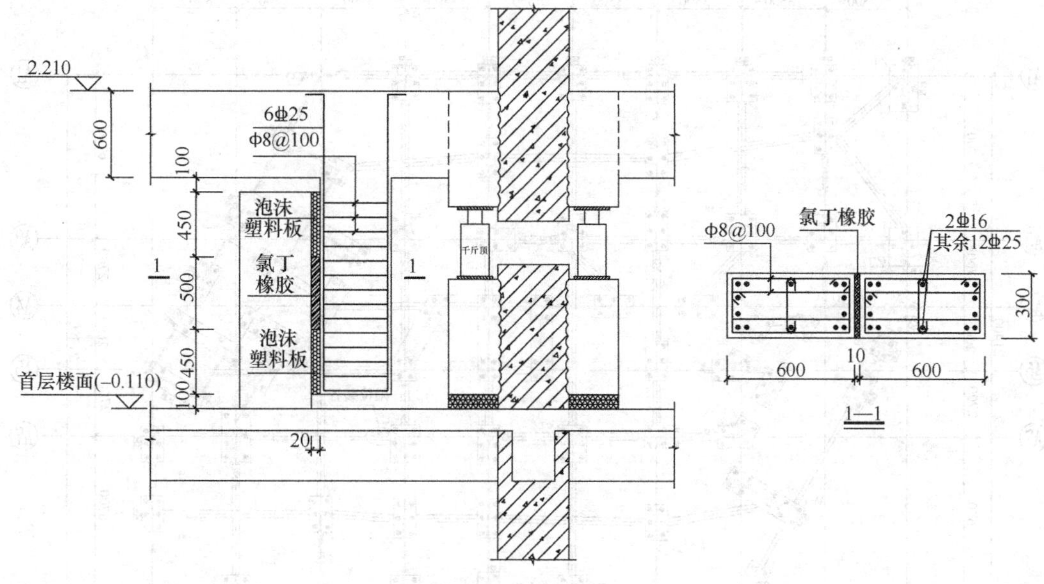

图 2.6.1　水平限位装置图

首先通过现场植筋并浇筑下限位墩混凝土与下部结构连为一体；上限位墩与上部顶升托换结构整体浇筑；上、下限位墩之间的缝隙直接采用橡胶垫层和聚苯乙烯泡沫板作为浇筑的模板，限位墩浇筑完毕后无需拆卸及另行安装，下部聚苯乙烯泡沫板可作为水平传力橡胶垫层搁置点，可避免橡胶垫层与限位墩之间的锚栓连接。一组限位装置能限制单方向的建筑移动，实施时需要根据风、地震等水平荷载的大小成对进行设置。该装置施工简单，可有效确保在水平力作用下建筑结构顶升施工过程的安全。该装置现已申请国家发明专利。

根据规范，本工程施工过程中基本风压按临时性建筑物 10 年重现期基本风压取值，本工程风荷载作用下 x、y 向水平力分别为 770kN 和 1218kN。如图 2.6.2 所示，工程沿 x、y 向分别布置了 8 处限位装置，考虑 x、y 向风荷载的正负风向，则每处限位装置所受剪力为 $V_x=192.4\text{kN}$，$V_y=304.4\text{kN}$。

由于本工程南北向倾斜 8.2‰，东西向倾斜 6.4‰，顶升过程中结构通过线性比例同步顶升进行整体纠偏，因此必须保证限位装置允许结构进行转动。在限位墩间中部设置氯丁橡胶，氯丁橡胶性能满足表 2.6.1 性能指标，同时在限位装置上、下两侧设置泡沫塑料，以确保限位装置的转动。在 x、y 向风荷载作用下，氯丁橡胶板所受应力为：

橡胶支座所用胶料物理性能指标　　　　**表 2.6.1**

胶料类型	硬度（邵氏）	拉伸强度（N/mm²）	拉断伸长率（%）	拉断永久变形（%）	300%定伸强度（N/mm²）	脆性温度（℃）（不低于）
氯丁橡胶	60°±5°	≥18.63	≥450	≤25	≥7.84	−25
天然橡胶	60°±5°	≥18.63	≥450	≤20	≥8.82	−40

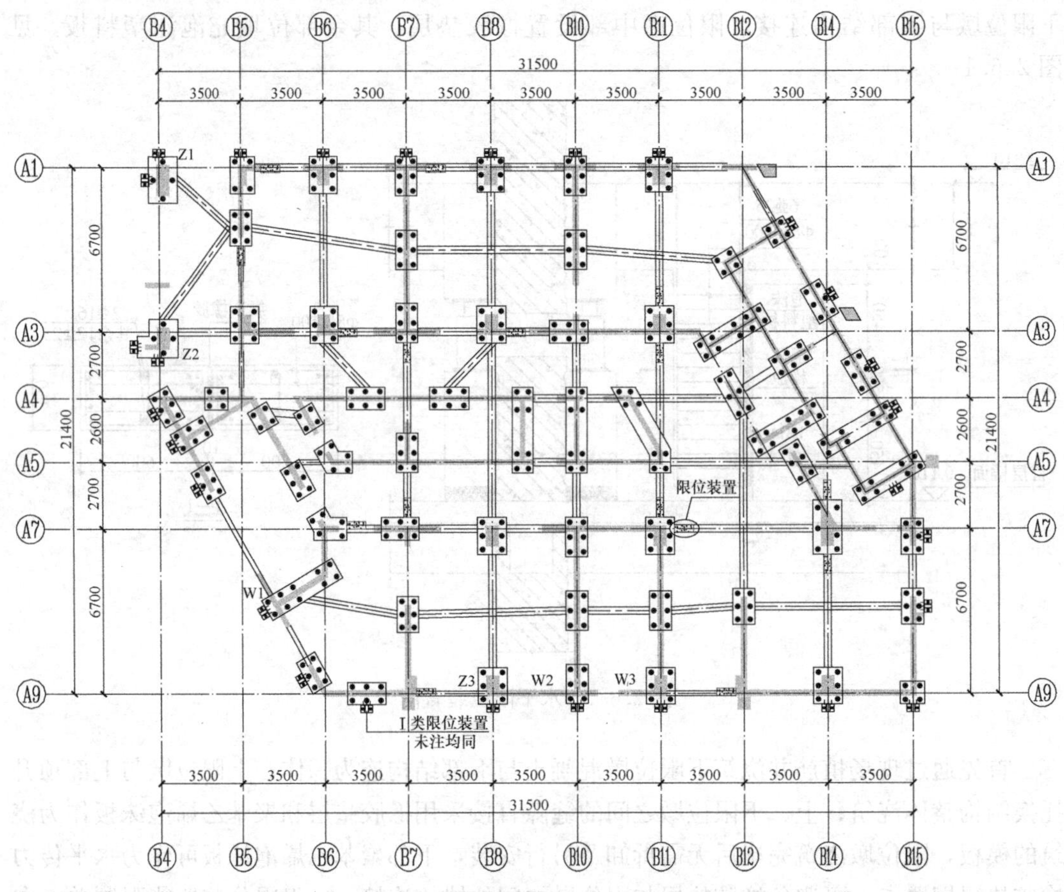

图 2.6.2 Ⅱ段顶升限位装置平面布置图

$$\sigma_x = \frac{V_x}{A} = \frac{192.4 \times 10^3}{300 \times 500} = 1.28\ \text{MPa}$$

$$\sigma_y = \frac{V_y}{A} = \frac{304.4 \times 10^3}{300 \times 500} = 2.02\ \text{MPa}$$

其相应变形为：

$$\Delta h_x = \varepsilon h = \frac{\sigma}{E} h = \frac{1.28}{18.63} \times 20 = 1.37\text{mm}$$

$$\Delta h_y = \varepsilon h = \frac{\sigma}{E} h = \frac{2.02}{18.63} \times 20 = 2.17\text{mm}$$

限位墩的转动变形为：

$$\Delta x = \phi_x h = 0.0064 \times 500 = 3.2\text{mm}$$

$$\Delta y = \phi_y h = 0.0082 \times 500 = 4.2\text{mm}$$

式中：h 为限位墩间的橡胶层厚度；ϕ_x、ϕ_y 为房屋南北向及东西向倾斜角。

抗剪墩所受剪力为 $V_x = 192.4\text{kN}$、$V_y = 304.4\text{kN}$，满足其自身抗剪强度：

$$V \leqslant 0.25 \beta_c f_c b h_0 = 643.5\text{kN}$$

$$V \leqslant 0.7 f_t b h_0 + f_{yv} \frac{A_{sv}}{s} h_0 = 629.8\text{kN}$$

这表明，在 10 年一遇风荷载作用下，即使不考虑顶升状态的摩擦作用，结构 x、y 向变形分别为 1.37mm 和 2.17mm，结构整体位移很小。在纠倾顶升过程中，氯丁橡胶板的最大变形为 4.2mm，可以满足纠倾转动的需要。该装置（图 2.6.3）可以有效地抵抗水平荷载，确保顶升过程的千斤顶不受水平荷载的干扰。

图 2.6.3　水平限位实景图

2.6.2　抗倾覆设计

高层建筑结构刚度一般由地震荷载、风荷载等水平荷载控制，工程纠倾一般工期较短，其时间跨度低于新建工程工期，与在建工程不同，一般可不考虑地震作用。海宁属浙江东部沿海地区，风荷载较大，必须确保纠倾工程在风荷载作用下的抗倾覆安全。

表 2.6.2 为各荷载工况下典型构件内力标准值。由表可知，在风荷载作用下框支柱柱底处于受压状态，各墙肢底部不出现拉应力。这表明在风荷载作用下，结构不会倾覆。为避免极端恶劣天气以及顶升过程中的一些偶然状况影响出现重大事故，对工程外围墙、柱采取了抗倾覆措施。首先，在抱柱墩安装钢牛腿；然后，上、下钢牛腿之间通过螺杆进行连接，同时螺母与钢牛腿预留一定空隙，以确保结构能竖向位移，详见图 2.6.4、图 2.6.5。螺母与钢牛腿预留空隙取略大于千斤顶一次顶升行程的数值。其中，钢板厚度应满足如下公式：

当 $e_f/e_w < (e_f + c)(e_w + d)$ 时：

$$t_f \geqslant \sqrt{\frac{6N_t e_w e_f}{((e_f + c)e_f + be_w + 0.5be_f^2/e_w)f}} \tag{2.6.1}$$

当 $e_f/e_w > (e_f + c)(e_w + d)$ 时：

$$t_f \geqslant \sqrt{\frac{6N_t e_w e_f}{((e_f + c)(2e_f + e_w^2/e_f) + 0.5be_w)f}} \tag{2.6.2}$$

顶升工程在底部截断后完全依靠自重抵御倾覆荷载，一旦倾覆后其危险程度堪比结构垮塌，若在建筑物倒塌范围内存在其他建筑物，则建议考虑地震作用的影响。

各荷载工况下典型构件内力标准值（kN）　　**表 2.6.2**

工况＼构件	Z1	Z2	Z3	W1	W2	W3
x+风	63.6	94.7	33.4	94.2	45.9	1.7
y+风	−196.8	−46.9	83.8	208.5	368.5	152.8
恒载	−1401.7	−1558.6	−841.0	−1368.9	−2515.9	−962.3

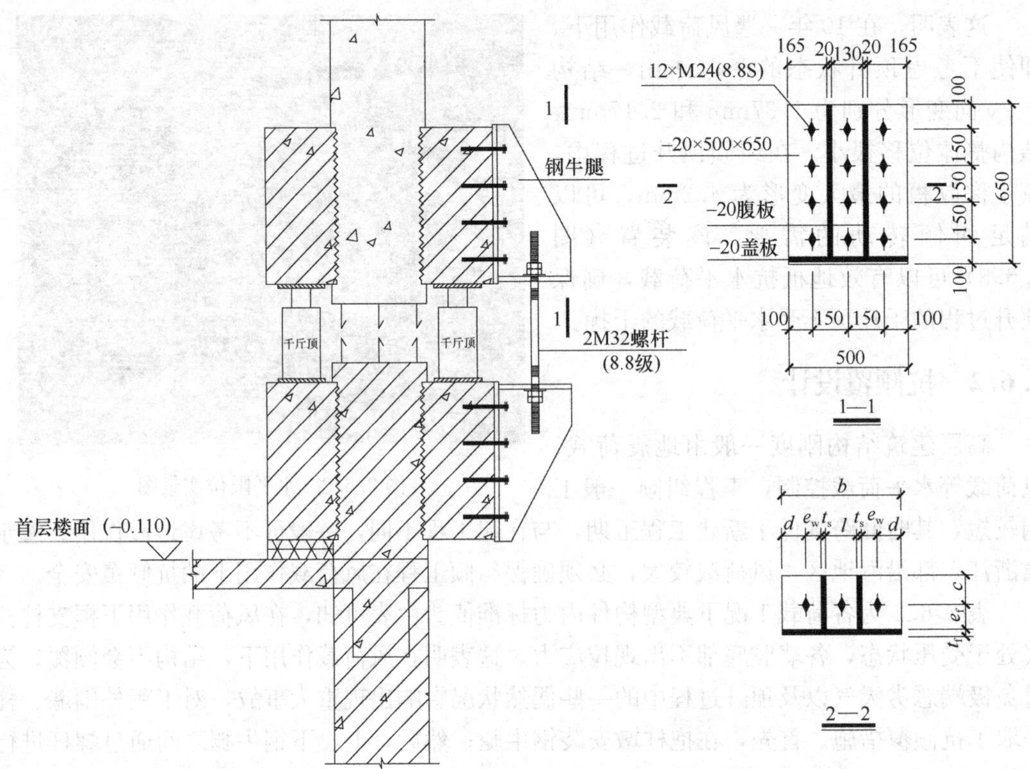

图 2.6.4　抗倾覆限位装置详图

图 2.6.5　竖向限位实景图

2.7　框支转换部位的临时加强措施

建筑物门厅入口部位两层通高，由框支柱支承上部剪力墙，为底部带局部转换的高层结构（图 2.7.1*a*）。其中，A1 轴交 B4 轴柱截面 500mm×1200mm，A3 轴交 B4 轴柱截面 500mm×1380mm，框支转换梁截面 400mm×1000mm，上部剪力墙厚度 180mm。底部截断前、后结构弯矩图详见图 2.7.2。

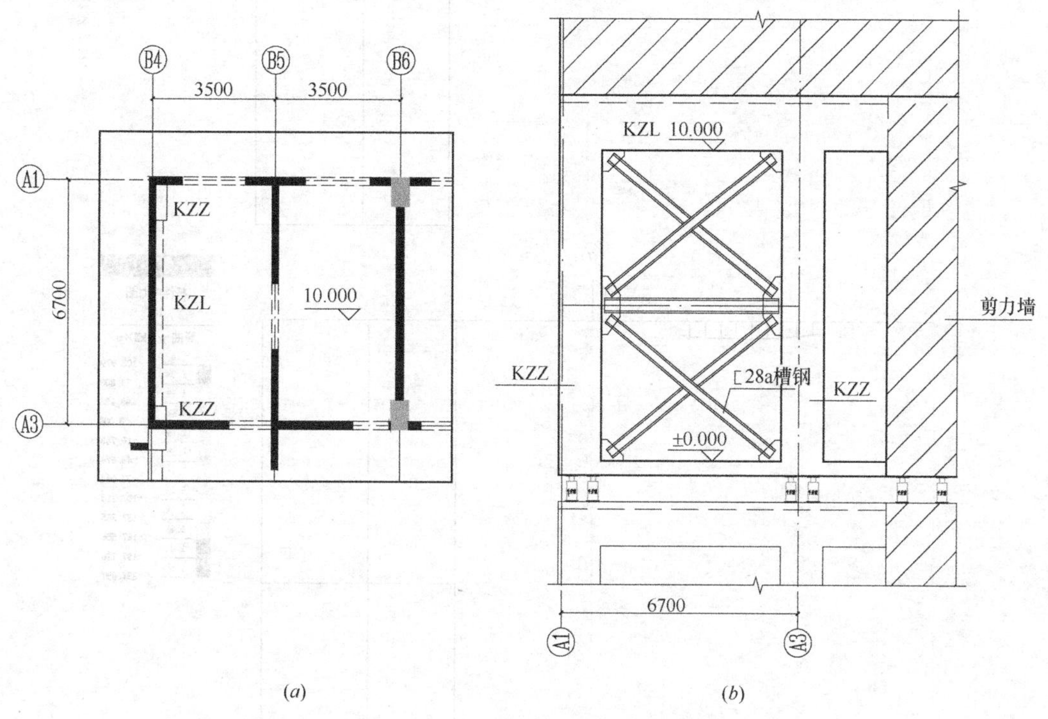

图 2.7.1　转换结构平面布置及框支柱临时加强图

从图 2.7.2 竖向荷载作用下框架弯矩图可以看出：柱底截断后底层边跨柱顶弯矩由 85.94kN·m 减少到 74.69kN·m，减少了 13.1%；边跨梁端部弯矩由 65.60kN·m 减小至 56.05kN·m，减少了 14.6%；边跨梁跨中弯矩由 104.01kN·m 减小至 103.98kN·m，基本无变化；边跨梁内支座端部弯矩由 223.52kN·m 增加至 227.9kN·m，增加了 1.96%；中柱柱顶以及内跨梁各部位弯矩变化均很小，二层以上基本无影响。由于原结构布置了大量剪力墙，风荷载作用下梁柱控制截面弯矩变化同样很小。因此，底部截断后无需对框支部分体系进行抗弯加固。

原结构柱混凝土强度等级为 C30，框支结构抗震等级为二级，轴压比不得大于 0.7，则柱抗压承载力为 $N=6.0\times10^6$N，施工过程不考虑地震影响，柱承载力可相应提高。当柱底为固接时，框支柱 Z1 计算长度系数理论值为 $\mu_{1a}=1.0$，当柱底截断后，框支柱 Z1 计算长度系数理论值为 $\mu_{1b}=2.0$。本工程底部两层高 10.0m，柱底截断后穿层柱计算长度为

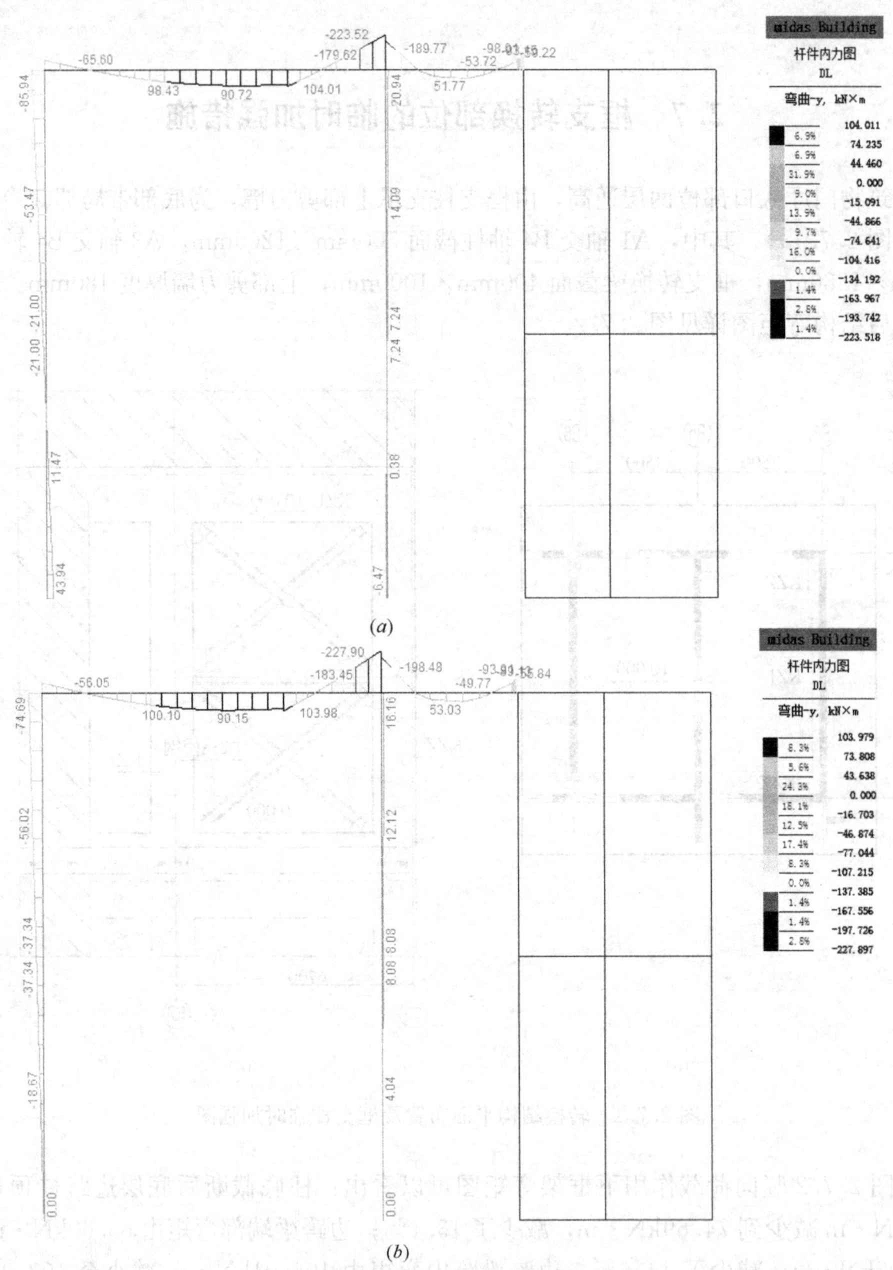

图 2.7.2　框支结构弯矩图

（*a*）原结构弯矩图；（*b*）底部截断后弯矩图

20.0m，其稳定承载力 $N_{cr}=\dfrac{\pi^2 EI}{(\mu_{2b}l)^2}=1.96\times10^6$N，而柱轴力 $N=2.10\times10^6$N，此时承载力并不满足要求。考虑到建筑物活荷载占建筑物总荷载的 10%～20%左右，移位过程中中断使用功能并去除所有活荷载，取活荷载所占比重为 15%，安全隐患仍然极大，必须采取加强措施以确保移位过程中的结构安全。针对本工程中框支柱稳定承载力不足的问题，通过设置与剪力墙之间支撑的方式降低柱的计算长度系数，提高稳定承载力（图 2.7.1*b*）。

2.8　PLC协调纠偏顶升控制与施工

2.8.1　施工流程设计

国光宾馆Ⅱ段主楼地下2层，地上16层，总高度56.150m，房屋总重约13000t，该建筑物平面形状近似呈六边形，体型不规则、重量重、高度高、反力支撑设置难度大。本工程规模大，一次性投入液压设备数量较多，如何保证各台液压千斤顶的同步性工作，是本工程的重点难点。

鉴于工程的特殊和复杂性，在施工前编制如下施工流程，以指导施工。

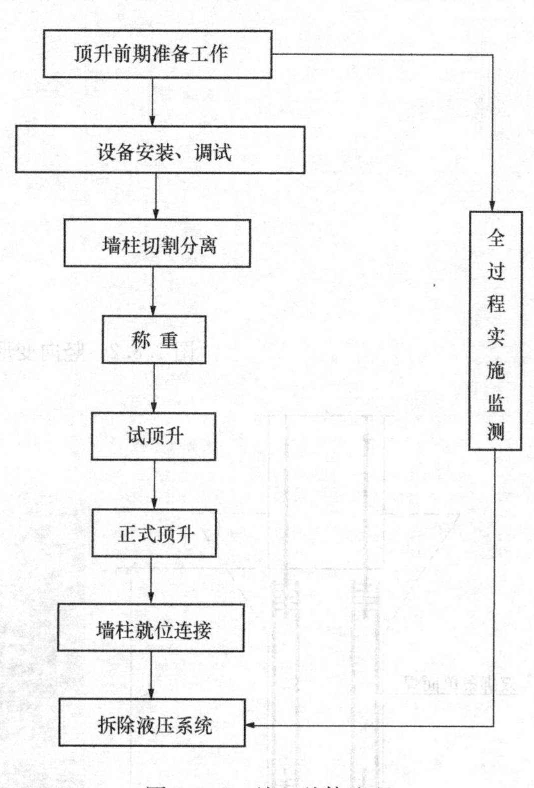

图2.8.1　施工总体流程

2.8.2　顶升前期准备工作

为全面了解建筑物的工程实际状况，尤其是了解建筑物的受损状况对结构本身的影响，对梁、板、柱等相关构件的截面尺寸及混凝土强度进行了实测，实测情况与设计图纸基本吻合。

为确保顶升工程的安全以及顺利展开，进行了如下准备工作：首先，对托盘系统混凝土强度抗压检测，确保混凝土强度达到设计标准。其次，清理各段之间的伸缩缝内杂物，确保顶升顺利；标定千斤顶编号；检查相关管道、管线及楼梯踏步是否脱离；检查顶升系统是否完好。同时，设立顶升总指挥部，对顶升相关人员做好安全技术交底工作和应急演练。此外，对结构薄弱部位采取了补强措施，并设置了水平限位和抗倾覆装置。

2.8.3　工程称重

为了保证安装过程人员和设备的安全，在结构预制及设备安装完成后，对结构件进行称重，以确定其准确重量和重心位置，并复核前期在模型基础上进行的千斤顶方案布置的准确性，消除顶升过程工程隐患。

采用同步顶升测量方法，由液压千斤顶及压力传感器等配合完成对大型结构件重量及重心位置的测量。即通过液压构件，将大型结构件同步平移顶升一定距离，结构全部离开地面稳定后，此时平台的全部重量由千斤顶的液压缸支撑，通过压力传感器准确测量各千

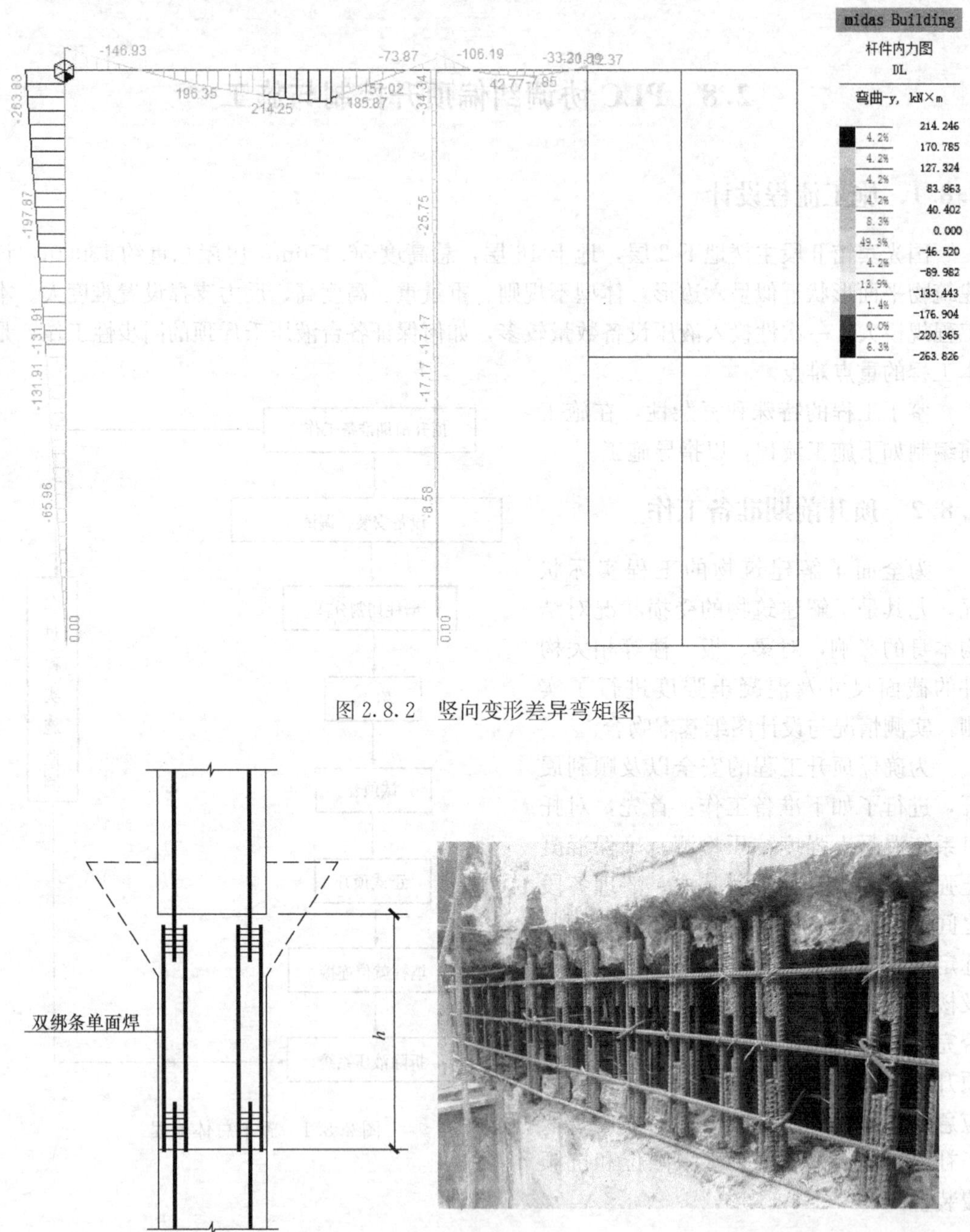

图 2.8.2 竖向变形差异弯矩图

图 2.8.3 钢筋连接图

斤顶液压油的压力，乘以各液压缸的工作面积即可获得结构总重量，再根据千斤顶的坐标即可获得结构件的重心位置坐标。称重过程按如下步骤实施：

1. 保压试验

① 油缸、油管、泵站操纵台、监测仪等安装完毕，并检查无误。

② 按千斤顶最大顶力的 30%～90%加压，进行油缸的保压试验 24h。

③ 检查整个系统的工作情况，油路情况。

2. 称重

① 为保证顶升过程的同步进行，在顶升前应测定每个顶升点处的实际荷载。

② 称重时依据计算顶升荷载，采用逐级加载的方式进行，在一定的顶升高度内（1～10mm），通过反复调整各组的油压，设定一组顶升油压值，使每个顶点的顶升压力与其上部荷载基本平衡。

③ 用百分表测定其行程，观察顶升处是否脱离。

④ 将每点的实测值与理论计算值进行比较，计算其差异量。如差异较大，则作相应调整。

通过称重过程各组油压的反复调整，设定各千斤顶顶升油压值，使每个顶点的顶升压力与其上部荷载基本平衡。

2.8.4　工程试顶升

为了观察和考核整个顶升施工系统的工作状态以及对称重结果进行校核，同时确保正式顶升作业的安全性和稳定性，在正式顶升之前，工程进行试顶升，试顶升高度为5mm。

试顶升结束后，提供房屋整体姿态、结构位移等情况，确定相关的技术参数，可为正式顶升提供依据。

2.8.5　顶升过程控制与误差累积消除

试顶升后，进行按比例正式顶升，千斤顶最大行程为130mm，每级顶升行程控制在0～20mm，最大顶升速度5mm/min，各分级顶升间隔时间初步定为1～2小时，具体可根据现场顶升纠偏状况作相应调整。

1. 顶升注意事项

① 每次顶升的高度应稍高于垫块厚度，能满足垫块安装的要求即可，不宜超出垫块厚度较多，以避免负载下降的风险。

② 顶升过程中，应指定专人监测整个系统的工作情况。若有异常，直接通知指挥控制中心。

③ 结构顶升空间内不得有障碍物。

2. 顶升过程控制及累积误差消除

本工程为局部框支的剪力墙结构，整体刚度大，入口门厅处A1轴交B4轴柱与主体结构其他部分之间连接相对薄弱，如果无法控制顶升的同步性，结构由于竖向变形差异将产生较大附加内力。当顶升差异变形为2mm时，柱顶弯矩由74.69kN·m增加至263.83kN·m；边跨梁端弯矩由50.65kN·m增加至146.93kN·m；梁跨中弯矩由103.98kN·m增加至214.25kN·m；框支梁内支座弯矩则由227.90kN·m减少至73.87kN·m。顶升过程的变形差异将使结构产生新的内力分布，引发部分构件的破坏甚至产生新的裂缝，因此必须控制顶升的同步性。总体而言，纠倾顶升过程是对原结构的复位过程，随着变形差异的逐步消除，由强制位移引起的附加内力将逐步减小。

整个顶升过程应保持传感器的位置同步误差小于2mm，一旦位置误差大于2 mm或任何一缸的压力误差大于5%，控制系统立即关闭液控单向阀，同时锁紧锁环，以确保结构安全。

每一轮顶升完成后，对计算机显示的各油缸的位移和千斤顶的压力情况，随时整理分析，如有异常，及时处理。结构顶升并固定完成后，测量各标高观测点的标高值，计算各观测点的抬升高度，作为工程竣工验收资料。

工程采用国内最先进的PLC液压同步顶升控制系统实施顶升纠偏。PLC控制液压同步顶升是一种力和位移综合控制的顶升方法，这种力和位移综合控制方法，建立在力和位移双闭环的控制基础上。由液压千斤顶，精确地按照建筑物的实际荷重，平稳地顶举建筑物，使顶升过程中建筑物受到的附加应力下降至最低，同时液压千斤顶根据分布位置分成若干组，与相应的位移传感器组成位置闭环，以便控制建筑物顶升的位移和姿态，这样本工程就可以很好地保证顶升过程的同步精确性，确保顶升时建筑物的结构安全。

PLC同步升降控制系统由液压系统、计算机控制系统及检测传感器等三部分组成。其中液压系统由油泵、液压千斤顶、平衡保护阀、比例阀、进出油管等组成；计算机控制系统由计算机、计算机软件、操作台、电控箱等组成；检测传感器由位移传感器、力传感器组成。该系统分散布置、操作集中，使大型液压缸能够分散布置在建筑物下任意指定的顶升支点，操作人员在中央控制室内对液压缸进行遥控操作，且能检测现场各液压缸的工作参数。最为关键的是，系统可实现建筑物同步（比例同步）升降。对于顶升工程，由于建筑荷载分布不均，分散布置在建筑物下的顶升液压缸受力也不相同，该系统应能保证各顶升液压缸出力不均的情况下同步升降，避免在升降过程中建筑物因变形过大出现开裂现象。该系统不但在顶升时达到高精度同步，带载下降时同样可保证高精度同步；对于一些房屋纠倾顶升，该系统能进行比例同步作业。

2.8.6 墙、柱恢复连接

顶升工程在同一标高处将原结构切断，钢筋连接集中于相同部位，无法有效地将钢筋连接部位错开。结合这一情况，采取了如下措施确保连接部位的可靠性：

① 墙柱断口恢复分批分次施工：预先施工房屋四周墙柱，然后施工横向墙体，最后施工纵向墙体。当局部个别液压千斤顶阻碍断口恢复施工时，可采用手动千斤顶在相邻位置处替换液压千斤顶以支撑上部结构，然后再进行下道工序施工。

② 墙柱切断口混凝土凿除：采用电镐凿除墙柱切断口部分混凝土，露出既有墙柱钢筋，钢筋露出长度应满足焊接长度要求。柱子的上下接口必须凿成“榫头状”，墙的上下接口平整凿毛。

③ 墙、柱钢筋连接：墙、柱加高部分采用与原墙、柱同规格等数量的竖向主筋和箍筋。竖向主筋与墙柱两端露出部分的主筋连接采用双绑条单面焊连接，搭接长度由$5d$提高到不小于$7.5d$。采用双绑条连接在最不利情况下可以提高截断面的摩擦抗剪能力。

④ 灌浆料浇筑养护：为保证不出现冷缝，墙柱上接口应每边预设喇叭口模板，喇叭口模板应高出截口不少于100mm。灌浆前应清除所有的碎石、粉尘和其他杂物，并充分湿润基层混凝土表面。灌浆施工不易直接灌入时，宜采用流槽辅助施工。现场按照规范进行试块制作，并做好进行浇筑后的养护作业。在日平均温度不应低于5℃的常

温条件下灌浆完毕后，裸露部分应及时喷洒养护剂或覆盖塑料薄膜，加盖湿草袋保持湿润。采用塑料薄膜覆盖时，灌浆料的裸露表面应覆盖严密，保持塑料薄膜内有凝结水。灌浆料表面不便浇水时，可喷洒养护剂。应保持灌浆料处于湿润状态，养护时间不得少于 7d。

对于以承受剪力为主的剪力墙，可根据实际情况凿设榫口并埋设型钢作为抗剪键，从而弥补新旧混凝土粘结可能引起的抗剪性能的部分损失。由于高层建筑轴力的存在，以及旧混凝土凿毛后的咬合作用，都有助于减小交界面的抗剪能力的下降。对于柱以及剪力墙边缘构件，可通过粘贴钢板或者碳纤维进行截断面的抗弯补强。

2.9 纠 倾 成 果

本工程在进行高压旋喷桩土体加强以及增设锚杆静压桩对基础进行补强的基础上，采用底部截断的方式对上部 16 层结构进行顶升纠倾。顶升结束后，对外墙垂直度、倾斜率进行了测量，监测点布置见图 2.4.4，纠倾前后数值对比详见表 2.9.1。

纠倾前、后倾斜率对比　　表 2.9.1

编　号	纠倾前倾斜率	纠倾后倾斜率
A	北倾 7.6‰	北倾 0.59‰
B	北倾 5.4‰	南倾 0.62‰
	东倾 0.8‰	东倾 0.23‰
C	北倾 4.7‰	北倾 0.19‰
E	东倾 1.0‰	东倾 0.11‰
	北倾 6.6‰	北倾 0.34‰

由表 2.9.1 可知，顶升纠倾后，建筑物倾斜率在 0.11‰～0.62‰之间，倾斜情况能满足《建筑地基基础设计规范》GB 50007—2011 的相关规定。

参 考 文 献

[1]　高传宝，宋德斌．浅层掏土法在建筑物偏中的应用[J]．煤炭工程，2003，(11)：30-33.

[2]　王爱平，陈少平，黄海翔，等．掏土托换技术在软硬不均地基危房纠偏中的应用[J]．岩石力学与工程学报，2003，22(1)：148-152.

[3]　任亚平，徐健，谢仁山，等．射水法在某住宅楼桩基基础纠偏工程中的应用[J]．工业建筑，2003，33(5)：81-83.

[4]　李向阳，涂光祉．房屋截桩纠偏实例[J]．工程勘察，2002，(6)：44-46.

[5]　刘明振．墩式托换用于柱基纠偏[J]．岩土工程学报，1995，17(6)：89-95.

第3章 杭州天工艺苑增层工程

3.1 工 程 概 况

3.1.1 既有建筑上部结构体系及布置概况

天工艺苑位于杭州市解放路南侧，金鸡岭西侧，建于1995年，地下1层、地上5层，高度23.0m，建筑面积2.3万m^2，上部采用现浇钢筋混凝土板柱-剪力墙结构体系，基础采用夯扩桩和下翻地梁的筏板式基础。该楼平面呈矩形，长63m，宽59m，柱网尺寸9.0m×9.0m，平面规则，典型平面详见图3.1.1。工程地理位置优越，现由于扩建需要，

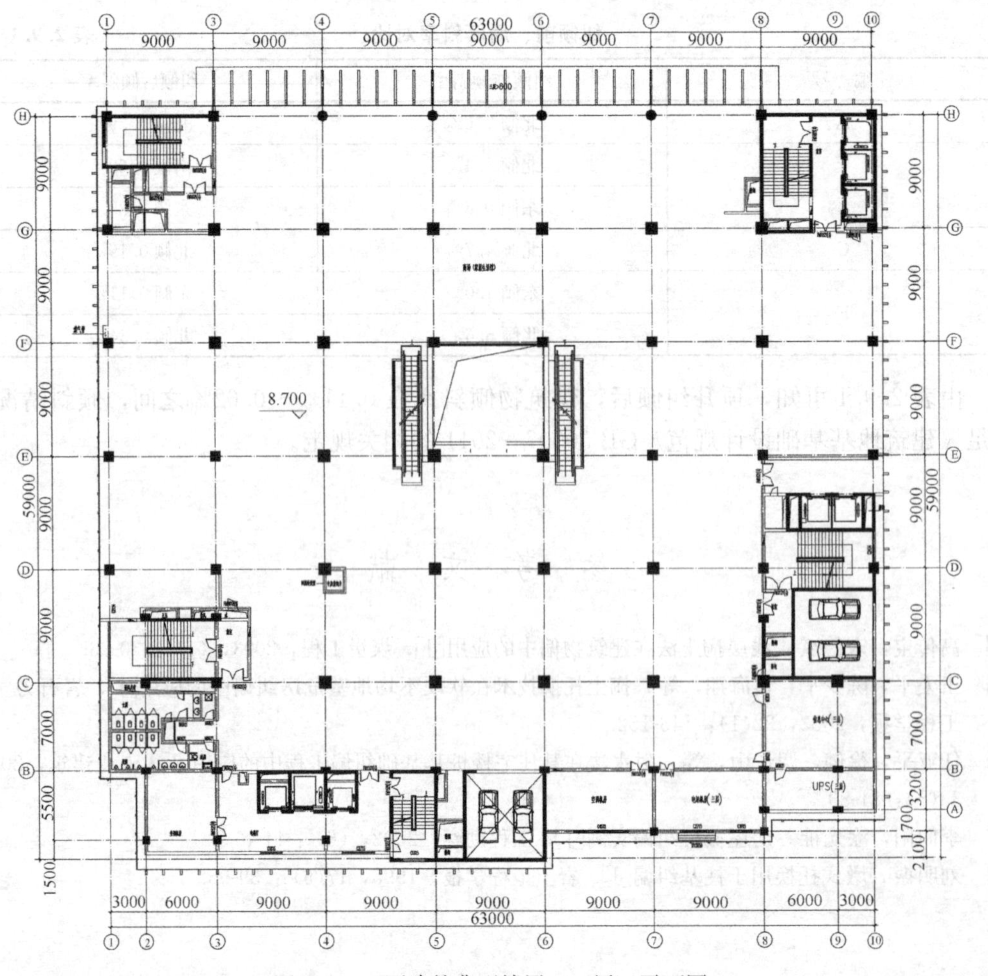

图3.1.1 原建筑典型楼层（三层）平面图

上部将增建7层。扩建后建筑平面、剖面见图3.1.2、图3.1.3。加层后是一座集艺术展览、餐饮、宾馆、办公为一体的智能化商业大厦（图3.1.4）。

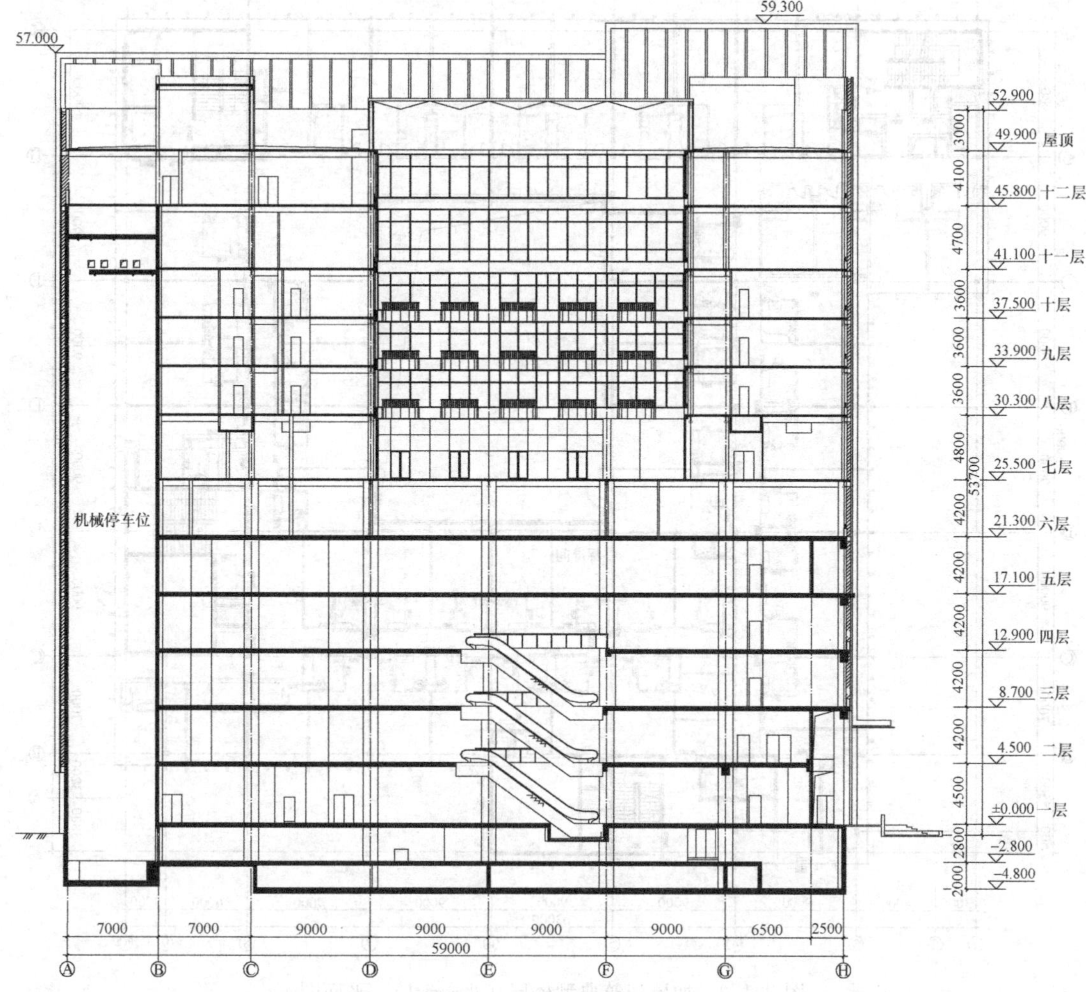

图3.1.2　建筑改造剖面

3.1.2　工程地质条件及既有建筑地基基础设计概况

根据《杭州天工艺苑大楼加层可行性研究岩土工程勘察报告》，场地地层分为8层，各土层性质描述如下：

①杂填土：杂色，主要有块石、碎石、碎砖、少量黏性土及建筑垃圾组成，顶部为素混凝土。全场分布，层厚3.2～4.0m。

$②_1$砂质粉土：灰黄色，稍密～密实，中压缩性，具微层理，主要由粉细砂、粉粒及黏粒组成，局部夹砂质粉土。全场分布，层厚2.90～6.10m，层面分布高程－3.96～－1.92m。

$②_2$粉砂：灰黄色，中密状，中压缩性，具层理，局部砂粒含量较高，干强度较低，韧性低，无光泽反应，摇振反应迅速，局部相变为黏质粉土。全场分布，层厚6.70～9.10m，层面分布高程4.59～5.48m。

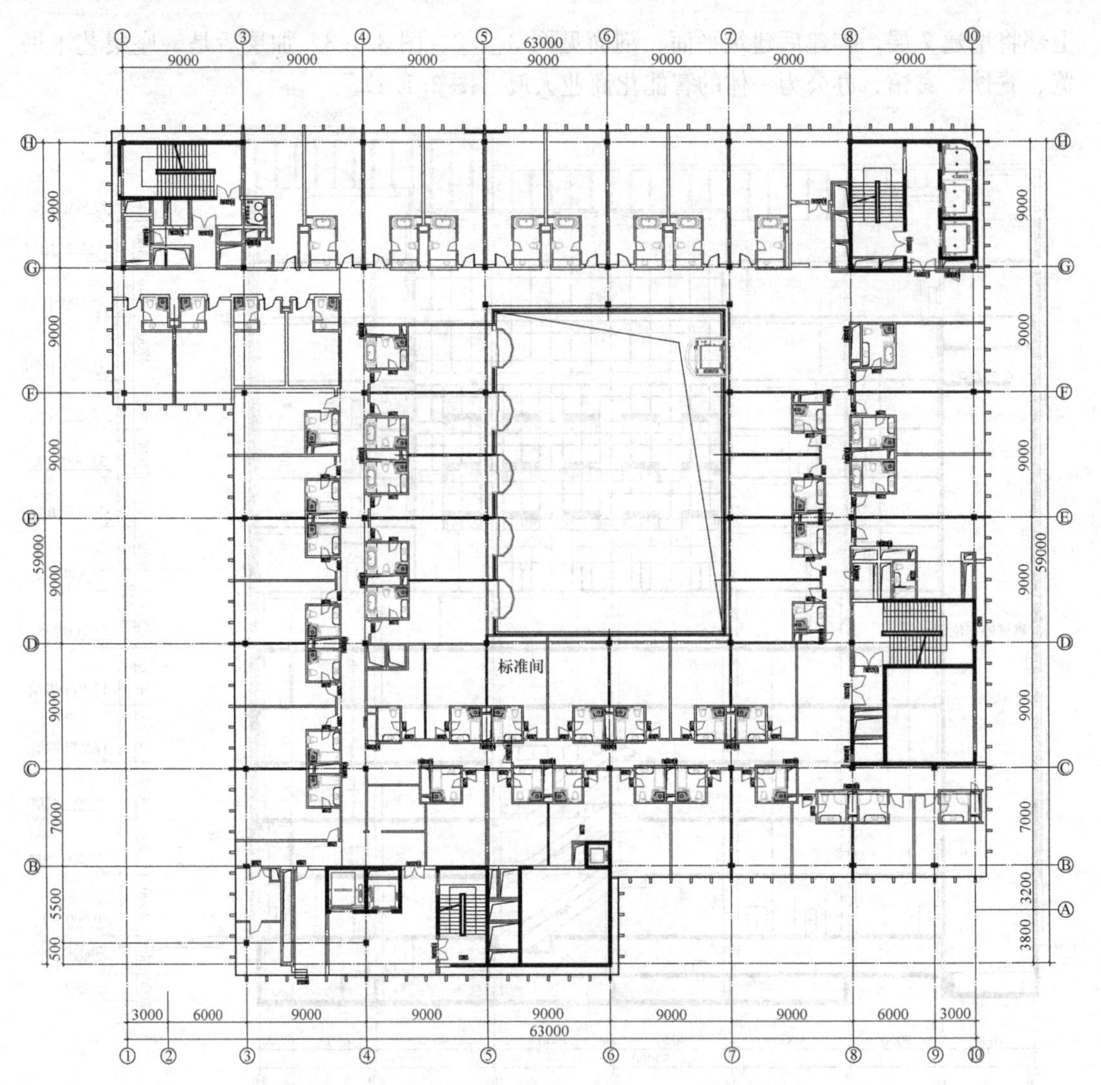

图 3.1.3　加层建筑典型楼层（八～十层）平面图

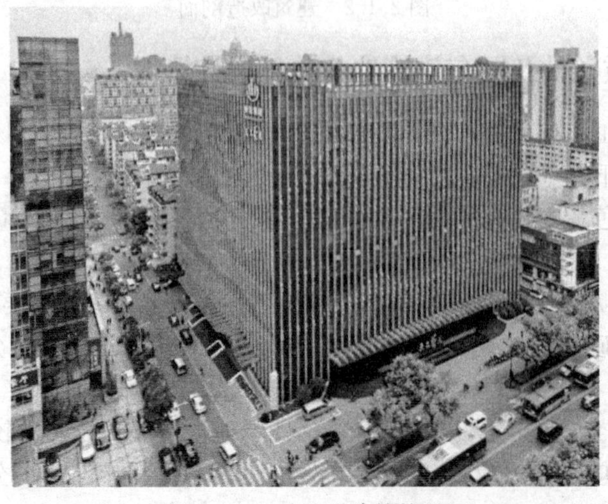

图 3.1.4　改造后建筑外观

③ 淤泥质粉土：灰色，流塑状，高压缩性，含少量有机质，干强度中等，韧性中等，无摇振反应，稍光滑。局部夹少量粉质黏土。全场分布，层厚 1.30～11.00m，层面分布高程－8.33～－6.73m。

④粉质黏土：棕黄色，可塑状。层状结构，富含铁锰质氧化斑点，干强度高，韧性中等，无摇振反应，稍光滑。全场分布，层厚 3.10～9.20m，层面分布高程－17.83～－9.32m。

⑤粉质黏土：灰色～棕灰色，流塑～软塑状，高压缩性，含少量有机质，干强度中等，韧性中等，无摇振反应，稍光滑。局部夹少量粉土夹层，部分地段变为软塑状黏土。全场分布，最大控制厚度 6.40m，层面分布高程－21.06～－18.11m。

⑥$_1$黏土：灰黄色，饱和，软塑，局部为可塑。干强度高，韧性中等，无摇振反应。全场分布。

⑥$_2$粉质黏土：灰黄色，饱和，硬可塑，局部夹粉土。干强度高，韧性中等，无摇振反应。全场分布。

⑦$_1$灰色粉质黏土：灰色，饱和，软塑，局部可塑。干强度高，韧性中等，无摇振反应。全场分布。

⑦$_2$黏质粉土夹粉砂：灰黄色，饱和，中密，局部混少量细砂，全场分布。

⑦$_3$砾砂：灰黄色，饱和，中密，全场分布。

⑧$_1$卵石：灰色～灰黄色，饱和，密实，含卵石 50%，粒径以 3～6.0cm 为主，含圆砾 20%～30%，以 0.5～1.8cm 为主，另含少量中粗砂，全场分布。

土的物理力学指标参数详见表 3.1.1。

地基土物理力学指标设计参数表　　　　表 3.1.1

地层编号	地层名称	含水量	土的重度	压缩系数	固快法		原位测试	建议值					
										预制管桩极限标准值		开口钢管桩极限标准值	
					黏聚力	内摩擦角	标准贯入击数	压缩模量	地基承载力特征值	桩周土摩擦力	桩端土承载力	桩周土摩擦力	桩端土承载力
		ω_0	γ	$\alpha_{1\text{-}2}$	c	φ	N	$E_{s1\text{-}2}$	f_{ak}	q_{sia}	q_{pa}	q_{sia}	q_{pa}
		(%)	kN/m³	MPa⁻¹	kPa	°	击/30cm	kPa	kPa	kPa	kPa	kPa	kPa
①	杂填土												
②$_1$	砂质粉土	23.7	19.25	0.16	11.0	28.9	8.9	11.2	150	26	1500	24	1200
②$_2$	粉砂	22.8	19.33	0.13	13.0	29.5	11.3	13.3	240	30	2000	28	1500
③	淤泥质粉质黏土	38.2	17.56	0.71	14.6	12.9	1.5	3.4	80	8		7	
④	粉质黏土	29.9	18.64	0.38	52.5	12.6	7.7	5.1	150	30	1200	25	1200
⑤	粉质黏土	33.9	18.24	0.08	30.6	11.4	5.0	4.2	110	15			
⑥$_1$	黏土	24.6	18.45	0.17	25.0	10.6	13	4.5	120	20			
⑥$_2$	粉质黏土	32.5	18.68	0.25	48.6	14.0	14.1	5.8	170	30			
⑦$_1$	灰色粉质黏土	25.9	18.74	0.22	34.3	11.4	9.6	4.5	120	23			
⑦$_2$	黏质粉土夹粉砂	22.9	18.77	0.12	6.6	28.5	20.8	15	200	32			
⑦$_3$	砾砂							25	300	60			
⑧$_1$	卵石							30	400				

地下水水位埋藏较浅，勘探期间测得稳定水位在地表下 0.9～1.3m，相当于黄海高程 7.170～7.680m，主要受大气降水补给的上层滞水和孔隙潜水，地下水位随季节有所变化，年变化幅度在 0.5m 之间。水质对混凝土和钢筋混凝土中的钢筋均无腐蚀性，对钢结构具有弱腐蚀性。

原基础设计采用夯扩桩基础，直径为 377mm，以浅部土层②$_2$ 粉砂作为持力层，有效桩长约 6.5m，单桩的承载力特征值为 50kN。夯扩桩承台梁高 1050mm，地下室底板厚 500mm。原工程桩桩位平面布置见图 3.1.5。

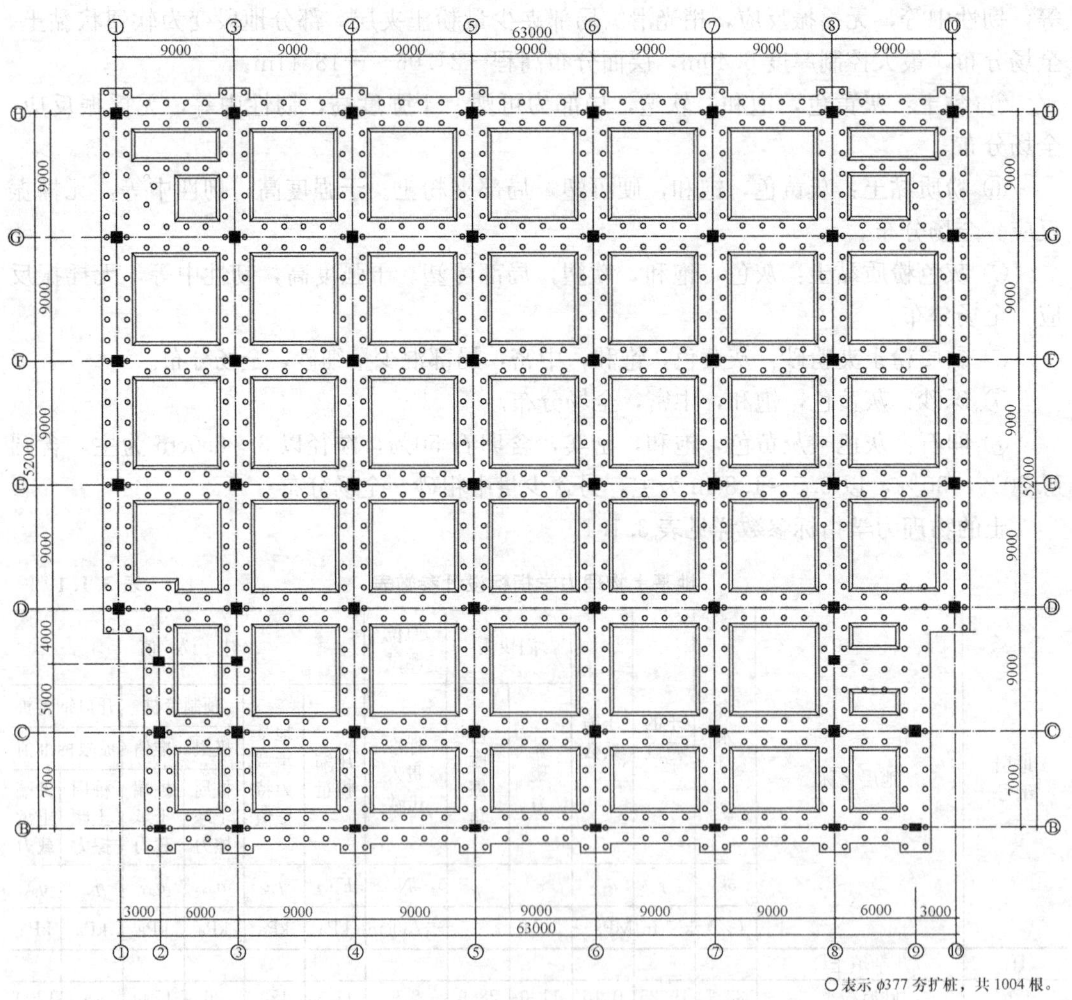

图 3.1.5　原工程桩桩位平面布置图

3.2　工程实施需解决的技术难点

天工艺苑原结构高 23m，总面积 2.3 万 m^2，加层后建筑高度达到 49.9m，总面积 4.2 万 m^2。原结构采用现浇钢筋混凝土板柱-剪力墙结构体系，新增层数多于原结构层数，总体而言，存在加层结构体系选取、材料选择、地基基础以及下部结构加固等技术难题。

1. 场地内分布“铁板砂”层，锚杆静压桩穿越困难。

对于年代比较久的结构（如达到20年），可以考虑适当提高原地基承载力。如果加层层数较少时，对基础影响不大，可以避免基础加固。但本项目加层层数较多，加之地基为软土地质，原结构采用的是短桩基础，因此基础必须进行加固。考虑到采用钻孔灌注桩补强存在如下问题：受地下室层高限制，需要特制桩架；为防止粉砂层塌孔，钻孔过程泥浆稠度要求较大，需要大量人工造浆，影响周边环境。基于上述原因，本工程采用锚杆静压桩进行补桩。

然而，由于场地浅部有厚达8～12m的砂质粉土层，杭州地区俗称为“铁板砂”。该土土层密实，呈中等压缩性，受扰动后易液化，并产生明显的挤密效应，超孔隙水压消失后，粉细砂强度恢复快[1]。工程桩穿透困难，直接压入钢筋混凝土管桩容易导致桩身压碎。其次，随着工程进行，挤土效应加剧，施工难度将越来越大。而且，场地西边地质情况复杂，粉砂层超厚，送桩难度大。

2. 结构体系复杂，加层部分与原结构材料阻尼比不一致。

从结构体系上而言，新增7层若仍采用板柱-剪力墙结构，则结构高度超过板柱-剪力墙结构A级高度在6度抗震设防时最大适用高度为40m的限值（注：当时的《建筑抗震设计规范》GB 50011—2001规定的最大适用高度为40m）。板柱剪力墙结构抗震性能较差[2]，目前针对板柱-剪力墙结构的抗震性能研究主要集中在板柱节点的滞回性能、板-柱结构的低周反复试验和较低层数的振动台试验，但在理论研究方面，尤其是板柱-剪力墙结构在经历不同类别地震时的反应，目前研究还是较少。美国阿拉斯加四季公寓的倒塌以及1985年墨西哥地震中大量板柱结构破坏的震害表明板柱-抗震墙性能较差，其主要原因在于板柱节点抗冲切能力不足。由于板柱-剪力墙结构抗侧刚度小，节点介于铰接与刚接之间等原因，当时的《建筑抗震设计规范》GB 50011—2001及《高层建筑混凝土结构技术规程》JGJ 3—2002在适用最大高度、承担地震作用及相应构造措施等方面，对板柱-剪力墙结构做了比较严格的规定，并且在抗震区不提倡采用不设剪力墙的板-柱结构。现行建筑抗震设计规范较旧规范对于板柱-剪力墙结构在地震区的最大适用高度有所放松，但抗震措施比以前更严了，且适用高度仍然大大低于框架-剪力墙、剪力墙等结构体系适用高度。因此，天工艺苑增层存在抗震能力欠佳的先天不足。我国板柱结构已建高层较少，可参考的板柱-剪力墙结构在地震中所体现的抗震性能表现不多，增层部分如仍采用板柱-剪力墙结构体系，可能存在较大安全隐患。

从材料上而言，加层若采用混凝土结构，则基础部分承载力严重不足。为此，上部新增结构采用钢框架-剪力墙结构体系，以减轻结构自重并提高结构抗震性能。加层部分采用钢框架-剪力墙体系之后，新增结构与原结构之间结构类型和材料均不同，属于复杂的混合结构体系。首先，下部结构为板柱-剪力墙体系，上部结构为框架-剪力墙体系；其次，下部结构为混凝土结构，而上部采用钢与混凝土的混合结构。

从结构材料角度而言，采用混凝土结构加层，则与原结构在阻尼、刚度等方面相统一，不存在上下混合阻尼体系的问题，但这样加层重量重，大大增加了下部结构和基础的负担，在下部结构和基础比较薄弱，而加层数又多的情况下未必适用。采用钢结构则可以减轻下部结构和基础的负担。

经过综合比选，天工艺苑加层采用了以钢框架为主的体系，同时将原结构楼梯、电梯部位的剪力墙筒体向上延伸到加层部位。因此，加层结构体系为钢框架-剪力墙体系，原结构通过对剪力墙进行加固，增强下部板柱-剪力墙体系的性能。由于剪力墙提供了结构主要的抗侧刚度，结构在加层上下刚度较为接近，上下结构体系混合带来的刚度突变问题得以解决。由于采用了钢结构，虽然建筑面积增加近一倍，但结构总重仅增加了 50% 左右。

3.3 基础托换加固设计

上部结构增加 7 层后，结构竖向荷载增加了 50%左右，原有夯扩桩以浅部土层②$_2$粉砂作为持力层，桩基承载力低，其下分布有 1.3～11.0m 厚的③淤泥质粉土软弱土，现有基础的承载力无法满足加层后的建筑需要。根据场地情况，通过在室外增设钻孔桩和在地下室内增设预应力管桩以提高桩基承载力，其中，B 轴南侧室外钻孔桩作为外围结构基础。新增预应力混凝土管桩，桩型为 PC-AB400（75），桩长 41m，每节桩长 2m，以⑦$_2$黏质粉土夹粉砂为持力层，单桩承载力特征值为 800kN。

新增工程桩桩位平面布置图及新增桩基与基础梁的托换连接详见图 3.3.1、图 3.3.2。图 3.3.3 为桩基后补承台现场施工图。

现场先进行的两根工程桩施工表明，浅部砂质粉土层穿透困难，直接压入钢筋混凝土管桩容易引起桩身压碎。预钻孔压桩过程中，通过预钻 ϕ400mm 的引孔穿越砂层，然后进行压桩。然而，由于提钻后孔内粉砂很快按重度进行分级沉淀，超孔隙水压消失后，粉细砂强度恢复很快；而且，该层作为夯扩桩的持力层，上部结构荷载所引起的土层附加应力致使引孔周边应力集中，加剧了孔壁坍塌，致使引孔失败。针对钢筋混凝土锚杆桩难以压入的状况，本工程采取了如下方法进行现场试压：

①大功率设备冲振压

在砂层中静压钢筋混凝土管桩，减少端阻力的有效办法之一是使管桩端部砂层液化。基于这一原理，对通用的锚杆静压桩设备进行了改进，采用行程 40cm 的液压千斤顶配备功率达 50kW 的高压泵站，供油快捷，千斤顶动作快捷，压桩速度是常规静压设备的 10 倍左右，压桩阻力达到 1500kN 时，通过调节油阀，在限定压力下反复冲压，借助桩的回弹，使桩上下窜动从而使桩端砂层液化，端阻力很快降到 500kN 左右，从而实现顺利压桩。然而，该法易导致桩端被压碎。

②湿搅隐性引孔＋管内冲水消塞

采用地质钻机带特制搅拌头（ϕ350mm），边回转钻进边加入适量黏土浆，直至穿越障碍土层（②层），通过直接破坏被搅动土体密实度，增大其含水量、孔隙比、黏粒含量，大幅度降低端阻力。在压桩过程中辅以管内冲水措施，消除土塞，从而实现在压桩力≤1500kN的情况下穿越砂层。此工艺不存在常规意义上的钻孔，所以不存在孔壁坍塌和细砂分级沉淀问题，此工艺获得了成功。该方案由于湿搅隐性引孔与压桩可平行作业，压桩时管内冲水较少，因而压桩速度较快，但工艺相对较繁琐，成本较高。

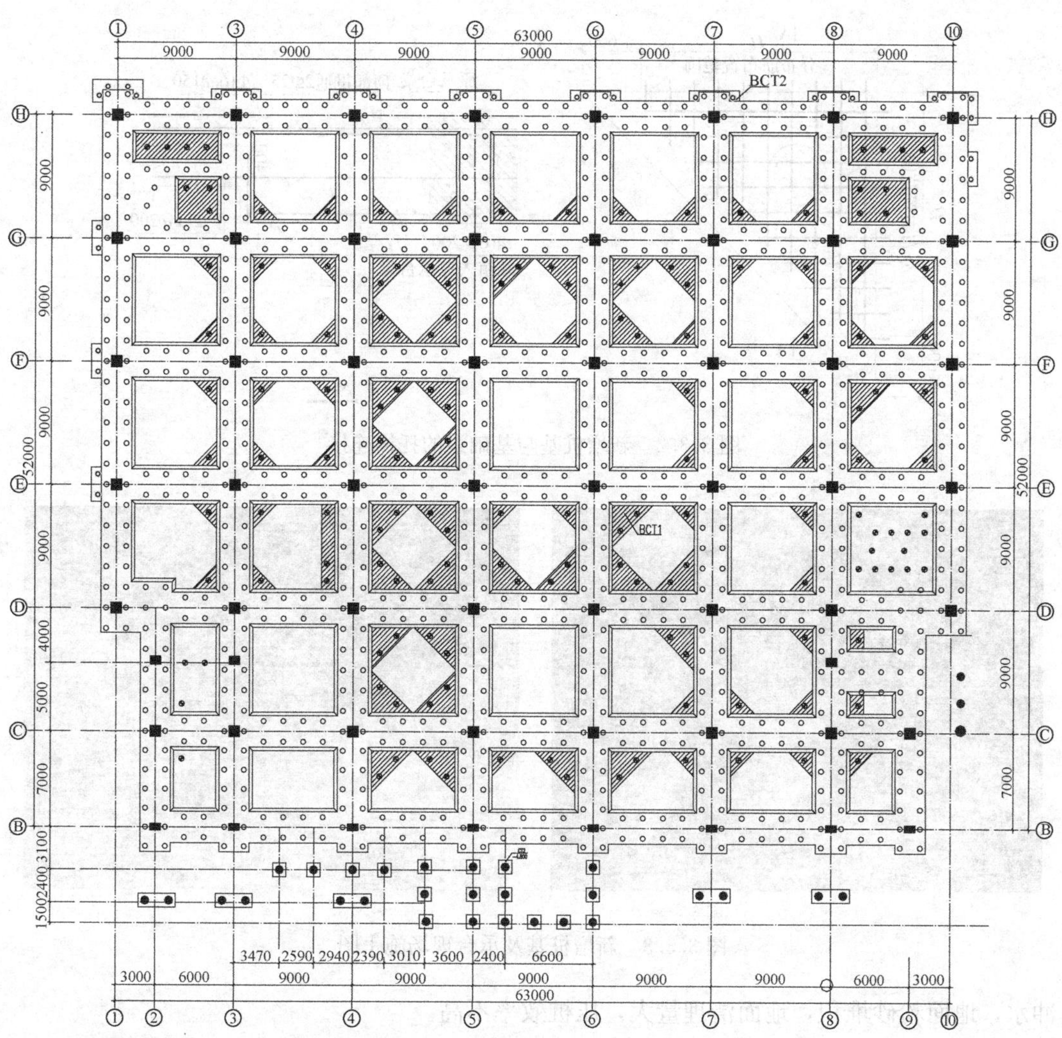

1. 表示新增钻孔灌注桩，桩径600mm，桩长41m，共32根。
2. 表示新增钻孔灌注桩，桩径500mm，桩长41m，共27根。
3. 表示新增PC预应力混凝土管桩，单桩承载力特征为800kN，补桩根数为154根。
4. 为试桩，试桩为开口静压钢管桩，桩径300mm，壁厚10mm，每节桩长1.8m，桩身材料Q235b。
5. ○ 表示原有夯扩桩桩长6.5m，桩径377mm，根数1004根。
6. 新增桩基桩端持力层为 ⑦$_2$ 层，桩身进入持力层900mm。
7. 阴影部分为先凿除底板，后补承台。

图 3.3.1　新增工程桩桩位平面布置图

③钢管桩尖＋管内冲水消塞

实践经验表明，压桩阻力主要来自桩端，如何降低端阻力成为关键，通过改变桩尖形式，采用钢筒桩尖＋管内冲水消塞的方案以降低接触面积减小端阻力，设计采用钢筒桩尖，直径 377mm，壁厚 10mm，长度 500mm，冲水深度距桩尖底 30cm，这样既可消除土塞，又不致扰动桩底部及桩外土体。通过对桩垫的设计，可以实现连续冲水压桩。该方案的优点是由于管内土被冲出，压桩过程中几乎不存在挤土效应；不足是几乎障碍层全过程

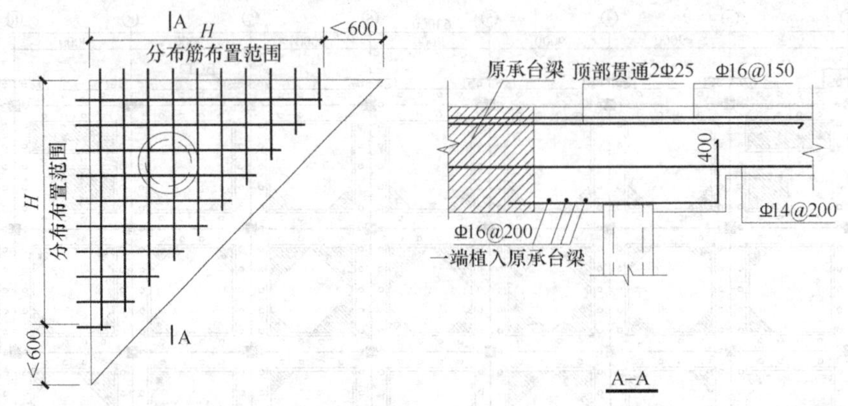

图 3.3.2　新增桩基与基础梁的托换连接

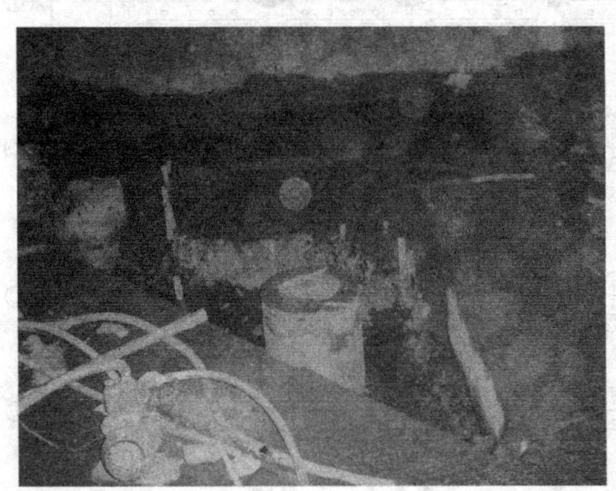

图 3.3.3　新增桩基及承台现场施工图

冲水，地面粉砂堆积，地面清理量大，压桩效率不高。

静压桩穿越砂层时，压桩阻力远大于两倍的基桩设计承载力特征值。当采用大功率设备冲振压桩方案时，一旦桩端砂层处于液化状态时压桩力只有 500kN，这说明压桩时摩阻力肯定小于 500kN，这与摩阻力的理论计算值是基本相符的。

当采用钢管桩尖＋管内冲水方案时，在无土塞的情况下，桩尖底面积只有钢管面积的 20.6％，按理论计算，②层土端阻标准值只有 73kN，但压桩时压桩力约 1200kN，端阻力应有 700kN 以上，对于本工程来说，此值是标准端阻力值的 10 倍。

当采用开口标准桩尖＋管内冲水方案时，在无土塞的情况下，桩尖底面积占管桩底面积的 40％，按理论计算，②层土端阻标准值只有 140kN，但实际压桩时在无土塞的情况下，压桩力达 1800kN（再加压桩随时可能被压碎），桩也静止不动，这说明端阻力应有 1300kN 以上，预计此值也是理论计算标准端阻力值的 10 倍以上。

分析其原因：首先，桩基极限承载力指标是在慢速维持荷载下的取值，而压桩相对来说是快速克服土层阻力的过程；其次，工程地质勘察报告中桩端阻力值是根据原状土试验取得，而压桩时，桩端土不断被挤密，桩端阻力也将不断提高。大量的锚杆静压桩实践证明：压桩实际遇到的端阻力与理论计算的标准端阻力比值，随土层的不同有较大变化，因此在静压桩过程中按标准承载力的1.5倍作为终止压桩的条件是不科学的，宜以桩尖进入设计持力层的深度作为终止压桩的控制条件之一。

最终，在穿越砂层时，采用自循环水冲法控制土塞，减小桩端阻力以减小压桩力，从而顺利解决沉桩问题。试桩过程压力图和沉降变形图详见图3.3.4、图3.3.5。

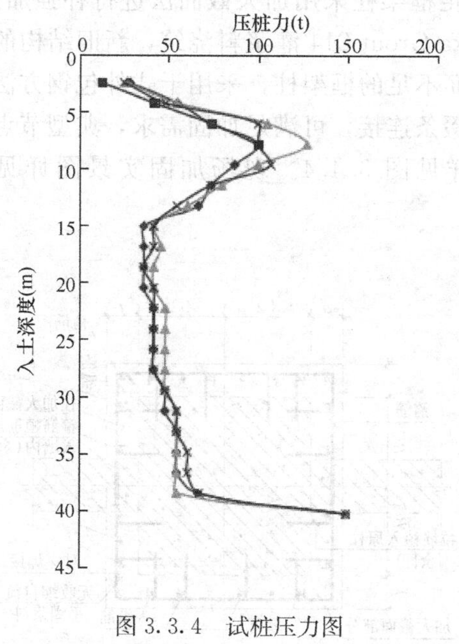

图3.3.4　试桩压力图

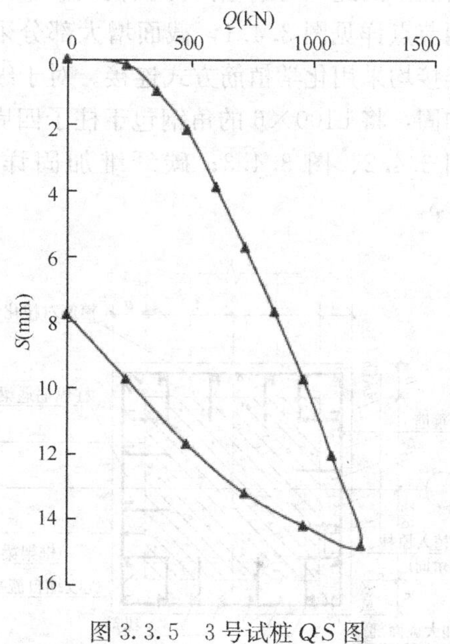

图3.3.5　3号试桩Q-S图

3.4　原板柱结构加固设计

改建后结构由5层增加到12层，底部原结构所承受竖向荷载显著增加，同时多层建筑改建成高层建筑后，抗侧力构件受力大幅度增加，其强度和构造措施均需进行加固以满足现行规范。

3.4.1　柱加固

改建后，除竖向荷载增加外，框架柱抗震等级从四级提高到三级。分析表明，改建后原框架柱轴压比超限、纵筋以及箍筋配筋不足，且柱的构造体积配箍率无法满足现行规范。

框架柱加固，较为常见的加固方法有加大截面法以及外包钢加固法。外包钢法是在混凝土柱四周包以型钢进行加固，这样既不增大混凝土截面尺寸，又大幅度地提高混凝土柱的承载力，具体方法又分干法作业与湿作业法两种形式：干式加固法是将型钢直接外包于需要加固的混凝土柱四周，型钢与混凝土之间无连接，由于与混凝土没有形成一个整体，所以不能确保结合面传递剪力。湿式加固法一是用乳胶水泥浆或环氧树脂化学灌浆等材料，将角钢粘贴在混凝土柱上；二是角钢与混凝土之间留一定间距，中间浇筑混凝土，达到外包钢材与混凝土相结合。两种作业方法相比较，干式作业法施工更为简单，价格低，施工时间短，但其承载力提高不如湿式作业法好。

针对上述问题，可采用加大截面、干式外包钢或者粘贴碳纤维等方式解决。考虑到本工程增加楼层数量大于原结构层数，整体重力荷载增量大，计算以及构造所需配筋大幅增加，因此，对于竖向荷载较大、轴压比满足框架柱采用加大截面法进行补强加固，典型节点详见图 3.4.1，截面增大部分采用 Sika Grout 214 灌浆料浇筑，新旧结构的钢筋连接均采用化学植筋方式连接。对于纵向配筋不足的框架柱，采用干式外包钢方法进行加固，将 L100×6 的角钢包于柱子四周并用缀条连接，可满足加固需求，典型节点详见图 3.4.2、图 3.4.3；碳纤维加固详节点详见图 3.4.4。现场加固实景图详见图 3.4.5。

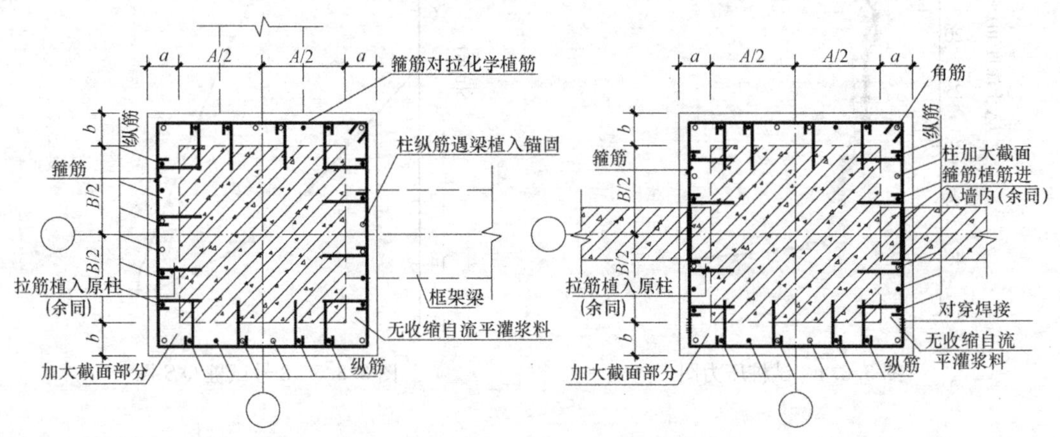

图 3.4.1　加大柱截面加固示意图

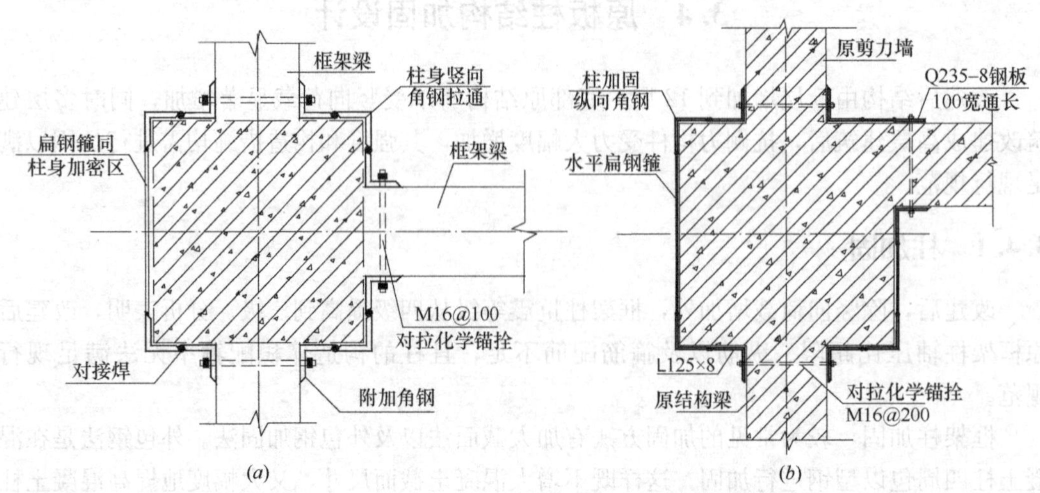

图 3.4.2　柱粘钢加固示意图

(a) 粘钢加固梁、柱节点；(b) 粘钢加固与原剪力墙交接节点

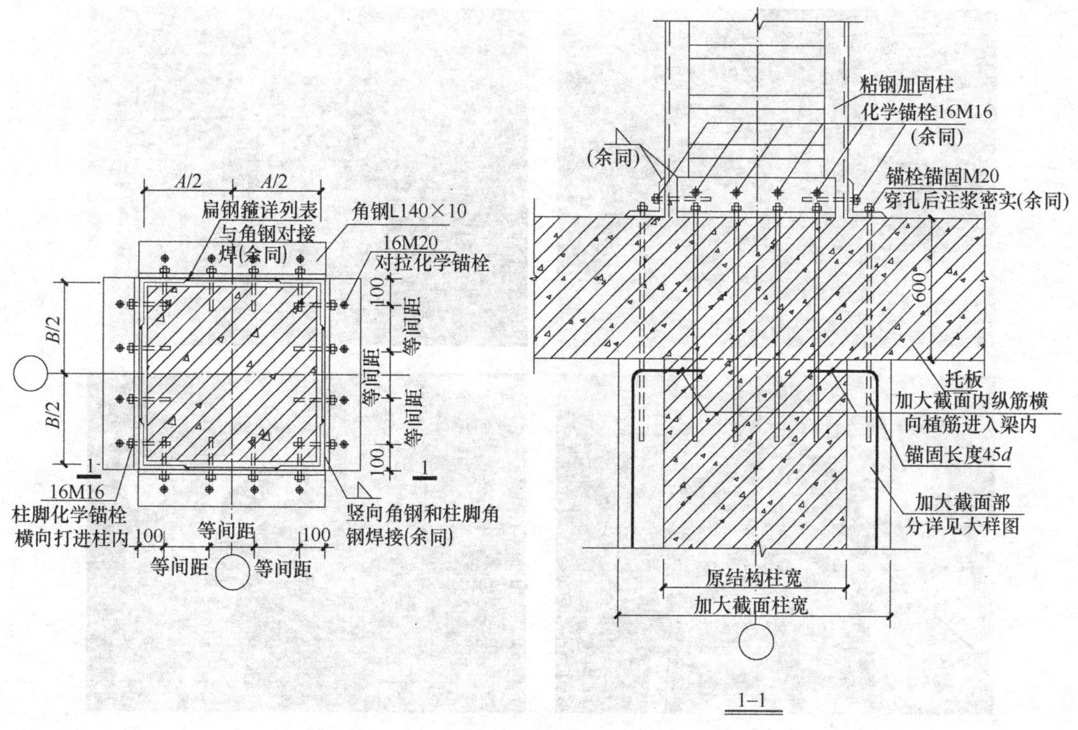

图 3.4.3　柱粘钢加固与加大截面交接节点

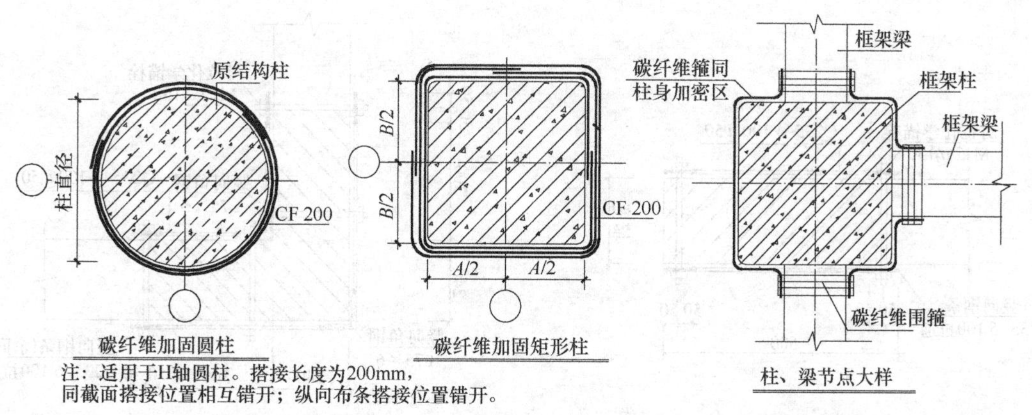

图 3.4.4　碳纤维加固示意图

3.4.2　剪力墙加固

原结构为 5 层结构，剪力墙主要用以竖向承重，抗侧力作用不明显。改造后结构为 12 层高层建筑，剪力墙将作为抗侧力体系中的主要构件，其抗震等级为二级。原剪力墙未设置边缘构件，分布钢筋以及拉筋设置等均不满足现行规范要求。

针对边缘构件缺失的问题，采用湿式外包钢法增设边缘构件以提高剪力墙的抗弯性能，其配筋（钢）率满足约束边缘构件的构造和计算要求，做法详见图 3.4.6；对于原剪

图 3.4.5　碳纤维和粘钢加固实景图

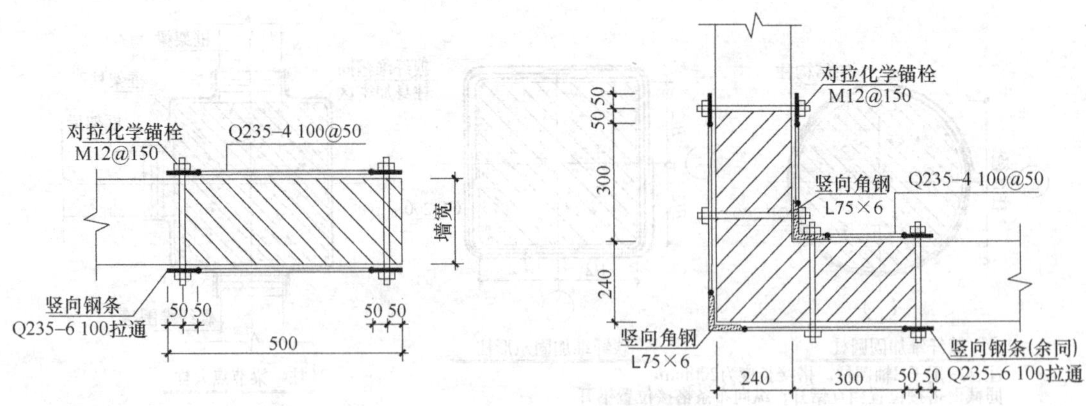

图 3.4.6　剪力墙边缘构件加固示意图

力墙分布筋以及拉筋不足的问题，采用粘贴钢板以及设置对拉化学锚栓的方法进行补强。同时，将所粘贴钢板与边缘构件钢板进行焊接等可靠连接。通过上述措施，可显著提高原结构下部剪力墙的抗剪、抗弯性能。

3.4.3　框架梁加固

本工程中运用粘钢、粘贴碳纤维等多种方法对梁进行抗弯、加固，同时为增加下部板柱-剪力墙体系的整体性，对原结构外框架梁采用加大截面法进行加强（图 3.4.7）。

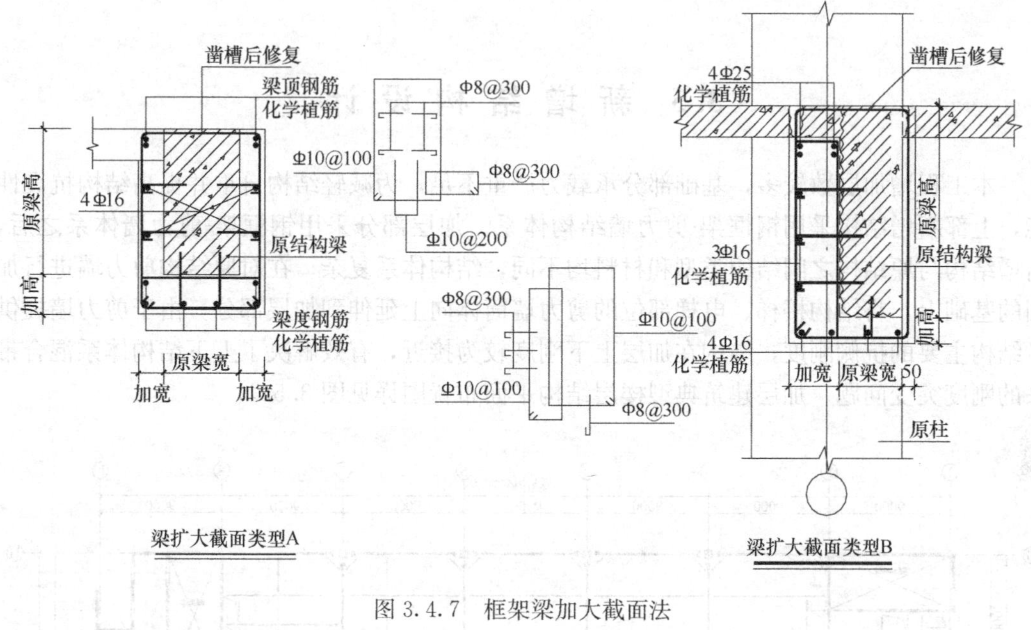

图 3.4.7　框架梁加大截面法

3.4.4　柱托板加固

对于抗弯承载力不足的柱托板，本工程通过在托板顶部粘贴碳纤维的方式进行补强（图 3.4.8*a*），碳纤维在柱根部的锚固做法详见图 3.4.8（*b*）。托板底部则通过粘贴钢板以加强其整体性（图 3.4.9）。

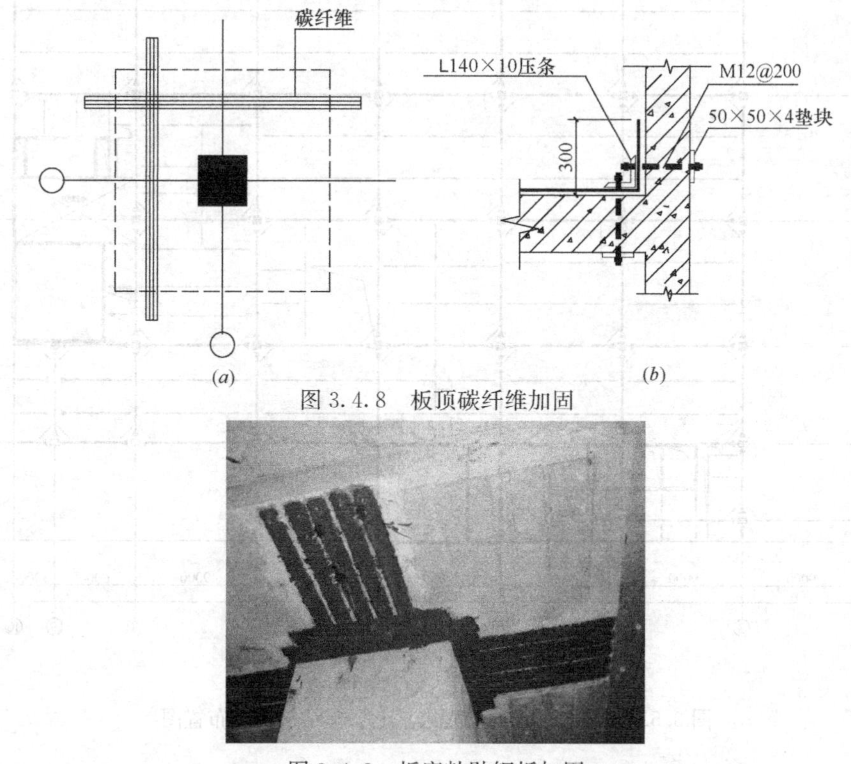

图 3.4.8　板顶碳纤维加固

图 3.4.9　板底粘贴钢板加固

3.5 新增结构设计

本工程增加层数较多，基础部分承载力严重不足，为减轻结构自重并提高结构抗震性能，上部新增结构采用钢框架-剪力墙结构体系。加层部分采用钢框架-剪力墙体系之后，新增结构与原结构之间结构类型和材料均不同，结构体系复杂。在对原结构剪力墙进行加固的基础上，将结构楼梯、电梯部位的剪力墙筒体向上延伸到加层部分。由于剪力墙提供了结构主要的抗侧刚度，结构在加层上下刚度较为接近，有效解决了上下结构体系混合带来的刚度突变问题。加层建筑典型楼层结构平面布置图详见图 3.5.1。

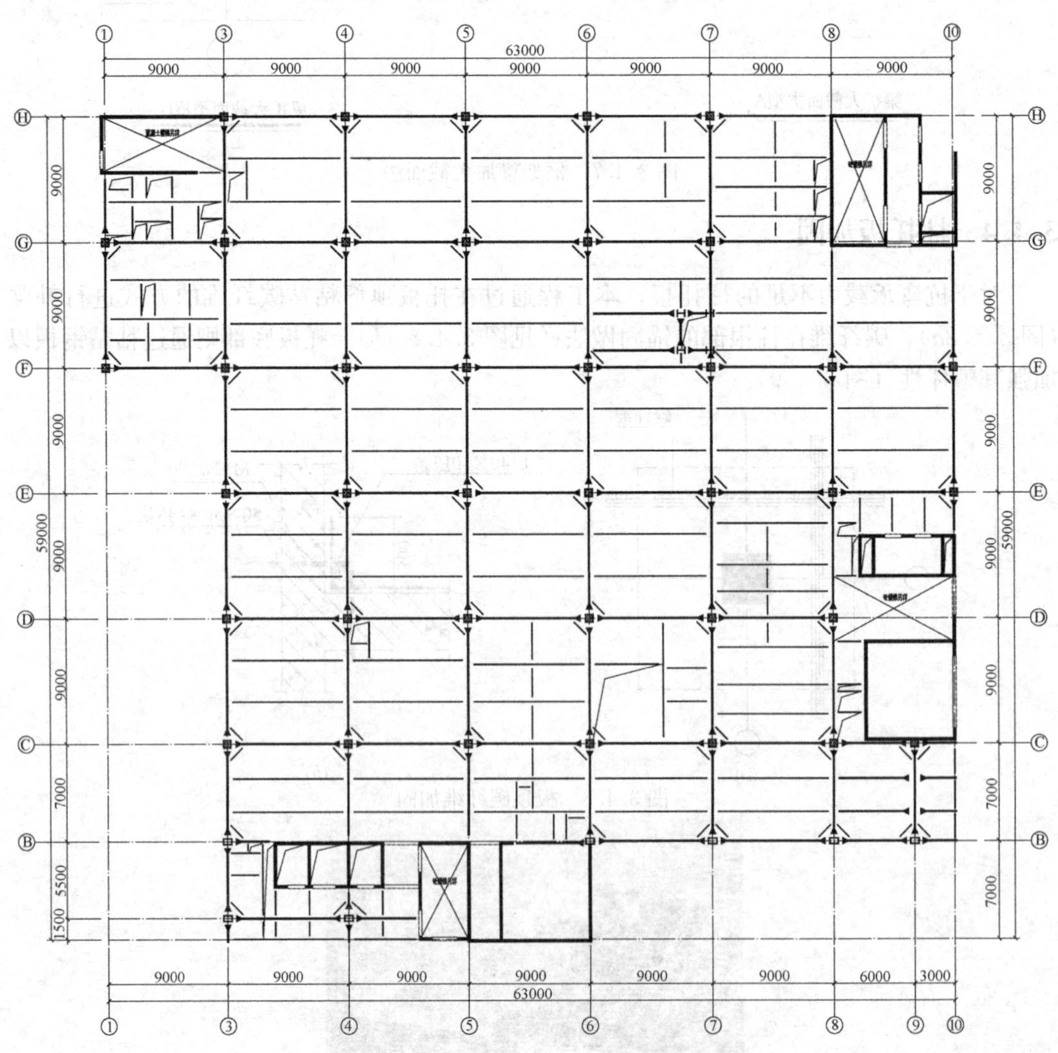

图 3.5.1 加层建筑典型楼层（七层）结构平面布置图

3.6 新增结构与原结构的连接设计

增层结构与既有结构的连接是增层设计最关键的问题之一。大部分加层改造，新增柱、墙可以直接在原屋顶层上进行锚固，但是对本项目而言，加层层数多，且原下部结构为板柱-剪力墙结构，新增上部结构为钢框架-混凝土剪力墙结构，上下体系混合，新增结构与原结构在结构体系和材料上均不同，属于复杂结构。为保证新增结构和原结构刚度不发生突变，设置过渡层进行衔接，具体做法详见图 3.6.1～图 3.6.4。该过渡层为原结构顶层拆除后，将新增钢柱在该层锚固，同时将下部结构混凝土延伸到该层，从而形成型钢混凝土柱的过渡层。

本工程主要采用剪力墙作为抗侧力体系，加层后下部剪力墙向上延伸，抗侧力构件延续，可以保证整体结构的连续性和新旧部分的良好过渡。

杭州天工艺苑加层改造工程中，根据构件具体情况，采用了加大截面加固法、外包钢加固法、化学灌浆法、粘钢锚固法、碳纤维加固法等加固方法，进行了构件和体系的综合加固。

工程加固的目的就是要通过加固施工达到修复、补强、提高承载力、增强使用功能、满足使用要求，因此，选择加固方案要以提高加固工程质量为根本目的。对于不同的加固方案

也有不同的施工方法和质量评定标准。根据《混凝土结构加固技术规范》CECS 25：90 中几种典型的加固方法，依照施工经验，不同的加固方法在施工时应重点做到如下要求：

外包钢加固法表面处理是加固施工过程中的关键，特别是加固结合面和钢板贴合面处理。对于工程中使用的干式加固施工，为了使角钢能紧贴构件表面，混凝土表面必须打磨平整，无杂物和尘土；当采用湿式加固施工时，应先在处理好的角钢及混凝土表面抹上乳胶水泥浆或配制环氧树脂化学灌浆料，预先对钢板进行除锈，对混凝土进行除尘，再用丙酮或二甲苯清洗钢板及混凝土表面，然后方可进行粘、灌。

截面加大加固法需在原来构件上植筋焊接，需对植筋深度和焊缝的质量进行检验，检验合格后，用高强度灌浆料进行填灌，待达到强度后方可拆除模板。

碳纤维加固法加固前应对所加固的构件进行卸荷。混凝土表层出现剥落、空鼓、蜂窝、腐蚀等劣化现象的部位应予以凿除，对于较大面积的劣质层在凿除后应用环氧砂浆进行修复，裂缝部位应进行封闭处理。然后用混凝土角磨机、砂纸等机具除去混凝土表面的浮浆、油污等杂质，构件基面的混凝土应打磨平整，转角粘贴处需进行倒角处理并打磨成圆弧状（$R \geqslant 10$mm）。

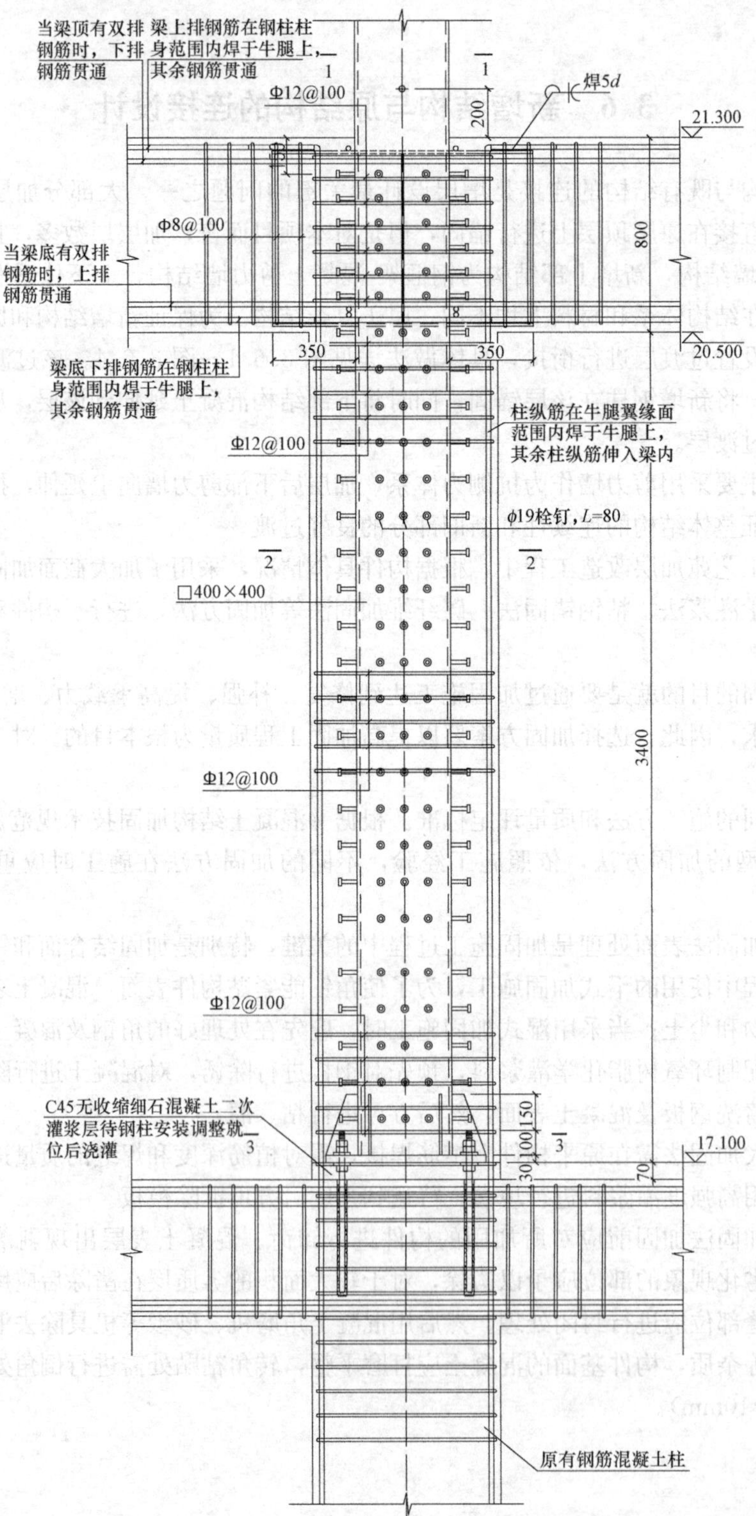

图 3.6.1　框架柱过渡层详图一

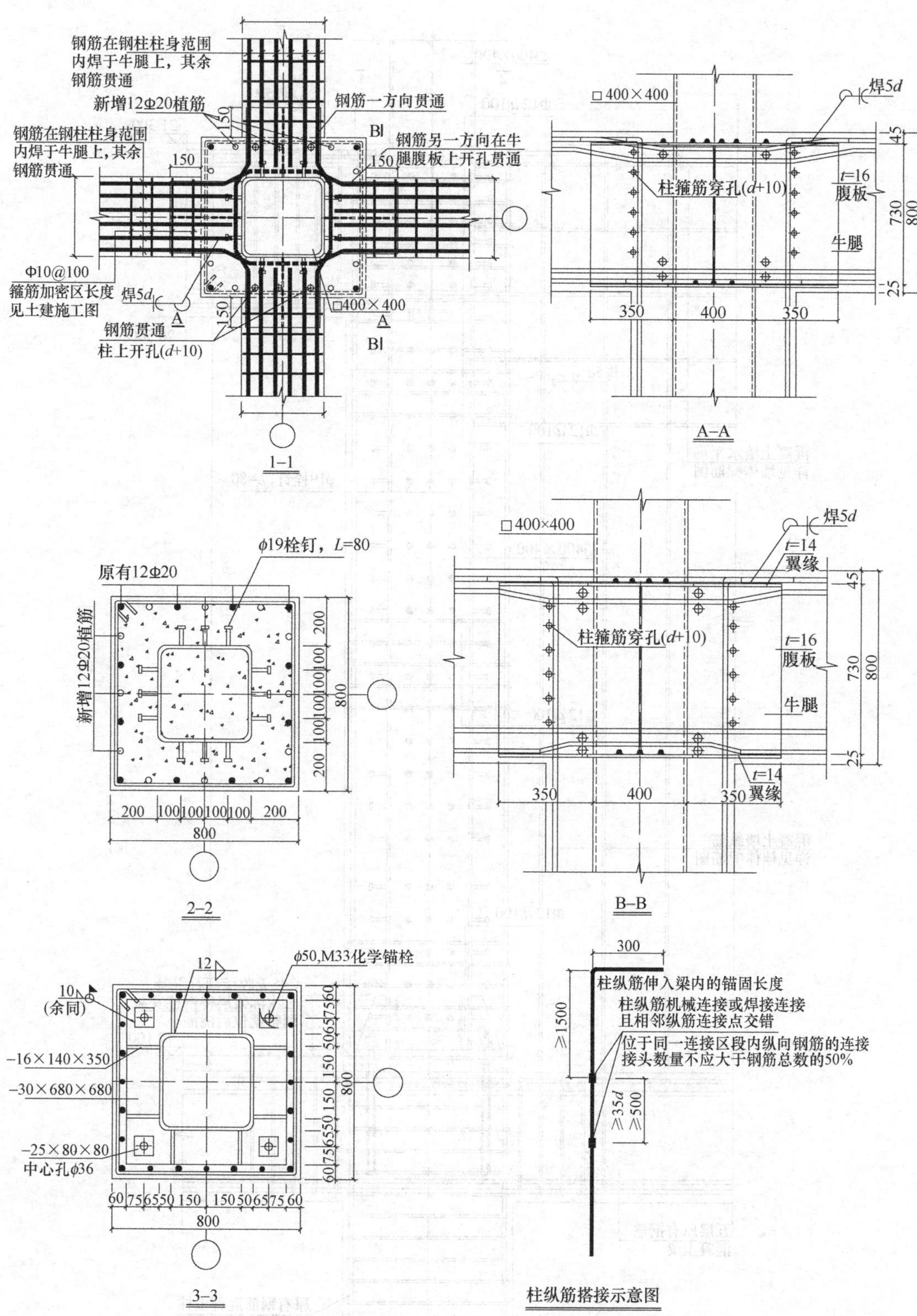

图 3.6.2 框架柱过渡层节点一

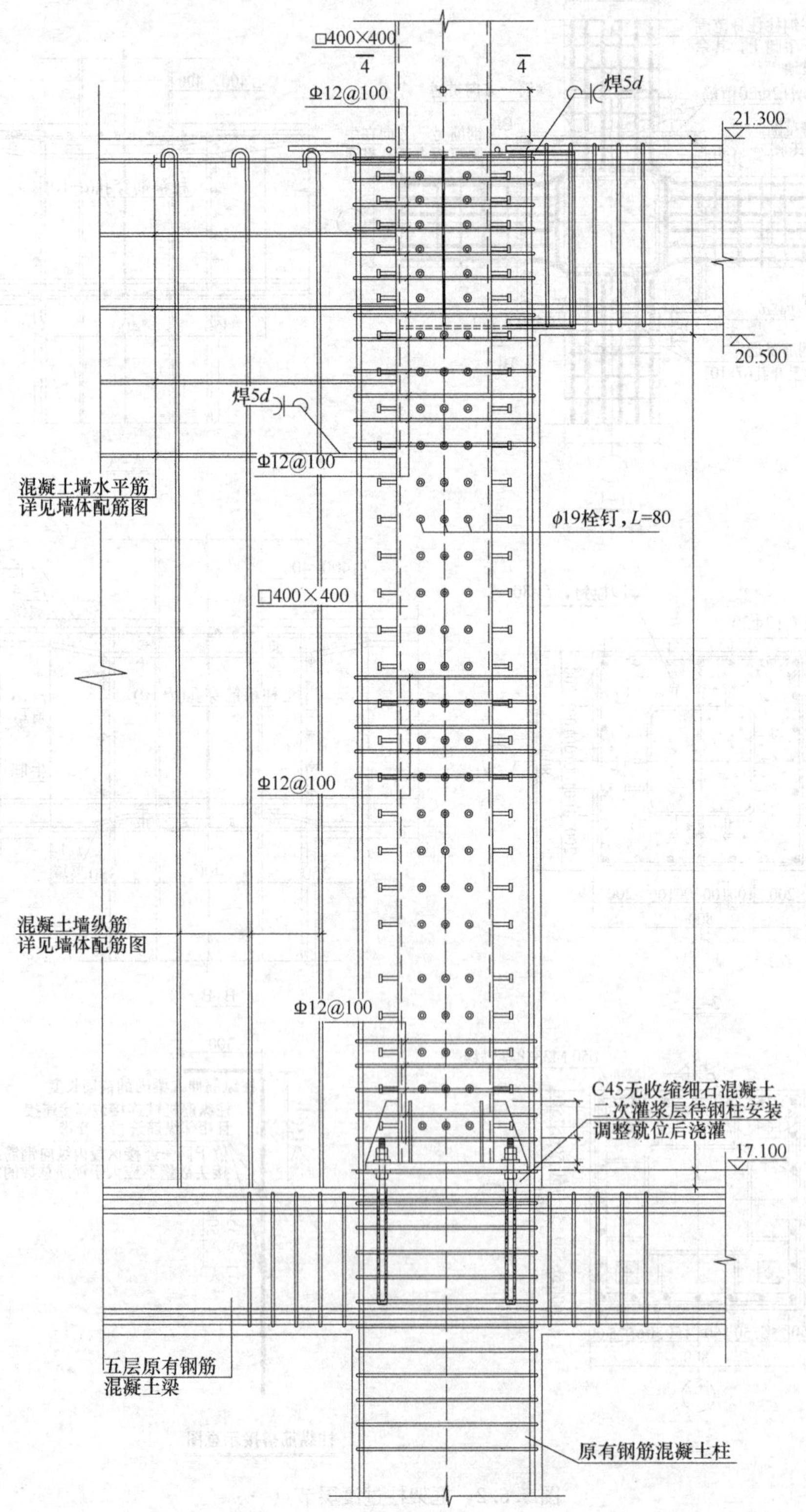

图 3.6.3　框架柱过渡层详图二

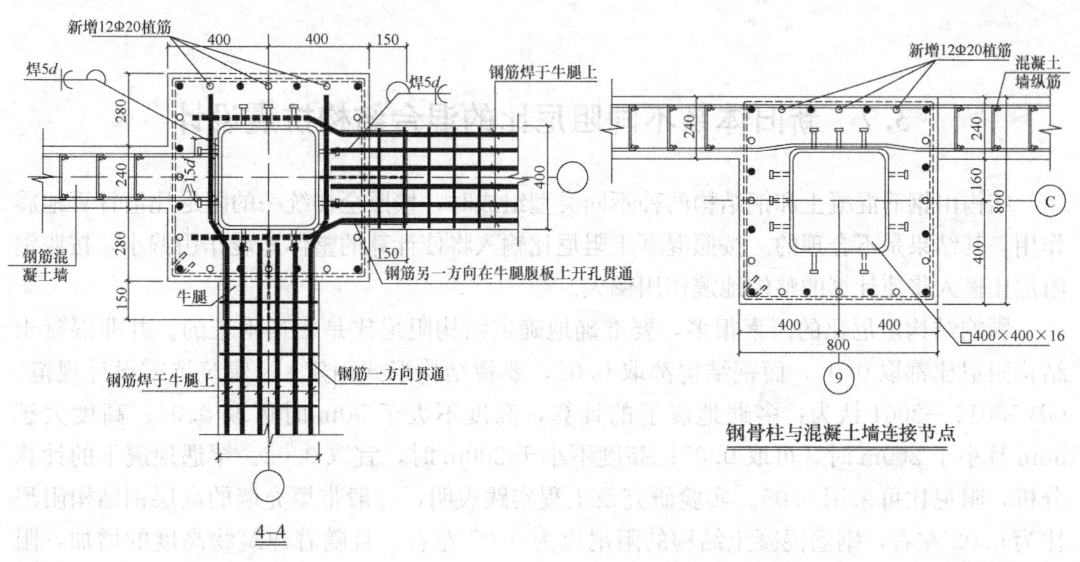

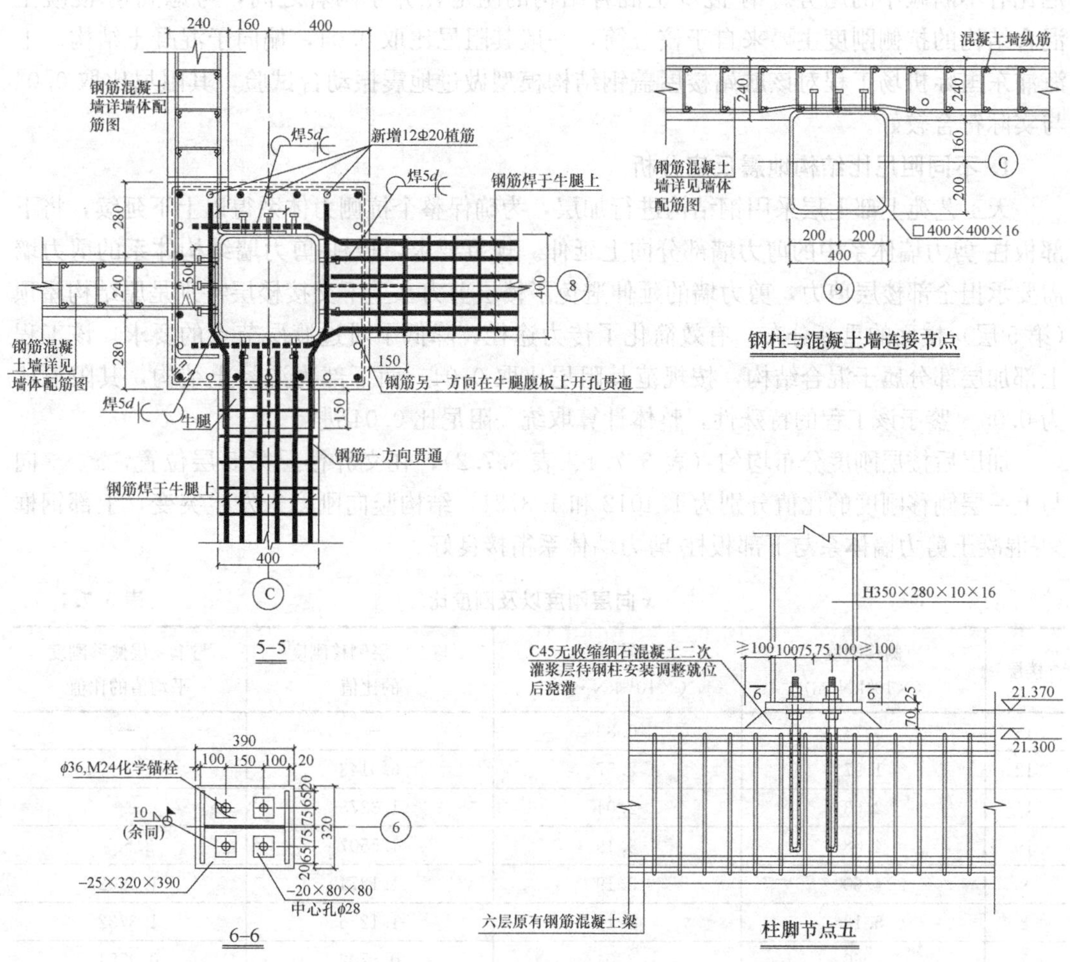

图 3.6.4　框架柱过渡层节点二

3.7 新旧体系不同阻尼比的混合结构抗震设计

结构由钢筋混凝土和钢结构两种不同类型组成时，按照全楼统一的阻尼比值计算地震作用，其结果是不合理的。按照混凝土阻尼比输入将使计算的整体地震作用偏小，按照钢阻尼比输入将使计算的整体地震作用偏大。

影响结构阻尼比的因素很多，要准确地确定结构阻尼比是相当困难的。并非混凝土结构阻尼比都取 0.05，而钢结构都取 0.02，要视结构形式而定。《建筑抗震设计规范》GB 50011—2001 认为：多遇地震下的计算，高度不大于 50m 时可取 0.04；高度大于 50m 且小于 200m 时，可取 0.03；高度不小于 200m 时，宜取 0.02。罕遇地震下的计算分析，阻尼比可采用 0.05。实验研究及工程实践表明，一般带填充墙的高层钢结构阻尼比为 0.02 左右，钢筋混凝土结构的阻尼比为 0.05 左右，且随着建筑物高度的增加，阻尼比有不断减小的趋势。钢-混凝土混合结构的阻尼比介于两者之间，考虑到钢-混凝土混合结构的抗侧刚度主要来自于核心筒，一般其阻尼比取 0.04，偏向于混凝土结构。上海浦东国际机场工程对该航站楼屋盖钢结构模型做过地震振动台试验，其阻尼比取 0.04 与实际符合较好。

1. 不同阻尼比结构地震反应分析

天工艺苑上部七层采用钢结构进行加层，为确保整个抗侧力体系得以上下延续，将下部板柱-剪力墙体系中的剪力墙部分向上延伸。规范要求，板柱-剪力墙结构体系的剪力墙需要承担全部楼层剪力，剪力墙的延伸避免了楼层剪力在上下交接楼层特别是原结构屋顶（第 5 层）楼面的重新分布，有效简化了传力途径，降低了对过渡层节点的要求。该工程上部加层部分属于混合结构，按规范其阻尼比取 0.04，而下部为混凝土结构，其阻尼比为 0.05。鉴于该工程的特殊性，整体计算取统一阻尼比 0.04 进行。

加层后楼层刚度分布均匀（表 3.7.1、表 3.7.2），在交界楼层第 5 层位置，x、y 向与上一层侧移刚度的比值分别为 1.4012 和 1.3781，结构竖向刚度未发生突变，上部钢框架-混凝土剪力墙体系与下部板柱-剪力墙体系衔接良好。

x 向层刚度以及刚度比 **表 3.7.1**

楼层	侧移刚度（$\times10^6$kN/m）	扭转刚度（$\times10^{10}$kN·m）	与上一层侧移刚度的比值	与上三层侧移刚度平均值的比值
13	0.28	0.83	—	—
12	1.97	2.57	6.9143	—
11	2.63	2.04	1.3378	—
10	4.08	3.19	1.5507	2.507
9	4.60	3.19	1.1274	1.5902
8	5.18	3.19	1.1256	1.3732
7	4.50	2.04	0.8702	0.9754
6	6.21	2.58	1.3798	1.3057
5	8.71	3.80	1.4012	1.6435

续表

楼层	侧移刚度（$\times10^6$kN/m）	扭转刚度（$\times10^{10}$kN·m）	与上一层侧移刚度的比值	与上三层侧移刚度平均值的比值
4	11.91	3.71	1.3693	1.8414
3	16.21	3.84	1.3614	1.814
2	22.64	3.88	1.3942	1.8418
1	35.36	3.49	1.5604	2.086

y 向层刚度以及刚度比　　**表 3.7.2**

楼层	侧移刚度（kN/m）	扭转刚度（$\times10^{10}$kN·m）	与上一层侧移刚度的比值	与上三层侧移刚度平均值的比值
13	0.17	0.83	—	—
12	1.29	2.57	7.4647	—
11	1.70	2.04	1.3204	—
10	2.68	3.19	1.5775	2.5459
9	3.08	3.19	1.1494	1.631
8	3.49	3.19	1.1321	1.4025
7	3.01	2.04	0.8630	0.9763
6	4.19	2.58	1.3918	1.3121
5	5.78	3.80	1.3781	1.6207
4	7.82	3.71	1.352	1.8051
3	10.83	3.84	1.3765	1.8142
2	15.16	3.88	1.4066	1.8641
1	26.42	3.49	1.746	2.3516

加层后结构自振周期以及基底剪力等主要参数详见表 3.7.3，结构振型阻尼比详见图 3.7.1。对结构地震反应起控制的基本振型中，前三阶振型阻尼比分别为 0.0464、0.0477、0.0483，均接近混凝土结构阻尼比；4～7 阶振型阻尼比分别为 0.0399、0.0336、0.0398、0.0320，接近混合结构阻尼比 0.040。由此可见，虽然钢结构构件数量比重很大，由于剪力墙体系在整体结构抗侧力体系中的控制性作用，阻尼比整体偏向混凝土结构。弹性地震反应分析中，结构阻尼比主要由材料在抗侧力构件中所占的刚度贡献决定。

结构振型阻尼比　　**表 3.7.3**

序　号	周期（s）	振型阻尼比	各振型基底剪力	
			x 向（kN）	y 向（kN）
T_1	1.10	0.0464	261.90	4933.75
T_2	0.90	0.0477	5437.57	726.66
T_3	0.68	0.0483	1446.54	280.09
T_4	0.36	0.0399	277.99	3678.94
T_5	0.31	0.0336	197.52	2306.21
T_6	0.28	0.0398	4209.99	17.93
T_7	0.25	0.0320	1795.72	204.58

续表

序号	周期（s）	振型阻尼比	各振型基底剪力	
			x 向（kN）	y 向（kN）
T_8	0.22	0.0488	58.03	561.69
T_9	0.16	0.0437	47.94	1037.20
T_{10}	0.15	0.0279	0.51	194.00
T_{11}	0.13	0.0489	1335.24	35.93
T_{12}	0.11	0.0491	14.66	259.71

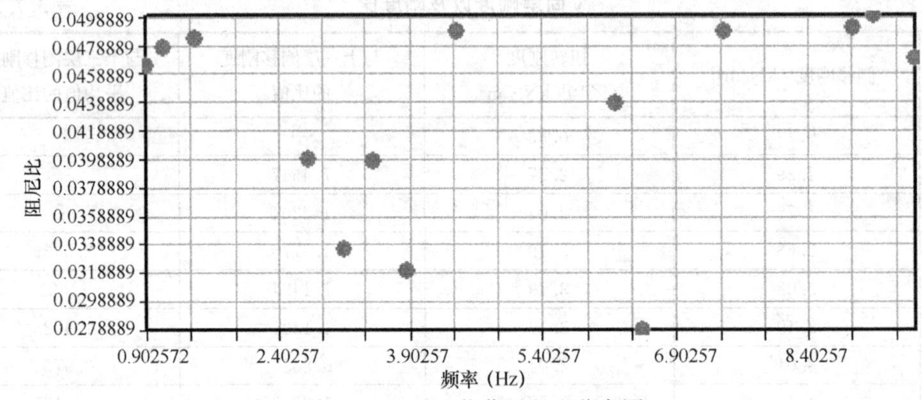

图 3.7.1　天工艺苑阻尼比分布图

基于应变能的振型阻尼比计算方法目前尚未普及，既有建筑加层为下部为混凝土、上部为混合结构的复杂结构后，采用不同阻尼比进行地震反应分析，其差异不得而知。特别是过去很多加层建筑，由于受当时技术条件限制，往往参照规范中诸如钢框架一混凝土核心筒结构的规定，采用统一阻尼比 0.04 进行分析设计。本工程采用不同阻尼比进行地震反应进行分析，其结果如图 3.7.2 和图 3.7.3 所示。

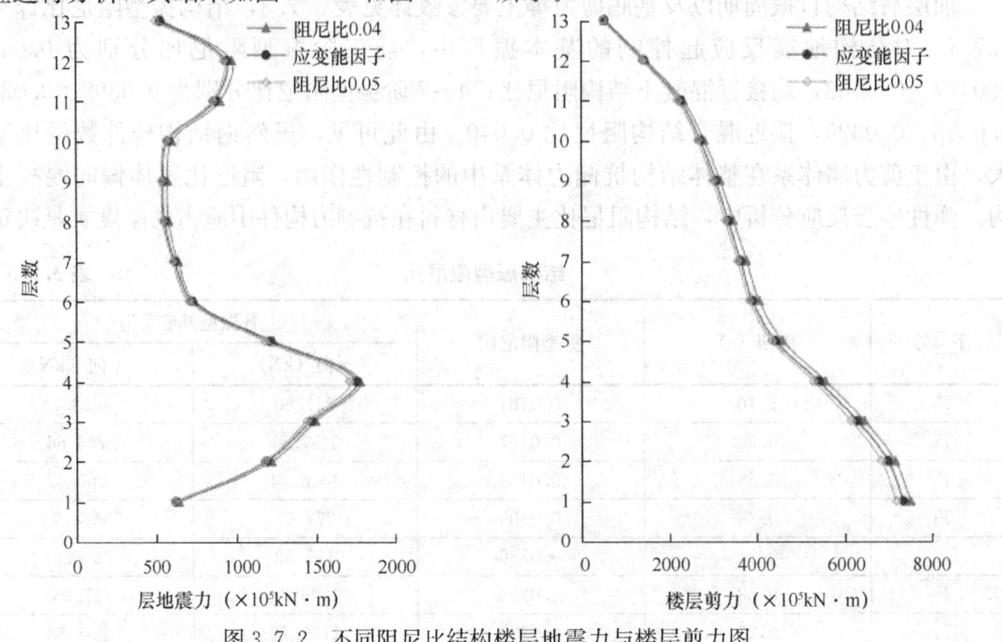

图 3.7.2　不同阻尼比结构楼层地震力与楼层剪力图

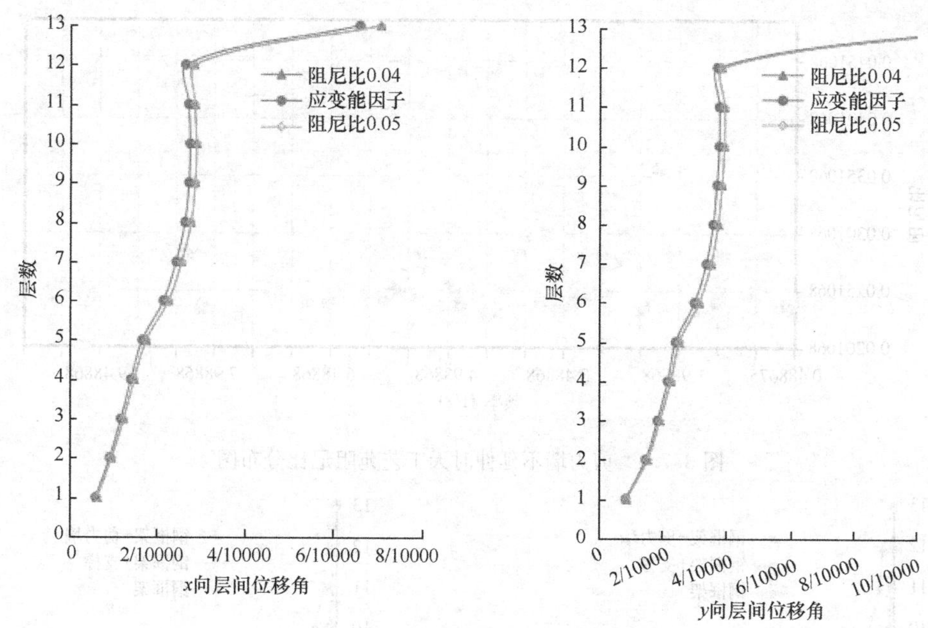

图 3.7.3　不同阻尼比结构层间位移角

图 3.7.2 表明，采用《高层建筑混凝土结构技术规程》中混合结构统一阻尼比 0.04 计算的地震力略大于采用应变能因子法计算的结构，这是由于对结构起控制作用的前 11 阶振型中，除了第 5、7 阶振型阻尼比分别为 0.0336 和 0.0320 外，其余振型阻尼比均大于或接近 0.040，其中最小值为 0.0398（表 3.7.3）。总体而言，两种阻尼比计算的结果较为接近，加层部分由于钢结构的作用，其差异幅值更小；底部楼层虽然完全没有钢结构存在，材料的阻尼比接近 0.05，因此采用阻尼比 0.04 计算的楼层层地震力并未明显增加，但是逐层累积的楼层剪力有所增大。

图 3.7.3 中两种不同阻尼比结构层间位移角也非常接近，阻尼比对其影响并不显著。

2. 不同加层方案的对比

如果加层部分剪力墙不向上延伸，其振型阻尼比分布详见图 3.7.4。对比图 3.7.1 可知，剪力墙不延伸时，振型阻尼比基本分布在 0.02～0.03 之间，上下楼层间材料属性差异表现明显。可以认为，纯粹采用钢结构加层将根本改变结构的阻尼特性，并将影响原混凝土结构在地震中的表现。

为了更好地分析不同体系、不同材料加固工程的特点，对天工艺苑增层工程进行了钢框架＋剪力墙、钢框架＋支撑、钢框架三种方案的对比。

采用钢框架＋支撑、钢框架方案时，剪力墙不向上延伸，上部结构楼层质量比剪力墙延伸方案有所减小，结构刚度也远小于剪力墙延伸方案（图 3.7.5），并且刚度在交界楼层有较大幅度突变。实际上，在 1～5 层三种方案的结构剪切刚度是相同的，MIDAS 软件计算时层的侧向刚度按照抗震规范取该楼层剪力和该楼层层间位移的比值，因为整体地震反应的差异，钢框架＋剪力墙刚度计算值相对偏小。

采用不同方案加层后，其结构周期详见表 3.7.4。结构周期反映的规律柔弱情况与刚度计算基本吻合。

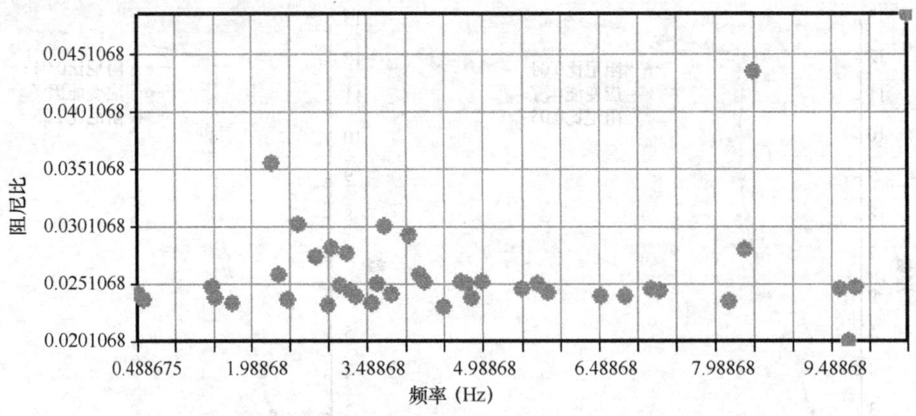

图 3.7.4 剪力墙不延伸时天工艺苑阻尼比分布图

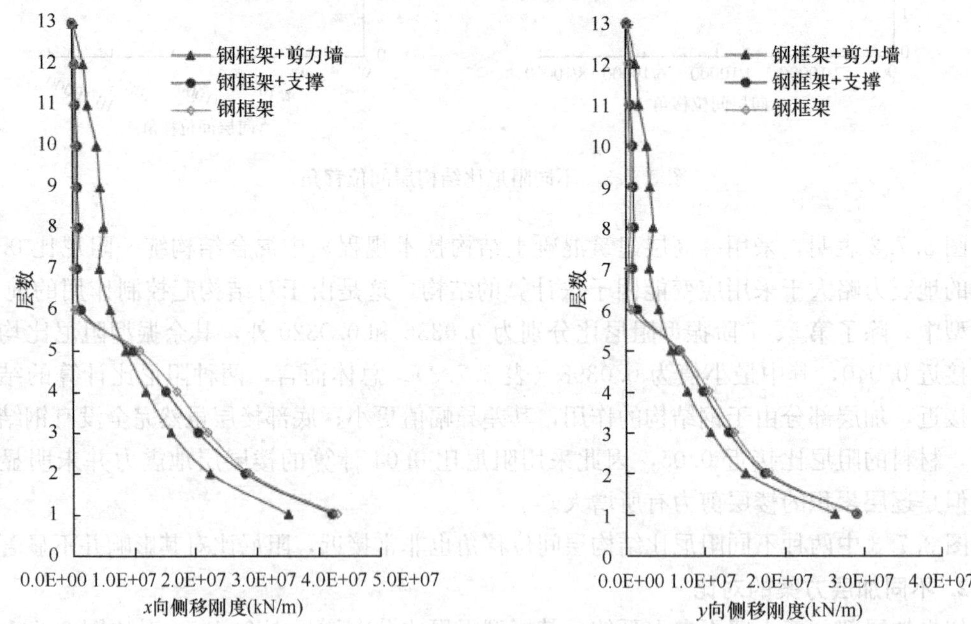

图 3.7.5 不同加层方案抗侧刚度对比图

各加层方案自振周期 **表 3.7.4**

序号	钢框架＋剪力墙	钢框架＋支撑	钢框架
1	1.10	1.67	2.14
2	0.90	1.54	2.08
3	0.68	1.20	1.87
4	0.36	1.16	0.71
5	0.31	0.85	0.69
6	0.28	0.78	0.62
7	0.25	0.67	0.44
8	0.22	0.60	0.42
9	0.16	0.56	0.40
10	0.15	0.55	0.39
11	0.13	0.50	0.37
12	0.11	0.49	0.34

图 3.7.6 为上部采用剪力墙延伸方式加层和不采用剪力墙延伸的纯粹钢结构加层的楼层地震力对比。虽然，剪力墙不向上延伸时上部结构总体质量有所减小，结构刚度也远小于剪力墙延伸方案，但是由于钢结构以及钢框架＋支撑加层结构阻尼比小，对于 6～10 层加层部分，楼层地震力基本接近，甚至刚度最大的钢框架＋剪力墙结构楼层地震力反而相对更小。对于顶部 11、12 层，则明显采用钢框架＋剪力墙方案楼层地震力最大。然而对于原下部混凝土部分，在楼层质量、刚度均相同的条件下，采用钢框架＋支撑以及钢框架方案时，x 向楼层地震力远大于钢框架＋剪力墙，其中，钢框架加层时 1～5 层楼层地震力分别是钢框架－剪力墙结构的 1.97、1.39、1.09、1.11、1.44 倍（表 3.7.5）；而对于 y 向，钢框架＋剪力墙与钢框架＋支撑方案楼层地震力接近，但都较大幅度小于钢框架方案，其中，钢框架加层时 1～5 层楼层地震力分别是钢框架－剪力墙结构的 1.55、1.24、1.09、1.16、1.47 倍（表 3.7.6）。

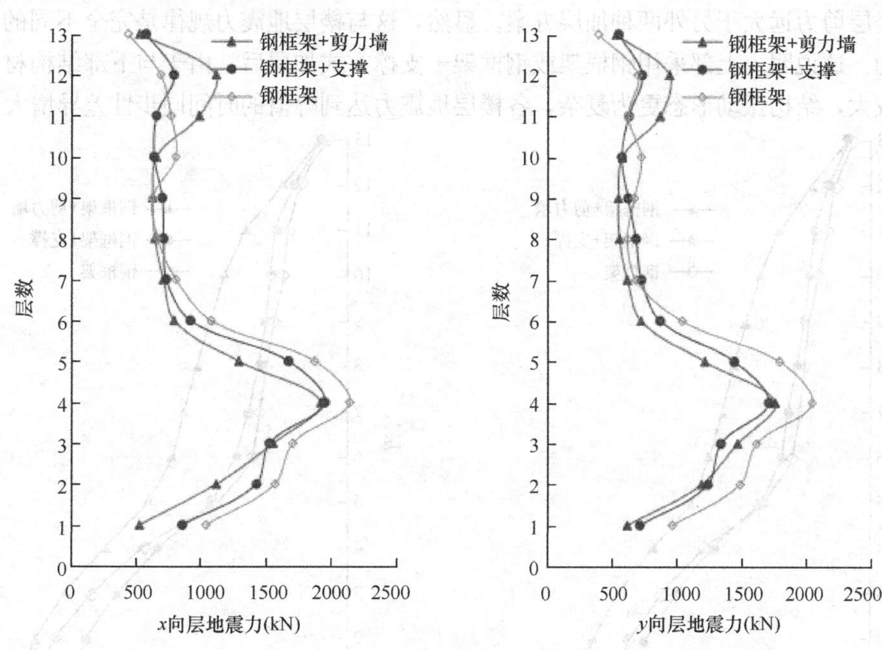

图 3.7.6 不同加层方案楼层地震力

各加层方案 x 向楼层地震力比 表 3.7.5

层号	楼层地震力（kN）			楼层地震力比	
	钢框架＋剪力墙	钢框架＋支撑	钢框架	钢框架＋支撑	钢框架
1	529.12	863.19	1045.10	1.63	1.97
2	1125.18	1434.39	1575.15	1.27	1.39
3	1563.71	1533.83	1711.86	0.98	1.09
4	1928.27	1957.79	2147.39	1.01	1.11
5	1296.96	1679.04	1880.57	1.29	1.44

注：楼层地震力比以钢框架＋剪力墙方案为基准值计算。

各加层方案 y 向楼层地震力比　　表 3.7.6

层号	楼层地震力（kN）			楼层地震力比	
	钢框架＋剪力墙	钢框架＋支撑	钢框架	钢框架＋支撑	钢框架
1	623.23	719.34	966.46	1.15	1.55
2	1193.73	1244.73	1491.79	1.04	1.24
3	1472.67	1343.96	1616.18	0.91	1.09
4	1759.79	1709.68	2048.58	0.97	1.16
5	1217.81	1446.93	1791.58	1.18	1.47

注：楼层地震力比以钢框架＋剪力墙方案为基准值计算。

图 3.7.7 为上部采用剪力墙延伸方式加层和不采用剪力墙延伸的纯粹钢结构加层楼层地震剪力对比。钢框架＋支撑与钢框架两种方案楼层地震剪力基本接近，加层部分钢框架＋支撑剪力略大，而 1～5 层部分则钢框架方案略大。剪力墙向上延伸的钢框架＋剪力墙加层方案，其楼层剪力远大于另外两种加层方案。显然，这与楼层地震力规律是完全不同的，甚至是相反的。这说明，上部采用钢框架或钢框架＋支撑方式加层后，由于与下部结构材料阻尼比差异较大，结构振动形态更为复杂，各楼层地震力达到峰值的时间同步性差异增大。

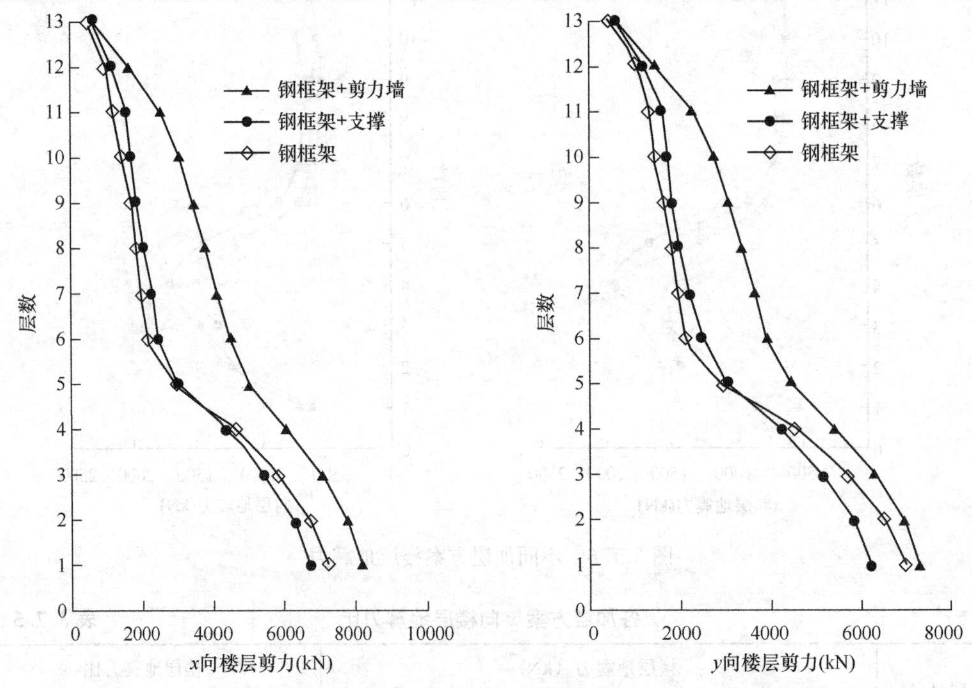

图 3.7.7　不同加层方案楼层剪力

图 3.7.8 为上部采用剪力墙延伸方式加层和不采用剪力墙延伸的纯粹钢结构加层楼层层间位移角的对比。在底部 1～5 层钢框架＋支撑与钢框架两种方案层间位移角基本接近，均小于钢框架＋剪力墙方案的层间位移角。然而，在上部新增楼层，钢框架＋剪力墙方案的层间位移角却又远小于其他两种加层方案。除顶层局部屋面外，钢框架加层的层间位移角最大，这是由于这种加层方式刚度最小所致。相比较而言，钢框架＋支撑与钢框架两种方案层间位移角在交界楼层突变明显。

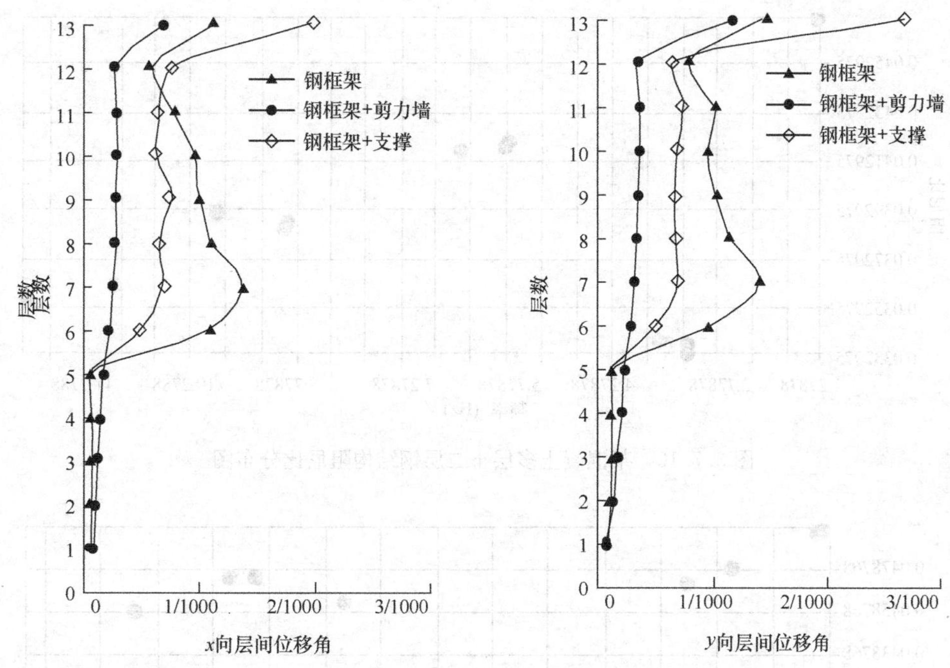

图 3.7.8　不同加层方案层间位移角

振型反应谱法从根本上而言是一种拟动力分析，虽然能够同时考虑结构各频段振动的振幅最大值和频谱两个主要因素，但其忽略了地震作用的随机性，在一定程度上限制了阻尼对结构振动的影响。在实际地震波作用下，采用钢框架或者钢框架＋支撑等纯粹钢结构材料加层，虽然总体地震力偏小，但天工艺苑主体结构地震反应将更为复杂，特别是罕遇地震作用下的弹塑性阶段，因阻尼等动力特性的改变引起的加层结构内力变化也将十分复杂。考虑到此类结构在国内尚属首例，尚未经受过实际地震的考验，为稳妥起见，本工程仍采用钢框架＋剪力墙方案进行加层。

3. 常见混合结构加层的振型阻尼比分布

在 MIDAS 的时程分析中，通过基于不同材料阻尼比的应变能因子法，可以计算出各振型阻尼比。图 3.7.9～图 3.7.12 为部分常见混合加层结构的振型阻尼比分布。

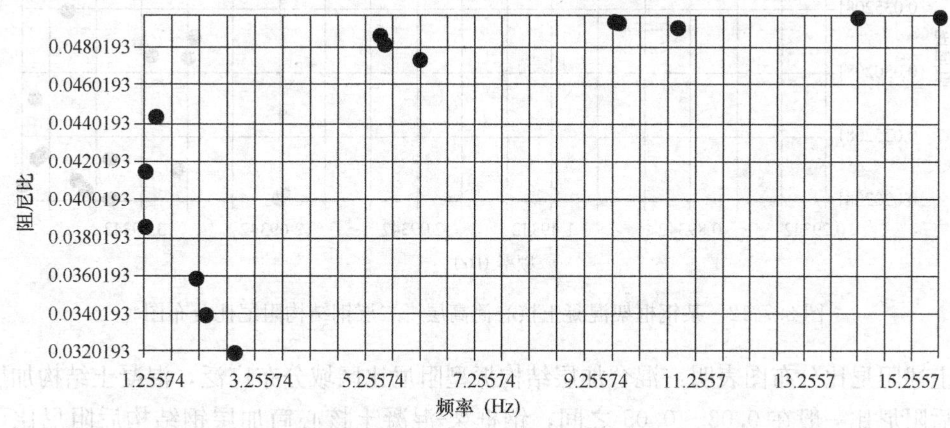

图 3.7.9　某混凝土多层＋一层（大跨度）钢结构阻尼比分布图

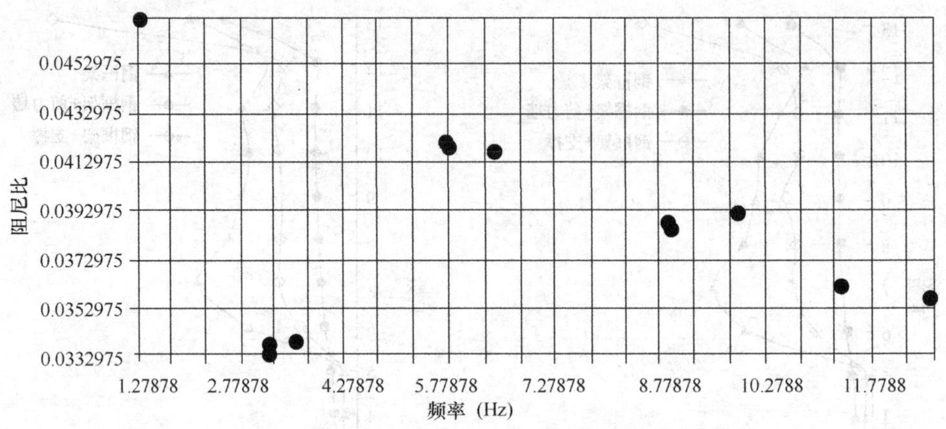

图 3.7.10　某混凝土多层＋二层钢结构阻尼比分布图

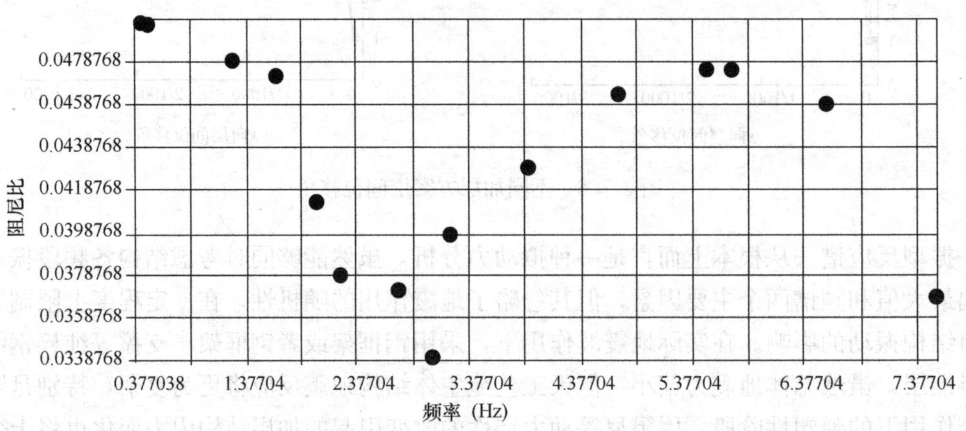

图 3.7.11　某框架混凝土核心筒高层＋二层钢结构阻尼比分布图

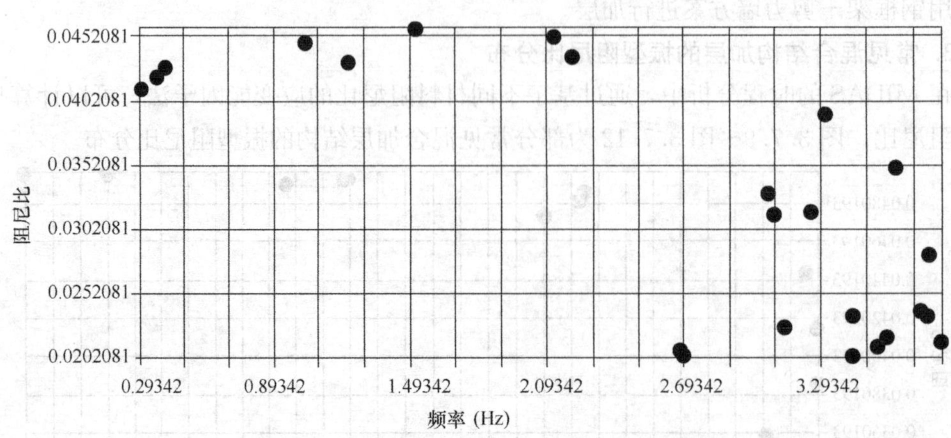

图 3.7.12　某钢框架混凝土核心筒高层＋二层钢结构阻尼比分布图

上述阻尼比分布图表明：混合加层结构振型阻尼比区域分布广泛，混凝土结构加层钢结构后阻尼比一般在 0.03～0.05 之间，钢框架-混凝土核心筒加层钢结构后阻尼比可在

0.02～0.05之间；振型阻尼比受建筑物的结构形式、层数以及刚度影响很大，对整体起控制作用的振型阻尼比一般在0.035之上。

3.8 子结构拟动力试验

天工艺苑加层加固工程下部结构为板柱-剪力墙结构体系，加层后整体结构体系复杂，并且涉及不同阻尼比材料的问题，其地震动力响应经验不多。为此，对工程进行动力试验以验证工程加固与改造的有效性。

3.8.1 地震模拟振动台试验的缺陷

由于振动台的台面尺寸、振动台承载能力、最大激励力以及原型结构的几何尺寸这些因素，天工艺苑加层加固项目的振动台模型结构最大尺寸为原型结构的1/20，依据这个相似比，楼板的模型尺寸仅为15mm，此外，模型楼板上还要施加一定的等效附加质量，这要求楼板具有一定的承载能力，对于模型楼板的这些特点，施工和试验都有很大的难度。

采用1/20的比例模型，使得试验模型的尺寸很小，对于原型中下部结构中的加固部分，模拟其实际的加固情况非常困难。同样由于1/20的比例模型，对于模型施工带来了很大的难度，对于板柱结构的破坏薄弱处即板柱节点处的混凝土浇捣等施工难度尤其大。同时由于小尺度模型，对模型的施工质量要求更高，施工中的缺陷相对于模型将变得非常严重，试验的最终破坏可能是由于施工中产生的缺陷所引起，这样就不能反映结构真实的动力特性。

同时地震模拟振动台试验自身还存在着一定的局限性，特别是小尺度结构模型的动力相似律很难满足要求，尤其是在弹塑性范围内，试验的结果往往难以推广到原型结构中去。基于上述原因，本工程未进行地震模拟振动台试验，而是采用子结构拟动力试验进行检验。

3.8.2 子结构拟动力试验

拟动力试验方法是1969年日本学者M. Hakuno等人提出的，是将计算机与加载作动器联机求解结构动力方程的方法，目的是为了能够真实地模拟地震对结构的作用。

在拟动力试验中，首先用动力方程计算出结构的初始地震反应位移，通过作动器施加该目标位移后测得结构或构件的恢复力，再由测得的恢复力和下一步的地面加速度值通过动力方程计算下一时刻结构的目标位移，由此，就可以得到结构或构件在地震波输入全过程的位移、加速度、速度以及恢复力的反应时程曲线，并且可以直接得到恢复力-位移的关系曲线，即结构的恢复力曲线。拟动力试验的试验流程图见图3.8.1。

子结构拟动力试验是由试验的结构部分和计算机模拟部分在一个整体结构动力方程中进行统一的一种拟动力试验方法。用于试验的结构部分称为试验子结构，其余由计算机模拟的结构部分称为计算子结构，整体结构由试验子结构和计算子结构两部分组成，它们共同形成整体结构的动力方程。由于试验子结构的恢复力呈复杂的非线性特征，理论上难以处理，因此直接由试验获得，而计算子结构处于线弹性或者简单非线性状态，可由计算机进行模拟。子结构拟动力试验模型见图3.8.2。

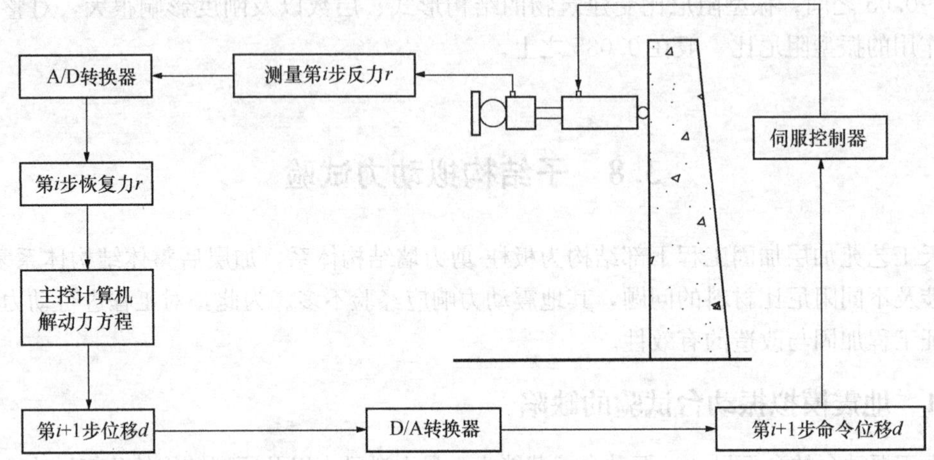

图 3.8.1　拟动力试验的试验流程图

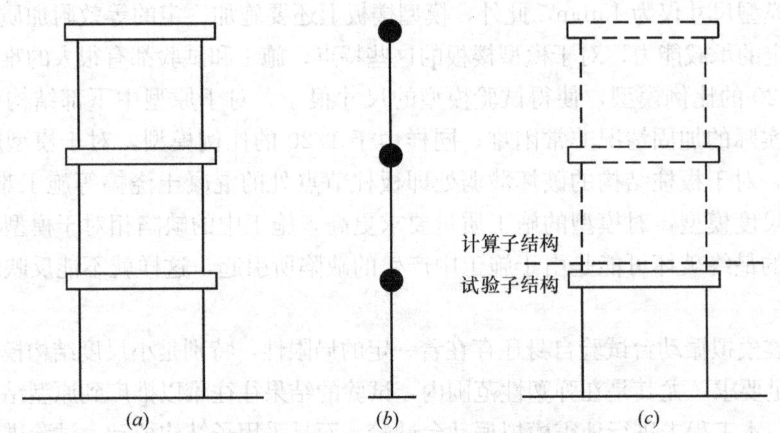

图 3.8.2　子结构拟动力试验试验模型

(a) 结构模型；(b) 计算模型；(c) 试验模型

由于拟动力试验的特点，可以采用较大比例模型，这样就可以克服地震模拟振动台试验中由于模型比例小而产生的问题。同时采用子结构法，在天工艺苑加层加固项目动力试验中，以底部两层作为试验子结构，模型的施工时间相比较地震模拟振动台试验可大大缩短，整个试验的周期也随之缩短，这样就能比较好地配合结构的设计施工。

在拟动力试验中可以得到结构的刚度、承载力、变形、恢复力和滞回曲线。在试验中它能获得地震模拟振动台试验中无法获得的进入弹塑性阶段时子结构的恢复力。

3.8.3　模型设计

在试验中，试验子结构模型为加层改造后真实结构中第一和第二层中具有代表性的三榀两跨四区格带柱上托板的 18m×18m 板柱结构部分，而加层改造后真实结构的整体模型（除去底部两层中的试验部分）为计算子结构部分。在满足物理条件相似、几何条件相似、边界条件相似、质点动力平衡方程相似和运动的初始条件相似的前提下按 1：5 的相似比例进行模型制作，并且，对该模型四周边跨增加了边梁和对中柱进行了加大截面加固处理，其模型简图见图 3.8.3，实际模型图见图 3.8.4。

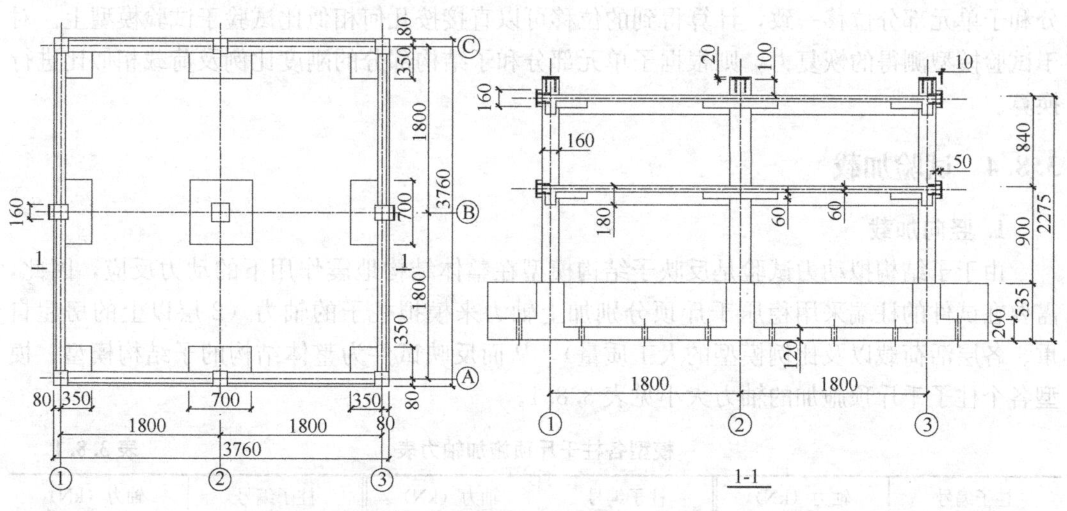

图 3.8.3　拟动力试验模型的简图

图 3.8.4　实际模型图

拟动力试验动力方程计算过程中的子结构为整体结构的底下两层，而试验模型为整体结构底下两层中的一部分区域结构，即子结构的子单元部分（图 3.8.5）。对于两者在试

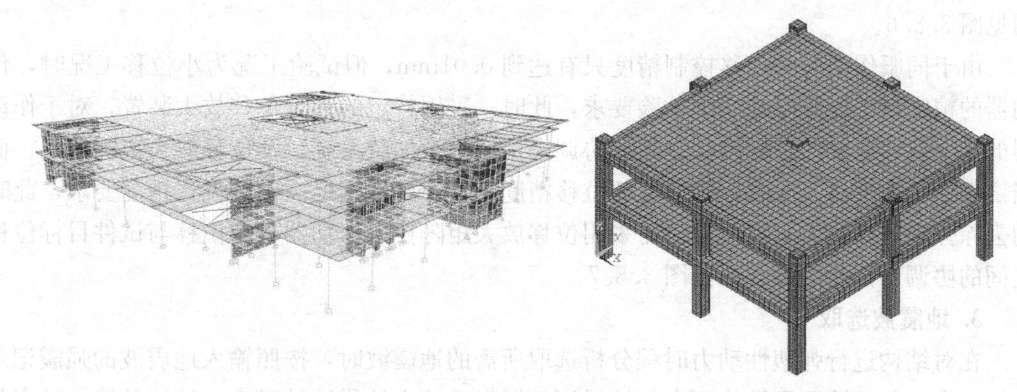

图 3.8.5　试验子结构及子单元三维图

验过程中的统一，由于试验采用层模型进行动力计算，楼层平面内位移一致，即子结构部分和子单元部分位移一致，计算得到的位移可以直接按几何相似比试验于试验模型上。对于试验模型测得的恢复力，则根据子单元部分和子结构部分的刚度比例及荷载相似比进行换算。

3.8.4 试验加载

1. 竖向加载

由于子结构拟动力试验是反映子结构模型在整体结构地震作用下的动力反应，因此，需要在试件的柱端采用稳压千斤顶分别加上轴力来模拟柱子的轴力（2 层以上的房屋自重、各层活荷载以及比例模型的人工质量），从而反映试件为整体结构的子结构模型。模型各个柱子千斤顶施加的轴力大小见表 3.8.1。

模型各柱千斤顶施加轴力表 **表 3.8.1**

柱子编号	轴力（kN）	柱子编号	轴力（kN）	柱子编号	轴力（kN）
Z-A1	145.9	Z-B1	150.8	Z-C1	145.9
Z-A2	150.8	Z-B2	266.6	Z-C2	150.8
Z-A3	145.9	Z-B3	150.8	Z-C3	145.9

为了考察结构在地震作用下竖向荷载在第一层结构上引起的内力情况，使结构能够很好的满足相似关系，根据模型质量相似关系，进行了楼板上的配重。为了能够很好地观察中柱加固后在地震荷载和竖向荷载作用下的情况，对中柱附近各区格的 1/2 板跨区域进行了满配，即 6kN/mm^2；对中柱附近各区格的 1/2 板跨区域外延 40cm 区域采用了 2.5 kN/mm^{2}的配重；其再外延 30cm 区域的配重为 1.45kN/mm^2。

2. 水平加载

试验时将结构模型通过试验基座固定在大型抗侧力试验台座上，借助钢筋混凝土反力墙和两台出力为±500kN、冲程为±250mm 的电液伺服加载器，对结构施加横向水平荷载。同时，试验的水平加载采用由水平拉杆与加载端压板构成的特定水平加载装置进行，该装置能够使得当试件应受到电液伺服作动器的拉力作用时，此拉力通过水平加载装置转化为与拉力作用同方向的压力作用于试件上，从而解决加载端抗拉问题。其加载系统示意图见图 3.8.6。

由于伺服作动器的位移控制精度只有达到 0.01mm，但试验工况为小位移工况时，作动器的精度就不能很好地满足试验要求，此时，采用特定的弹簧位移放大装置，对于作动器的指令位移与试件目标位移之间的协调采用软耦合加载系统，即位移放大矩阵控制。而当试件处于大位移工况时，作动器的位移精度能够很好地满足试件的位移精度要求，此时则去除弹簧位移放大装置，但仍需采用位移放大矩阵控制作动器指令位移与试件目标位移之间的协调。试验的加载图见图 3.8.7。

3. 地震波选取

在对结构进行弹塑性动力时程分析选取所需的地震波时，按照输入地震波的强震记录点场地类别与试验原型结构所在场地类别相同以及输入地震波的频率与结构的第一频率相近的原则，试验选用了 El Centro 波，它的加速度时程记录见图 3.8.8。El Centro 波为 1940

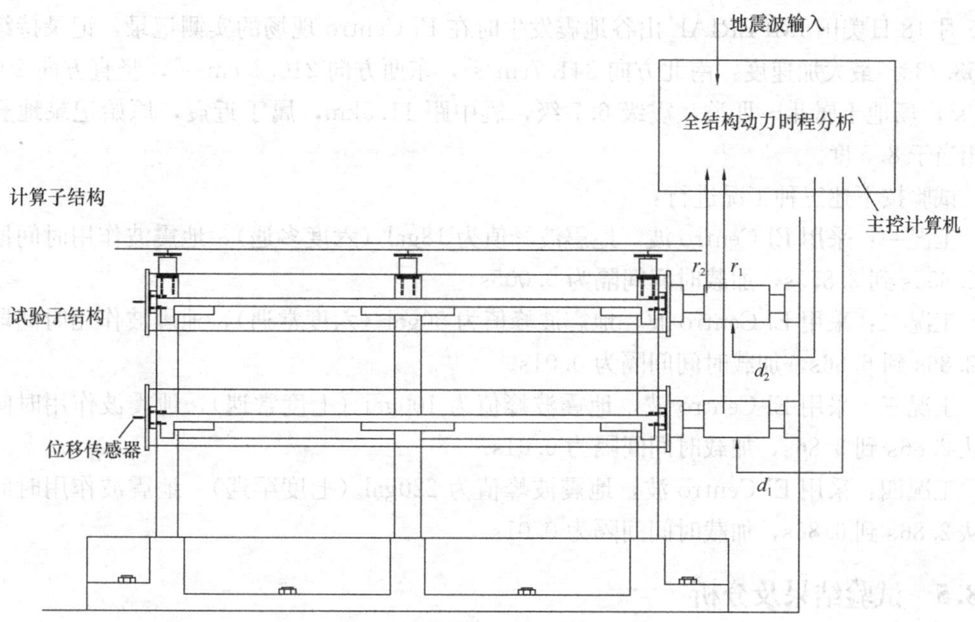

图 3.8.6　试验加载系统示意图

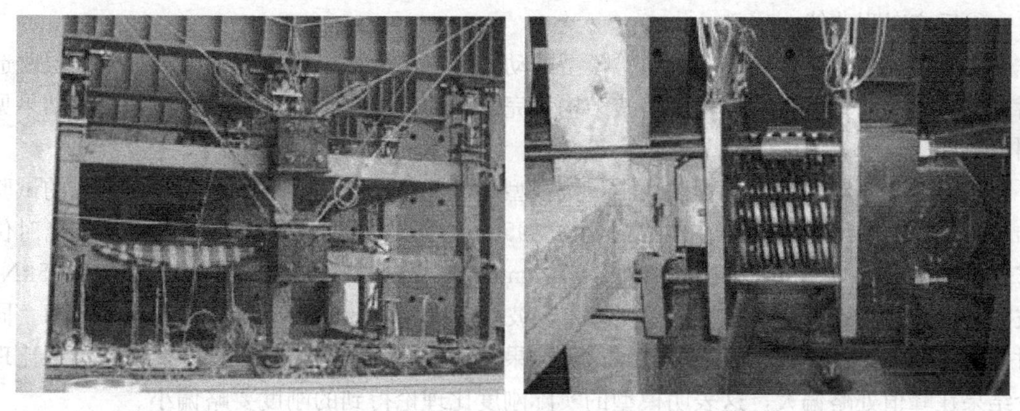

图 3.8.7　试验竖向加载图

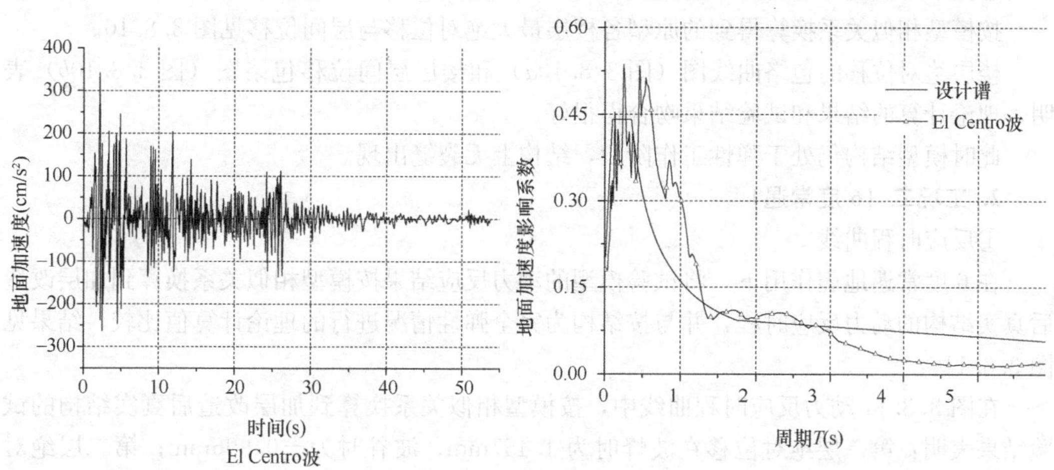

图 3.8.8　El Centro 波加速度时程记录及反应谱

年5月18日美国IMPERIAL山谷地震发生时在El Centro现场的实测记录，记录持续时间53.73s。最大加速度：南北方向341.7cm/s²，东西方向210.1 cm/s²，竖直方向206.3 cm/s²，场地土属Ⅱ～Ⅲ类，震级6.7级，震中距11.5km，属于近震，原始记录地震烈度相当于8.5度。

试验按下述三种工况进行：

工况一：采用El Centro波，地震波峰值为18gal（六度多遇），地震波作用时间段为从2.855s到3.855s，加载时间间隔为0.005s。

工况二：采用El Centro波，地震波峰值为50gal（六度常遇），地震波作用时间段为从2.86s到6.86s，加载时间间隔为0.01s。

工况三：采用El Centro波，地震波峰值为100gal（七度常遇），地震波作用时间段为从2.86s到3.86s，加载时间间隔为0.01s。

工况四：采用El Centro波，地震波峰值为220gal（七度罕遇），地震波作用时间段为从2.86s到6.86s，加载时间间隔为0.01s。

3.8.5 试验结果及分析

1. 工况一（6度多遇）

①反应时程曲线

在6度多遇地震作用下，将试验模型的动力反应结果按模型相似关系换算到加层改造后真实结构的动力反应时程，并与按结构为完全弹性情况进行的理论计算值比较，结果见图3.8.9。

在图3.8.9动力反应时程曲线中，按模型相似关系换算到加层改造后真实结构的试验结果表明：第一层绝对位移在波峰时为0.395mm，波谷时为－0.310mm；第二层绝对位移在波峰时为0.921mm，波谷时为－0.785mm；对于底部总剪力，波峰时为309.25kN，波谷时为－249.25kN；第二层的层剪力，波峰时为343.25kN，波谷时为－292kN。同时，由图3.8.9位移时程曲线可见，试验结果与理论计算结果吻合得较好，试验结果比理论结果在峰值处略偏大，这表明模型的实际刚度比理论得到的刚度要略偏小。

②变形及裂缝开展情况

按模型相似关系换算得到的原型各楼层最大绝对位移与层间位移见图3.8.10。

楼层绝对位移的包络曲线图（图3.8.10*a*）和楼层层间位移包络图（图3.8.10*b*）表明，理论计算的结果和试验结果吻合得很好。

此时模型结构仍处于弹性工作阶段，结构上无裂缝出现。

2. 工况二（6度常遇）

①反应时程曲线

在6度常遇地震作用下，将试验模型的动力反应结果按模型相似关系换算到加层改造后真实结构的动力反应时程，并与按结构为完全弹性情况进行的理论计算值比较，结果见图3.8.11。

在图3.8.11动力反应时程曲线中，按模型相似关系换算到加层改造后真实结构的试验结果表明：第一层绝对位移在波峰时为1.457mm，波谷时为－0.996mm；第二层绝对位移在波峰时为2.894mm，波谷时为－2.228mm；对于底部总剪力，波峰时为

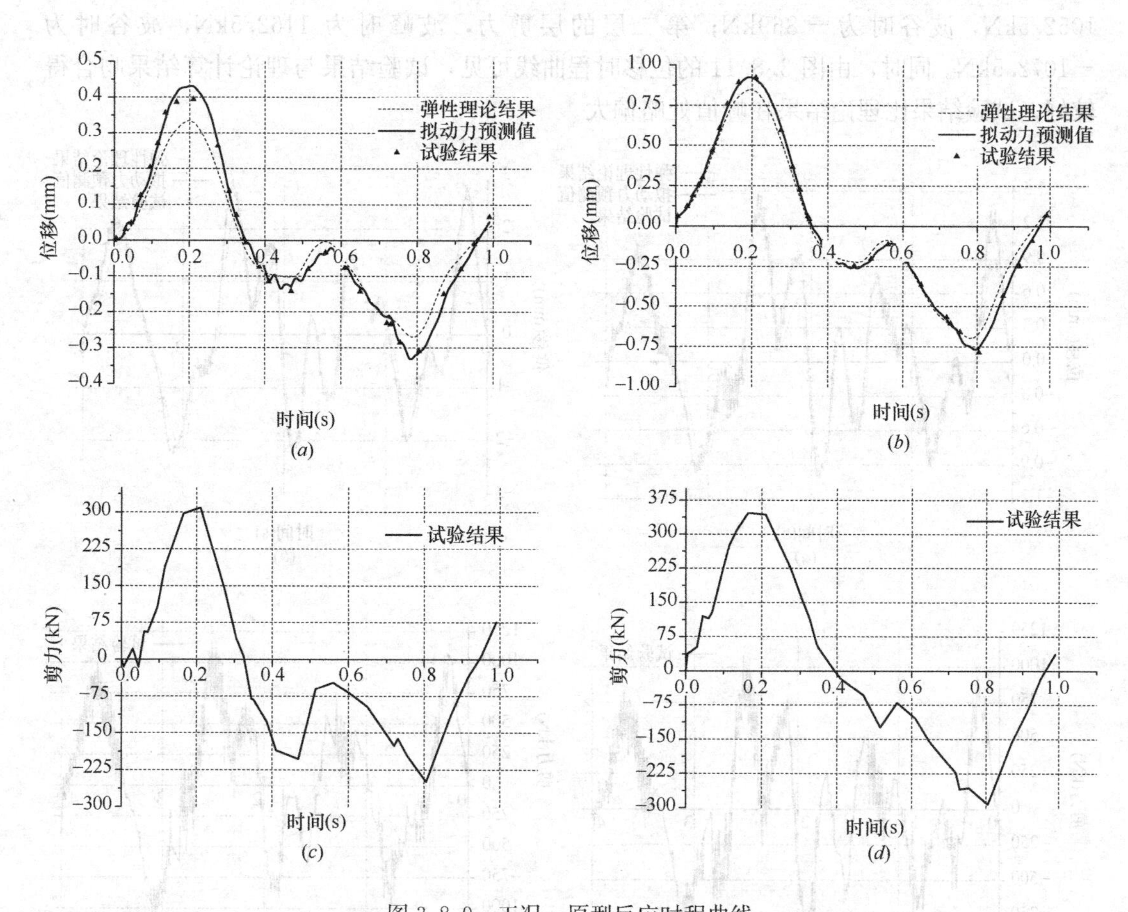

图 3.8.9　工况一原型反应时程曲线

(*a*) 原型第一层位移时程图；(*b*) 原型第二层位移时程图；(*c*) 原型底部总剪力时程图；(*d*) 原型第二层层剪力时程图

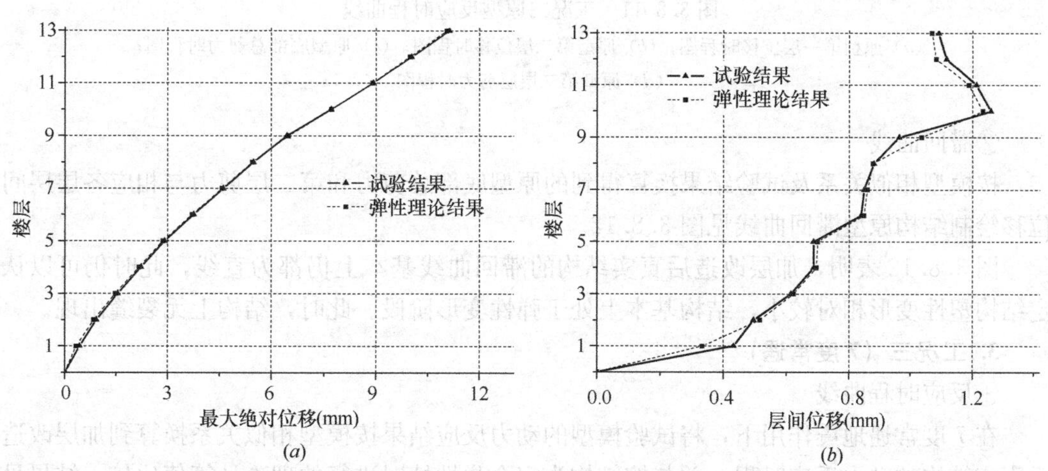

图 3.8.10　工况一位移包络曲线

(*a*) 楼层绝对位移包络图；(*b*) 楼层层间位移包络图

1052.5kN，波谷时为－869kN；第二层的层剪力，波峰时为 1162.5kN，波谷时为－1072.5kN。同时，由图 3.8.11 的位移时程曲线可见，试验结果与理论计算结果吻合得较好，试验结果比理论结果在峰值处略偏大。

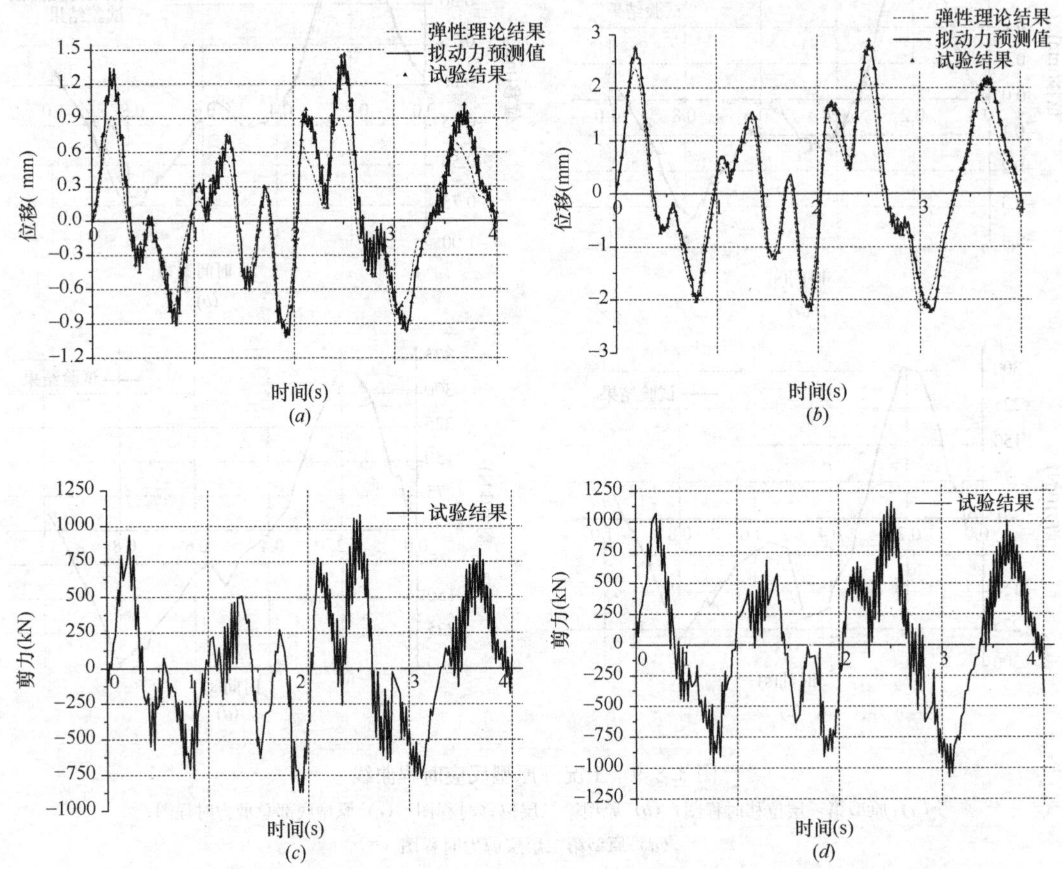

图 3.8.11　工况二原型反应时程曲线

(*a*) 原型第一层位移时程图；(*b*) 原型第二层位移时程图；(*c*) 原型底部总剪力时程图；(*d*) 原型第二层层剪力时程图

②滞回曲线

按模型相似关系及试验结果换算得到的原型底部总剪力和第二层剪力与相应各层层间位移绘制结构原型滞回曲线见图 3.8.12。

图 3.8.12 表明，加层改造后真实结构的滞回曲线基本上仍都为直线，此时仍可以认定结构塑性变形相对较小，结构基本上处于弹性变形阶段。此时，结构上无裂缝出现。

3. 工况三（7 度常遇）

①反应时程曲线

在 7 度常遇地震作用下，将试验模型的动力反应结果按模型相似关系换算到加层改造后真实结构的动力反应时程，并与按结构为完全弹性情况进行的理论计算值比较，结果见图 3.8.13。

在图 3.8.13 动力反应时程曲线中，按模型相似关系换算到加层改造后真实结构的试

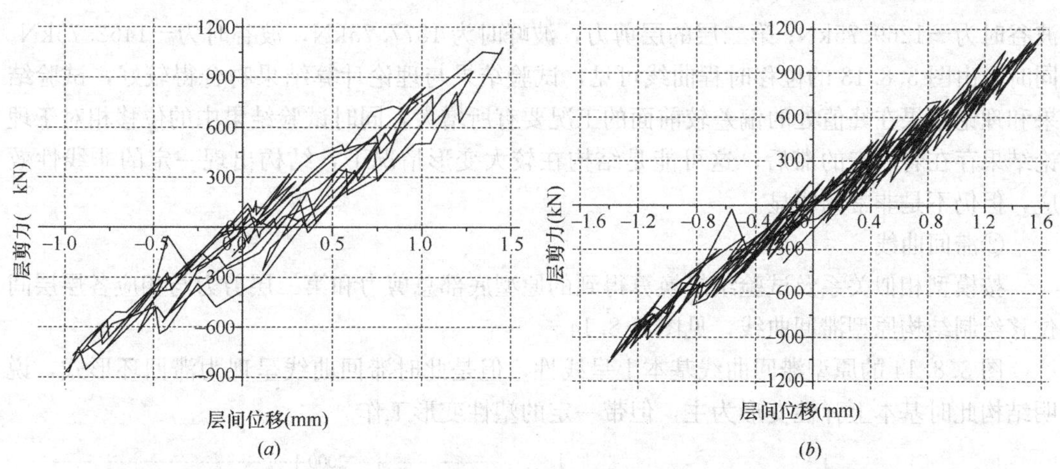

图 3.8.12 工况二根据试验结果得到的原型滞回曲线

(a)原型底部剪力与底层层位移滞回曲线图；(b)原型第二层层剪力与层位移滞回曲线图

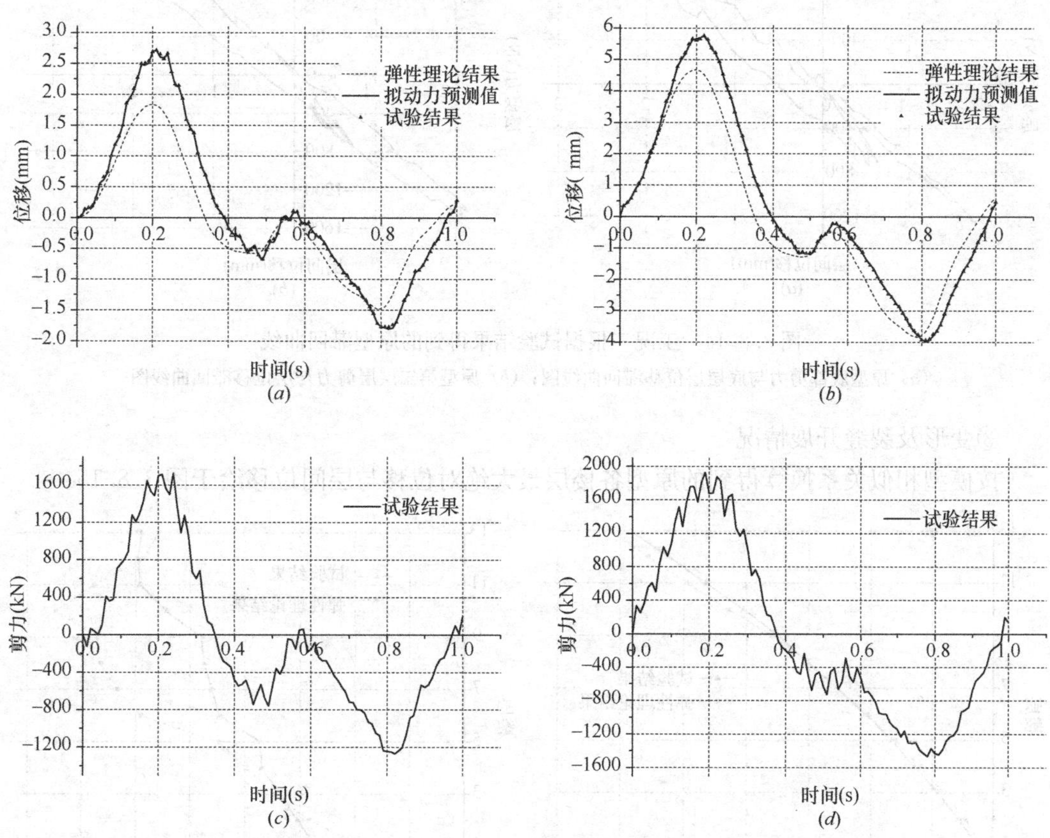

图 3.8.13 工况三原型反应时程曲线

(a)原型第一层位移时程图；(b)原型第二层位移时程图；(c)原型底部总剪力时程图；(d)原型第二层层剪力时程图

验结果为：第一层绝对位移在波峰时为 2.713mm，波谷时为−1.774mm；第二层绝对位移在波峰时为 5.754mm，波谷时为−3.934mm；对于底部总剪力，波峰时为 1725.75kN，波谷时为−1269.75kN；第二层的层剪力，波峰时为1877.75kN，波谷时为−1462.75kN。同时，由图3.8.13的位移时程曲线可见，试验结果与理论计算结果吻合得较好，试验结果和理论结果在峰值处的偏差较前面的工况要有所增大，同时试验结果中的位移相对于理论结果存在着一定的滞后，这可能是结构在较大变形情况下，结构出现一定的非线性效应，但仍不是非常的明显。

②滞回曲线

按模型相似关系及试验结果换算得到的原型底部总剪力和第二层剪力与相应各层层间位移绘制结构原型滞回曲线，见图3.8.14。

图3.8.14的原型滞回曲线基本上呈线性，但是此时滞回曲线呈现为滞回环形式，说明结构此时基本上弹性变形为主，但带一定的塑性变形工作。

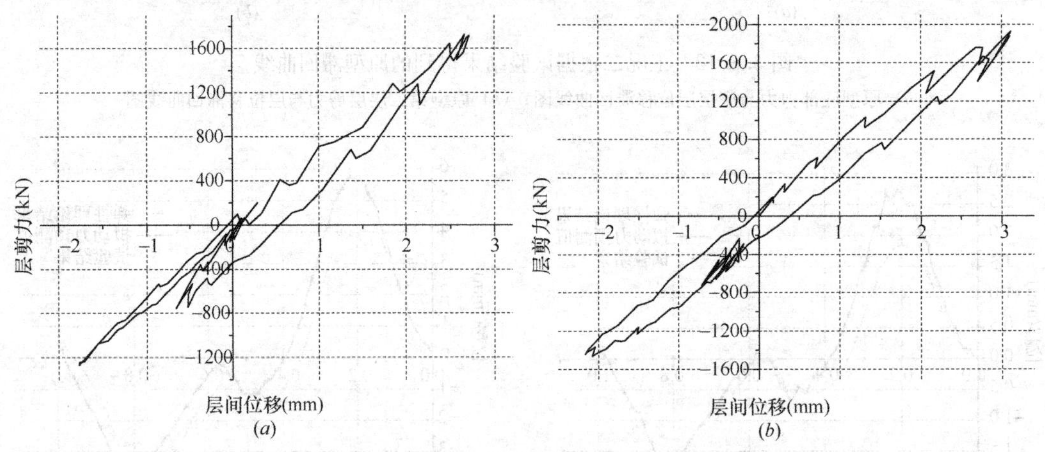

图3.8.14　工况三根据试验结果得到的原型滞回曲线

(a) 原型底部剪力与底层层位移滞回曲线图；(b) 原型第二层层剪力与层位移滞回曲线图

③变形及裂缝开展情况

按模型相似关系换算得到的原型各楼层最大绝对位移与层间位移绘于图3.8.15。

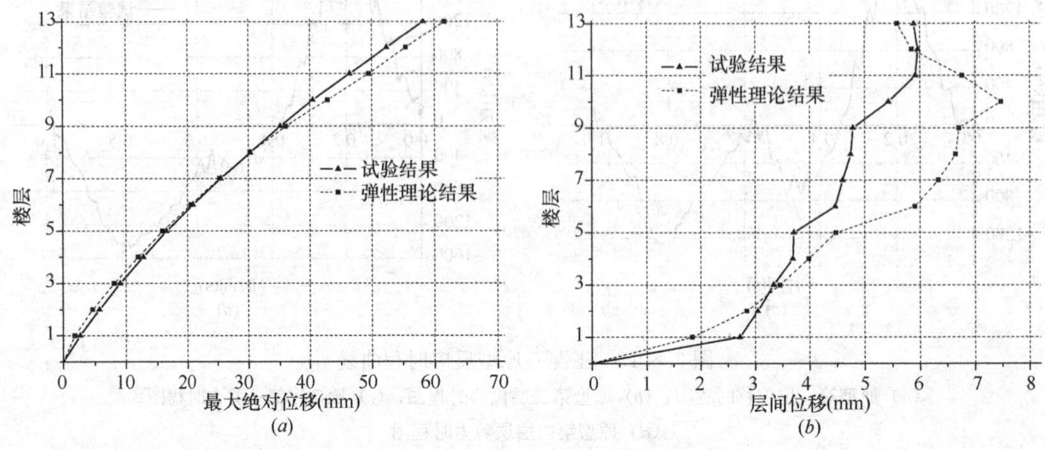

图3.8.15　工况三位移包络曲线

(a) 楼层绝对位移包络图；(b) 楼层层间位移包络图

楼层绝对位移的包络曲线图（图 3.8.15*a*）和楼层层间位移包络图（图 3.8.15*b*）表明，其分布情况于工况一、二相近，但理论结果与试验结果的差异又增大了些，这是由于结构的非线性发展。

在此工况作用下，结构上仍无裂缝出现，但是结构各个边柱、角柱和各柱上托板的表面出现了小程度的剥落破损，而结构的中柱表面完好，这是由于结构位移增大所致。

4. 工况四（7 度罕遇）

① 反应时程曲线

在 7 度罕遇地震作用下，将试验模型的动力反应结果按模型相似关系换算到加层改造后真实结构的动力反应时程结果，并与按振型叠加法且结构为完全弹性情况来进行计算的理论结果比较，且绘于图 3.8.16。

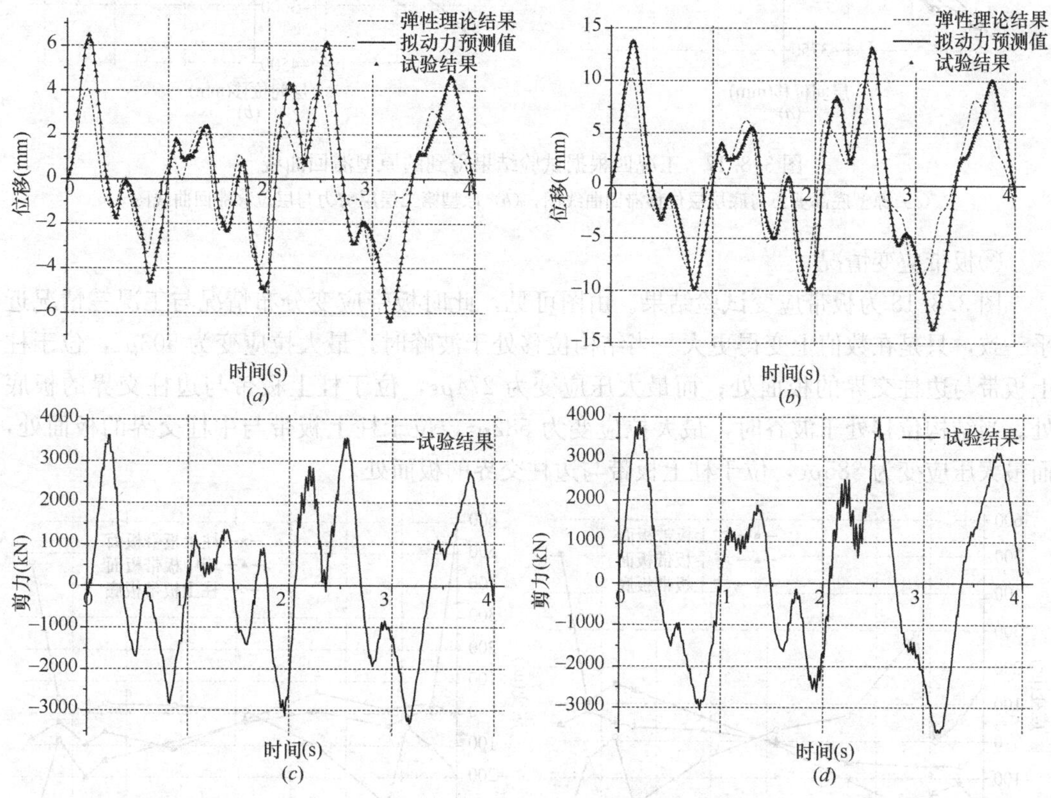

图 3.8.16　工况四原型反应时程曲线

(*a*) 原型第一层位移时程图；(*b*) 原型第二层位移时程图；(*c*) 原型底部总剪力时程图；(*d*) 原型第二层层剪力时程图

在图 3.8.16 动力反应时程曲线中，按模型相似关系换算到加层改造后真实结构的试验结果为：第一层绝对位移在波峰时为 6.459mm，波谷时为－6.388mm；第二层绝对位移在波峰时为 13.674mm，波谷时为－13.699mm；而对于底部总剪力，则是波峰时为 3620.75kN，波谷时为－3309kN；第二层的层剪力，波峰时为 3980.75kN，波谷时为－3700kN。同时，由图 3.8.16 的位移时程曲线可见，结果同工况三情况相似，只是在峰值处的差异更大，试验结果较理论结果的滞后越加明显。

②滞回曲线

按模型相似关系及试验结果换算得到的原型底部总剪力和第二层剪力与相应各层层间位移绘制结构原型滞回曲线，见图 3.8.17。

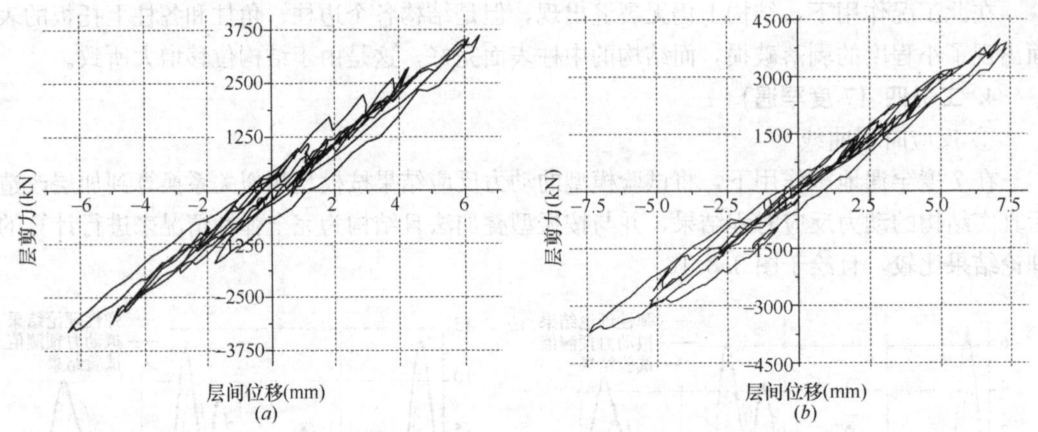

图 3.8.17　工况四根据试验结果得到的原型滞回曲线

(a) 原型底部剪力与底层层位移滞回曲线图；(b) 原型第二层层剪力与层位移滞回曲线图

③板带应变情况

图 3.8.18 为板带应变试验结果。由图可见，此时板带应变分布情况与工况三情况近乎一致，只是在数值上变得更大。当结构位移处于波峰时，最大拉应变为 503$\mu\varepsilon$，位于柱上板带与边柱交界的板面处；而最大压应变为 274$\mu\varepsilon$，位于柱上板带与边柱交界的板底处。当结构位移处于波谷时，最大拉应变为 582$\mu\varepsilon$，位于柱上板带与中柱交界的板面处，而最大压应变为 385$\mu\varepsilon$，位于柱上板带与边柱交界的板面处。

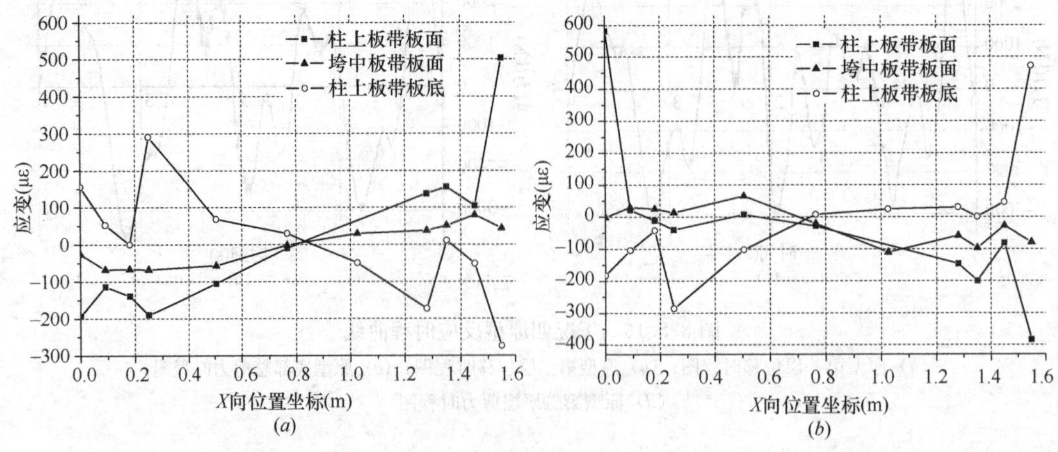

图 3.8.18　工况四板带应变试验结果

(a) 位移波峰时板带应变情况；(b) 位移波谷时板带应情况

④变形及裂缝开展情况

按模型相似关系换算得到的原型各楼层最大绝对位移与层间位移绘于图 3.8.19。

由楼层绝对位移的包络曲线图（图 3.8.19a）和楼层层间位移包络图（图 3.8.19b）

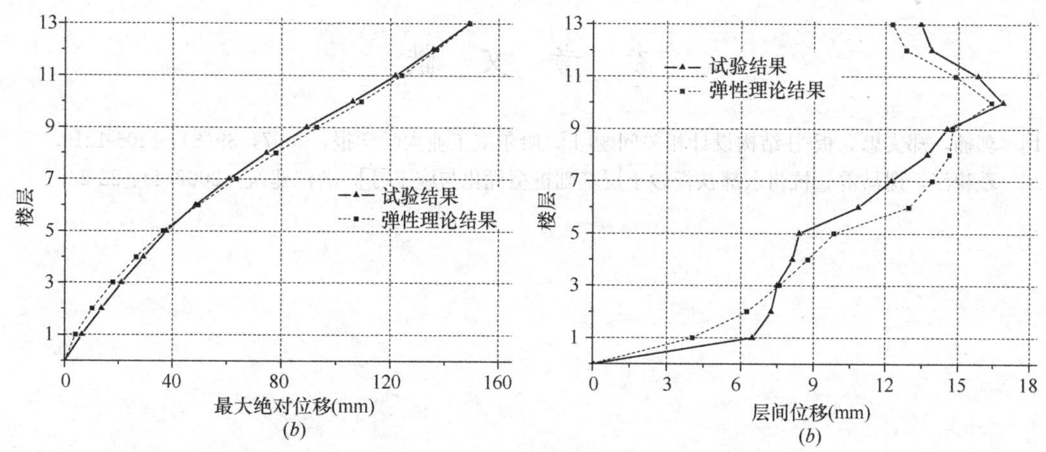

图 3.8.19 工况四位移包络曲线

(a) 楼层绝对位移包络图；(b) 楼层层间位移包络图

可见，随着结构的非线性发展，试验结果与理论结果的差异变得更大了些，但仍比较吻合。

在此工况作用下，结构各个边柱、角柱和各柱上托板的表面出现了比工况三较为明显的剥落破损，中柱表面也出现了小程度的剥落，且柱子发生了较为明显的变形，见图 3.8.20。

图 3.8.20 柱子变形

3.8.6 试验结论

天工艺苑加层改造后的结构存在着结构体系、高度等方面的超限超规，进行了缩尺比例为 1∶5 的结构模型的子结构拟动力试验。子结构拟动力试验根据规范反应谱理论选取适当的地震波。并依次进行了相当于 6 度多遇、6 度常遇、7 度常遇和 7 度罕遇地震作用四个工况下的子结构拟动力试验，试验结果表明：

1. 在 6 度多遇和 6 度常遇地震工况作用时，模型结构无任何裂缝及破损。

2. 在 7 度常遇和 7 度罕遇地震工况作用时，模型结构主要表现为弹性变形，但滞回曲线表明存在一定的塑性变形，在结构表面也出现了较轻程度的破损。

3. 模型试验结果还表明了天工艺苑加层改造后在遭受 6、7 度地震作用情况下不会产生大程度的破坏。根据在 7 度地震作用下的试验子结构破坏情况可以认为，在此强度的地震作用下，实际加层改造后真实结构的主体结构应保持完好，但会产生局部的破损。

4. 根据拟动力抗震试验结果，表明加层加固改造后的天工艺苑上部结构满足《建筑抗震设计规范》的要求。

参 考 文 献

[1] 郭楠，郑文忠．板-柱结构设计相关问题[J]．哈尔滨工业大学学报，2007，39(8)：1206-1210.
[2] 戴碧江，谢昌雷．杭州东部铁板砂土层基础桩型优化与施工[J]．浙江建筑，2002(4)：22-23.

第4章　某既有高层建筑下方逆作开挖增建地下停车库工程

4.1 工 程 概 况

4.1.1 既有建筑上部结构体系及布置概况

浙江饭店位于延安路与凤起路交叉口的西南角（见图 4.1.1），建于 1997 年，周边环境极其复杂（如图 4.1.2 所示），其中东侧为城市主干道延安路及已建成通车的杭州地铁 1 号线凤起路站；南侧为孩儿巷，并紧贴一幢 7 层民居建筑，该住宅楼建于 20 世纪 80 年代，为天然地基浅基础；西侧为凤起大厦，西南侧为长寿桥小学；北侧紧邻凤起路及在建的杭州地铁 2 号线凤起路换乘站。

图 4.1.1　建于 1997 年的既有建筑实景

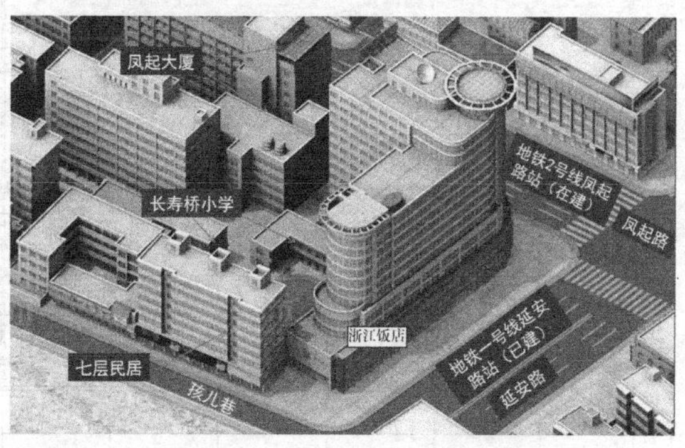

图 4.1.2　既有建筑周边环境示意图

该建筑平面呈 L 形，长 76.20m，宽 44.20m，地上 13 层，地下 1 层（局部设置人防），屋顶标高 44.960m，机房层顶标高 48.500m。首层±0.000 标高相当于黄海高程＋8.350m。地下室建筑平面如图 4.1.3 所示。上部结构采用钢筋混凝土框架-剪力墙体系，利用北侧楼（电）梯间及立体停车库（图 4.1.3 中的升降机）四周布置剪力墙，同时在南侧轴线 2 和轴线 3 上靠轴线 D 处设置若干剪力墙。框架柱网以 7.0m×7.8m 为主，标准层结构平面布置如图 4.1.4 所示。混凝土强度等级取值如下：三层楼面以下为 C40，三层～六层楼面为 C35，六层以上为 C30。

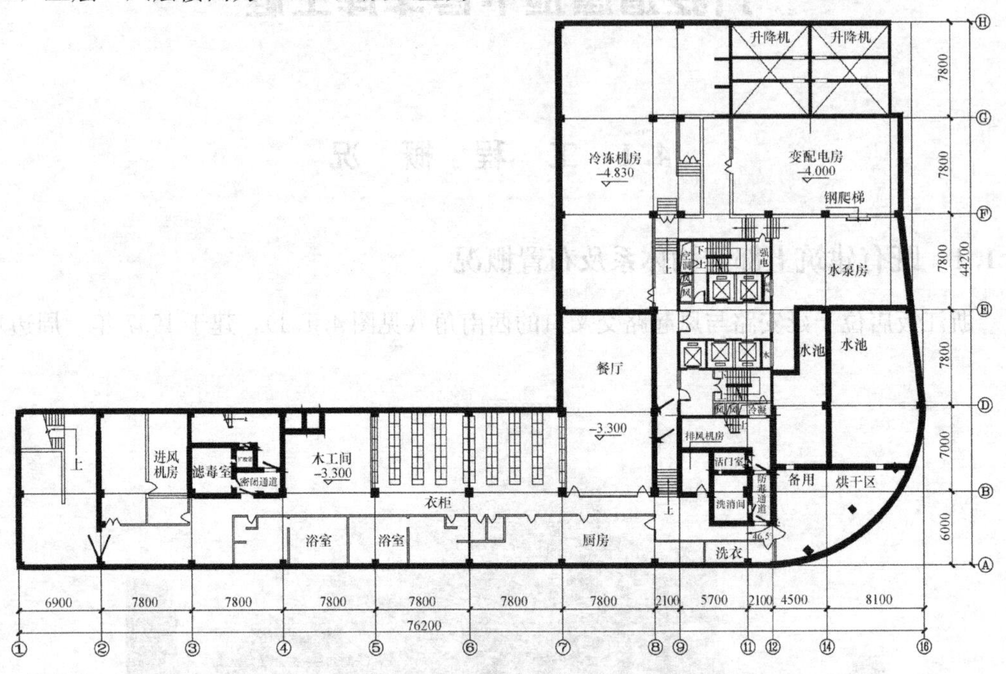

图 4.1.3　原一层地下室平面布置示意

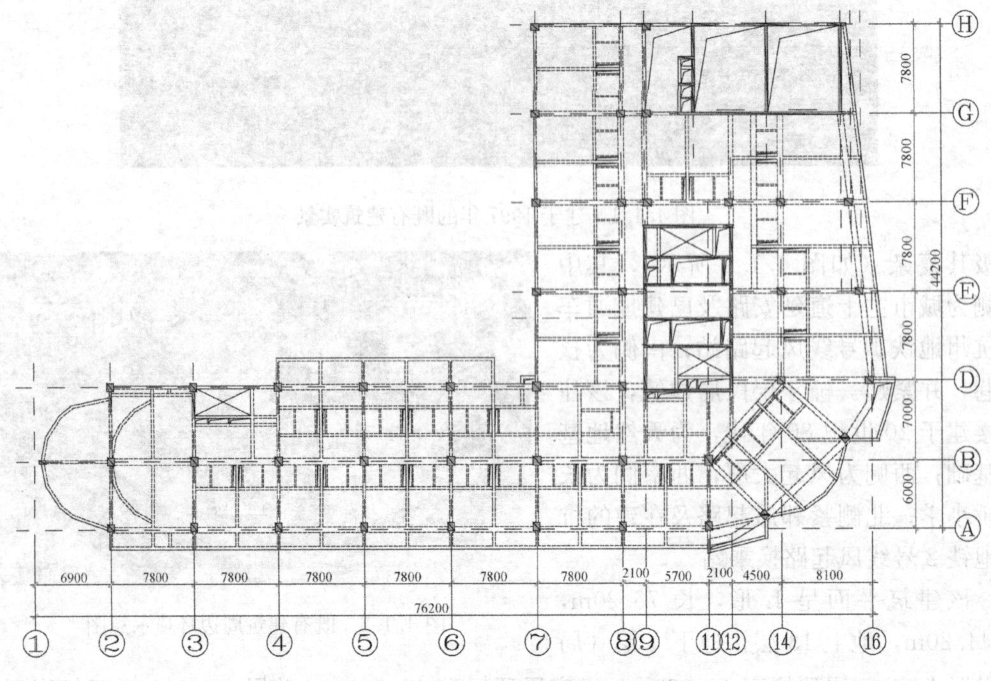

图 4.1.4　标准层结构平面

4.1.2　工程地质条件及既有建筑地基基础设计概况

根据杭州市勘察测绘院 1996 年 11 月完成的《浙江饭店翻扩建工程地质勘察报告》，场地地层分为 9 大层 17 亚层，典型地质剖面如图 4.1.5 所示。各土层性质描述如下：

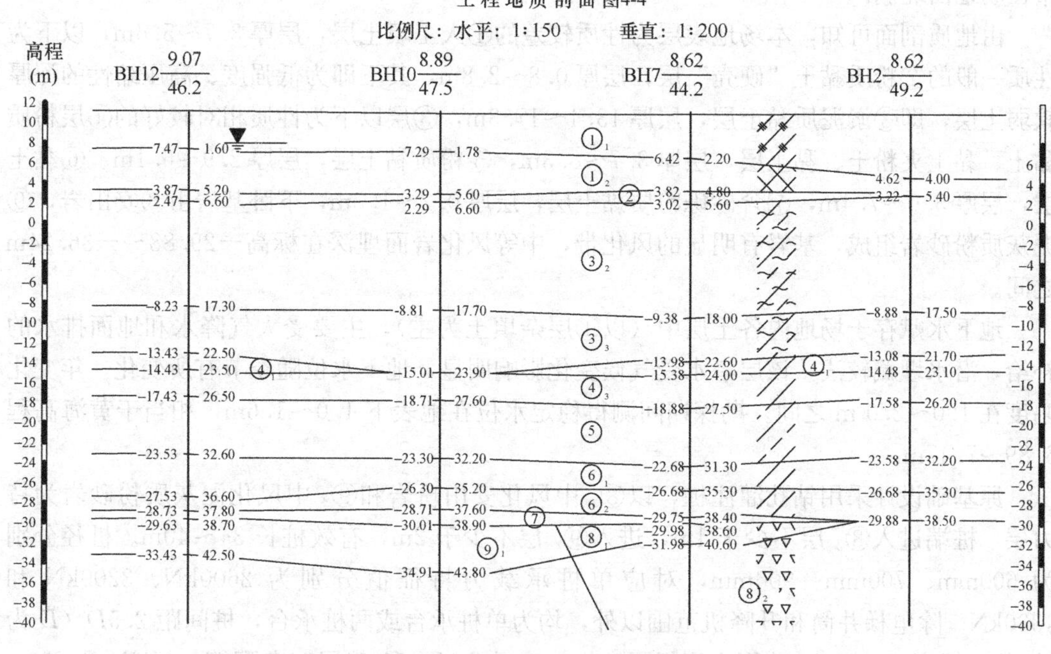

图 4.1.5　场地典型地质剖面

①$_1$ 杂填土：灰褐、黑灰色，湿至饱和，松散，含瓦砾碎石约 25%，局部含大块石，少量有机质，BH10 孔 0.5～1.4m 为孔洞。

①$_2$ 素填土：黑灰、灰褐色，饱和，松散。含少量砖瓦屑、有机质。

②粉质黏土：褐黄夹灰、浅灰色，软塑。含少量氧化铁。

③$_1$ 淤泥质黏土：灰色，流塑。含有机腐殖质，少量植物残体。

③$_2$ 淤泥质粉质黏土混淤泥质粉土：灰色，流塑。含有机腐殖质，夹粉土薄层，少量云母碎屑。

③$_3$ 淤泥质粉土：灰色，流塑。含有机腐殖质、少量植物残体。

④$_1$ 粉质黏土夹粉土：褐黄灰、灰褐色，软塑。含少量有机质、植物残体。

④$_2$ 黏土夹粉土：褐黄色，硬可塑。含少量氧化铁，夹少量粉土薄层。

④$_3$ 黏土：褐黄色，硬可塑。含少量氧化铁，夹少量粉土薄层。

⑤粉质黏土：褐黄、浅灰黄色，可塑。含少量氧化铁，夹少量粉土薄层。

⑥$_1$ 黏土：灰白夹黄色，软塑。含少量氧化铁。

⑥$_2$ 黏土：灰绿夹黄，硬可塑。含少量氧化铁。

⑦含砂砾粉质黏土：灰黄、灰绿色，可塑。含少量粉细砂及砾石，少量氧化铁。

⑧$_1$ 强风化安山岩：浅紫红色，湿，矿物大部分已风化，用手易掰碎。

⑧$_2$ 中等风化安山岩：浅紫红、深灰黑色，交织结构，块状构造，以斜长石为主，岩

质坚硬，裂隙发育，岩石经钻动呈10cm块状，锤击声较清脆，分布在场地东南侧。

⑨$_1$强风化泥灰质粉砂岩：棕红、砖红色，湿，矿物大部分已风化，用手易掰碎。

⑨$_2$中等风化泥灰质粉砂岩：棕红、砖红色，泥质粉砂结构，以粉砂及碎屑为主，碎屑以石英、碳酸盐、长石为主，岩石呈短柱状，锤击声较清脆，易击碎，系软质岩石，分布在场地西北侧。

由地质剖面可知，本场地表层为性质较差的①人工填土层，层厚3.7～5.6m，以下为性质一般的②粉质黏土"硬壳"层，层厚0.8～2.8m，其下即为低强度、高压缩性的深厚软弱土层，即③淤泥质黏土层，层厚13.4～17.3m，③层以下为性质相对较好的④层粉质黏土、黏土夹粉土、黏土层，层厚3.7～8.3m，⑤粉质黏土层，层厚2.9～6.1m、⑥黏土层，层厚5.0～7.4m，⑦含砂砾粉质黏土层，层厚0.2～1.3m，下卧基岩由⑧安山岩，⑨泥灰质粉砂岩组成，基岩有明显的风化带，中等风化岩面埋深在标高－29.88～－36.24m之间。

地下水赋存于场地内各土层中（以①层杂填土为主），主要受大气降水和地面排水的补给，潜水埋藏较浅，该层潜水受气候变化影响明显，地下水位随季节有所变化，年变化幅度在1.0～2.0 m之间。勘探期间测得稳定水位在地表下1.0～1.6m，相当于黄海高程6.89～7.47m。

原基础设计采用钻孔灌注桩，以⑧$_2$中风化安山玢岩和⑨$_2$中风化泥灰质粉砂岩为持力层，桩端进入⑧$_2$层不少于1m，进入⑨$_2$层不少于2m，有效桩长34～40m。桩径分别为600mm、700mm、900mm，对应单桩承载力特征值分别为2600kN、3200kN和4330kN。除电梯井筒和升降机范围以外，均为单桩承台或两桩承台，桩间距2.5D（D为桩径）。标高－3.330m范围内底板厚400mm，Φ16@150双层双向配筋；标高－4.830m范围内底板厚500mm，Φ16@100双层双向配筋。电梯井筒下筏板厚2.20m，升降机下筏板厚2.0m，配筋均为双层双向Φ20@150。地下室外墙厚度300～400mm，基础梁高度800mm～1200mm。

地下室底板、承台、基础梁、外墙、人防墙、水池侧壁墙等，均采用C40密实混凝土，工程桩采用C30混凝土。原工程桩桩位平面布置见图4.1.6。

4.1.3 既有建筑下方增建地下二层概况

新增地下二层位于原地下一层的下方。为增加新增地下二层的使用面积和停车数量，同时向原地下室范围线的西侧和南侧适当外扩，其中，西侧向长寿桥小学方向外扩6.0m，南侧向孩儿巷方向外扩7.20m，L形平面的西北角向南外扩7.80m，详见图4.1.7所示。新增地下二层的底板面标高为－10.100m，原地下一层底板结构面标高分－3.33m和－4.83m两个区域，对应的地下二层层高分别为6.770m和5.270m。地下一层平面布局保持不变，地下二层层高6.770m处采用复式三层停车，5.270m处采用复式二层机械停车。限于现有柱网和红线范围，地下复式停车库将采用尽端式车行道。新增地下二层建筑面积约2525.6m^2，新增总停车数为121辆。图4.1.8～图4.1.9分别为新增地下二层的建筑平面图和剖面图。

本工程地下二层增建机械停车库总面积2525.58m^2，为一个防火分区。根据消防规定，需两部楼梯通向室外。设计考虑在地下室南侧新扩范围内增设一部消防楼梯，另一部

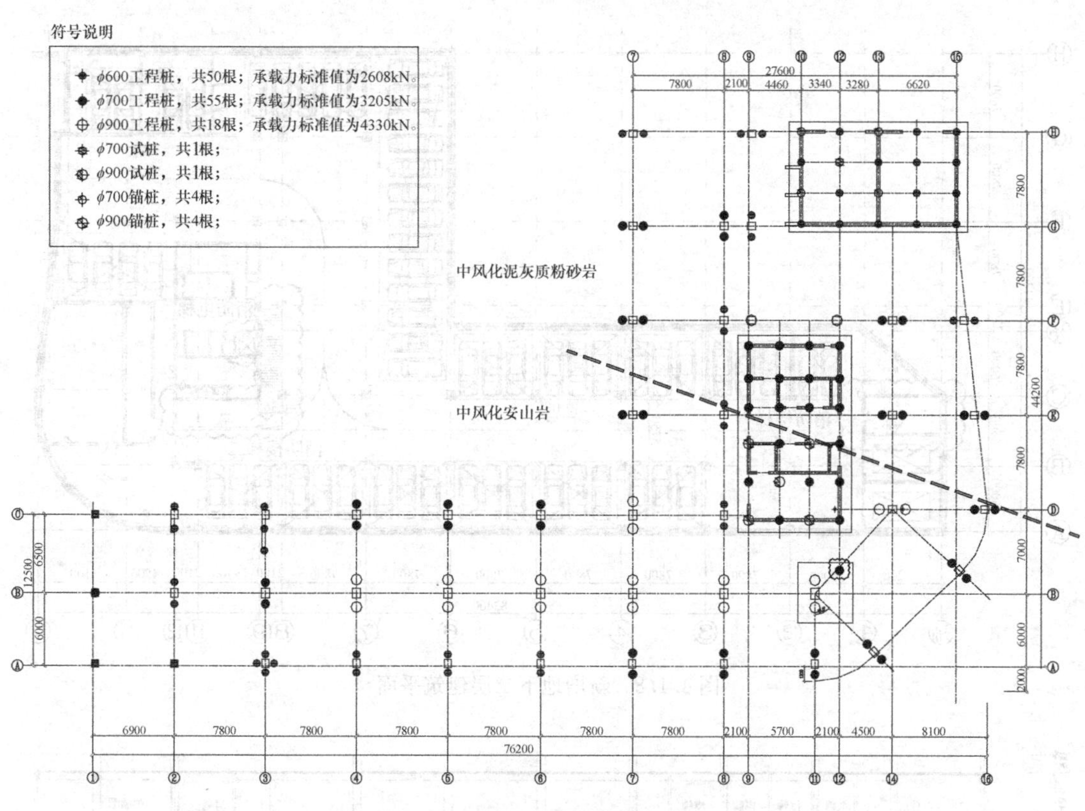

图 4.1.6 原工程桩桩位布置平面

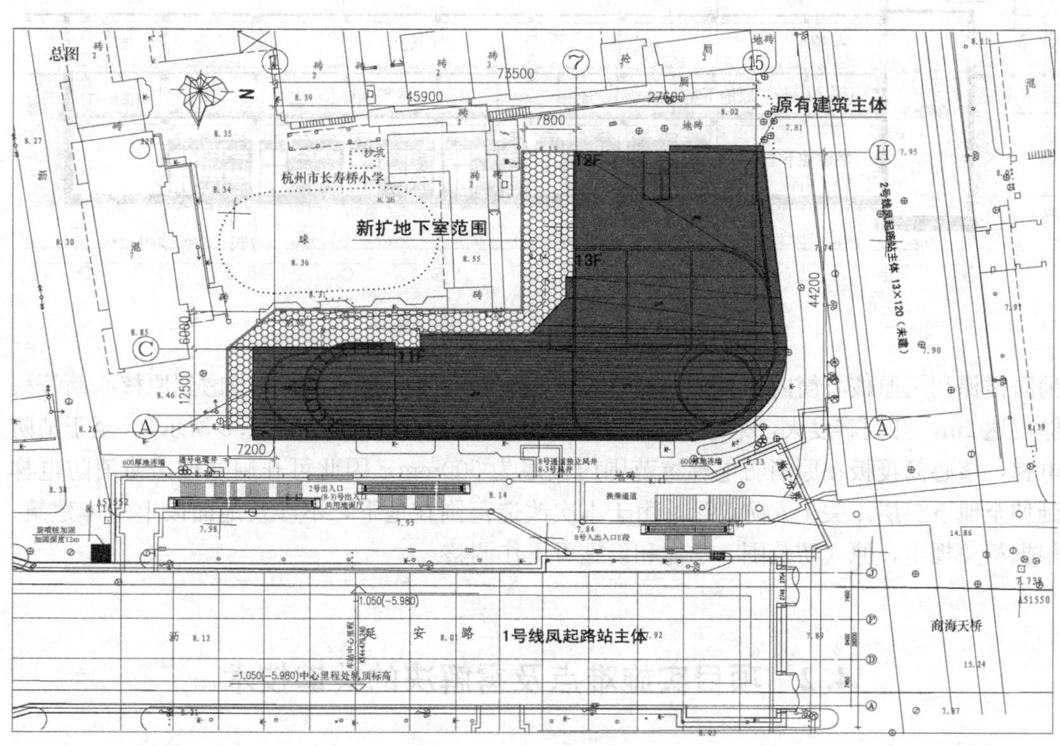

图 4.1.7 新增地下室西侧和南侧外扩范围示意

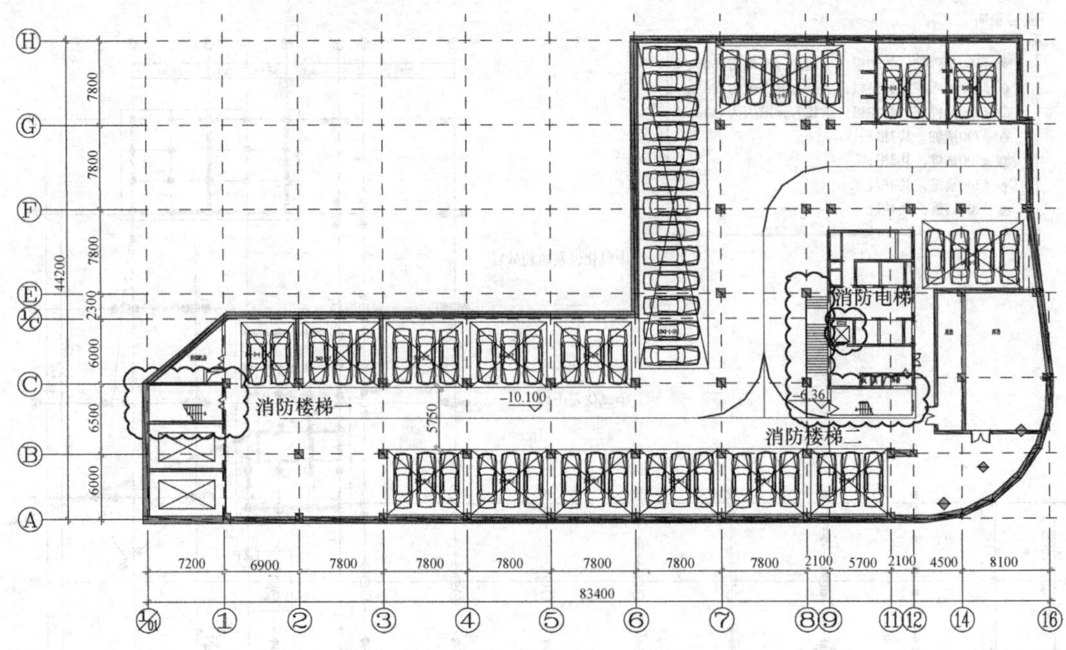

图 4.1.8　新增地下二层建筑平面

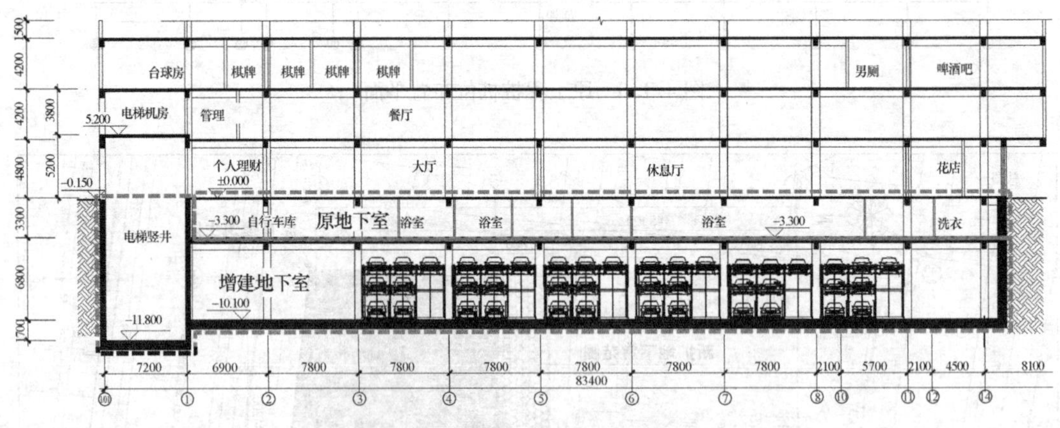

图 4.1.9　新增地下二层建筑剖面

消防楼梯利用原核心筒内的其中一部消防楼梯向下延伸至地下二层。考虑到原核心筒筏板厚度达 2m，开洞难度大，采取绕核心筒周围下至地下二层（如图 4.1.8 所示）。至于消防电梯，核心筒筏板在原消防电梯坑范围内板厚为 500mm，因此可开洞处理，使消防电梯延伸至地下二层。关于人防设计，由于本次改造范围在地下，不涉及地面以上主体建筑，根据相关规定，原人防范围、功能和设施可不作调整。

4.2　项目实施难点及需解决的关键技术

随着中国城市化进程的不断发展，城市土地资源和空间发展的矛盾和问题日益突出，如何建设具有中国特色的资源节约型城市，已成为我国城市建设面临的重大课题。合理开发和利用城市地下空间，是当前解决城市土地资源和空间发展矛盾的有效途径之一。本项目地处杭州市商业中心区寸土寸金的黄金地带，在既有建筑物下方逆作开挖增建地下停车库，不仅可有效缓解多年来一直困扰该酒店经营发展的停车难问题，大幅提高酒店服务质量和营业环境，还将率先成为软土地基高层建筑物下方逆作开挖增建地下空间的典范，如成功实施可为今后类似工程提供宝贵的借鉴作用，因此，本项目增建地下空间工程无疑具有显著的经济和社会效益。

但本项目周边建筑物分布密集，市政道路及地下管线设施众多，尤其是紧贴已投入运营的杭州地铁 1 号线，周边环境十分复杂，加上土质条件较差，因此本项目实施具有诸多不利因素，对设计和施工提出了极大的挑战。从设计和施工角度来看，目前虽已有不少关于结构托换、整体平移和竖向承重构件置换等工程案例和经验可供借鉴和参考，但对于既有高层建筑下方逆作开挖增建地下停车库这样的工程案例，在国内尚属首次。经综合分析，本工程实施的主要难点及需解决的关键技术如下：

1. 周边环境复杂，变形控制要求高

项目位于杭州市中心城区，延安路与凤起路交叉口的西南角，其东侧为城市主干道延安路及已建成通车的杭州地铁 1 号线凤起路站；南侧紧贴 7 层民居建筑，该住宅楼建于 20 世纪 80 年代，采用天然地基浅基础；西侧为凤起大厦，西南侧为长寿桥小学，其中长寿桥小学的教学楼及凤起大厦的 5 层裙房均为天然浅基础建筑；北侧紧邻正在施工的杭州地铁 2 号线凤起路站，该站属于 1 号线和 2 号线的换乘车站。因此，本项目周边建筑物、道路和市政管线设施分布密集，环境条件极其复杂。

原一层地下室基坑开挖深度约 5m，当时采用 ϕ600～700mm 钻孔灌注桩（桩长 14m）与 ϕ400mm 素混凝土嵌桩（桩长 9m）进行基坑支护。由于新增建地下二层层高较高，开挖深度达到 13m，需要在地下室周边重新设置围护体系，并在原地下一层基础底板的下方布置足够刚度的水平支撑体系，以确保基坑开挖和二层地下室托换施工阶段周边环境的安全。

2. 地处深厚淤泥质软土地基，工程地质和水文地质条件复杂

场地浅部土层①层杂填土结构松散，性质不均；③层淤泥质粉质黏土含云母、有机质和腐殖质，分布厚度最厚处接近 20m，属于杭州地区典型的高压缩性、高灵敏度、低强度软弱土层。场地地下水位较高，且水量丰富。根据勘察报告，地下潜水主要受大气降水和地面排水的补给，埋藏较浅，勘探期间测得稳定水位在地表下 1.0～1.6m，相当于黄海高程 6.89～7.47m。

3. 地下二层土方开挖和托换施工阶段，竖向支承体系的承载力及稳定性问题

既有建筑下方开挖和增建地下室，可视为基坑工程逆作法技术应用的延伸。所谓逆作法技术，其基本原理是利用地下室基坑四周的围护墙和坑内的竖向立柱作为“逆作”阶段的竖向承重体系，利用地下室自身结构层的梁板作为基坑围护的内支撑，以±0.000 层（也可以是地下一层）为起始面，由上而下进行地下结构的“逆作”施工，同时由下而上进行上部主体结构的施工，组成上部、下部结构平行立体作业。本项目可看作是上部结构先行施工，施工完成若干年后再施工地下室结构，因此可视为逆作法技术的一个特例。

在地下室逆作期间，由于基础底板尚未封底，地下室墙、柱等竖向结构构件尚未形成，地下各层和地上结构自重及施工荷载，均需由竖向支承体系承担，因此竖向支承体系的设计是逆作法设计的关键环节之一。

对本工程而言，需要利用原工程桩作为地下二层逆作施工阶段的竖向支承体系（即基础托换系统）。不难判断，当下部土方开挖至基底设计标高，但新建地下二层的基础垫层和承台底板尚未施工这一阶段，是竖向支承体系的最不利受力工况。在不同开挖工况下，如何对原工程桩的竖向承载力和稳定性进行正确评估，是本项目竖向支承体系设计面临的重要课题。

(1) 开挖后原工程桩由低承台桩受力状态转变为高承台桩受力状态。地下一层下方的土层开挖后，原有桩基承台下方处于临空状态，工程桩处于高承台桩的受力状态，且设计开挖标高以下仍为深厚淤泥质软弱土层，如何计算和确保开挖状态下原有工程桩整体稳定性是设计面临的技术难点之一。

(2) 土体开挖卸荷对原工程桩竖向承载性能的影响。一方面，原基础底板下方土体开挖后，开挖段的桩侧摩阻力需扣除；另一方面，超深开挖产生的卸载效应，会显著减小桩侧土体的法向应力，导致桩侧摩阻力下降，从而使桩的竖向抗压刚度和极限承载力显著降低。

(3) 竖向总荷载增加及原基础结构受力状态变化。原桩基设计考虑了使用阶段地下水浮力的有利作用，新增地下二层开挖施工阶段，水浮力有利作用临时丧失，原基础底板、承台、地梁、核心筒下的筏板以及地下二层托换施工阶段的施工荷载等，均成为作用在桩顶的竖向荷载。另外，由于开挖阶段原基础梁变成楼面梁、底板变成楼板，原设置在基础梁下部的支座负筋在跨中断开，仅剩下拉通钢筋，故需要仔细复核开挖临空状态下原基础梁的承载力是否能满足要求。

(4) 新增锚杆静压钢管桩与原工程桩之间的共同工作问题。仅利用原工程桩作为施工阶段的竖向支承体系，显然无法满足承载力和稳定性要求，需要在下部土方开挖前增设一定数量的锚杆静压钢管桩，同时需采取措施确保新增钢管桩与原工程桩之间的变形协调和协同工作。

4. 新增地下二层墙、柱托换施工难度大，国内外尚无成功案例可供参考

新增地下二层的框架柱、剪力墙（或核心筒）等竖向承重构件施工前，上部结构及地下结构的所有荷重均由竖向支承体系（包括原工程桩及新增钢管桩）承担。施工结束后，需要将上述全部荷重托换转移至新增的竖向承重构件上，并最终将地下二层层高范围内的原工程桩和钢管桩切断凿除，以确保新增地下二层的有效使用空间。上述托换施工技术要求高、难度大、节点复杂，目前国内外尚无成功案例可供参考。

另外，原工程桩或新增钢管桩将穿越地下二层的基础承台或底板，如何确保承台与工程桩之间的连接和防水可靠也是设计的关键环节；原地下室柱下独立承台和核心筒筏板厚度多数在 2m 或 2m 以上，为保证新增地下二层的有效净高，需要将原承台下面的二分之一切除，使其与原基础梁（梁高约 1.0m）底面齐平。

5. 地下二层土方暗挖作业困难，逆作施工难度大

地下二层采用暗挖逆作施工，加上原工程桩和后增钢管桩数量较多，挖土机械难以进入，主要以人工开挖为主，土方开挖难度极大；地下二层基础承台和底板及竖向构件（外墙、内部框架柱和剪力墙或核心筒）的托换施工等，施工难度也非常大；锚杆静压钢管桩需在原地下室内部施工，受层高和空间限制，施工难度也较大。

4.3　作业流程及典型工况设计

本工程新增的地下二层处于既有高层建筑原一层地下室的正下方，其下部土方开挖和结构施工的作业流程可视为逆作法技术应用的延伸。总体上说，其作业流程为先施工周边围护结构，然后采用暗挖逆作方式进行土方开挖，边挖边施工水平内支撑结构，待开挖至设计基底标高后，施工基础承台和底板，再进行地下二层墙、柱等竖向承重构件的托换施工，最后凿除地下二层层高范围内的原工程桩和钢管桩。从周边围护、土方逆作开挖到新增结构托换施工，整个作业流程可分为以下12个典型工况：

（1）工况1：①迁移管线；②施工周边围护结构及新增锚杆静压桩。周边围护结构采用钻孔灌注桩排桩、高压旋喷桩止水帷幕；新增锚杆静压桩采用钢管桩，见图4.3.1。

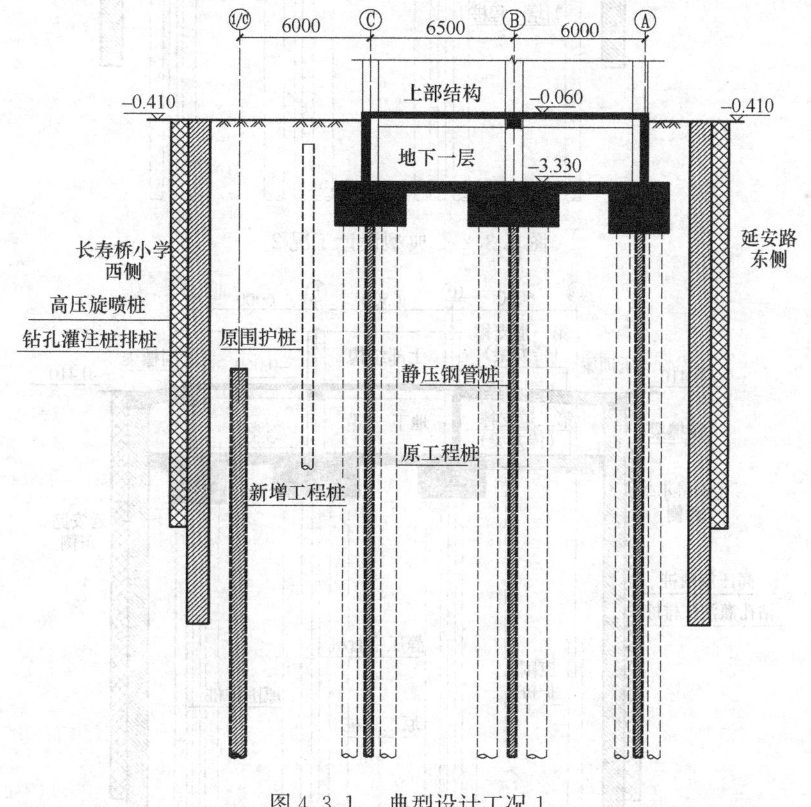

图4.3.1　典型设计工况1

（2）工况2：施工第一道水平内支撑。见图4.3.2。

（3）工况3：①当第一道水平内支撑混凝土达到设计强度的80%时，开挖土方至地下一层底板底；②施工第二道水平内支撑，原围护桩随挖随凿。见图4.3.3。

（4）工况4：①当第二道水平内支撑混凝土达到设计强度的80%时，开挖土方至标高−7.000m；②穿插进行坑内土体小导管超前注浆加固。见图4.3.4。

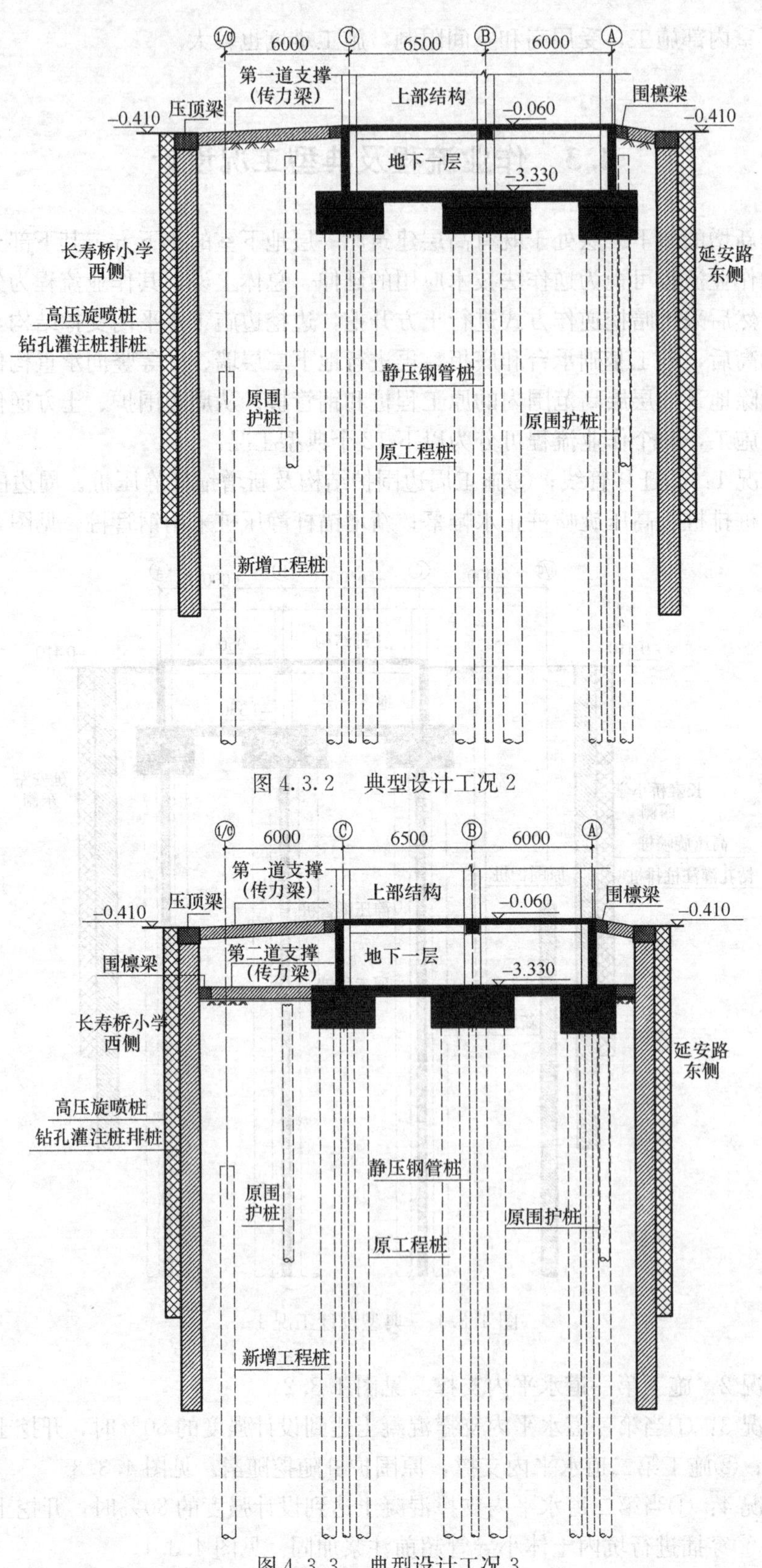

图 4.3.2 典型设计工况 2

图 4.3.3 典型设计工况 3

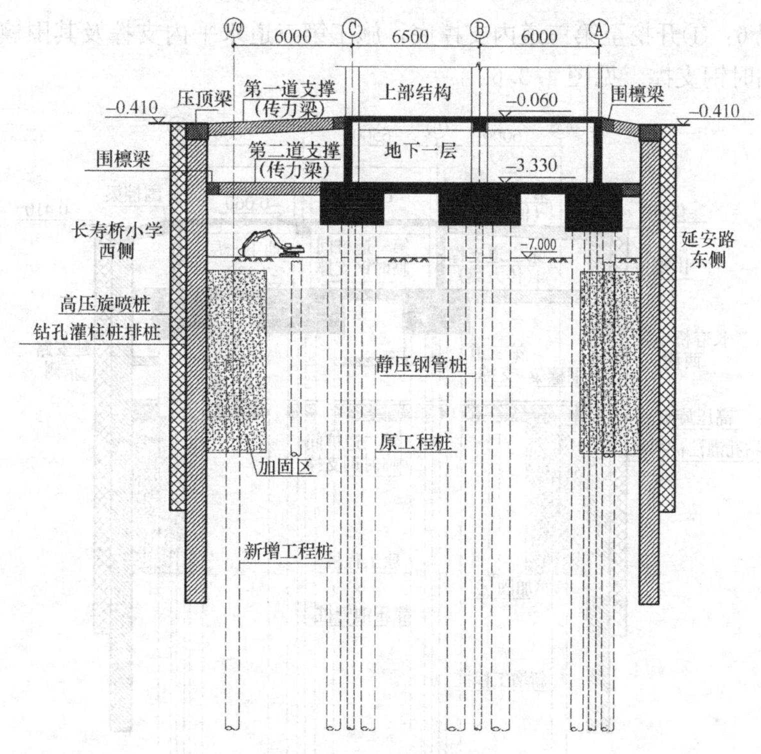

图 4.3.4　典型设计工况 4

(5) 工况 5：安装第一道桩间临时钢支撑。见图 4.3.5。

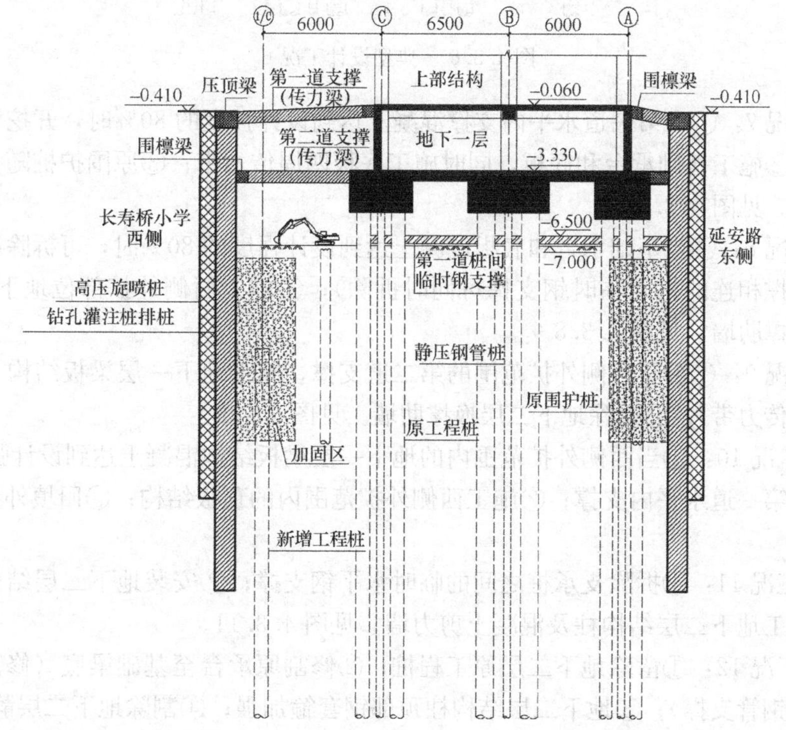

图 4.3.5　典型设计工况 5

(6) 工况 6：①开挖至第三道内支撑底，施工第三道水平内支撑及其围檩梁；②安装第二道桩间临时钢支撑。见图 4.3.6。

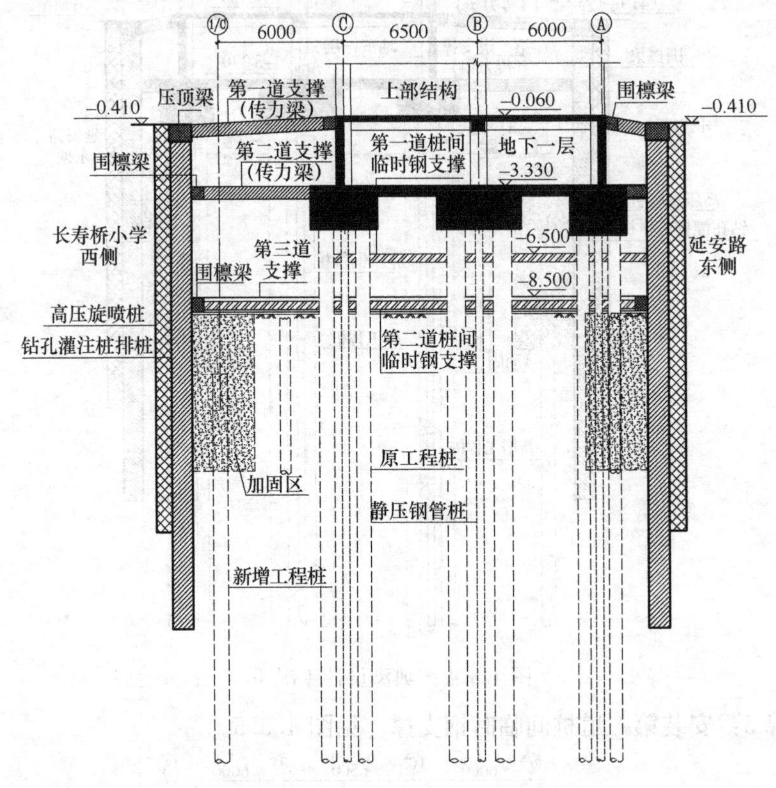

图 4.3.6　典型设计工况 6

(7) 工况 7：①当第三道水平内支撑混凝土达到设计强度的 80%时，开挖土方至设计基底标高；②施工基础承台和底板，同时施工底板四周传力带；③原围护桩随挖随凿至基底以下标高。见图 4.3.7。

(8) 工况 8：①当基础承台和底板混凝土达到设计强度的 80%时，可拆除第三道内支撑（与内支撑相连的桩间临时钢支撑可同时拆除）；②施工西侧外扩部位地下二层外墙，同时施工换撑肋墙。见图 4.3.8。

(9) 工况 9：①拆除西侧外扩范围的第二道支撑，施工地下一层梁板结构（同时施工其外围换撑传力带）；②拆除地下二层换撑肋墙。见图 4.3.9。

(10) 工况 10：①当西侧外扩范围内的地下一层梁板结构混凝土达到设计强度的 80%后，可拆除第一道水平内支撑；②施工西侧外扩范围内的顶板结构；③回填外侧土方。见图 4.3.10。

(11) 工况 11：①拆除支承桩之间的临时水平钢支撑；②安装地下二层结构柱的柱内型钢；③施工地下二层结构柱及混凝土剪力墙。见图 4.3.11。

(12) 工况 12：①凿除地下二层原工程桩；②修割原承台至基础梁底（修割前根据需要加设临时钢管支撑）；③地下二层结构柱顶部钢套箍加强；④割除地下二层静压钢管桩。见图 4.3.12。

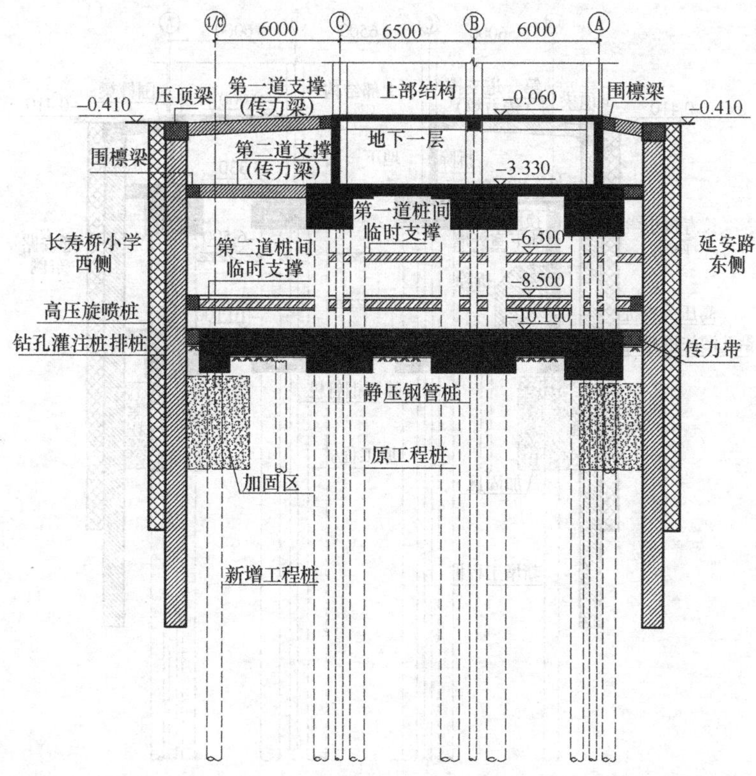

图 4.3.7　典型设计工况 7

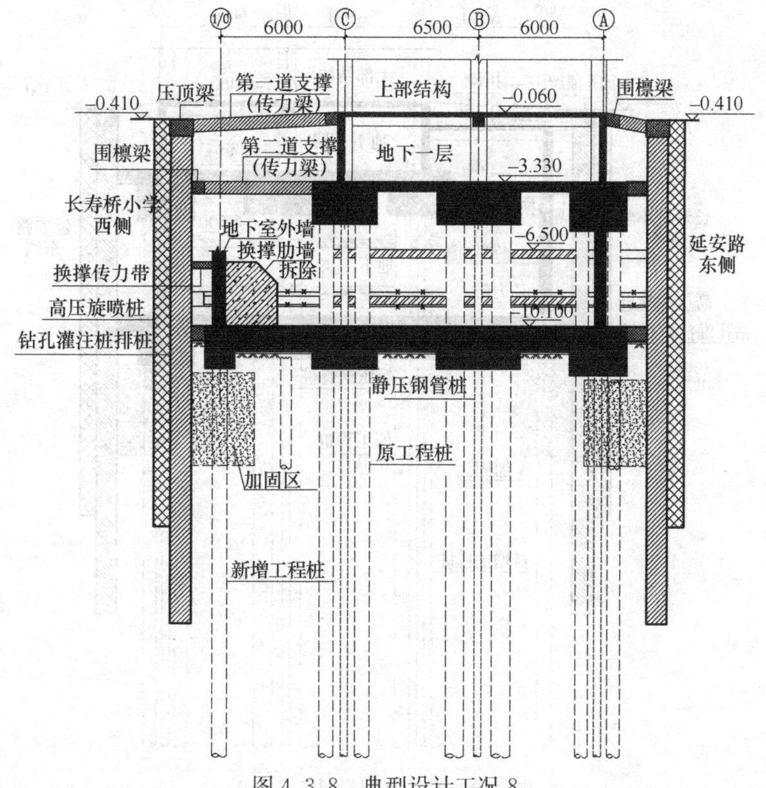

图 4.3.8　典型设计工况 8

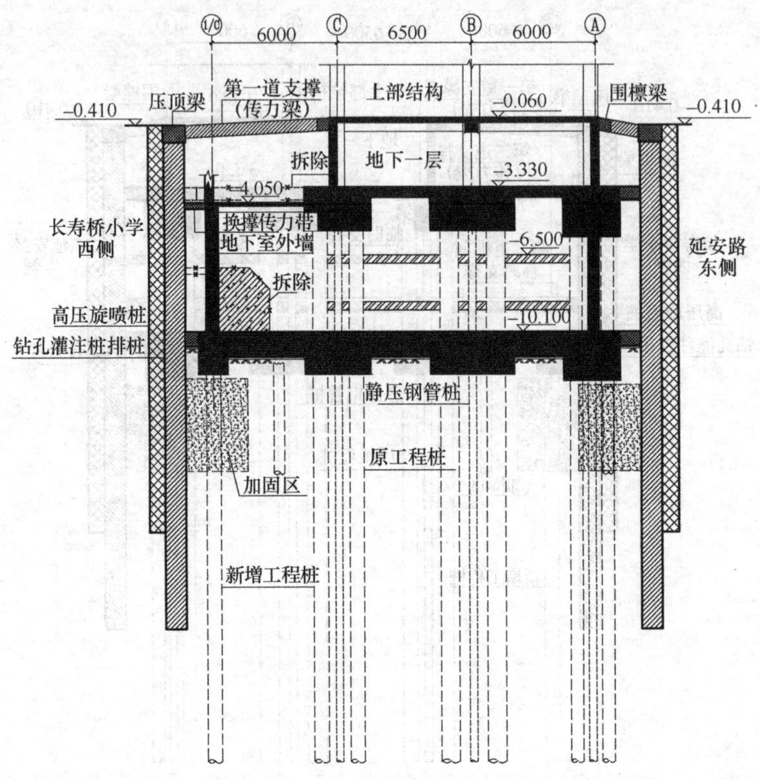

图 4.3.9　典型设计工况 9

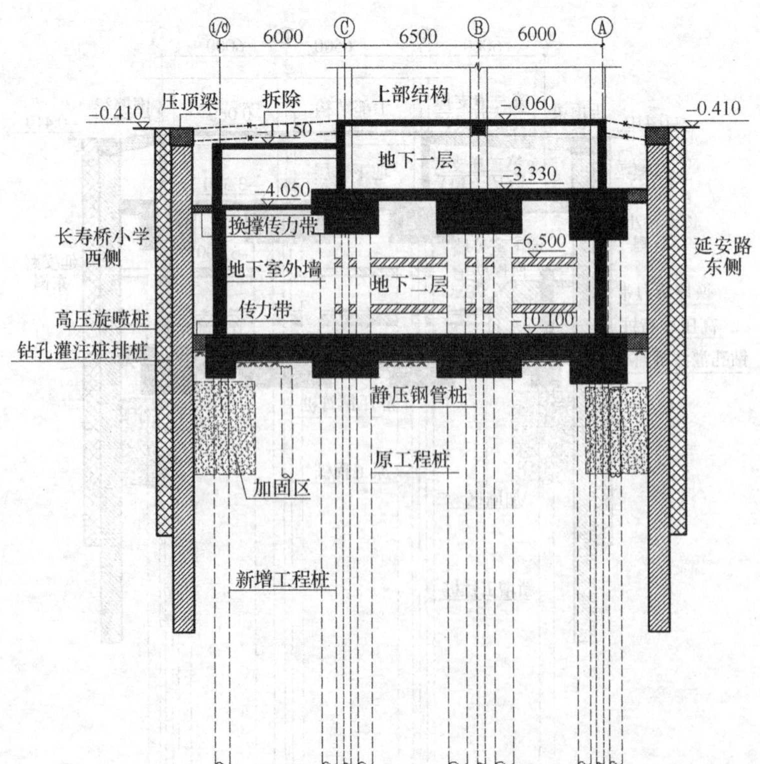

图 4.3.10　典型设计工况 10

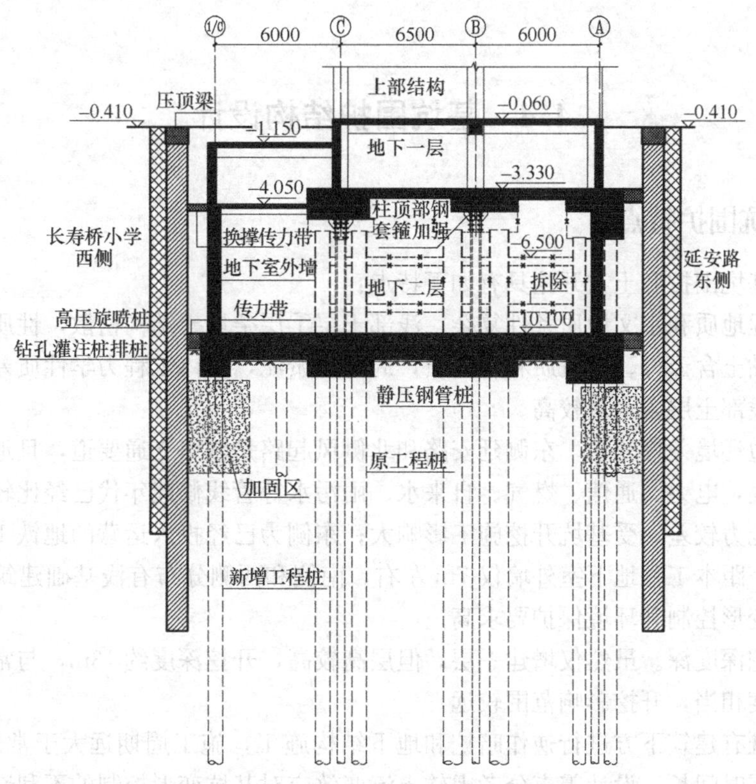

图 4.3.11　典型设计工况 11

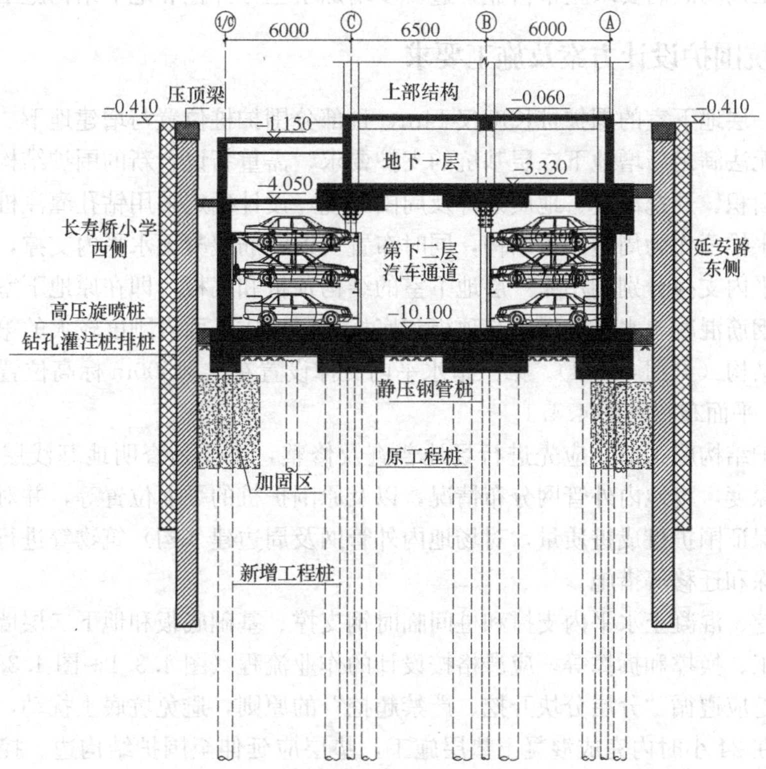

图 4.3.12　典型设计工况 12

4.4 基坑围护结构设计

4.4.1 基坑围护特点

本工程基坑围护和土方开挖具有如下特点：

(1) 工程地质和水文地质条件复杂。浅部土层①层杂填土结构松散，性质不均；③层淤泥质粉质黏土含云母、有机质和腐殖质，局部为淤泥，土体工程力学性质差；场地地下水位较高，浅部土层含水量较高。

(2) 周边环境条件复杂。东侧延安路和北侧凤起路是城市交通要道，且地下市政管线设施分布密集，电力、通信、燃气、自来水、雨污水等管线修建年代已经比较久远，抗不均匀沉降的能力较差，受基坑开挖施工影响大；东侧为已经投入运营的地铁 1 号线凤起路站及出入口，距本工程地下室外墙仅 7m 左右，南侧和西侧分布有浅基础建筑，建造年代久远，基坑变形控制和环境保护要求高。

(3) 开挖深度深。虽然仅增建一层，但层高较高，开挖深度约 13m，与常规三层地下室的开挖深度相当，开挖影响范围较远。

(4) 在既有建筑下方进行逆作暗挖和地下结构施工，施工周期远大于常规顺作基坑，围护结构暴露时间长，设计需充分考虑软土流变效应对基坑变形控制的不利影响。

(5) 施工期间酒店要求正常营业，进一步增加了土方开挖和地下结构施工的难度。

4.4.2 基坑围护设计方案及施工要求

由于原一层地下室的围护桩长度仅 14m，且部分围护桩位置与增建地下二层平面位置冲突，因此无法满足新增地下二层基坑的支护要求，需重新设置新的围护结构。综合分析基坑形状、面积、开挖深度、地质条件及周围环境，设计确定采用钻孔灌注桩排桩墙和高压旋喷桩止水帷幕作为周边围护结构，同时布置三道钢筋混凝土水平内支撑，其中第一道和第二道水平内支撑分别利用原一层地下室的结构顶板和底板，即在原地下室顶板和底板的周边布置钢筋混凝土水平支撑，与顶板和底板共同形成平面内刚度较大的第一道和第二道水平支撑结构（见图 4.3.4）。第三道水平内支撑设置在−8.500m 标高位置，竖向剖面见图 4.3.6，平面布置见图 4.4.1。

周边围护结构施工前，应先进行场地普查及修整，主要是查明地基浅层障碍物的种类、分布及深度，场地内外管网分布情况，以及原围护桩的平面位置等，并对浅层障碍物进行清理以保证围护桩成桩质量，对场地内外管网及周边建（构）筑物等进行必要保护或采取临时拆除和迁移等措施。

土方开挖、混凝土水平内支撑和桩间临时钢支撑、基础底板和地下二层墙柱等竖向承重构件的施工、换撑和拆撑等，应严格按设计的作业流程（图 4.3.1～图 4.3.12）进行施工。土方开挖应遵循“分层分块开挖、严禁超挖”的原则，避免坑底土扰动，挖土至基底标高后，应在 24 小时内完成混凝土垫层施工，垫层应延伸至围护结构边。控制基坑周边地面超载，围护结构边线外 10m 范围内地面超载不得大于 20kPa。

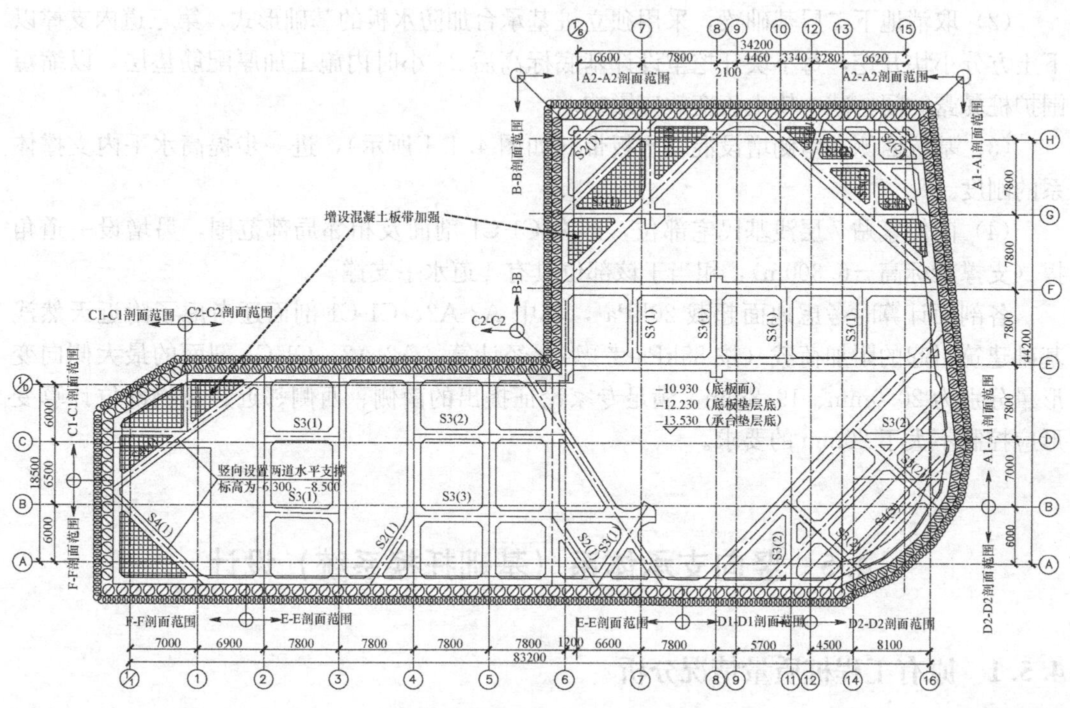

图 4.4.1　第三道混凝土水平内支撑平面图

4.4.3　进一步控制基坑变形的措施

考虑到基坑周边建筑物、道路及市政管线分布密集，为减小基坑开挖引起的环境问题，本工程在前述围护设计方案的基础上，进一步采取以下变形控制措施：

（1）结合现场施工的可行性，采用高压旋喷桩和小导管超前注浆方法，对坑内周边被动区土体进行加固。坑内土体加固平面见图 4.4.2，剖面见图 4.3.4。

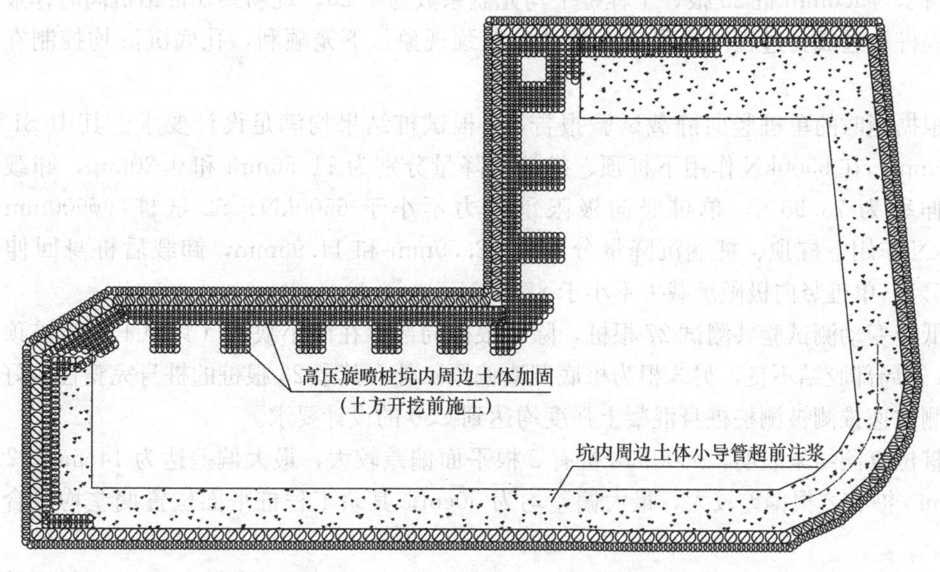

图 4.4.2　坑内土体加固平面示意

(2) 取消地下二层基础梁，采用独立桩基承台加防水板的基础形式。第三道内支撑以下土方分小块开挖，每小块开挖至设计基底标高后 24 小时内施工加厚配筋垫层，以缩短围护桩暴露时间，减小软土流变效应影响。

(3) 基坑西侧和南侧增设混凝土板带（如图 4.4.1 所示），进一步提高水平内支撑体系的刚度。

(4) 南侧紧贴 7 层浅基民宅部位，即在 C1-C1 剖面及相邻局部范围，另增设一道角撑（支撑梁标高−6.300m），相当于该部位具有 4 道水平支撑。

各剖面计算时考虑地面超载 20kPa，其中 A2-A2、C1-C1 剖面还考虑了附近天然浅基础建筑引起的附加荷载（按 85kPa 考虑）。经计算，A2-A2、C1-C1 剖面的最大侧向变形量分别为 20.0mm、19.8mm，满足专家论证提出的南侧、西侧邻近建筑物部位计算变形应控制不大于 20mm 的要求。

4.5 竖向支承体系（基础托换系统）设计

4.5.1 原有工程桩质量情况分析

原工程桩采用钻孔灌注桩，桩径分别为 600mm、700mm 和 900mm，持力层为⑧$_2$ 中风化安山岩（靠延安路一侧）和⑨$_2$ 中风化泥灰质粉砂岩（靠凤起路一侧），桩端进入持力层⑧$_2$ 层为 1m，进入⑨$_2$ 层为 2m。桩身混凝土强度等级：工程桩为 C30，试桩为 C35，锚桩为 C30，设计单桩承载力特征值取值分别为 2600kN、3200kN 和 4330kN。

根据业主提供的该工程“基桩工程试成桩报告”、“单桩竖向静载荷试验报告”和“桩基沉降观测报告”等原始资料，桩基工程于 1997 年 5 月 18 日开工，完工时间为 1997 年 9 月 15 日。根据图纸会审纪要及设计变更资料，工程实际完成 ϕ600mm 桩 50 根，ϕ700mm 桩 60 根，ϕ900mm 桩 23 根，工程桩平均充盈系数为 1.23。现场共 3 台钻机同时作业，所有工程桩钻进成孔过程中未发现有塌孔、缩颈现象，下笼顺利，孔底沉渣均控制在 5cm 以内。

根据当时的单桩竖向静载试验报告，2 根试桩结果均满足设计要求。其中 S1 试桩（ϕ700mm）在 6500kN 作用下桩顶、桩端沉降量分别为 11.56mm 和 0.20mm，卸载后桩身回伸率为 75.96%，单桩竖向极限承载力不小于 6500kN；S2 试桩（ϕ900mm）在 8700kN 作用下桩顶、桩端沉降量分别为 22.59mm 和 11.95mm，卸载后桩身回伸率为 87.95%，单桩竖向极限承载力不小于 8700kN。

低应变动测试验共测试 27 根桩，除 4 根桩局部存在微小缺陷（其中 1 根为桩顶以下 8.4m 处局部胶结不良，另 3 根为桩底沉渣偏厚）外，其余 23 根桩的桩身完整性较好。根据实测波速推测被测桩桩身混凝土强度均达到 C30 的设计要求。

桩位复测结果表明，ϕ600mm 桩有 2 根平面偏差较大，最大偏差达为 14cm 和 20cm；ϕ700mm 桩有 2 根偏差较大，最大偏差均为 50cm；其余工程桩平面位置偏差均符合规范要求。

建筑外围共布置 13 个沉降观测点，主体结顶时最大累计沉降仅为 5mm；工程竣工验收时最大累计沉降为8mm。

4.5.2　新增锚杆静压钢管桩设计

考虑到施工阶段桩基顶部竖向荷载有所增加、开挖卸荷效应引起的桩侧摩阻力降低等不利因素影响，仅利用原工程桩作为施工阶段的竖向支承体系对上部建筑进行托换，尚无法满足承载力和稳定性要求，故需要在土方开挖前增设一定数量的锚杆静压钢管桩作为对竖向支承体系的补充。新增锚杆静压钢管桩设计桩径 ϕ351mm，有效桩长29～35m，单桩竖向抗压承载力特征值800kPa，共计251根，平面布置见图4.5.1。

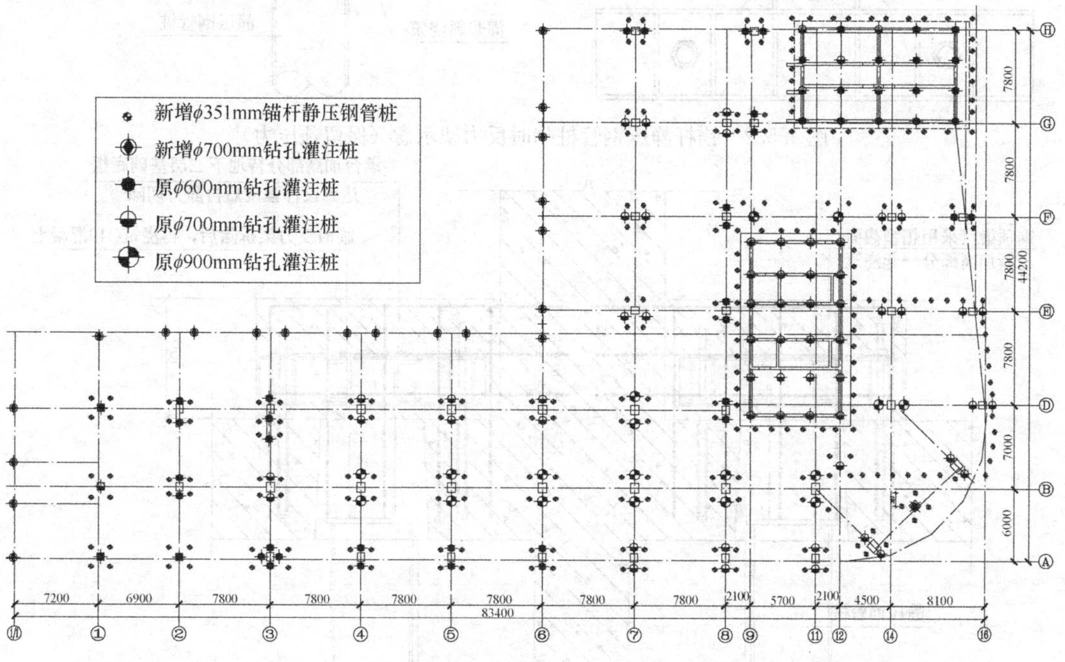

图4.5.1　新增锚杆静压钢管桩平面布置图

新增锚杆静压钢管桩在原一层地下室内进行施工，先在原地下一层基础底板上开凿下大上小的锥形孔，然后进行钢管桩静压施工。当钢管桩静压到位后，为保证静压钢管桩与原钻孔灌注桩之间的协调工作，需要在每根钢管桩的顶部设置一套临时反力架（见图4.5.2），使静压钢管桩在封孔前保留一定的预压力。当千斤顶加载完毕，拧紧锚杆上的螺栓，固定箱型钢梁，然后撤掉千斤顶和反力架，同时在地下一层原基础底板上浇筑一个厚500mm的“反向柱帽”（见图4.5.3），从而使原工程桩和钢管柱托换施工并达到设计强度后再行凿除。

4.5.3　桩间临时水平钢支撑设计

为有效提高竖向支承体系（原工程桩与新增静压钢管桩）的承载力和稳定性，设计考虑设置上下两道临时水平钢支撑。第一道桩间临时钢支撑在开挖至－7.000m标高时施工，支撑面标高－6.500m（如图4.3.5所示）；第二道桩间临时钢支撑与第三道混凝土水

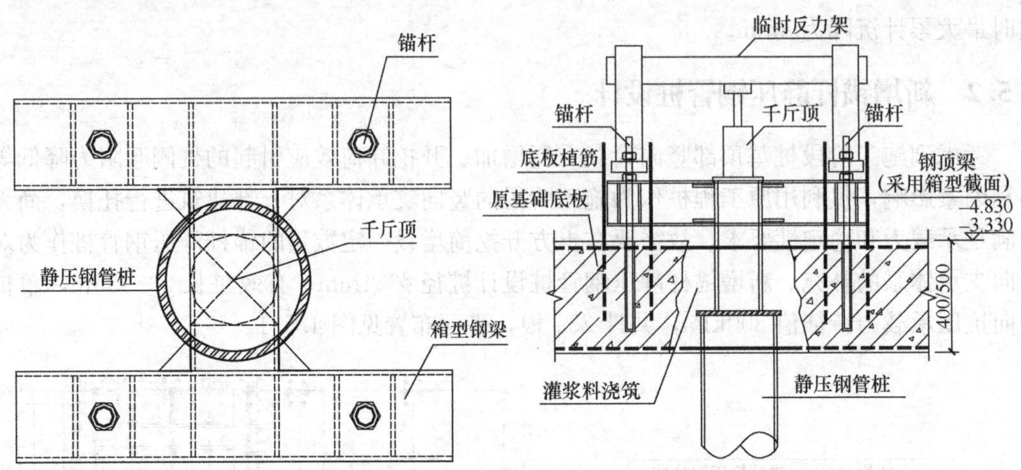

图 4.5.2　锚杆静压钢管桩临时反力架示意（保留预压力）

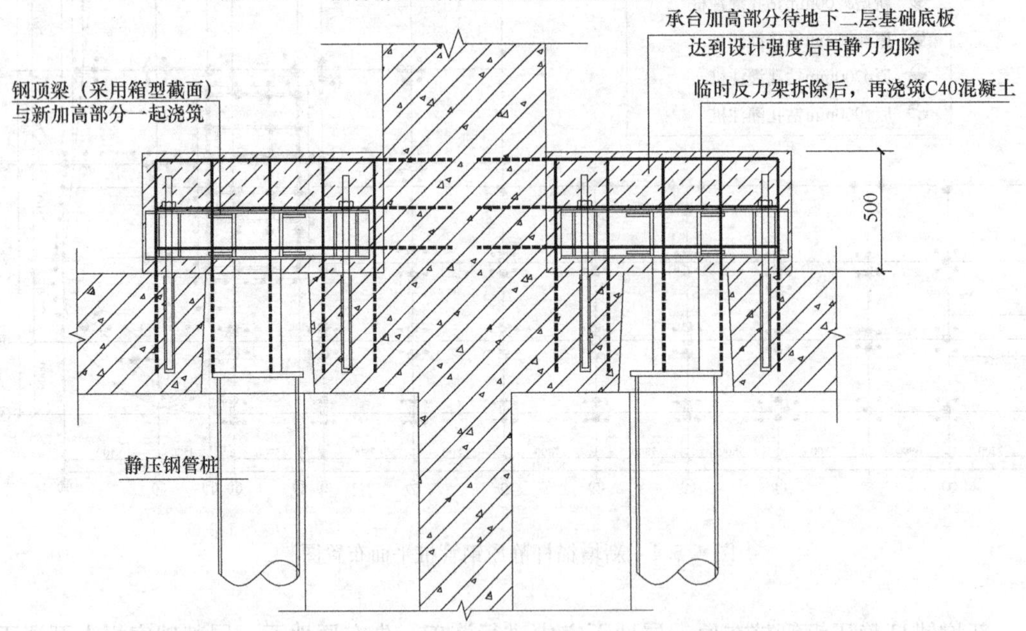

图 4.5.3　静压钢管桩与原工程桩顶部的“反向柱帽”

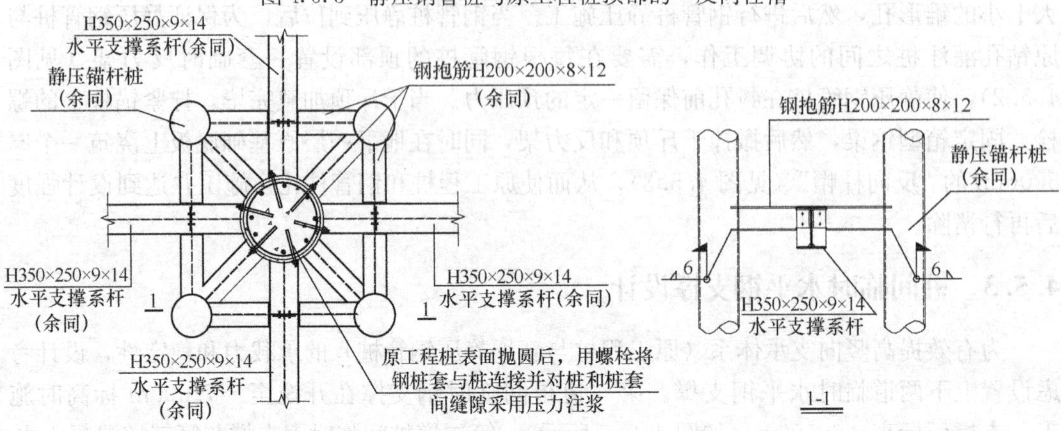

图 4.5.4　原“一柱一桩”基础与钢管桩之间的连接构造示意

平内支撑形成一体，其平面布置如图4.5.5所示，在开挖至－9.300m标高时，与第三道混凝土水平内支撑及其围檩梁一起施工（如图4.3.6所示）。图4.5.4和图4.5.6分别为原“一柱一桩”基础和“一柱二桩”基础与新增锚杆静压钢管桩之间的连接构造示意；图4.5.7为原“群桩基础”桩间临时水平钢支撑的连接构造示意；图4.5.8为新增锚杆静压钢管桩与第三道混凝土支撑梁之间的连接构造示意。

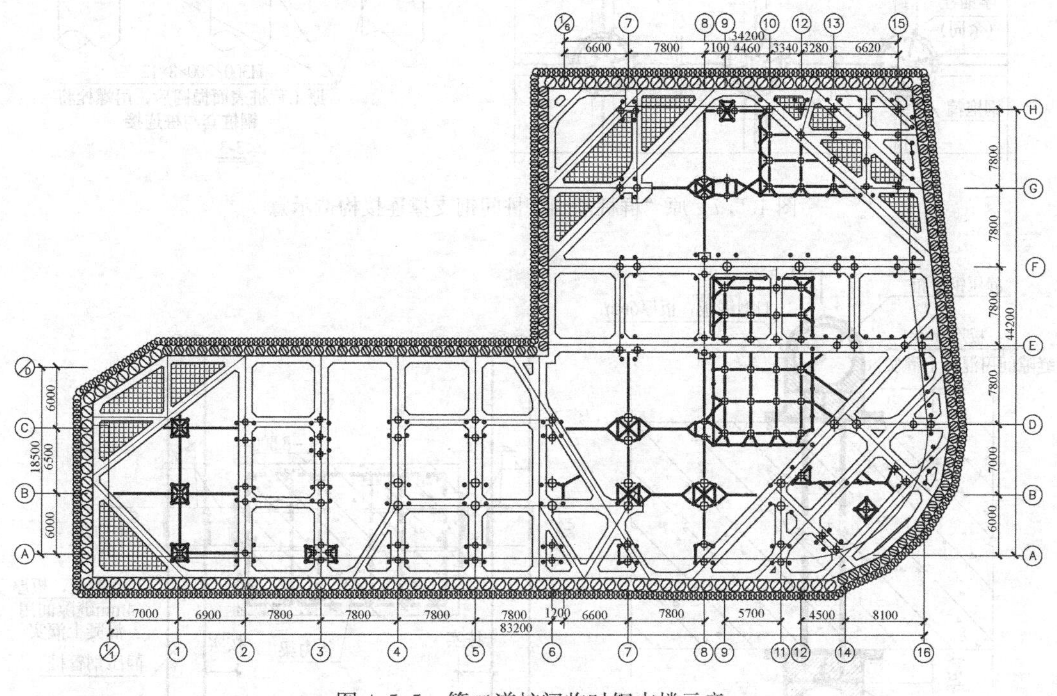

图4.5.5　第二道桩间临时钢支撑示意

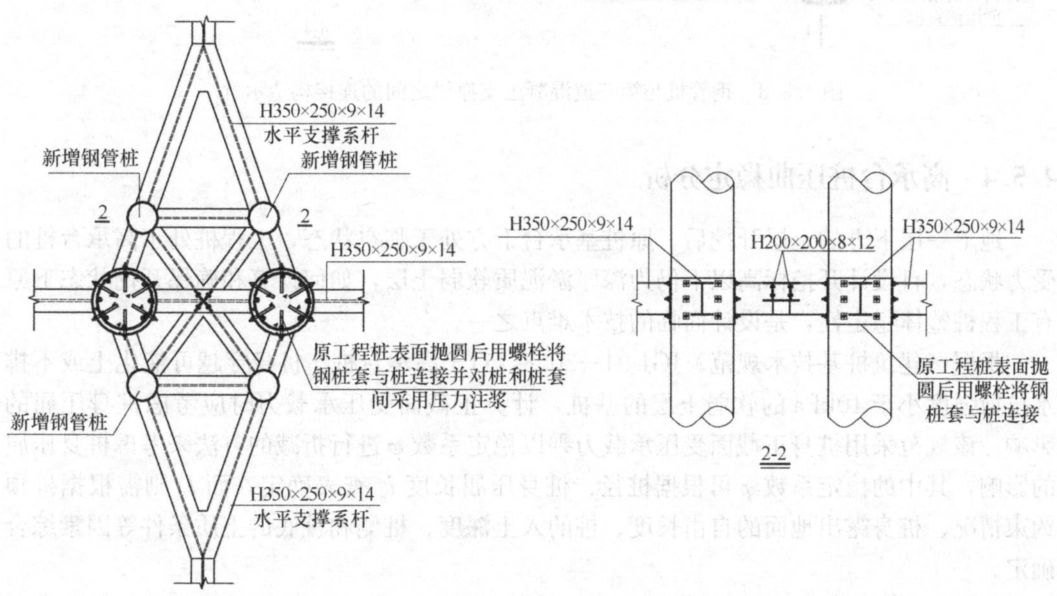

图4.5.6　原“一柱二桩”基础与钢管桩之间的连接构造示意

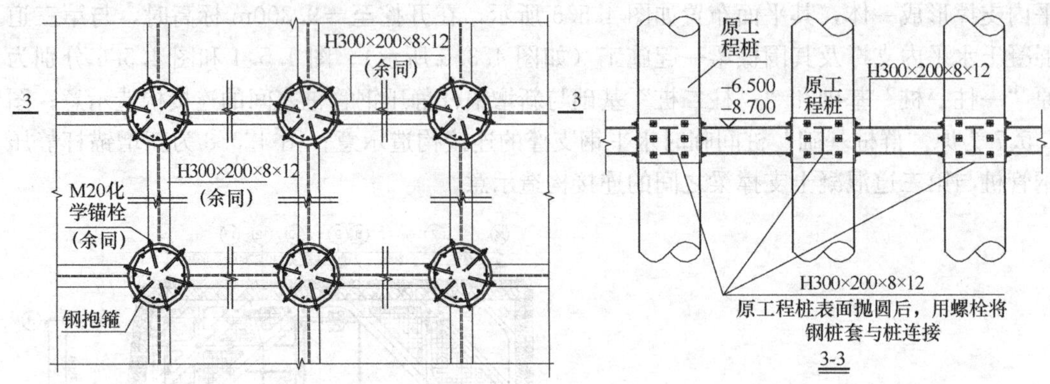

图 4.5.7 原“群桩基础”桩间钢支撑连接构造示意

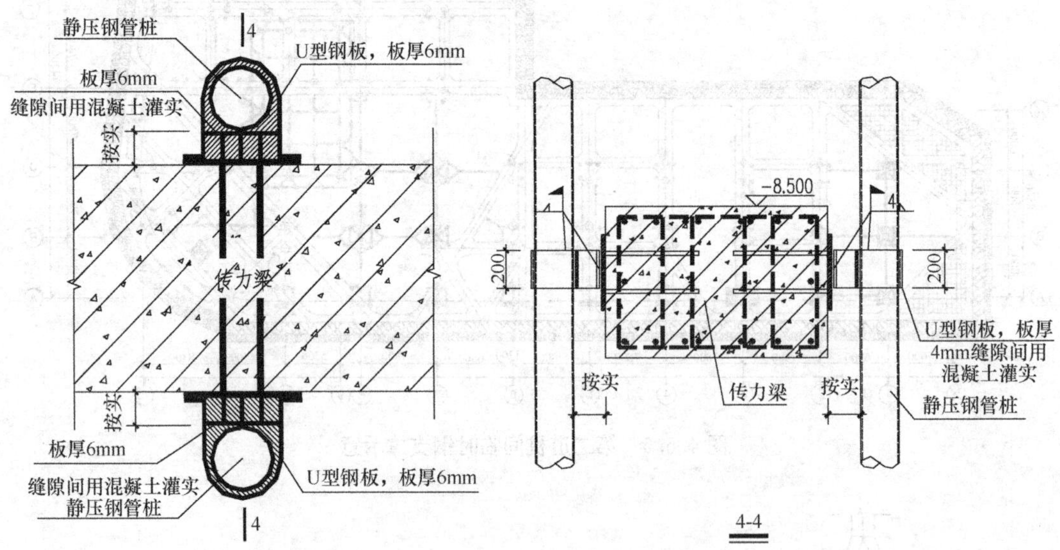

图 4.5.8 钢管桩与第三道混凝土支撑梁之间的连接构造示意

4.5.4 高承台桩压曲稳定分析

地下一层下方的土层开挖后，原桩基承台下方处于临空状态，工程桩处于高承台桩的受力状态，且设计开挖标高以下仍为深厚淤泥质软弱土层，如何计算和确保开挖状态下原有工程桩整体稳定性，是设计面临的技术难点之一。

根据《建筑桩基技术规范》JGJ 94—2008，对于高承台桩、桩身穿越可液化土或不排水抗剪强度小于 10kPa 的软弱土层的基桩，计算正截面受压承载力时应考虑桩身压屈的影响。该规范采用桩身正截面受压承载力乘以稳定系数 φ 进行折减的方法来考虑桩身压屈的影响，其中的稳定系数 φ 可根据桩径、桩身压屈长度 l_c 查表确定，而 l_c 则需根据桩顶约束情况、桩身露出地面的自由长度、桩的入土深度、桩侧和桩底的土质条件等因素综合确定。

另一种考虑桩身压屈影响的计算方法是数值分析法，即利用有限元进行特征值屈曲分析，反算基桩的压屈计算长度 l_c。通过特征值屈曲分析，可以得到桩顶临界荷载 P_{cr}，相应的桩身压曲计算长度为：

$$l_c = \pi \cdot \sqrt{\frac{EI}{P_{cr}}} \tag{4.5.1}$$

建立单桩分析有限元模型时，采用土弹簧模拟开挖面以下土体的抗力，土弹簧刚度按照 m 法按下式确定：

$$k = mb_0 z \tag{4.5.2}$$

式中，m 为桩侧土水平抗力系数的比例系数，b_0 为桩身计算宽度。在通用有限元程序 ANSYS 中利用 APDL 语言建立单桩模型，自动计算桩身各节点处的相应土弹簧刚度。图 4.5.9 为 ϕ600mm 基桩屈曲分析得到的第 1 阶屈曲模态。

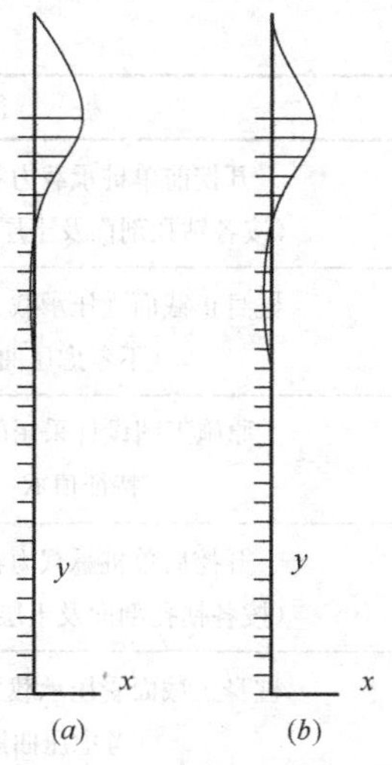

图 4.5.9　ϕ600mm 基桩第 1 阶屈曲模态

(a) 桩顶铰接模型；(b) 桩顶固接模型

上述两种方法计算得到的桩身压屈计算长度 l_c 见表 4.5.1。从表中结果可以看出，根据《建筑桩基技术规范》JGJ 94—2008 算得的压屈计算长度相对偏大。采用数值分析方法，可综合考虑桩间临时水平钢支撑的有利作用，计算结果更为合理。偏于安全，这里采用桩顶铰接模型分析得到的计算长度 l_c 用于桩身受压承载力计算，得到考虑压曲影响的桩身稳定系数 φ 见表 4.5.2。

不同方法得到的基桩压屈计算长度 l_c 比较（m）　　**表 4.5.1**

桩　径		600mm	700mm	900mm
《桩基规范》方法	桩顶铰接	12.057	12.758	14.047
	桩顶固接	8.612	9.113	10.034
数值模拟方法	桩顶铰接	9.604	10.046	10.876
	桩顶固接	6.951	7.299	7.960

考虑压曲影响的桩身稳定系数 φ　　**表 4.5.2**

桩　径	计算长度（m）	L_c/d	稳定系数 φ
ϕ600mm	9.604	16.007	0.790
ϕ700mm	10.046	14.351	0.856
ϕ900mm	10.876	12.084	0.918

4.5.5　深厚软土地基深开挖对既有桩基承载力的影响

土体开挖对原工程桩竖向承载力的影响，一方面，反映在原基础底板下方土体开挖引起原工程桩侧摩阻力降低；另一方面，超深开挖产生的卸载效应，会显著减小桩身法向应力，导致桩侧摩阻力下降，从而使桩的极限承载力（抗压、抗拔）显著降低。

开挖卸荷效应对桩基竖向极限承载力的影响，按 1.8 节的方法进行估算。这样，考虑开挖深度范围内土层侧摩阻损失，以及开挖面以下土层侧摩阻力因开挖卸荷效应影响后，根据本场地各钻孔剖面及岩土工程勘察报告提供的各土层物理力学指标计算得到的原工程桩单桩承载力特征值，ϕ600mm、ϕ700mm 和 ϕ900mm 工程桩分别为 2225～2985kN、2816～3867kN 和 3951～5746kN。开挖前后单桩承载力特征值取值比较见表 4.5.3。

开挖前后单桩承载力特征值取值比较（kN） 表 4.5.3

桩　径	ϕ600mm	ϕ700mm	ϕ900mm
开挖前单桩承载力特征值（kN）（按各钻孔剖面及土层力学参数计算）	2807～3529	3495～4502	5058～6778
桩身正截面受压承载力特征值（kN）（不考虑压曲影响）	2426	3302	5458
原施工图设计采用的单桩承载力特征值 R_0（kN）	2600	3200	4330
开挖后单桩承载力特征值（kN）（按各钻孔剖面及土层力学参数计算）	2225～2985	2816～3867	3951～5746
桩身正截面受压承载力特征值（kN）（考虑压曲影响）	1916	2826	5011
本次设计采用的单桩承载力特征值 R_1（kN）	1900	2800	3800
开挖前后单桩承载力特征值取值降低比例 $(R_0-R_1)/R_1$	27.0%	12.6%	12.2%

4.5.6 基坑侧向变形对桩基承载力的影响分析

基坑围护结构内力变形计算结果表明，围护结构侧向变形的最大值，一般发生在土方开挖至设计基底标高、但基础承台底板尚未浇筑之前这一工况。这里以支护结构侧向变形较大的 A1－A1 剖面为例，开挖至设计基底标高时围护桩的侧向变形最大值为 28.2mm，最大变形位置在基底标高以下 1～2m 处，对应第三道水平支撑点的侧向变形为 17.4mm（见图 4.5.10）。考虑到第三道水平内支撑施工时，围护桩在该标高处已产生 13.2mm 的侧向变形，因此，第三道水平内支撑标高处围护桩侧向变形的增量为 4.2mm。

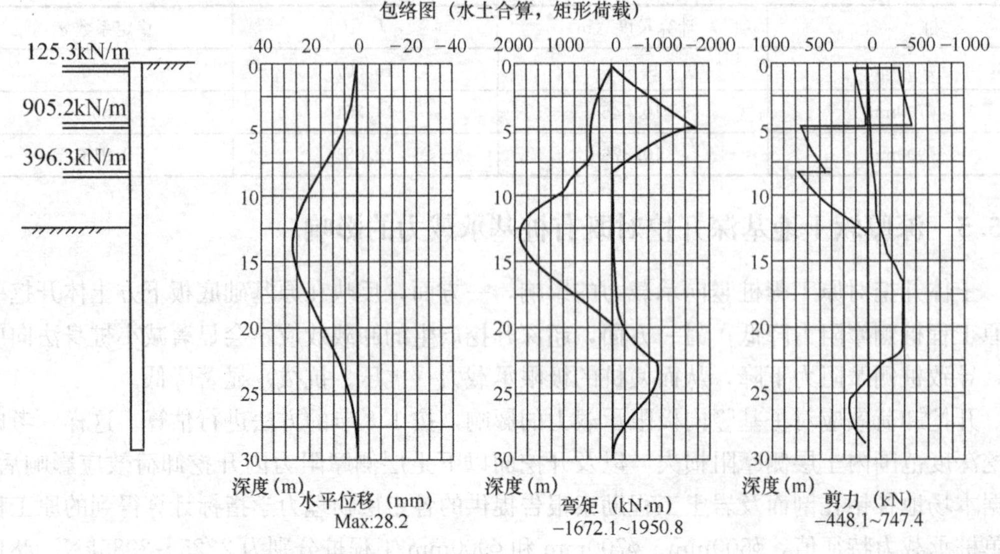

图 4.5.10 围护桩内力变形计算结果（A1-A1 支护计算剖面）

为复核水平支撑平面内的变形，将支护结构受到的支撑轴力作为外力施加到水平围檩梁上，计算得到水平内支撑的变形如图 4.5.11、图 4.5.12 所示，同样可以看出，水平变形很小，基本不超过 5mm。

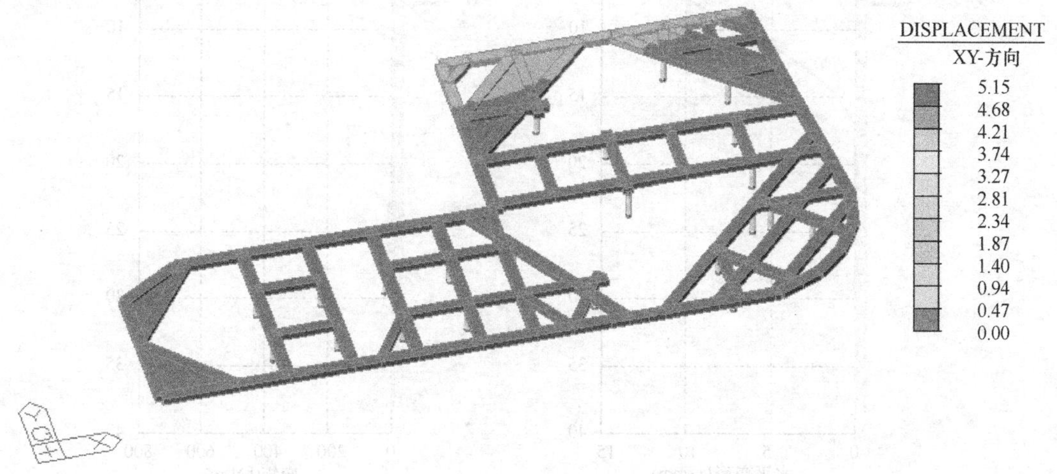

图 4.5.11　第三道水平内支撑侧向变形计算结果（mm）

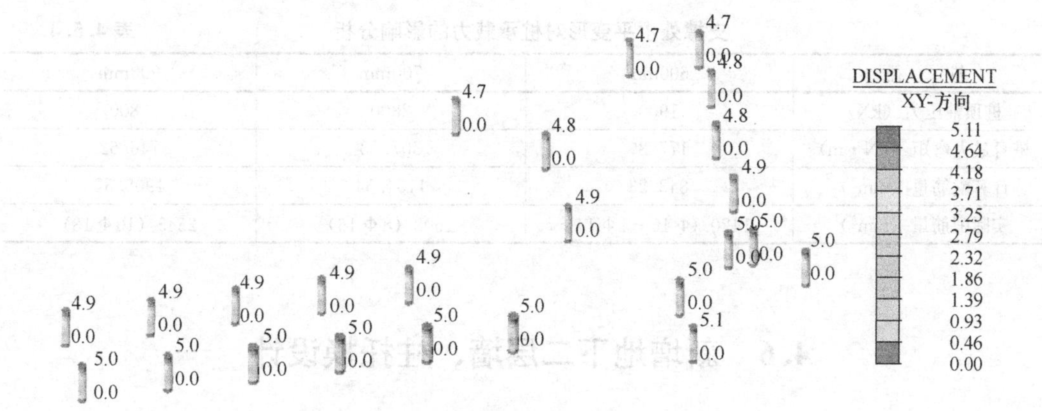

图 4.5.12　第三道水平支撑标高处桩的侧向变形计算值（mm）

为评估基坑侧向变形对桩基承载力的影响，建立有限元模型，桩侧土体用弹簧模拟，弹簧刚度通过 m 值等代。桩上端假定为铰接，桩顶作用轴向力 3800kN，同时在水平支撑处施加水平强制位移 10mm，当桩径为 900mm 时桩相应产生的水平变形和弯矩沿深度分布如图 4.5.13 所示。可以看出，当支撑处产生水平位移 10mm 时，桩身弯矩最大值为 746.62kN·m，出现在支撑处。

同理可求得直径为 600mm 和 700mm 桩在轴力（承载力特征值）和支撑处产生 10mm 水平位移的共同作用下，桩身最大弯矩分别为 177.89kN·m 和 307.53kN·m。偏于安全考虑，假定水平支撑处发生 10mm 的水平强迫位移，桩身产生的最大弯矩及配筋情况如表 4.5.4 所示，表中计算配筋未计最小配筋率的要求。可以看出，当桩在轴力和水平支撑处的强迫水平位移共同作用下，桩身计算配筋均较小，桩实际桩配筋可满足桩身正截面受压承载力的要求。

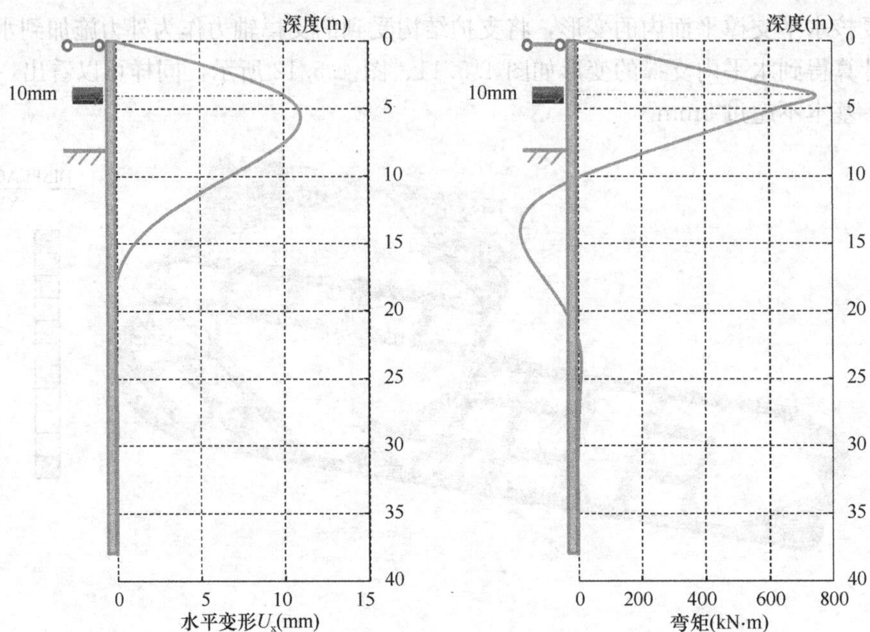

图 4.5.13　900mm 桩在支撑处 10mm 水平强迫位移作用下产生的变形和弯矩

支撑处水平变形对桩承载力的影响分析　　　　**表 4.5.4**

桩　径	600mm	700mm	900mm
桩顶轴压力（kN）	1900	2800	3800
桩身最大弯矩（kN·m）	177.89	307.53	746.62
计算配筋量（mm^2）	848.23	1154.54	1908.52
实际配筋量（mm^2）	1420（Φ16+4Φ14）	1608（8Φ16）	2545（10Φ18）

4.6　新增地下二层墙、柱托换设计

4.6.1　"一柱一桩"的柱托换

对于"一柱一桩"的柱托换相对比较简单，可将原工程桩钢筋笼外侧的保护层凿除并凿毛，然后在其外侧外包混凝土，形成地下二层的永久结构柱，见图 4.6.1 所示。外包混

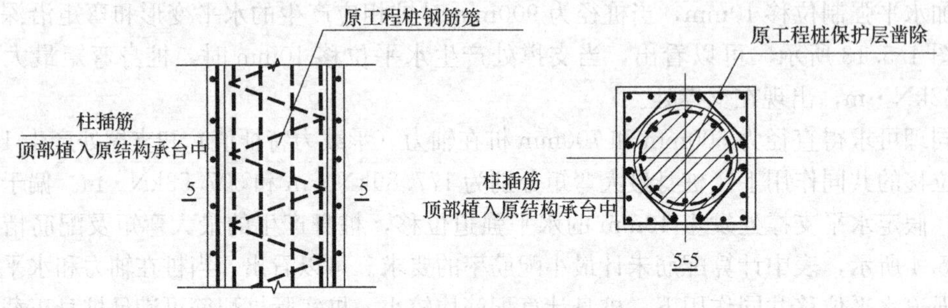

图 4.6.1　"一柱一桩"的柱托换示意

凝土内的纵向钢筋，下端锚入下部新浇筑的混凝土承台内，上端通过植筋锚入原混凝土承台或原基础梁内。由于在施工阶段上部荷重大部分由原工程桩承担，因此这种托换方式受力直接，托换完成后即可拆除周边的钢管桩。

4.6.2　"一柱二桩"的柱托换

对于"一柱二桩"的柱托换，情况则比较复杂。由于两根工程桩及钢管桩均不在结构柱轴线位置，结构柱托换过程中，需要将逆作施工阶段由两根工程桩及钢管桩承担的全部荷重转移至新的结构柱上。另外，由于地下二层机械停车对净高的要求，需要将原地下一层的老承台（高度约2m）凿除约一半，使其底面与保留的基础梁底齐平（保留基础梁高度约1.0m），这更增加了托换的难度。

托换完成后，地下二层新结构柱在重力荷载作用下将产生一定的压缩变形量，柱混凝土本身的收缩徐变效应也将进一步增大其压缩变形，而且这种压缩变形在柱与柱之间、柱与剪力墙（核心筒）之间不可能是相等和同步的，这将引起在既有上部结构（包括原地下一层结构）构件中产生不同程度的附加内力和变形，对上部结构受力可能产生不利影响。为解决这一问题，本工程新增结构柱采用型钢混凝土柱，先安装柱内型钢，并在型钢柱底部设置顶紧装置，使型钢柱先受力，即通过顶紧装置使原先由两根工程桩及钢管桩承担的一部分重力荷载先转移到型钢柱上，再浇筑型钢混凝土柱的混凝土部分，如图4.6.2、图4.6.3所示。

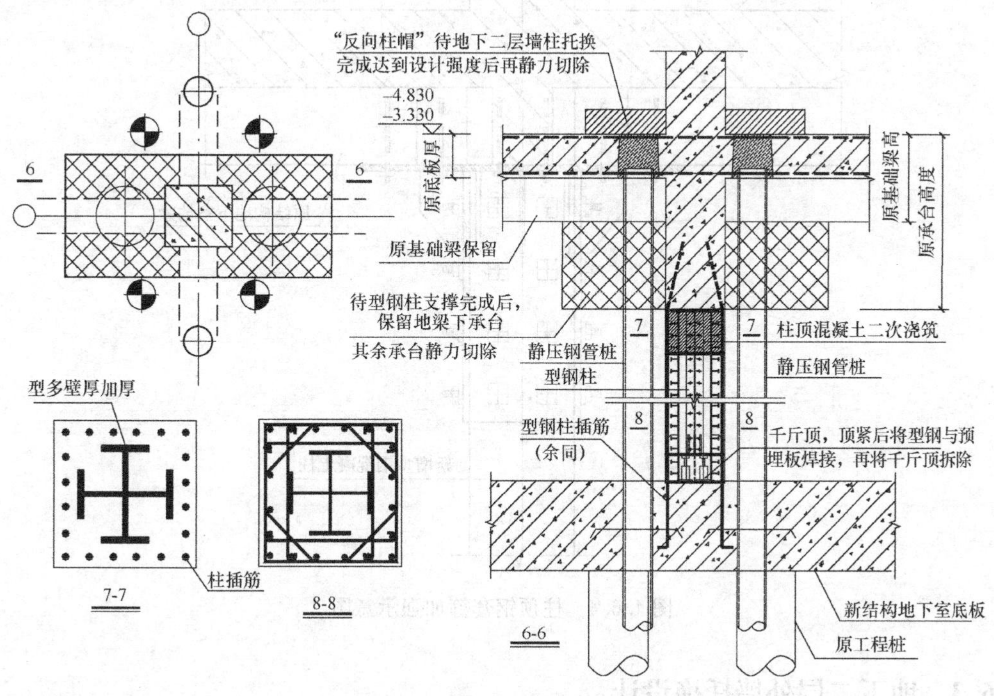

图4.6.2　"一柱二桩"的柱托换示意

为保证型钢混凝土柱顶部混凝土的浇筑质量，柱顶采用二次浇筑工艺，即将二次浇筑段的柱内型钢壁厚加厚，待原基础梁底以下部分的承台混凝土静力切除后（结构柱截面范围内混凝土保留），再浇筑该段混凝土。承台混凝土切除时，保留周边钢管桩，并在原基

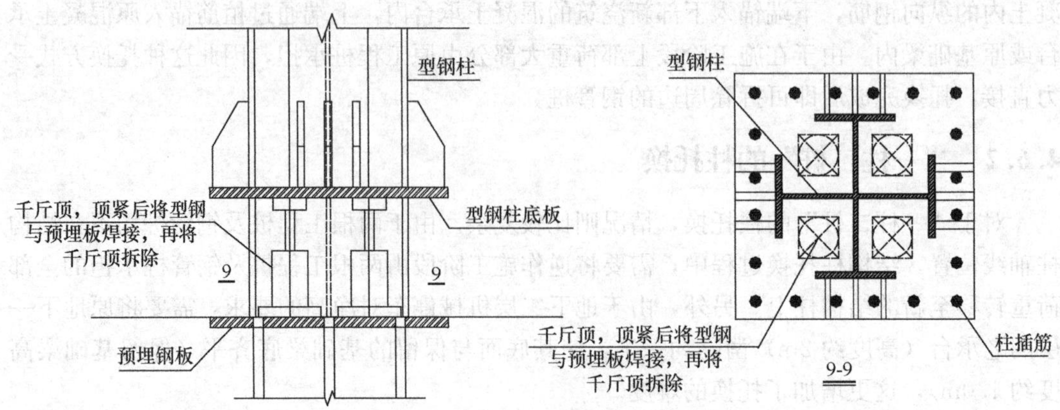

图 4.6.3　型钢柱下端的顶紧装置示意图

础梁下方加设适量钢管支承，承台混凝土切除后及时安装柱顶钢套箍，对柱顶上部节点进行加强（如图 4.6.4 所示）。

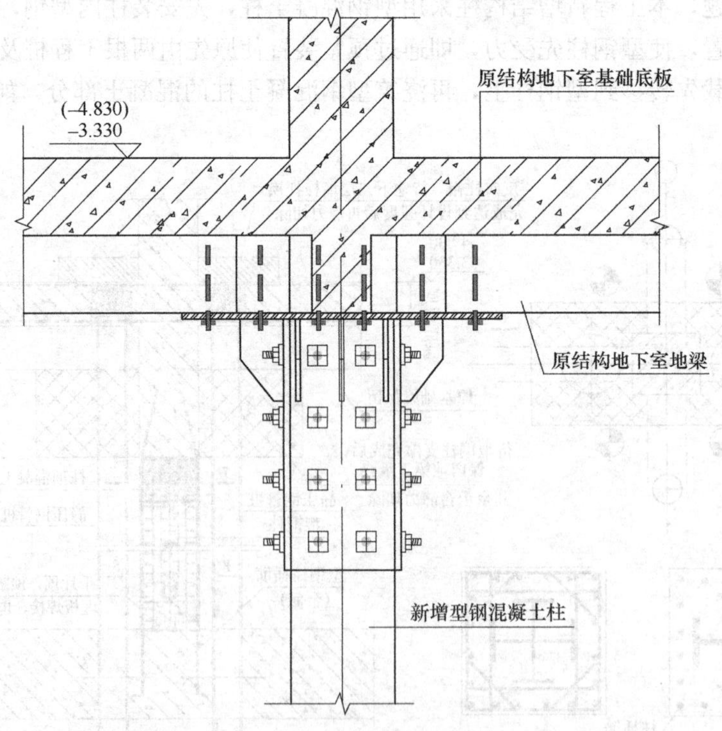

图 4.6.4　柱顶钢套箍加强示意图

4.6.3　地下二层外墙托换设计

根据原工程设计图纸，原一层地下室的外墙下方均设有工程桩，大部分为两桩承台，少数为单桩承台。新增地下二层后，靠近延安路和凤起路一侧，原一层地下室的外墙需延伸至地下二层。

对于单桩承台，工程桩中心与外墙轴线基本一致。对这部分外侧墙进行托换时，先浇工程桩范围以外的外墙，待先浇筑区域墙段混凝土达到设计强度后，再凿除工程桩，最后浇筑工程桩部位的外墙，如图 4.6.5 所示。

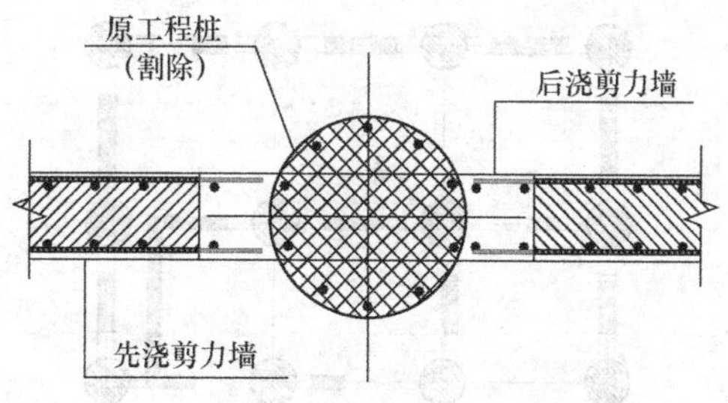

图 4.6.5　地下二层外墙托换（单桩承台）

对于两桩承台，同样先浇筑工程桩范围以外的墙段，待先浇筑区域外墙混凝土达到设计强度后，再凿除位于地下二层层高范围内的工程桩，安装柱内型钢，然后浇筑剩余部分外墙墙段及结构柱，如图 4.6.6 所示。为减小外墙和柱的压缩变形量，可参照“一柱二桩”柱的托换思路，先安装柱内型钢柱，并在型钢柱底部设置顶紧装置，使型钢柱先受力，再浇筑柱的混凝土部分。

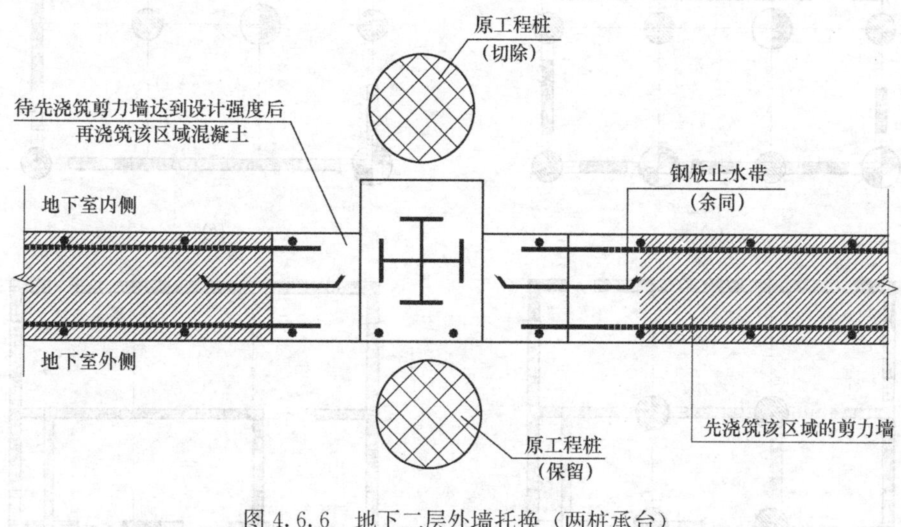

图 4.6.6　地下二层外墙托换（两桩承台）

4.6.4　地下二层核心筒剪力墙托换设计

原一层地下室的核心筒筏板厚度 2.2m，筏板下部工程桩共 24 根（如图 4.6.7*a* 所示）。为满足新增地下二层的建筑平面功能，需要将地下二层层高范围内的所有工程桩凿除，因此必须将原先由上述 24 根工程桩承担的全部重力荷载，托换转移到地下二层新浇筑的核心筒墙肢上。

地下二层基础承台和底板施工完成后，即可进行核心筒墙肢的托换。核心筒墙肢采用分段施工的方法进行托换，共分四个步骤（如图 4.6.7 所示）。第 1 步：先施工工程桩之间的第一批墙段（如图 4.6.7*a* 所示）；第 2 步：待第一批墙肢混凝土达到设计强度后，凿除筏板外围的其中 9 根工程桩，同时施工已凿除工程桩部位的墙段（第二批共 9 个墙段），如图 4.6.7*b* 所示；第 3 步：待第二批墙肢混凝土达到设计强度后，凿除筏板外围的另外 6 根工程桩，同时施工已凿除工程桩部位的墙段（第三批共 6 个墙段），如图 4.6.7*c* 所示；第 4 步：待第三批墙肢混凝土达到设计强度后，凿除剩余的 9 根工程桩，同时施工剩下的墙段（共 6 个墙段），如图 4.6.7*d* 所示。

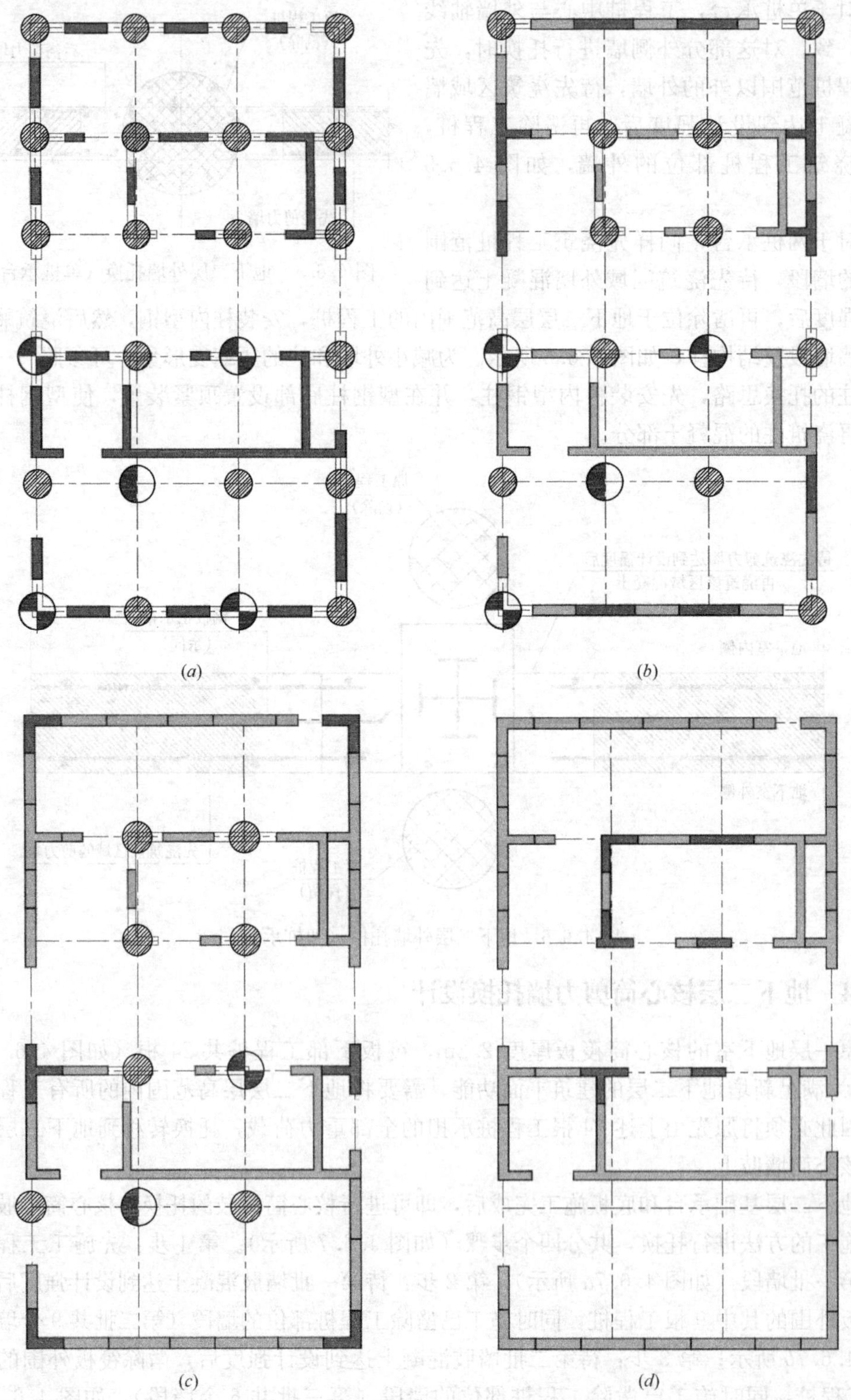

图 4.6.7 地下二层核心筒墙肢托换过程示意

(*a*) 第一步；(*b*) 第二步；(*c*) 第三步；(*d*) 第四步（最终状态）

从上述托换过程可知，核心筒墙肢共分四批进行施工，筏板下方的 24 根工程桩共分 3 批依次进行凿除。图 4.6.8～图 4.6.10 分别为凿除第一批～第三批工程桩后，核心筒墙肢的托换验算结果，可见在最不利托换工况下，除少数墙肢局部应力较集中外，各墙肢混凝土应力均满足要求，墙肢轴压比最大为 0.45，也满足规范要求。

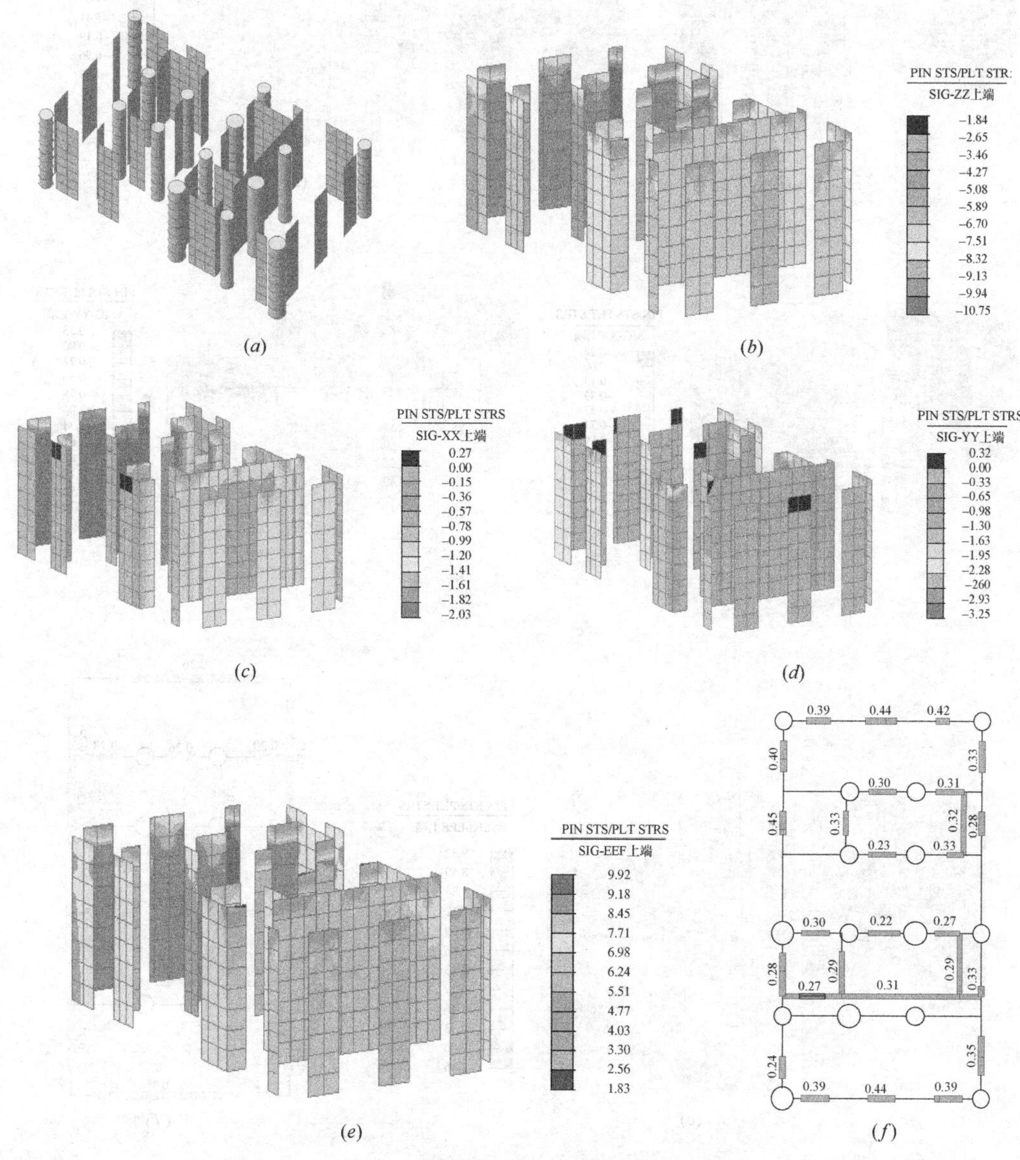

图 4.6.8　凿除第一批工程桩后核心筒墙肢的托换验算

(*a*) 第一次托换模型；(*b*) 竖向应力 (MPa)；(*c*) 水平 x 向应力 (MPa)；(*d*) 水平 y 向应力 (MPa)；(*e*) 等效应力 (MPa)；(*f*) 墙肢轴压比

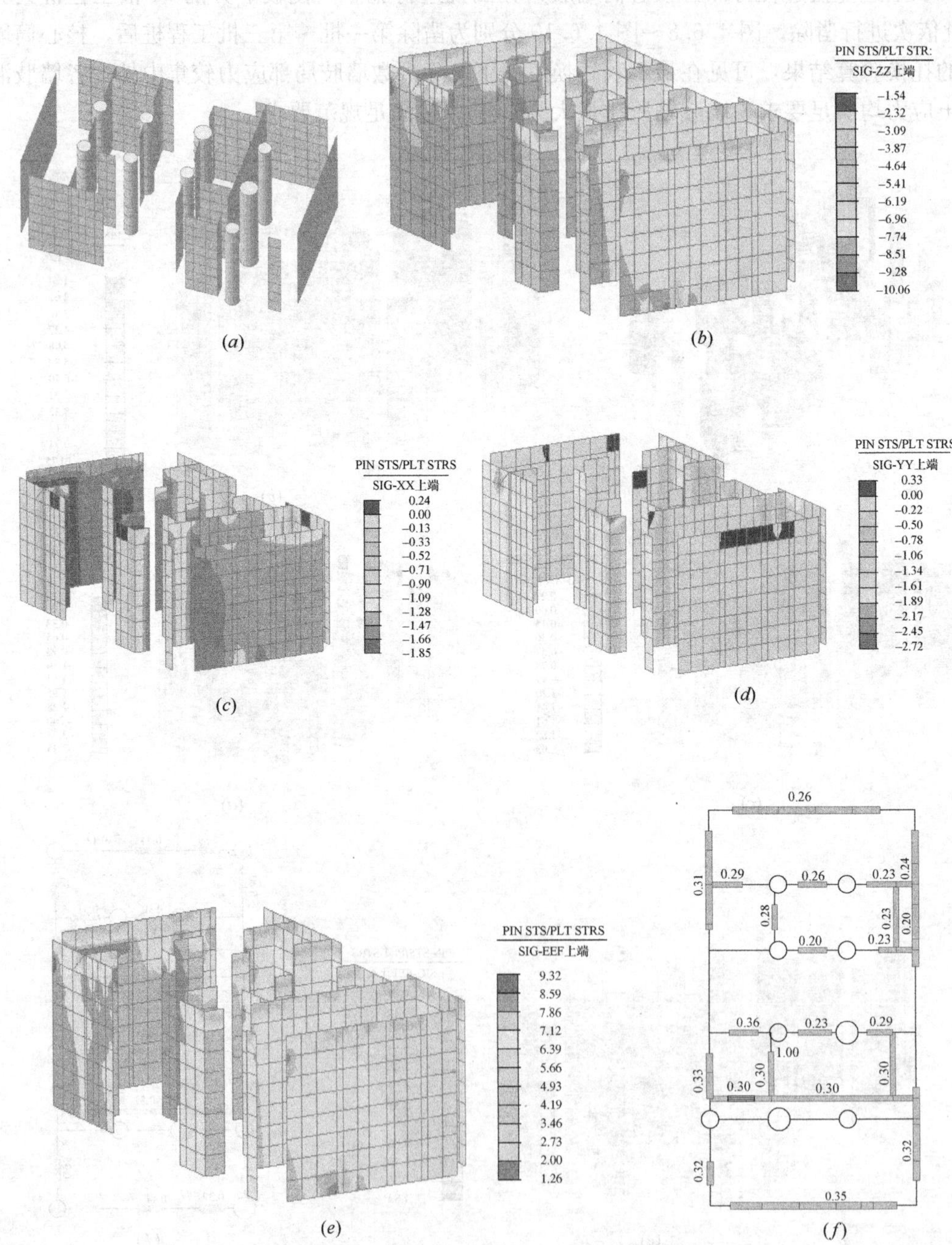

图 4.6.9 凿除第二批工程桩后核心筒墙肢的托换验算

(*a*) 地下二层托换模型；(*b*) 竖向应力（MPa）；(*c*) 水平 *x* 向应力（MPa）；(*d*) 水平 *y* 向应力（MPa）；(*e*) 等效应力（MPa）；(*f*) 墙肢轴压比

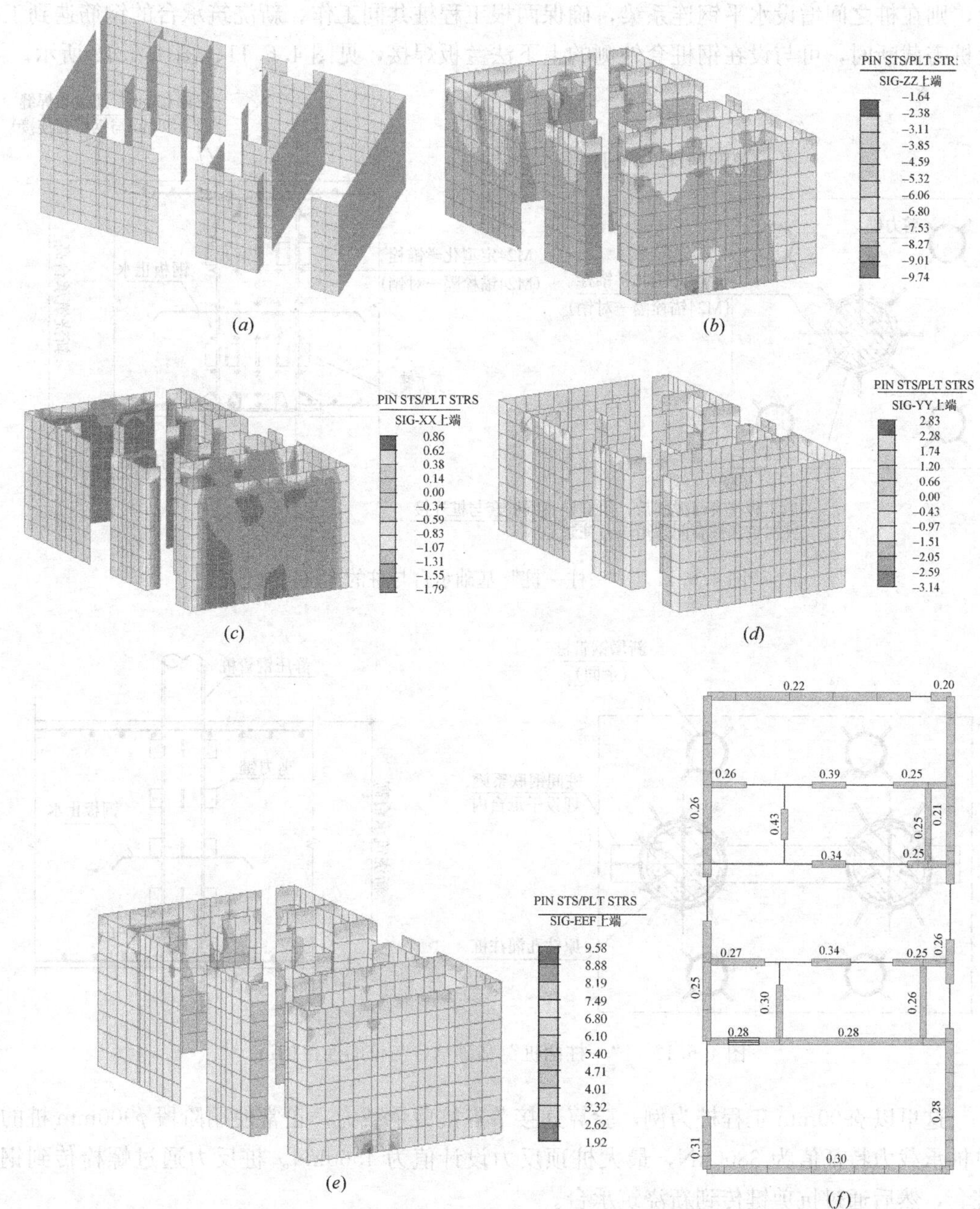

图 4.6.10　凿除第三批工程桩后核心筒墙肢的托换验算

(*a*) 地下二层托换模型；(*b*) 竖向应力 (MPa)；(*c*) 水平 x 向应力 (MPa)；(*d*) 水平 y 向应力 (MPa)；(*e*) 等效应力 (MPa)；(*f*) 墙肢轴压比

4.6.5　承台与原工程桩及钢管桩之间的连接构造设计

新建地下室底板承台浇筑前，应在原钻孔灌注桩表面抛圆后，通过螺栓将钢桩套与桩连接，并在桩和桩套间进行压力灌浆。钢桩套外侧加焊抗剪键，以满足新浇筑混凝土承台与原工程桩之间的传力要求。考虑到新老交界面的防水要求，增设止水钢板。对于两桩承台，则在桩之间增设水平钢连系梁，确保两根工程桩共同工作。新浇筑承台的钢筋遇到工程桩需截断时，可与设在钢桩套外侧的上下法兰板焊接，见图 4.6.11、图 4.6.12 所示。

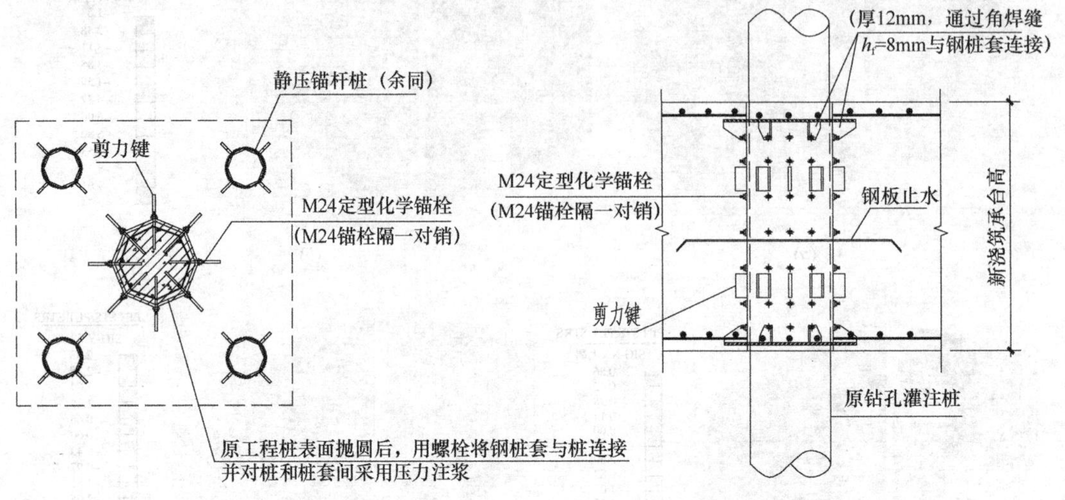

图 4.6.11 “一柱一桩”基础承台与桩的连接构造

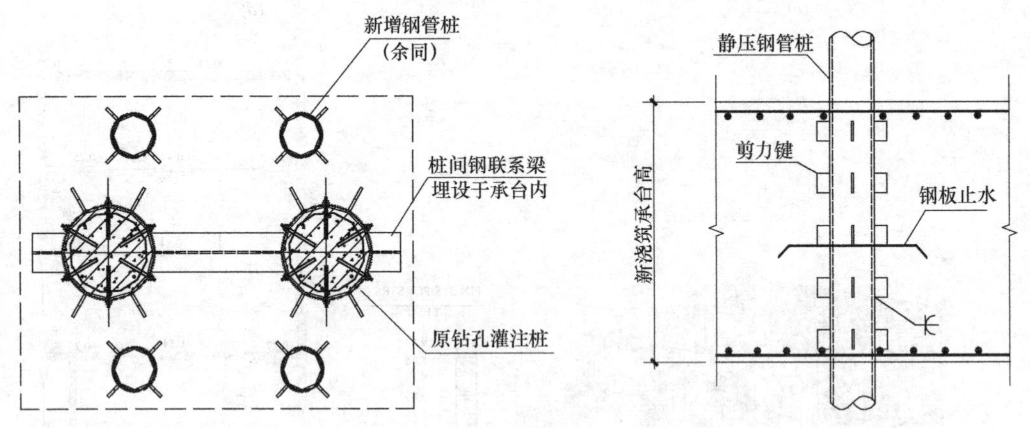

图 4.6.12 “一柱两桩”基础承台与桩的连接构造

这里以 ϕ900mm 工程桩为例，验算连接节点抗剪承载力。正常使用阶段 ϕ900mm 桩的单桩承载力特征值为 3800kN，最大桩顶反力设计值为 4560kN。桩反力通过螺栓传到钢桩套，然后通过抗剪键传到新浇筑承台。

（1）螺栓验算。螺栓取为 5.6 级，直径为 ϕ24mm，沿竖向 7 排，环向 8 排，共 56 个，则螺栓抗剪承载力为：

$$N_v^b = n \cdot f_v^b \cdot A_b = 56 \times 190 \times 452 \times 10^{-3} = 4809.3\text{kN}$$

可见，螺栓抗剪承载力满足要求。

（2）抗剪键验算。抗剪键沿竖向 2 排，环向 8 排，共 16 个，每个抗剪键承担的荷载为

$$V = 4560/16 = 285\text{kN}$$

抗剪键大小取为 200×100×20，Q235，则抗剪键与钢桩套的焊缝：

$$\tau=\frac{V}{2\times0.7h_{\mathrm{f}}l_{\mathrm{w}}}=\frac{285\times10^{3}}{2\times0.7\times10\times190}=107.14\mathrm{MPa}<f_{\mathrm{t}}^{\mathrm{w}}=160\mathrm{MPa}$$

抗剪键承载力：

$$Q=f_{\mathrm{yv}}bt=125\times200\times20\times10^{-3}=500\mathrm{kN}>V=285\mathrm{kN}$$

均满足要求。

4.7　监测方案及要求

为确保施工的安全和开挖的顺利进行，在整个施工过程中应进行全过程监测，实行动态管理和信息化施工。根据众多深基坑开挖的工程经验，现场监测对于深大基坑的土方开挖和地下室施工是必不可少的重要环节，只有进行现场监测，才能及时获取基坑开挖过程中围护结构及周围土体的受力与变形情况，掌握基坑开挖对周围环境的影响，以有效地指导施工，及时调整施工措施，确保基坑及周围环境的绝对安全。

4.7.1　基坑围护监测

（1）监测内容

① 周围环境监测：周围建筑物、道路路面及地下管线设施的沉降、裂缝的产生与发展等。

② 围护体及坑后土体沿深度的侧向位移监测，特别是坑底以下的位移大小和随时间的变化情况。围护体最大侧向位移控制值为：累计位移 30mm，连续三天平均侧向位移控制值为 3mm/d。

③内支撑结构的变形和轴力监测以及坑内外地下水位监测。

（2）监测要求

① 对周围环境的监测，应在挖土施工之前就开始进行，并将测得的原始数据以及周围的现状记录在案。

② 一般情况下开挖期间每天观测一次，如遇位移、沉降及其变化速率较大时，则应增加观测次数。

③ 每天的监测数据应绘制成相关曲线，如位移沿深度的变化曲线，位移及沉降随时间的变化曲线等，根据其发展趋势分析整个基坑的稳定状况。

4.7.2　主体结构监测

施工期间应对既有建筑物的沉降、整体水平位移、倾斜及上部和地下结构典型构件变形、裂缝等进行全过程实时监测。地下二层墙柱托换施工时，应对被托换构件、新增构件的变形、裂缝等内容进行全过程实时监测。具体监测内容包括：

① 主体建筑沉降监测：锚杆静压钢管桩压桩和封桩阶段、地下二层土方开挖阶段、地下二层墙柱托换施工阶段均应全过程监测。

② 钢管桩轴力、变形监测：每柱不少于 2 根，并应全过程监测。

③ 工程桩轴力、变形监测：原钻孔灌注桩的外观质量应全数监测；轴力、变形监测

数量不少于 20%，并应进行全过程监测。

④ 桩间临时水平钢支撑轴力、变形监测：监测数量不少于 20 点，并应全过程监测。

⑤ 地下一层柱、墙肢变形监测：地下一层原结构柱和剪力墙的监测数量应分别不少于 50%。

⑥ 地下二层新增墙、柱内力变形监测：应全数监测。

第5章 某既有多层浅基建筑逆作开挖增建地下室工程

5.1 工程概况

杭州市玉皇山南综合整治工程位于杭州市上城区白塔岭东、复兴大道北侧，规划总用地面积为1693.4m^2，属商业用地。其中的甘水巷3号组团建设于2009年，其北侧为同期建设的2号组团，相距约10～12m，为2层框架结构（局部一层），天然浅基础；南侧为同期建设的5号组团，相距约12m，2层框架结构（局部一层），天然基础，埋深约2.50m；西侧为甘水巷，靠近山脚下部分有多幢旧民居，多为2层砖房；东侧为待建的4号组团。建筑物周边总平面布置见图5.1.1所示。

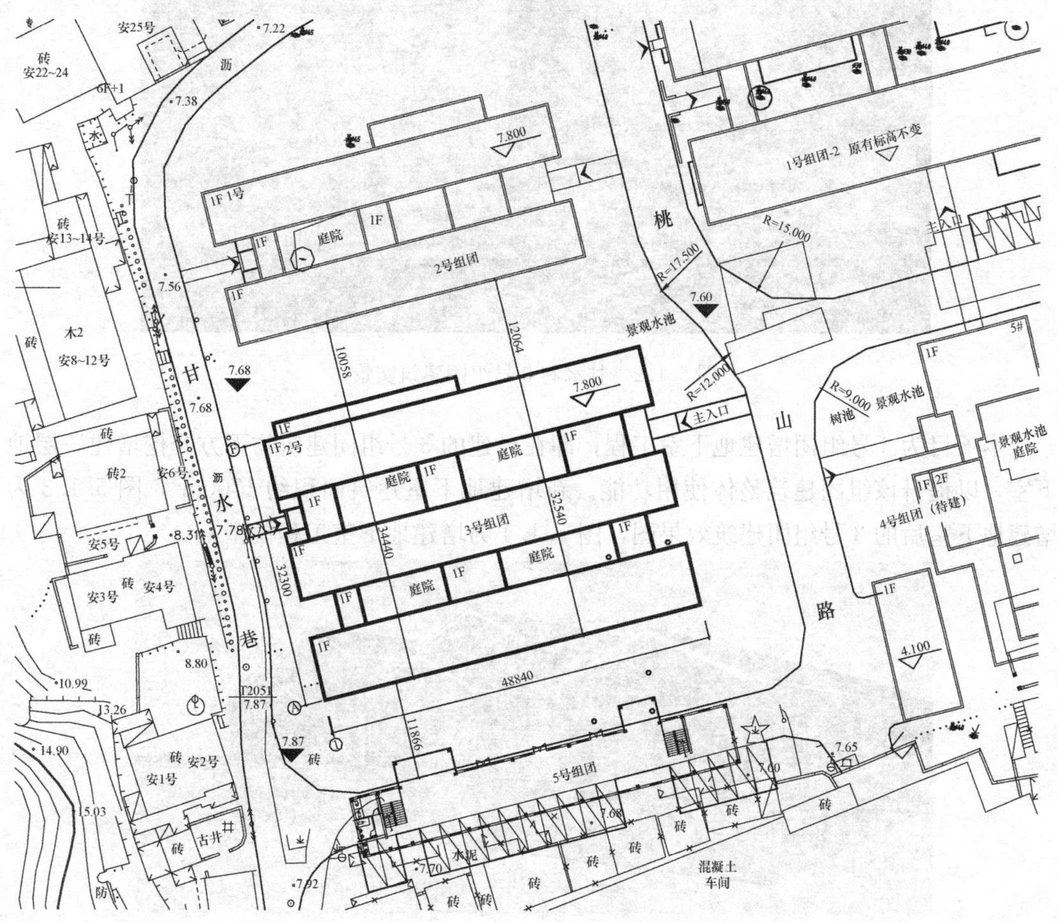

图5.1.1 甘水巷3号组团周边环境总图示意

甘水巷 3 号组团建筑为地上二层框架坡屋顶结构，局部一层，层高一层为 3.3m，二层为 2.6 m，坡屋顶起坡高度约 2 m，见图 5.1.2。建筑物基础为天然地基柱下独立基础，持力层为②$_2$ 黏质粉土层，地基承载力特征值为 150kPa。基础底标高－1.800m，独立柱基间设置基础梁，梁底标高－1.800m。填充墙±0.000 以上采用 MU15 页岩多孔砖，M10 混合砂浆砌筑；±0.000 以下采用 MU15 页岩实心砖，M10 水泥砂浆砌筑。基础及上部结构混凝土强度等级均为 C25。结构抗震设防烈度为 6 度，基本地震加速度值为 0.05g，设计地震分组为第一组，建筑场地类别为Ⅱ类，设计特征周期为 0.35s，建筑重要性类别为丙类，框架结构抗震等级均为四级。建筑物主体结构设计使用年限为 50 年，结构安全等级为二级。

图 5.1.2　甘水巷 3 号组团建筑实景

本项目为 3 号组团增建地下室工程，即在已建的 3 号组团建筑物下方开挖增建一层地下室，以提升该组团建筑整体使用功能。新增建地下室建筑面积约 1700m^2，图 5.1.3 为增建地下室后的 3 号组团建筑效果图，图 5.1.4 为增建地下室工程模型。

图 5.1.3　甘水巷 3 号组团增建地下室工程效果图

图 5.1.4　甘水巷 3 号组团增建地下室模型

5.2　工程地质和水文地质条件

工程场地位于甘水巷东侧，西侧距白塔岭约 30m，地形起伏较小，地面标高为 7.10～7.90m 左右。场地地貌属山前坡麓残坡积与冲海积平原过渡地带。根据勘探揭示，按地基土的岩性、成因时代、埋藏分布特征、物理力学性质，结合原位测试资料及室内土工试验分析，将勘探深度（22.0m）内地基土划分为 5 个工程地质层和 10 个工程地质亚层。场地各岩土层的特征自上而下分述如下：

①$_1$ 层：杂填土。杂色，稍湿，稍密。堆填时间 50 年以上，主要由碎石、块石、黏性土和建筑垃圾组成，局部含少量生活垃圾，硬杂物含量占 30%～50%，密实度不均匀。全场分布，层顶标高 7.13～7.87m，层厚 0.70～2.60m。

①$_2$ 层：素填土。灰色，流塑～软塑。堆填时间 50 年以上，主要由淤泥质土组成，含碎石和少量建筑垃圾组成，局部含少量生活垃圾，硬杂物含量占 5%～10%。主要分布于场地东北部，层顶标高 5.33～7.00m，层厚 0～1.80m。

②$_1$ 层：粉质黏土。灰色，软可塑。切面较光滑，干强度、韧性中等，摇振反应无，含少量铁锰质斑点。仅分布于场地西北部，层顶标高 4.95～5.53m，层厚 0～1.20m。

②$_2$ 层：黏质粉土。灰色，湿，稍密～中密。干强度低，韧性低，摇振反应迅速，切面粗糙，无光泽。主要由云母碎屑组成。近全场分布，仅西北角局部缺失，层顶标高 3.95～6.25m，层厚 0～6.80m。

③层：淤泥质黏土。灰色，流塑。切面较光滑，干强度、韧性高，摇振反应无，含腐殖质和泥炭质。主要分布于场地东部，层顶标高－1.20～0.75m，层厚 0～10.40m。

③夹层：粉砂。灰色，中密。颗粒级配较好，含少量黏性土。主要分布于场地东部，层顶标高－3.95～－1.80m，层厚 0～3.30m。

④$_1$ 层：含砾粉质黏土。灰黄色，硬可塑。切面粗糙，干强度、韧性中等，摇振反应

无，砾石含量一般10%～30%，粒径2～10mm，最大约20mm，棱角状，母岩成分为砂岩。局部分布于场地中部，层顶标高－8.75～0.49m，层厚0～3.50m。

④₂层：碎石混黏土。灰黄色，中密。碎砾石含量一般50%～60%，粒径2～3cm，最大约8cm，棱角状，母岩成分为石英砂岩；余为黏土填充，胶结一般。主要分布于场地东部，层顶标高－11.60～4.08m，层厚0～4.80m。

⑤₁层：全风化砂岩。紫红色，岩石风化强烈，原岩风化不可见，呈土状或砂土状，结构完全破坏。主要分布于场地西部，层顶标高－6.25～2.78m，层厚0～2.30m。

⑤₂层：强风化砂岩。紫红色，风化强烈，岩石结构大部分遭到破坏，岩石破碎呈碎块状，节理裂隙发育，裂隙面有铁锰质渲染，局部夹中风化岩块，敲击易碎。主要分布于场地西部，层顶标高－7.75～4.33m，最大控制厚度5.30m。

场地各土层主要物理力学指标见表5.2.1。

场地各土层主要物理力学指标　　　　表5.2.1

层号	岩土名称	含水率（%）	天然重度（kN/m³）	固快		渗透系数		地基承载力特征值（kPa）
				黏聚力（kPa）	内摩擦角（度）	K_h（10^{-4}cm/s）	K_v（10^{-4}cm/s）	
①₁	杂填土	—	18.2	(8)	(12)	—	—	80
①₂	素填土	—	17.0	(8)	(8)	—	—	60
②	砂质粉土	27.5	18.6	11.8	27.5	1.65	2.02	150
③	淤泥质黏土	43.3	17.3	(9)	(7.9)	0.00205	0.00185	70
④₁	含砾粉质黏土	—	(19.5)	(35)	14	—	—	150
④₂	碎石混黏土	—	(20)	(25)	(38)	—	—	400
⑤₁	全风化砂岩	—	(20.6)	(25)	(20)	—	—	300
⑤₂	强风化砂岩	—	(23)	(25)	(30)	—	—	800

场地地下水埋藏条件：

场地地下水类型上部属孔隙潜水，下部碎石混黏土中含孔隙承压水。

孔隙潜水赋存于场地浅部杂填土和黏质粉土中，其富水性和透水性具有各向异性，均一性差，水量不大。孔隙潜水主要受大气降水竖向入渗补给及地表水下渗补给为主，径流缓慢，以蒸发和向附近河塘侧向径流排泄为主，水位随季节气候动态变化明显，与地表水体具一定的水力联系。实测潜水位埋深0.80～1.40m（黄海高程为6.13～6.68m）。据附近资料，丰水期时，地下水位接近地表，年变化幅度在1.00～1.50m。

孔隙承压水赋存于碎石混黏土中，被黏土充填，导水性差，水量微弱。对工程影响较小。

5.3　竖向支承结构体系设计

本工程为上部结构先施工，上部结构施工完成若干年后再施工地下室结构，因此可视为地下空间逆作法技术的一个特例。在地下室逆作开挖和施工期间，由于基础底板尚未封底，地下室墙、柱等竖向结构构件尚未形成，已建的上部结构荷重及逆作阶段的施工荷载，均由临时竖向支承结构来承担，因此竖向支承结构体系的设计是逆作法设计的关键环节之一。

本工程设计采用锚杆静压钢管桩作为逆作施工阶段上部结构的临时竖向支承结构体系。在基础底板及地下室竖向承重构件（框架柱、周边外墙）施工前，上部结构及地下结构的全部荷重均由临时竖向支承结构承担。施工结束后，需要将上述全部荷重托换转移至新增地下室的竖向承重构件上，并最终将地下室层高范围内的临时竖向支承结构（即钢管桩）割除，以确保新增地下室的有效使用功能。上述托换施工技术要求高、难度大、节点复杂，目前国内外尚无成功案例可供参考。

锚杆静压钢管桩平面布置见图5.3.1。钢管桩直径250mm，壁厚8mm，内灌细石混凝土。钢管桩桩端进入⑤$_1$全风化砂岩层至⑤$_2$层强风化砂岩层面，单桩竖向抗压承载力特征值约400kN。以每根框架柱为一组，每组布置4根钢管桩（见图5.3.1），以原柱下独立基础为静压施工作业面。

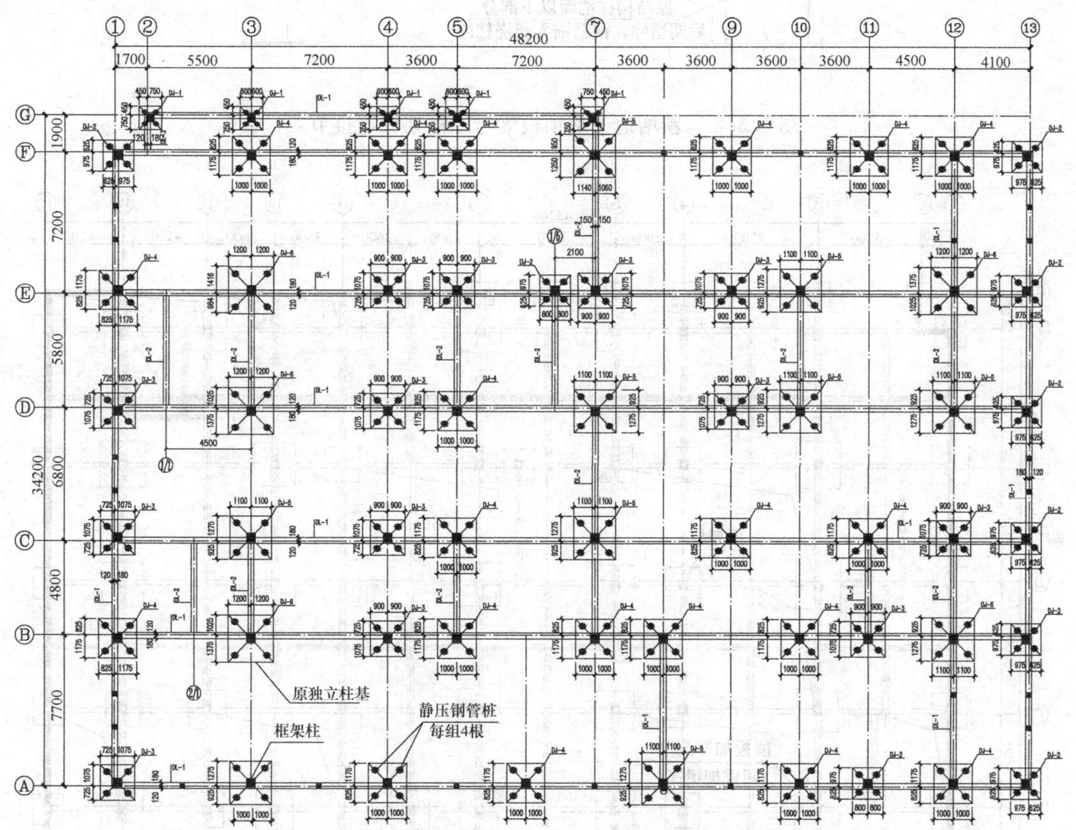

图5.3.1　临时竖向支承体系（锚杆静压钢管桩）平面布置

由于原建筑首层室内地面为实土夯实地坪，为确保建筑物下部土方开挖阶段上部结构的受力和稳定要求，拟先施工增建地下室的顶板结构（顶板结构平面布置见图5.3.3），待完成地下室顶板结构混凝土浇筑并达到设计强度后，再开挖下部土方进行地下室的逆作施工。

新增地下室顶板结构梁与原框架柱连接节点见图 5.3.2 所示。梁上下纵筋的角部钢筋绕过原结构柱，中间纵筋对穿原结构柱。顶板结构施工时，预留下部地下室结构柱的竖向插筋。

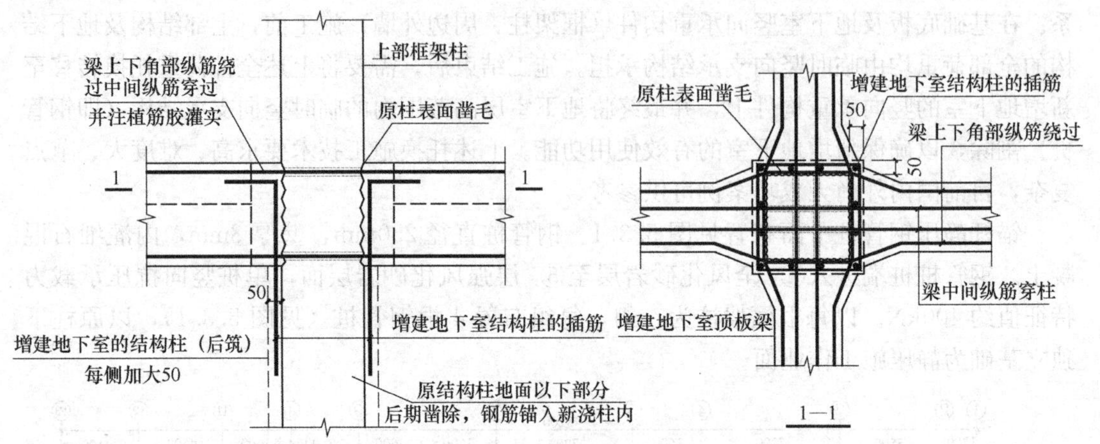

图 5.3.2　新增地下室顶板梁与原框架柱连接节点

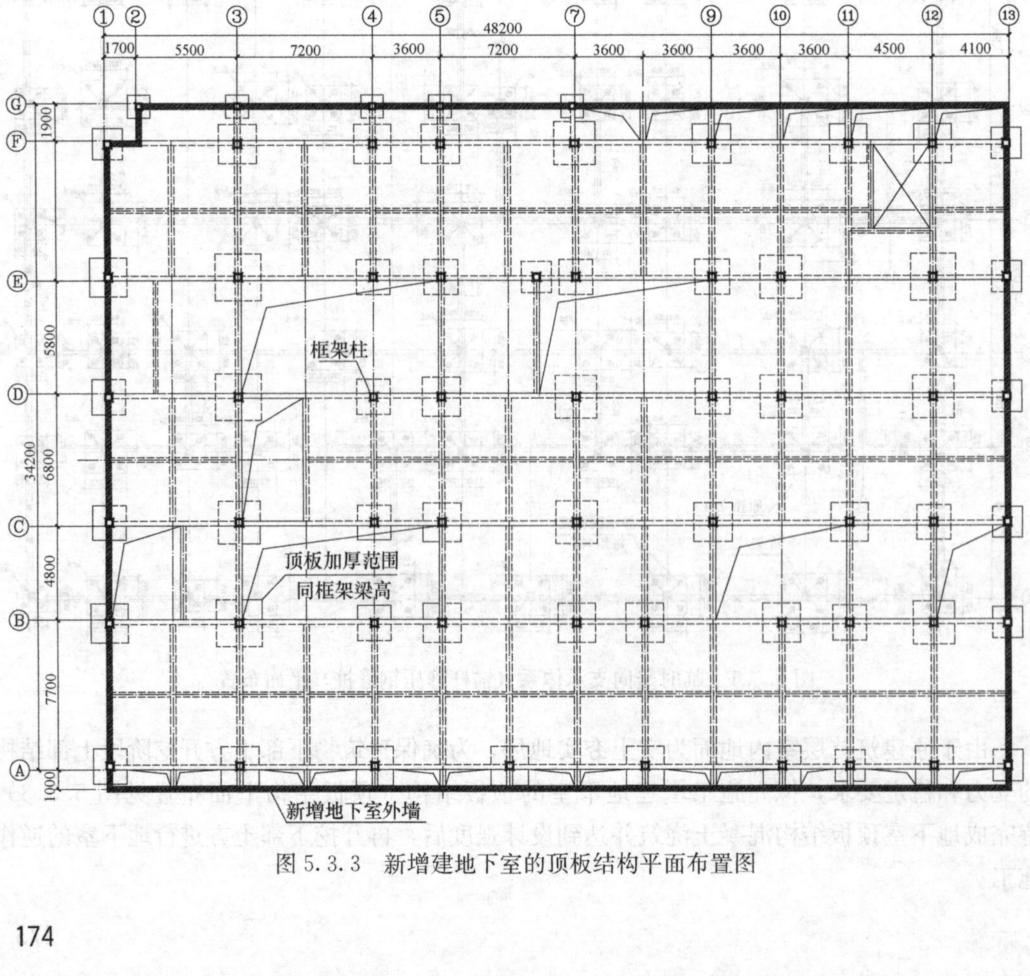

图 5.3.3　新增建地下室的顶板结构平面布置图

每组静压钢管桩顶部伸至地下室顶板结构并与加厚顶板结构（即混凝土转换承台）连为一体，形成整体受力的竖向支承体系，如图 5.3.4 所示。静压钢管桩与后期施工的基础底板结构，需增设剪力键，并加焊钢板止水片，如图 5.3.5 所示。

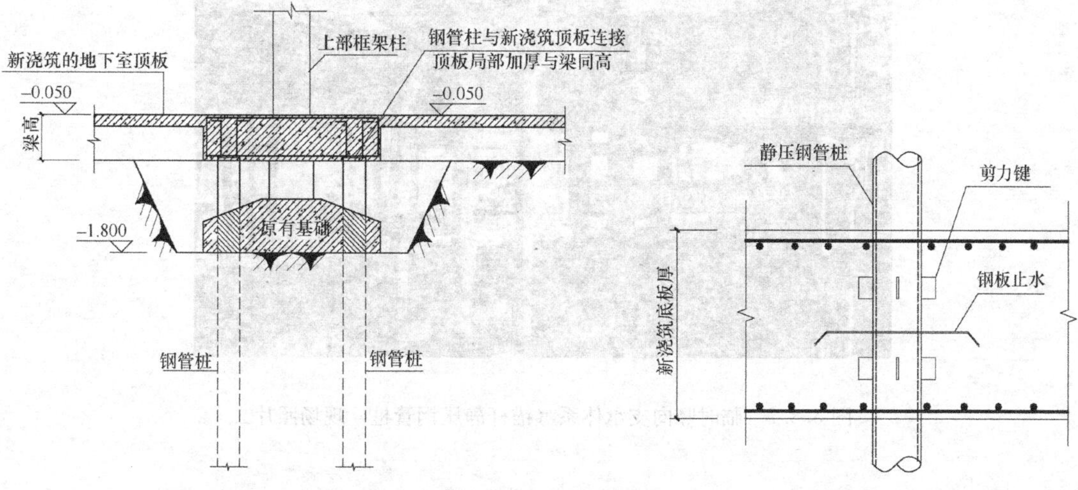

图 5.3.4　静压钢管桩顶部连接构造

图 5.3.5　静压钢管桩与底板连接构造

图 5.3.6、图 5.3.7 为临时竖向支承体系（锚杆静压钢管桩）的现场照片；图 5.3.8 为静压钢管桩与基础底板连接部位的止水片设置照片。

图 5.3.6　临时竖向支承体系（锚杆静压钢管桩）现场照片一

由于场地地下水位较高，增建地下室结构尚应满足抗浮稳定性要求。除静压钢管桩可作为正常使用阶段的抗浮桩外，尚需增设一定数量的抗浮锚杆。经计算，共布置 107 根直径 130mm 的抗浮锚杆，单根锚杆抗拔承载力特征值 150kN。

图 5.3.7 临时竖向支承体系（锚杆静压钢管桩）现场照片二

图 5.3.8 静压钢管桩止水片设置照片

5.4 周边围护结构设计

根据地下室基础埋深、基坑开挖深度、水文地质条件及周边环境情况，设计采用高压旋喷桩重力式挡墙作为周边围护结构。重力式挡墙采用格构式布置，宽度 1.5～2.58m，基底标高以下插入深度 3.1～5.1m。高压旋喷桩直径 600mm，桩间搭接长度 150mm，水泥掺合量 20%。为提高挡墙整体受力性能，挡墙顶部设置 150mm 厚钢筋混凝土压顶，并在挡墙内插入毛竹进行加强，毛竹顶部伸入混凝土压顶内（见图 5.4.1 所示）。基坑周边围护结构平面见图 5.4.2 所示。

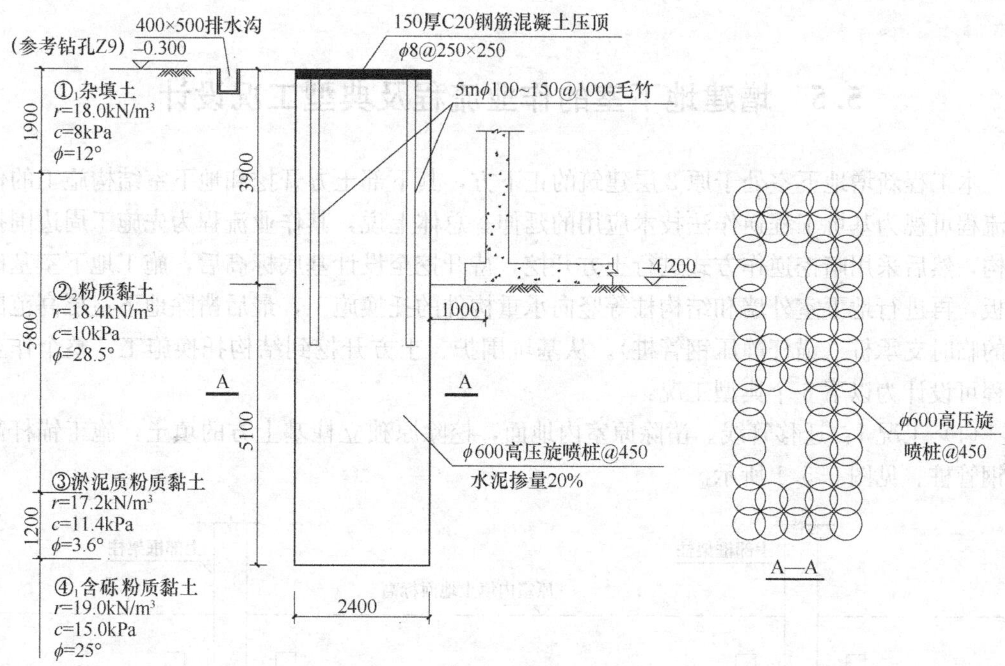

图 5.4.1　典型基坑支护剖面（1—1 剖面）

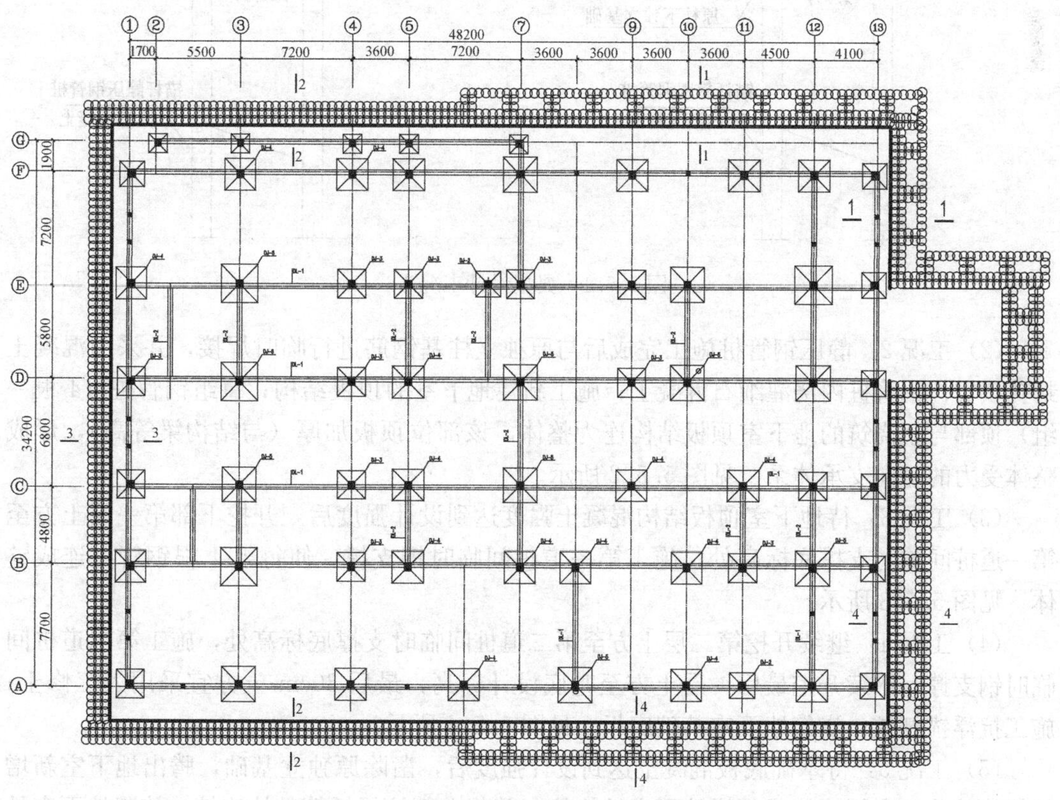

图 5.4.2　增建地下室基坑周边围护结构平面布置

5.5 增建地下室的作业流程及典型工况设计

本工程新增地下室处于原2层建筑的正下方，其下部土方开挖和地下室结构施工的作业流程可视为基坑工程逆作法技术应用的延伸。总体上说，其作业流程为先施工周边围护结构，然后采用暗挖逆作方式进行土方开挖，待开挖至设计基底标高后，施工地下室基础底板，再进行地下室外墙和结构柱等竖向承重构件的托换施工，最后凿除地下室层高范围内的临时支承桩（锚杆静压钢管桩）。从基坑围护、土方开挖到结构托换施工，整个作业流程可设计为以下6个典型工况：

(1) 工况1：迁移管线。凿除原室内地面，挖除原独立柱基上方的填土，施工锚杆静压钢管桩。见图5.5.1所示。

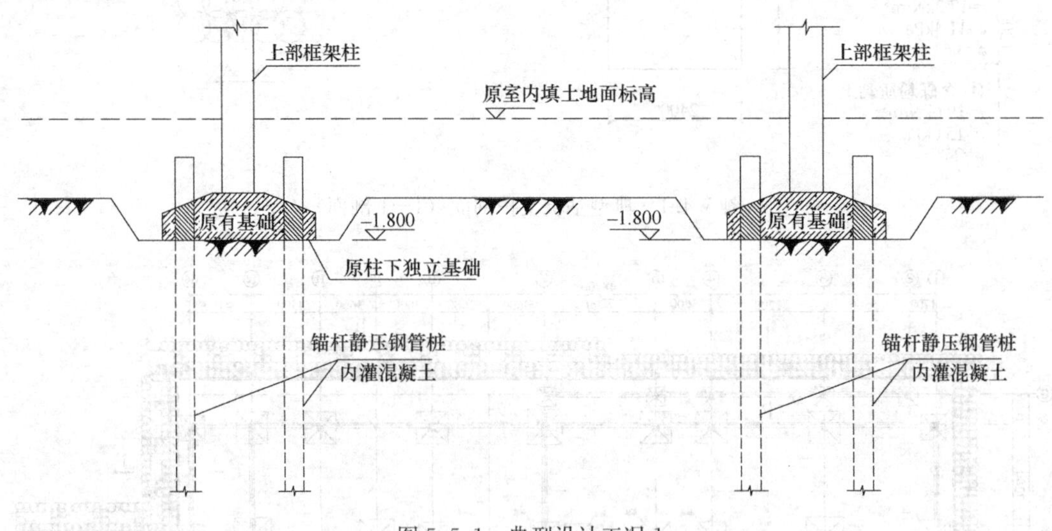

图5.5.1 典型设计工况1

(2) 工况2：静压钢管桩施工完成后与原独立柱基钢筋进行临时焊接，并采用混凝土封孔填实；钢管桩内浇灌细石混凝土；施工新建地下室的顶板结构；每组钢管桩（4根一组）顶部与新浇筑的地下室顶板结构连为整体，该部位顶板加厚（与结构梁等高），形成整体受力的竖向支承体系。见图5.5.2所示。

(3) 工况3：待地下室顶板结构混凝土强度达到设计强度后，开挖下部第一层土方至第一道桩间临时支撑底标高处，施工第一道桩间临时钢支撑，使每组4根钢管桩连成整体。见图5.5.3所示。

(4) 工况4：继续开挖第二层土方至第二道桩间临时支撑底标高处，施工第二道桩间临时钢支撑；继续开挖最后一层土方至基底设计标高，最后30cm土方宜采用人工修土；施工抗浮锚杆桩，浇筑地下室基础底板。见图5.5.4所示。

(5) 工况5：待基础底板混凝土达到设计强度后，凿除原独立基础，腾出地下室新增结构柱的施工空间；施工新增地下室结构柱，并与上部柱子插筋整体连接；施工地下室外墙。见图5.5.5所示。

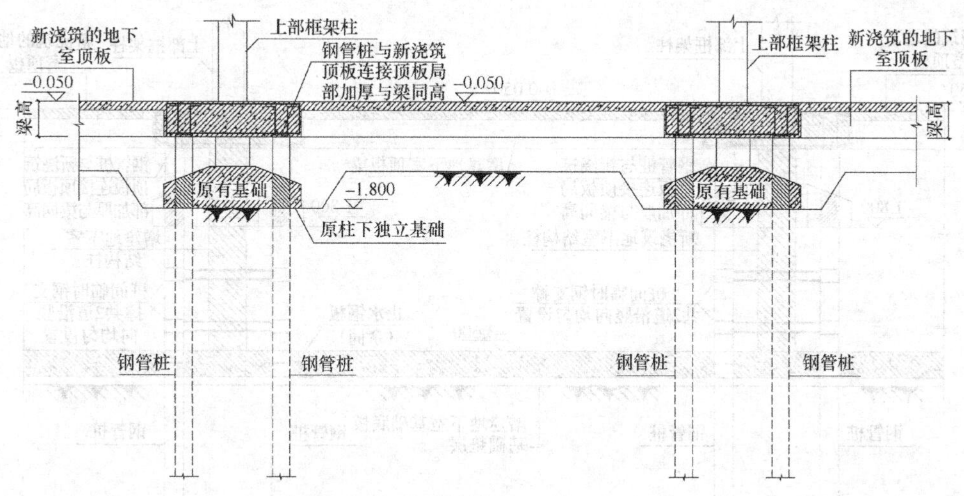

图 5.5.2　典型设计工况 2

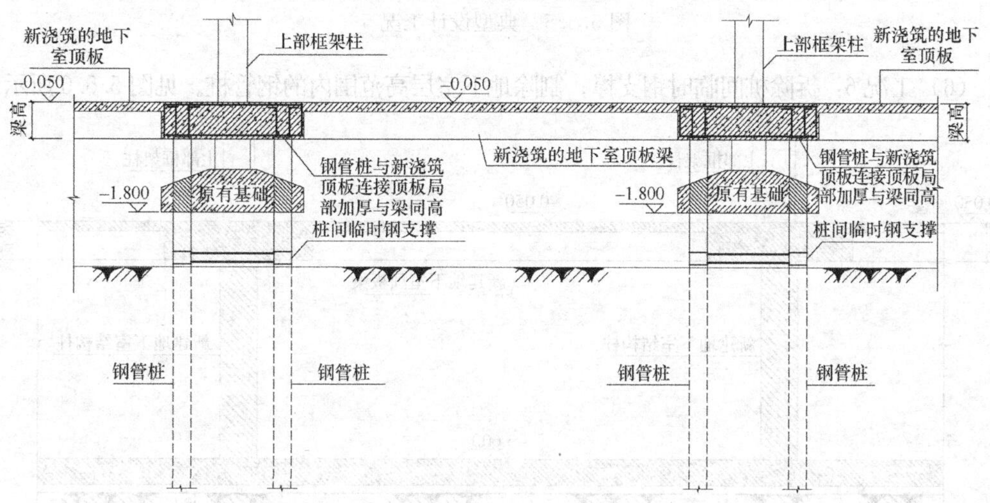

图 5.5.3　典型设计工况 3

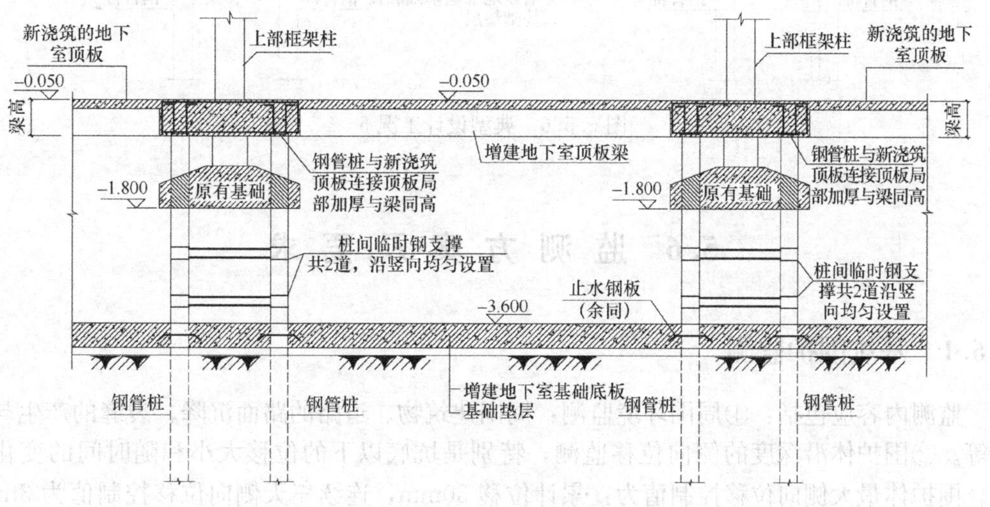

图 5.5.4　典型设计工况 4

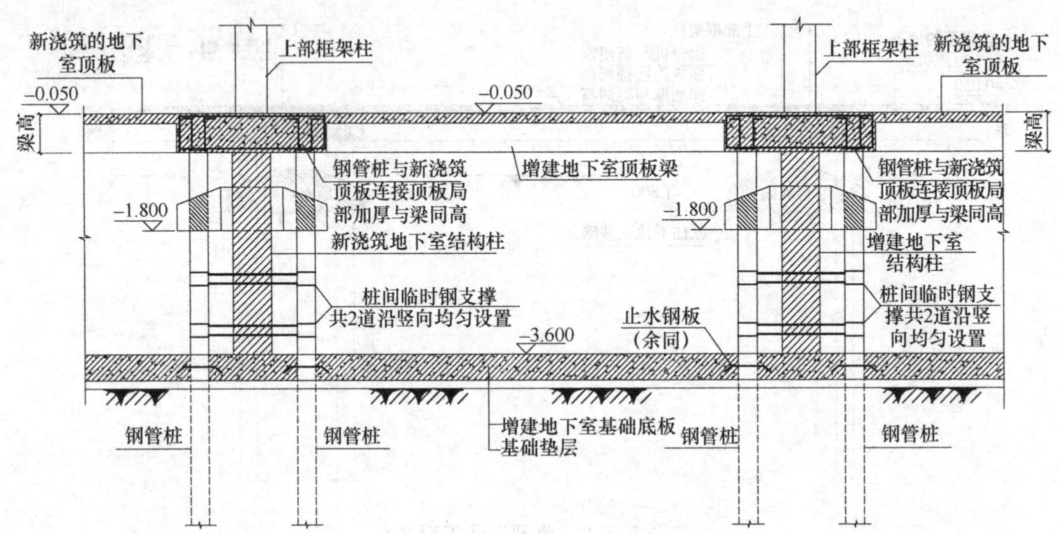

图 5.5.5　典型设计工况 5

(6) 工况 6：拆除桩间临时钢支撑；割除地下室层高范围内的钢管桩。见图 5.5.6 所示。

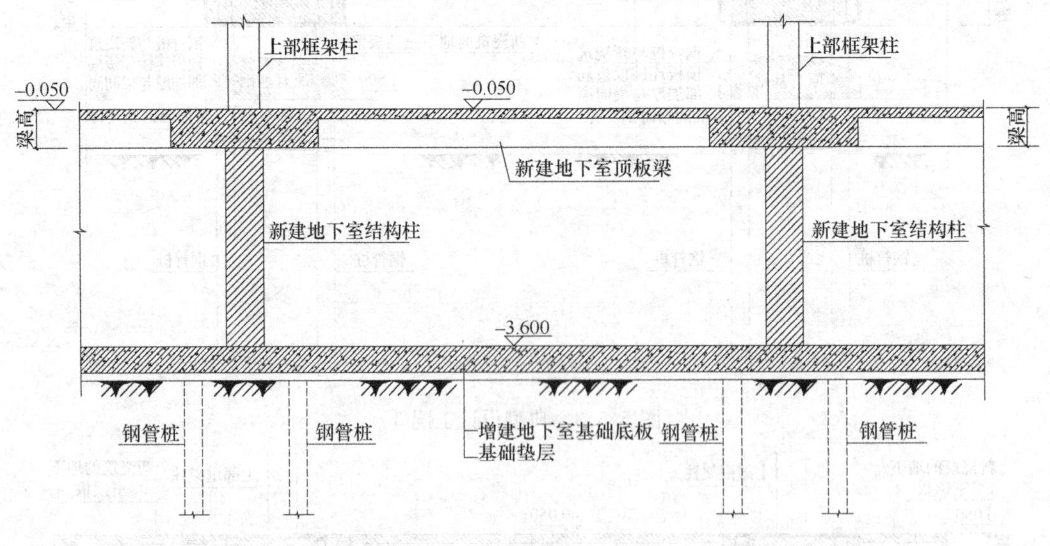

图 5.5.6　典型设计工况 6

5.6 监测方案及要求

5.6.1 基坑围护监测

监测内容应包括：①周围环境监测：周围建筑物、道路的路面沉降、裂缝的产生与发展等。②围护体沿深度的侧向位移监测，特别是坑底以下的位移大小和随时间的变化情况。围护体最大侧向位移控制值为：累计位移 30mm，连续三天侧向位移控制值为 3mm/d。③基坑内外的地下水位观测。水位变化警戒值＋1000mm/d。

5.6.2　主体结构监测

施工期间应对建筑物的沉降、整体水平位移、倾斜及上部和地下结构典型构件变形、裂缝等进行全过程实时监测。地下室结构柱托换施工时，应对被托换构件、新增构件的变形、裂缝等内容进行全过程实时监测。具体监测内容包括：

①主体建筑沉降监测：锚杆静压钢管桩压桩和封桩阶段、地下室土方开挖阶段、地下室结构柱托换施工阶段均应全过程监测。

②钢管桩轴力、变形监测：每柱不少于1根，并应全过程监测。

③上部结构变形监测：原上部结构框架柱监测数量应不少于20%。

④地下室新增结构柱内力和变形监测：宜全数监测。

第 6 章　杭州京江桥·东辅道桥平移工程

6.1　项　目　概　况

京江桥为秋涛北路跨京杭运河桥（图 6.1.1），老桥建于 1988 年，为预应力混凝土连续箱梁，桥面宽 24m，配跨为 25m＋43m＋25m，基本满足京杭运河五级通航宽度 B＝40m、净高 H＝4.5m 要求（图 6.1.2）。原设计双向四车道，两侧各设 3m 人行道。2009 年的石桥路（艮秋立交-机场路）整治过程中，拆除老桥东侧人行道，转移人行及非机动车道过河交通至新建辅道桥。东侧新建辅道桥宽 14.5m，采用等截面钢箱梁结构。本次升级改造要求将东侧辅道桥向东整体平移 5.5m，以保留下部结构及桥面附属结构继续使用。

图 6.1.1　京江桥实景图

为对东辅桥进行横向平移，需在运河中增设桥墩，然后在已建好的运河桥墩之间设置横向桁架梁，通过在桁架梁上设置的滑脚及顶升用千斤顶，利用 PLC 计算机同步顶升技术，将桥梁同步顶升至设计标高以上 5cm，平移到位后整体落架。图 6.1.3 为京江桥·东辅道桥移位前、后示意图。

图 6.1.4 为原岸上桥台断面图，对于岸上桥台尽量予以保留利用。通过补桩的方式新建部分岸上桥台后，对东辅道桥老桥台东侧进行部分凿除，然后将新桥台主筋与老桥台凿出的主筋进行焊接连接，重新浇筑使之连接成整体。

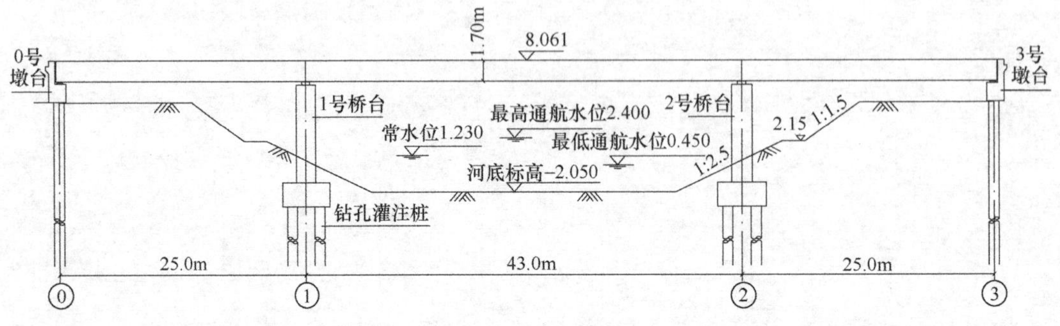

图 6.1.2　京江桥示意图

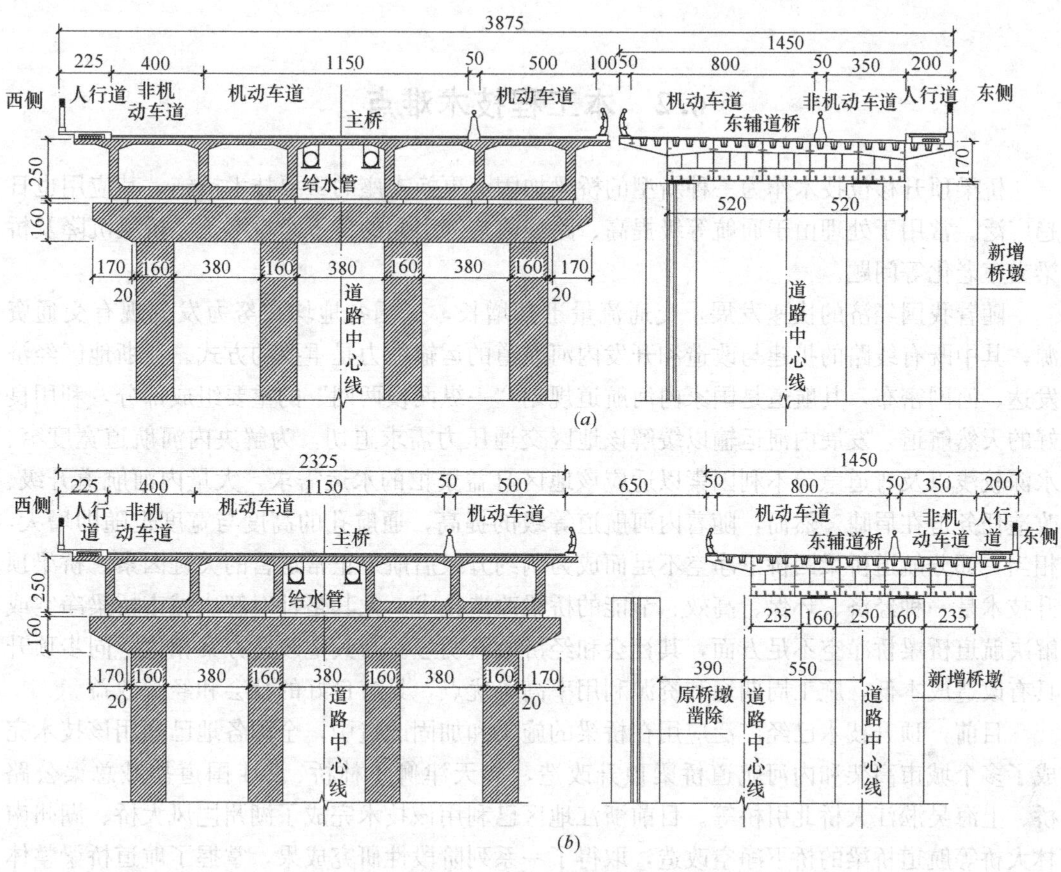

图 6.1.3　京江桥·东辅道桥移位前、后示意图

（a）移位前；（b）移位后

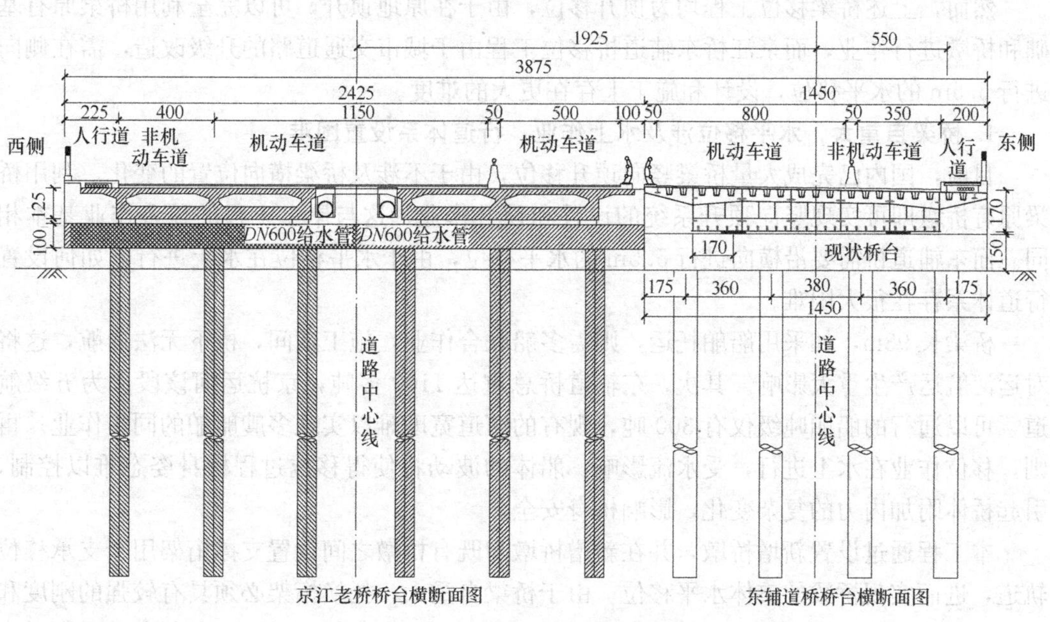

图 6.1.4　京江桥岸上桥台断面图

6.2 本工程技术难点

桥梁顶升移位技术作为一种新型的桥梁加固、更换支座的重要技术措施，其应用也日趋广泛。常用于处理由于通航等级提高、路线改造等引起的桥下净空不足，桥梁沉降及桥梁支座老化等问题。

随着我国经济的快速发展，交通流量迅猛增长，全国各地均在努力发掘现有交通资源，其中既有线路的扩建与改造和开发内河航道的运输能力是重要的方式。江浙地区经济发达、河网密布，其航道是国家内河航道规划“一纵两横两网”的重要组成部分，利用良好的天然航道，发展内河运输以缓解该地区交通压力需求迫切。为解决内河航道宽度窄、水深较浅以及弯道急等不利因素以适应该地区日益繁忙的水运需求，大量内河航道升级、改造任务迫在眉睫。然而，随着内河航道等级的提高，通航孔的高度与宽度也随即增大，相当一部分航道桥梁因桥下净空不足而成为制约升级后航道正常运营的关键因素。桥梁顶升技术是一种经济、环保、高效、节能的桥梁改造技术，尤其是针对解决城市桥梁净空或解决航道桥梁桥净空不足方面，其社会和经济效益明显。与其他改造方案相比，同步顶升具有改造成本低，施工周期短和资源利用率高等优点，具有良好的社会和经济效益。

目前，顶升技术已经广泛应用在桥梁的施工和加固改造中，全国各地已利用该技术完成了多个城市高架和内河航道桥梁顶升改造，如天津狮子林桥、204 国道盐城总渠公路桥、上海吴淞江大桥北引桥等。目前浙江地区已利用该技术完成了湖州岂风大桥、湖州南林大桥等航道桥梁的桥下净空改造，取得了一系列阶段性研究成果，掌握了航道桥梁整体同步顶升的关键技术。

然而，上述桥梁移位工程均为顶升移位，由于在原地顶升，可以完全利用桥梁原有基础和桥墩进行作业，而京江桥东辅道桥移位工程由于城市交通道路的升级改造，需在侧向进行 5.5m 的水平移位，设计和施工上存在更大的难度。

1. 桥梁自重大，水平移位涉及水上作业，行道体系设置困难

目前，国内已完成大量桥梁竖向顶升移位，由于不涉及桥梁横向位置的变化，利用桥梁原有桥墩即可实现竖向顶升系统的设置和顶升作业，这与岸上工程的顶升作业基本相同。而东辅道桥需要沿横向进行 5.5m 的水平移位，由于水平移位在水上进行，如何设置行道体系存在很大困难。

桥梁长 93m，如采用船舶托运，则需多船联合作业，施工期间，桥下无法通航，这将对运河航运产生重大影响。其次，东辅道桥总重达 1100 多吨，京杭运河该段作为五级航道，可以通行的船舶吨级仅有 300 吨，现有的河道宽度难以实现多艘船舶的同步作业。再则，移位作业在水上进行，受水流影响，船体的波动将使得移位过程桥身姿态难以控制，引起桥体附加内力的复杂变化，影响桥身安全。

本工程通过设置新增桥墩，并在新增桥墩与既有桥墩之间设置支撑桁架用于支承移位轨道，进而实现桥梁的整体水平移位。由于桥梁自重大，托换桁架必须具有较强的刚度和强度；并且，移位过程中托换的施力点处于不断变化之中，托换过程工况复杂，需要对支撑桁架进行各工况的验算。

2. 水平顶推系统设置困难

设置水平支撑桁架后，解决了桥梁移动轨道的安放问题，然而对于重达1100余吨的巨大重量，如何在水面上推动其移动尚存在很大困难。如何在原有桥墩上设置水平顶推装置进行顶推，以及解决顶推反力对原有墩台的稳定影响均需进行进一步的分析。

3. 箱形桥梁刚度大，移动过程姿态控制要求高

东辅道桥桥身采用等截面钢箱梁结构，截面高度1.7m，桥梁自身具有很大刚度，竖向顶升、水平移位、落梁就位的同步性控制要求高。桥梁移动过程中姿态变化将引起桥体内力分布的变化，需要通过模拟进行量化分析，预估姿态变化的影响幅度。此外，移位系统必须具有很好的同步性，并对局部姿态变化具有反馈机制和自动调节功能。

总体而言，京江桥位·东辅道桥改造移位工程同时包含了水平和竖向移位，在航道桥梁的改造中非常罕见，由于涉及水平移位，其行道体系的设置、顶推系统安放以及对桥墩稳定的影响都更为复杂。

6.3　平移流程（典型工况）设计

杭州京江桥·东辅道桥向东平移过程中，由于作业在水上进行，缺乏对桥梁的竖向支撑结构。移位过程首先需要浇筑新桥墩，然后在新增桥墩与既有桥墩之间设置托换桁架用于支撑移位轨道，通过在轨道上安放托换千斤顶以及铺设低摩阻材料，以实现桥梁的整体水平移位。在推动桥梁移位过程中，需在单片桁架上设置8个托换千斤顶，桥梁从原始位置逐步平移至最终位置，总行程长5.5m。推动桥梁水平移位的千斤定单次行程为50cm，完成整个移位需进行多次顶推。在这一平移过程中，托换千斤顶处于缓慢行进状态，千斤顶相对于支撑桁架，施力点部位不断处于变化之中。从千斤顶开始移动到最终平移到位，桁架受力复杂，桥梁移动过程的11个阶段以及各阶段对应的工况详见图6.3.1。

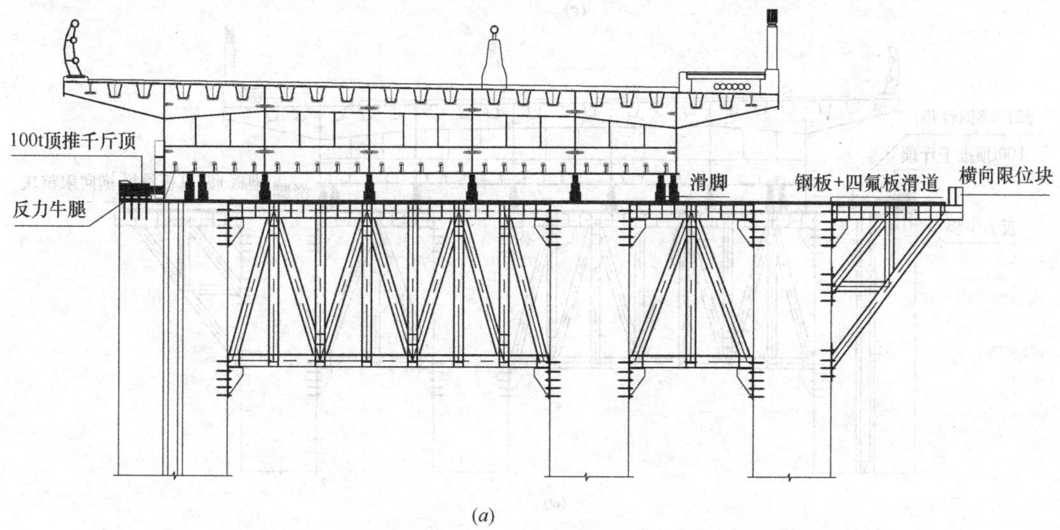

(*a*)

图6.3.1　桥梁移动行程及对应工况（一）

(*a*) 第一顶推阶段工况（行程50cm）

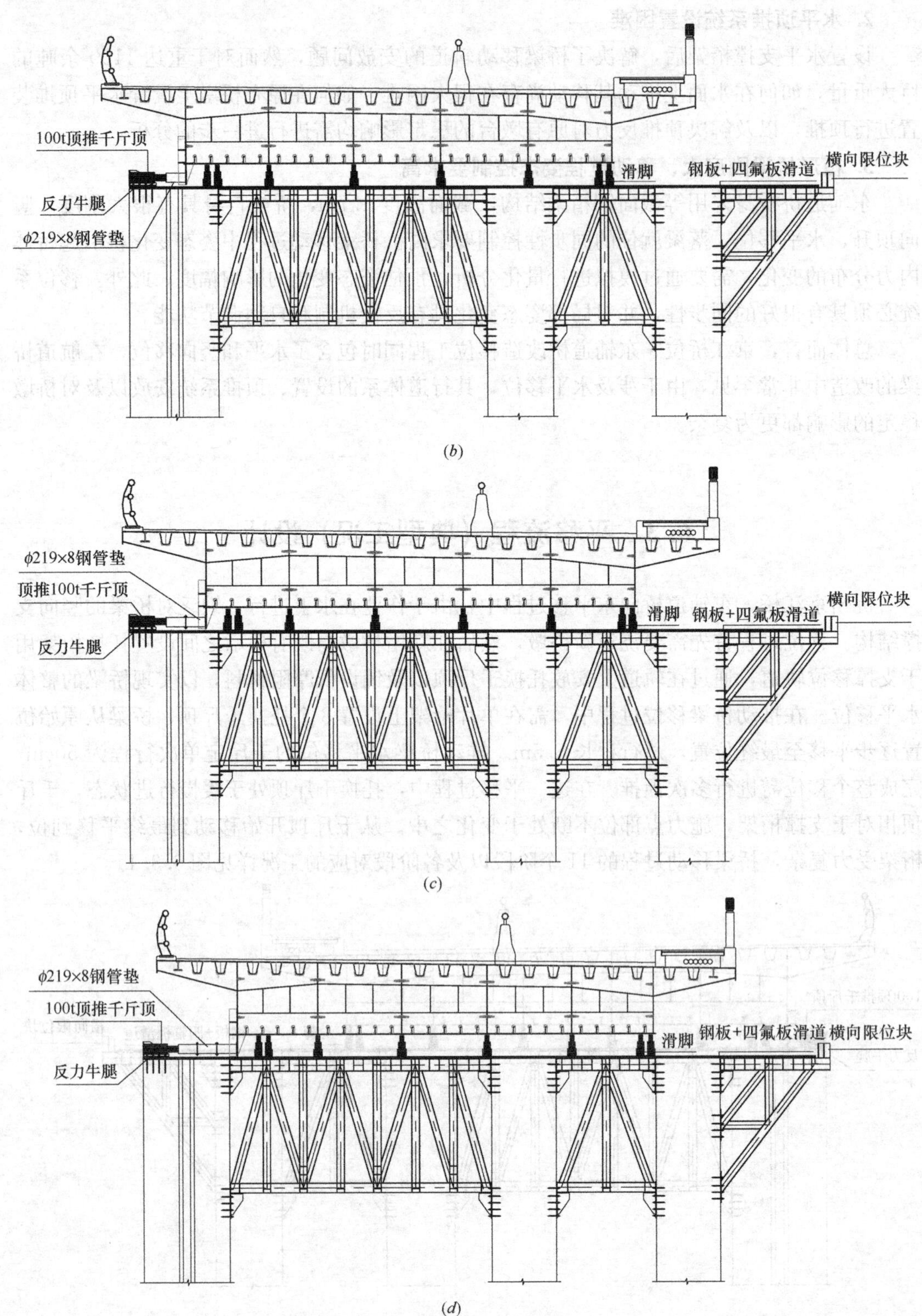

图 6.3.1　桥梁移动行程及对应工况（二）

(*b*) 第二顶推阶段工况（行程 50cm）；(*c*) 第三顶推阶段工况（行程 50cm）；(*d*) 第四顶推阶段工况（行程 50cm）；

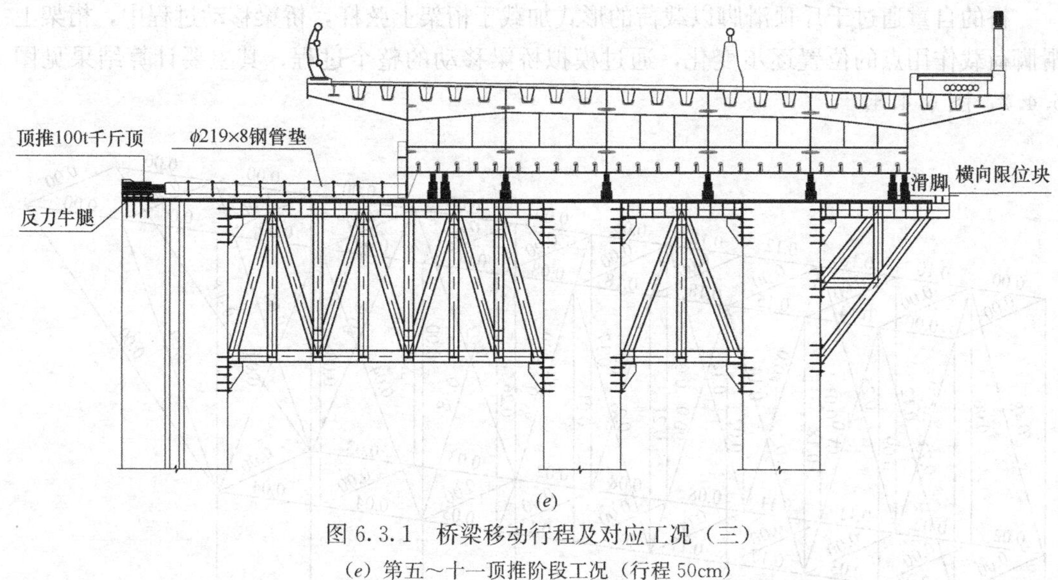

图 6.3.1　桥梁移动行程及对应工况（三）

(*e*) 第五～十一顶推阶段工况（行程 50cm）

6.4　平移托换桁架设计计算

东辅桥在顶升和移动过程中，托换桁架作为其竖向支撑以及移动轨道，是整个工程的关键部位。整个移位过程对托换桁架的强度和刚度要求都很高，托换桁架在各个不同工况下的挠度除满足规范限值要求外，还必须控制桁架变形对东辅道桥内力分布的影响。

1. 托换桁架内力与变形计算

钢箱梁桥线形长度 93m，桥面宽 14.5m，箱梁宽 10.5m，箱梁高 1.7m，桥梁自重荷载标准值约为 11500kN。顶推平移时，在 0 号及 3 号桥台各设置 2 处滑脚，1 号及 2 号桥墩桁架式滑道梁上各设置 6 处滑脚（见图 6.3.1），桥的自重通过滑脚分别传递给桁架式滑道梁和桥台。托换桁架模型见图 6.4.1。

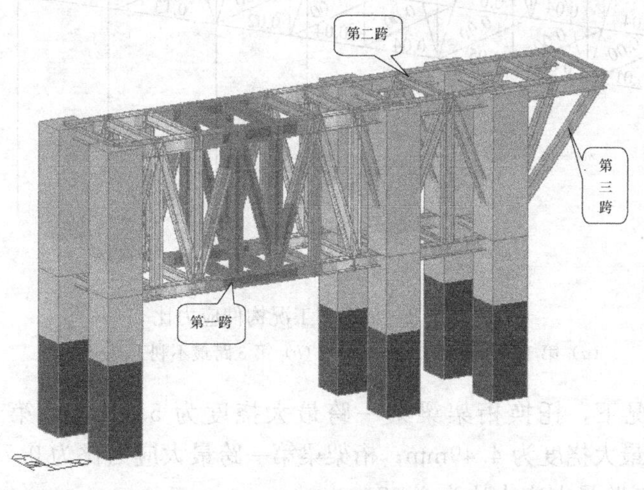

图 6.4.1　桁架三维模型图

桥的自重通过千斤顶滑脚以载荷的形式加载于桁架上弦杆，桥梁移动过程中，桁架上滑脚荷载作用点的位置逐步变化，通过模拟桥梁移动的整个过程，其主要计算结果见图6.4.2、图6.4.3。

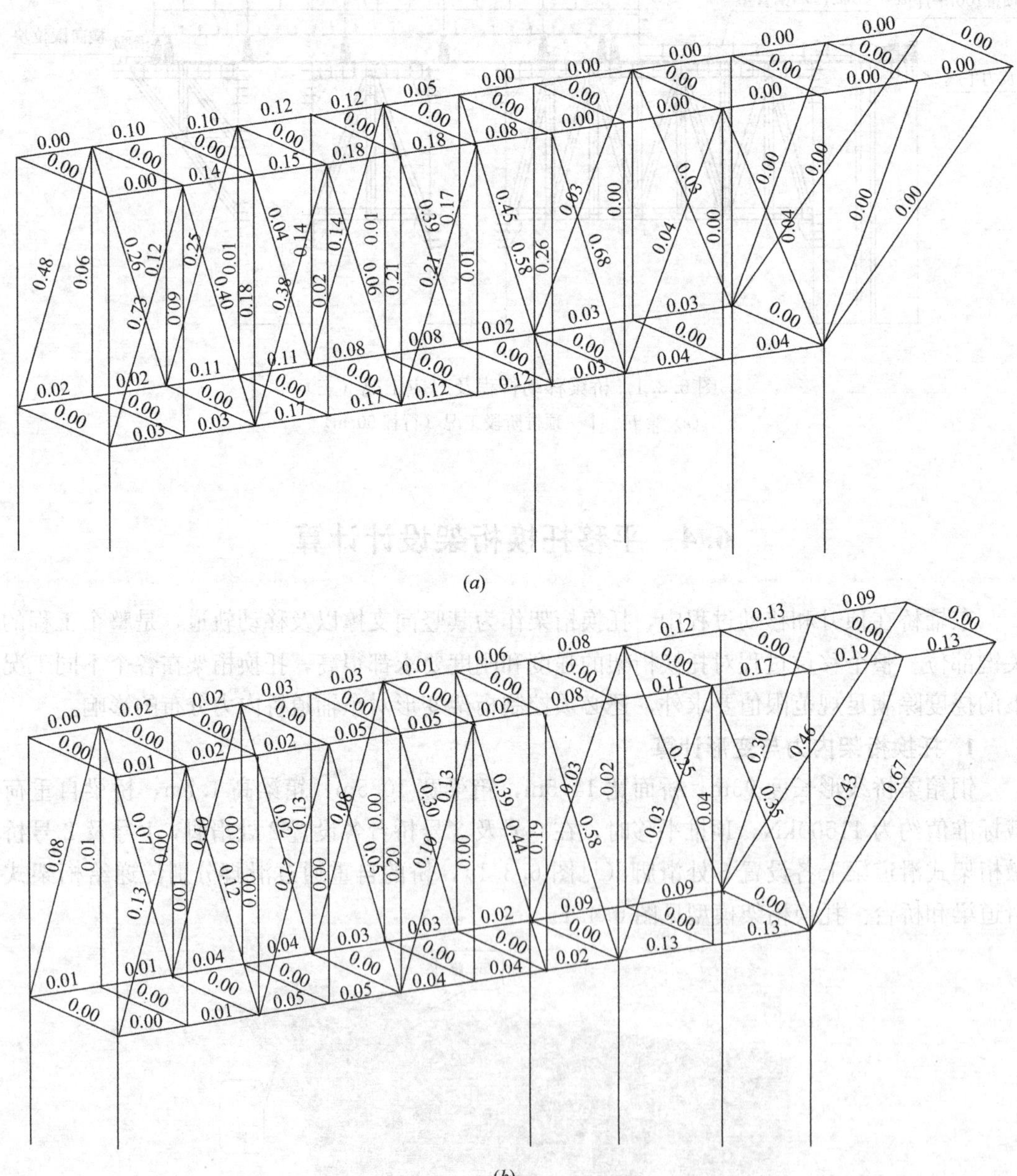

图 6.4.2 最不利工况构件应力比

(*a*) 第 1 跨最不利工况应力比；(*b*) 第 3 跨最不利工况应力比

在最不利工况下，托换桁架梁第一跨最大挠度为 5.11mm，第二跨最大挠度为 1.79mm，第三跨最大挠度为 4.49mm；桁架梁第一跨最大应力比为 0.73，第二跨最大应力比为 0.35，第三跨最大应力比为 0.67。

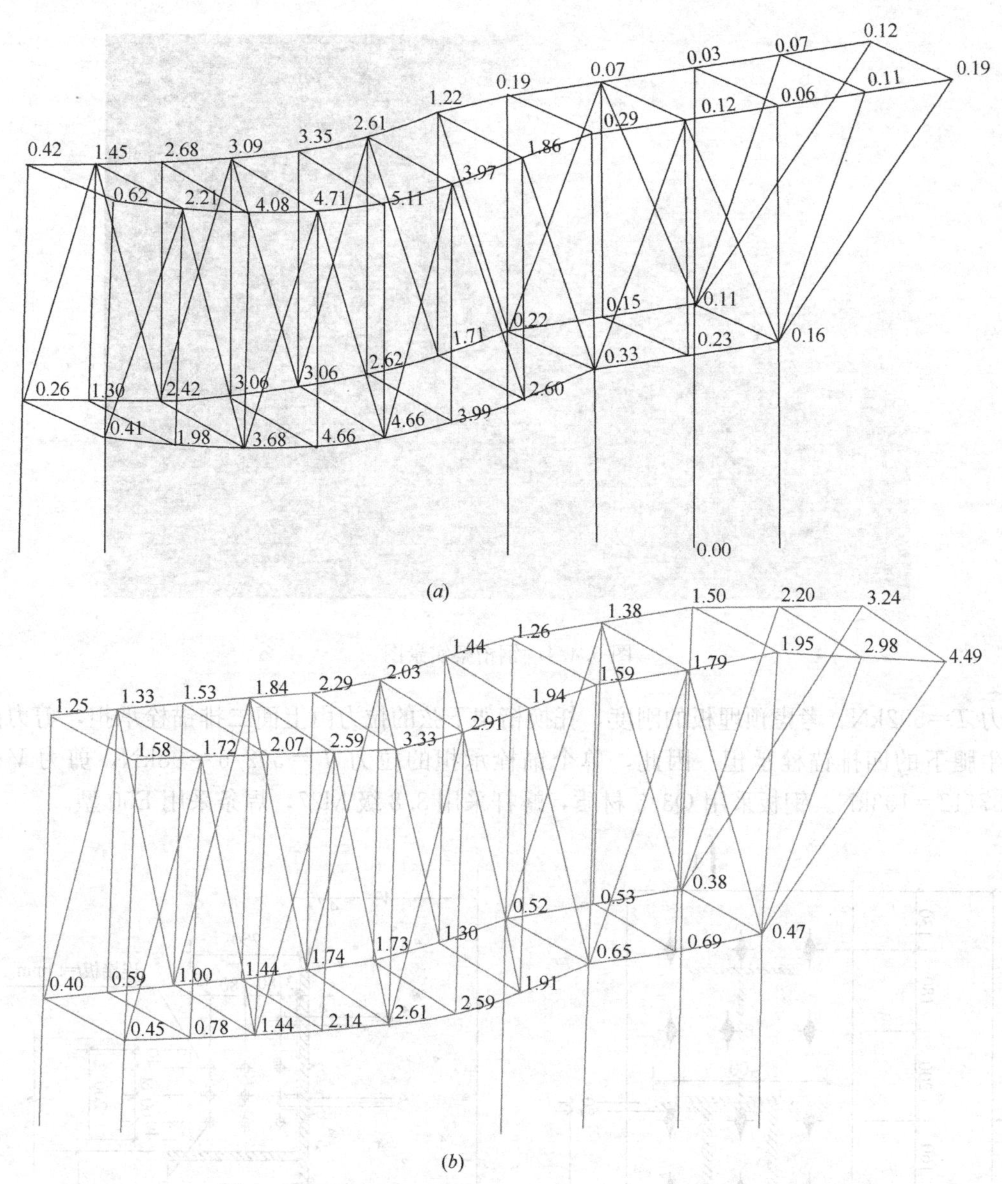

图 6.4.3　最不利工况挠度图

（*a*）第 1 跨最不利工况竖向位移图；（*b*）第 3 跨最不利工况竖向位移图

分析表明，桁架在不同工况荷载作用下所产生的最大挠度仅为跨度的 1/1280，远小于现行钢结构设计规范的限制值，最大应力比小于 0.75。托换桁架能满足桥体顶升、平移各工况下的安全承载与变形控制要求，并且具有足够的安全储备。钢桁架现场拼装见图 6.4.4。

2. 桁架与混凝土墩柱连接设计

通过在混凝土墩柱上后植锚栓，安装固定钢牛腿，然后与支撑钢桁架上、下弦杆和腹杆进行节点连接，桁架与混凝土墩柱连接节点见图 6.4.5。

根据不同工况下内力分析结果，作用在支座处桁架最大内力为：剪力 $V=1237\text{kN}$，

图 6.4.4　钢桁架实景图

拉力 T=592kN。考虑预埋板的刚度，托换桁架下弦的拉力由上面二排锚栓承担，剪力由钢牛腿下的四排锚栓承担。因此，单个锚栓承担的拉力 T=592/6=98kN，剪力 V=1237/12=103kN。钢板采用 Q345 材质，螺杆采用 8.8 级 M27，焊条采用 E50 型。

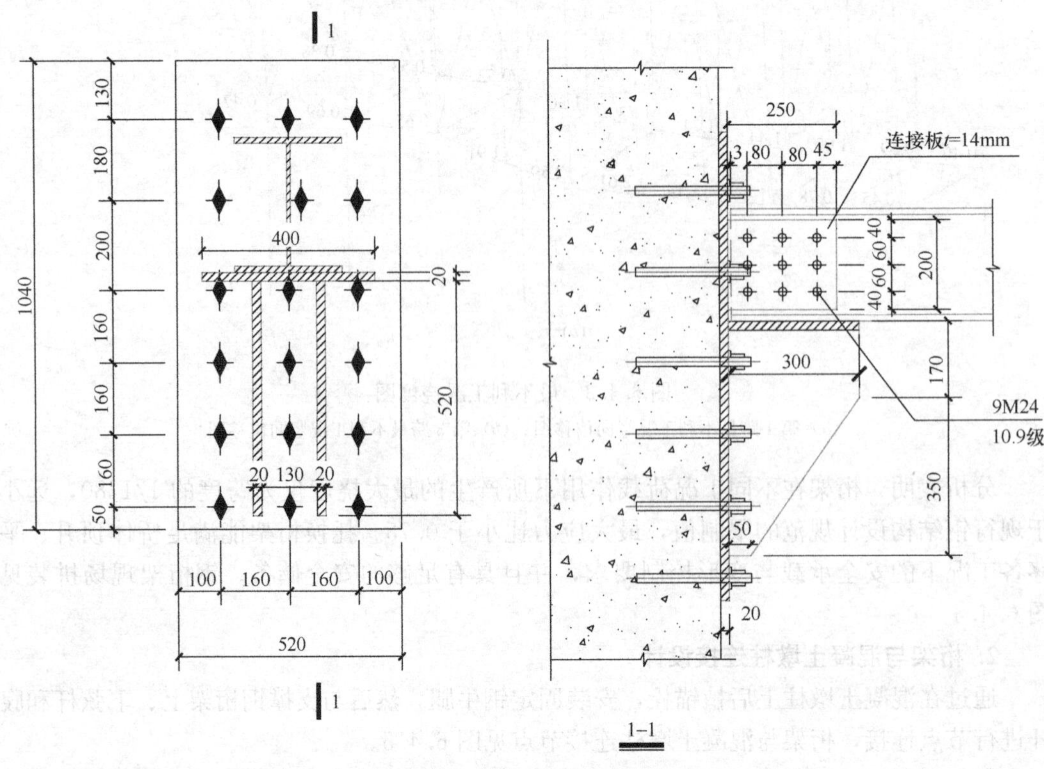

图 6.4.5　钢桁架下弦连接图

锚栓屈服强度标准值 $f_{yk}=640\text{N/mm}^2$，则单个锚栓抗拉、抗剪强度设计值分别为：

$$N_{Rd,s}^{s}=\frac{f_{yk}A_s}{\gamma_{Rs,N}}=\frac{3.14\times24.2^2}{4}\times640/1.3=226.3\text{kN}$$

$$V_{Rd,s}^{s}=\frac{0.5\times f_{yk}A_s}{\gamma_{Rs,V}}=\frac{0.5\times3.14\times24.2^2}{4}\times640/1.3=113.2\text{kN}$$

可见，锚栓钢材破坏承载力满足要求。

锚栓锚固深度为500mm，墩柱混凝土为C40时，查《混凝土结构后锚固技术规程》可得：单个锚栓混凝土锥体破坏承载力标准值 $N=494.97\text{kN}>98\text{kN}$，混凝土锥体破坏抗拉承载力满足要求。

6.5 顶推系统设计

桥梁平移需要一个可靠的推动装置提供动力，东辅道桥跨越运河，桥身沿桥长方向在岸上桥台、河内桥墩四个断面设置支承支点，为了不影响航运同时避免水流干扰，推力系统必须设置在岸上桥台和原有桥墩之上，本工程设计了如图6.5.1所示桥梁平移顶推系统。该系统由顶推动力设备、设置在桥墩的反力装置以及配套设备组成。其中，顶推动力设备采用PLC控制的100t液压千斤顶，可同步协调推动桥梁；反力装置则是由桥墩或者桥台上安装钢牛腿提供；配套设置主要包括各种类型的钢管垫和连接件。顶推实景见图6.5.2。

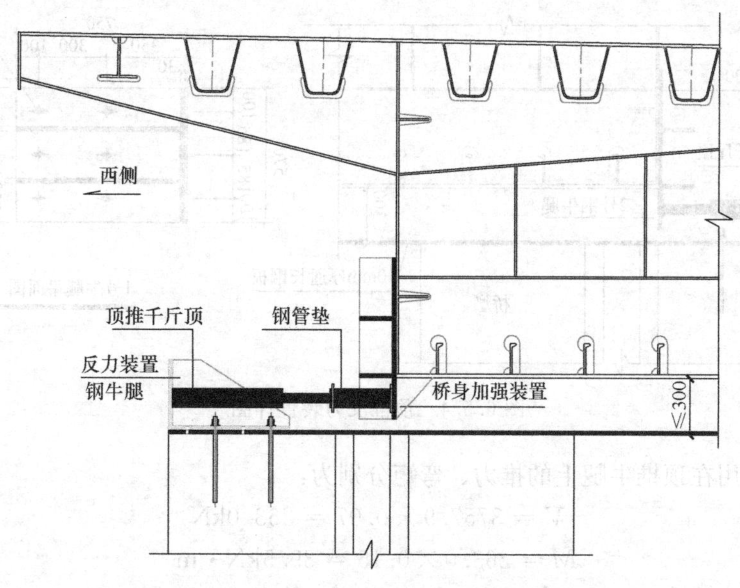

图6.5.1　顶推系统示意图

此外，由于东辅道桥为等截面钢箱梁结构，虽然桥身整体刚度大，但是作为空腹结构，局部承压能力弱，因此在顶推千斤顶作用位置采取加劲措施进行加强，详见图6.5.3。

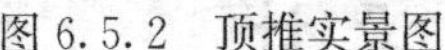

图 6.5.2 顶推实景图

图 6.5.3 箱形桥局部承压加强节点

6.5.1 顶推钢牛腿及配套设备设计

1. 顶推钢牛腿计算

东辅桥的平移均在水面之上进行，为保证桥梁移动过程的平稳，只能借助原有的桥墩作为反力推动系统的着力点，通过设置顶推反力牛腿支承千斤顶工作。顶推牛腿采用 Q345 材质钢板，M248.8 级螺杆（图 6.5.4）。

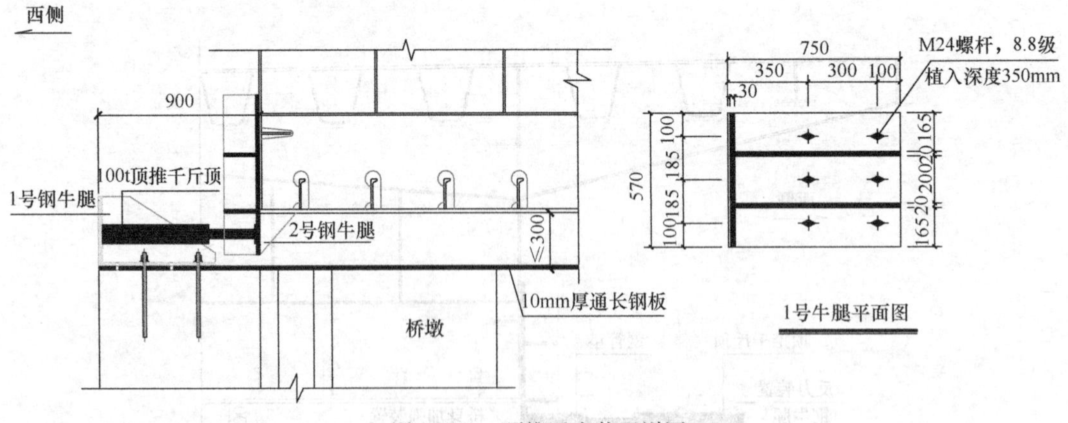

图 6.5.4 顶推反力装置详图

本工程作用在顶推牛腿上的推力、弯矩分别为：

$$V = 3757.9 \times 0.07 = 263.0\text{kN}$$

$$M = 263.0 \times 0.15 = 39.5\text{kN} \cdot \text{m}$$

锚栓屈服强度标准值 $f_{yk} = 640\text{N/mm}^2$，则单个锚栓抗拉、抗剪强度设计值分别为 173.7kN 和 86.8kN。

此时，锚栓所受拉力、剪力分别为：

$$N_{\text{Rd,s}} = \frac{My_{i_{\max}}}{\sum y_i^2} = \frac{39.5 \times 10^6 \times 300}{3 \times 300^2} = 43.8\text{kN}$$

$$V_{\mathrm{Rd,s}}=\frac{V}{6}=\frac{263}{6}=43.8\mathrm{kN}$$

式中：y_i 为第 i 排螺栓距最下排螺栓的距离，$y_{i_{\max}}$ 为最外排螺栓距最下排螺栓的距离。

根据《混凝土结构后锚固技术规程》，拉剪复合受力下锚栓钢破坏承载力满足要求。

2. 钢管垫计算

在水平顶升过程中，由于千斤顶的行程较小，千斤顶每完成一个行程后，需通过设置顶升钢管以进行下个行程的推进（图 6.5.5）。顶升钢管垫采用 ϕ219×8 无缝钢管，钢管截面面积 A=5303mm²，净截面面积 A_n=4773mm²，回转半径 i=74.7mm，钢材材质为 Q235，单节长度分 500mm、2000mm 两种规格，钢管垫之间用螺栓连接，连接钢管总长度 L 取 5.0m。千斤顶的顶推荷载 N=263.0kN。

图 6.5.5　桥梁顶推及钢管垫图

根据《钢结构设计规范》[1]式（5.1.1-1），轴心受压构件应按下式计算：

$$\sigma=\frac{N}{A_{\mathrm{n}}}=\frac{263.0\times10^3}{47.73\times10^2}=55.1<215\mathrm{N/mm^2}$$

强度满足要求。

处于最大顶升状态时，钢管长细比 $\lambda=L/i=5000/74.7=66.93<[\lambda]=150$，长细比满足要求。根据《钢结构设计规范》[1]第 5.1.1 条及附录 C 得轴心受压构件稳定系数 $\varphi=0.854$，则有：

$$\sigma=\frac{N}{\varphi A}=\frac{263.0\times10^3}{0.854\times5303}=58.08<215\mathrm{N/mm^2}$$

整体稳定满足要求。

钢管的外径与壁厚之比：$D/t=27.38<100(235/f_y)$，局部稳定符合要求。另外，为减小钢管的长细比，在钢管中部按构造增设 75×5 的连接角钢以确保结构安全。

6.5.2　移位方式比选以及推力设计

1. 移位方式比选

目前，国内外水平移位主要有三种方式：滚动式、滑动式和轮动式。

轮动式移位一般适用于长距离以及荷载较小的工程。因东辅道桥长93m，需多船联合作业，对运河航运产生影响；而且移位作业在水上进行，受水流影响，船体的波动将使得移位过程桥身姿态难以控制，引起桥体附加内力的复杂变化，且本工程辅桥移动距离仅5.5m，因此未采用该法。

滚动式移位移动阻力小，移动速度快，但是容易因轨道不平或者个别滚轴破坏引起桥身内力重分布进而导致其开裂或者损坏。

滑动式移位通过设置聚四氟乙烯等低摩阻材料和滑动面涂抹黄油等润滑介质可有效减少移动过程的阻力。然而总体而言，该法摩擦系数较大，移位需提供较大的推力，并且对轨道的平整度要求非常高。在这种传统滑动式移位的基础上发展了一种内力可控式滑动支座，采用液压千斤顶代替普通滑块，千斤顶下设置滑动材料。通过实时自动调整千斤顶反力，能有效地避免轨道不平整和滑块变形对上部结构的影响。图6.5.6为常见移动方式示意图。

通过以上比较，液压滑动移位最为安全、可靠，且不影响运河通航，考虑到桥梁水平移位的复杂性和特殊性，本工程采用液压滑动移位。

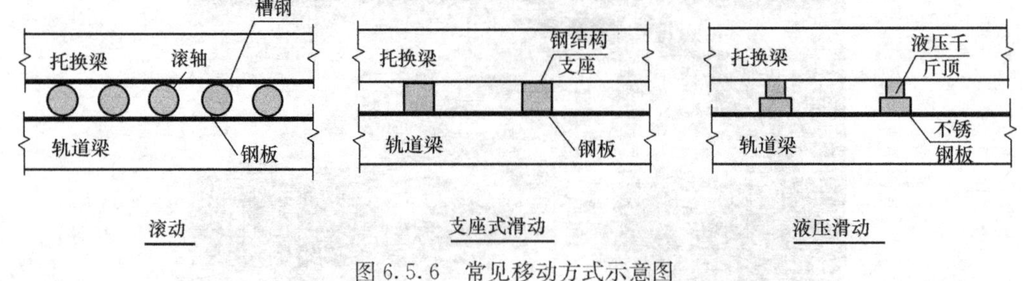

图6.5.6　常见移动方式示意图

2. 推力计算

移位牵引力大小的确定是移位工程的重要环节，影响牵引力大小的因素很多，如位移物重量、轨道平整度、滚轴直径以及摩擦系数等。

建筑物移位时，启动牵引力要大于移位过程的牵引力，约高出25%左右。采用滚轴移动时，建筑物启动摩擦系数约为建筑物重量的1/12～1/28。东南大学在江南酒店移位过程中，先后在实验室和现场进行了摩阻系数测试，试验结果仅为0.003～0.005，而现场测试表明，初始牵引力摩擦系数为0.07，移动过程为0.04[2]。目前，移位工程中牵引力的确定大多依靠试验和经验确定，在轨道平整度满足一定要求的前提下，移位阻力可采用下式计算[3]：

$$F = k\mu W \tag{6.5.1}$$

式中：k 为经验系数，由试验或经验确定，一般取1.5～3.0；μ 为摩擦系数，钢材滚动摩擦系数取0.02～0.1，聚四氟乙烯的滑动摩擦系数取0.05～0.07，其他滑动摩擦系数根据实际材料确定，爬升时尚应考虑自重所产生的阻力；W 为建筑物重量。

因此，东辅桥平移所需要的总推力为：

$$F=0.05\times12490=624.5\text{kN}$$

工程中选择100t千斤顶提供顶推力，总共用6台，可提供600t的总顶推力，其中0号及3号桥台各布置1台100t千斤顶，1号及2号墩各布置2台100t千斤顶，完全能够克服启动阻力（表6.5.1）。

立柱与钢桁架相对基准点标高 表6.5.1

位置	0号桥台	1号桥墩	2号桥墩	3号桥台
水平推力（kN）	75	210	210	75
千斤顶个数	1（100t）	2（100t）	2（100t）	1（100t）

注：表格数据为正常行走时的推力。

对于低摩阻材料在顶推过程中的效果，本工程专门做了对比。未设置低摩阻材料时，千斤顶总推力为1500kN，设置低摩阻材料后，千斤顶总推力为643kN。工程实测桥梁重量为12490kN，两种情况对应的摩擦系数分别为0.12和0.05。

6.5.3 水平推力作用下桥墩稳定验算

桥梁在平移过程中，移动加速阶段会对桥墩产生一个水平动力荷载，该荷载为瞬间作用的静摩擦反力与动摩擦反力之差，作用在墩柱上的自重约为4300kN，静摩擦系数取0.1，动摩擦系数取0.07，则作用于桥墩的水平动力荷载：

$$F=(0.1-0.07)\times4300=129\text{kN}$$

其分配到每个墩柱上的水平力为129/3＝43kN。对于截面尺寸2000mm×1600mm、横向抗侧刚度巨大、通过钢桁架连成整体并促使其抗侧刚度明显提高的混凝土墩柱来讲，如此小量的瞬间水平作用可以忽略不计。

此外，根据《公路桥涵设计通用规范》JTG D60—2004第4.4.2条：位于通航河流或有漂流物的河流中的桥梁墩台，设计时应考虑船舶或漂流物的撞击作用，当缺乏实际调查资料时，内河上船舶撞击作用的标准值可按表6.5.2采用。四、五、六、七级航道内的钢筋混凝土桩墩，顺桥向撞击作用可按表6.4.2所列数值50%考虑。京江桥段运河航道等级为V，其横桥向桩墩的抗撞击设计承载力为400kN。移动加速阶段的水平动力荷载小于船舶的撞击作用，因此无需验算该阶段的桥墩稳定。

内河船舶撞击作用标准值 表6.5.2

内河航道等级	船舶吨级DWT（t）	横桥向撞击作用（kN）	顺桥向撞击作用（kN）
一	3000	1400	1100
二	2000	1100	900
三	1000	800	650
四	500	550	450
五	300	400	350
六	100	250	200
七	50	150	125

6.6 桥梁不均匀移位内力分析

桥梁移位施工前，在每个支承断面上，均设置2个桥梁支座，详见图6.6.1。顶升施工前桥梁应力详见图6.6.2。横桥向最大拉应力26.4MPa，最大压应力60.0MPa；顺桥向最大拉应力34.7MPa，最大压应力57.7MPa。横桥向总体应力很小，上述应力极值仅出现在个别位置。

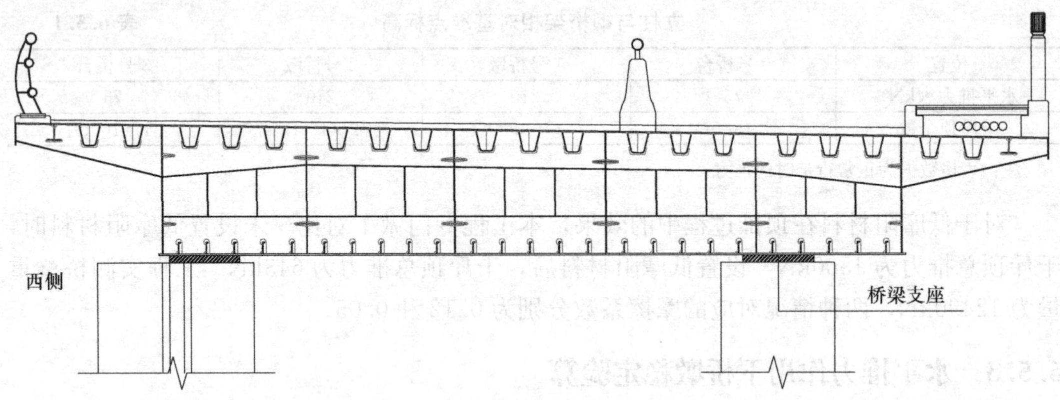

图 6.6.1 移位前桥梁支座示意图

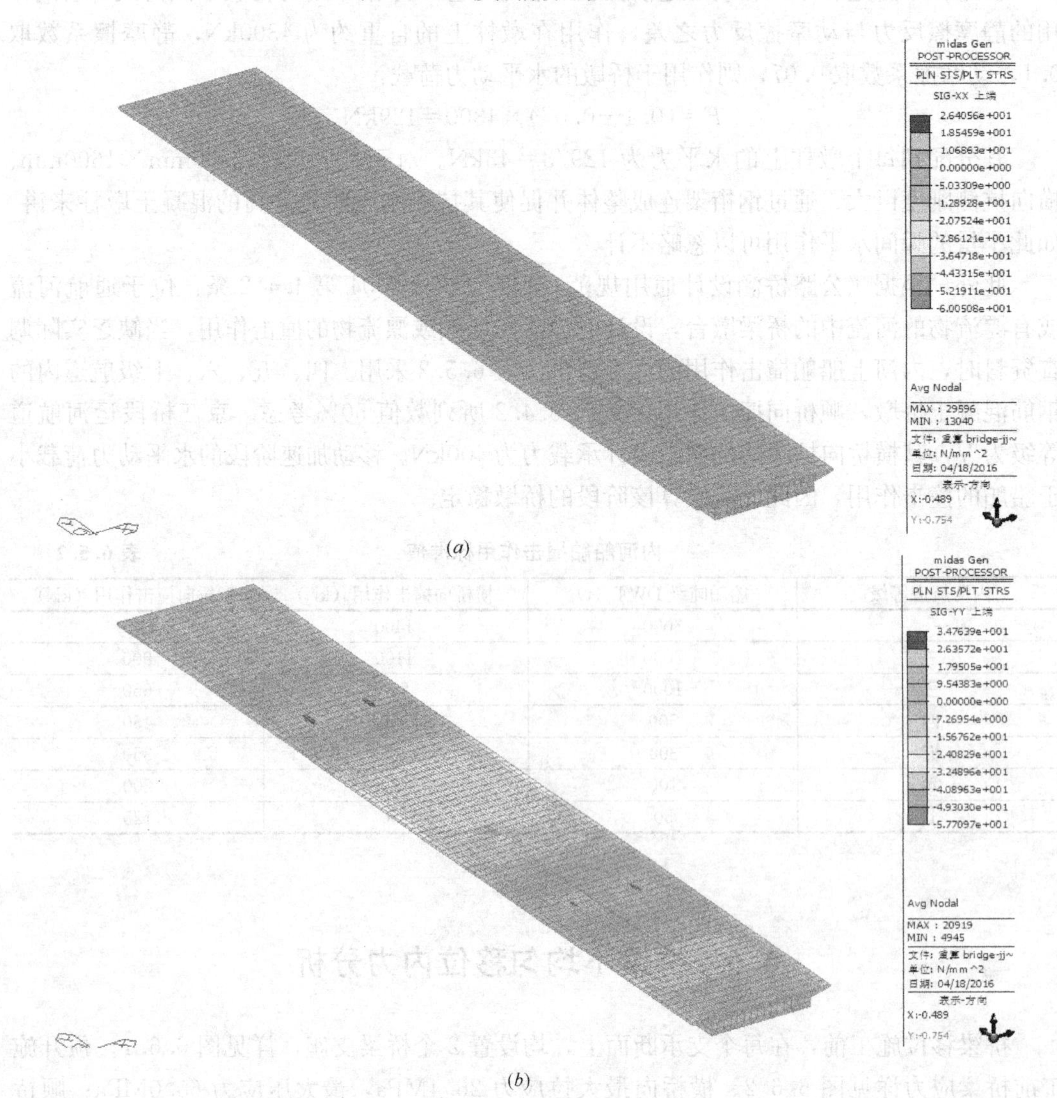

midas Gen
POST-PROCESSOR
PLN STS/PLT STRS
SIG-XX 上端
2.64056e+001
1.85459e+001
1.06863e+001
0.00000e+000
-5.03309e+000
-1.28928e+001
-2.07524e+001
-2.86121e+001
-3.64718e+001
-4.43315e+001
-5.21911e+001
-6.00508e+001
Avg Nodal
MAX : 29596
MIN : 13040
文件: 蓬莱 bridge-jj~
单位: N/mm^2
日期: 04/18/2016
表示-方向
X:-0.489
Y:-0.754

(*a*)

midas Gen
POST-PROCESSOR
PLN STS/PLT STRS
SIG-YY 上端
3.47639e+001
2.63572e+001
1.79505e+001
9.54383e+000
0.00000e+000
-7.26954e+000
-1.56762e+001
-2.40829e+001
-3.24896e+001
-4.08963e+001
-4.93030e+001
-5.77097e+001
Avg Nodal
MAX : 20919
MIN : 4945
文件: 蓬莱 bridge-jj~
单位: N/mm^2
日期: 04/18/2016
表示-方向
X:-0.489
Y:-0.754

(*b*)

图 6.6.2 原桥梁应力

(*a*) sig-*xx*；(*b*) sig-*yy*

桥梁顶升前，原支座约束释放，桥下设置顶升千斤顶，0 号、3 号桥台上各设置 2 个滑移支座，1 号、2 号托换桁架上个设置 8 个滑移支座，滑移支座设置详见图 6.6.3。

将桥梁支座换成滑移千斤顶后，桥梁应力详见图 6.6.4。此时，横桥向最大拉应力

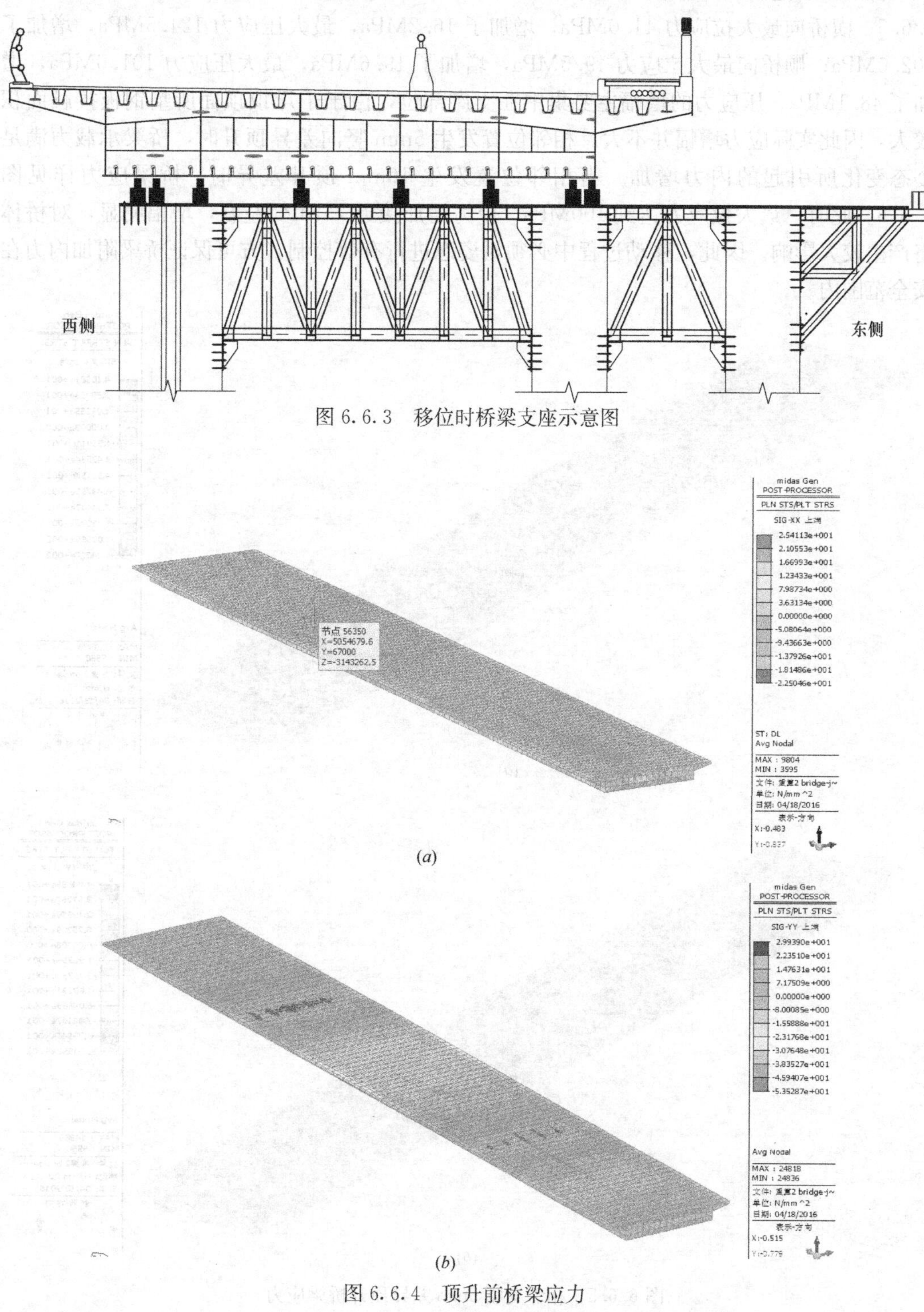

图 6.6.3　移位时桥梁支座示意图

(*a*)

(*b*)

图 6.6.4　顶升前桥梁应力

(*a*) sig-*xx*；(*b*) sig-*yy*

25.4MPa，最大压应力 22.5MPa；顺桥向最大拉应力 29.9MPa，最大压应力 53.5MPa。由于顶升过程支座增加，应力呈减小趋势。

桥梁移动过程中，假定相邻位置发生 5mm 竖向差异变形，此时桥梁应力详见图 6.6.5。横桥向最大拉应力 41.0MPa，增加了 16.2MPa，最大压应力 124.5MPa，增加了 102.0MPa；顺桥向最大拉应力 49.5MPa，增加了 19.6MPa，最大压应力 101.6MPa，增加了 48.1MPa。压应力的增幅主要集中在支座部位，由于千斤顶顶面所垫钢板接触面积较大，因此实际应力增幅并不大。相邻位置发生 5mm 竖向差异顶升时，桥梁承载力满足姿态变化所引起的内力增加。当相邻位置发生 10mm 顶升差异时，桥梁应力详见图 6.6.6。此时，最大拉应力达到 100MPa，应力增加接近 75MPa 左右，增幅明显，对桥体将产生较大影响。因此，移动过程中必须对姿态进行有效控制，方可保证桥梁附加内力在安全范围内。

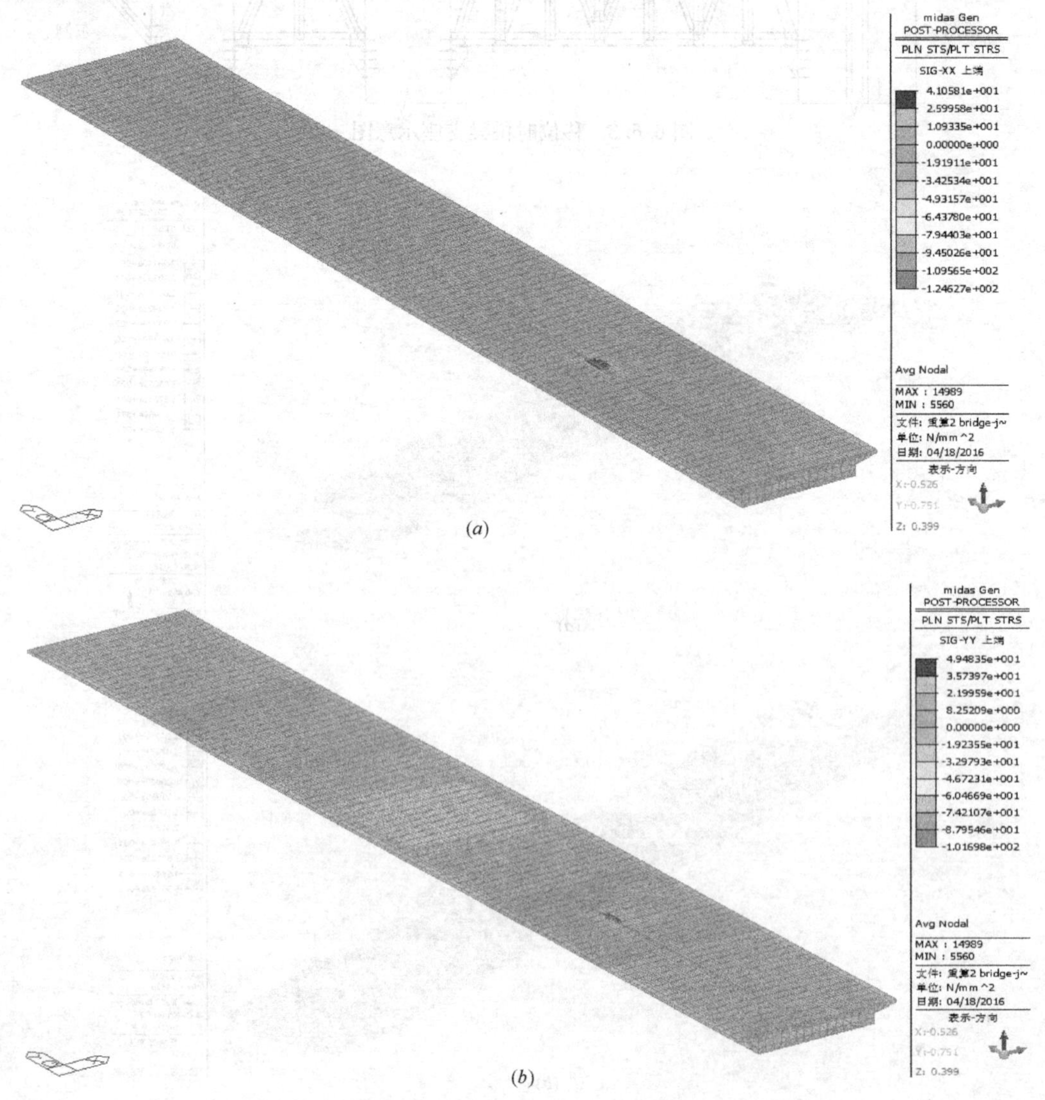

(*a*)

(*b*)

图 6.6.5 相邻支座 5mm 差异顶升桥梁应力

(*a*) sig-*xx*；(*b*) sig-*yy*

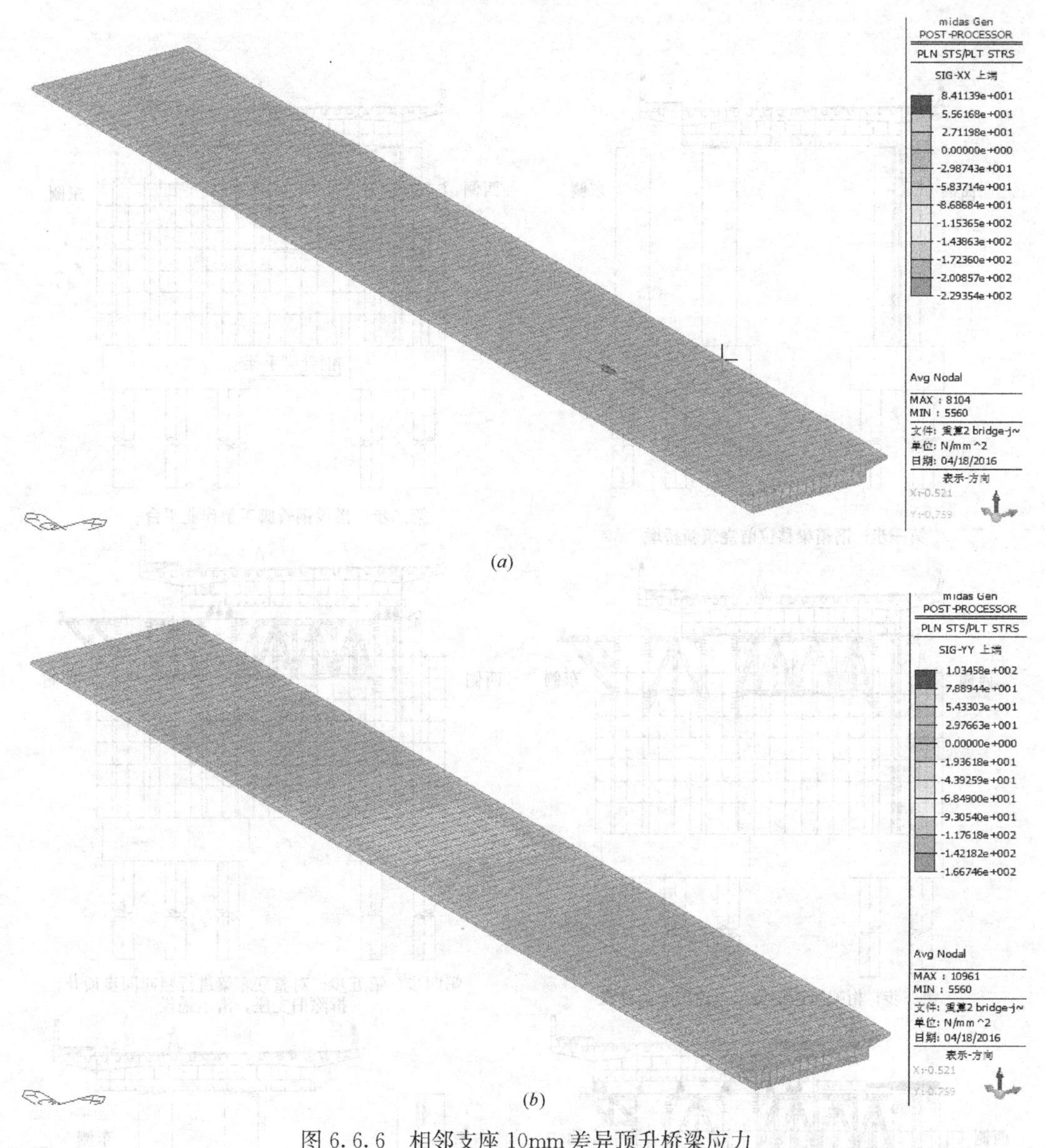

图 6.6.6　相邻支座 10mm 差异顶升桥梁应力

(*a*) sig-*xx*；(*b*) sig-*yy*

6.7　同步移位控制与施工

杭州京江桥东辅道桥为 3 跨钢梁桥，全长 93m，主跨 43m，桥体宽 14.5m，桥下净空 8.5m，钢箱梁自重约 1150t。因秋石高架城市道路改造，需对该桥整体向东平移 5.5m。通过设置空间桁架式滑道，采取整联同步升降、同步顶推移位技术，使桥体精确无误平移、同步降落至新桥墩上。钢箱梁平移总体施工流程如下：施工准备→作业平台搭设→桁架式滑道梁及顶推反力装置施工→钢箱梁整体顶升→旧支座拆除、滑道及滑脚设置→钢箱梁整体横向平移→新址钢箱梁支座安装→钢箱梁落架到位→拆除桁架式滑道梁（图 6.7.1）。

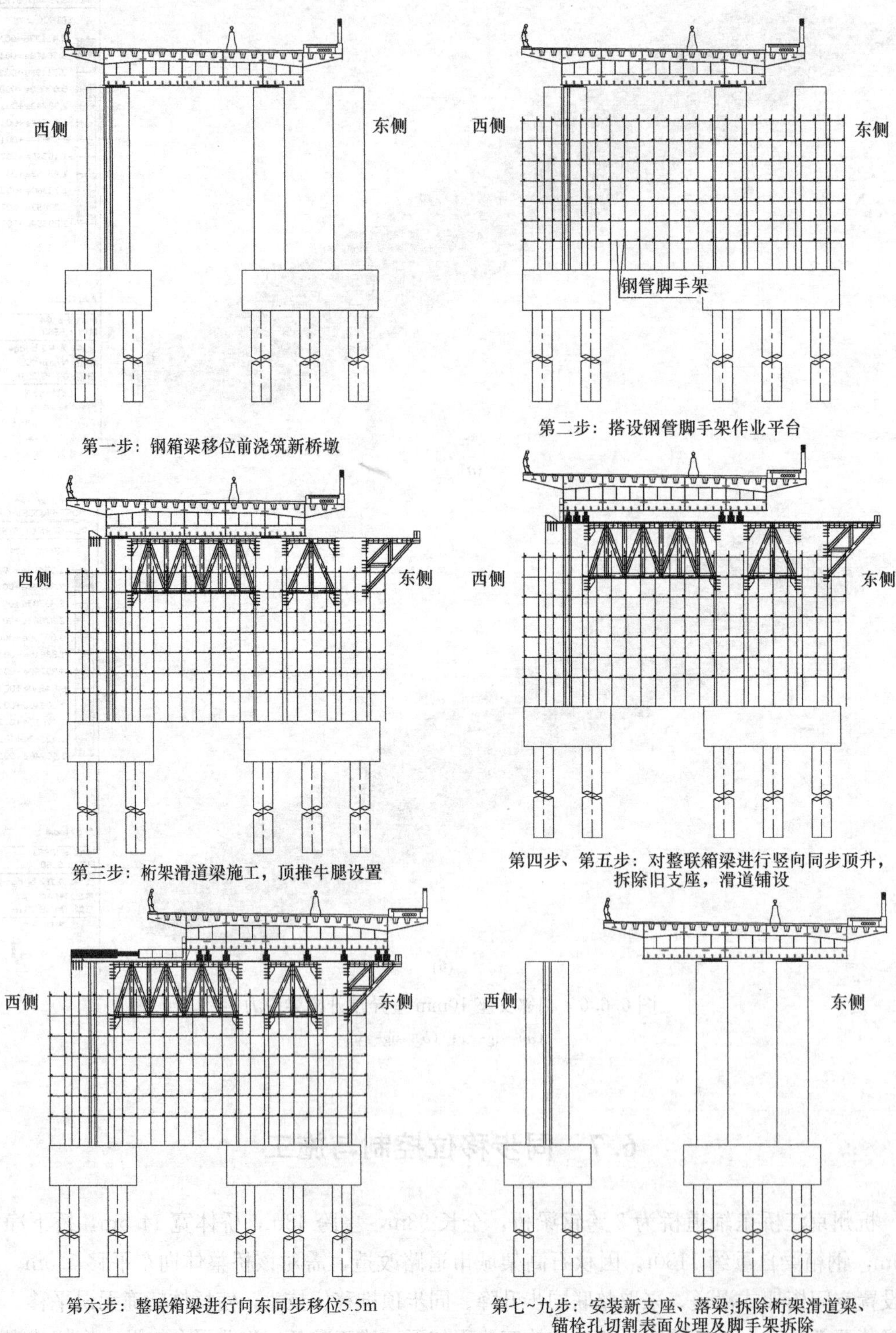

图 6.7.1 钢箱梁平移总体施工流程图

1. 施工准备

工程施工前按照要求编制专项方案，并经专家论证通过后开始实施。移位前，检查千斤顶等配套设备使用日期是否在鉴定范围内，并进行报验；对顶升、平移设备进场调试；制作和安装临时设施，悬挂安全防护网；预先拆除西侧的过桥煤气管道（图 6.7.2），确保桥梁平移施工顺利进行。同时完成新柱墩的浇筑（图 6.7.3），以便进行下一道工序。

6.7.2 桥梁煤气管道图

2. 水面施工作业平台搭设

本次桥梁移位均在水上作业，施工平台采用钢管脚手架，施工平台脚手架搭设较为复杂，脚手架具体搭设步骤如下：

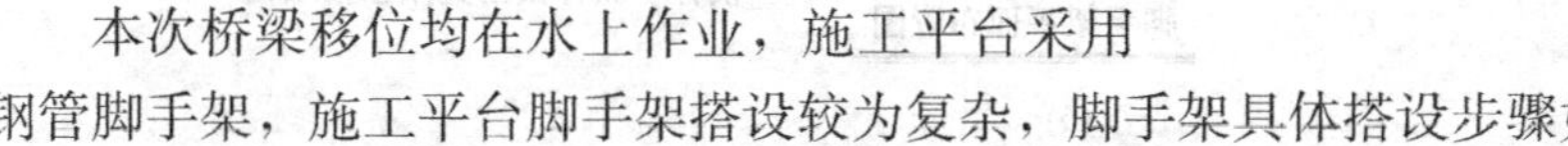

① 在船上预先搭设好一个可以稳定站立的钢架体，钢架体由间距 800mm×800mm 的四根立杆和第一层水平杆搭接组成。脚手架钢管外径 48mm，壁厚 3.5mm，钢材强度等级 Q235-A。钢管脚手架的搭设使用可锻铸造扣件，扣件的规格应与钢管相匹配。

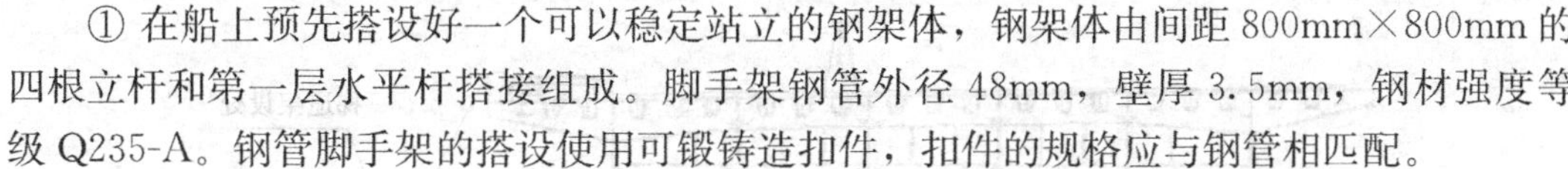

图 6.7.3 新桥墩浇筑完成图

② 将钢架安置立于图 6.7.4 区域 1 中，调整钢架位置使其与设计的立杆位置重合。由于河面施工不能正常地测量放线，钢架的测量定位采取特殊方式。首先根据桥墩尺寸位置确定预制钢架体的位置，将其安置调整。然后以预制钢架为基准，在其水平杆上测量定位其余立杆，在其立杆上定位水平杆。脚手架横、纵间距均取 800mm，步距取 1200～1700mm。

③ 以安置好的钢架为依托，按照图 6.7.4 划分依次搭设区域 1 到区域 5 的立杆和底层水平杆。由于河床上可能存在淤泥，不便直接架立杆。架设采用合适长度钢管，用重锤不断锤击，直至立杆不再下沉为止。脚手架的底部立杆采用不同长度的钢管参差布置，使钢管立杆的对接接头交错布置，高度方向相互错开 500mm 以上，且要求相邻接头不应在同步同跨内，以保证脚手架的整体性。

④ 从下往上依次搭设其余各层水平杆，再架设南北侧和东西侧的剪刀撑。

此外，保证作业平台的安全，施工脚手架须包围墩柱搭设。即在桥墩位置，脚手架水平杆

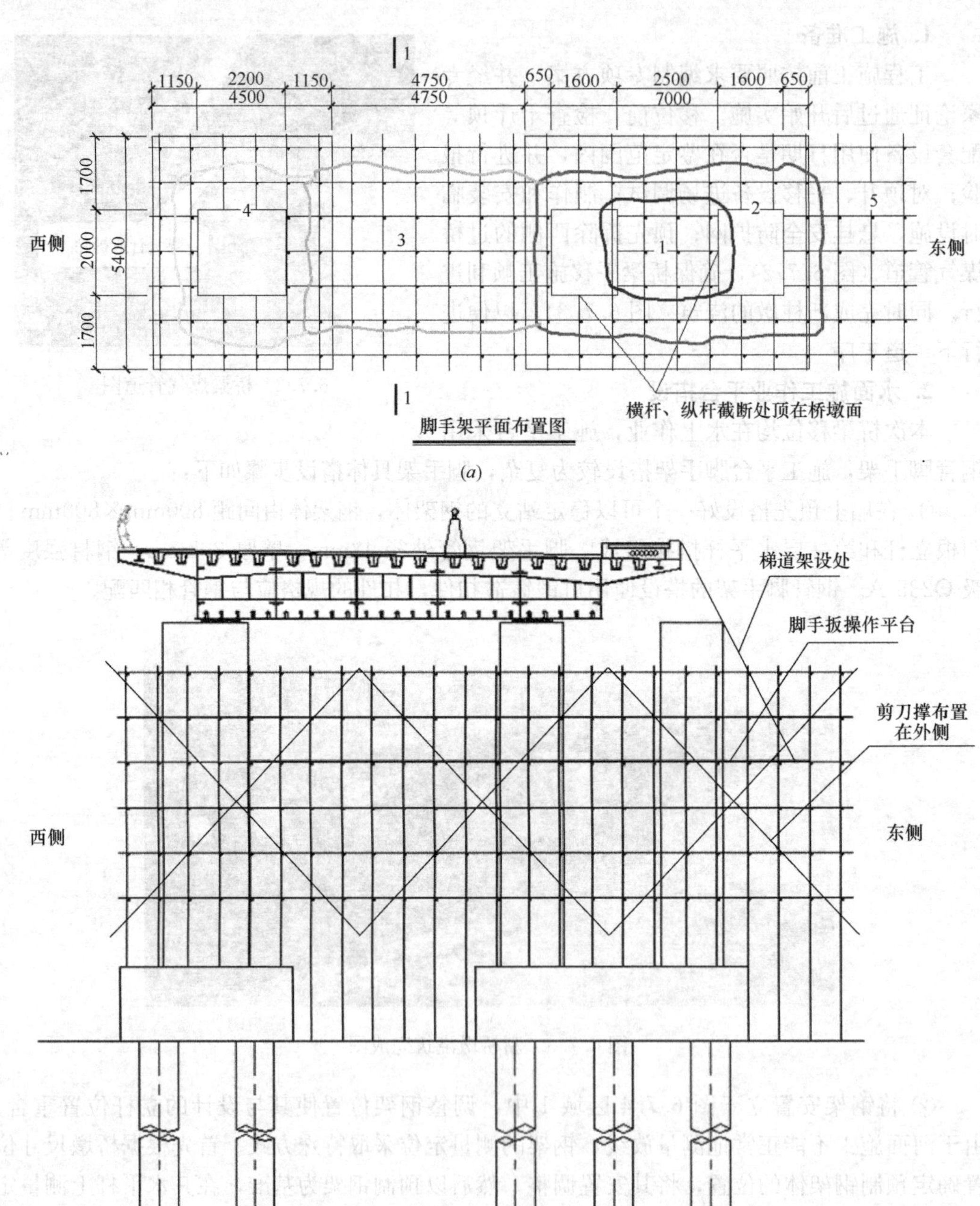

图 6.7.4 脚手架布置图

(a) 平面图；(b) 立面图

必须在桥墩侧面顶紧，保证脚手架的侧向力能传递到桥墩上，脚手架与墩柱连接成整体。

3. 桁架滑道梁施工

托换桁架上弦杆采用 H400×300×10×16 型钢，下弦杆采用 H250×250×10×14 型钢，腹杆采用 H200×200×8×12 型钢，水平拉杆采用 H150×150×8×10 型钢，加劲肋采用－12×145×368 和－12×96×176 两种钢板，所有钢结构采用 Q345B 钢。

由于现场场地限制且钢结构下料、加工、组装测试较为复杂，工艺要求高。钢桁架通过工厂下料、加工制作和组装测试，然后进行现场吊装（图 6.7.5）。

图 6.7.5　钢桁架安装施工图

4. 钢箱梁整体同步顶升

考虑既有墩台平面位置充裕，利用原墩柱（桥台）作为顶升时的基础。采用 PLC 液压同步顶升控制系统，由液压千斤顶，精确地按照上部结构的实际荷重，平稳地顶举梁体，使顶升过程中梁体受到的附加应力下降至最低，同时液压千斤顶根据分布位置分成组，与相应的位移传感器组成位置闭环，以便控制梁体顶升的位移和姿态，并能很好地保证顶升过程的同步性，确保顶升时结构安全。

① 千斤顶选用

由于桥梁支座较矮，桥墩与桥梁间净空有限，工程选用了 100t 超薄型千斤顶（图 6.7.6），千斤顶本体高度 141mm，底座直径 165mm，行程为 57mm。千斤顶均配有液压锁，同时预先配置等高度可装配钢垫块，防止任何形式的系统及管路失压，从而保证负载的有效支承。桥梁顶升后采用自锁式千斤顶完成转换（图 6.7.7）。

图 6.7.6　超薄千斤顶同步顶升图

图 6.7.7　自锁式千斤顶转换

② 千斤顶布置

经计算，钢箱梁自重约 1150t，全桥采用 64 台 100t 的千斤顶，可提供 6400t 的顶力，以满足顶升要求。千斤顶要求布置在钢箱梁腹板正下方，具体布置见图 6.7.8。

为便于顶升操作，所有千斤顶均按向上方向安装，即千斤顶底座在墩台上，油缸在梁板底部。千斤顶安装时应保证千斤顶的轴线垂直。千斤顶的上下均设置钢垫板以免应力集中，保证结构不受损坏。千斤顶上口的钢垫板上面应配置 20mm 厚橡胶垫，以适应箱梁底面的微小弧形变化。根据桥梁自重及顶升千斤顶的数量，本工程布置 2 台 PLC 顶升同步控制液压系统，以满足顶升同步性的要求，位移同步精度控制在 0.5mm。

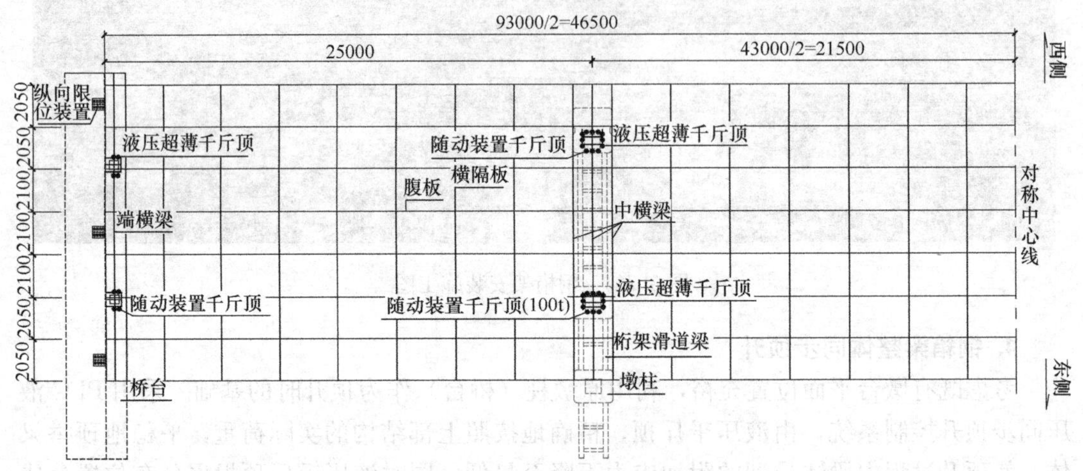

图 6.7.8　千斤顶平面布置图

③ 顶升行程监测

顶升行程监测采用拉线位移传感器和百分表。拉线位移传感器行程：500mm；精度为 0.01mm。

④ 顶升支撑点处理

墩台支撑点处采用聚合物砂浆找平，并在上方设置 10mm×400mm×400㎜钢板，增加局部受压面积，确保支撑点处受力均匀，不发生局部受压破坏。

⑤ 称重

为保证顶升过程的同步进行，在顶升前通过称重确定每个顶升点处的实际荷载。称重时依据计算顶升荷载，采用逐级加载的方式进行，在一定的顶升高度内（1～10mm），通过反复调整各组的油压，可以设定一组顶升油压值，使每个顶点的顶升压力与其上部荷载基本平衡。

⑥ 系统调试与顶升

顶升前须进行系统调试以确保系统正常。在正式顶升前还需进行试顶，其主要目的是为了消除支撑点下的非弹性变形。试顶升无问题后，进行正式顶升，顶升标准行程控制在 5mm。分多次完成，每顶升（或下降）1mm 根据百分表读数误差进行一次调整。顶升到位后，取出旧支座，安装滑道及滑脚。

5. 钢箱梁整体同步移位

工程整联同步顶推桥身结构，待即梁体整体同步顶起适当高度后，解除支座应力，然后在钢箱梁与桁架式滑道梁之间设置悬浮千斤顶滑脚，并在滑道梁后方的墩柱（桥台）上布置反力牛腿，通过千斤顶顶推方式实现整体同步移位。

反力基础采用钢牛腿，通过锚栓生根在桥台及墩柱上。当平移距离超过千斤顶行程后，在千斤顶与反力后背之间安放钢管垫，以达到连续顶推的效果。钢管垫采用 $\phi 219 \times 8$ 直缝钢管（Q235B），本次设置为两种单节长度的钢管垫，分别为 500mm 及 2000mm，各节与各节之间通过螺栓连接。钢管垫连接稳固保证措施：a. 钢管垫连接处采用管夹加强固定，采用焊接把管夹固定在钢桁架上；b. 钢管垫连接数量控制在 4 个以内，当超过时，就换用较长的钢管垫。图 6.7.9 为桥梁顶推平移图。

图 6.7.9　桥梁顶推平移图

对于 1 号及 2 号墩，采用钢桁架结构作为顶推时的滑道，而对于 0 号及 3 号桥台，则直接利用桥台本身作为顶推时的滑道。滑道做法详见图 6.7.10。

① 顶推千斤顶选用

顶推选择 100t 千斤顶提供顶推力，总共用 6 台，可提供 600t 的总顶推力，根据整体分析计算所得到的支座反力，0 号及 3 号桥台各布置 1 台 100t 千斤顶，1 号及 2 号墩各布置 2 台 100t 千斤顶，即可克服启动阻力。

② 滑动支座及布置

工程采用内力可控的液压悬浮式滑动支座，滑动支座置放在上下轨道梁之间。滑动支座由液压小千斤顶，以及小千顶下所垫的高分子聚合物组成，该悬浮式滑动装置具有平移时比较平稳，偏位时易于调整，便于高精度同步控制，平移过程中辅助工作少，平移速度比较快等特点（图 6.7.11）。

0 号及 3 号桥台各布置 6 个滑动支座，1 号及 2 号桥墩各布置 16 个滑动支座，具体布置详见图 6.7.12。

在桥梁平移过程中，由于设备安装、施工水平、控制精度及控制手段的差异，桥梁实际移动的轨迹与理论轨迹线往往存在一定偏差，对这种偏差如果不加以限制或纠正，往往会影响到移位的顺利。因此分别在 0 号及 3 号桥台设置纵向限位装置（图 6.7.8），限位装置与限位梁间留有一定的空隙，即限位梁和限位装置均不破坏且不变形的情况下，最大

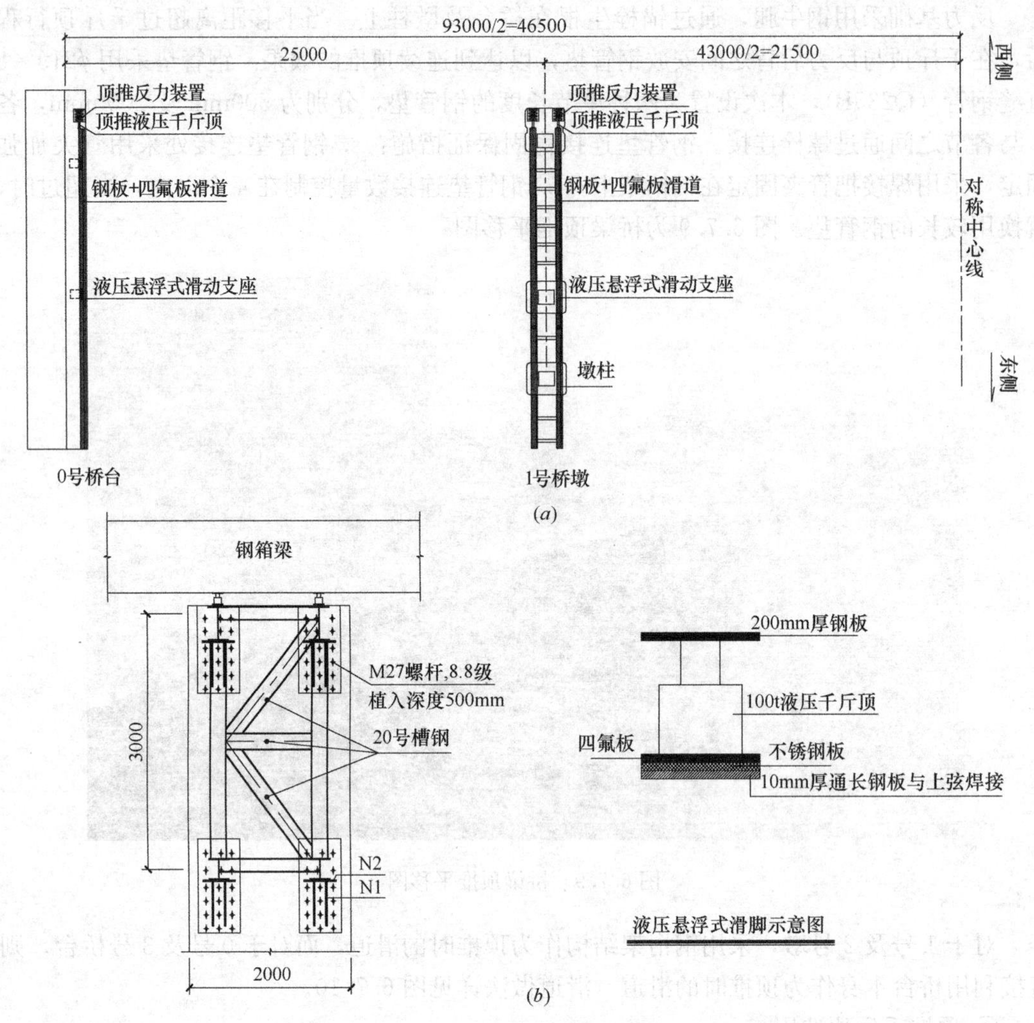

图 6.7.10 滑道设计图

(a) 滑道平面布置图；(b) 滑道剖面及滑脚示意图

允许水平位移不超过 5mm。桁架梁端部横向限位做法详见图 6.7.13。

③ 顶推控制系统

工程采用变频调速器控制，使油泵输出的流量达到连续可调的目的。电气控制系统的 PLC 可编程控制器根据操纵台发来的操作指令，驱动变频调速液压驱动机组，驱动液压泵输出压力油使相应油缸运动，同时，各油缸的压力传感器和位移传感器将采集到的油缸的负荷和位移信号发送到 PLC 可编程控制器，PLC 可编程控制器根据检测到的压力和位移信号，组成多路位置闭环回路，不断修正运动误差，保证各油缸顶推的同步控制精度。精度误差±0.5mm。

④ 试平移

正式移位前，先进行试移位，以准确测定每个轴线的移位阻力。先根据每个轴线上的理论阻力及千斤顶的数量，初步确定每个轴线上千斤顶的供油压力。试移位时，先加至理论油压的 50%，并以 10%的步幅缓慢增加。在逐渐加压的过程中，由计算机实时监测每

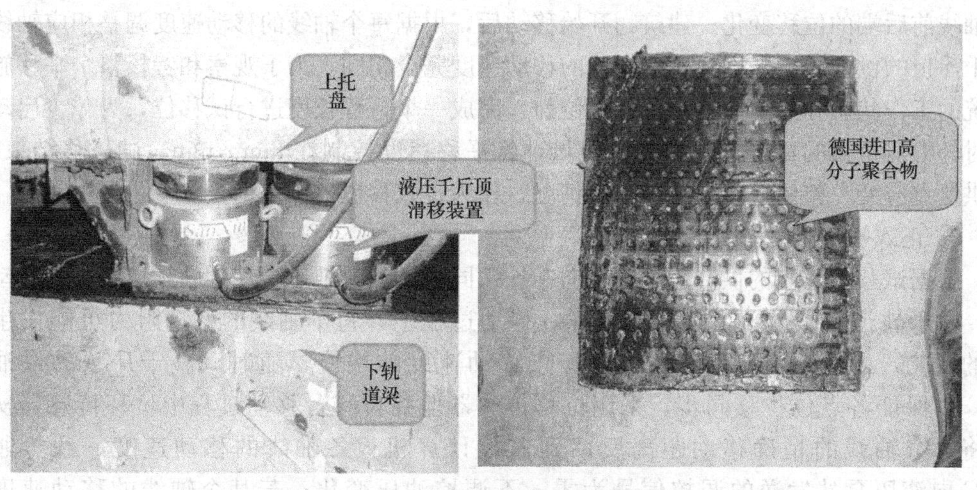

图 6.7.11　液压悬浮式滑动平移装置图

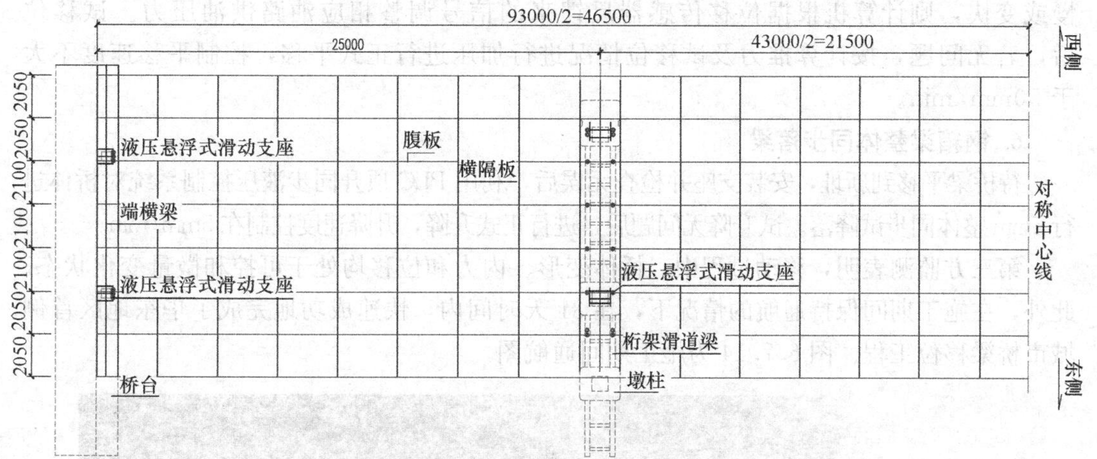

图 6.7.12　滑脚平面布置图

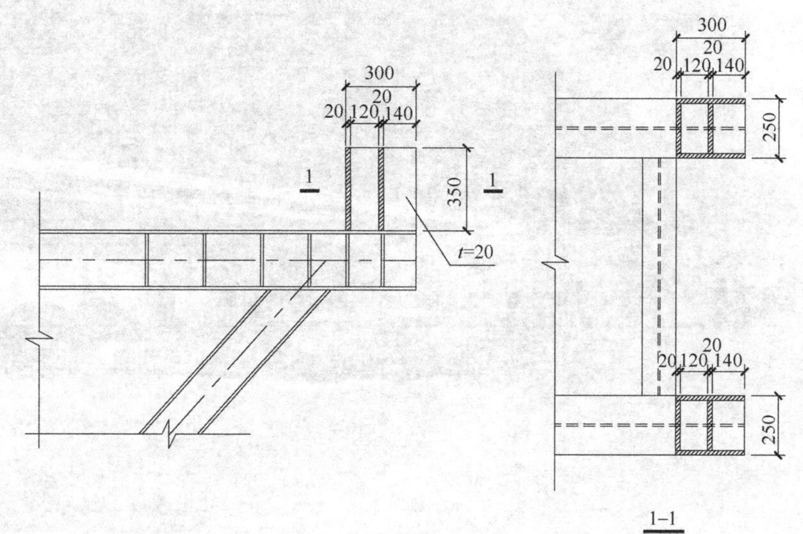

图 6.7.13　桁架梁端部横向限位做法

个轴线前后端的位移变化。建筑物开始移动后，根据每个轴线的移动速度调整相应轴线上的千斤顶的供油压力，直到所有轴线的移动速度完全相同。为了观察和考核整个平移施工系统的工作状态和可靠性，在正式移位前，完成一个行程长度进行试移位，为减少启动加速时外力对桥梁的冲击，须控制泵流量，将平移速度控制在 8mm/min。试位移结束后，提供测点应变、整体姿态及结构变形情况，作为正式移位提供依据。

⑤ 正式平移

根据试移位确定的供油压力分别向千斤顶同时供油，推动建筑物向预定的方向移动。

由于轨道平整度不可能完全一样，移动过程中，每个轴线的移动阻力可能发生一定的变化，因此，需根据各位移监控点移动速度的快慢，随时调整千斤顶的供油压力，以保证各点位位移同步。采用位移传感器监控位移，移动过程中位移传感器实时地将每个轴线的精确移动距离反馈到监控计算机；各轴线的移动速度一致，通过 PLC 向液压泵站发送的调控信号为零，不调控油压变化；若某个轴线的移动速度变慢或变快，则计算机根据位移传感器反馈来的信号调整相应油路供油压力。试移位后，若无问题，按计算推力及试移位情况进行加压进行正式平移，控制平移速度不大于 50mm/min。

6. 钢箱梁整体同步落梁

待桥梁平移到新址，安装支座并检查无误后，利用 PLC 顶升同步液压控制系统对桥体进行 5mm 整体同步试降落。试升降无问题后，进行正式升降，升降速度控制在 5mm/min。

第三方监测表明，移动过程中，桥体变形、内力和位移均处于可控和微量变化状态。此外，在施工期间保持通航的情况下，在 31 天时间内，快速成功地完成了华东地区首例城市桥梁移位工程。图 6.7.14 为施工期间通航图。

图 6.7.14　施工期间通航图

6.8 现　场　监　测

6.8.1　托换桁架加载试验监测

在正式顶升平移之前，分别进行了北侧桥墩和南侧桥墩位置处的钢桁架加载试验。钢桁架加载试验和施工实时监测的照片如图 6.8.1～图 6.8.4 所示。钢桁架加载试验过程中对钢桁架上弦、下弦和端跨斜腹杆等关键杆件截面的应力和变形进行了实时监测，各测点的布置位置及编号如图 6.8.5 所示。

图 6.8.1　顶升试验现场照片

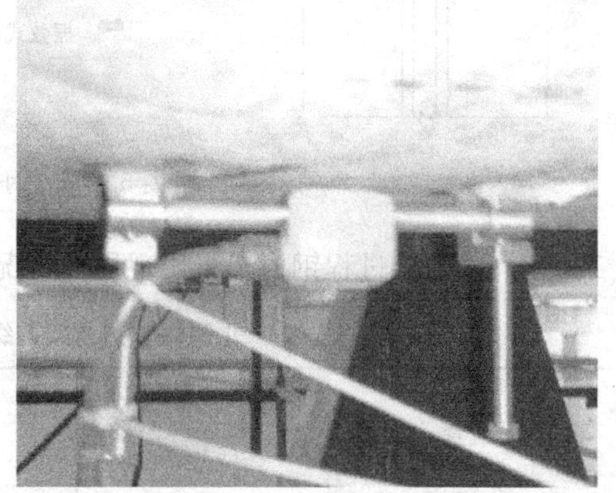

图 6.8.2　表面式应变计现场照片

图 6.8.3　数码直线式位移计现场照片

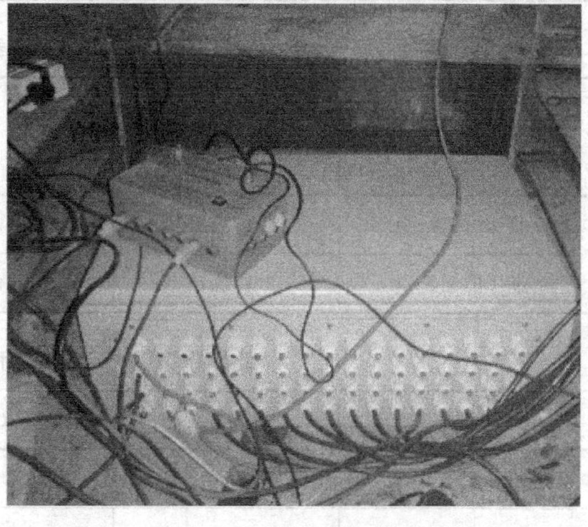

图 6.8.4　传感器数据采集设备

钢桁架加载试验过程中钢桁架各级荷载下的挠度结果如表 6.8.1、表 6.8.2 所示，钢桁架在各级荷载下的应力结果如表 6.8.3、表 6.8.4 所示。加载试验共分三步进行，第一级加载至设计荷载的 50%，第二级加载至设计荷载的 100%，第三级加载至设计荷载的

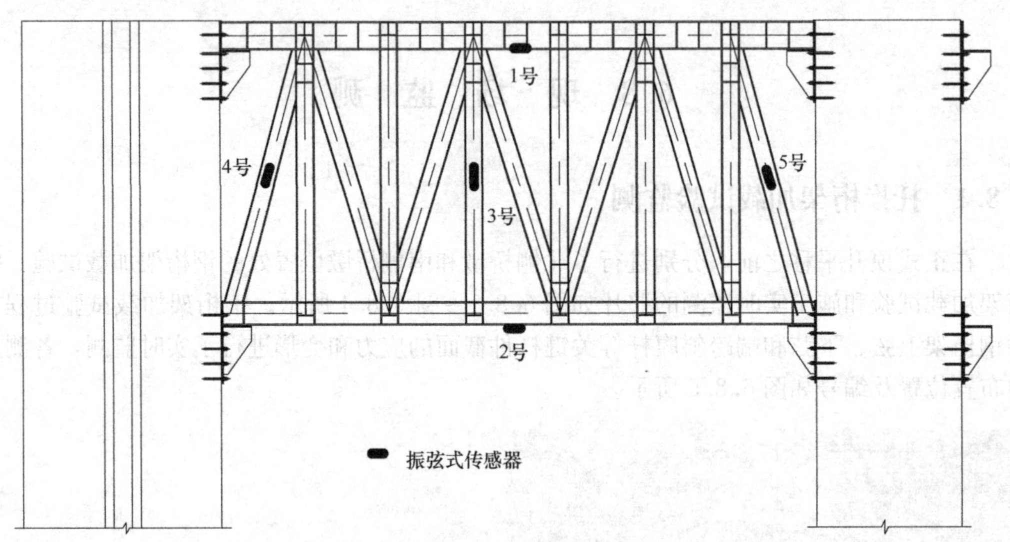

图 6.8.5　钢桁架测点布置示意图

120%。试验全过程钢桁架未出现异常情况，整个加载过程顺利。

北侧桥墩钢桁架各级荷载下的挠度结果（mm）　表 6.8.1

位置	一级（50%）	二级（100%）	三级（120%）	预警值
北片桁架跨中	1.255	2.511	3.185	10
南片桁架跨中	2.142	3.817	4.956	10

南侧桥墩钢桁架各级荷载下的挠度结果（mm）　表 6.8.2

位置	一级（50%）	二级（100%）	三级（120%）	预警值
北片桁架跨中	1.352	3.348	3.917	10
南片桁架跨中	1.047	2.909	3.776	10

北侧桥墩钢桁架各级荷载下应力结果（MPa）　表 6.8.3

编号	一级（50%）	二级（100%）	三级（120%）	卸载
1号	2.64	5.48	6.9	0.3
2号	5.38	9.92	12.6	0.32
3号	−2.16	−4.3	−5.28	0.08
4号	−16.16	−26.56	−33.46	0.18
5号	−17.28	−29.18	−38.12	0.22

南侧桥墩钢桁架各级荷载下应力结果（MPa） 表6.8.4

编号	一级（50%）	二级（100%）	三级（120%）	卸载
1号	2.64	7.44	10.02	0.14
2号	5.38	16.72	21.5	0.24
3号	−2.16	−4.3	−4.78	0.12
4号	−8.42	−15.06	−17.94	0.18
5号	−17.28	−35.98	−42.82	0.18

从钢桁架的预压试验结果可以看出，钢桁架各测点应力增量均较小，最大应力增量42.82MPa；钢桁架的最大竖向变形为4.956mm，小于预警值10mm；而且卸载后，钢桁架残余应力较小，结构处于弹性工作状态。

由此可见，京江桥钢箱梁预顶升过程中钢桁架无异常，钢桁架的刚度和强度均能满足规范和施工要求，因此京江桥东辅道桥钢箱梁平移施工可进入正式的顶升施工作业。

6.8.2 平移监测

辅道桥监测包括顶升、平移过程监测，包括桥体结构的平动、转动和倾斜等整体姿态监测，监测贯穿于顶升平移全过程中。

1. 监测部位及监测内容

① 立柱（桥墩、桥台）沉降观测与桥梁跨中挠度监测：用以观测钢箱梁顶升、平移过程中墩台沉降、桥体竖向挠度变化情况，以便及时做出相应的措施。

② 梁底面标高测量：梁底标高的测量是桥梁顶升过程中最为重要的监测手段，是控制顶升标高与各组千斤顶间同步性的主要手段。梁底标高采用精密水准仪进行监测，以便实时监测及时调整顶升速度。

③ 梁横向位移观测：实施顶升前，在顶升梁体范围外架设经纬仪，在桥面上设置横向位移观测点，顶升过程中随时观测梁体的横向位移情况，并设定预警值5mm，如果梁体横向位移接近预警立即通知顶升操作人员停止顶升。

④ 梁纵向位移观测：在梁端安置钢牛腿，顶升过程中通过观测空隙宽度的变化来检测梁体纵向移位的情况。

⑤ 桁架滑道梁位移及应变观测（含挠度、扭曲变形）：桁架在顶推过程中将承受桥梁的全部恒载和施工荷载，其强度和稳定性对施工的安全起着决定性的影响，也是施工监控的重点部位。计算表明，由桁架等构件组成的空间支撑体系受力较为复杂。若施工过程中各千斤顶顶推速度出现不一致，将使桁架的内力发生变化，通过观测，能及时掌握支撑体系的受力和变形情况采取措施控制支撑体系的变形量，使施工在安全可控的环境下进行。

2. 监测准备

桥梁顶升、平移过程中通过梁底标高观测来控制顶升高度与各组液压顶升千斤顶的同步性，主要监测设备为位移传感器及精密水准仪，精度均为0.01mm。其监测点布置主要以顶升千斤顶分组情况为依据。

顶升过程中，需对各桥墩部位顶升速度进行监测，如梁体顶升速度不一致，应立即停止顶升，使梁体一侧（较高处）千斤顶保持压力不动，另一侧缓慢加压，使其上升直至梁体处于平衡位置。施工过程，必须加强梁体变形以及裂缝监测。

现场传感器的安装调试工作完成后，对京江桥东辅道桥平移前的临时设施的初始状况进行了测量，如表 6.8.5 和图 6.8.6 所示，测量结果将作为后续平移的初始基准值。

桁架式滑道梁、顶推反力装置的安装及顶升千斤顶布置调试工作完成后，经相关单位验收合格后即可进行平移施工。

立柱与钢桁架相对基准点标高（m） 表 6.8.5

位置	测点 1	测点 2	测点 3	测点 4
南侧支墩位置	−0.349	−0.295	−0.313	−0.327
北侧支墩位置	0.033	−0.327	−0.316	−0.698

注：观测基准点设置在桥头驳岸上。

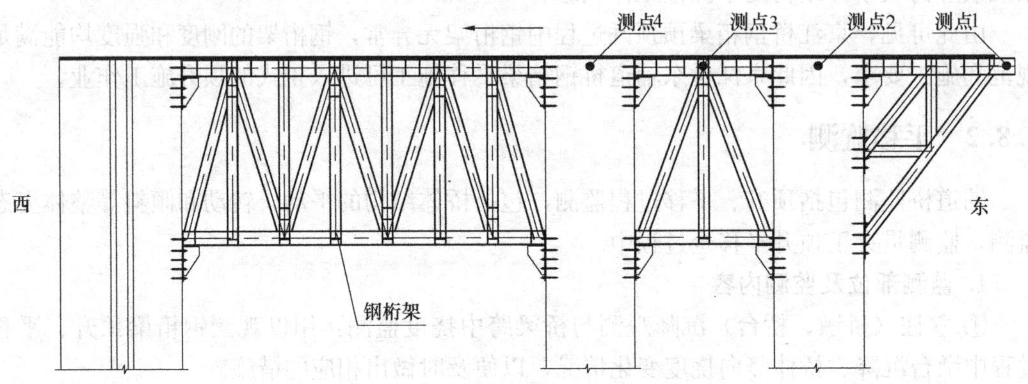

图 6.8.6 立柱与钢桁架位移观测点示意图

6.8.3 同步落梁监测

京江桥东辅道桥的平移施工工程于 3 月 28 日完成了钢箱梁整体平移施工作业，4 月 2 日开始进行钢箱梁整体同步落梁施工，4 月 5 日完成钢箱梁同步落梁施工。在钢箱梁整体同步落梁施工过程中，对钢箱梁关键截面应力和钢箱梁落梁同步性进行了实时监测。支座处千斤顶顶升位移传感器布置图如图 6.8.7 所示。现场传感器布置如图 6.8.8 所示。

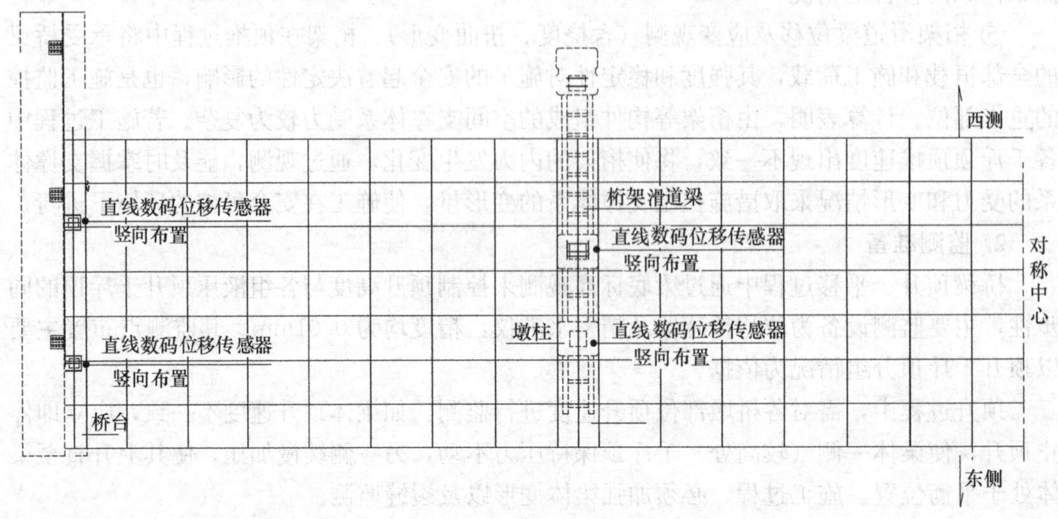

图 6.8.7 位移传感器测点布置图

图 6.8.8　现场位移传感器布置图

中支墩支点处千斤顶和钢柱墩的分布情况如图 6.8.9 所示。由于千斤顶和钢柱墩摆放位置未与钢箱梁腹板完全重合。在顶升落梁的施工过程中，由于千斤顶顶部垫板和梁底钢板局部变形较大等原因，造成千斤顶顶升行走“卡牢”，落梁困难。

(*a*)

(*b*)

图 6.8.9　中支墩千斤顶摆放位置

(*a*) 中支墩处立柱上千斤顶摆放位置；(*b*) 中支墩边腹板处千斤顶摆放位置

通过重新调整中支墩处千斤顶和钢柱墩位置，千斤顶和钢柱墩的分布情况如图 6.8.10 所示。变更千斤顶和钢柱墩位置后，落梁行走顺利，于 4 月 5 日完成落梁施工。落梁过程支点处位移时程曲线如图 6.8.11～图 6.8.21 所示。从支点处的位移时程曲线可以看出，在整个钢箱梁落梁过程中，支点处不同顶升点基本能做到同步落梁的施工要求。相同支墩不同顶升点位移差基本在 5mm 以内。北岸立柱两个顶升点实测位移差较大，与传感器布置于边腹板位置有一定的放大效应有关。由此可见，钢箱梁整体落梁施工基本满足同步落梁的施工要求。

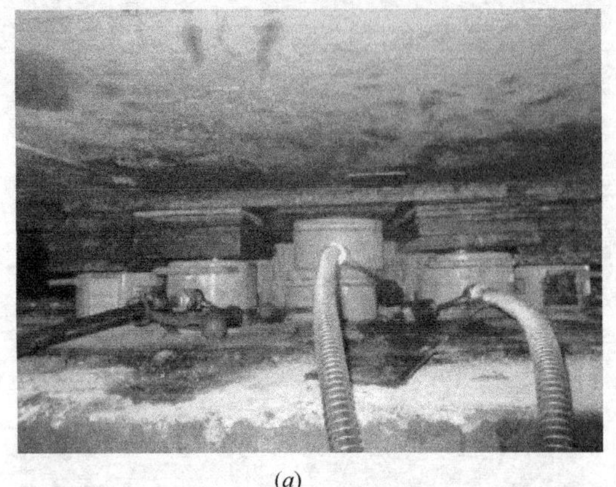
(a)

(b)

图 6.8.10　调整后中支墩千斤顶摆放位置

(a) 变更后中支墩处立柱上千斤顶摆放；(b) 变更后中支墩边腹板处千斤顶摆放位置

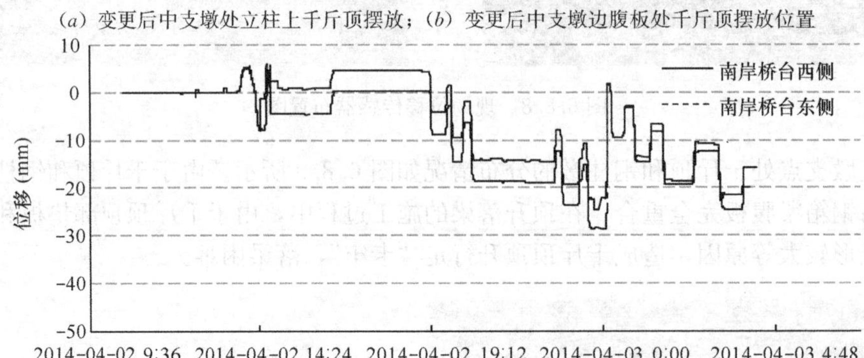

图 6.8.11　南岸桥台第一次落梁位移时程曲线

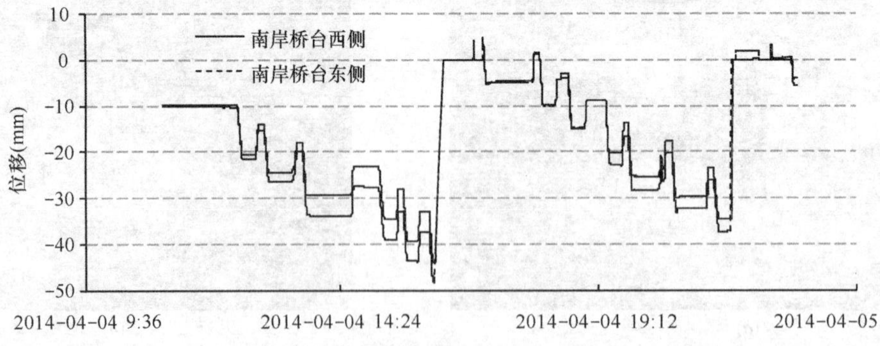

图 6.8.12　南岸桥台第二次落梁位移时程曲线

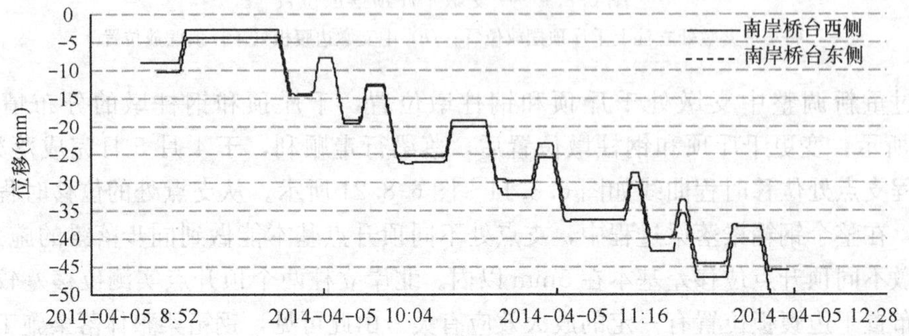

图 6.8.13　南岸桥台第三次落梁位移时程曲线

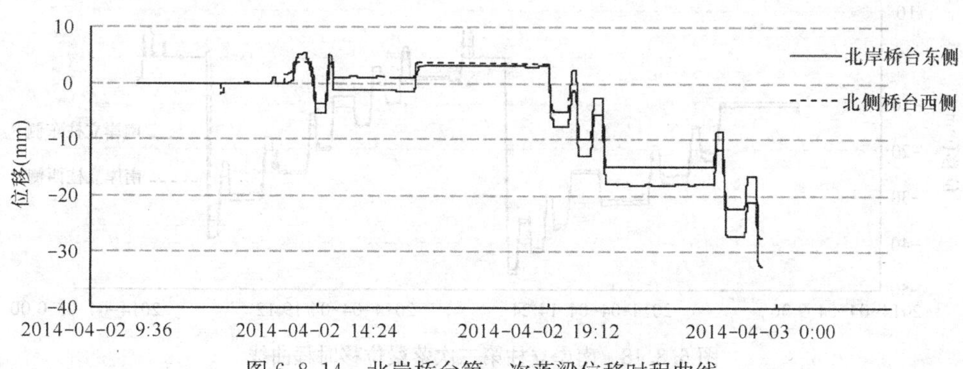

图 6.8.14　北岸桥台第一次落梁位移时程曲线

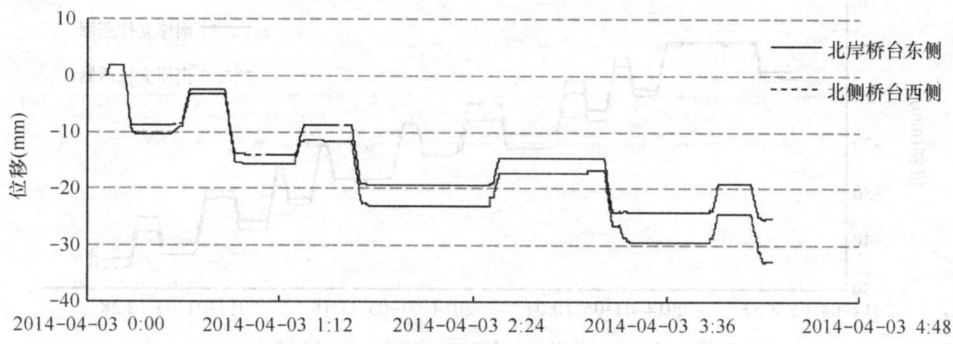

图 6.8.15　北岸桥台第二次落梁位移时程曲线

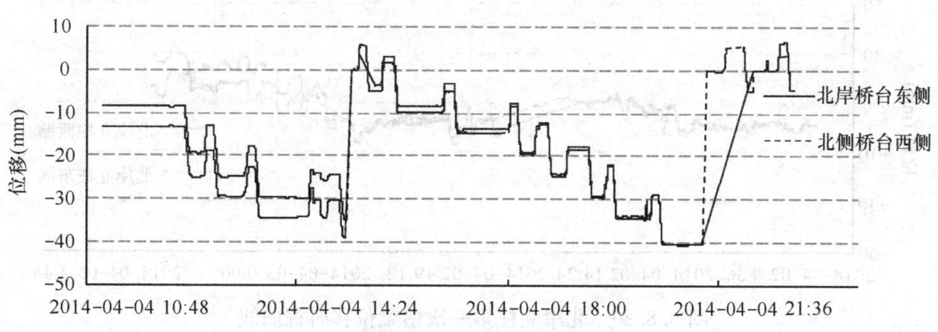

图 6.8.16　北岸桥台第三次落梁位移时程曲线

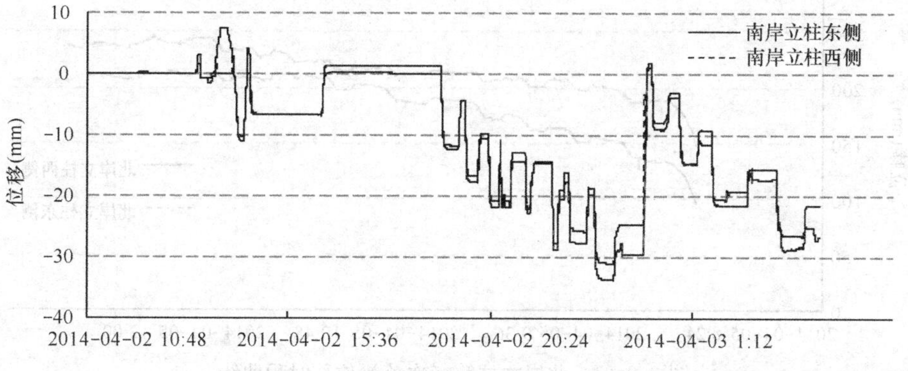

图 6.8.17　南岸立柱第一次落梁位移时程曲线

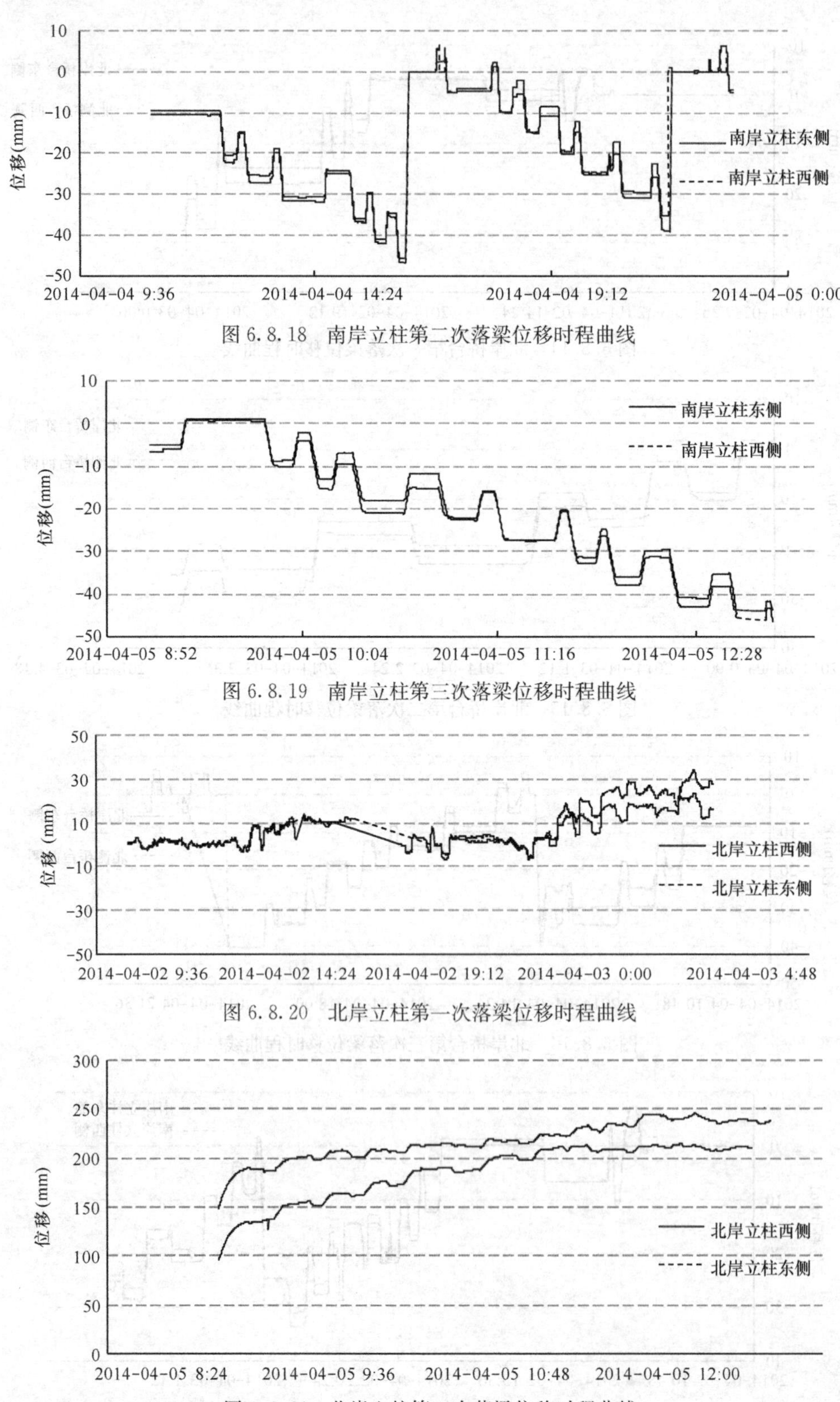

图 6.8.18 南岸立柱第二次落梁位移时程曲线

图 6.8.19 南岸立柱第三次落梁位移时程曲线

图 6.8.20 北岸立柱第一次落梁位移时程曲线

图 6.8.21 北岸立柱第三次落梁位移时程曲线

图 6.8.22 为落梁过程中钢箱梁关键部位的应力时程曲线，可以看出，在整个钢箱梁落梁过程中，钢箱梁应力未出现大幅度的波动，箱梁测点位置整体应力水平较小。这说明钢箱梁落梁过程基本能保持同步落梁要求。且在整个落梁过程中，钢箱梁应力变化很小，最大应力变化小于 50MPa，结构处于安全状态。由此可见，京江桥钢箱梁整体落梁施工基本能做到同步落梁的施工要求。

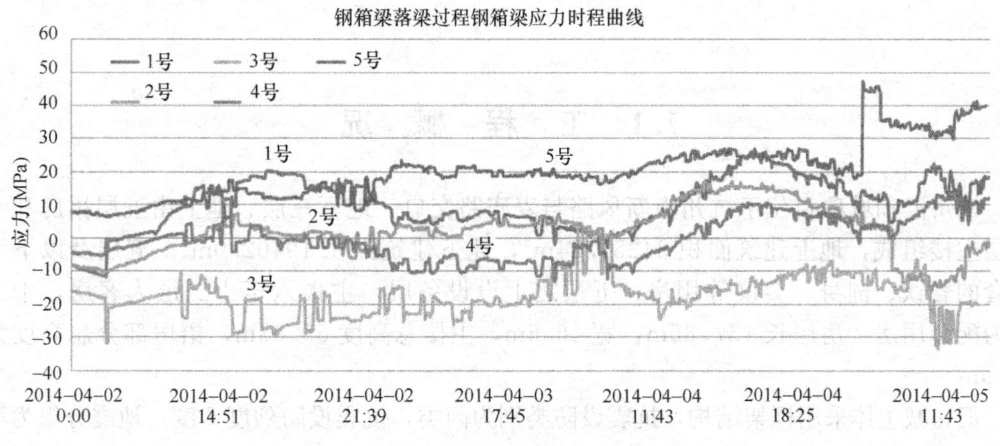

图 6.8.22　落梁过程钢箱梁应力时程曲线

参 考 文 献

[1]　GB 50017—2003 钢结构设计规范[S]. 北京：中国计划出版社，2003.

[2]　卫龙武，吴二军，李爱群，等. 江南大酒店平移工程的关键技术[J]. 建筑结构，2001(12)：6-8.

[3]　CECS 225：2007 建筑物移位纠倾增层改造技术规范[S]. 北京：中国计划出版社，2008.

第7章 杭州汇和商城屋面整体顶升和拔柱改造工程

7.1 工程概况

杭州汇和城项目位于杭州市新风路与麦庙路交口，地下三层、地上由五层裙房和十三层主楼组成，地上建筑面积 34257.24m²，地下建筑面积 19402.0m²。五层及以下为配套的餐饮、健身、会议等用房；五层之上设设备层，主楼六至十二层为客房，十三层为配套用房。房屋长 137.86m，宽 46.6m，主楼总高度 59.08m，裙房部分总高度为 24.9m。

汇和城主体采用框架结构，抗震设防类别为丙类，抗震设防烈度 6 度，地震分组为第一组，设计基本地震加速度为 0.05g，框架抗震等级为三级，结构安全等级为二级；基础采用钻孔灌注桩，地基基础设计等级为乙级。＋0.000m 相当于黄海高程 6.600m。主体结构、屋顶绿化覆土和外墙面装饰施工完成后，建设方针对市场变化和后期商业运营需要，需要调整建筑物部分功能，并将第五层普通商业改为影院。

已建裙房为框架结构，地下 3 层、地上 5 层，1～5 层高均 4.95m，屋面标高为 24.9m，建筑面积约 19040m²，典型平面详见图 7.1.1。由于功能改造，需将第 5 层改造为层高达 7.5m 的影院，其中巨幕厅要求层高为 12.5m，因此屋面需要整体升高 2.55m，顶升面积计 2438m²。同时为拓展大空间影院需要拔除 8 根框架柱，此外，还需结合其他功能调整进行结构局部改造加固。工程具体改造内容如下：

① 裙房屋盖整体顶升 2.5m；为保证裙房高度在规划限高范围内，女儿墙窗顶连梁同步落降 2.5m。

② 采用无粘结钢绞线预应力托换梁技术拔除五层 J×17、18、20 轴，19×B、D 轴，23×B、D、G 轴框架柱，形成室内大空间。

③ 裙房 1～4 层 20～22 轴×D～G 轴，楼板开洞、增加手扶电梯。

④ 裙房 2～4 层 17～19 轴×D～G 轴，楼板开洞。

原计划采用常规方案对 5 层进行拆除重建，通过将加固改造特种工程技术引入到新建、在建工程，采用顶升、托换技术对工程实施改造。调整为整体顶升与结构托换方案后取得了显著的经济效益、环境效益和社会效益，工期提前 90 天、造价节约 200 万元以上，且更为节能、环保，避免因周边住户投诉而停工等损失。工程改造后汇和商城实景详见图 7.1.2。

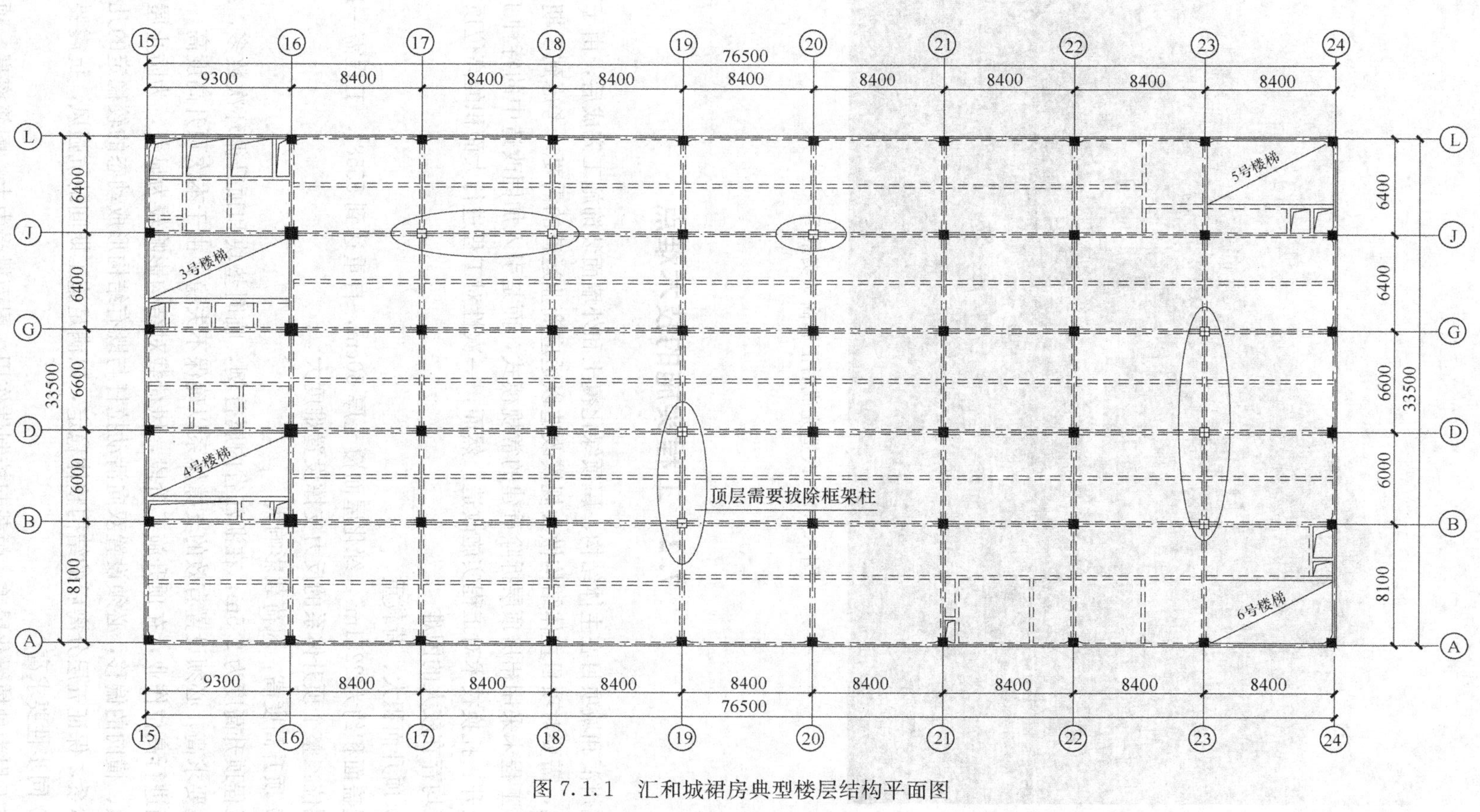

图 7.1.1　汇和城裙房典型楼层结构平面图

图 7.1.2 改造完成后汇和商城实景图

7.2 工程实施的技术难点

杭州汇和城项目在主体结构、屋顶绿化覆土和外墙面装饰施工完成后，由于商业形态的变化，需要对项目主体结构做大规模改造以适应商业运营的需要。考虑到工期、成本等因素，工程未采用裙房顶层拆除重建的常规模式，而是引入加固改造中的特种工程技术，采用顶升、托换技术对工程实施改造。然而，一次性对工程进行大面积的高位顶升，设计和施工均存在较大的困难。

① 顶升面积大、荷载重

屋盖面积约为 2251m^2，绿化屋面覆土厚 50cm，自重达到 5558t，工程需一次性整体顶升到位，整个顶升体系的反力支撑设置难度大。

② 顶升高度高，风荷载影响大

工程顶升高度为 2.5m，在浙江省内属首例，临时垫块和顶升循环次数多，结构整体稳定性要求高，必须设置有效的支撑体系以确保不失稳。由于本次顶升高度高，并且在五层楼面进行高位作业，在顶升施工阶段，风荷载对结构影响较为显著，为防止屋盖可能出现的纵、横向的偏移，必须设置双向活动拉杆与既有结构形成动态的较稳定的几何不变可调整体系，保证五层分离后的结构整体稳定，以满足施工期间的抗强风，抗震要求。

③ 同步性要求高

本工程为种植绿化屋盖，恒载起控制性作用，屋面梁受力大、配筋率高，顶升施工阶段结构容易开裂，大面积多点同步顶升控制精度要求高。

④ 抽柱托梁的大空间改造

为了拓展大空间影院，需拔除多根框架柱，这将对整个结构产生影响，特别是相邻位置、相邻楼层构件的内力分布。同时，被拔柱上方覆土已完成，上部荷载较大，需妥善解决上部较大荷载在拔柱施工时对结构的不利影响。并且，托换大梁的钢筋安装、模板安装和混凝土浇筑均在屋盖维持原有使用功能特殊条件下作业，施工技术难度大，尤其是混凝土浇筑困难。此外，既有梁柱节点区域钢筋较密，预应力筋安装较为复杂，新增设的预应力筋穿过梁柱节点区域困难。

7.3　屋面结构整体顶升设计

7.3.1　顶升流程设计

本工程第 5 层层高 4.95m，由于运营需要，要求将第 5 层改造成层高 7.5m 的影院，需采用一次性同步顶升技术将屋面整体顶升 2.55m。由于工程顶升高度达到 2.55m，远超过千斤顶的顶升行程，临时垫块和顶升循环次数多，工序复杂，必须在采取可靠支撑的条件下以多次顶升的方式进行作业，同时，大面积多点同步顶升对控制精度要求也非常高。为确保顶升作业过程的安全，专门设计了图 7.3.1 所示顶升流程图。

7.3.2　顶升装置设计

本工程通过在既有框架柱上安装钢牛腿，钢牛腿与屋盖框架梁之间设置液压千斤顶，然后切断框架柱，通过 PLC 同步升降控制系统，整体同步顶升屋盖。顶升到位后，用临时钢垫块支撑框架柱，然后对框架柱进行接高，待接高部分的混凝土达到设计强度后，拆除临时支撑，从而达到增高房屋层高的目的（图 7.3.2）。每个临时支撑顶部均配置一对楔块和薄厚不一的钢板，以满足不同顶升高度的要求。顶升专用钢垫块用在千斤顶与专用支撑之间，专用钢垫块与顶升托架体系的钢管相对应，钢管规格为 $\phi169\times12$mm，两端焊接厚为 20mm 的法兰。为避免顶升过程中支撑失稳，钢垫块间通过法兰连接（图 7.3.3）。

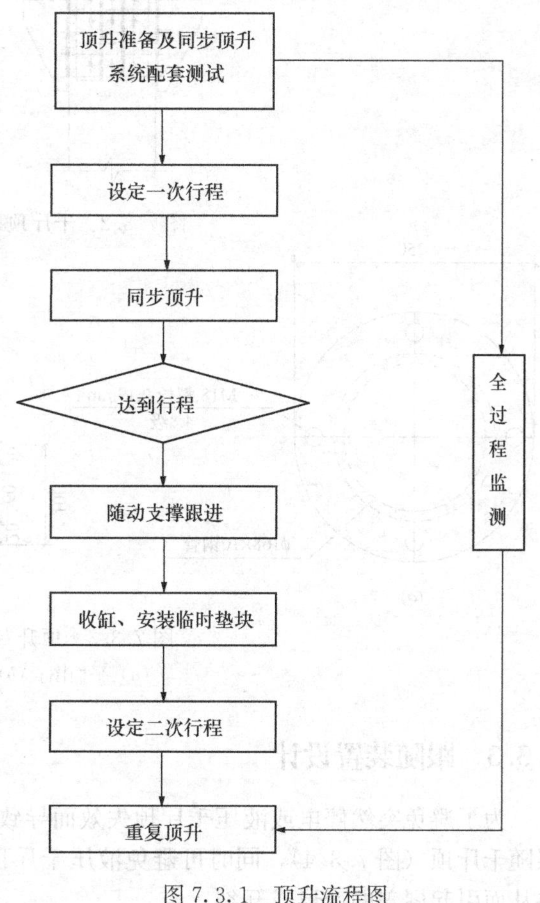

图 7.3.1　顶升流程图

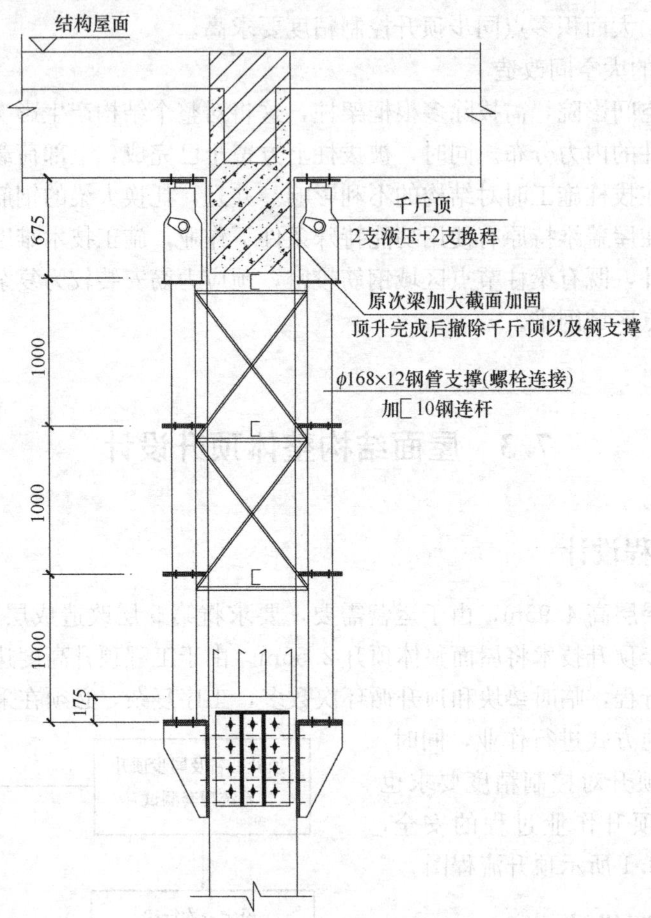

图 7.3.2　千斤顶顶升示意图

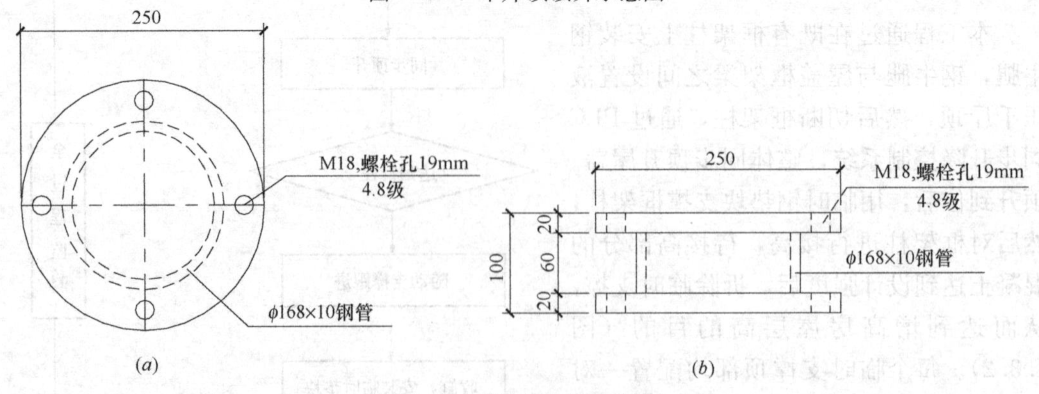

图 7.3.3　顶升专用垫块图

(a) 平面图；(b) 立面图

7.3.3　跟随装置设计

为了避免突然停电或液压千斤顶失效而导致屋盖下垮，每个液压千斤顶旁配一台手动跟随千斤顶（图 7.3.4），同时可避免液压千斤顶在换程过程中因临时垫块安装的高度误差从而引起屋盖的变形或开裂。

顶升裙房屋面前，需要将裙房与主楼脱开，与主楼相连跨主次梁支撑与顶升装置见图7.3.5。顶升时，支撑钢管每段高1000mm。为保证钢支撑的稳定，每隔1500mm内设置⌐14斜拉杆。

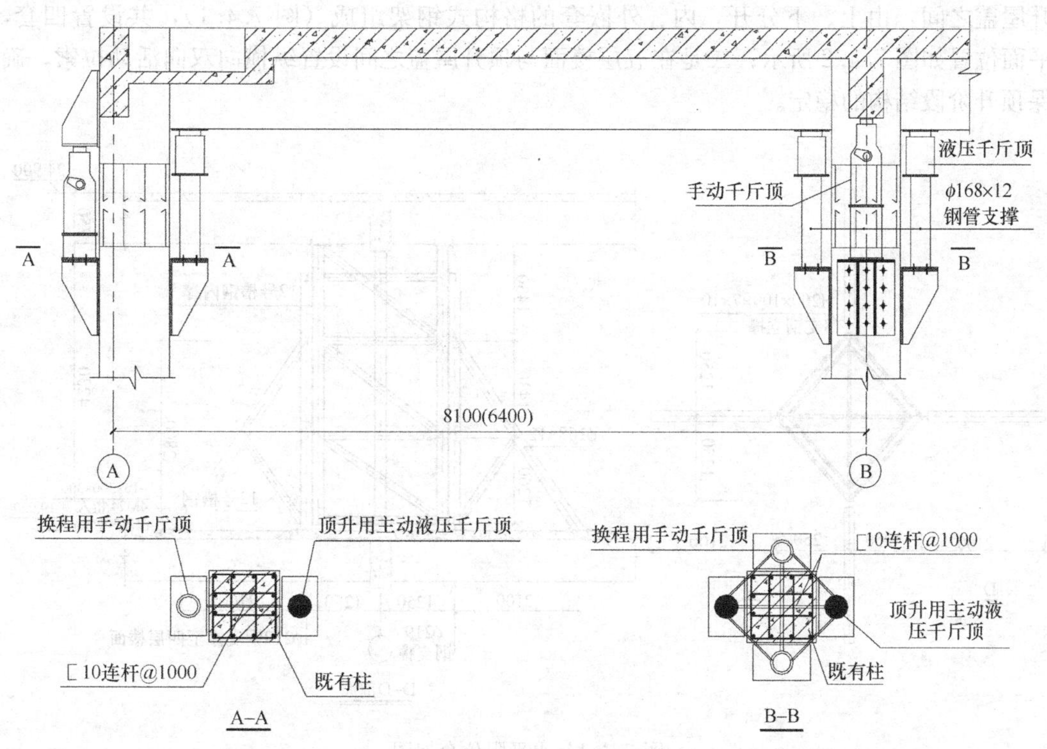

图7.3.4　千斤顶换程托换详图

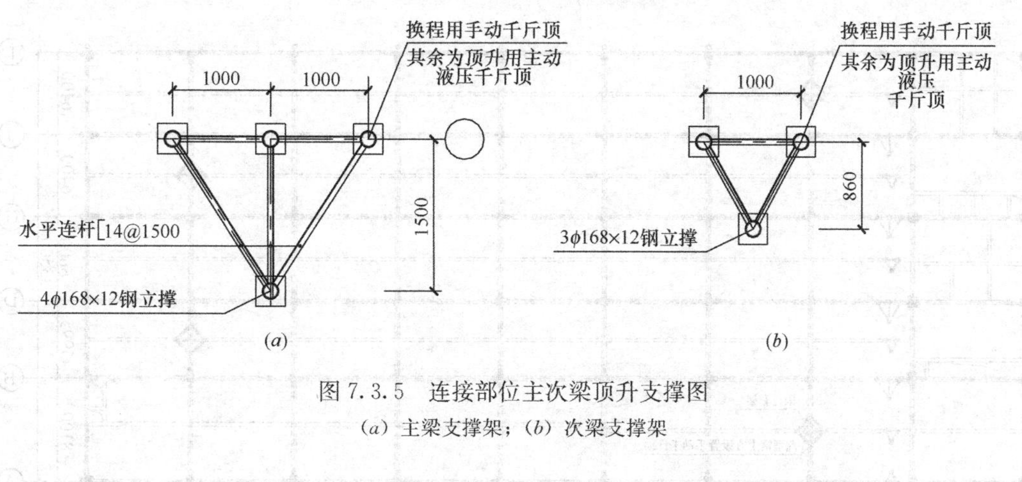

图7.3.5　连接部位主次梁顶升支撑图

(a) 主梁支撑架；(b) 次梁支撑架

7.4　顶升阶段屋面结构侧向稳定控制措施

由于千斤顶安装的垂直误差及顶升过程中其他不利因素（如强风、地震）的影响，在顶升过程中可能会出现微小的水平位移，而且，本次工程顶升高度达 2.55m，稳定问题突出，为避免出现此类情况，需设置平面限位装置，限制纵横向可能发生的位移。

限位装置包括限位套架和活动拉杆组成两部分。其中，限位套架安装在五层楼面与顶升屋盖之间，由上、下分开，内、外嵌套的格构式钢架组成（图 7.4.1），共设置四套，平面位置如图 7.4.2 所示；二是在五层楼面与顶升屋盖之间设置纵横向双向活动拉索，确保顶升阶段结构的稳定。

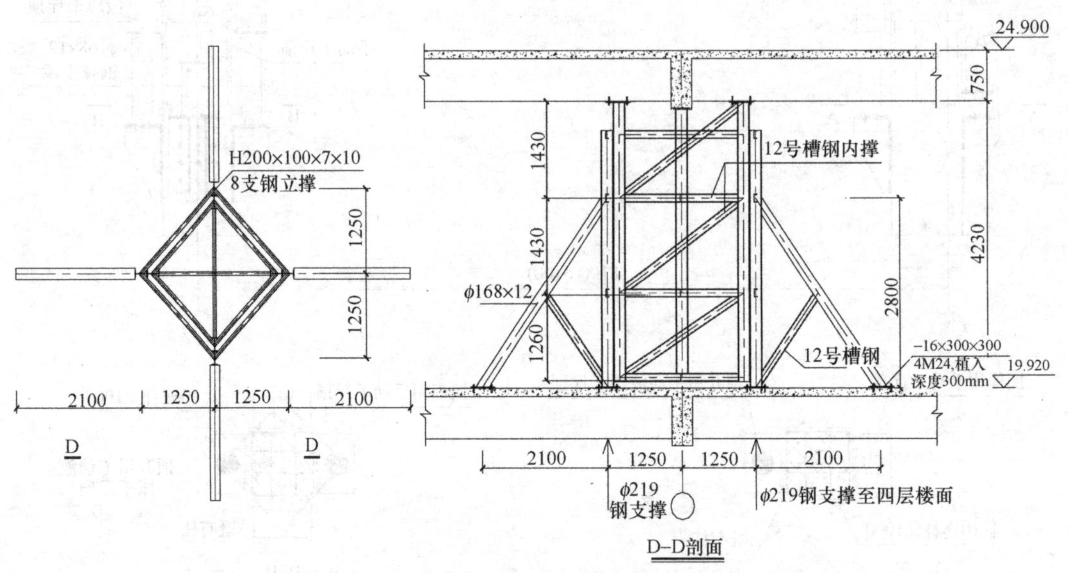

图 7.4.1　水平限位套架图

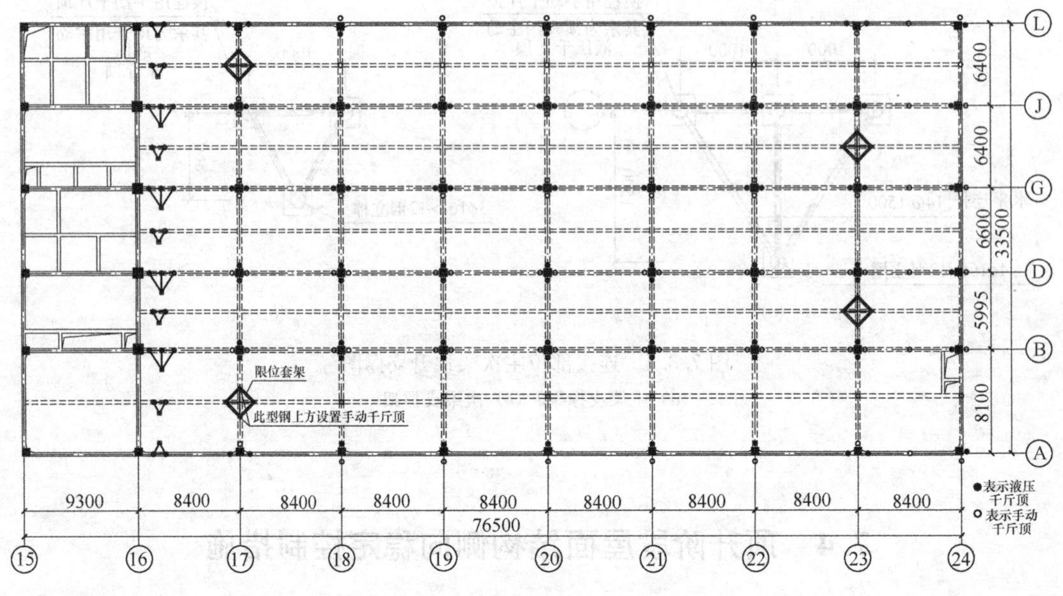

图 7.4.2　水平限位装置布置图

根据规范规定，临时性建筑物基本风压可按10年重现期基本风压取值，本工程风荷载作用下 x、y 向水平力分别为57.4kN和128.4kN。工程沿 x、y 向分别布置了4处限位套架，则每处限位装置所受剪力为 $V_x=14.4\text{kN}$，$V_y=32.1\text{kN}$。

套架水平缀条所受的内力为：

$$N_1=\frac{V_y}{2}=\frac{32.1}{2}=16.1\text{kN}$$

槽钢长细比：

$$\lambda=\frac{l}{i_y}=\frac{240}{1.56}=134.6$$

缀条属b类截面，查得 $\varphi=0.370$。则有：

$$\frac{N_1}{\varphi A}=\frac{16.1\times10^3}{0.370\times15.68\times10^2}=27.6<215\text{N/mm}^2$$

套架斜缀条所受的内力为：

$$N_2=\frac{N_1}{\cos\alpha}=\frac{16.1}{\cos34^\circ}=19.4\text{kN}$$

同理可得：

$$\frac{N_2}{\varphi A}=\frac{19.4\times10^3}{0.288\times15.68\times10^2}=42.9<215\text{N/mm}^2$$

缀条的稳定性满足要求。

与5层楼面连接的下套架受三脚架的支撑作用，侧向变形接近于0，上套架x、y向最大变形分别为4.1mm和9.2mm（图7.4.3），结构整体位移很小。这表明，限位套架

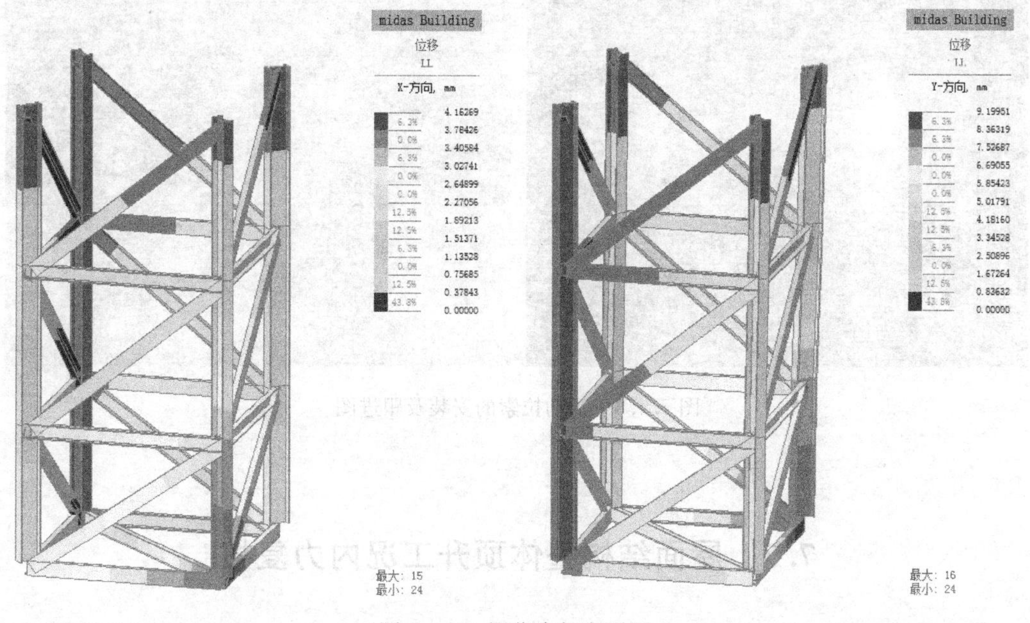

图7.4.3　限位套架变形图

具有较强的刚度，可以有效地抵抗水平荷载，确保顶升过程的千斤顶不受水平荷载的的干扰。考虑到顶升过程窗户尚未安装，实际所受风荷载可能更小，考虑覆土屋顶的柱底摩擦力影响，限位套架具有较大的安全储备。现场水平限位套架见图 7.4.4，现场限位拉索见图 7.4.5。

图 7.4.4　水平限位套架实景图

图 7.4.5　活动拉索的安装及跟进图

7.5　屋面结构整体顶升工况内力复核

裙房顶层（第 5 层）层高由 4.5m 抬升至 7.5m 后，从构件层面而言，框架柱线刚度的减小导致梁柱刚度比变化，从而引起框架梁支座弯矩和跨中比例发生变化。由于裙房采用覆土屋面，屋面恒载为 10.0kN/m²，活荷载为 3.0kN/m²，较大的屋面荷载将引起梁、柱配筋发生变化；从体系上而言，随着 5 层层高的大幅度增加，结构剪切刚度将明显下降，楼层地震力也将发生变化。此外，顶升过程中柱子截断引起的约束变化也将对梁、柱内力产生很大影响。

为确保施工过程以及以后结构的安全，对本工程重新进行整体分析。同时为了模拟施工过程的实际受力状态，将柱中约束释放后进行重新计算，并将计算结果与底部固接的原模型进行了对比。

分析表明，裙房顶层改为影院后，顶层层高的大幅度变化使得改造后结构整体变柔，周期增加。随着刚度减小，地震作用下基底总剪力也有 6%左右的减小；地震作用下顶部位移增大，x 向由 12.01mm 增加到 13.66mm，y 向由 12.67mm 增加到 14.22mm，分别增加了 13.74%和 12.23%。由于迎风面的扩大，风荷载增大明显，x 向、y 向风荷载作用下基底剪力由 569.8kN、1278.9kN 增大到 632.8kN、1413.8kN，分别增加了 11.05%和 10.55%；风荷载的增大加上顶部楼层刚度的大幅度减小，风荷载作用下顶点最大位移分别增加了 34.86%、31.53%。此外，顶层高度增高使得风荷载增加，各楼层位移均有所加大。风荷载下楼层剪力见图 7.5.1。

本工程为多层裙房，结构刚度偏大，改造过程的约束变化对整体结构参数影响较小，然而约束变化对构件内力分布和构件承载力安全影响很大。

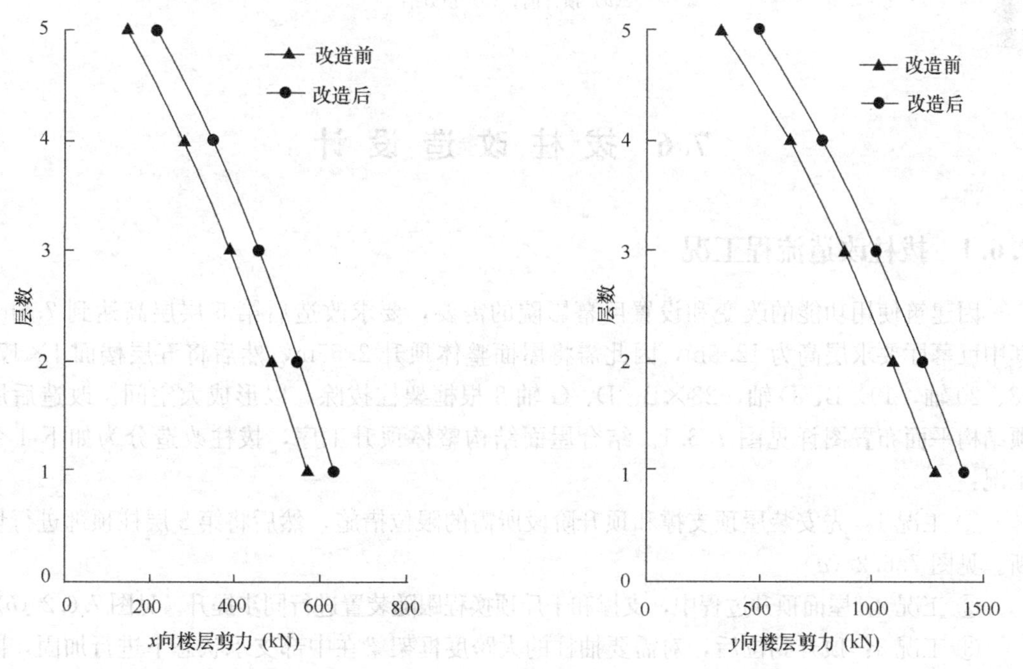

图 7.5.1　风荷载作用下改造前后结构在 x、y 向楼层剪力

柱子截断后，由于千斤顶沿柱周边主梁下方布置，各千斤顶距柱中心 1250mm，顶升过程柱底处于悬浮状态。此时，x 向框架梁由跨度 8400mm 变为 5900mm。图 7.5.2 为顶

升前、后框架梁弯矩图，由图可知，设置千斤顶后由于跨度的减小，框架梁支座和跨中弯矩均呈减小趋势，支座减小幅度明显，因此顶升过程梁、柱受力状态均不起控制作用。同样，y 向框架梁跨度减小了 2500mm，减小幅度更为明显。

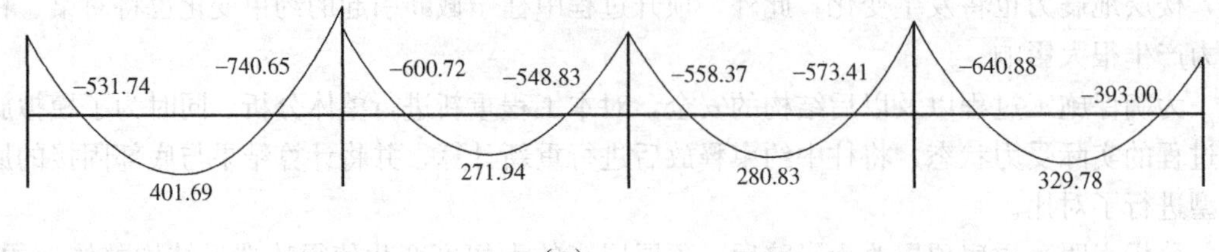

(*a*)

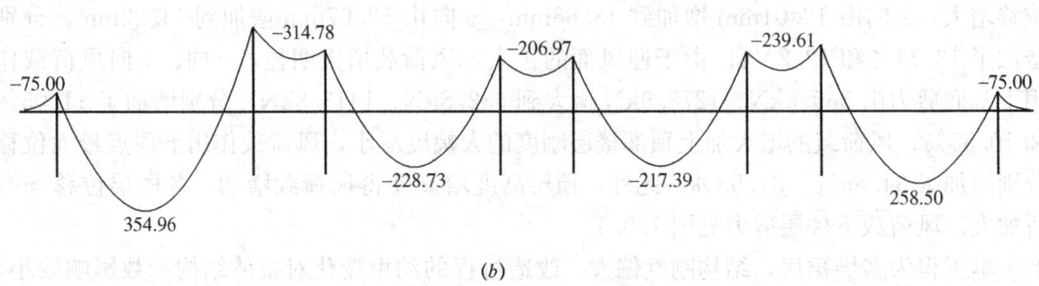

(*b*)

图 7.5.2　顶升前与顶升过程框架梁弯矩图（kN·m）

(*a*) 顶升前；(*b*) 顶升后

7.6 拔柱改造设计

7.6.1 拔柱改造流程工况

因建筑使用功能的改变和设置巨幕影院的需要，要求改造后第 5 层层高达到 7.5m，其中巨幕厅要求层高为 12.5m，因此需将屋面整体顶升 2.55m，然后将五层楼面 J×17、18、20 轴，19×B、D 轴，23×B、D、G 轴 8 根框架柱拔除，以形成大空间。改造后屋顶结构平面布置图详见图 7.6.1。结合屋面结构整体顶升工序，拔柱改造分为如下 4 个工况：

① 工况 1：先安装屋顶支撑和顶升阶段所需的限位措施，然后将第 5 层柱顶部进行切断。见图 7.6.2 (*a*)。

② 工况 2：屋面顶升过程中，支撑和千斤顶换程跟随装置进行同步提升。见图 7.6.2 (*b*)。

③ 工况 3：顶升到位后，对需要抽柱的大跨度框架梁在中部支承状态下进行加固，同时进行切断柱的连接与加固。见图 7.6.2 (*c*)。

④ 工况 4：拆除中间部位支撑，抽柱后大跨度框架梁处于正常使用条件下的受力状态。见图 7.6.2 (*d*)。

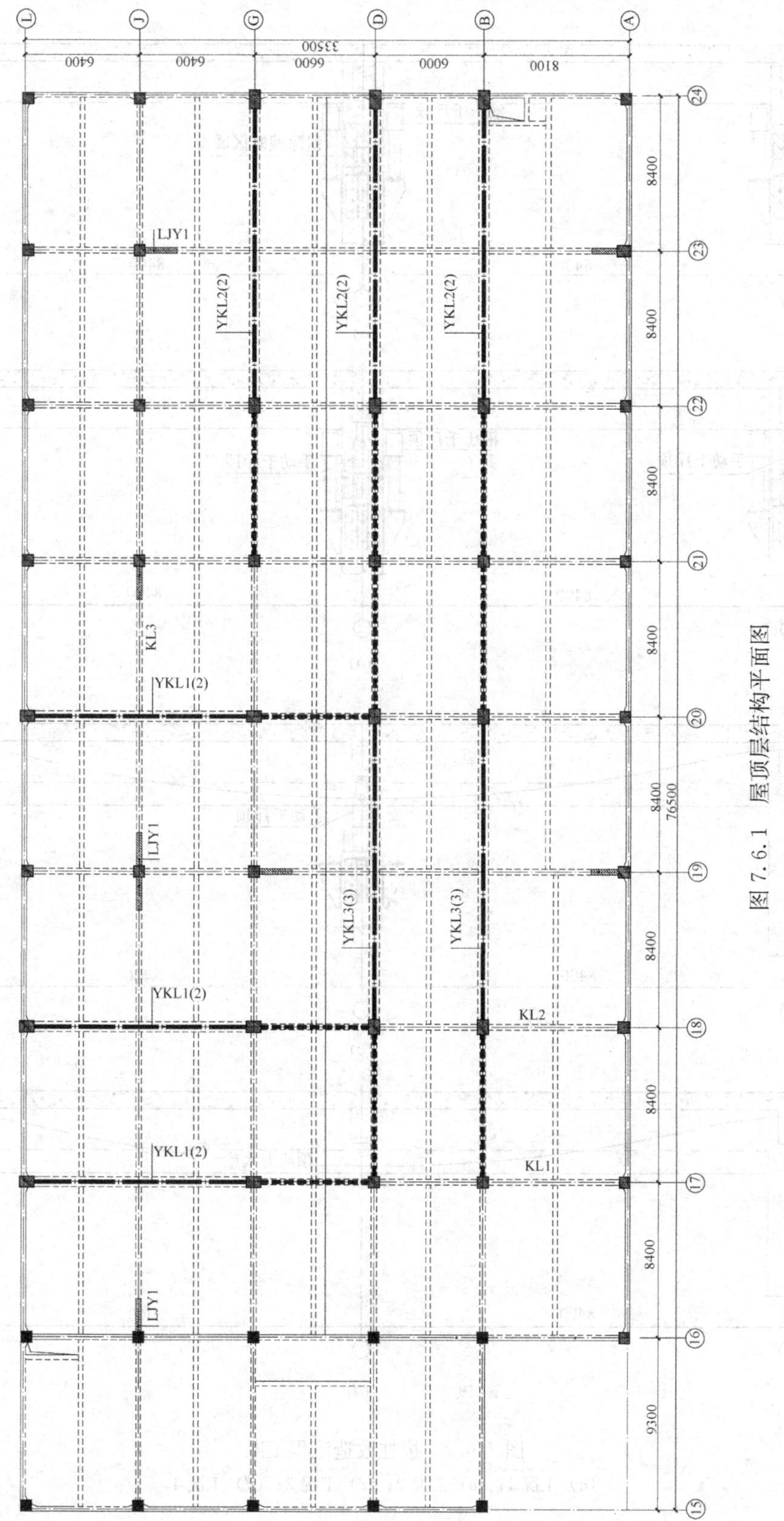

图 7.6.1　屋顶层结构平面图

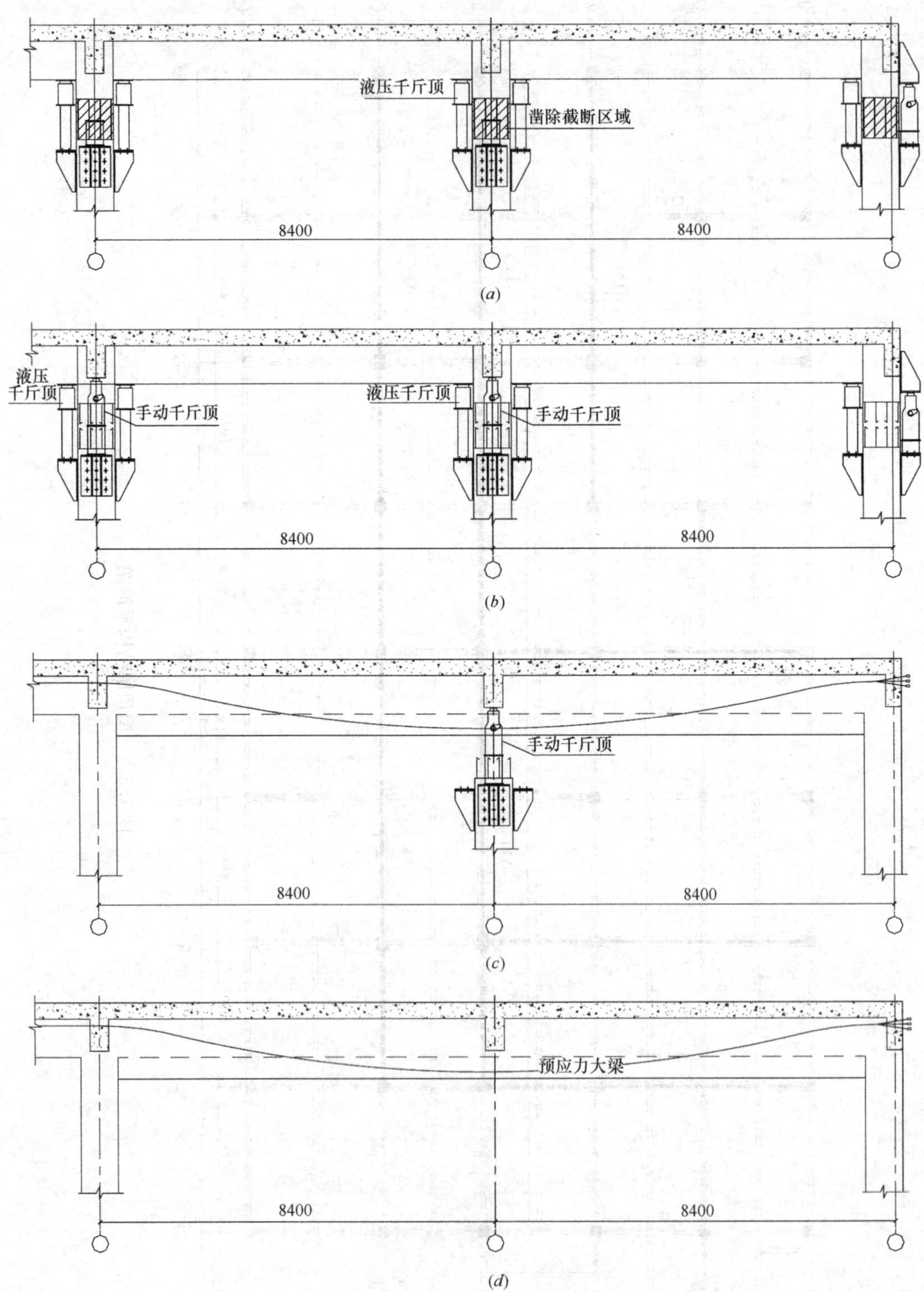

图 7.6.2　拔柱改造流程工况

(*a*) 工况 1；(*b*) 工况 2；(*c*) 工况 3；(*d*) 工况 4

7.6.2　拔柱前后内力分析

拔柱之前，本工程为柱跨较为均匀的框架结构，主梁截面350mm×750mm。为改造成影院，框架柱拔除后，原框架梁跨度大幅度增加，柱拔除部位支座变为跨中，拔除部位梁内力变化明显，相邻构件内力也将随之发生变化。在上述典型工况作用下，选取21～24轴交B范围内构件进行柱拔除前后的内力分析。

23交B轴柱拔除前、后梁柱弯矩详见图7.6.3。由图可知，柱拔除后相应位置支座负弯矩消除，该部位作为托换梁的跨中，弯矩达到3511kN·m；托换梁边支座弯矩由150kN·m增加到901kN·m，内支座弯矩由283kN·m增加到2567kN·m；与之相连跨弯矩变化明显，内支座部位框架柱顶弯矩由70kN·m增加到444kN·m；边支座部位框架柱顶弯矩由288kN·m增加到509。各荷载工况下托换梁的内力详见表7.6.1。

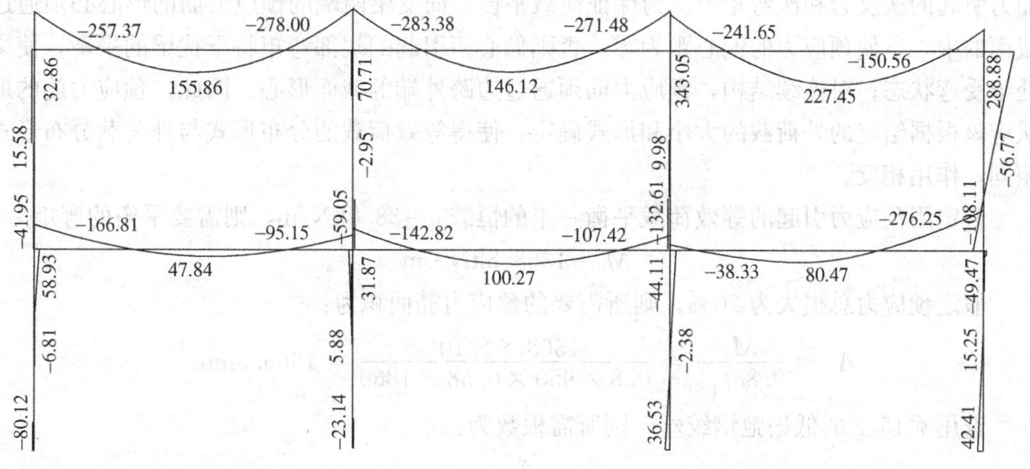

(*a*)

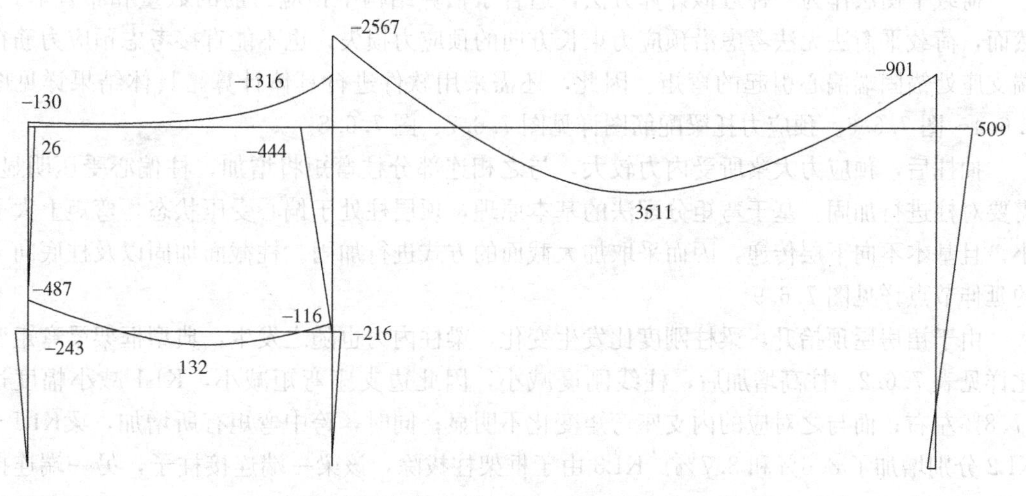

(*b*)

图7.6.3　抽柱前、后框架弯矩图（基本组合下）（kN·m）

(*a*) 抽柱前；(*b*) 抽柱后

改造后抽柱梁内力计算结果　　表 7.6.1

荷载	左支座	跨中	右支座
恒载（kN）	−1651	2250	−579
活载（kN）	−344	483	−122
基本组合下设计弯矩（kN·m）	−2567	3511	−901

7.6.3　拔柱后屋面大跨度框架梁的加固设计

为了避免拔柱引起屋盖结构过大变形，工程采用无粘结钢绞线预应力梁进行托换。托换梁预应力设计采用荷载平衡法进行估算，荷载平衡法由林同炎教授于 1963 年提出，该法简化了超静定预应力结构的分析和设计。在进行荷载分析时，等效荷载法不需要计算预加力引起的次反力和次弯矩[1]。为保证荷载平衡，简支梁两端的预应力筋的形心必须通过截面的中心，使预应力的偏心距为零，否则偏心距引起的端部弯矩将干扰梁的平衡，使梁处于受弯状态；对连续结构，预应力筋须通过边跨外端的截面形心。因此，预应力筋的形状应该根据给定的外荷载的大小和形式确定，使得等效荷载的分布形式与外荷载分布形式相同，作用相反。

假定用预应力引起的等效荷载平衡一半的恒载 $q=38.8\text{kN/m}$，则需要平衡的弯矩为：

$$M_p=1368.8\text{kN}\cdot\text{m}$$

假定预应力总损失为 20%，则所需要的预应力筋面积为：

$$A_p=\frac{M_p}{0.8ef_{ptk}}=\frac{1368.8\times10^6}{0.8\times950\times0.58\times1860}=1669.5\text{mm}^2$$

选用 $\phi^s15.2$ 的低松弛钢绞丝，则所需根数为：

$$n=\frac{A_p}{139}=12$$

荷载平衡法作为一种近似计算方法，适合于估算结构中预应力筋的数量和布置形式。然而，荷载平衡法无法考虑沿预应力束长方向的预应力损失，也不能直接考虑预应力筋在端支座处锚固端偏心引起的弯矩。因此，还需采用软件进行具体计算，具体结果详见图 7.6.4～图 7.6.6。预应力托梁配筋图详见图 7.6.7、图 7.6.8。

抽柱后，预应力大梁所受内力较大，与之相连部分柱弯矩将增加，柱偏心受压明显，需要对柱进行加固。基于弯矩分配法的基本原理，顶层柱处于偏心受压状态，弯矩上大下小，且基本不向下层传递，因而采取加大截面的方式进行加固。柱截面加固以及柱底向下的延伸节点详见图 7.6.9。

由于裙房屋顶抬升，梁柱刚度比发生变化，梁柱内力也随之发生，典型框架梁弯矩变化详见表 7.6.2。柱高增加后，柱线刚度减小，因此边支座弯矩减小，KL1 减小幅度达 17.8%左右；而与之对应的内支座弯矩变化不明显；同时，跨中弯矩有所增加，梁KL1～KL2 分别增加了 8.6%和 8.7%。KL3 由于框架柱拔除，该梁一端连接柱子，另一端连接大跨度托换梁，与柱相连端支座弯矩增加 90.7%，跨中弯矩增加 44.3%。针对梁支座钢筋不足这一情况，采取梁底加腋的方式进行补强（图 7.6.10）；跨中则采用粘钢的方式进行加固（图 7.6.11）。

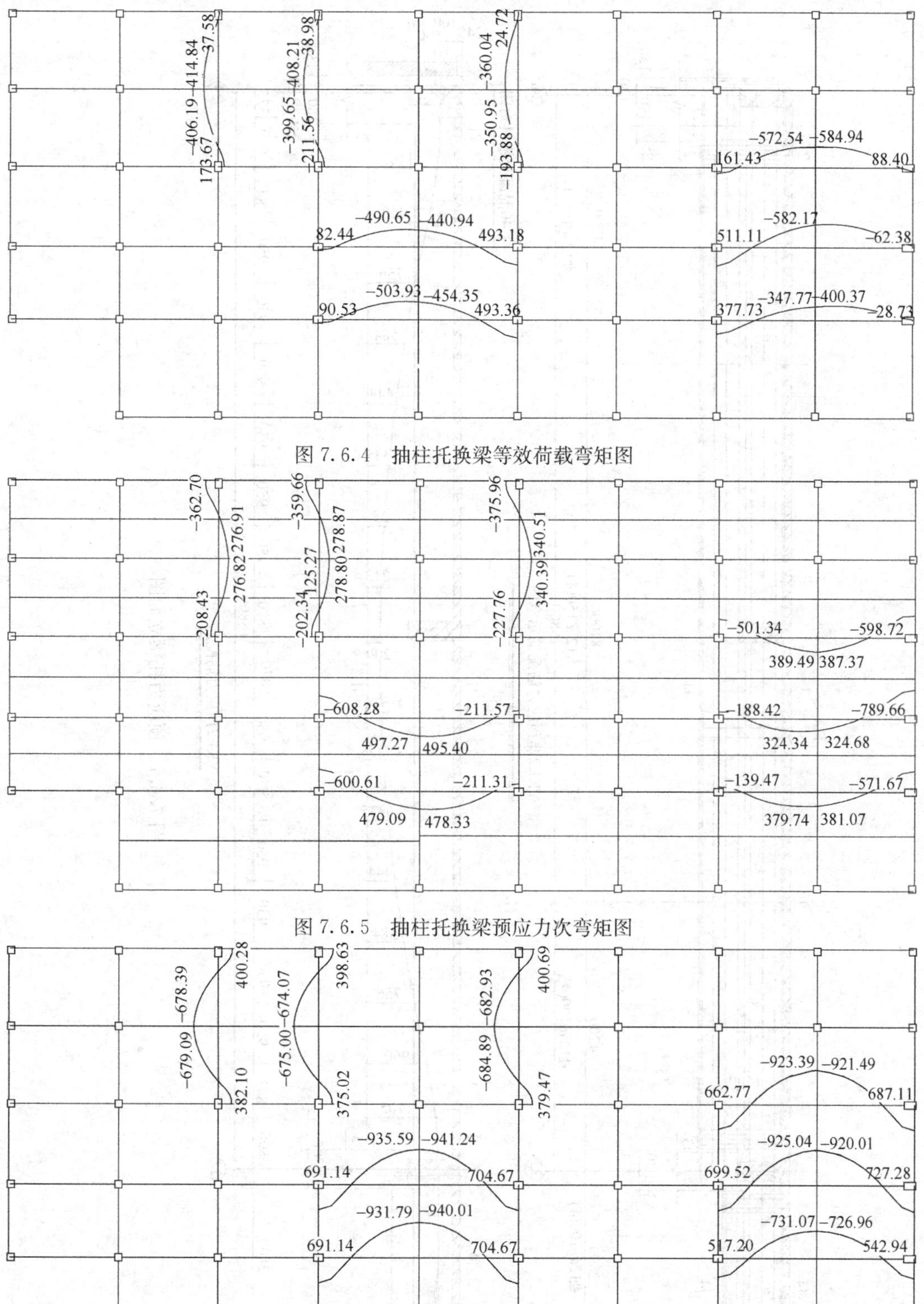

图 7.6.4　抽柱托换梁等效荷载弯矩图

图 7.6.5　抽柱托换梁预应力次弯矩图

图 7.6.6　抽柱托换梁预应力主弯矩图

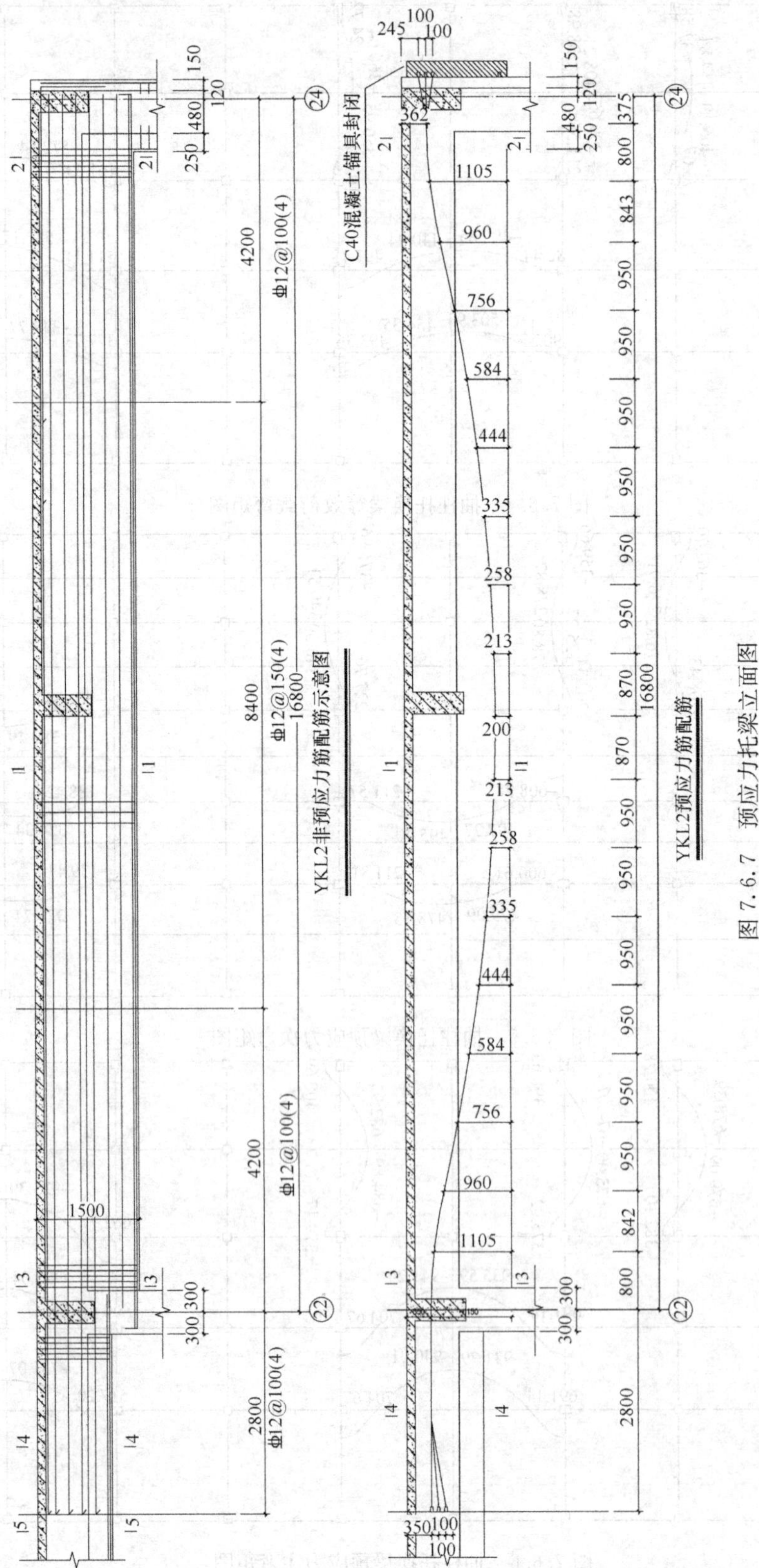

图 7.6.7　预应力托梁立面图

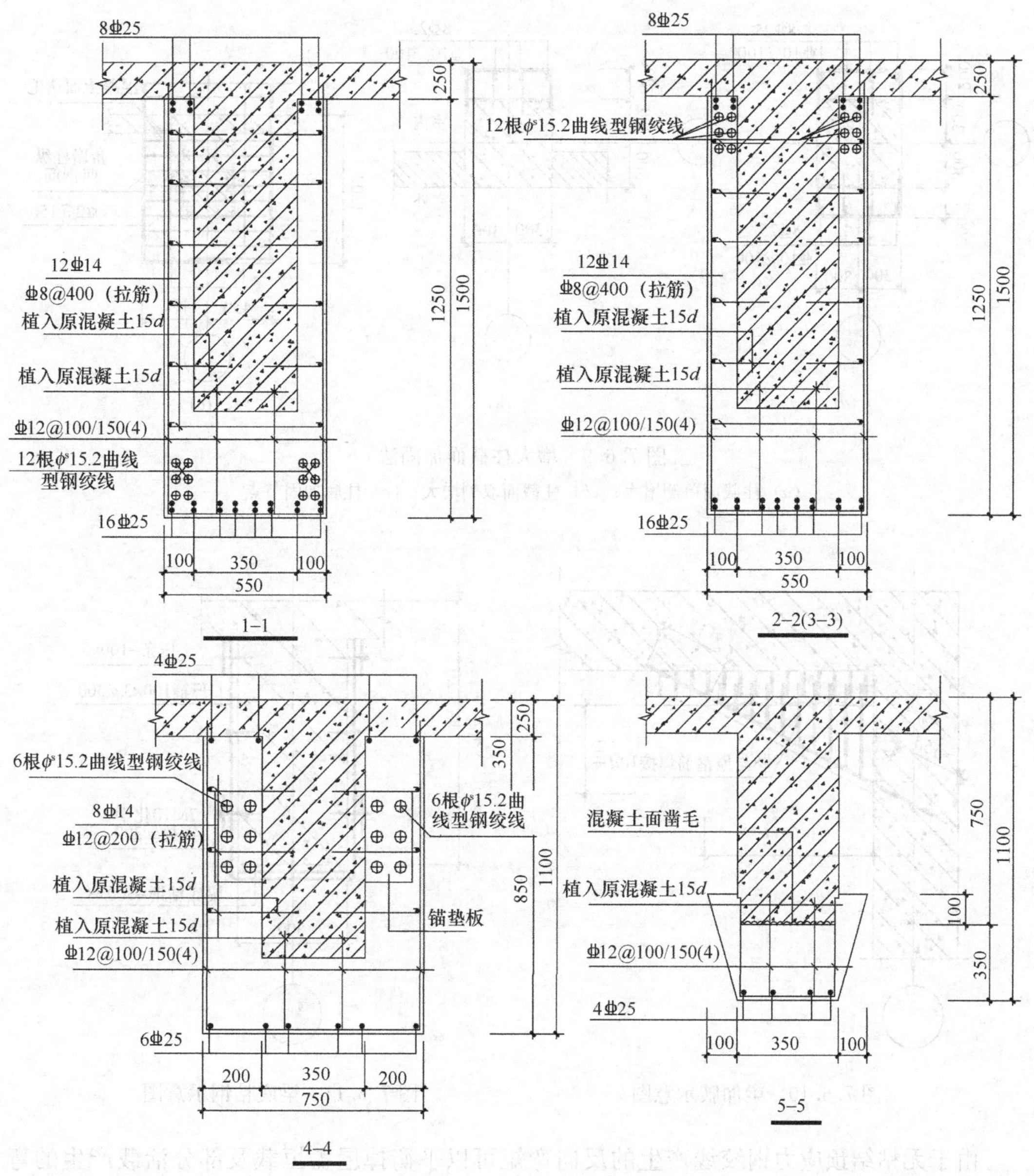

图 7.6.8　预应力托梁剖面图

顶升前、后框架梁弯矩图变化　　**表 7.6.2**

编号	顶升前			顶升后		
	边支座负弯矩（kN・m）	跨中正弯矩（kN・m）	内支座负弯矩（kN・m）	边支座负弯矩（kN・m）	跨中正弯矩（kN・m）	内支座负弯矩（kN・m）
KL1	−473	1091	−675	−389	1106	−670
KL2	−518	1252	−818	−483	1361	−824
KL3	−411	359	−423	−784	518	0

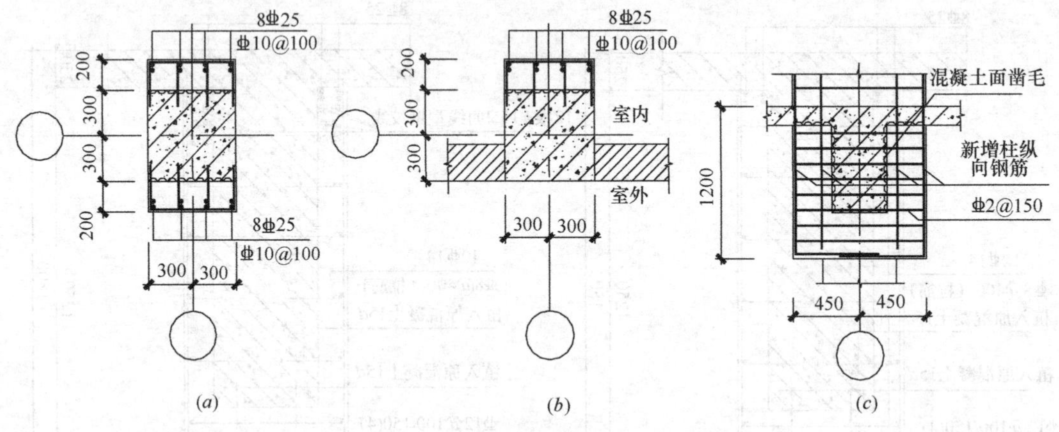

图 7.6.9　增大柱截面加固法

(a) 柱截面单侧增大；(b) 柱截面双侧增大；(c) 柱底加固节点

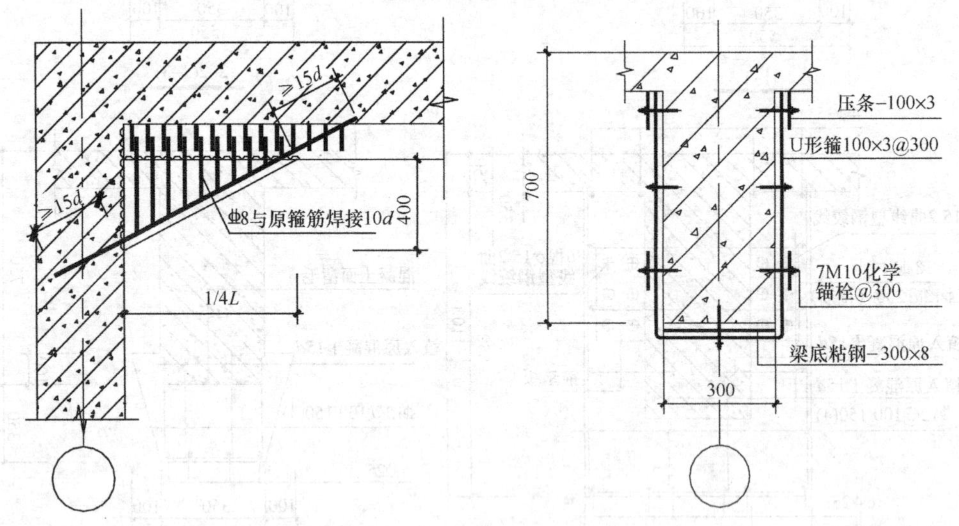

图 7.6.10　梁加腋示意图　　　　图 7.6.11　梁底粘钢示意图

由于无粘结预应力钢绞线产生的反向弯矩可以平衡掉屋盖恒载及部分活载产生的弯矩，所以拔柱以后屋盖结构基本上变形较小。为保证结构安全和施工有序进行，施工过程严格按图 7.6.12 所示流程图进行。

本工程预应力筋选用 1860 级 $7\phi^s5$ 高强度低松弛优质预应力钢绞线，抗拉强度标准值 $f_{ptk}=1860$MPa。无粘结预应力筋采用聚乙烯进行外包套管处理，套管应有足够的强度，以抵抗制作、运输、安装、浇筑混凝土和张拉时不可预见的外力作用；并且，全长要达到水密性要求。在预期的温度变化范围内（−20～70)℃，在结构使用期限内套管不硬化、不软化。为了对预应力筋起防护作用，在预应力筋和套管之间采用专用防腐防护油脂以起润滑作用，要求在预期温度变化范围内，油脂不会从套管上流走，润滑油脂用量不应小于 50g/m。本工程预应力锚具选用 VLM（QM）系列 15-1 型夹片锚具。锚具是预应力工程中的重要部件，使用时必须严格要求。锚具出厂前，应由厂方按规定进行检验并提供质量

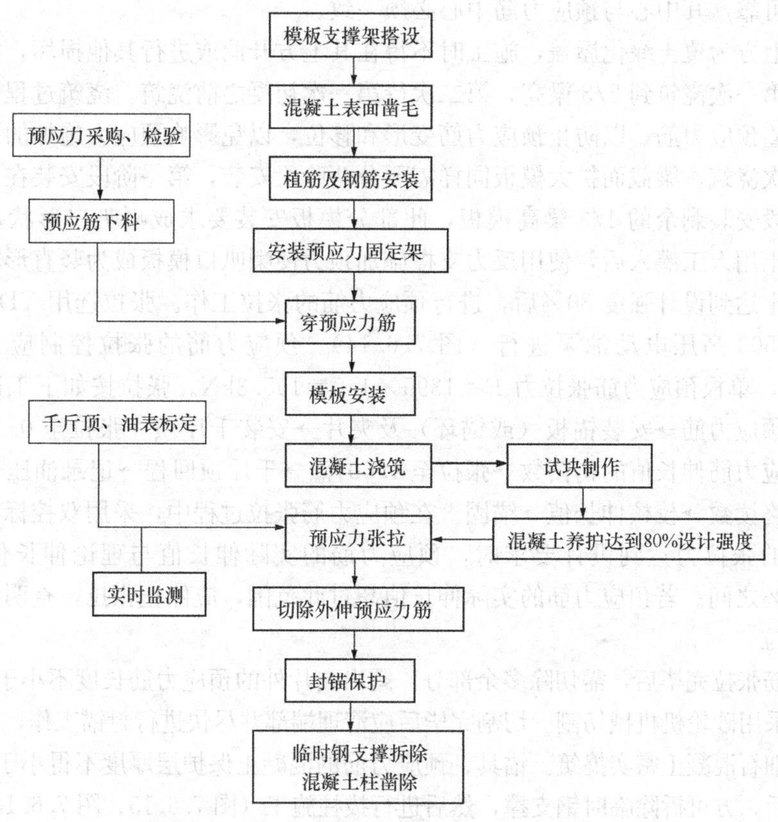

图 7.6.12　预应力托梁抽柱施工流程图

保证书，其性能应符合《预应力筋用锚具、夹具和连接器》GB/T 14370—2000 标准[2]，锚具进场时应按规定进行检验。

为了保证新、老混凝土良好结合，在预应力筋安装之前，必须对混凝土接触面进行凿毛。原混凝土面采用人工方法凿毛，凿毛深度根据部位不同而不同。对于新旧箍筋焊接部位，以原混凝土中箍筋完全外露为准，凿除深度一般按照钢筋保护层厚度（30mm）控制；其他新旧混凝土接触面处，一般凿毛深度为 15mm。对原混凝土存在的缺陷需清理至密实部位，并将表面凿毛或打成沟槽，沟槽深度一般为 6mm 左右，间距不宜大于箍筋间距或 200mm，混凝土棱角应打掉，同时应除去浮渣、尘土。在凿毛前应对原混凝土面进行适当湿润，以保证作业空间环境洁净。对已松动石子应全部清除，不得留嵌于老混凝土中，凿毛完毕后，及时进行界面清理，用水和钢丝刷将界面清理干净。

预应力筋现场下料，并用砂轮机机械切断，严禁采用电弧切割。预应力筋的下料长度误差控制在 50mm 范围内，确保钢绞线外露长度满足施工要求。预应力筋曲线定位沿梁水平方向每隔 1000～1200mm 距离设置定位钢筋，定位钢筋焊接在箍筋上，定位钢筋沿梁高度方向可根据曲线方程计算，要确保预应力筋线形符合设计要求。待定位钢筋安装完成后，即可穿入预应力筋（图 7.4.13）。预应力端部锚垫板是传力部件，利用短钢筋与四周钢筋焊接固定。焊接垫板前，应根据设计图纸要求在模板或钢筋上标出其位置，固定后的垫板应与预应力筋保持垂直。锚垫板必须按设计要求配置螺旋筋，螺旋筋应紧靠锚垫板，并固定可靠，其中心与预应力筋中心必须一致。

被拔柱上方为覆土绿化屋盖，施工时不得在其上方开洞或进行其他损坏，混凝土需分两次浇筑，第一次浇筑到 2/3 梁高，第二次待第一次初凝之前浇筑。浇筑过程中，振动棒不能直接碰撞预应力筋，以防止预应力筋变形和移位，以免影响预应力施加的质量。为配合混凝土二次浇筑，梁截面扩大模板同样需要分两阶段安装，第一阶段安装在 2/3 梁高位置，第二阶段安装剩余的 1/3 梁高模板，此部分模板安装要求成喇叭口形状，以便于浇筑，待混凝土用人工灌入后，使用反力支撑施加顶力使喇叭口模板成为竖直形状。

当混凝土达到设计强度 80%后，进行预应力筋的张拉工作。张拉选用 YDQ-260 型千斤顶和 ZB4-500 高压电动油泵进行（图 7.6.14）。预应力筋的张拉控制应力为 $f_{con}=1395N/mm^2$，单根预应力筋张拉力 $P=1395\times140=195.3kN$。张拉按如下工序进行：清理锚垫板和预应力筋→安装锚板（或锚环）及夹片→安装千斤顶→张拉至 $0.1f_{con}$→记录油压表和预应力筋伸长值的初读数→张拉至 $1.00f_{con}$→千斤顶回程→记录油压表和预应力筋伸长值的终读数→校核伸长值→锚固。在预应力筋张拉过程中，采用双控标准控制，即当预应力筋的张拉力达到设计要求时，预应力筋的实际伸长值与理论伸长值的误差在 −6%～+6%之间。若预应力筋的实际伸长值超过此范围，应停止张拉，查明原因后方可继续进行张拉。

预应力筋张拉完毕后，需切除多余部分，露出夹片外的预应力筋长度不小于 30mm。预应力筋切除采用砂轮机机械切割。切割完毕后应清理端部并尽快进行封锚工作，封锚采用同构件标号的细石混凝土密实捣筑。锚具、预应力筋的混凝土保护层厚度不得小于 50mm。预应力张拉完后，方可拆除临时钢支撑，然后进行拔柱施工（图 7.6.15、图 7.6.16）。

图 7.6.13　预应力钢绞线现场布置图

图 7.6.14　预应力张拉

图 7.6.15　支撑拆除

图 7.6.16　托换梁实景图

7.7　楼板的开洞与封闭

局部楼层功能调整后，自动扶梯位置需要移位。因此，对首层20～23轴交B～D轴区域以及1～4层20～22轴交B～D轴原楼板洞口进行封闭；同时，1～5层：20～22轴交D-G轴楼板需要开设洞口。

7.7.1　楼板封闭

楼板洞口可采用现浇混凝土梁板或者钢梁＋压型钢板楼面两种方式进行封闭。采用现浇混凝土梁板封闭洞口时，植筋应注意以下事项：

① 新增结构与原结构连接均采用植筋方式，钻孔位置应避开原钢筋，不得钻断主筋；成孔后应将孔内废渣清理冲洗干净，钻孔深度应根据计算确定。

② 植筋前应对钢筋表面进行除锈处理，钻孔内应保持干燥；植筋锚固料必须有产品合格证明，固化过程应对钢筋进行保护，钢筋不得有任何松动；验收合格后方可进行下道工序施工。

③ 新旧混凝土连接处，原构件混凝土保护层需凿除，凿除时不得损伤保留部分，浇筑混凝土前需对连接处界面进行清理，涂刷界面剂后方浇筑。

新旧混凝土连接典型节点详见图7.7.1。交界面可通过设置插筋以增强新旧混凝土结合面的抗剪强度。

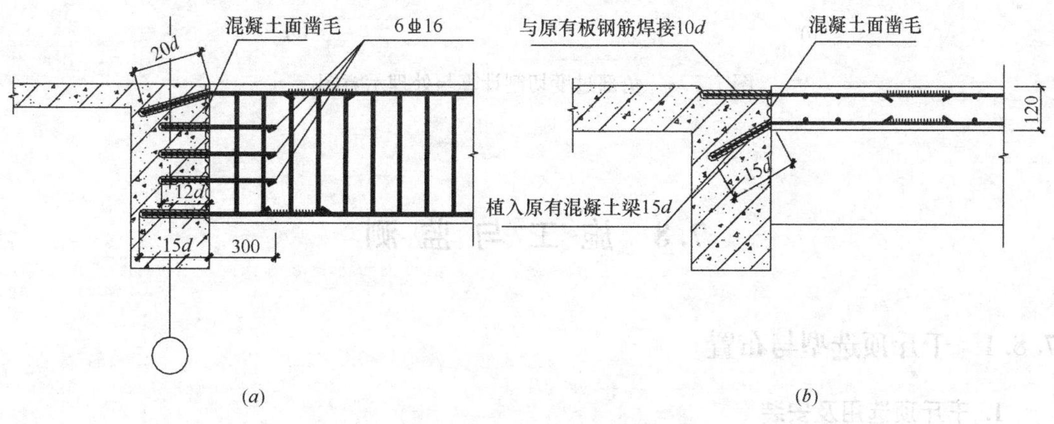

图7.7.1　新旧混凝土连接节点

(*a*) 次梁与边梁连接节点；(*b*) 新加板与原混凝土边梁植筋锚固节点

7.7.2　楼板开洞施工

楼板开洞可采用无损伤静力切割法施工，施工前预先搭设好临时支撑，采用喜利得D-LP32/DS-TS32墙锯（图7.7.2）沿着洞口四周进行切割，然后采用风镐破碎。

采用墙锯进行切割时，由于切割用的锯片形状构造原因，不可避免地会有过度切割现象，因此，需在切割前根据切割锯片的直径及切割块的厚度，对过度切割值a进行如下计

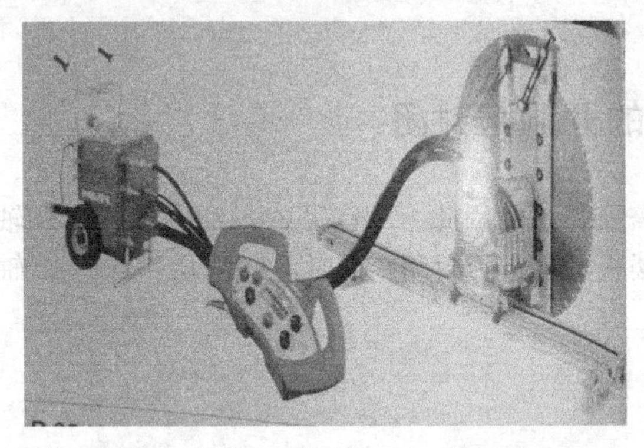

图 7.7.2 D-LP32/DS-TS32 液压墙锯

算，如图 7.7.3（a）所示：

$$a=\frac{1}{2}(R-r)-\frac{1}{2}[R-2(r+b)]$$

根据上述计算数据，采取与切割线相切钻孔的方式进行角部预处理，钻孔半径满足 $r\geqslant a$（图 7.7.3b），以避免角部进行过度切割。静力切割是湿法作业，施工过程会产生锯浆，将影响周边环境的整洁，因此需在切割作业区域下方满铺油布进行锯浆收集；或者在切割区域周围用细沙等进行围护，以防锯浆随意流淌。同时，切割工作区域必须设置安全警示标志，以避免人员进入而造成意外事故。

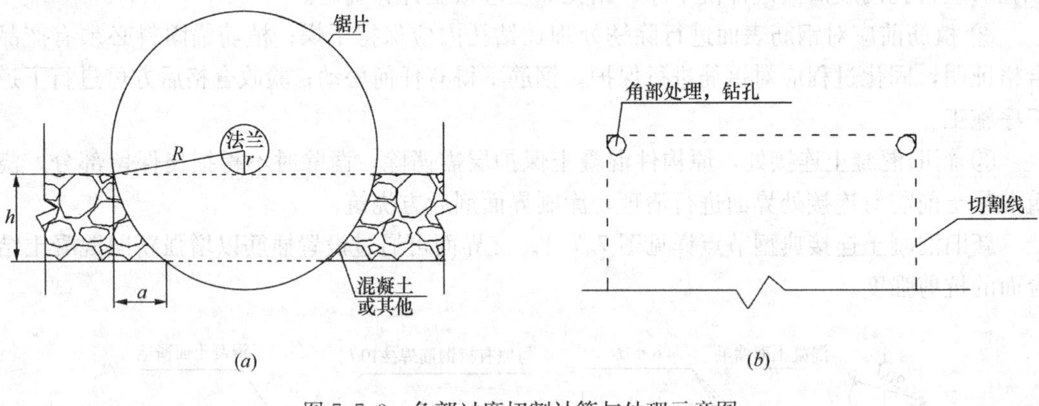

图 7.7.3 角部过度切割计算与处理示意图

7.8 施 工 与 监 测

7.8.1 千斤顶选型与布置

1. 千斤顶选用及安装

本工程均采用 100t 带自锁液压千斤顶，液压千斤顶技术参数：底径 196mm，高 420mm，工作压力 70MPa，工作推力为 100t，工作行程为 130mm，可偏载角度为 30°。为便于顶升操作，所有液压千斤顶均倒装，即千斤顶底座安装在屋盖框架梁上。安装时要保证千斤顶轴线的垂直，以免因千斤顶安装倾斜在顶升过程中产生水平分力。为确保结构局部承压，千斤顶的上下均设置钢垫板以分散集中力。千斤顶吊顶钢板与梁底间用楔形钢板垫实，梁底用聚合物砂浆找平（图 7.8.1）。

2. 千斤顶布置

根据原结构设计图纸，采用 SATWE 软件分别计算出各柱的内力（图 7.8.2），并以此为依据布置千斤顶。千斤顶数量按下式估算：

$$n = k\frac{Q_k}{N_a}$$

式中：n 为千斤顶数量；Q_k 为顶升会时建筑物总荷载标准值；N_a 为单个千斤顶额定荷载值；k 为安全系数，取 2.0。

本次实际布置 100t 液压千斤顶共计 95 台，其中屋盖中间每个框架柱布置 2 台液压千斤顶，边柱除 17 轴、23 轴布置两台液压千斤顶外，其余均布置 1 台液压千斤顶，具体布置见图 7.8.3。该房屋理论重量设计值为 5558.0t，顶升设备数量与总荷载之比：

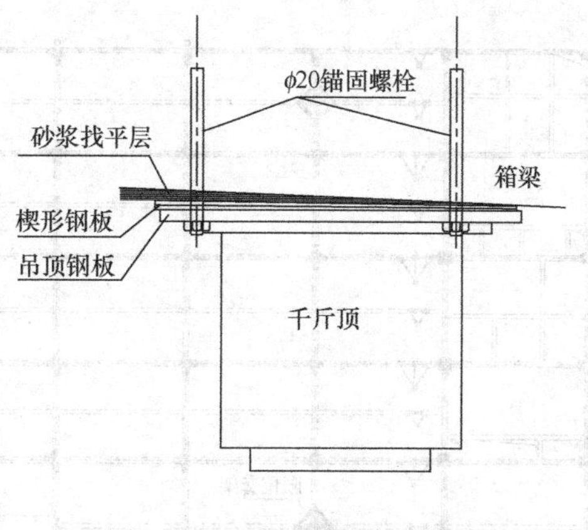

图 7.8.1　千斤顶安装示意图

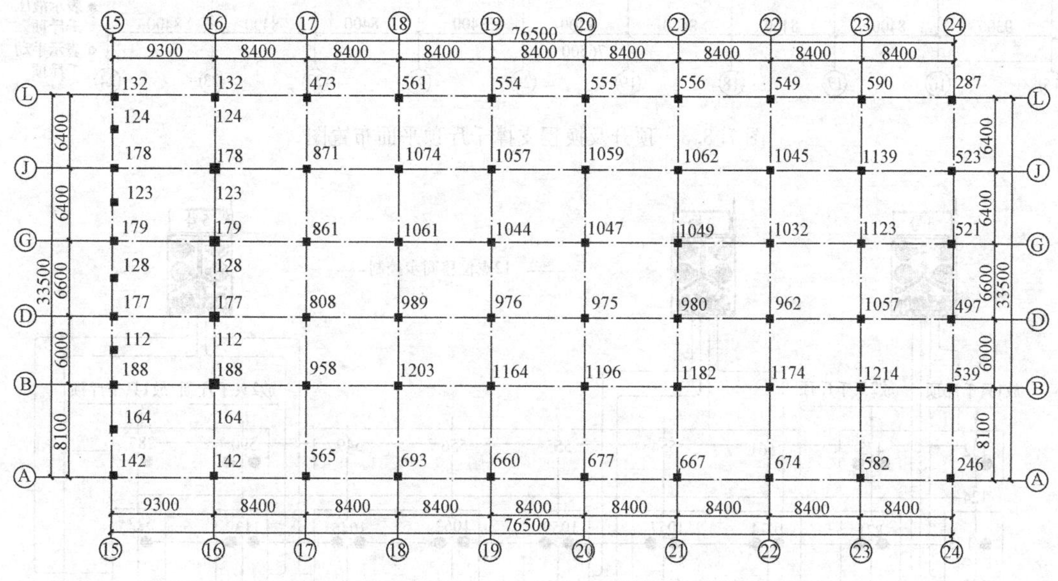

图 7.8.2　屋面层柱底部恒载标准组合内力图（kN）

$$k = \frac{nN_a}{Q_k} = \frac{9500}{5558/1.35} = 2.31$$

安全系数 k 大于 2，满足要求。

3. 千斤顶分组及变频调速控制液压泵站布置

根据千斤顶数量和屋盖重量，顶升时划分 12 组控制，每组设置一个监控点，每个监控点安装一台位移传感器。相应的，工程布置 3 台变频调速控制液压泵站，可提供 12 点位移同步控制（图 7.8.4）。液压泵站主要安放在五层楼面的 17～18×D～G 轴、20～21×D～G 轴、23～24×D～G 轴。安放完毕后，给液压站加油，油量不得少于液压站的液位标示计的 2/3 高度处，同时给液压泵站供电，供电电压为 AC380V/50Hz 三相五线制。

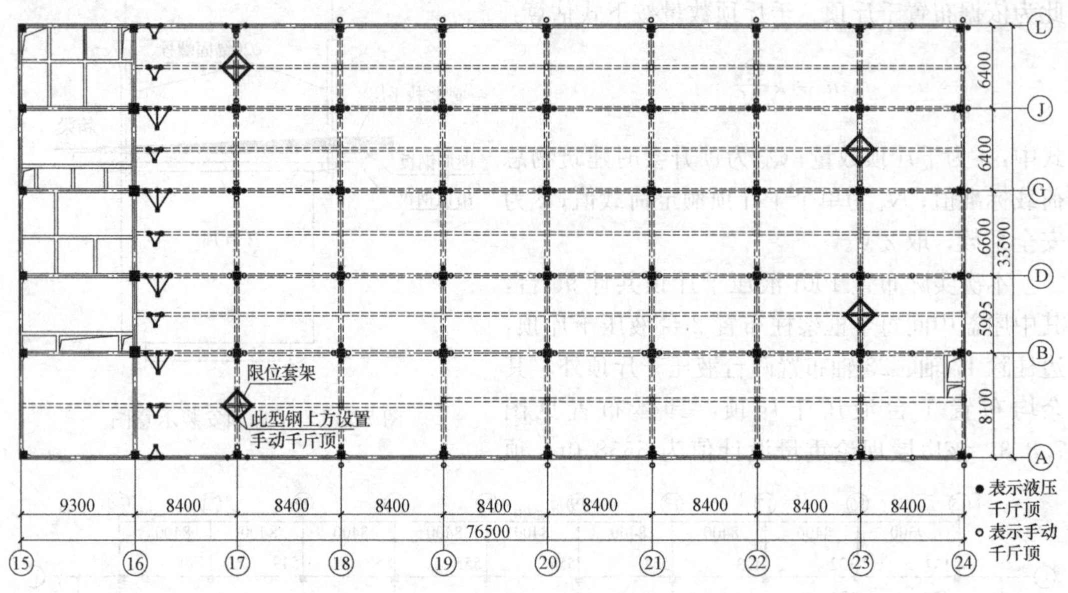

图 7.8.3　顶升及换程支撑千斤顶平面布置图

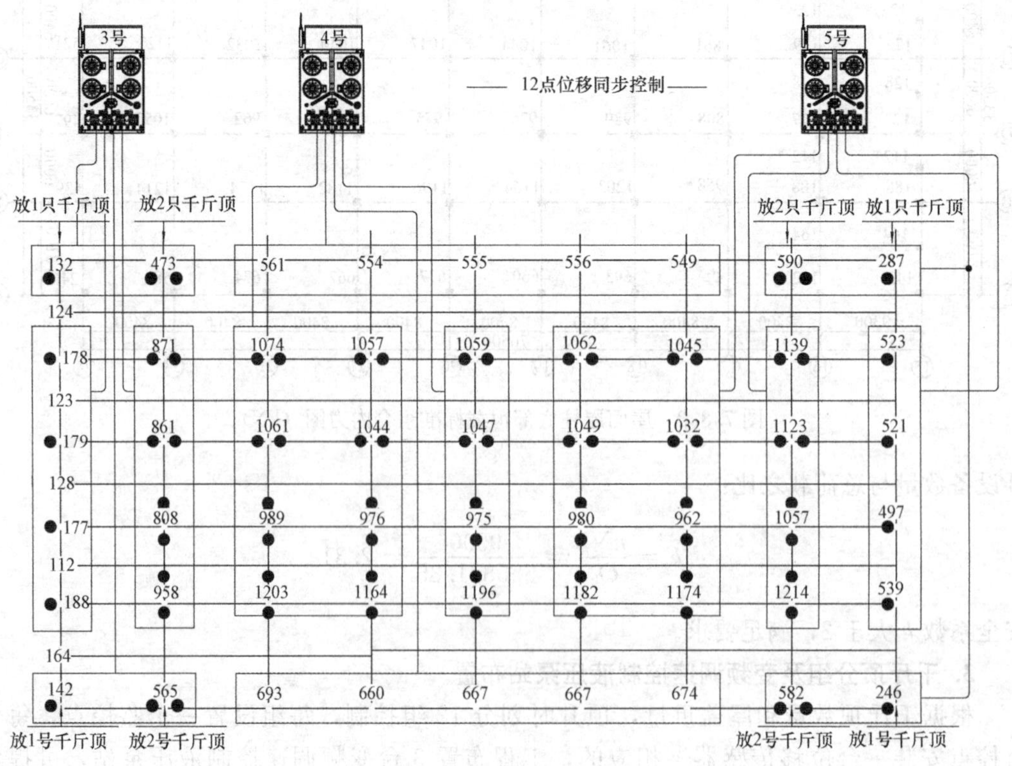

图 7.8.4　千斤顶分组示意图

7.8.2　PLC 同步顶升控制

汇和城顶升工程采用 PLC 变频调速闭环控制系统进行顶升控制，该系统依靠调节供电的频率，来改变电机转速，达到使油泵的流量连续可调的目的，再配以先进的电控装置和高精度的位移、压力检测系统，就可精确控制千斤顶的升降速，实现多点同步升降的控制，满足同步顶升、同步降落、重载称重等功能。

整个顶升过程应保持传感器的位置同步误差小于2mm，一旦位置误差大于2 mm或任何一缸的压力误差大于5%，控制系统立即关闭液控单向阀，以确保屋盖安全。每一轮顶升完成后，对计算机显示的各油缸的位移和千斤顶的压力情况，随时整理分析，如有异常，立即及时采取处理措施。屋盖顶升并固定完成后，测量各标高观测点的标高，并计算各观测点的抬升高度。

整个作业过程严格按设计流程施工以确保施工有序进行（图7.8.5）。整个工程工期为120天，顶到位后平面偏差与高程偏差均≤5mm。

图7.8.5　PLC顶升施工

7.8.3　框架柱截断和就位连接

框架柱进行切断作业前，必须安装托架体系，并将千斤顶加压至最大荷载的80%，关闭截止阀。同时，百分表、传感器、水准测量等监测设备也已安装完毕，为保证切断时屋盖的绝对安全，避免因千斤顶失压造成屋盖姿态改变，千斤顶安装时活塞允许伸出的长度不得大于5mm。屋盖框架梁底往下30～100cm之间处的框架柱混凝土用电镐凿除，钢筋保留，同时在凿除混凝土中部用液压钳把钢筋截断。

1. 柱钢筋连接

柱加高部分配置与原立柱同规格等数量的竖向主筋和箍筋。竖向主筋与立柱两端露出部分的主筋连接采用焊接或机械连接。要求优先采用机械连接，同一截面接头尽量错开。

2. 混凝土浇筑

在柱实施连接前首先凿除上下截断榫头，并将框架柱新老混凝土结合部分进行表面凿毛处理，以利于新老混凝土的连接。混凝土凿除后须用水清洗，不得留有灰尘和杂物。为方便混凝土浇筑，柱上接口应每边预设喇叭口模板，喇叭口模板应高出截口不少于100mm，以保证不出现冷缝。混凝土浇筑要求如下：

① 浇筑前应对模板浇水湿润，并提前12小时浇透相连接的柱墙梁接口处混凝土。

② 柱墙施工中，应控制入模混凝土分层高度不大于500mm，实行分段振捣。对于钢

筋密集部位，需采取有效的振捣工艺和振捣流程。

③ 浇筑时使用插入式振动棒，按照快插慢拔、插点排列均匀、逐点移动的原则进行，按既定顺序，不得漏振，做到均匀振实。如插入式振动器使用困难时，可以预先准备特殊口径的小型振动棒，必要时还可以同时使用附壁式平板振动器附着模板振捣，以保证柱底及梁柱节点浇筑的密实度。

④ 混凝土应注意浇水养护，外包塑料膜保持混凝土表面湿润，若气温低于15℃，可减少浇水次数，只保持模板湿润即可。养护期达到5天时可拆侧模，同条件试块强度达到设计要求的80%时，方可拆除支撑。

7.8.4 工程监测

本工程的监测包括顶升工监测和拔柱施工监测两部分主要内容。其中顶升施工监测指顶升过程中为保证屋盖的整体姿态所进行的监测，包括结构的平动、扭转和倾斜；拔柱施工监测主要是施加预应力后托换梁竖向位移变化情况。监测贯穿于顶升和拔柱全过程中。

1. 监测目的

施工监测的最基本要求是保证屋盖结构的安全。屋盖顶升过程是一个动态过程，随着屋盖的提升，屋盖的纵向偏差、框架柱倾斜率、梁板内力等会发生较大变化。因此，顶升过程中各顶升点上升高度的差异都将在结构内部产生附加内力。若附加内力与恒载内力之和超过了构件材料的设计强度，必将对结构的安全造成危害。同时，屋盖临时支撑机构在施工过程中将承受屋盖的全部恒载和施工荷载，其自身的受力和稳定也将影响到顶升施工的安全和屋盖结构的受力和变形。因此在施工过程中对屋盖结构和临时构件的变形和关键部位的内力进行监控是非常必要的，其目的就是为了保证施工过程的安全及施工结束后能满足设计的要求。为此要设置一整套监测系统，并要设定必要的预警值和极限值（表7.8.1），以便将姿态数据反馈给施工加载过程。

检 测 内 容 **表7.8.1**

序号	测点位置	测点数量	监测内容	报警值	仪器设备高
1	屋盖标高监测点	48	相对标高	相邻柱顶标高差异≤0.002L	水准仪
2	边跨梁跨中监测点	21	竖向位移	2mm	水准仪
3	框架柱	48	垂直度	切断柱上下轴线位移≤±2mm	经纬仪
4	托换梁跨中	8	竖向位移	L/400	水准仪

2. 监测部位及监测内容

① 屋面标高观测

屋面高程观测点用来推算每个框架柱的实际顶升高度。设置屋面标高观测点可以精确地知道各框架柱的实际顶升高度，使顶升到位后屋面标高得到有效控制。竖向位移的测量采用水准仪，测点设在屋面上，每个框架柱位置设置测点，共设48个高程测点。通过顶升前后各测点高程的变化，掌握各点顶升高度是否满足要求，并判断高度的变化是否在结构中产生了过大的附加内力。

② 边跨梁跨中竖向位移监测

顶升阶段框架柱截断后，边跨梁支座发生变化，将引起内力重分布，因此，需要加强边跨梁跨中竖向位移监测，了解边梁跨中竖向位移变化情况，如发现位移过大，随即采取相关措施，确保结构安全。

③ 屋面纵向位移观测：为了对顶升过程中屋面纵向位移及框架柱垂直度的观测，在框架柱侧面用墨线弹出垂直投影线，墨线须弹过切割面以下，在垂直墨线的顶端悬挂一个铅球。通过垂球线与墨线的比较来判断梁体的纵向位移及梁体是否倾斜。

④ 支撑体系的观测

钢支撑在顶升过程中将承受屋面的全部恒载和施工荷载，其强度和稳定性对施工的安全起着决定性的影响，也是施工监控的重点部位。计算表明，由钢支撑等构件组成的空间支撑体系受力较为复杂。若施工过程中各千斤顶顶升的高度产生差异，将使各钢支撑的轴力发生变化，通过观测，可及时掌握支撑体系的受力和变形情况并采取措施控制支撑体系的变形量，确保施工在安全可控的环境下进行。

参　考　文　献

［1］　熊学玉，黄鼎业．预应力工程设计与施工手册[M]．北京：中国建筑工业出版社，2003.

［2］　GB/T 14370—2000 预应力筋用锚具、夹具和连接器[S]．北京：中国标准出版社，2007.

第8章 浙江某高层住宅建筑承重构件整层置换工程

8.1 工程概况

浙江某新建住宅小区由多幢高层建筑组成，其中的3号楼为一幢地上25层、地下1层的高层住宅楼，建筑高度71.35m，建筑面积16500m^2，标准层平面尺寸48.2m×15.34m，标准层建筑面积约660m^2，层高2.80m（图8.1.1）。主体结构采用框架剪力墙体系，结构安全等级为二级、抗震设防类别为丙类、抗震设防烈度6度、框架柱及剪力墙抗震等级均为三级，设计地震基本加速度为0.05g，设计地震分组为第一组，场地特征周期为0.35s，基本风压w_0为0.45kN/m^2，地面粗糙度为B类。

图8.1.1　3号楼实景图

主体结构混凝土强度等级按如下要求设计：1层～6层（含6层楼面）墙、柱混凝土强度等级为C35，梁、板为C30；6层以上～14层（含14层楼面）梁、板、墙及柱混凝土强度等级为C30；14层以上梁、板、墙及柱混凝土强度等级均为C25。主体结构采用商品混凝土泵送浇筑，按普通混凝土结构进行施工以及质量监控。

主体结构施工以及各层填充墙砌筑基本完成后，发现该楼第17层结构（结构标高46.15m～48.95m）混凝土检测强度未达到设计强度。随后浙江大学土木工程测试中心对整个楼层进行了扩大检测，检测结果表明，第17层柱、墙的混凝土抗压强度在11.4～

19. 0MPa 之间，第 17 层顶板（即第 18 层楼面结构）的梁、板混凝土抗压强度在 11.4～24. 2MPa 之间，与之对应的混凝土强度等级为 C11～C24，实际强度等级达不到设计要求(图 8. 1. 2)。进一步调查发现，第 17 层墙、柱以及第 18 层楼面梁、板混凝土为同一批次的商品混凝土，墙、柱、梁、板和楼梯均一次浇捣施工成型。

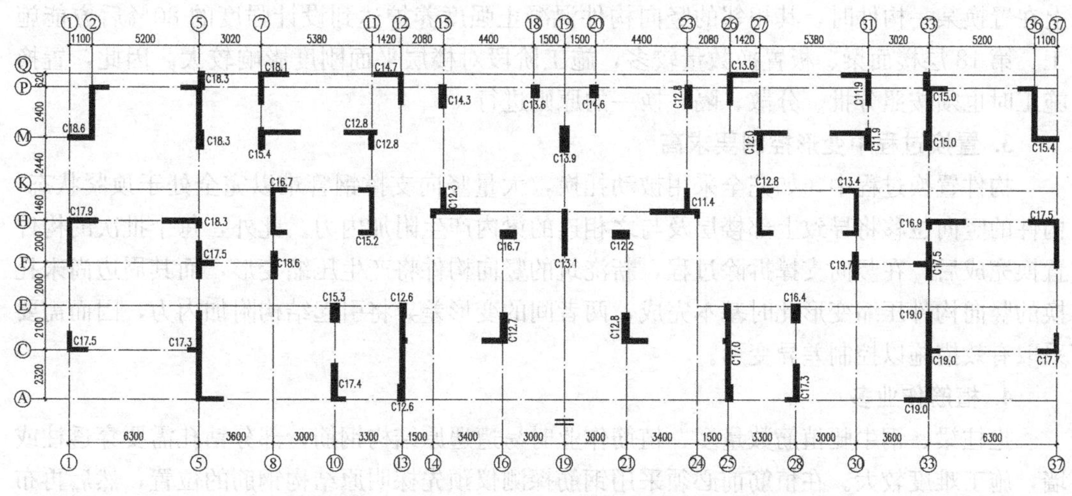

图 8. 1. 2　17 层柱、剪力墙混凝土强度等级实测图

《混凝土结构设计规范》GB 50010—2010 规定：素混凝土结构的混凝土强度等级不应低于 C15；钢筋混凝土结构的混凝土强度等级不应低于 C20；采用强度等级 400MPa 及以上的钢筋时，混凝土强度等级不应低于 C25。由于不合格混凝土试块最低强度等级小于 15MPa，作为高层建筑，主体结构构件强度远未达到规范的最低要求，竖向构件抗压以及水平构件抗剪承载力下降明显；而且商品房大部分已售出，任何改变构件外形以及影响使用面积的加固方法都难以被业主接受。为保证工程的正常使用，杜绝安全隐患，经过比较和论证，决定对第 17 层整体结构（包括第 18 层楼面）进行置换处理，彻底更换强度未达到设计要求的构件，以保证结构的整体受力安全。

8. 2　工程实施的技术难点

混凝土强度严重不足引起竖向构件、水平构件承载力不能满足设计和使用要求，加固方法较多，混凝土置换是一种重要的加固手段，常用于小范围、局部节点或构件的置换。高层住宅中间楼层整层结构进行整体置换在浙江省尚属首次，在国内也非常罕见。混凝土置换过程中，各种工况的内力组合、合理的置换流程组织设计、支撑系统的设计以及相关构件的变形监测都需完善地考虑。具体而言，本工程的实施存在如下技术难点：

1. 置换楼层高，风荷载影响大

由于主体结构已结顶，置换第 17 层的柱、剪力墙混凝土等受力结构时，上部存在 8 层结构，荷载较重，对上部楼层临时支撑托换技术要求高，同时还需避免结构柱、剪力墙混凝土凿除对大楼整体产生的不利影响。本次置换作业在第 17 层进行，楼层较高，在置换施工阶段，风荷载对结构影响显著，需要采取有效的措施进行水平限位控制。

2. 建筑平面扁长、置换构件多

由于涉及到整层竖向受力构件的整体置换，置换构件数量多，在施工工序的安排上需要避免施工过程对整体结构的不利影响，因此对置换的竖向构件应进行分批次施工，原则上在置换某一构件时，其相邻的竖向构件混凝土强度养护达到设计强度的80%后方能施工。第18层楼面梁、板置换数量较多，施工阶段对楼层平面刚度影响较大。因此，置换施工时也须按照分批、分散、隔一换一的原则进行。

3. 置换过程中变形控制要求高

构件置换过程中，如完全采用被动托换，大量竖向支撑钢管难以完全处于顶紧状态，构件的竖向位移将导致上部楼层及与之相连的梁内产生附加内力。此外，每个批次的构件置换完成后，在竖向支撑拆除过程，新浇筑的竖向构件将产生压缩变形，而其周边尚未托换的竖向构件压缩变形此时基本完成，两者间的变形差异将引起结构附加内力，因而需要采取有效措施以控制差异变形。

4. 植筋作业多

抱柱梁、钢牛腿植筋数量多，植筋作业时易遭遇原结构钢筋；部分钻孔需要穿透柱或墙，施工难度较大。在植筋前必须采用钢筋探测仪预先探明原结构钢筋的位置，然后再布孔植筋，以保证施工质量；同时，柱或墙对穿孔钻芯须确保孔位的垂直度。

8.3 竖向托换系统和置换流程

8.3.1 竖向托换系统设计

本次置换在17层进行，施工期间上部有8层结构需要支撑，总体荷载较重，重力荷载作用下竖向构件内力标准值详见图8.3.7。竖向构件置换施工时需预先安装50%以上的钢支撑与部分交叉支撑进行加强。钢支撑采用ϕ168×12直缝钢管（Q235B），钢支撑总长度4m，通过法兰盘分两节拼装而成。钢管采用全自动磁力切割机切割，以确保切割面平整。

1. 千斤顶选用及安装

本工程采用100t带自锁液压千斤顶，液压千斤顶技术参数：底径196mm，高420mm，工作压力70MPa，工作推力100t，可偏载角度30°。安装时要保证千斤顶轴线的垂直，以免因千斤顶安装倾斜在托换过程中产生水平分力。为保证结构局部承压，千斤顶的上下均设置钢垫板以分散集中力。

2. 千斤顶布置

根据原结构设计图纸，采用SATWE软件分别计算出各柱的内力（图8.3.1），并以此为依据布置千斤顶。千斤顶数量按下式估算：

$$n = k\frac{Q_k}{N_a}$$

式中：n为千斤顶数量；Q_k为顶升会时建筑物总荷载标准值；N_a为单个千斤顶额定荷载值；

k 为安全系数，取 2.0。

本次实际布置 100t 液压千斤顶共计 448 台，具体布置见图 8.3.2。该房屋理论重量计算值为 5558.0t，顶升设备数量与总荷载之比：

$$k=\frac{nN_{\mathrm{a}}}{Q_{\mathrm{k}}}=\frac{100\times 448}{8372}=5.3$$

安全系数 k 大于 2，满足要求。

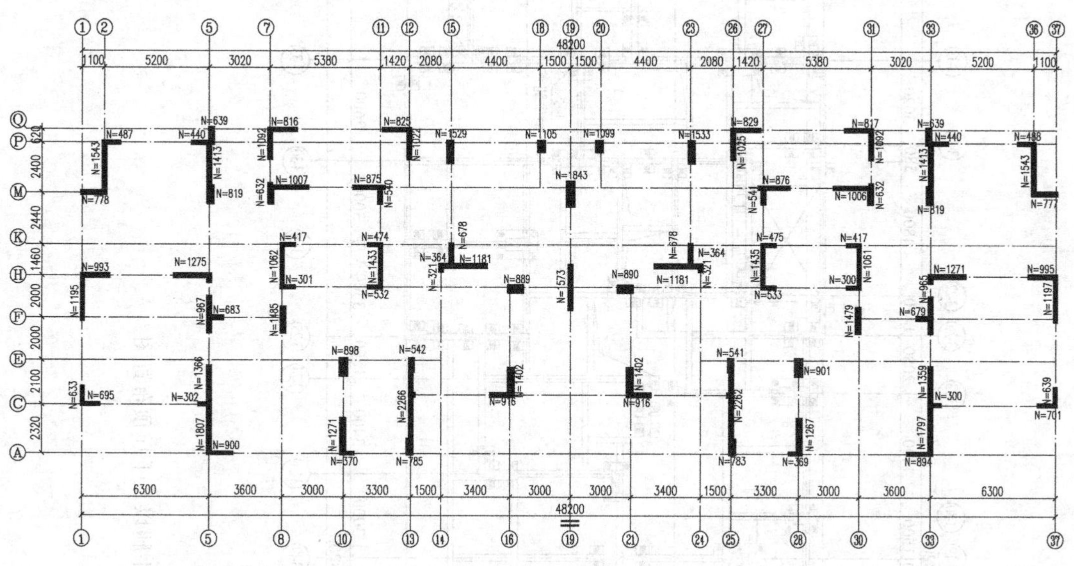

图 8.3.1　竖向构件内力标准值

8.3.2　托换节点验算

竖向构件托换过程中，托换结构承受上部结构的重力荷载，为确保整个施工过程结构的安全，托换结构必须具有可靠性保证。针对竖向构件的结构形式，本工程采用剪力墙钢牛腿和框架柱抱柱梁两种形式进行托换。

1. 墙下后锚固钢牛腿托换设计

墙下采用后锚固钢牛腿作为托换构件具有施工方便，传力明确等优点。锚栓可根据实际计算内力布置，也可按与千斤顶相等承载力的原则布置。本工程作用在钢牛腿最大内力为 $V=410.0\mathrm{kN}$，偏心距 $e=0.15\mathrm{m}$。托换结构采用 Q345 材质钢板，8.8 级 M24 螺杆。

作用于牛腿根部的弯矩：

$$M=V\times e=410.0\times 0.15=61.5\mathrm{kN\cdot m}$$

锚栓屈服强度标准值 $f_{\mathrm{yk}}=640\mathrm{N/mm^2}$，则单个锚栓抗拉、抗剪强度设计值分别为：

$$N_{\mathrm{Rd,s}}^{\mathrm{s}}=\frac{f_{\mathrm{yk}}A_{\mathrm{s}}}{\gamma_{\mathrm{Rs,N}}}=\frac{3.14\times 21.2^2}{4}\times 640/1.3=173.7\mathrm{kN}$$

$$V_{\mathrm{Rd,s}}^{\mathrm{s}}=\frac{0.5\times f_{\mathrm{yk}}A_{\mathrm{s}}}{\gamma_{\mathrm{Rs,V}}}=\frac{0.5\times 3.14\times 21.2}{4}\times 640/1.3=86.8\mathrm{kN}$$

式中：$\gamma_{\mathrm{Rs,N}}$、$\gamma_{\mathrm{Rs,V}}$ 分别为锚栓受拉、受剪破坏承载力分项系数。

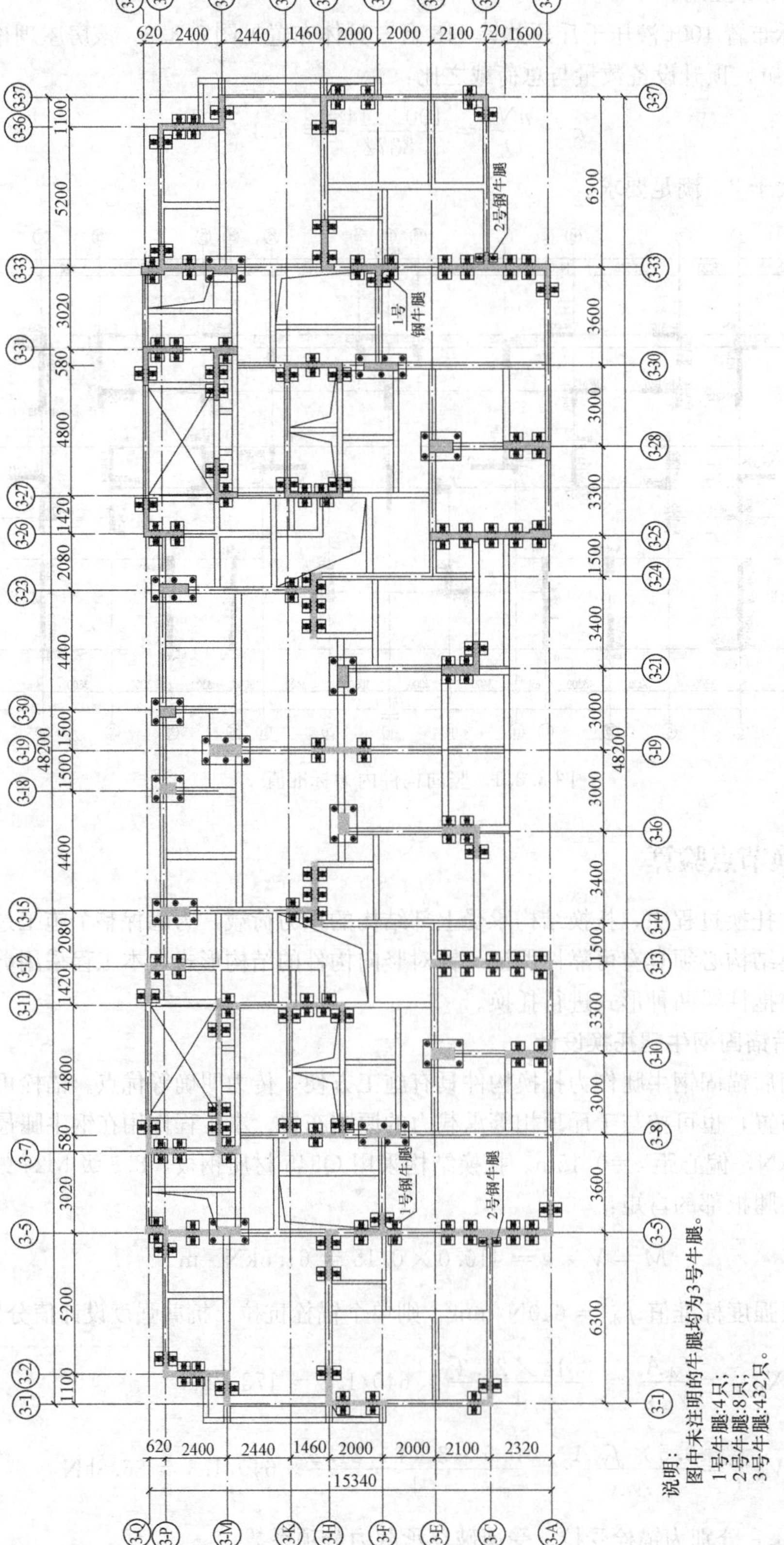

说明：
图中未注明的牛腿均为3号牛腿。
1号牛腿:4只；
2号牛腿:8只；
3号牛腿:432只。

图8.3.2 抱柱梁、钢牛腿以及千斤顶布置图

此时，锚栓所受拉力、剪力分别为：

$$N_{\mathrm{Rd,s}}=\frac{My_{i_{\max}}}{\sum y_i^2}=\frac{61.5\times10^6\times450}{3\times(150^2+300^2+450^2)}=29.3\mathrm{kN}$$

$$V_{\mathrm{Rd,s}}=\frac{V}{n}=\frac{410.0}{12}=34.2\mathrm{kN}$$

式中：y_i 为第 i 排锚栓距最下排螺栓的距离，$y_{i_{\max}}$ 为最外排锚栓距最下排螺栓的距离。

$$\left(\frac{N_{\mathrm{Rd,s}}}{N_{\mathrm{Rd,s}}^{\mathrm{s}}}\right)^2+\left(\frac{V_{\mathrm{Rd,s}}}{V_{\mathrm{Rd,s}}^{\mathrm{s}}}\right)^2=0.18\leqslant1$$

锚栓承载力满足要求。

钢牛腿腹板抗弯、抗剪承载力分别为：

$$\sigma=\frac{M}{\gamma W_x}=\frac{61.5\times10^6}{1.05\times6686435}=8.75\mathrm{N/mm^2}$$

$$\tau=\frac{VS}{It_{\mathrm{w}}}=\frac{410.0\times10^3\times3230480}{1524507200\times20}=43.44\mathrm{N/mm^2}$$

$$\sqrt{\sigma^2+3\tau^2}=\sqrt{8.75^2+3\times43.44^2}=75.75<160\mathrm{N/mm^2}$$

式中：γ 为截面塑性发展系数；W_x 为对 x 轴的截面模量；I 为毛截面惯性矩；t_{w} 为腹板厚度；V 为计算剪应力处以上毛截面对中和轴的面积矩。

钢牛腿托换节点图详见图 8.3.3、图 8.3.4。

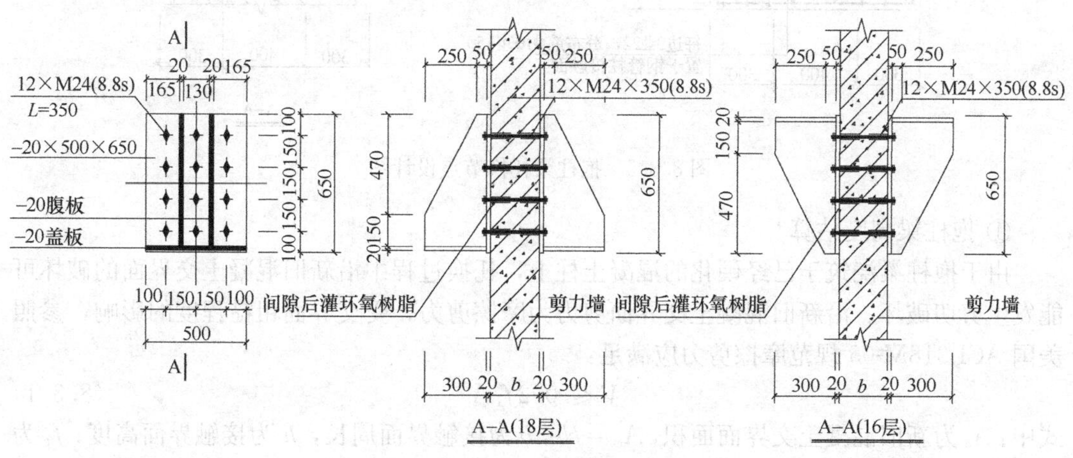

图 8.3.3　钢牛腿详图

2. 抱柱梁设计

柱下托换结构应进行正截面抗弯、抗冲切以及抗剪验算。根据抱柱梁和千斤顶的实际工作状态，托换结构计算可参照桩基础的承台计算原理，其中抱柱梁相当于承台，而千斤顶相当于基桩。

根据 SATWE 计算结果，取框架最大柱轴力设计值 $N_{\max}=1350\mathrm{kN}$（3-18/3-P 轴），其柱截面尺寸为 400mm×600mm，混凝土强度等级为 C30，按四面抱柱设计，抱柱梁设

图 8.3.4 钢牛腿实景图

计截面如图 8.3.5 所示。

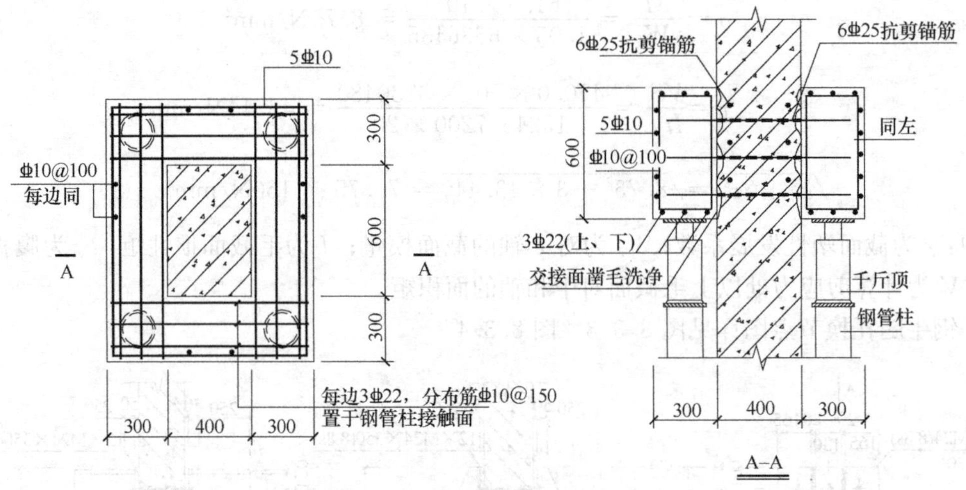

图 8.3.5 抱柱梁托换节点设计图

① 抱柱梁高度估算

由于抱柱梁浇筑于已经硬化的混凝土柱上，托换过程中沿新旧混凝土交界面的破坏可能发生剪切破坏。沿新旧混凝土交界面剪力为摩擦剪力，受交界面粗糙程度的影响，参照美国 ACI 318M-05 规范摩擦剪力应满足：

$$V \leqslant 0.2 f_c A_c \tag{8.3.1}$$

式中：A_c 为新旧混凝土交界面面积，$A_c = bh$，b 为接触界面周长，h 为接触界面高度；f_c 为新旧混凝土抗压强度设计值的较低值。

当交界面裂缝已形成，则新旧混凝土交界面抗剪承载力应满足：

$$V \leqslant f_{yv} A_s (\mu \sin\alpha + \cos\alpha) \tag{8.3.2}$$

式中：μ 为摩擦系数，取 1.0（表面凿毛深度大于 5mm）或 0.6（交界面未凿毛）。

根据美国 ACI 318M-05 规范摩擦抗剪公式，交界面须满足：

$$A_c \geqslant \frac{V}{0.2 f_c} = \frac{1350 \times 10^3}{0.2 \times 11.9} = 567226\text{mm}^2$$

于是，接触界面高度满足：

$$h \geqslant \frac{A_c}{b} = \frac{567226}{2 \times (400 + 600)} = 283\text{mm}$$

考虑抱柱梁受现场施工等因素较大，同时为保证托换支承体系具有足够的刚度，实际选择抱柱梁高 $h=600\text{mm}$。

抗剪钢筋可取：

$$A_s \geqslant \frac{V}{1.0 f_{yv}} = \frac{1350 \times 10^3}{1.0 \times 360} = 3750\text{mm}^2$$

交接面抗剪钢筋实配 12 Φ 25，x、y 向上、下各 3 Φ 25。

② 抗弯计算

柱下托换结构进行正截面受弯承载力计算时，其弯矩可按《建筑桩基技术规范》JGJ 94—2008[1]第 5.9.2～5.9.5 条的规定计算，受弯承载力和配筋可按现行国家标准《混凝土结构设计规范》GB 50010—2010 的规定进行。托换结构弯矩计算截面取在柱边，可按下列公式计算：

$$M_x = \sum N_i y_i \tag{8.3.3a}$$

$$M_y = \sum N_i x_i \tag{8.3.3b}$$

式中：M_x、M_y 分别为绕 x 轴和绕 y 轴方向计算截面处的弯矩设计值；x_i、y_i 为垂直 y 轴和 x 轴方向自千斤顶轴线到相应计算截面的距离；N_i 为荷载效应基本组合下的千斤顶竖向反力设计值。

分别取平行于原柱长边、短边抱柱梁进行计算，则抱柱梁弯矩为：

$$M_x = M_y = 0.15 \times 1350/2 = 101.3\text{kN} \cdot \text{m}$$

计算可得梁内纵向钢筋截面面积为 985.1mm^2，实配 6 Φ 22。配筋率 $\rho=2279/(2\times300\times600)=0.63\%$，配筋满足最小配筋率要求。

③ 交界面抗剪计算

根据《建（构）筑物托换技术规程》CECS 295：2011[2]，新旧混凝土交界面抗剪承载力应满足：

$$V \leqslant 0.16 f_c A_c + 0.56 f_s A_s \tag{8.3.4}$$

并要求：

$$f_s A_s \leqslant 0.07 f_c A_c \tag{8.3.5}$$

式中：A_s 为垂直通过交界面的钢筋面积；f_s 为新旧混凝土交界面配置植筋钢筋抗拉强度设计值。

显然：

$$V = 405 \leqslant 0.2 f_c A_c = 0.2 \times 11.9 \times 360 \times 600 = 514.1\text{kN}$$

并且：

$$V = 405 \leqslant 0.16 f_c A_c = 0.16 \times 11.9 \times 360 \times 600 = 411.3\text{kN}$$

抱柱梁抗剪钢筋很容易满足要求，本工程取Φ 10@100。

为了取得更高的抗剪能力，抱柱梁植筋时不应垂直于柱表面，而应具有一定的角度从而利用钢筋拉力的竖向分力抗剪。

此外，对于抱柱梁托换节点，还需按照《建筑桩基技术规范》进行角部千斤顶对承台

图 8.3.6　抱柱梁实景图

的抗冲切验算以及千斤顶对承台的局部抗压验算。图 8.3.6 为抱柱梁现场图。

8.3.3　托换支撑计算

第 17 层竖向构件轴力及第 18 层抱柱梁（或钢牛腿）自重总共约为 1350 ＋ 24 ＝ 1374kN。拟设 4 根钢管进行支撑，则单根轴力为 1374/4 ＝343.5kN，设计采用 $\phi168\times12$ 热轧无缝钢管，钢管截面面积 $A=5881.1\text{mm}^2$，回转半径 $i=55.31\text{mm}$，长度 L 取 4.6m，钢材材质为 Q235。

其中，长细比 $\lambda=L/i=4600/55.31=83<[\lambda]=150$，满足要求。

根据《钢结构设计规范》GB 50017—2003[3] 第 5.1.2 条及附录 C 得轴心受压构件稳定系数 $\varphi=0.763$，则有：

$$\sigma=\frac{N}{\varphi A}=\frac{343\times10^3}{0.763\times5881}=76.4<215\text{N/mm}^2$$

整体稳定满足要求。

钢管的外径与壁厚之比：$D/t=14<100(235/f_y)$，局部稳定符合要求。另外，为减小钢管的长细比，在钢管中部按构造增设∟75×5 的连接角钢以确保结构安全。

为保证置换柱在零应力状态下凿除，故在 18 层的抱柱梁与钢管支撑间增设液压千斤顶，以施加应力使被置换构件达到零应力状态。托换钢管详见图 8.3.7。

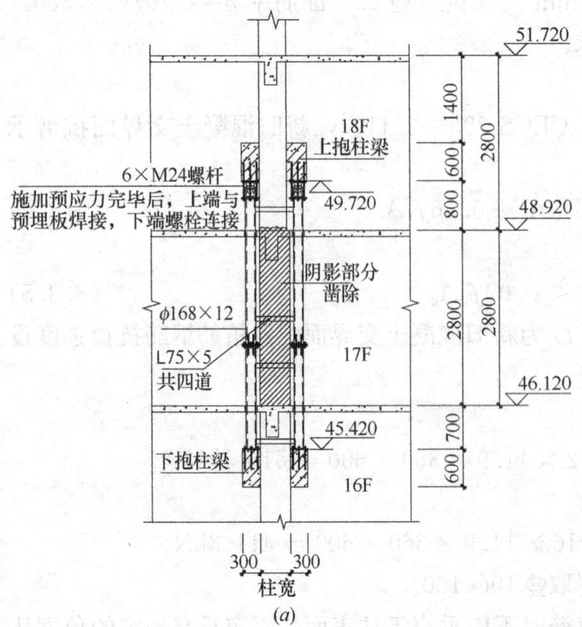

图 8.3.7　托换钢管及体系加固

(*a*) 托换系统立面图；(*b*) 现场图

8.3.4　置换流程设计

工程涉及整层竖向受力构件的整体置换，为避免施工过程对整体结构的不利影响，必须注重置换的流程设计。针对高位整层置换所存在的上述问题，本工程设计了以下置换作业流程：

① 置换顺序上先置换竖向构件，后置换水平构件。首先在第16层、第18层柱上设置抱柱梁或剪力墙上设置钢牛腿，通过在第16层、第18层抱柱梁（钢牛腿）之间设置预应力钢管支撑，把原由第17层墙、柱承担的竖向荷载通过抱柱梁（钢牛腿）托换系统传递至第16层竖向构件上，然后将第17层的竖向构件凿除后重新浇筑，以实现对竖向构件的置换。竖向构件置换时，要充分考虑结构的安全，控制第18层及其以上结构的变形，同时满足该层结构在竖向荷载和水平荷载作用下的安全与变形要求。

② 置换竖向构件按批次进行，针对竖向构件的数量较多以及建筑平面左右对称的特点，共划分四个批次，每个批次构件均对称于第19轴，以尽量确保整体结构内力变化相对均衡。竖向构件置换原则上交错跳开进行，在置换某一构件时，其相邻的竖向构件混凝土养护强度达到设计强度的80%后方可施工。由于需要置换的梁板构件数量较多，施工阶段对楼层平面刚度影响较大。因此，置换施工时按照分批、分散、隔一换一的原则进行，先置换梁，后置换板。具体置换流程设计如图8.3.8所示。

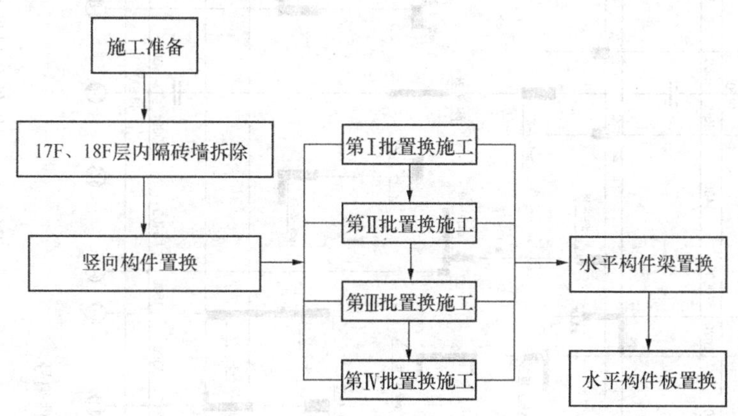

图8.3.8　施工流程图

③ 竖向构件置换时，考虑结构安全和竖向平面内尽量不留施工缝为原则，每批需要置换的竖向构件又分4次分别进行，以保证每次同时置换的竖向构件数量≤4；框架梁则分两次与相邻竖向构件同时置换。图8.3.9为置换构件的批次划分图。

此外，对17层全部墙柱、楼梯与第18层全部梁、板，采用比原设计提高一个等级的C30混凝土进行置换加固。

8.3.5　置换过程结构内力分析

由于整层置换所涉及的竖向构件数量众多，必须分批次进行处理。显然，不同批次构件的托换与凿除对结构的刚度、局部受力乃至整体性能都将产生不同的影响。现将改造前以及置换过程进行了对比计算，结果详见表8.3.1。

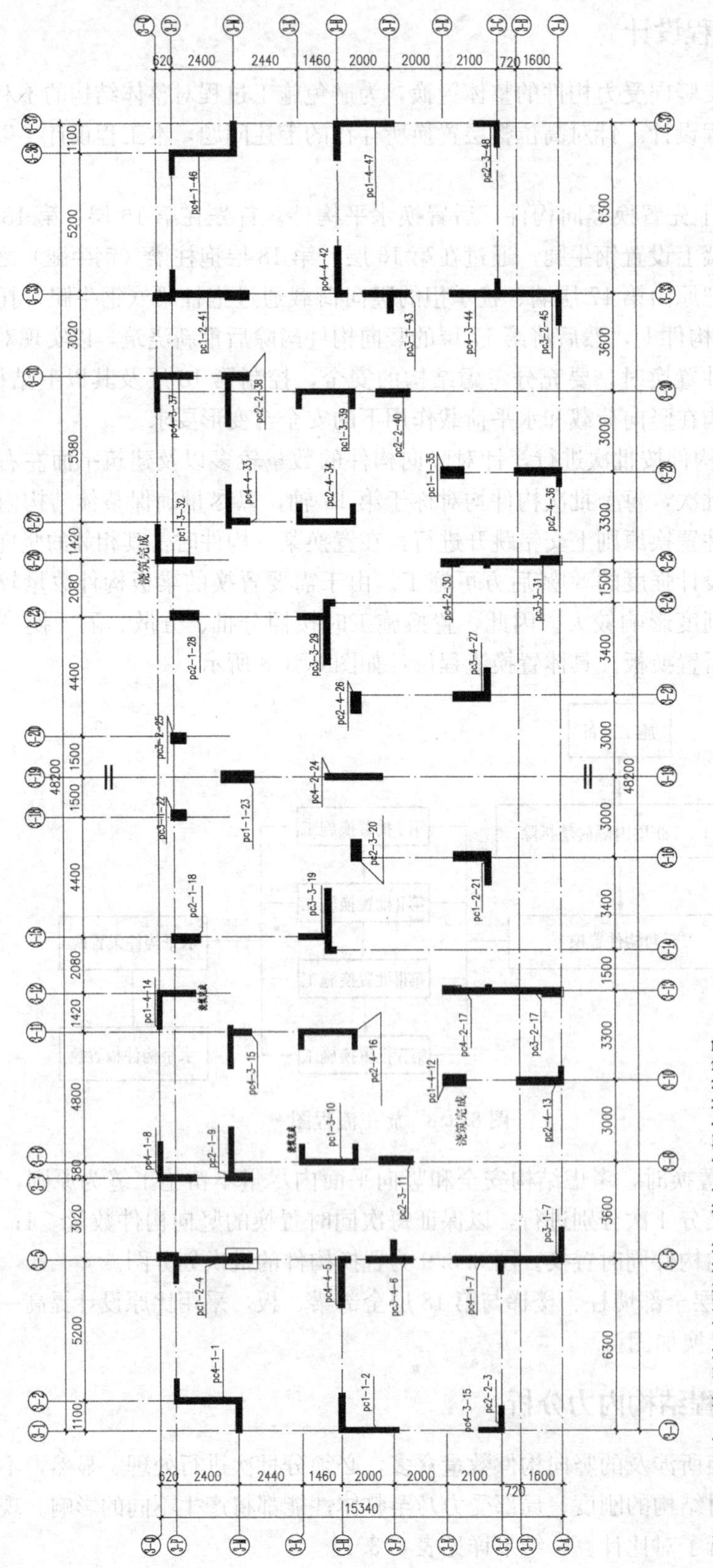

注：pc1-2-3表示第1批第2次托换构件，其中3为竖向构件编号。

图 8.3.9 构件分批置换图

置换前与置换过程结构整体参数对比　　表 8.3.1

计算模型		改造前	改造中（第Ⅰ批次托换）
前三阶周期	T_1	2.16	2.13
	T_2	1.93	1.91
	T_3	1.63	1.59
水平地震作用下 17 层总剪力（kN）	x 向	1123.9	1128.8
	y 向	1262.2	1269.9
风荷载作用下 17 层总剪力（kN）	x 向	593.5	593.5
	y 向	1866.4	1866.4
17 层剪切刚度（kN/m）	x 向	4.07×10^7	3.19×10^7
	y 向	6.66×10^7	5.60×10^7
17 层抗侧刚度（kN/m）（地震剪力与层间位移比）	x 向	1.70×10^6	2.25×10^6
	y 向	1.77×10^6	1.92×10^6
地震作用下 17 层层间位移角	x 向	1/4195	1/5546
	y 向	1/3840	1/4136
风荷载作用下顶点最大位移（mm）	x 向	9.95	9.65
	y 向	27.79	27.04
风荷载作用下 17 层层间位移角	x 向	1/7516	1/9810
	y 向	1/2232	1/2425

注：1. 考虑到安全性，本工程按正常使用状态计算了风荷载。
　　2. 四个批次托换结构整体反应较为接近，表格仅列出第Ⅰ批次托换的模型参数。

由表 8.3.1 可知，通过设置支承钢管和剪刀撑进行托换和抗侧加强后，结构自振周期略有减小，结构抗侧刚度有所提高，风荷载以及地震作用下的层间位移角和顶点最大位移也验证了这一点。虽然置换过程中由于凿除部分剪力墙退出工作，使得 x 向、y 向剪切刚度下降了 21.6% 和 16.0%，但是通过设置剪刀撑，x 向、y 向抗侧刚度分别提高了 32.3%和 8.5%。这说明，水平抗侧力构件的设置是非常有效的，完全可以确保结构在风荷载以及地震作用下的安全。

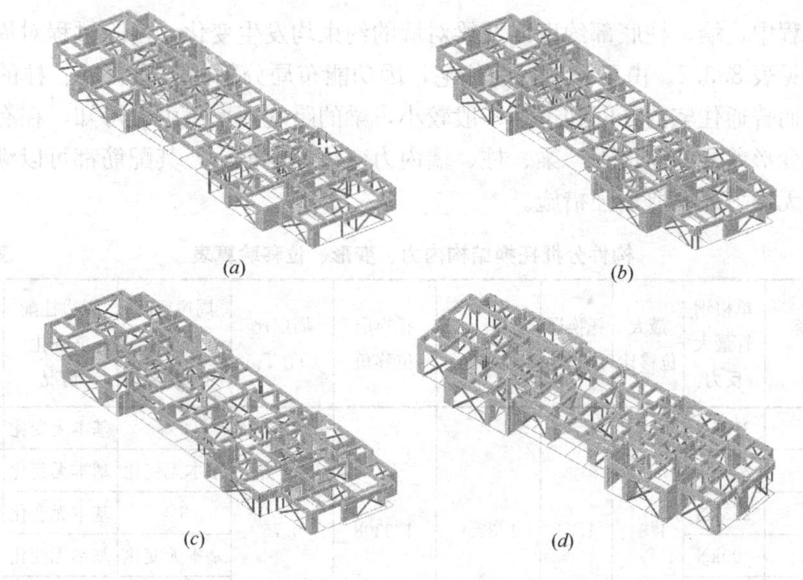

图 8.3.10　各批次竖向构件置换模型图
(*a*) 第Ⅰ批次；(*b*) 第Ⅱ批次；(*c*) 第Ⅲ批次；(*d*) 第Ⅳ批次

竖向构件置换过程中，与之相连的半跨梁同竖向墙、柱一起置换。半跨梁段置换前，需在梁中部设置钢管支撑。图 8.3.11 为其中一典型区域构件置换前与置换过程中梁的内力变化情况。由图可知，中间支撑设置后，框架梁跨度减为原来的一半，支座和跨中弯矩均大大减小，框架梁无须采取其他加强措施；置换过程中，与上述框架梁相连的次梁内力变化较小，由于置换过程中无需考虑楼面活荷载，原设计配筋仍可满足置换过程的需要。

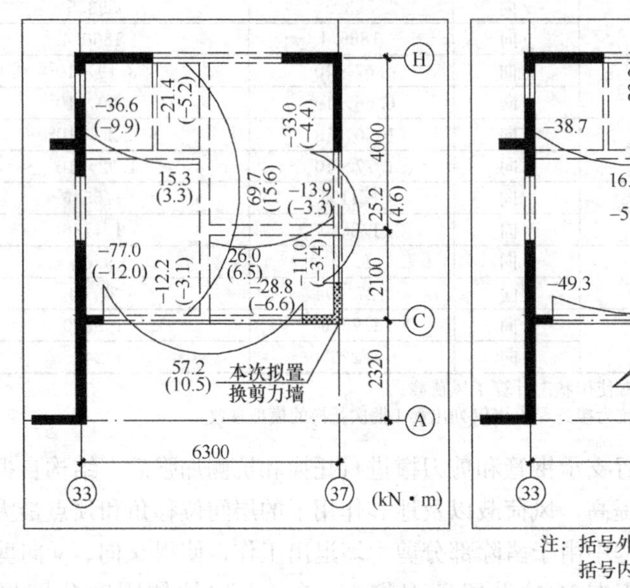

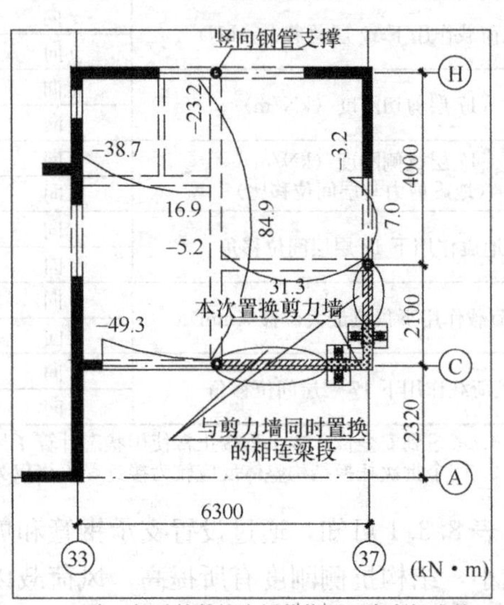

注：括号外数值为恒载作用下内力标准值；
括号内数值为活载作用下内力标准值。

(*a*) (*b*)

图 8.3.11 典型区域置换过程梁内力变化图

(*a*) 置换前梁内力标准值；(*b*) 置换过程梁内力标准值

托换过程中，墙、柱底部约束以及梁对墙的约束均发生变化，凿除过程对周边构件的内力影响详见表 8.3.2。由于该项目为住宅，因功能布局分割的需要，墙、柱的竖向构件数量较多，而普通住宅的开间和进深一般较小，梁的跨度不大。由表可知，在有效控制置换过程竖向变形差异的前提下，梁、柱、墙内力变化幅度很小，其配筋都可以满足施工过程的需要，无需另外采取加强措施。

构件分批托换结构内力、变形、位移验算表 **表 8.3.2**

	构件凿除批次	单根钢管最大反力	最大位移比	托换层位移比	最大位移角	托换层位移角	周期比 (T_t/T_1)	周边梁配筋变化情况	周边柱配筋变化情况	周边墙配筋变化情况
1	PC2	315kN	1.34	1.24	1/3306	1/3308	0.75	2%	基本无变化	基本无变化
	PC23	270kN						基本无变化	基本无变化	基本无变化
	PC35	213kN						3%	基本无变化	基本无变化
	PC12	200kN						基本无变化	基本无变化	基本无变化
	PC14	215kN						基本无变化	基本无变化	基本无变化
	PC21	400kN						2%	基本无变化	基本无变化

续表

	构件凿除批次	单根钢管最大反力	最大位移比	托换层位移比	最大位移角	托换层位移角	周期比 (T_t/T_1)	周边梁配筋变化情况	周边柱配筋变化情况	周边墙配筋变化情况
2	PC10	175kN	1.34	1.24	1/3305	1/3308	0.75	基本无变化	基本无变化	基本无变化
	PC32	220kN						2%	基本无变化	基本无变化
	PC41	305kN						基本无变化	基本无变化	基本无变化
	PC31	250kN						2%	基本无变化	基本无变化
	PC34	260kN						基本无变化	基本无变化	基本无变化
	PC47	307kN						4%	基本无变化	基本无变化
3	PC26	232kN	1.34	1.24	1/3303	1/3355	0.75	2%	基本无变化	基本无变化
	PC4	300kN						基本无变化	基本无变化	基本无变化
	PC36	260kN						基本无变化	基本无变化	基本无变化
	PC18	200kN						4%	基本无变化	基本无变化
	PC11	160kN						基本无变化	基本无变化	基本无变化
	PC28	200kN						2%	基本无变化	基本无变化
	PC40	165kN						2%	基本无变化	基本无变化
4	PC16	240kN	1.34	1.24	1/3300	1/3352	0.75	基本无变化	基本无变化	基本无变化
	PC39	243kN						3%	基本无变化	基本无变化
	PC9	145kN						基本无变化	基本无变化	基本无变化
	PC13	245kN						2%	基本无变化	基本无变化
	PC38	145kN						2%	基本无变化	基本无变化
	PC48	220kN						基本无变化	基本无变化	基本无变化
5	PC17	260kN	1.34	1.24	1/3303	1/3355	0.75	基本无变化	基本无变化	基本无变化
	PC30(31)	250kN						2%	基本无变化	基本无变化
	PC7	190kN						基本无变化	基本无变化	基本无变化
	PC20	225kN						2%	基本无变化	基本无变化
	PC25	206kN						基本无变化	基本无变化	基本无变化
6	PC19	246kN	1.34	1.24	1/3301	1/3353	0.75	基本无变化	基本无变化	基本无变化
	PC22	188kN						2%	基本无变化	基本无变化
	PC29	315kN						2%	基本无变化	基本无变化
	PC5	151kN						基本无变化	基本无变化	基本无变化
	PC27	323kN						基本无变化	基本无变化	基本无变化
	PC44(45)	220kN						基本无变化	基本无变化	基本无变化
7	PC15	250kN	1.34	1.24	1/3302	1/3304	0.75	基本无变化	基本无变化	基本无变化
	PC43	120kN						2%	基本无变化	基本无变化
	PC46	302kN						2%	基本无变化	基本无变化
	PC1	307kN						2%	基本无变化	基本无变化

续表

构件凿除批次		单根钢管最大反力	最大位移比	托换层位移比	最大位移角	托换层位移角	周期比(T_t/T_1)	周边梁配筋变化情况	周边柱配筋变化情况	周边墙配筋变化情况
7	PC8	164kN	1.34	1.24	1/3302	1/3304	0.75	2%	基本无变化	基本无变化
	PC37	171kN						基本无变化	基本无变化	基本无变化
	PC6	109kN						2%	基本无变化	基本无变化
	PC24	320kN						基本无变化	基本无变化	基本无变化
	PC33	228kN						2%	基本无变化	基本无变化
	PC42	176kN						基本无变化	基本无变化	基本无变化
8	楼板开洞(一)		1.34	1.21	1/3326	1/3376	0.75		基本无变化	基本无变化
	楼板开洞(二)		1.34	1.24	1/3328	1/3378	0.75		基本无变化	基本无变化
	规范限值		≤1.50	≤1.50	≤1000	≤1000	≤0.9			

8.4 水平抗侧支撑体系设计

风荷载作用下，17层 x 向、y 向的楼层剪力分别为593.5kN和1866.4kN。因此，置换过程中，必须通过设置抗水平力支撑对结构进行加强。图8.4.1为交叉支撑布置图。风荷载作用下支撑内力图详见图8.4.2。考虑到支撑槽钢与主体结构通过节点板连接，而节点在压力作用下的屈曲性能较难保证，因此槽钢支撑均按拉杆设计。在 x 向风荷载作用下，支撑最大内力33.42kN，在 y 向风荷载作用下，大部分支撑内力基本在70kN之内，房屋两侧由于端部开间较大，支撑布置受到限制，①、⑤、㉝以及㊲轴线支撑内力超过100kN，最大达到134.6kN。因此支撑所受内力为：

$$\sigma = \frac{T}{A_n} = \frac{134.6 \times 10^3}{2569} = 52.4 < 215\text{N/mm}^2\text{，强度满足要求。}$$

式中：T 为构件最大内力设计值；A_n 为槽钢净截面面积。

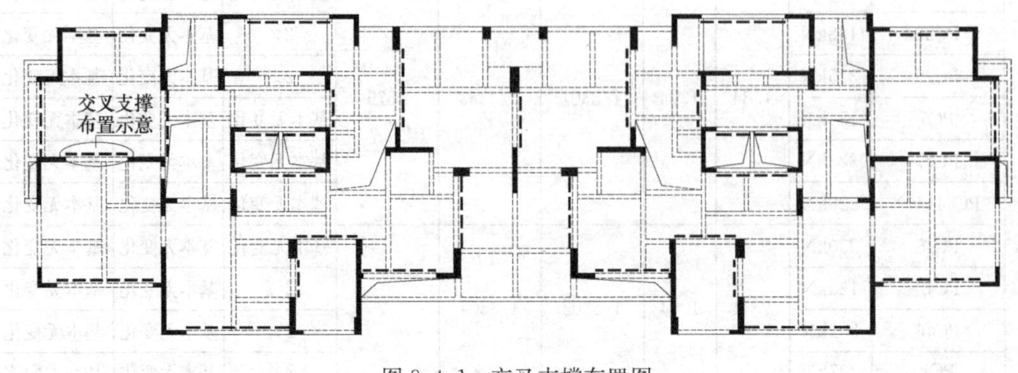

图8.4.1 交叉支撑布置图

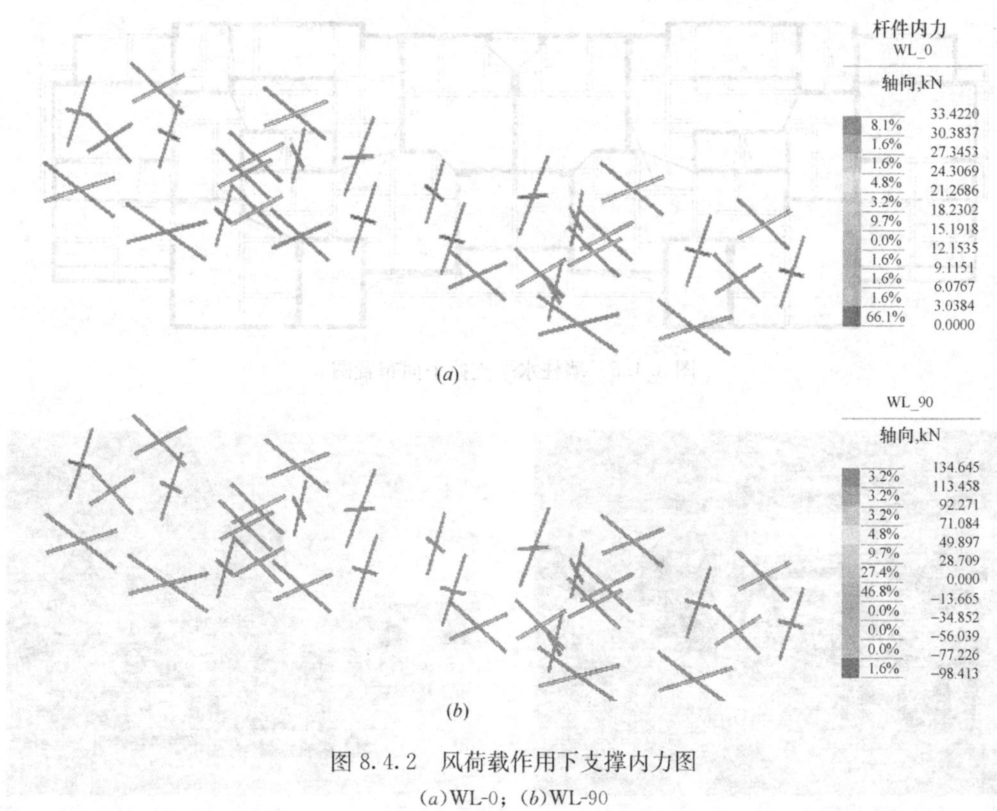

图 8.4.2　风荷载作用下支撑内力图

(a)WL-0；(b)WL-90

房间隔墙拆除后，抗侧交叉支撑可以安装在相应位置，如图 8.4.3 所示。交叉支撑节点做法详见图 8.4.4。此外，由于 17 层构件置换拆除过程中，其上层 18 层竖向构件内力通过竖向支撑直接传递至 16 层竖向构件，18 层竖向构件底部约束薄弱，18 层墙、柱底部与竖向支撑钢管处于铰接状态，相当于竖向构件在 17 层、18 层处于通高状态，且在 17 层底部与竖向构件中间部位均为铰接。对于这一复杂的连接形态，为确保其稳定，在 18 层抱柱梁或剪力墙底部与其他竖向构件之间设置水平连系钢梁，以提高结构的整体性。水平连系梁布置见图 8.4.5。图 8.4.6、图 8.4.7 为剪力墙及抱柱梁水平连系梁现场实景图。

图 8.4.3　水平抗侧交叉支撑图

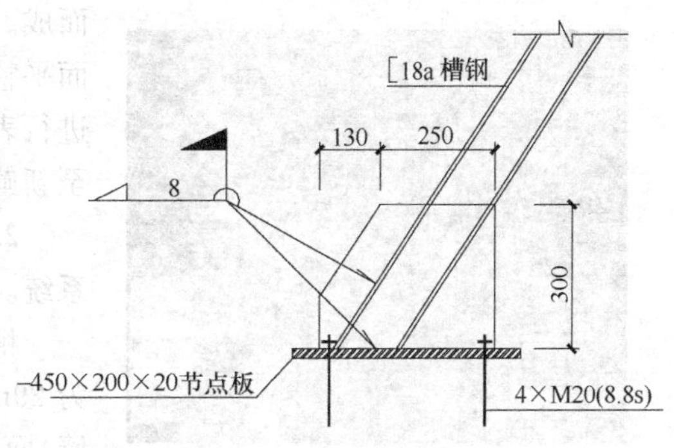

图 8.4.4　交叉支撑节点图

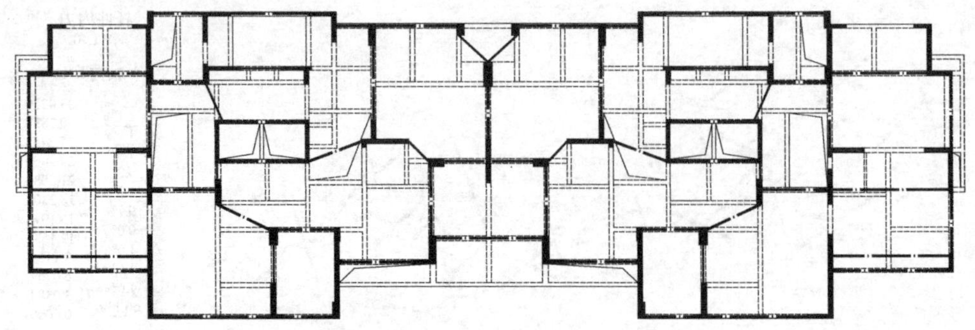

图 8.4.5　墙柱水平支撑平面布置图

图 8.4.6　剪力墙水平连系梁

图 8.4.7　抱柱梁间水平连系梁

8.5 施 工 措 施

根据制定好的分批置换施工流程以及现场实际情况，结合置换设计及工期要求，具体施工按如下步骤进行：

1. 进行钢构件(支撑、牛腿等)加工制作和抱柱梁浇筑。

钢支撑采用 ϕ168×12 无缝钢管(Q235B)，钢支撑总长度 4m，通过法兰盘分两节拼装而成。钢管采用全自动磁力切割机切割以确保切割面平整。抱柱梁施工前需采用电刨等工具对结构柱进行表面凿毛，凿毛深度不得小于 20mm，并应凿至新鲜结构(图 8.5.1)。

图 8.5.1　抱柱梁凿毛

2. 进行锚栓种植和牛腿安装施工，完善监测系统。

植筋钻孔采用冲击钻或取芯机钻孔，钻头直径为 29mm。钻进过程须保持钻头始终与梁(柱、剪力墙)面垂直，以保证对穿螺栓的准确定位，同时避让错开原结构钢筋。钻孔完成后，用毛刷套上加长棒，伸至孔底，来回反复抽动，把灰尘、碎渣带出，再用压缩空气，吹出孔内浮尘。吹孔次数不得少于两次，洗孔完毕后方可注胶。放入对穿锚栓前先把锚栓在孔内部分用钢丝刷反复刷，清除锈污，再用酒精或丙酮清洗，然后把除锈处理过的锚栓立即放入对穿孔内，并固定其位置。对穿孔采用两头封闭预留注浆孔的方法注胶，先将对穿孔两端封闭，同时一端预留注浆孔，另一端预留排浆孔，再取一组植筋胶，装进套筒内，安置到专用手动注射器上，慢慢扣动扳机，排出较稀的胶液废弃不用，然后将螺旋混合嘴伸入孔内，然后扣动扳机，持续注胶直至排浆孔有少量胶液流出为止(图 8.5.2)。对穿锚栓应注意对穿两端定位，控制其偏差不宜过大，如实际钻孔后产生偏位时，需在螺母下加焊一块 20mm×80mm×80mm 的垫块；钢牛腿底板上钻孔直径应比锚栓直径大 2～4mm。钢牛腿安装时，将结构胶涂刷在钢牛腿表面涂抹均匀。钢牛腿粘贴固定好后立即拧紧螺母，并适当加压，以胶液刚从钢板边缘挤出为宜(图 8.5.3)。

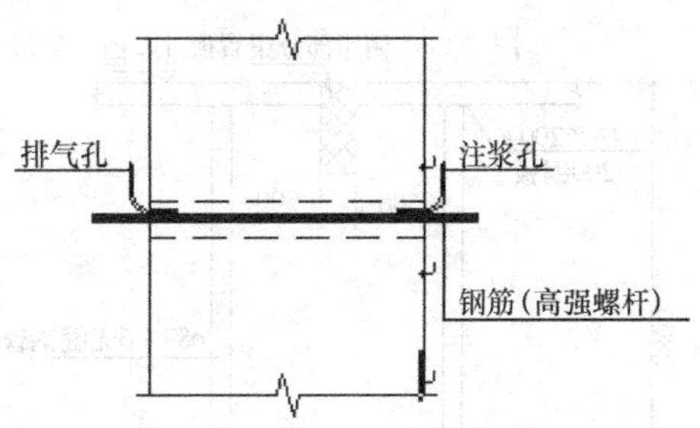

图 8.5.2　封闭注胶示意图

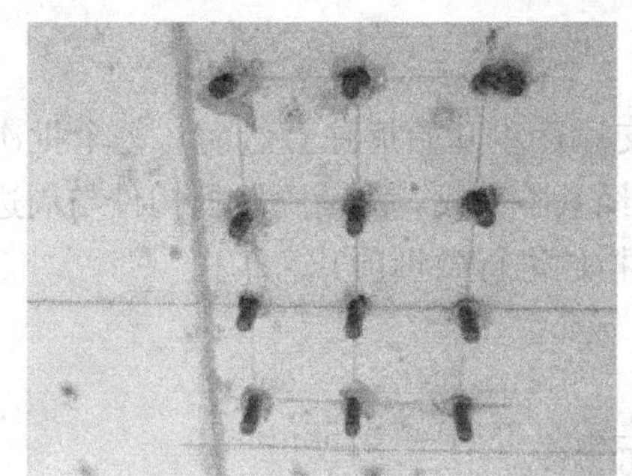
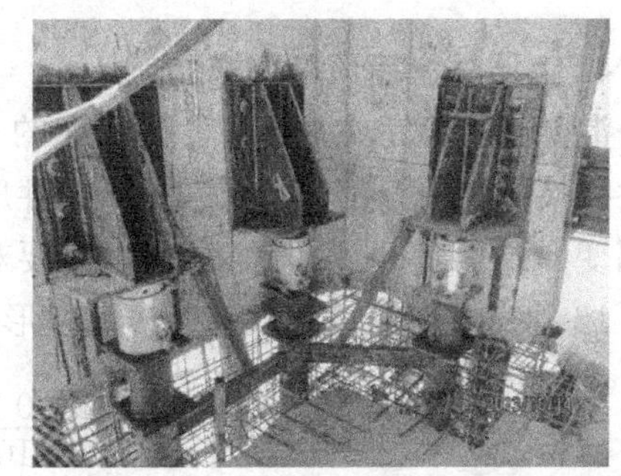

图 8.5.3　锚栓种植及钢牛腿安装

3. 安装柱、墙竖向钢支撑、交叉支撑和水平撑

钢支撑安装之前，在 17 层、18 层楼板面定位出支撑钢管的中心位置，然后按每根钢管为 350mm×350mm 的尺寸标准在楼板开凿。凿除楼板混凝土时不得凿伤、凿断楼板钢筋，混凝土凿除后可从中点处剪断板筋并掰弯保留。上下钢管的垂直度控制在 $H/100$ 以内，在安装过程中随时注意纠正垂直度偏差；千斤顶就位时应保证千斤顶形心与钢管形心重合，其偏差不得大于 10mm，以满足传力要求。

根据竖向构件置换先后顺序，钢剪刀撑实施交叉安装，即第一批竖向构件置换时，预先安装好第二批竖向置换构件之间的钢剪刀撑，待第一批竖向构件置换完成后再安装第一批竖向置换构件之间的钢剪刀撑，同时拆除第二批竖向置换构件之间的钢剪刀撑，其余剪刀撑按照上述顺序依次安装。

18 层楼面水平支撑采取“先置换的竖向构件，先安装水平支撑，后置换的竖向构件，后安装水平支撑”的原则进行分批次安装施工。因为相连的梁要与所在柱墙一并同时置换，因此，梁置换时预先在梁的左右两侧用微型钢支撑对楼板进行托换，然后方可进行凿除，同时对损坏的梁纵筋及箍筋进行相应的恢复和补强，最后支模浇筑混凝土。钢支撑沿梁跨度方向每隔 1.5m 左右设置一道，撑住楼板，确保结构安全。微型钢支撑通过螺栓顶紧楼板，做法详见图 8.5.4。

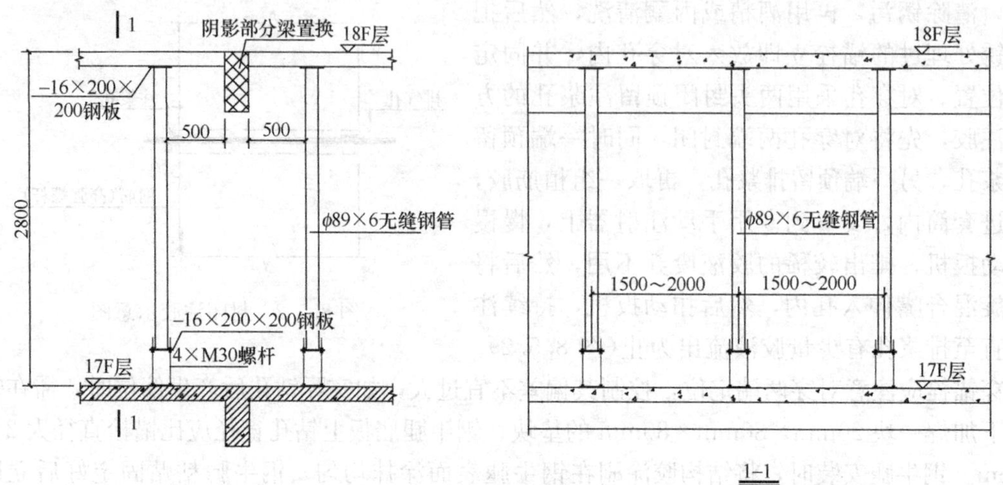

图 8.5.4　微型钢支撑托换详图

4. 上层柱、墙预应力施加

混凝土置换完成并达到设计强度的 80%后，支撑逐步开始拆除。然而，每个批次的构件托换过程中，其周边尚未托换构件压缩变形已经基本完成，为消除置换构件与周边构件因变形差异而引起的附加内力，需要对需要置换构件进行微量顶升。

18 轴交 P 轴新浇筑柱弹性压缩变形估算：

$$\Delta H = \frac{\sigma}{E}H = \frac{1350 \times 10^3 / 1.35}{0.2 \times 10^3 \times 400 \times 600} \times 2800 = 0.58\text{mm}$$

18 轴交 H 轴新浇筑剪力墙弹性压缩变形估算：

$$\Delta H = \frac{\sigma}{E}H = \frac{1416 \times 10^3}{2.0 \times 10^3 \times 240 \times 2200} \times 2800 = 0.38\text{mm}$$

通过计算各个部位新浇筑混凝土的压缩变形量，确定墙截凿前的上层构件向上预顶位移设计控制值为 0.2～0.5mm(图 8.5.5)，以消除支撑系统拆除后竖向构件本身的压缩与混凝土收缩变形量引起的附加内力影响。

在施加预顶力时，鉴于人工操作可能引起千斤顶顶速不一致，顶升量也难以精确控制，导致上部结构产生附加应力。因此，工程采用国内较先进的 PLC 全自动液压同步控制系统对上层结构构件进行同步施加预应力，以卸除 17 层竖向置换构件的荷载，同时减少上层结构产生过多的附加应力。PLC 液压同步控制系统是一种力和位移综合控制的顶升方法，这种力和位移综合控制方法，建立在力和位移双闭环的控制基础上。由液压千斤顶，精确地按照建筑物的实际荷重，平稳地施加顶力，使上部结构受到的附加应力下降至最低，同时液压千斤顶根据分布位置分成组，与相应的位移传感器组成位置闭环，以便控制上部结构的位移和姿态，这样本工程就可以很好地保证顶力施加过程的同步性，确保结构安全。通过 PLC 同步液压控制系统，需预先对竖向构件进行称重，确定实际轴力，以

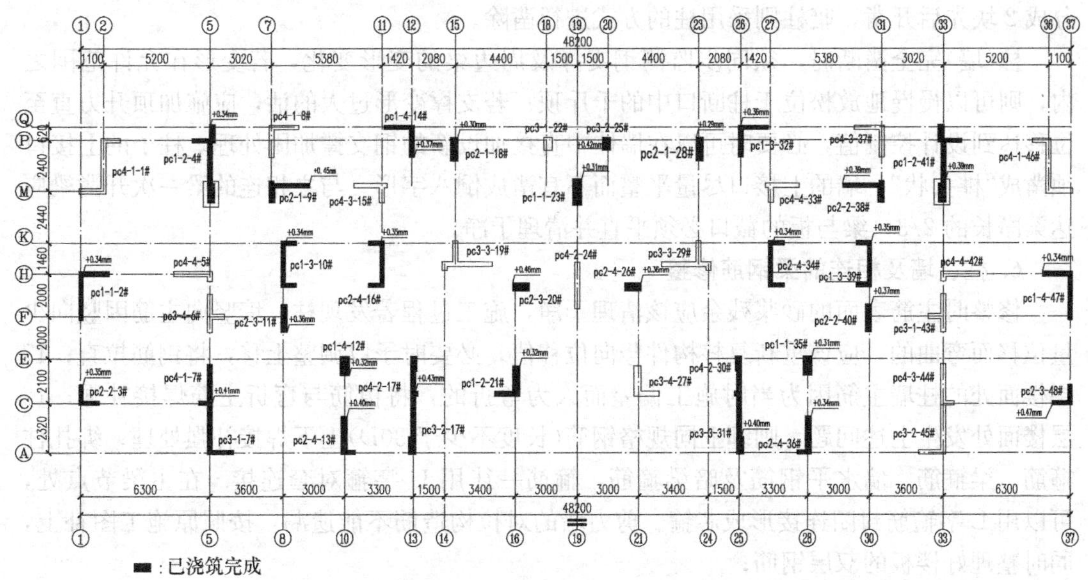

■：已浇筑完成

图 8.5.5　构件置换后向上位移示意图

便及时检验钢支撑的实际受荷值，在保证足够安全的前提下，对各千斤顶同步施加预应力，并按要求控制柱(墙)的预顶力达到设计轴力的 80%～90%，最终控制值必须根据结构构件实际监测位移量相对应而定。各竖向构件的预应力施加值详见图 8.5.6。

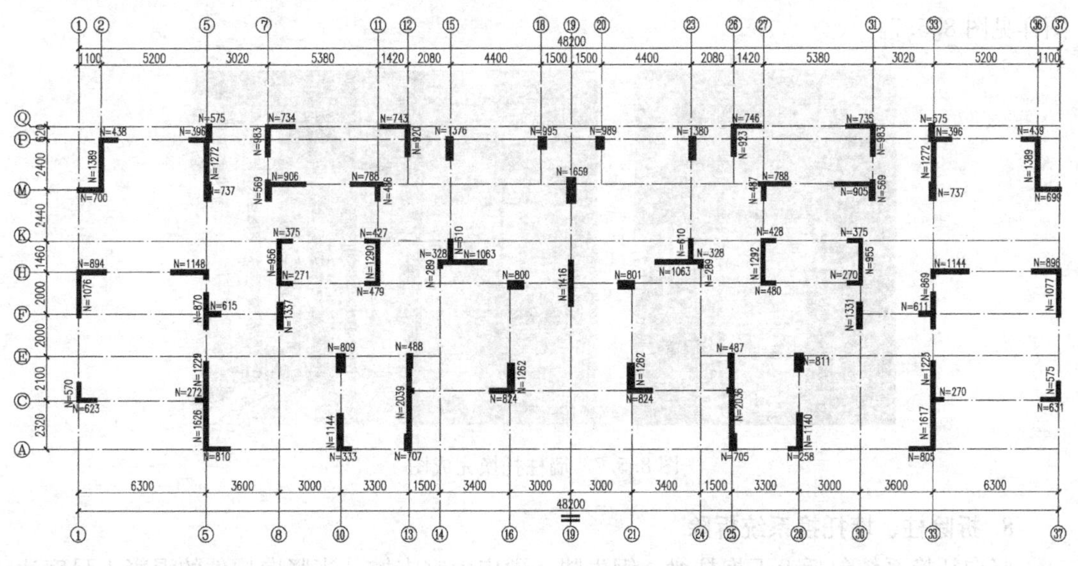

图 8.5.6　竖向构件的预应力施加

5. 竖向构件批次凿除

竖向构件凿除施工的关键在于控制好截断柱(墙)时的荷载安全转移。为防止出现意外，各柱子同一截面要分两部分凿断，断口中安装千斤顶和钢垫板；墙体截凿采用分条块方式进行，即将墙板在平面上分成几条，每榀墙的暗柱(即边缘约束构件)先予保留，先凿除暗柱之间的墙板，当先凿部分宽度大于 3m 或此处轴力较高(超过 1000kN)时，可以再分成 2 块先后开凿，暗柱则采用柱的方式进行凿除。

柱(墙)完全凿断时，须同步监测钢支撑及周边梁的变形变化，若变形在允许范围之内，则可以慢慢地放松位于柱断口中的千斤顶；若支撑变形过大的话，应施加顶升力直至位移达到设计控制值，必要时可以在墙体中直接加设新的钢支撑加固处理。柱子的上接口须凿成“榫头状”，墙的上接口尽量平整而不宜凿成倒八字形。与之相连的梁一次开凿梁应达梁净长的 2/3，梁与板的截口必须平直并清理干净。

6. 柱、墙及相连的梁钢筋修整

修整时主筋表面的砂浆残余应该清理干净，施工过程若发现柱、墙竖向主筋因竖向少量位移而弯曲的，应该重新复核构件竖向位移值，必要时予以调整上移，将钢筋拉直；17 层楼面处的柱墙主筋因为当时施工偏差而人为弯折的，将植筋与弯折主筋焊接补强；18 层楼面处发生上述问题，则绑上同规格钢筋(长度不少于 30D)上下焊接补强处理；绑扎柱箍筋、梁箍筋、墙水平钢筋及暗梁箍筋，箍筋一律用 U 字箍对套连接。在主梁节点处，可以用 L 字箍筋封闭连接形成芯箍。剪力墙的对拉构造筋不能遗漏，按照原施工图补上，同时整理好楼板的双层钢筋；

7. 凿除构件的支模、浇筑与养护

灌浆料浇筑前需提前 12 小时将混凝土界面清水浇透，浇筑温度不应低于 5℃。浇筑完毕后，裸露部分应及时喷洒养护剂或覆盖塑料薄膜，加盖湿草袋保持湿润。采用塑料薄膜覆盖时，灌浆料的裸露表面应覆盖严密，保持塑料薄膜内有凝结水。灌浆料表面不便浇水时，可喷洒养护剂，并保持灌浆料处于湿润状态，养护时间不得少于 7d。置换完成后图详见图 8.5.7。

图 8.5.7　墙柱托换完成图

8. 拆除柱、墙托换系统拆除

竖向托换系统包括上下抱柱梁、钢牛腿、预应力钢支撑。当竖向构件的混凝土强度达到设计要求的 80%以上时，方可拆除，同时尽量保留 75%以上的钢支撑系统至最后同批拆除；承受水平荷载的钢剪刀撑在不影响现场楼面水平交通时，尽量延迟拆除。拆除顺序上，先拆除钢支撑，等全部的竖向构件置换完毕后，方可拆除抱住梁与钢牛腿。钢牛腿拆除后应及时切除外露的锚栓，锚栓切端口应该进行防锈处理。抱住梁必须静力切割拆除，不得动用风镐凿除，以减少对既有结构的振动损伤。

9. 楼板置换施工

竖向构件置换完成后，作为水平构件的梁也随着柱墙置换同步完成，只剩下楼板的置换施工。楼板置换分成三大批次进行，各批次的置换范围详见图 8.5.8；具体各批次板置换施工流程如下：

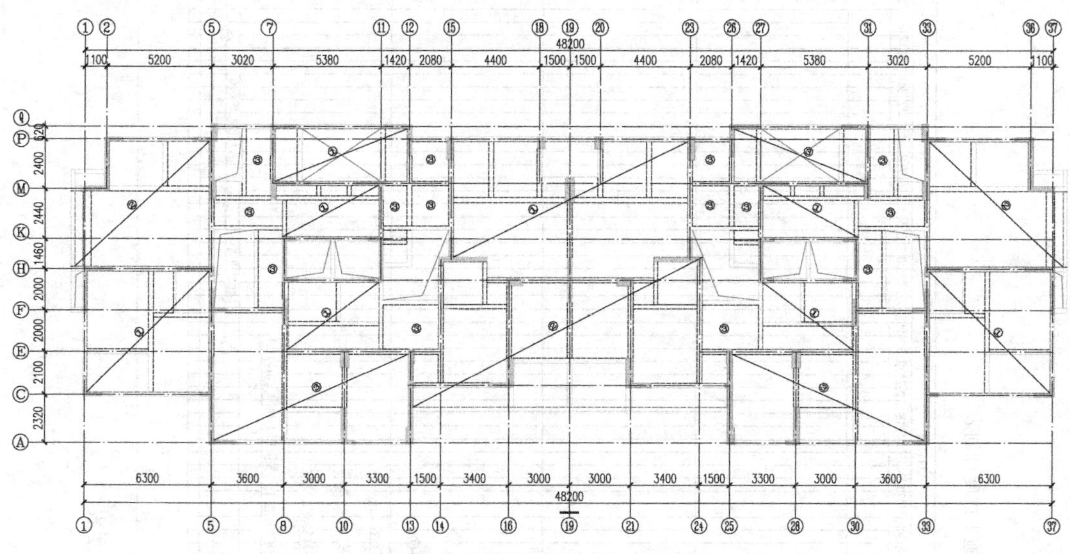

图 8.5.8 18 层梁板置换平面图

① 根据楼板跨度设置 4～6 支微型钢支撑进行支撑。

② 凿除楼板混凝土，清除钢筋表面的残留砂浆，完成 17 层楼面清理。

③ 分间整块预制板底模板，用手动葫芦整体吊装到位，作临时固定。

④ 用可调支座的钢管、以双向间距@1000 搭设支模架，上下设置 2 道连杆，保证整体稳定。

⑤ 板底、板面筋调平整直，对过度弯曲的钢筋割除更换，新旧钢筋焊接连接。

⑥ 浇筑楼板混凝土，振动棒插遍振后采用平板振动机振动 2 遍，表面再用磨光机打平并在混凝土终凝前人工二次加浆抹面压光。

⑦ 浇筑完成后及早养护跟进，3 天内禁止行走堆料；养护 15 天且同条件试块强度达到设计强度的 80%以上时，方可拆除底模。

前一批混凝土板浇筑完成 3 天后才能开凿后一批次楼板。楼板置换施工过程中，注意楼板与外脚手架的水平连接点的转换工作，施工过程要及时清运建筑垃圾，16 层楼板上堆高不得超过 300mm，以避免楼面超载。

在全面保证 3 号楼整体结构(砌墙完、内外粉刷基本完成)稳定安全的前提下，整体性托住 18～25 层，实施分块卸载置换。结构托换中，对内力与变形位移严格控制，采用 PLC 同步液压移位控制技术进行卸载，施工中实行实时监控。工程历时 4 个月完工，具体工程进度详见图 8.5.9，施工中经受了台湾地震影响和 10 月中旬强台风的考验，完工后经过整体复检，新浇筑混凝土结构的强度、压缩变形、新老结构的整体连接、18～25 层的侧向变形等控制指标均达到设计要求。

17 层墙柱、18 层楼面梁板置换工程施工进度计划表

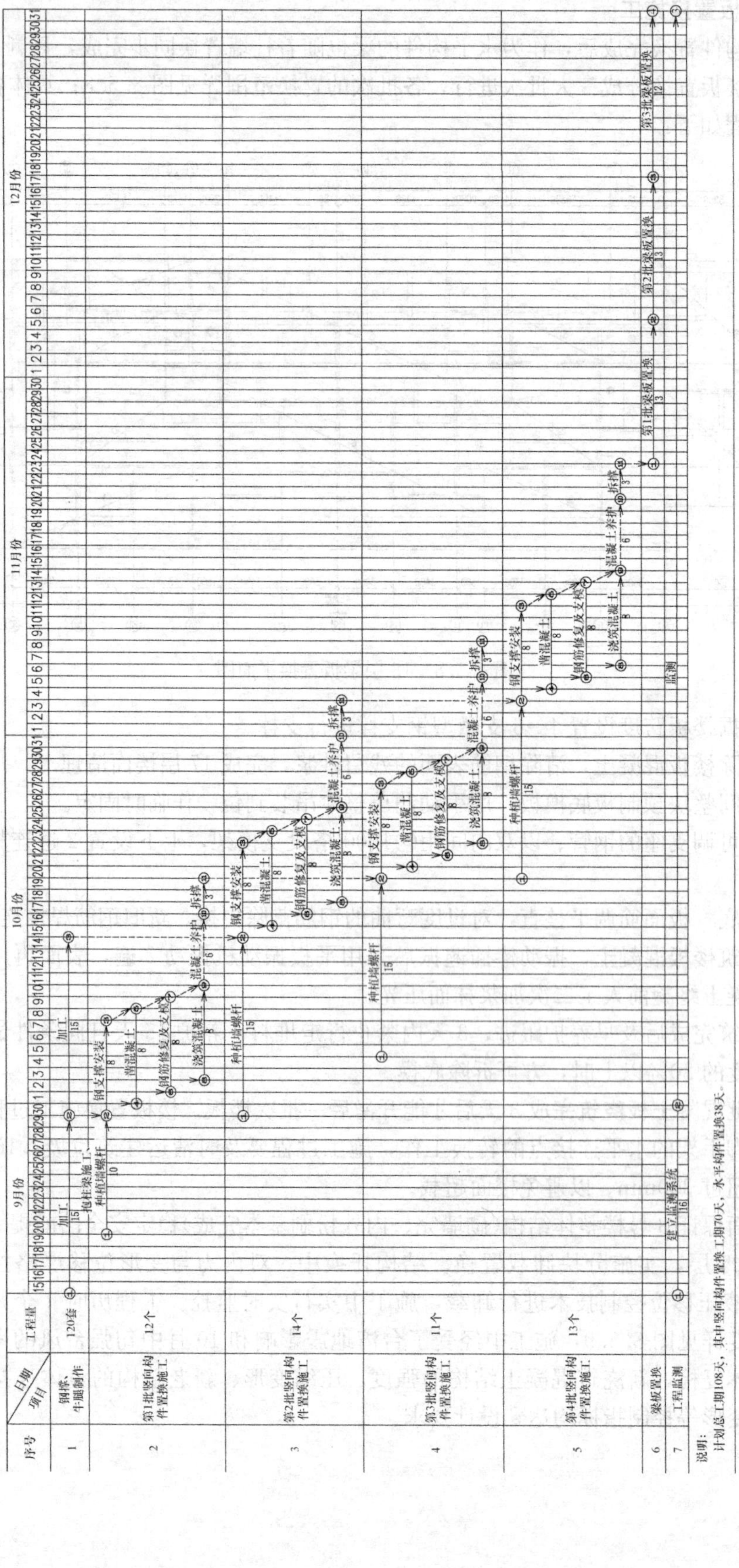

序号	项目	工程量	施工内容（工期/天）（9月15日—12月31日）
1	钢撑、牛腿制作	120套	加工 15 → 加工 15
2	第1批竖向构件置换施工	12个	抱柱梁施工、种植墙螺杆 10 → 钢支撑安装 8；凿混凝土 8；钢筋修复及支模 8；浇筑混凝土 8 → 混凝土养护 6 → 拆撑 3
3	第2批竖向构件置换施工	14个	种植墙螺杆 15 → 钢支撑安装 8；凿混凝土 8；钢筋修复及支模 8；浇筑混凝土 8 → 混凝土养护 6 → 拆撑 3
4	第3批竖向构件置换施工	11个	种植墙螺杆 15 → 钢支撑安装 8；凿混凝土 8；钢筋修复及支模 8；浇筑混凝土 8 → 混凝土养护 6 → 拆撑 3
5	第4批竖向构件置换施工	13个	种植墙螺杆 15 → 钢支撑安装 8；凿混凝土 8；钢筋修复及支模 8；浇筑混凝土 8 → 混凝土养护 6 → 拆撑 3
6	梁板置换		第1批梁板置换 13 → 第2批梁板置换 13 → 第3批梁板置换 12
7	工程监测		建立监测系统 16 → 监测

说明：

计划总工期108天，其中竖向构件置换工期70天，水平构件置换38天。

图 8.5.9 工程施工进度表

8.6　监　测

8.6.1　监测内容

为了控制结构柱、墙竖向构件置换过程中相邻上部结构的位移与变形状态，真实反映、合理评价置换施工对上部结构的影响，及时、主动地采取措施降低或消除不利因素的影响，需要对施工过程进行监测，以确保结构构件的安全、整体性及耐久性。作为安全施工的重要监控手段之一，特别需要对各竖向托换构件的上层结构的竖向位移、重要构件置换过程中的轴力进行监测。具体监测内容如下：

1. 竖向位移监测

为保证置换过程安全，要求对柱、剪力墙进行施工过程中的竖向位移监测，监测分以下4个时间节点进行：①置换工程墙、柱顶升前的初始监测；②墙、柱顶升完成准备开凿时的监测；③墙、柱凿除完毕置换浇筑前的监测；④墙、柱置换完成，混凝土强度基本稳定并且支撑拆除后的监测。

2. 轴力监测

托换过程以上部位移量控制为主，同时辅以托换支撑的内力监测，以确保托换工作的顺利实施。监测分如下4个阶段进行：①开始加载阶段；②荷载调整阶段；③墙、柱阶段与混凝土浇捣阶段；④荷载保持阶段。

3. 检测频率

对于竖向位移观测，要求每天观测2次以上，在结构柱(墙)混凝土凿除过程中每天观测3次；对于托换系统轴力、位移监测，要求进行实时监控。在此基础上，可以采用专用裂缝观测仪，粘贴石膏饼等对于上部结裂缝进行监测。

4. 监测报警

在整个置换处理施工过程中，需严密进行位移、沉降及上部结构裂缝监测工作，上部结构构件的向下竖向位移警戒值为2mm，各柱墙顶升力超过设计的轴力值达到1.2倍需进行报警。托换过程中应定期进行检查，将各类数据及时列图表整理对比，分析当前变形状态及发展趋势，捕捉“隐患性”信息，施工现场应依据监测数据，实现动态施工。

8.6.2　监测结果分析

1. 顶升测试监测分析

为确保托换过程安全，掌握托换体系的变形情况，置换之前先对钢管撑进行模拟加载保压试验。加载荷载取柱轴力标准值，分四级加载。整个加载完毕后，千斤顶锁定后保压两天，试验曲线详见图8.6.1。本工程构件置换按分批分次、相邻构件错开的原则进行，因此构件托换并非一次性同步实施。顶升测试表明，实际托换过程中的内力与计算分析值较为接近，保压过程中，托换结构体系的强度、变形均可满足设计要求，托换体系具有良好可靠性。

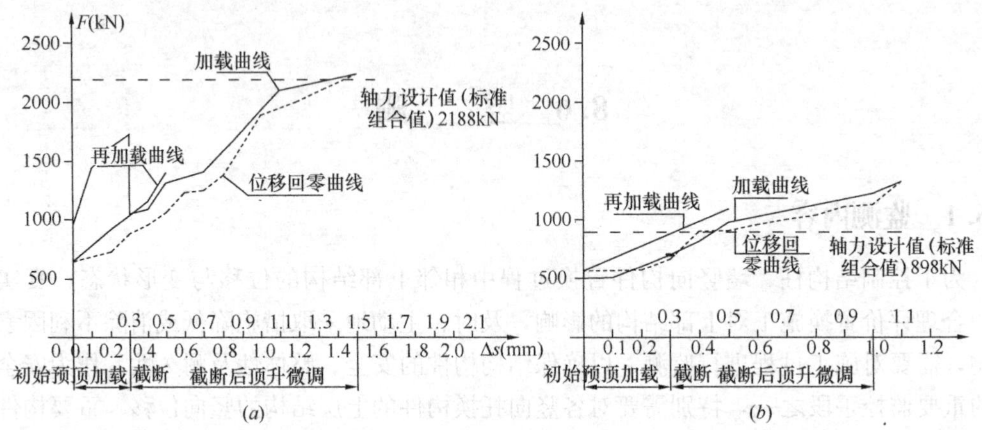

图 8.6.1　剪力墙、柱加载预顶、截断后顶升、回零测试曲线

(*a*)剪力墙；(*b*)柱

2. 竖向位移监测分析

在第 18 层楼面上，对每个柱(剪力墙)上设置沉降观测点 1～4 个，利用 3 种监测手段-PLC 顶升系统兼有的位移自动检测系统(误差小于 0.2mm)、千分表监测系统(误差小于 0.1mm)、精密沉降监测系统(误差小于 0.2mm)三套系统(图 8.6.2)对置换构件实施位移监测，互相校核监测结果，使得监测结果更加精确。监测点布置详见图 8.6.3。

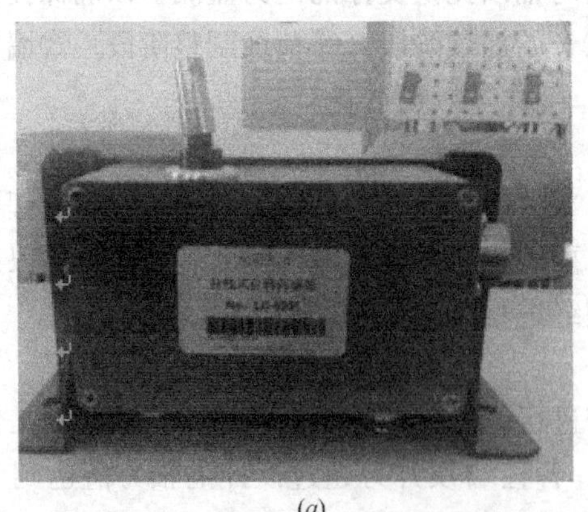

(*a*)

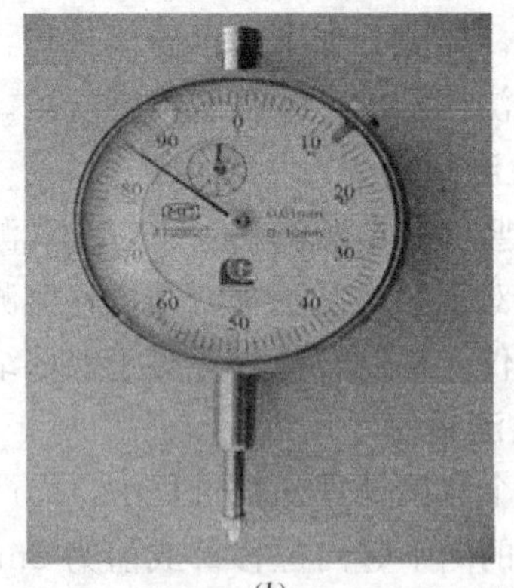

(*b*)

图 8.6.2　监测仪器

(*a*)位移传感器；(*b*)千分表

每一监测点在 18 层对应的柱、剪力墙处布设粘贴钢片尺标记，用徕卡 NA2 精密水准仪配测微器单点单参照比较的方法(观测目标钢片尺标记和固定的参照目标钢片尺标计每次单独比较相对变化量)读取、计算钢片尺标记的竖向位移；经长期检测试验比较，该方法可保证系统观测误差在 0.1mm 左右。监测结果详见表 8.6.1，施工过程位移变化趋势详见图 8.6.4。

各监测点位移值　　**表 8.6.1**

测点位置	顶升前	顶升完成	置换浇筑前	支撑拆除后
PC2-1-18	0	0.29	0.85	0.57

续表

测点位置	顶升前	顶升完成	置换浇筑前	支撑拆除后
PC2-1-28	0	0.28	0.55	0.12
PC2-2-3	0	0.40	0.37	0.29
PC2-4-45	0	0.55	1.24	0.35
PC3-1-7	0	0.52	0.85	1.09
PC3-2-17	0	0.69	1.54	1.24
PC3-2-48	0	0.86	1.03	0.13
PC3-3-31	0	0.33	0.40	0.34
PC4-1-1	0	0.34	0.88	测点破坏
PC4-1-8	0	0.20	0.52	−0.93
PC4-1-46	0	0.84	0.46	0.71
PC4-3-37	0	0.43	0.75	0.82

注：位移"＋"值表示和初始值比较，监测点向下位移；位移"－"值表示和初始值比较，监测点向上位移。

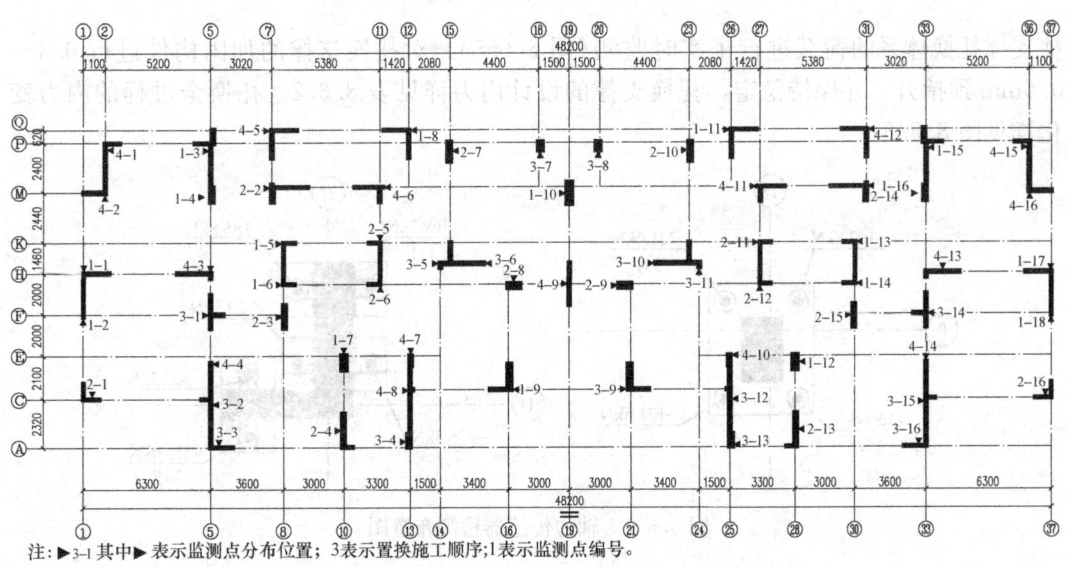

注：▶3–1 其中▶表示监测点分布位置；3表示置换施工顺序；1表示监测点编号。

图 8.6.3　监测点布置图

监测表明：柱、剪力墙在置换工程施工过程中引起其上部直接连接构件竖向最大位移为 1.54mm，变形趋势基本与施工引起的荷载变化情况相符；置换浇筑完成、支撑拆除后，柱、剪力墙复位最大竖向偏移为 1.24mm。

3. 轴力监测分析

施工过程利用国内较先进的 PLC 全自动液压同步控制系统同时监测各个千斤顶的受力，其监测精度接近于轴力传感器。此外，采用轴力传感器对 17 层 18～P 轴和 21～D 轴

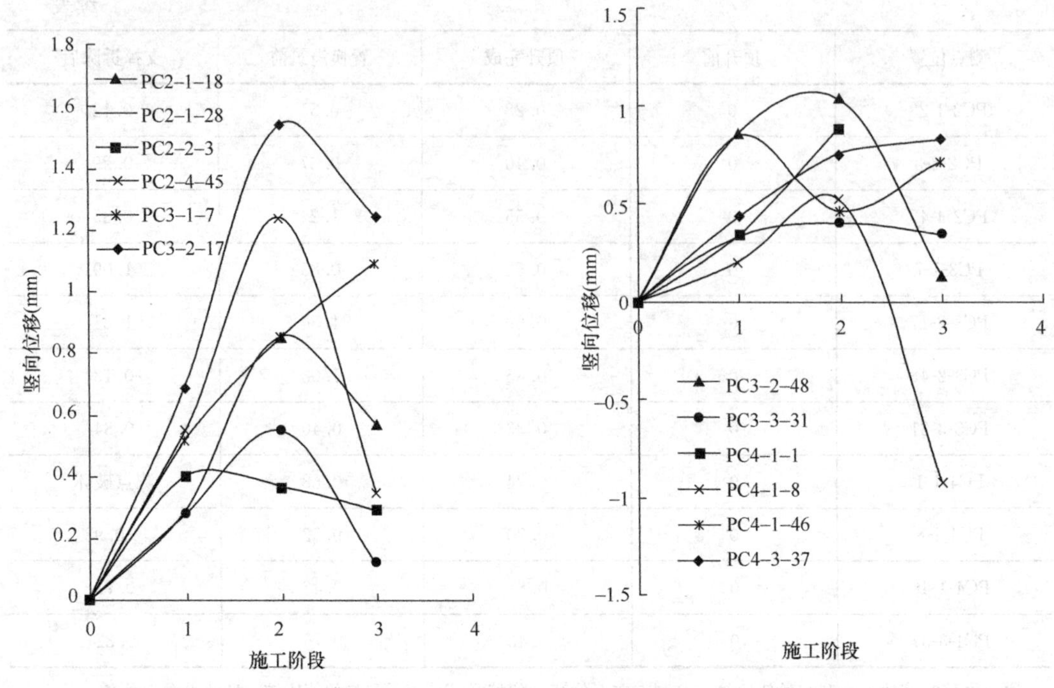

图 8.6.4 监测点位移变化趋势

柱支撑托换体系的荷载进行了实时监测(图 8.6.5)。对托换支撑的加固构件进行 0.3～0.5mm 预抬升，并保持稳定，托换支撑的设计内力详见表 8.6.2。托换全过程的内力变化详见图 8.6.6。

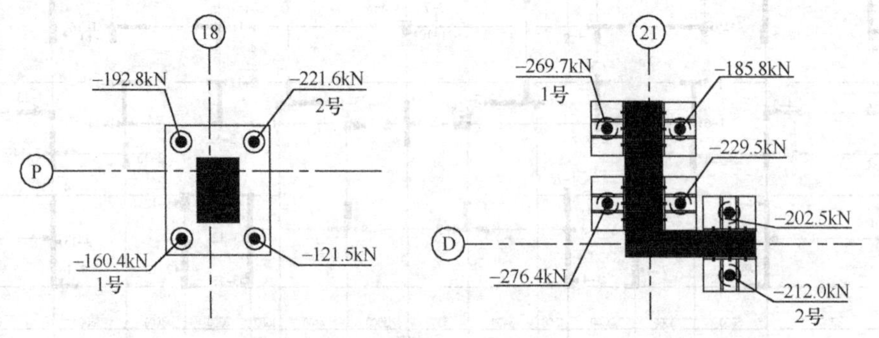

图 8.6.5 轴力传感器检测布置图

托换支撑内力 **表 8.6.2**

编　号	1号	2号
18～P	160.4	221.6
21～D	269.7	212.0

图 8.6.6 表明，整个检测过程能有效反馈支撑体系中各支撑在加载、调整以及持荷各阶段的荷载变化。整个托换过程中荷载较为稳定，构件自身荷载波动较小，同时也表明周

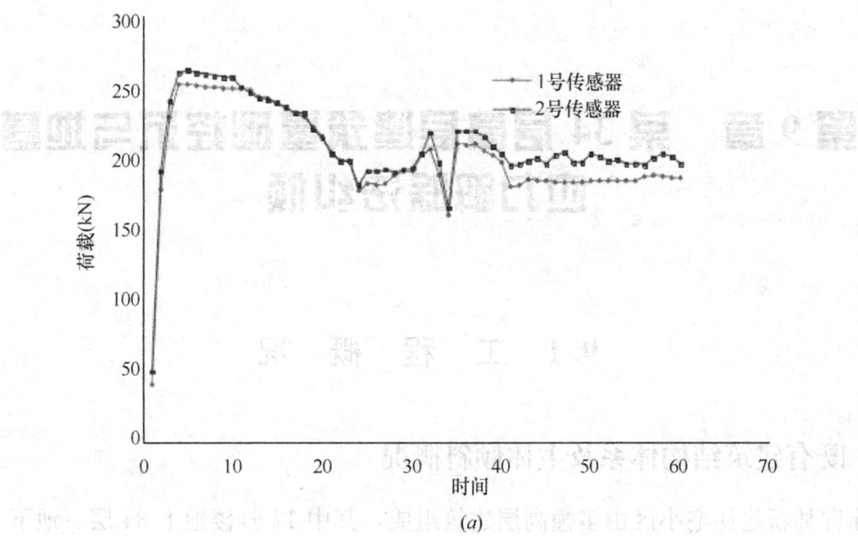

(*a*)

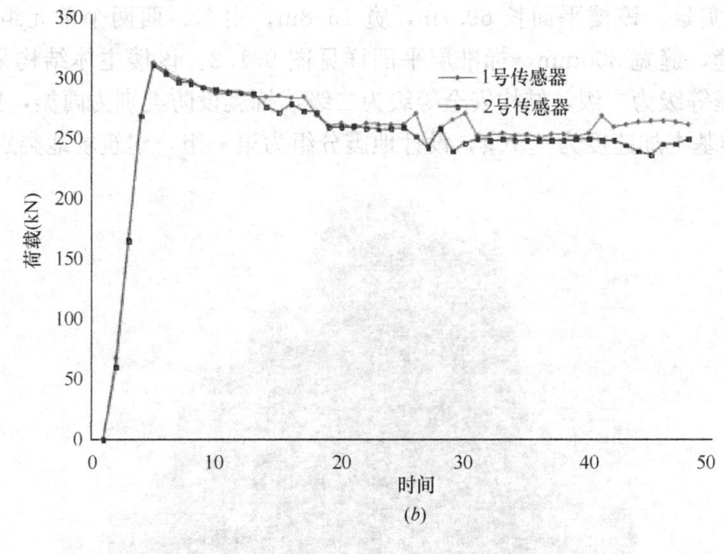

(*b*)

图 8.6.6　支撑内力变化曲线

(*a*)18-P 轴柱(/d)；(*b*)21-D 轴柱(/d)

边构件的置换对其影响也控制在很小的范围内，这说明托换支撑体系能有效地发挥支撑作用。

参　考　文　献

[1]　JGJ 94—2008 建筑桩基技术规范[S]. 北京：中国建筑工业出版社，2008.

[2]　CECS 295：2011 建(构)筑物托换技术规程[S]. 北京：中国计划出版社，2011.

[3]　GB 50017—2003 钢结构设计规范[S]. 北京：中国计划出版社，2003.

第9章　某34层高层建筑基础控沉与地基应力解除法纠倾

9.1　工　程　概　况

9.1.1　既有建筑结构体系及主体倾斜概况

江苏省某新建住宅小区由多幢高层建筑组成，其中17号楼地上34层、地下1层，建筑高度108.0m，其中主屋面高度98.9m，层高2.9m，总建筑面积28209.2m^2。图9.1.1为17号楼建筑实景。该楼平面长69.7m，宽15.8m，由东、西两个单元组成，±0.000以上设置变形缝，缝宽300mm，标准层平面详见图9.1.2。该楼主体结构采用剪力墙体系，剪力墙抗震等级为二级，结构安全等级为二级，抗震设防类别为丙类，抗震设防烈度7度，设计地震基本加速度为0.10g，设计地震分组为第一组，建筑场地类别Ⅲ类。

图9.1.1　17号楼实景图

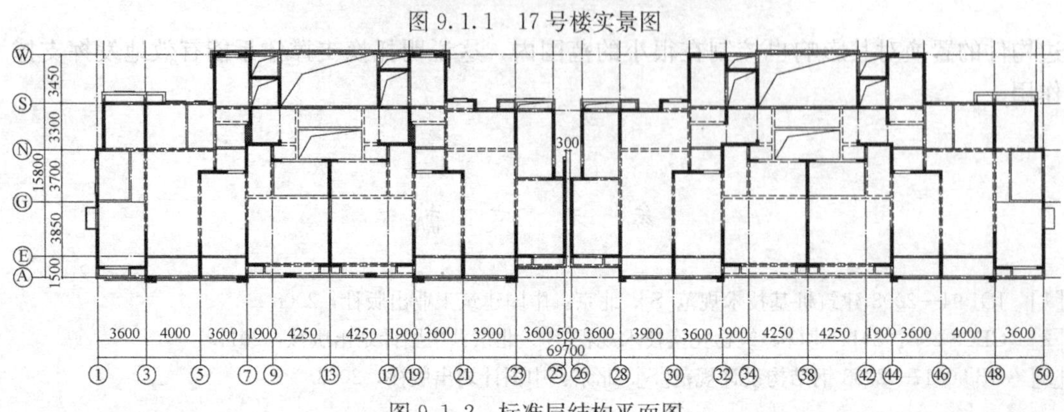

图9.1.2　标准层结构平面图

本工程采用桩筏基础，筏板厚1100mm，混凝土等级为C30，筏板上下双向通长配筋Φ20/22@200钢筋，局部另加附加短钢筋。桩基采用先张法预应力高强混凝土管桩，桩基设计等级为甲级，以⑩$_2$粉砂作为桩端持力层，设计桩长为32m，桩型号采用PHC-600(130)AB-C80，单桩竖向承载力特征值为3000kN，总桩数共190根。本工程±0.000相当于黄海高程7.290m，筏板结构面相对标高−5.200m，相当于黄海高程2.090m。

该楼于2013年8月完成桩基施工，主体结构从2013年11月开始施工，于2014年7月封顶。上部填充墙体砌筑和墙面粉刷完毕后，后期施工过程中发现该楼沉降突然加大，并难以稳定，差异沉降日渐扩大，筏板基础局部发生冲切破坏，外伸地库筏板向上挠曲，北侧相连的地下车库柱、梁出现开裂等现象，具体情况如下：

1. 自主体结构封顶以来，大楼北侧沉降大于南侧，中间部位沉降大于两端，大楼各观测点具体沉降情况如下：西侧北部、南部角点累计沉降76.27mm和50.20mm，中部北侧和南侧角点累计沉降185.03mm和157.77mm，东侧北部、南部角点累计沉降92.9mm和79.85mm。不均匀沉降引发楼面产生高差，1～5层楼面标高实测表明：南北向高差为10～32mm，西单元东西两侧最大高差达100mm，东单元东西两侧最大高差达80mm。在此期间，大楼各观测点沉降速率在0.2～0.5mm/d之间，远大于规范规定的软土地区高层建筑沉降速率不大于0.06mm/d的限值[1]。特别是2014年8月～9月期间，大楼沉降加速，其中，北侧平均沉降19.2mm，沉降速率为0.59mm/d，南侧平均沉降8.5mm，沉降速率为0.27mm/d。

2. 主体结构封顶初期，大楼沉降总体均匀，倾斜率小于0.1‰。自2014年8月～9月间出现较大不均匀沉降后，大楼整体上呈东西方向由两端向中间倾斜、并整体向北倾斜的状态。17号楼倾斜状况见图9.1.3，其中，变形缝两侧东、西单元之间顶部出现并拢现象；南北倾斜率达1.7‰，虽暂未超过地基基础规范[2]2.5‰的限值，但随着不均匀沉降的继续扩大，逐渐呈突破态势。西单元各层楼面高差达到40～120mm，东单元各层楼面高差达到20～90mm，从底部到顶部，楼层高差逐渐减小。

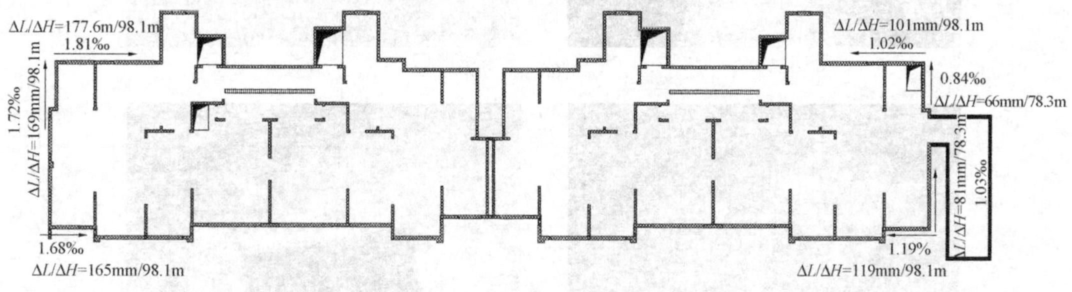

图9.1.3　17号楼倾斜状况

3. 结构变形开裂状况

随着不均匀沉降的继续发展，主楼筏板变形明显，其中筏板北侧外伸部位上翘60～130mm，东侧上翘30～80mm，西侧上翘60～70mm，并局部发生冲切破坏。北侧外伸地库顶板梁、板拉裂，框架柱开裂严重。17号楼内部，±0.000以上主体结构尚未出现开裂现象；对于±0.000以下部位，墙肢存在多处开裂，大部分缝宽小于0.6mm，个别裂缝宽达1.10mm，顶板出现部分裂缝，南侧19～23×A，46～48×A连梁裂损，梁上缝宽

0.3～0.8mm。地下室变形及开裂状况详见图 9.1.4。

图 9.1.4 地下室变形裂损状况

(*a*) 底板冲切破坏；(*b*) 主楼与地下车库间沉降差异；(*c*) 顶板和梁开裂；

(*d*) 柱身开裂；(*e*) 墙体和连梁开裂

9.1.2　工程地质条件

原工程场地地势起伏变化较大，西边高、东边低，自然地面黄海高程在 6.36～1.89m 之间。地下室底板以下 19m 范围内为软黏土层，19～27m 范围内为土性较好的黏土和粉土夹粉砂层，27～40m 范围内为密实状粉砂层，粉砂层以下无软弱下卧层。工程地质条件较差，属于软弱场地。根据本工程《岩土工程勘察报告》，场地深度范围内地基土具体可分为 12 个土层，如表 9.1.1 所示。

场地各土层性状描述及物理力学指标　　表 9.1.1

层号	土名	状态或密实度	性状	厚度（m）	压缩模量 E_s（MPa）	桩侧阻力特征值 q_s（kPa）	桩端阻力特征值 q_p（kPa）	地基承载力特征值（kPa）
①$_1$	杂填土	松散	以黏性土及建筑垃圾为主，不均匀	0.4～6.0	—	—	—	—
②$_1$	粉质黏土	软塑	稍有光泽，无摇振反应，干强度及韧性中等	1.0～1.7	5.0	15	—	90
②$_{2b}$	粉土	稍密	很湿，无光泽，摇振反应迅速，干强度及韧性低，含少量云母	5.4～5.6	9.0	25	—	150
②$_2$	淤泥质粉质黏土	流塑	稍有光泽，无摇振反应，干强度及韧性中等	2.7～9.8	4.0	12	—	60
②$_3$	粉质黏土	可塑	稍有光泽，无摇振反应，干强度及韧性中等	2.7～9.4	6.0	23	800	140
⑧	黏土	硬塑	有光泽，无摇振反应，干强度及韧性高，含少量铁锰质结核	2～11.2	11.0	55	2800	280
⑨	粉土夹粉砂	中密	粉土：很湿，无光泽，摇振反应中等，干强度及韧性低；粉砂：饱和，中密，含少量云母碎屑等	5.1～6.0	11.0	45	1600	250
⑩$_1$	粉砂夹粉土	中密	饱和，成分以石英为主，含少量云母碎屑等，夹粉土薄层	4.1～7.4	12.1	55	1800	270
⑩$_2$	粉砂	密实	饱和，成分以石英为主，含少量云母碎屑等，夹粉土薄层	13.7～18.9	14.5	70	3000	300
⑪	粉质黏土	硬塑	有光泽，无摇振反应，干强度及韧性高	0～5.2	12.0	55	—	—
⑬	粉质黏土	硬塑	有光泽，无摇振反应，干强度及韧性高，含少量铁锰质结核	4.5～6.0	11.0	60	—	—
⑮	粉质黏土	硬塑	有光泽，无摇振反应，干强度及韧性高，含少量铁锰质结核	未击穿	12.5	—	—	—

场地典型地质剖面如图 9.1.5 所示。

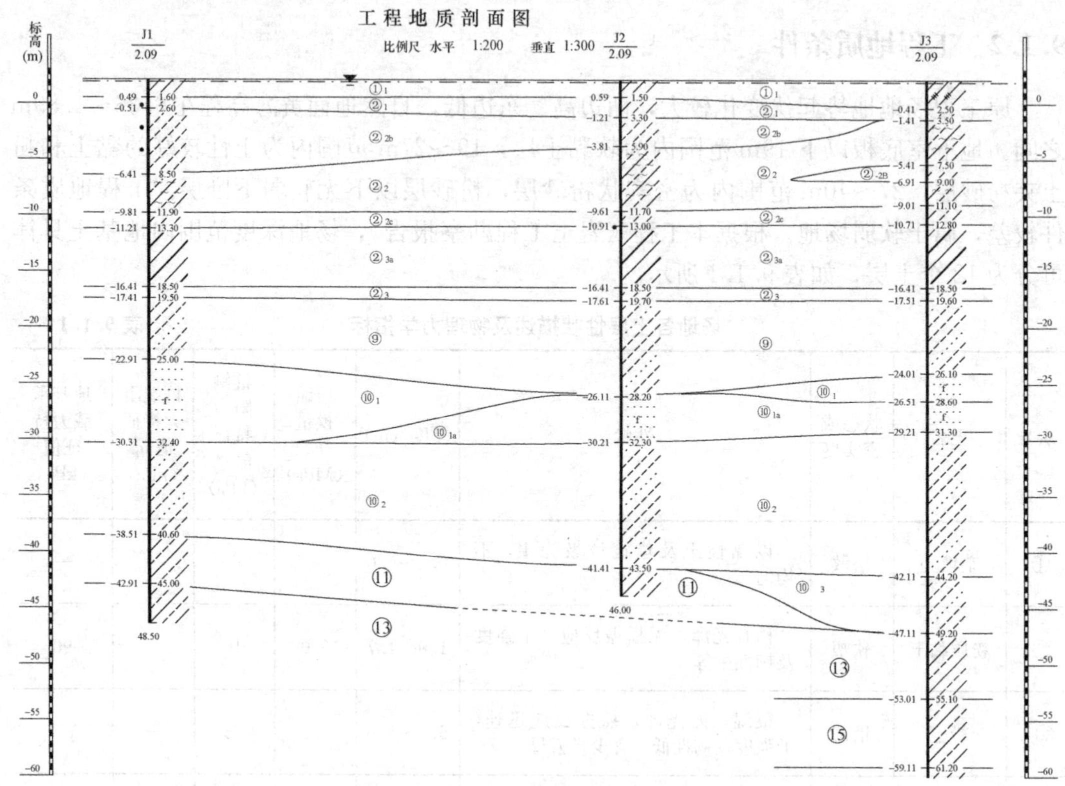

图 9.1.5 场地土典型地质剖面

9.2 结构不均匀沉降原因分析

不均匀沉降发生后，进行了场地补充勘察，在原有桩基检测报告、沉降观测资料的基础上，对既有工程桩开展了重新抽检和沉降计算，综合分析表明，17 号楼发生不均匀沉降的主要原因如下：

① 本工程桩基采用预应力管桩，以⑩$_2$ 粉砂作为桩端持力层，桩径 600mm，设计桩长为 32m，单桩竖向承载力特征值为 3000kN。不均匀沉降发生后，采用静压水钻取芯工艺，将工程桩桩顶混凝土与周边筏板分离，然后通过设置加载反力架以及液压千斤顶，重新选取 4 根工程桩进行了原位承载力测试。结果表明，其中一根单桩承载力特征值为 2950kN，基本满足设计要求，其余三根单桩承载力特征值均为 750kN，仅为设计承载力的 25%，远未到达设计要求。部分基桩承载力的不足，导致总体沉降较大，差异沉降明显。上述 4 根工程桩小应变检测表明，其中 3 根承载力不足桩在测点下约 12.0m 部位缺陷反射明显，推断管桩在第一个接头部位存在断裂现象。

17 号楼共布置 190 根 ϕ600 管桩，布桩平面系数达到 4.6%，北侧楼梯间部位布桩平面系数 5.1%。由于存在较厚的淤泥质软弱土层，布桩系数偏高，加上施工过程中未合理安排压桩顺序，未实施跳打，且施工速度较快，因而桩基施工过程中挤土效应明显。基坑开挖不当导致部分管桩倾斜，引起部分工程桩断裂和承载力下降。

② 大楼中间以及北侧部分荷载较大，一部分工程桩因断裂而引起承载力下降后，其余工程基桩受荷提高，导致地下室底板冲切破坏，引起筏板的强度和整体刚度降低，进一步加剧了不均匀沉降。

总体而言，工程桩承载力不足引起了主楼的大幅度沉降，而工程桩之间承载力的分布差异引起了不均匀沉降，导致上部主楼倾斜。

9.3　工程实施的难点

随着不均匀沉降的不断发展，结构倾斜日益加剧。外墙实测倾斜率表明，南北向倾斜率约为 1.0‰～2.0‰之间，东西单元的向中部倾斜 1.1‰～1.3‰之间。截至 2014 年 12 月，不均匀沉降并无稳定迹象，不均匀沉降的继续发展可能导致 17 号结构发生进一步破坏，并有倾覆的危险，安全隐患极大。此外，将近 100m 的住宅楼发生大幅度的沉降和倾斜，直接涉及整个小区的众多业主的权益，工程社会影响巨大。

为了确保主体结构的安全，同时减少开发商和业主的损失，需要对本工程进行控沉和纠倾以恢复 17 号楼的使用功能。目前，国内外近百米高层建筑发生倾斜案例极少，对如此大规模的工程进行控沉和纠倾，设计和施工均存在极大的难度。

1. 17 号楼为 34 层高层建筑，工程风险大

17 号楼作为一幢主体结构高达 98.9m 的高层建筑，工程体量大，国内可借鉴的工程处理经验少。而且，该楼为板式建筑，高宽比达到 6.9，对基础不均匀沉降和倾斜十分敏感，由于主楼倾斜发展态势较为严峻，纠倾过程中存在倾斜加剧甚至倾覆的风险，设计与施工过程中的风险控制是项目成败的关键因素。

2. 工程桩承载力状况复杂，纠倾不确定因素多

既有工程桩的重新检测表明，部分桩存在断裂现象，占到所检测数量的 3/4，工程桩的承载能力差异较大；主楼大幅度的不均匀沉降导致工程桩之间的荷载分布极不均匀。图 9.3.1 为桩基工程完成后静载荷试验桩的 Q-S 曲线，试验表明，工程桩达到承载力极限

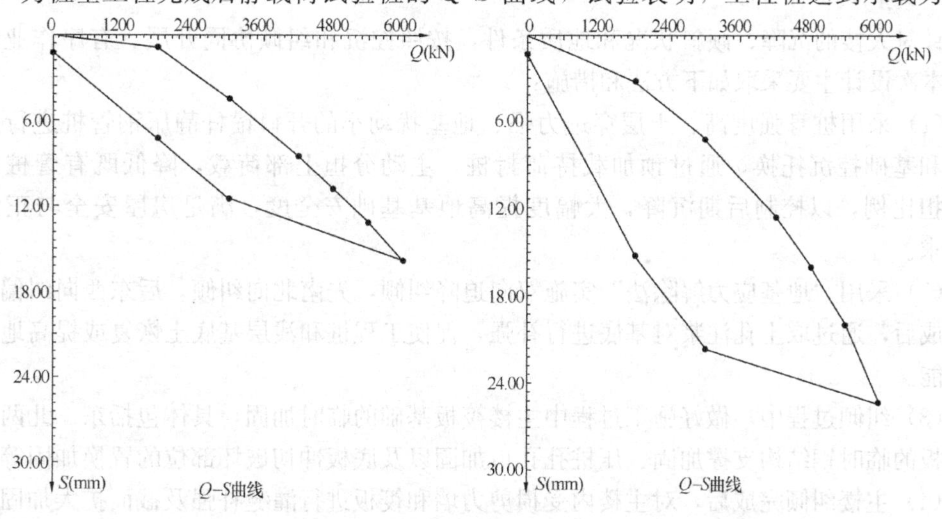

图 9.3.1　工程桩载荷试验 Q-S 曲线

值时，桩顶沉降均未超过 25mm。对比目前 100～200mm 的大楼沉降量，部分工程桩桩尖发生刺入破坏；同时，也表明桩身质量完好的这部分预应力管桩实际承受荷载可能已经超过桩基的承载力极限值，桩身存在压坏的可能。

工程桩承载力的不确定性和地基土应力的变化，将对纠偏过程中房屋的局部及整体倾斜状态发生影响，从而给迫降纠偏带来很大困难。

3. 基底存在较厚的高灵敏度的软弱土层

由于地质条件和水文条件的不同，建筑物纠倾工程具有很强的地域性。本工程地基土灵敏度较高且基底应力较高，压桩中易引发附加沉降。因此，需采取有效措施以应对最不利情况的发生，并做好全程监控，实施信息化动态施工，确保工程施工处于安全可控状态。

4. 纠倾工程时空效应显著

纠倾过程中，掏土孔的布置位置与深度、数量，掏土孔的成孔顺序和深度范围内的分段取土进度安排，掏土孔周边土体的蠕变、弹塑性应力发展和圆孔的变形过程，都使得掏土纠倾具有显著的时空效应。

建筑物倾斜原因查明后，必须因地制宜的采取有效的纠倾加固措施，若措施不力，容易出现纠而不动、越纠越偏或矫枉过正的现象。工程纠偏必须选择合理的方案和控制措施。

5. 筏板受损严重，安全度控制难度大

筏板沉降 100～200mm，使得地基土承担了相当一部分的上部荷载，造成筏板内弯矩加大；工程桩承载力之间的巨大差异使得各桩顶位置筏板应力悬殊。整个筏板变形严重，局部多处发生冲切破坏，北侧外伸部位上翘明显，筏板的整体性受损严重，宽度较大的外挑筏板在纠倾过程中，难以确保与主楼整体同步迫降。

9.4 基础控沉和纠倾流程设计

针对大楼的沉降、倾斜状况和地质条件，按照控沉和纠倾协同开展、有序作业的原则，本次设计主要采取如下方法和措施：

(1) 采用桩身强度高、土层穿透力强、地基扰动小的开口锚杆静压钢管桩进行应急控沉和基础控沉托换，通过预加载持荷封桩，主动分担上部荷载，降低既有管桩的荷载分担比例，以控制后期沉降，大幅度提高地基基础安全度，满足房屋安全与正常使用要求。

(2) 采用“地基应力解除法”实施双向迫降纠倾，先南北向纠倾，后东西向纠偏。纠倾完成后，通过取土孔注浆对基底进行补强，促使工程桩和浅层基底土恢复或提高地基承载功能。

(3) 纠倾过程中，做好施工过程中主楼筏板基础的临时加固，具体包括东、北两侧外伸底板的临时钢结构支撑加固、压桩孔孔口加固以及底板冲切破坏部位的置换加固等。

(4) 主楼纠倾完成后，对主楼内受损剪力墙和筏板进行灌缝补强及截面扩大加固；对相连的周边地下车库筏板、顶板进行补强，包括开裂柱的置换以及梁、板加固等；此外，设计后浇带特殊连接节点解决较大差异沉降带来的结构衔接问题。

本工程沉降幅度大，工程桩承载力低，桩土共同作用明显，桩及基底土受力复杂，地基应力解除法通过调整地层应力的分布，改变桩土的承载力实现不均匀沉降的微调，其时空效应显著。为了避免纠而不沉、矫枉过正以及沉而不止等现象，增强迫降纠倾过程的可控性，本工程基础控沉和纠偏设计了如图 9.4.1 所示的作业流程。

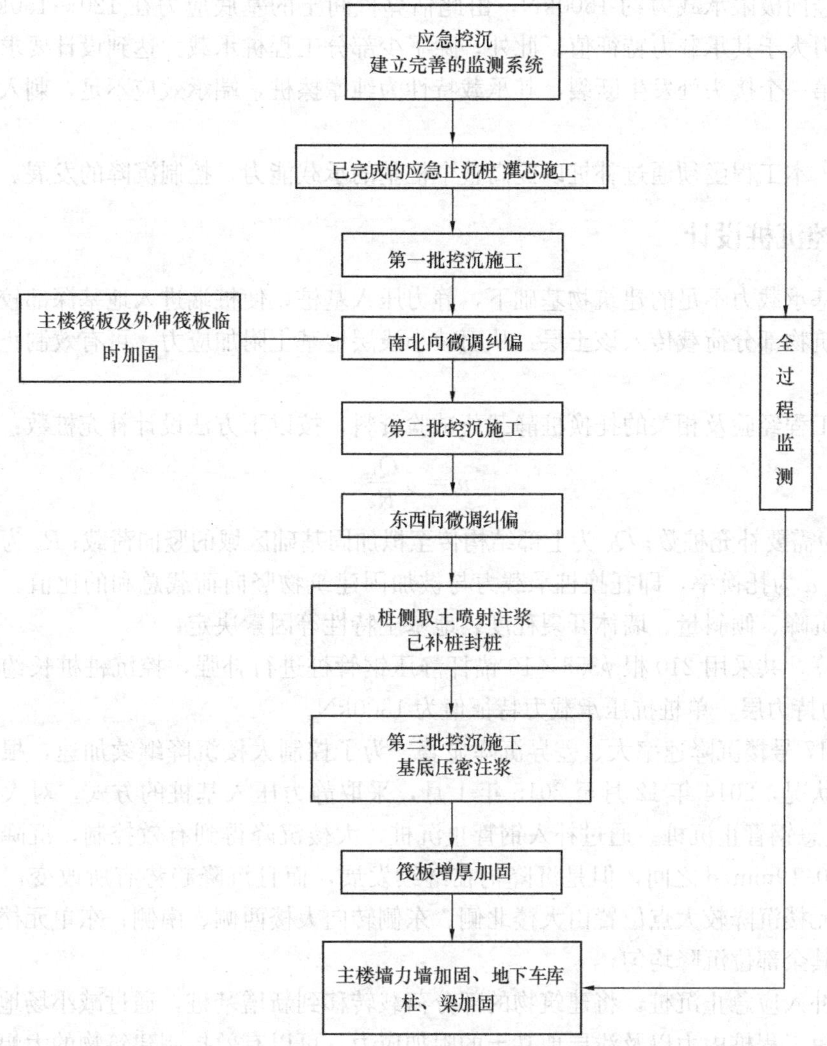

图 9.4.1　基础控沉和纠倾流程设计

9.5　基础承载力补强与控沉设计

工程采用预应力管桩基础，桩端以⑩$_2$粉砂层作为持力层，该层土土质密实，场地分布厚度在 13.7～18.9m 之间，持力层以下不存在软弱下卧土层，场地范围内未发现古河道、水塘等地质特别软弱区域，且小区内其他楼栋尚未发现沉降异常现象。17 号楼大幅度整体沉降和倾斜的主要原因在于该楼工程桩承载力的严重不足。监测数据表明，17号楼的总体沉降在100～200mm之间，工程桩桩尖在持力层发生刺入破坏，使得基底桩间土分担了相当一部分的建筑物荷载，基底桩间土与工程桩发生共同作用，大楼基础形式由桩基础转变为复合桩基础。较大的沉降也表明既有桩基础的承载力较低，不能满足正常承载，计算可知，现阶段作用在地基上的竖向总荷载约450000kN，而工程桩抽检约3/4的管桩单桩竖向极限承载力约1500kN，由此估算桩间土的基底应力在120～150kPa之间，基底土应力大于其承载力特征值。此外，除了少部分工程桩承载力达到设计要求外，大部分工程桩第一个接头处发生断裂，其承载特性为纯摩擦桩，端承效应不足，刺入变形会持续发展。

因此，本工程亟须通过补桩以提高整个桩基的承载能力，控制沉降的发展。

9.5.1 控沉桩设计

在地基承载力不足的建筑物基础下，静力压入基桩，使桩端进入地基深部较好的土层中，将建筑物部分荷载传入该土层，从而减小浅层地基土附加应力，可有效制止沉降继续发展。

根据工程经验及相关的托换桩静载荷试验资料，按以下方法设计补充桩数：

$$n = \alpha \frac{Q_k}{R_a}$$

式中：n为需要补充桩数；Q_k为上部结构传至拟加固基础区域的竖向荷载；R_a为单桩承载力特征值；α为托换率，即托换桩承载力与被加固建筑物竖向荷载总和的比值。托换率由建筑物的沉降、倾斜量、墙体开裂程度、地基土特性等因素决定。

经计算，共采用210根ϕ355×10锚杆静压钢管桩进行补强，控沉桩桩长约32m，以⑩$_2$粉砂为持力层，单桩抗压承载力特征值为1800kN。

由于17号楼沉降速率大、差异沉降显著，为了控制大楼沉降继续加速，根据房屋沉降及倾斜状况，2014年12月至2015年1月，采取静力压入基桩的方式，对大楼先期施打61根应急钢管止沉桩。通过补入钢管止沉桩，大楼沉降得到有效控制，沉降速率维持在0.07～0.19mm/d之间，但是沉降仍在继续发展，而且沉降趋势有所改变，具体表现为：西单元楼沉降较大点位置由大楼北侧、东侧转向大楼西侧、南侧；东单元楼东南角沉降略小，其余部位沉降均匀。

通过补入应急止沉桩，将建筑物的部分荷载转移到新增基桩，通过减小场地浅层软弱区域内较短工程桩内力以及浅层地基土的附加应力，可以有效控制建筑物的大幅沉降并适当调整沉降的趋势。纠倾过程中，设置应力释放孔后，原本沉降较小区域桩基需逐步下沉，方可实现迫降纠倾，因此，控沉桩不能一次性补充完毕。根据建筑物倾斜状况，在完成前期应急控沉后，结合地应力解除法迫降纠倾的需要，分三批次进行补桩，达到控沉和纠偏的协调作业。基础锚杆静压桩布置图详见图9.5.1。

9.5.2 控沉桩孔口加固设计

不均匀沉降过程中，筏板部分区域出现了变形、开裂以及冲切等破坏，筏板整体性有所下降。17号楼筏板厚1100mm，混凝土强度等级C30，面积约1190m^2，筏板上、下双

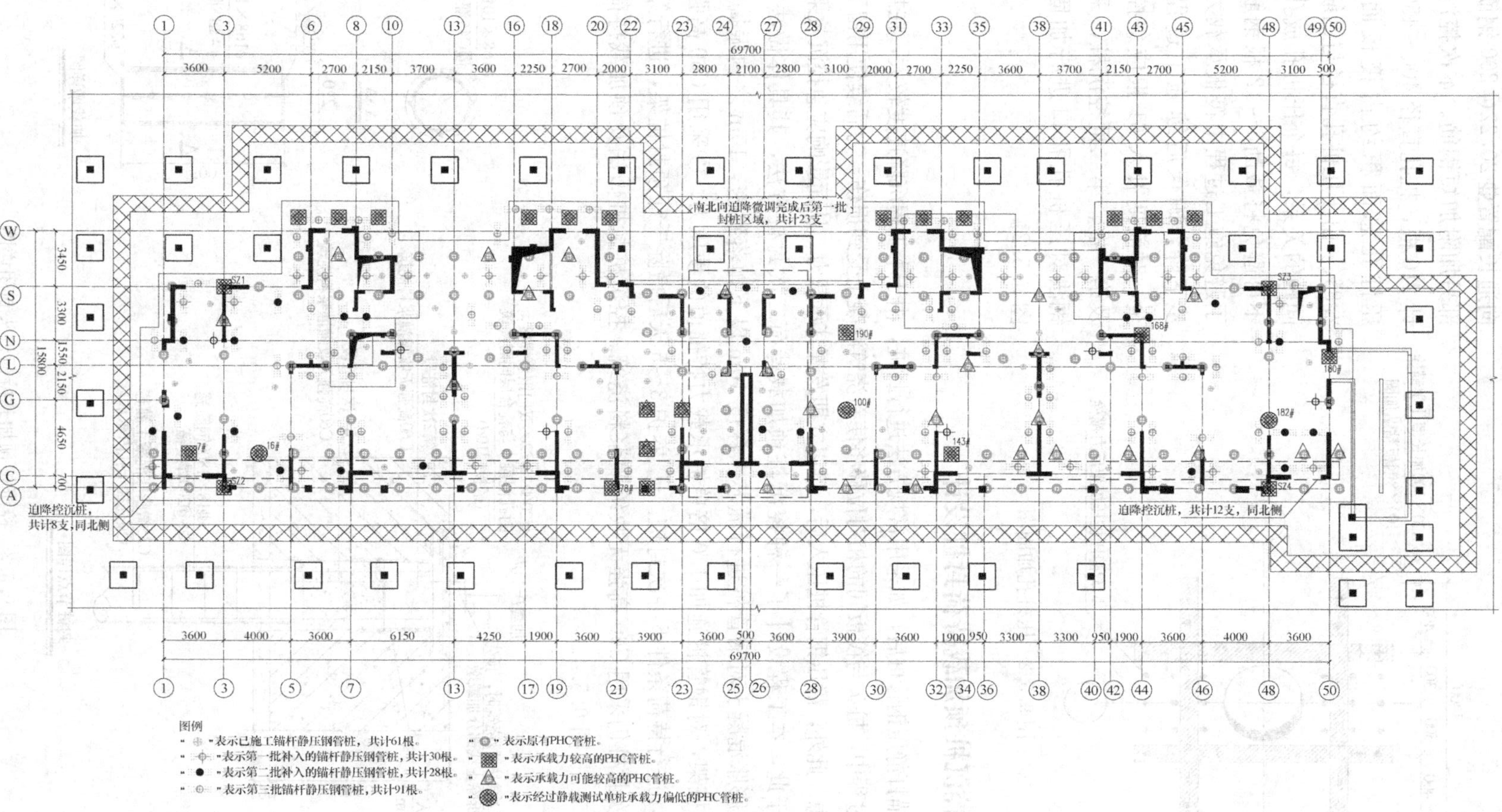

图 9.5.1　锚杆静压钢管桩布置图

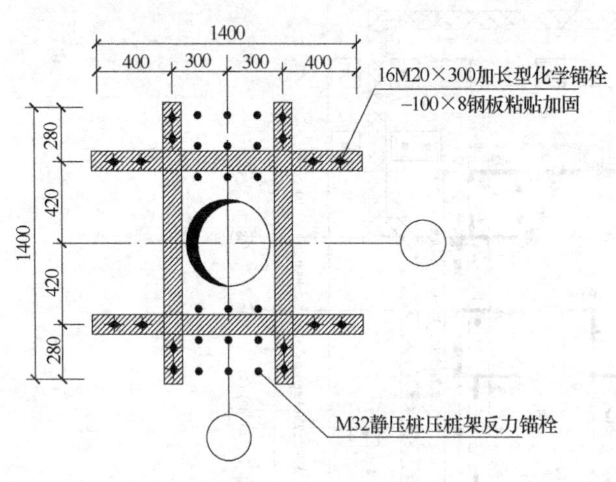

图 9.5.2　压桩孔加固图

向通长配置Φ 20/22@200 钢筋，局部另加附加短钢筋。本次控沉桩总计 210 根，桩孔直径 400～450mm，压桩孔总面积约占筏板面积的 2.8%；由于压桩孔直径与钢筋分布间距的关系，每个压桩孔成孔过程不可避免将截断8～12 根钢筋。为了避免施工过程中筏板承载力进一步下降，确保后续施工过程的安全，对前期补入 61 根应急控沉以及第一批、第二批控沉桩，采用粘钢法对压桩孔孔口进行加固，见图 9.5.2。

9.5.3　控沉桩预加载持荷封桩设计

增设锚杆静压钢管桩后，如采用常规方法进行封桩，由于本工程沉降速度较大，在封孔混凝土硬化过程中，桩头与筏板间的相对位移将使新浇筑混凝土受到损伤，为后续使用留下安全和渗漏隐患。此外，静压钢管桩压入后，难以立即发挥其承载力，从而影响应急控沉效果。

有鉴于此，本工程设计了一种控沉桩预加载持荷二次封桩方法，其具体做法如下：① 采用微膨胀混凝土对钢管桩进行灌芯，深度 10m 以下抛落致密，10m 之内振捣密实。② 设置封桩架，对钢管桩施加 1.0 倍单桩承载力特征值的预压力。③采用 C60 高强无收缩灌浆料，进行持荷条件下一次封桩。④ 养护 3～5 天后撤除千斤顶封桩架，进行第二次封桩，二次封桩仍采用 C60 高强无收缩灌浆料浇筑。控沉桩封桩做法及预加载持荷装置详见图 9.5.3、图 9.5.4。

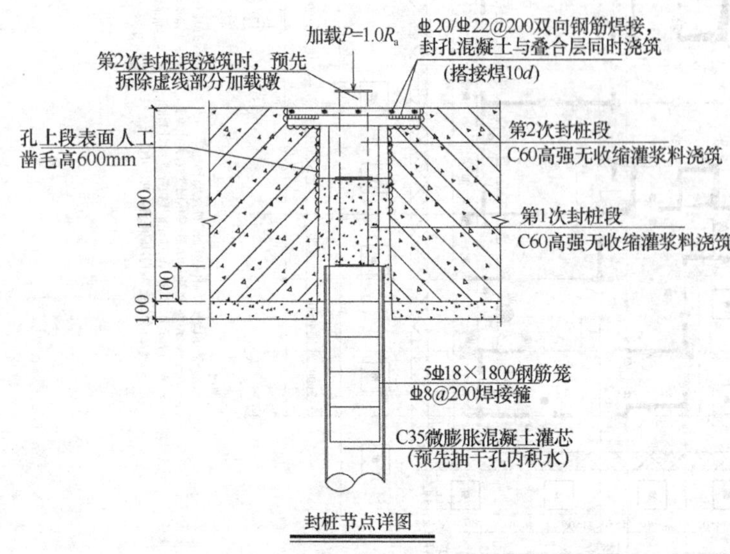

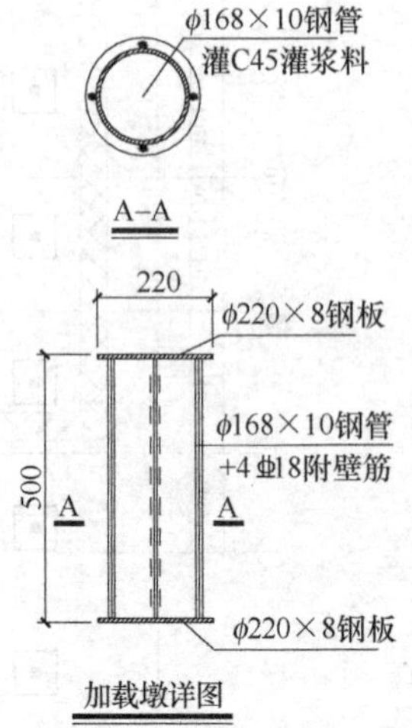

图 9.5.3　控沉桩预加载持荷桩头封闭详图

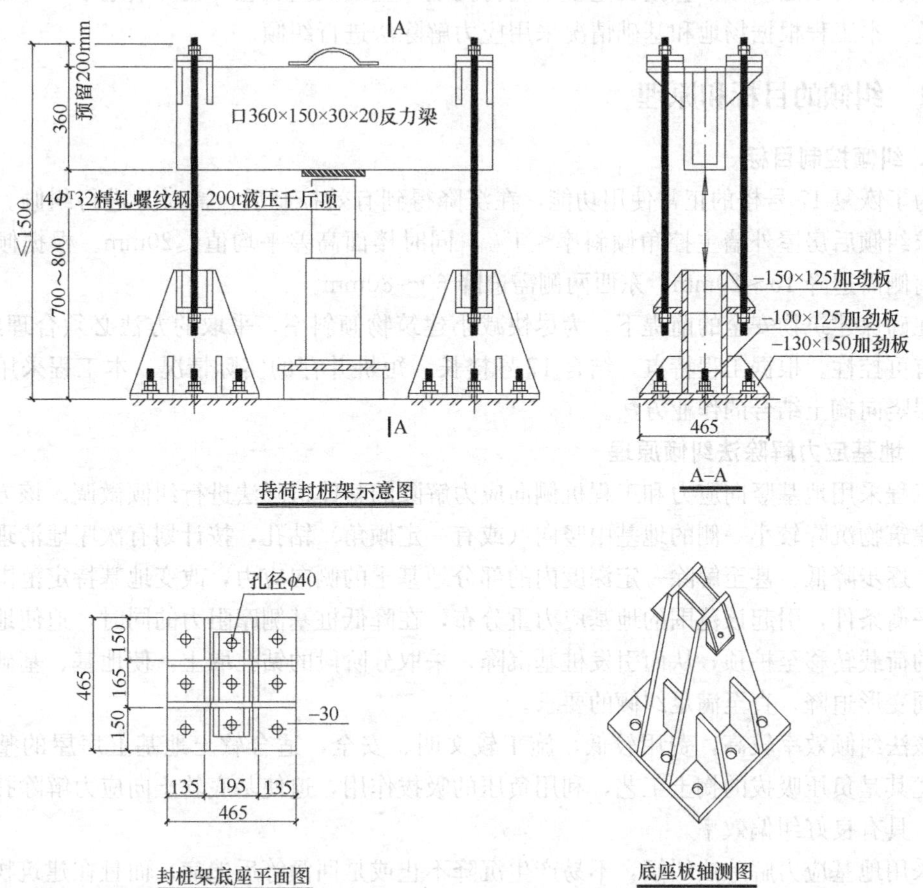

图 9.5.4　控沉桩预加载持荷装置图

利用控沉桩预加载持荷装置，一方面，可以使新补充的控沉桩快速发挥承载力，参与到与原工程桩的协同作用中，提高控沉效果。另一方面，本工程整体沉降形态复杂，场地土性状各异，加之工程桩承载力无法预估，采用应力解除法迫降纠偏过程中，各区域沉降速率无法准确预估，通过严密监测纠倾过程的沉降，利用控沉桩预加载装置进行分批持荷加载或卸荷调整，实施纠倾全过程的有序控制，将原本时空效应显著、较难精确调控的地基应力解除法纠偏过程变得更为可控，从而避免了沉降不止或纠而不动等现象。

9.6　纠倾设计

对倾斜房屋进行纠倾主要有迫降和顶升两类方法，迫降法根据采取的手段不同又可细分为掏土纠倾（浅层水平掏土法）、应力解除法纠倾等；顶升法可分为截桩纠倾法和托换纠倾法等。

地基应力解除法相对于浅层水平掏土法而言，具备可控性好、协调性强的优势。若采用浅层水平掏土法纠倾，直接在基础下进行掏土，基础反应敏感，缓冲余地小，可控性相对较差。本工程根据场地和基础情况采用应力解除法进行纠倾。

9.6.1 纠倾的目标和原理

1. 纠倾控制目标

为了恢复17号楼的正常使用功能，在沉降得到有效控制后，需对其进行纠倾。本工程要求纠倾后房屋外墙主控角倾斜率≤1‰，同时楼面高差平均值≤20mm。根据倾斜情况，南侧需追降15～20mm；东西两侧需追降60～80mm。

在确保建筑物安全的前提下，为尽快减小建筑物倾斜率，采取的方法必须合理经济，并具有可控性。根据工程特点，结合17号楼长、短桩并存的实际情况，本工程采用浅层和深层竖向掏土结合的作业方法。

2. 地基应力解除法纠倾原理

工程采用地基竖向应力和工程桩侧向应力解除的整体追降法进行纠倾微调。该方法通过在建筑物沉降较小一侧的地基中竖向（或有一定倾角）钻孔，按计划有次序地清理孔内泥土，逐步降低、甚至解除一定深度内的部分地基土的侧向应力，改变地基特定范围中的边界平衡条件，引起该范围的地基应力重分布，在降低桩基侧摩阻力的同时，迫使地基土承担的荷载转移至桩顶，从而引发桩基沉降，采取分阶段的钻孔取土，使地基、基础与结构协同变形追降，直至满足纠倾的要求。

该法纠倾效率较高，费用较低，施工较文明、安全，适合软土地基上房屋的整体纠倾。尤其是负压吸拔的掏土工艺，利用负压的吸拔作用，迫使基底软土向应力解除孔产生塑流，具有良好纠偏效率。

采用地基应力解除法纠倾，不易产生沉降不止或是回倾等后遗症，而且在建筑物纠倾扶正的同时，建筑物的重心往沉降量小的方向回转，基底应力分布往有利的方向调整并趋于匀化。图9.6.1为掏土纠倾示意图。

9.6.2 追降纠倾流程设计

大楼东、西两侧沉降较小，中间伸缩缝区域沉降较大，北侧沉降略大于南侧，大楼整体上呈东西向正向弯曲沉降变形和向北倾斜的状态。根据房屋倾斜情况，本工程设计了如图9.6.2所示的追降纠倾流程。在完成施工准备工作后，进行追降纠倾，其总体纠倾顺序为：先南北向纠倾，后东单元东西向纠倾，再西单元东西向纠倾。最后进行地基注浆加固和后续补桩控沉。

追降纠倾时，建筑物回倾速度非常关键，较小的回倾速度严重影响工程进度。随着纠倾技术的发展，回倾速度不断提高。回倾速度应根据建筑物的结构类型、整体刚度、工程地质条件以及纠倾方法来确定。一般而言，回倾速度不宜过大，以避免建筑物在快速回倾过程中结构因产生应力集中而开裂，或者由于惯性作用而影响稳定。《既有建筑地基基础加固技术规范》JGJ 123—2000规定，建筑物下沉速率宜控制在5～10mm/d范围内；《建筑物倾斜纠偏技术规程》JGJ 270—2012规定，追降法纠倾时顶部回倾速率宜控制在5～20mm/d范围内。本工程在运用地基应力解除法进行钻孔取土纠倾期间，将追降纠倾分为启动、正常追降以及减速追降三个阶段，各阶段回倾速率控制如下：

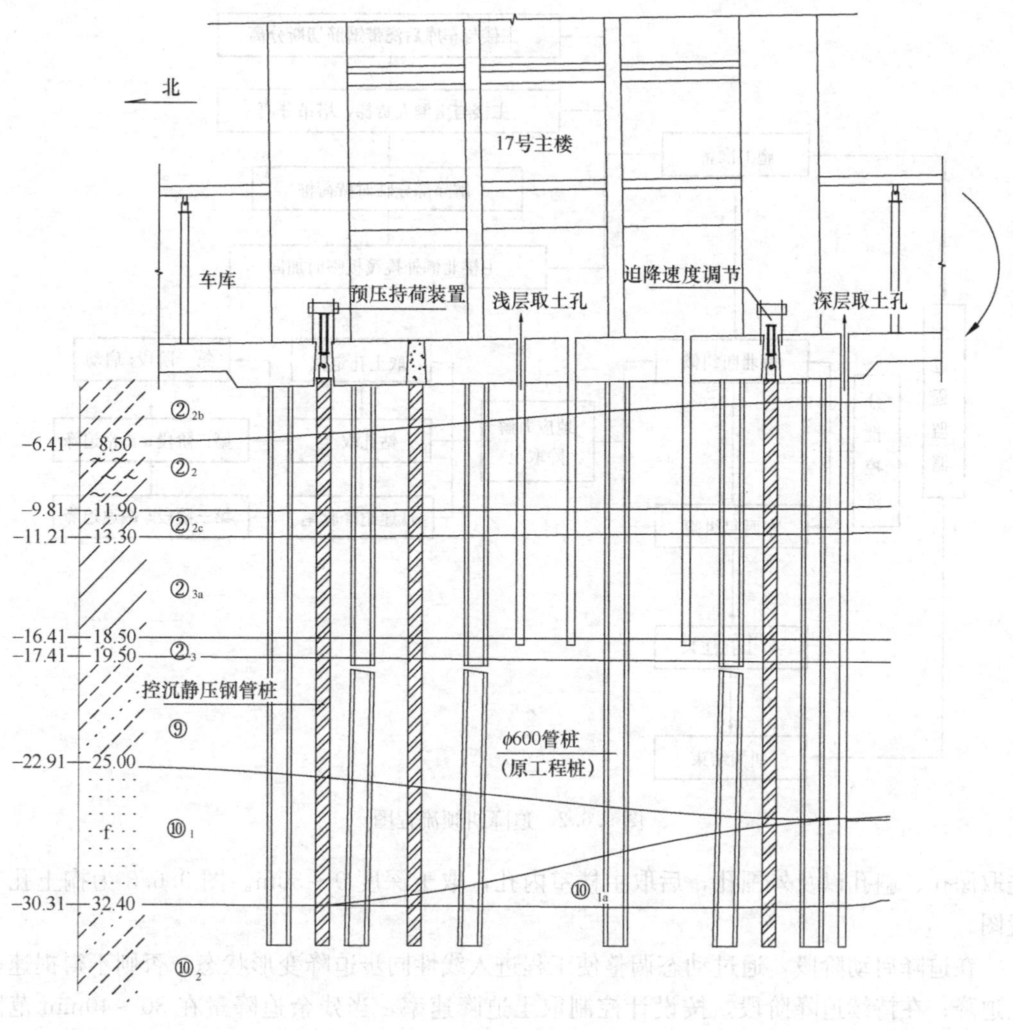

图 9.6.1　掏土纠倾示意图

① 启动阶段，顶部回倾速率控制在 1～2mm/d。

② 正常追降阶段，顶部回倾速率控制在 8～12mm/d。

③ 惯性减速追降阶段，顶部回倾速率控制在 6～8mm/d。

9.6.3　应力解除孔布置及掏土工艺设计

根据不均匀沉降情况，在主楼南侧、东西两侧布置应力解除孔，同时在北侧主楼外侧一跨地下车库范围内布置应力解除孔，对沉降较小部分进行追降。取土孔孔径 150mm，间距 1.0～2.0m 之间，采用干钻取土解压作业。南北向纠偏时，先对沉降较小一侧的桩作桩侧取土，然后按对称、分区、同步作业的原则，由南向北分段同步取土，取土深度 9m。为获得更好的纠偏效果，应力解除孔应尽量靠近主楼基础以提高效果，南侧以及东西两侧预应力管桩 0.7m 范围内设置深层取土孔，孔深 30.0m，东侧坡道旁设置 10°～15°的斜向掏土孔，孔深 12.0m。东西向纠倾时，先进行东单元纠倾，然后进行西单元纠倾，

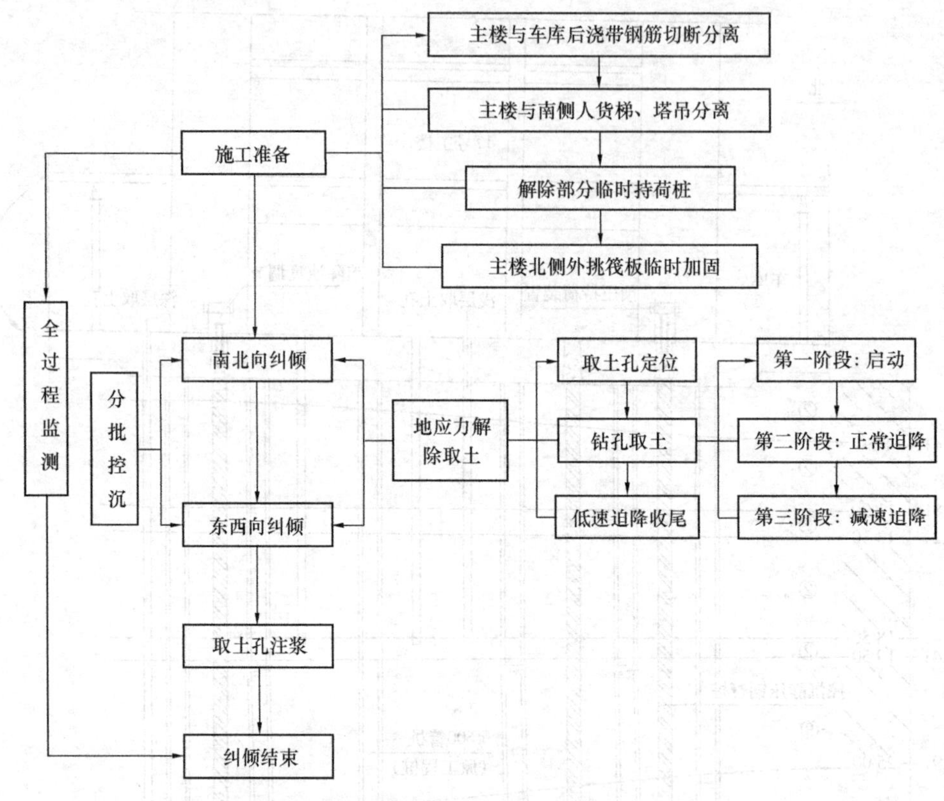

图 9.6.2 迫降纠倾流程图

先取深孔、斜孔以及外围孔，后取主楼室内孔，取土深度 9～30m。图 9.6.3 为掏土孔布置图。

在迫降启动阶段，通过动态调整使工程进入线性同步迫降变形状态，否则不得提速取土迫降；在持续迫降阶段，按设计控制取土迫降速率，当残余迫降量在 30～40mm 范围内时，应减速取土并进入收尾迫降阶段，其间可以停止掏土 3～10 天以观察惯性沉降。钻机采用分段方式取土，在取土过程中应严密进行迫降量监测和倾斜率监测，取土施工实行动态控制，下沉速率控制在 3mm/d 以内。

9.6.4 纠倾过程的外挑筏板稳定加强设计

在不均匀沉降过程中，17 号楼外挑筏板产生严重的挠曲和开裂（图 9.6.4）。为提高迫降纠倾过程中主楼南北向的整体稳定性，同时减缓和控制地下车库结构的后续开裂破坏，本工程设计了一种带可调节装置的钢支撑对该区域的底板进行临时加固。钢支撑的布置与设计图见图 9.6.5、图 9.6.6。迫降过程中，通过顶升设置在可调节支撑内的千斤顶，逐步加载伸长钢支撑的分离式斜杆，迫使地库外挑结构和主楼同步迫降，可逐步减小外伸筏板的变形幅度。迫降前后，外伸筏板上翘幅度变化见图 9.6.4。

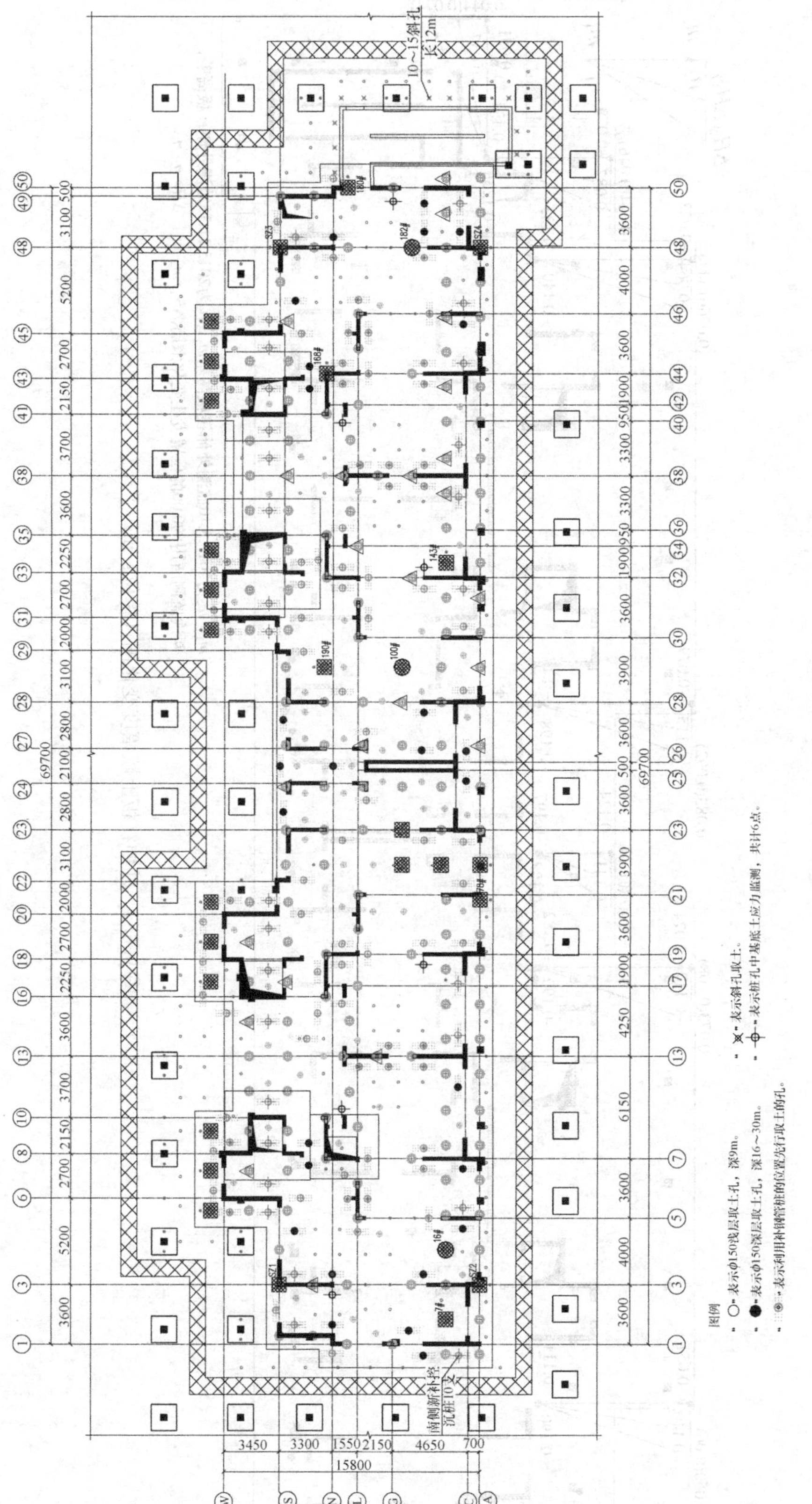
10～15斜孔
长12m
南侧新补控沉桩10支
69700
15800
图例
表示φ150浅层取土孔，深9m。
表示φ150深层取土孔，深16～30m。
表示利用补钢管桩的位置先行取土的孔。
表示斜孔取土。
表示桩孔中基底土应力监测，共计6点。

图 9.6.3　掏土孔布置图

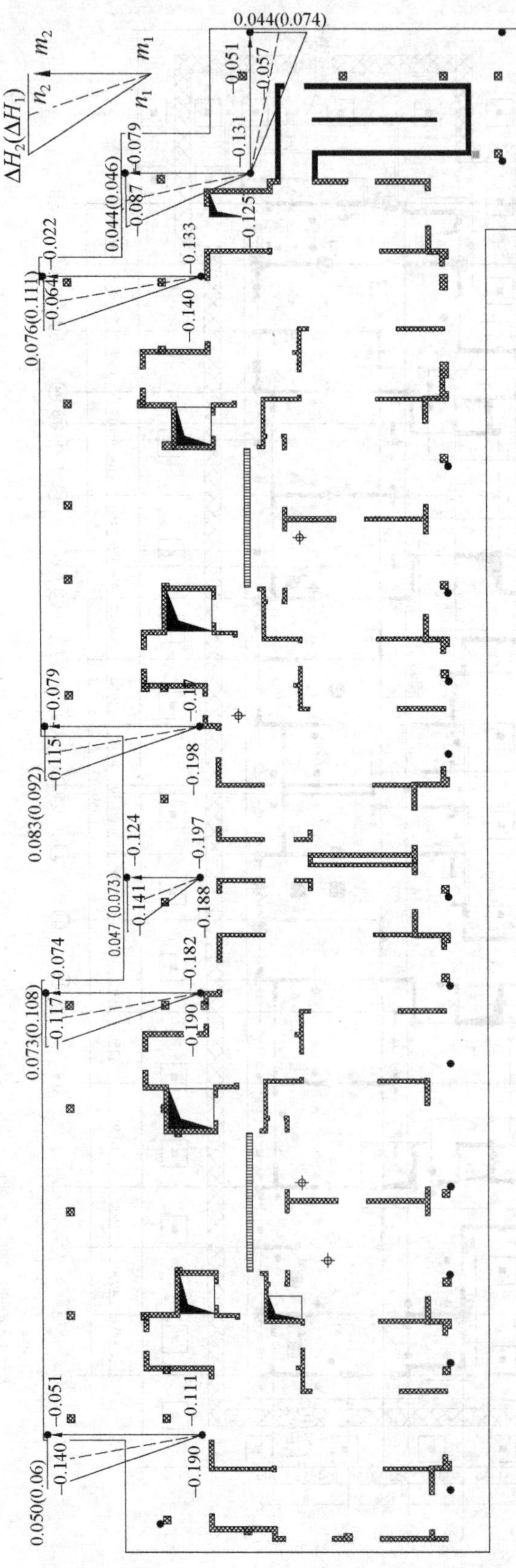

m_1、m_2为2015.5.10监测外伸筏板高差；n_1、n_2为2015.11.15监测外伸筏板高差；两次监测所用的0.00的位置发生变化；图示$\Delta H_1=m_2-m_1$，$\Delta H_2=n_2-n_1$。

图 9.6.4 外伸筏板上翘幅度变化图（单位：m）

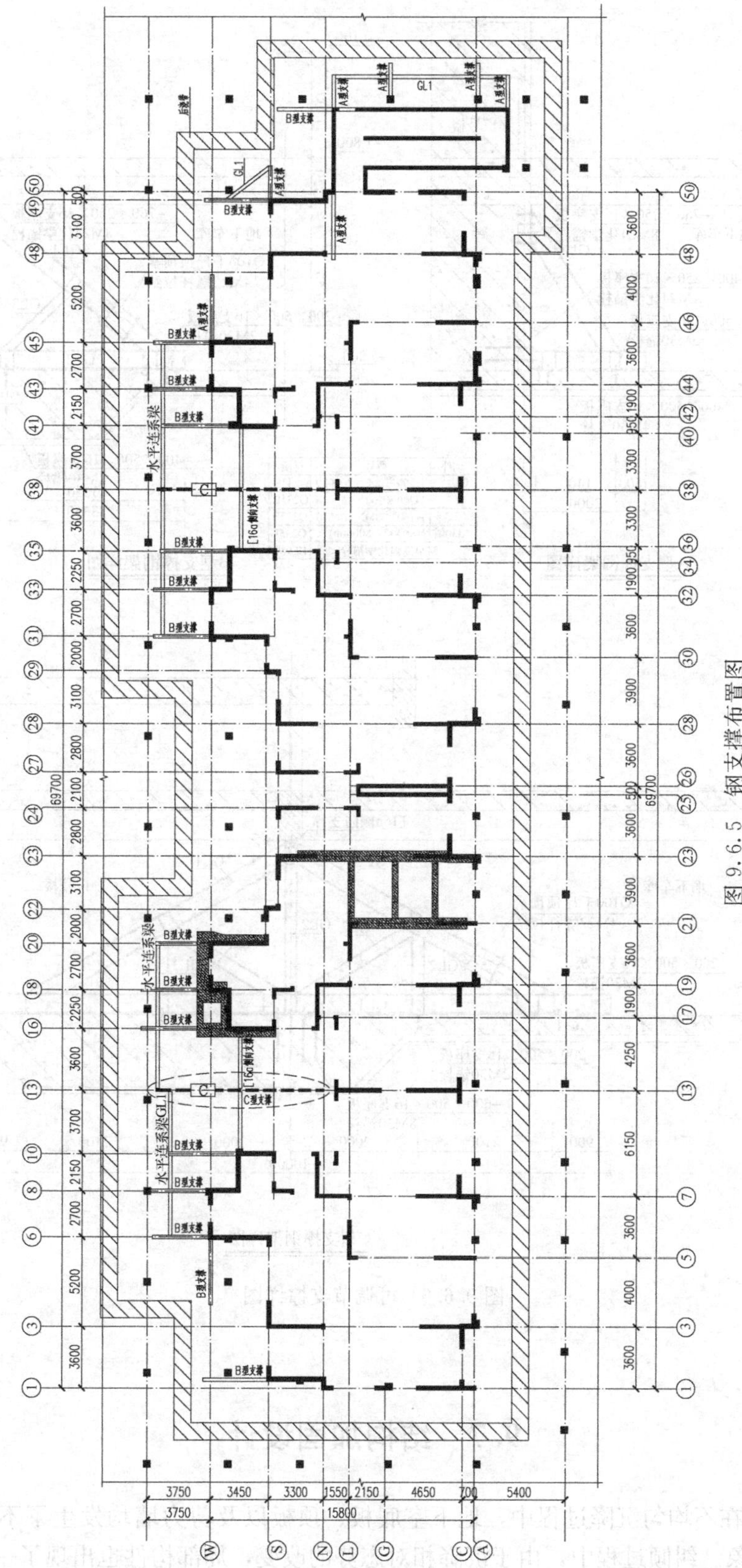

图 9.6.5　钢支撑布置图

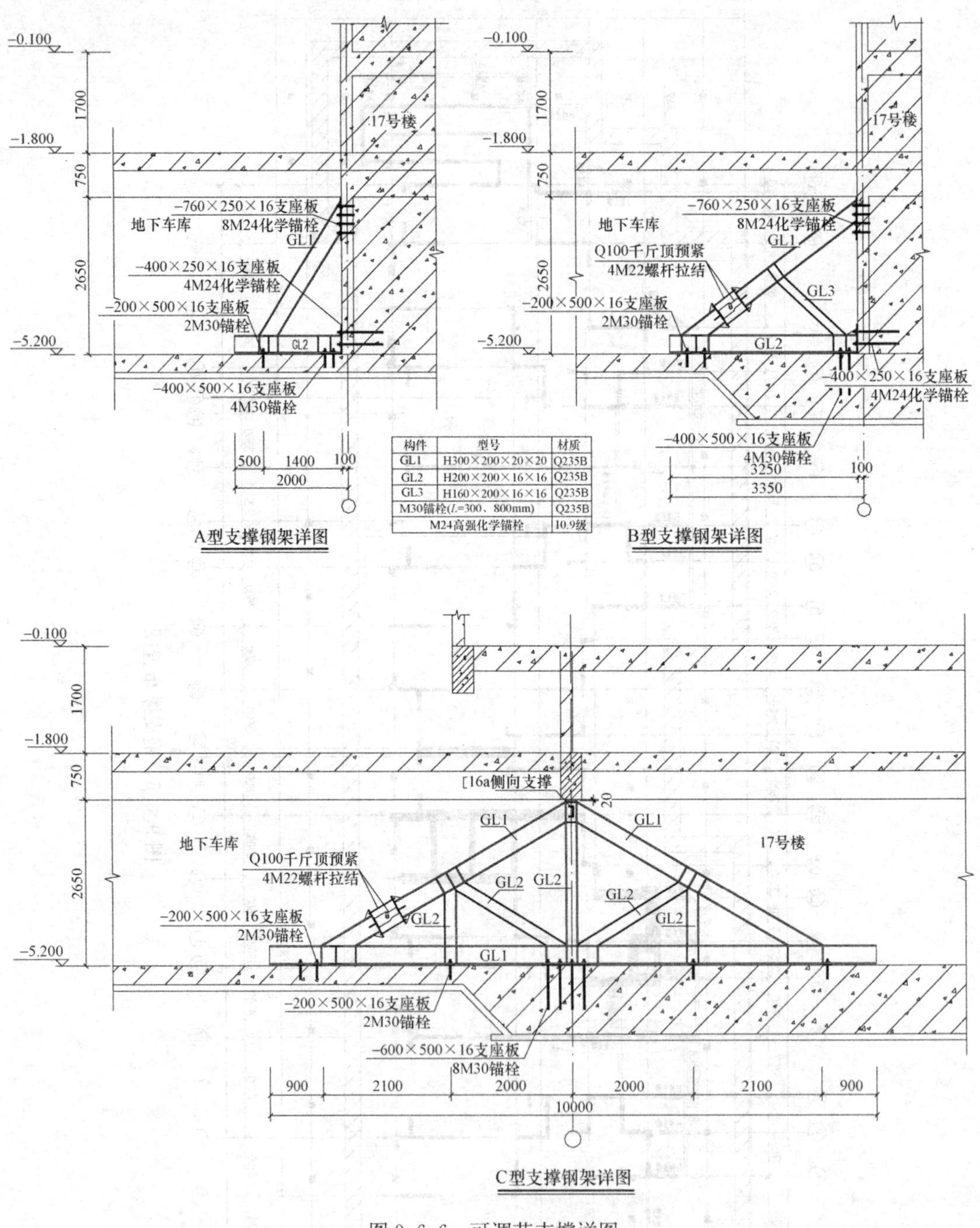

构件	型号	材质
GL1	H300×200×20×20	Q235B
GL2	H200×200×16×16	Q235B
GL3	H160×200×16×16	Q235B
M30锚栓(L=300、800mm)		Q235B
M24高强化学锚栓		10.9级

图 9.6.6　可调节支撑详图

9.7　结构加固设计

17 号楼在不均匀沉降过程中，地下室底板、顶板以及剪力墙均发生了不同程度的破坏和开裂现象。纠倾过程中，由于沉降相对态势的改变，局部构件也出现了一些开裂。控沉和纠倾完成后，需对结构进行加固。

9.7.1　筏板冲切破坏区域与载荷试验压桩孔加固

不均匀沉降工程中，工程桩之间的大幅度的承载力变化引起了筏板局部冲切破坏，破坏区域详见图 9.7.1。对破坏严重且变形较大的 16～23 交 S～W 轴区域以及刚度薄弱的 20～23 交 A～L 轴区域，首先通过增加墙体以加强该区域的整体刚度；然后，按台阶式开凿方式进行混凝土置换。其余开裂部位，较大裂缝处用纯水泥浆灌注，确保筏板混凝土的完整性。

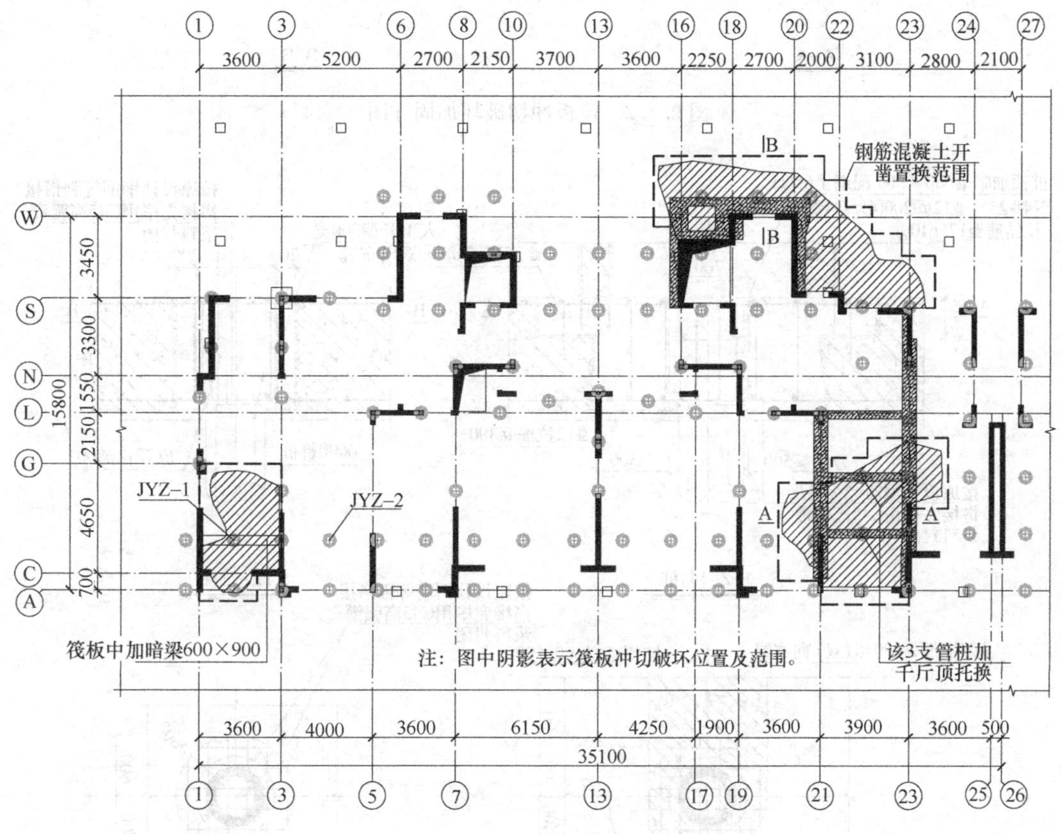

图 9.7.1　筏板冲切破坏区域图

加固过程中，对主楼南侧 20～23 交 A～L 轴区域分两阶段进行处理，迫降纠倾之前先小范围开凿筏板直至露出桩头，然后在桩头和剪力墙之间设置千斤顶用以调节迫降。迫降结束后按图示范围全面开凿并分块置换。冲切破坏区域加固详见图 9.7.2。

主楼南侧 1～13 交 A～G 轴区域发生冲切破坏后，选取冲切破坏区中部桩 JYZ1 进行工程桩载荷试验，测得其单桩承载力极限值为 5110kN。对比工程桩载荷试验的 Q-S 曲线（图 9.3.1）可知，各工程桩分担荷载相差极大，一部分桩大幅度下沉导致相邻桩身质量完好、持力层坚硬的工程桩受荷大幅度增加。因此，该区域需设置暗梁作进一步加强。其余载荷试验工程桩承载力特征值 750kN，承载力低且桩端土较为软弱，压桩孔采用常规措施进行封闭。载荷试验压桩孔封闭做法详见图 9.7.3。

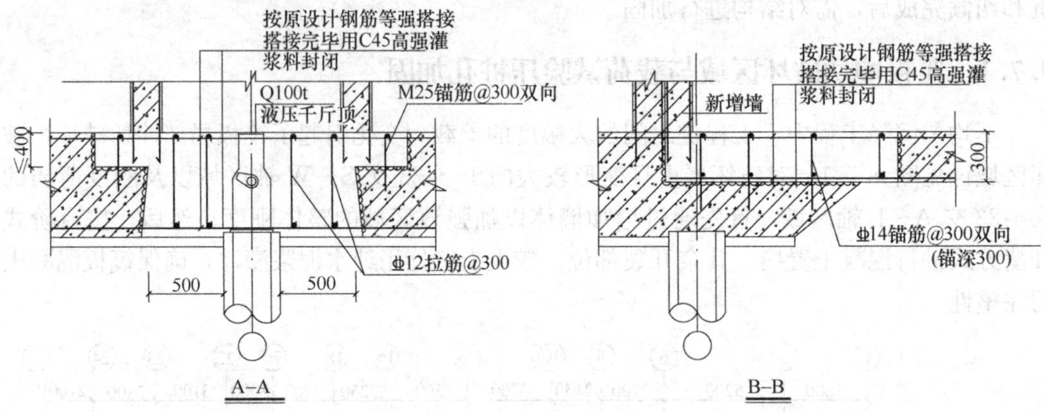

图 9.7.2　筏板冲切破坏加固详图

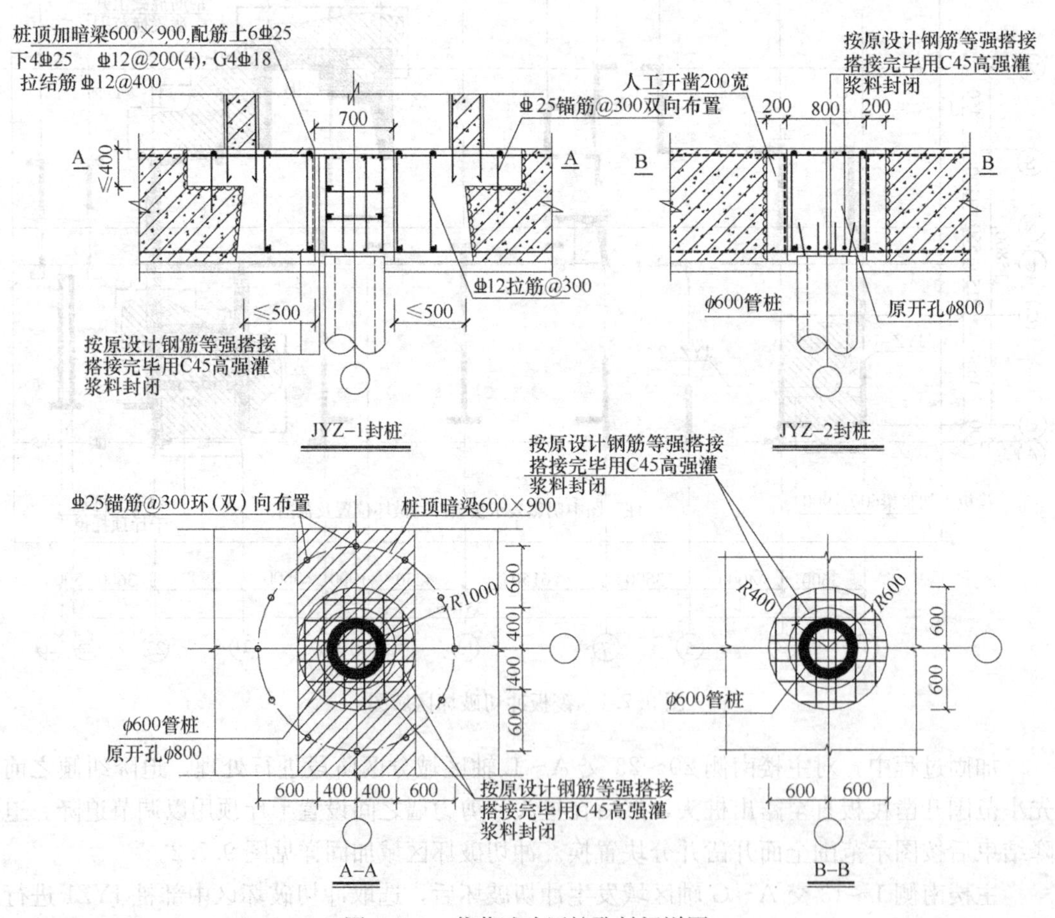

图 9.7.3　载荷试验压桩孔封闭详图

9.7.2　筏板叠浇加固

不均匀沉降致使筏板变形严重、局部开裂，纠倾过程设置的大量应力释放孔对筏板整体性也造成很大损伤。采用新增钢管桩控沉加固后，新增钢管桩与原有工程桩之间，工程桩与地基土之间荷载分布非常复杂。

为确保筏板的安全，本工程通过在筏板顶面叠浇300mm厚混凝土层对筏板进行整体加强，叠浇层内配筋Φ18@200双向钢筋。叠浇层施工前采用结构灌缝胶、纯水泥浆或注入聚氨酯防水补强液对裂缝进行加固。此外，为确保新浇筑混凝土与原结构粘结可靠，避免新旧混凝土间滑移破坏以实现共同受力，须对筏板混凝土表面全面凿毛，并在筏板上种植剪力销，剪力销布置详见图9.7.4。

由于前期沉降过大，主楼与地下车库间后浇带两侧板面高差明显，17号楼纠倾完成后，采用如图9.7.5所示做法对后浇带进行处理。

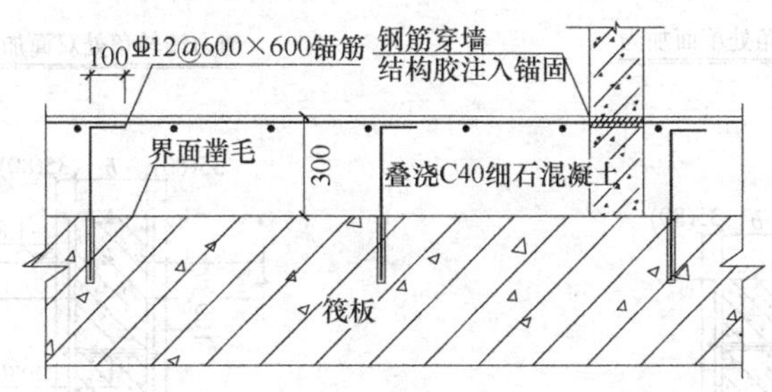

图9.7.4　主楼筏板新加叠浇层详图

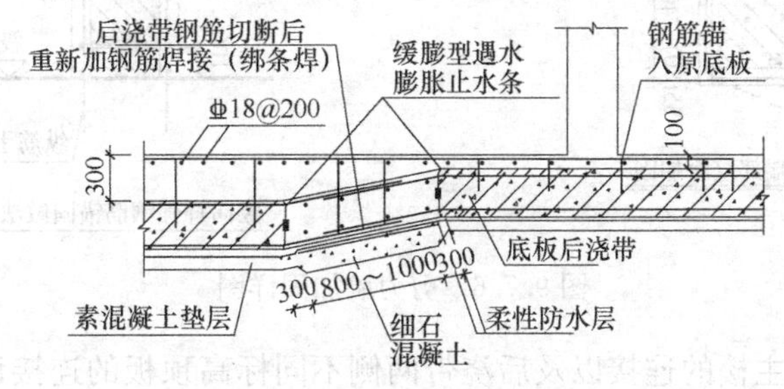

图9.7.5　后浇带连接做法

9.7.3　地下室剪力墙加固

纠倾结束后，结合筏板加固，需对存在开裂及承载力有所欠缺的墙体进行加固。对于轴压比接近规范限值的剪力墙墙体，采用Φ8@200×200钢筋网，35mm厚M55、Ⅰ级聚合物砂浆进行加固，以提高其延性；对于开裂的剪力墙，预先灌注专用结构胶进行裂缝修补，然后用80mm厚C60高强灌浆料双面加固，配筋网规格为Φ10@200双向配置，并用Φ8@400双向穿墙拉结，钢筋锚入顶板，筏板均为15d。剪力墙加固详见图9.7.6。

9.7.4　相邻地下车库加固

17号楼不均匀沉降后，与之相连的地下车库跟随下沉，地下车库顶板及第一跨柱均出现不同程度的开裂。纠倾前，将主楼与地下车库在后浇带位置断开，地下车库悬挑部分及受损梁支撑方式见图9.7.7（a）。

主楼迫降纠倾完成后，采用千斤顶同步顶伸技术将相邻车库顶板回顶到原设计标高。

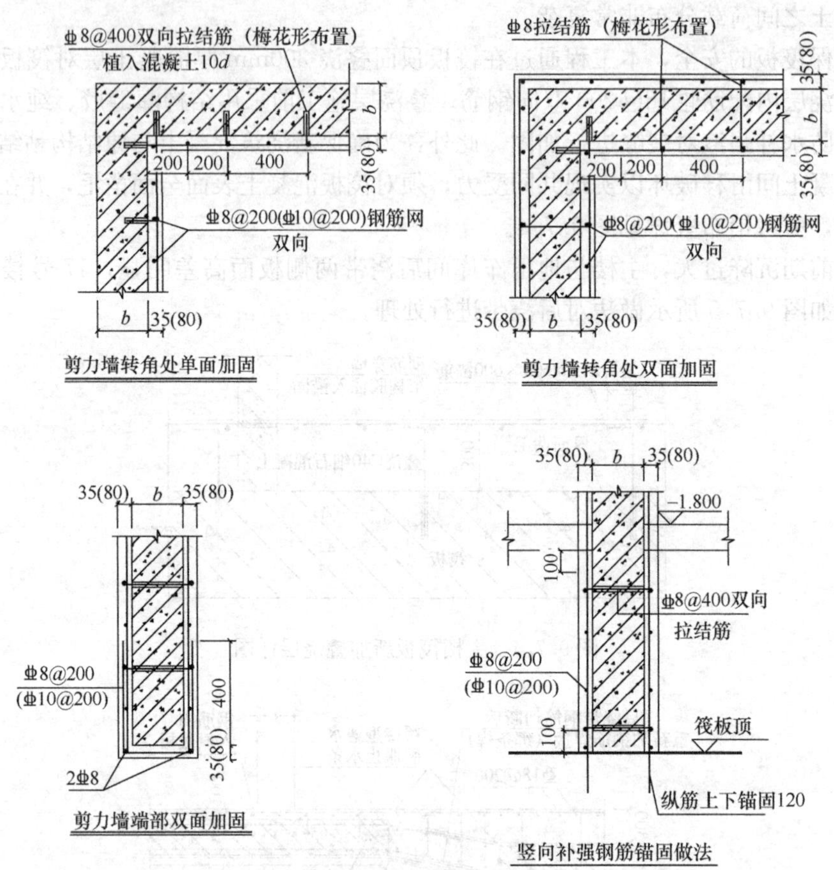

图 9.7.6　剪力墙加固详图

顶升后，车库顶板与主楼的连接以及后浇带两侧不同标高顶板的连接详见图 9.7.8。开裂柱采用图 9.7.7（*b*）所示方式支撑后，凿除重新浇筑；开裂梁、板通过注射结构胶进行补强。

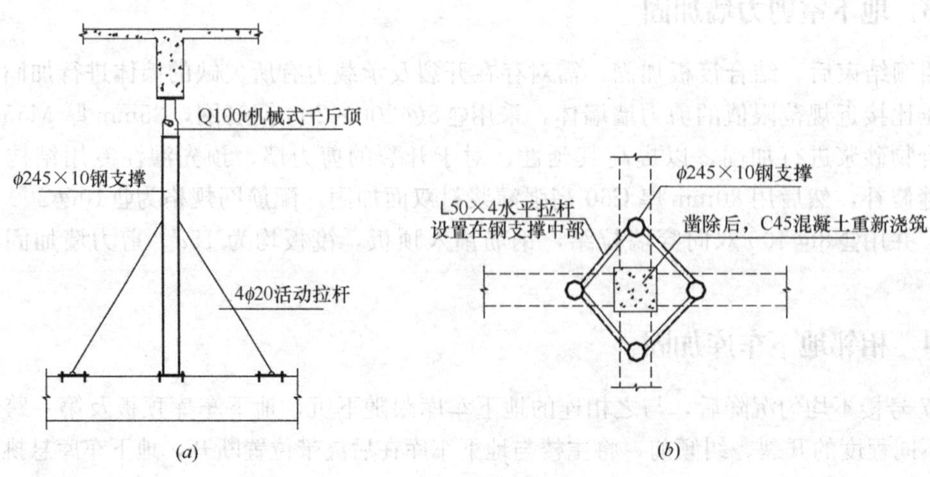

图 9.7.7　地下车库顶板支撑图

（*a*）悬挑梁支撑；（*b*）柱置换支撑

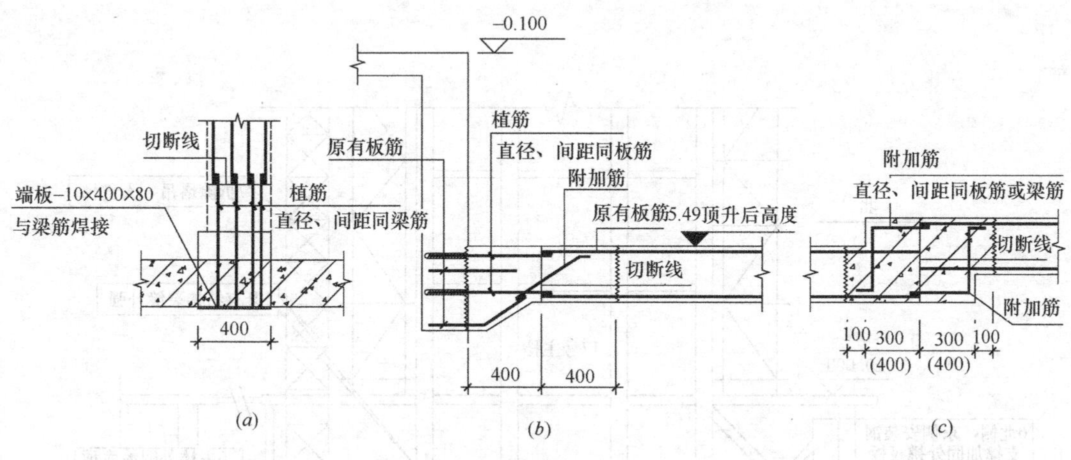

图 9.7.8　车库顶板与主楼连接图

(*a*) 顶升部分梁锚固详图；(*b*) 顶升后板与主楼连接详图；(*c*) 后浇带两侧顶板连接详图

9.8　控沉与纠倾协同施工

根据控沉与纠偏总体设计流程，本工程从准备到开始纠倾，按照控沉与纠倾相结合的原则，遵循先南北向纠倾、后东单元东西向纠倾、再西单元东西向纠倾，然后进行地基注浆加固和后续补桩控沉的顺序，整个施工过程经历了如下 9 个阶段。

1. 纠倾前的准备

在纠倾工作全面展开前，工程尚处于施工状态，塔吊、货梯等机械设备并未拆除，主楼沉降也仍在继续扩大之中，如图 9.8.1 所示，纠倾前需完成如下准备工作。

① 建立应急控沉与监测系统。

应急控沉钢管桩压桩孔利用静压水钻取芯工艺成孔，呈倒圆台形，上口 400mm，下口 450mm。压桩反力锚杆通过植筋埋设于压桩孔两侧，锚杆直径不小于 M32。见图 9.8.2。

应力解除法时空效应明显，掏土过程中，地应力重新分布，受扰动区域地基土强度降低情况和应力解除孔受挤压后形状的变化都非常复杂，纠倾过程的沉降速率与趋势将不断发生变化。为确保施工过程的安全性与可控性，健全信息化施工的反馈机制，在主楼四周设置沉降和倾斜监控点，完善沉降监测网络，复核外墙主控角的既有倾斜率和楼面高差，并对主体结构的重要部位裂缝进行标定（图 9.8.3），重要部位受力构件上设置应力应变片，同时对周边道路设点监测其沉降，建立综合性监测系统。

② 对应急控沉桩进行灌芯、压桩孔口加固，并将北侧部分桩临时持荷以控制沉降。见图 9.8.4。

③ 对筏板冲切破坏部位进行混凝土置换加固，以增强筏板的整体性，见图 9.8.5。较大裂缝部位用纯水泥浆先进行修补。

④ 补入第一批控沉桩，并进行灌芯、压桩孔口加固以及部分钢管桩临时持荷（图 9.8.6）。

北

7拆除塔吊、人货梯

5既有结构裂缝补强

17号主楼

±0.000

6北侧、东侧安装钢支撑加固外挑筏板

6主楼外围地库顶板设立钢支撑

车库

−5.200

3筏板冲切破坏区域加固

8主楼四周后浇带切断

4补入第一批30支控沉桩并持荷

2补入61支紧急控沉桩北侧部分桩持荷

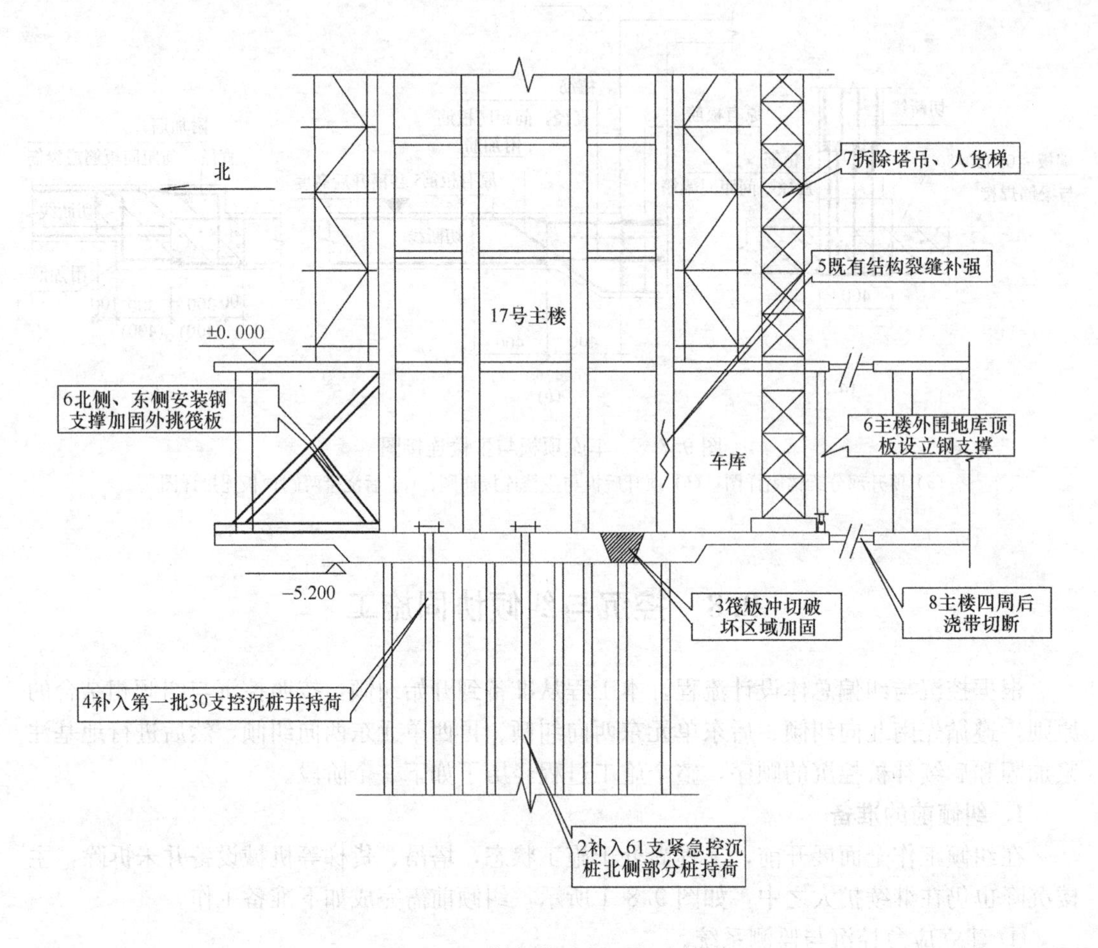

图 9.8.1　纠倾前准备工作示意图

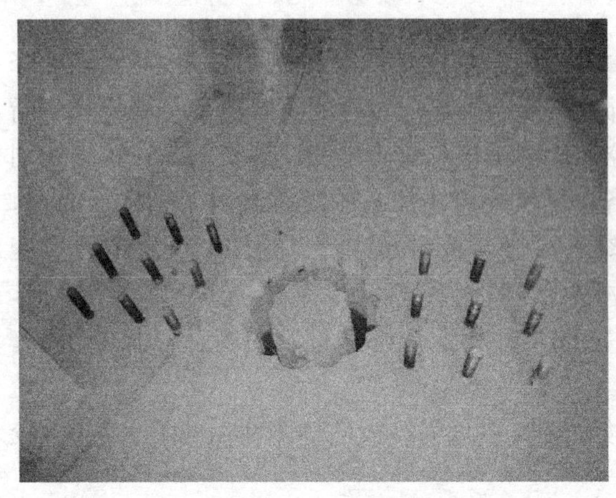

图 9.8.2　压桩孔成孔

图 9.8.3　裂缝监测

图 9.8.4 应急控沉桩孔口加固及封桩

图 9.8.5 冲切破坏筏板补强

图 9.8.6 第一批控沉桩临时持荷

⑤ 剪力墙裂缝临时实施补强，以加快纠倾施工的进度。

⑥ 采用钢支撑对主楼外围地下车库底板进行临时加强，并对悬挑顶板进行支撑，见图 9.8.7。

图 9.8.7 主楼外围顶板支撑图

⑦ 拆除部分外墙脚手架和主楼南侧的人货两用梯及塔吊以减小安全隐患。

⑧ 切断主楼四周底板与顶板后浇带，以减小纠偏过程中主楼外围地下室结构对主楼的牵制。见图 9.8.8。

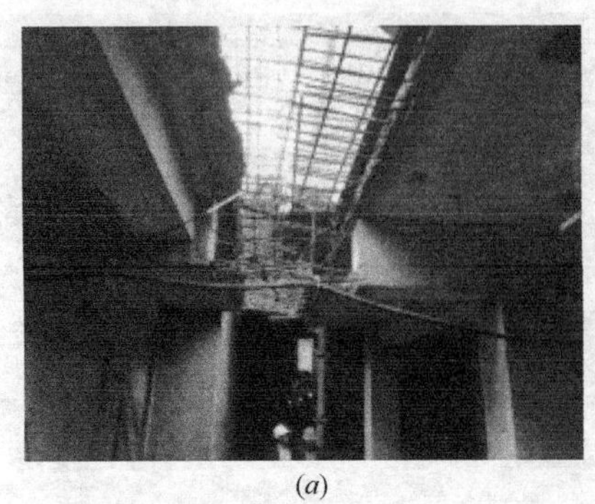
(*a*)

(*b*)

图 9.8.8 主楼外围后浇带钢筋截断图

(*a*) 顶板钢筋截断；(*b*) 底板钢筋截断

2. 南北向整体纠倾施工

第一批控沉桩施工后，采用高吨位反力架持荷锁定北侧前期沉降较大区域的 20 支钢管桩（S 轴附近）；对于南侧 10 支控沉桩，预装高吨位反力架做调控之用，以防迫降过快或过量。

自控沉以来，南侧整体沉降速度超过北侧，获得了 4mm 的净迫降值。在 G 轴以南设置 2 排取土孔，利用 2 台高压旋喷钻机对南侧较长的管桩和北侧地下车库的管桩进行桩周旋喷取土，解除其桩侧阻力，然后用 4 台钻机对南侧和东侧（自行车坡道基础）钻孔取土，解除部分基底反力，促使南北向纠倾微调，迫降速率控制在 0.7～1.0mm/d，至 8 月 20 日完成南北向迫降微调，净迫降差达到 8～10mm，完成了南北向初步微调，使外墙向北倾斜值减少约 85mm。图 9.8.9 为现场钻孔取土作业情况。

图 9.8.9 取土作业

3. 东单元东西向纠倾施工

鉴于东单元楼东侧外挑地库较宽，取土困难，外挑车道下采用斜孔取土。东单元纠倾按如下步骤进行（图 9.8.10）：

① 预加载持荷封固 23～28 轴范围的已补钢管桩，见图 9.8.11。

② 东单元补入第二批钢管桩的一部分，加固压桩孔口，作为迫降控沉桩。然后移至西单元补入第二批钢管桩的其余部分，加固压桩孔口，作为西单元迫降控沉桩。

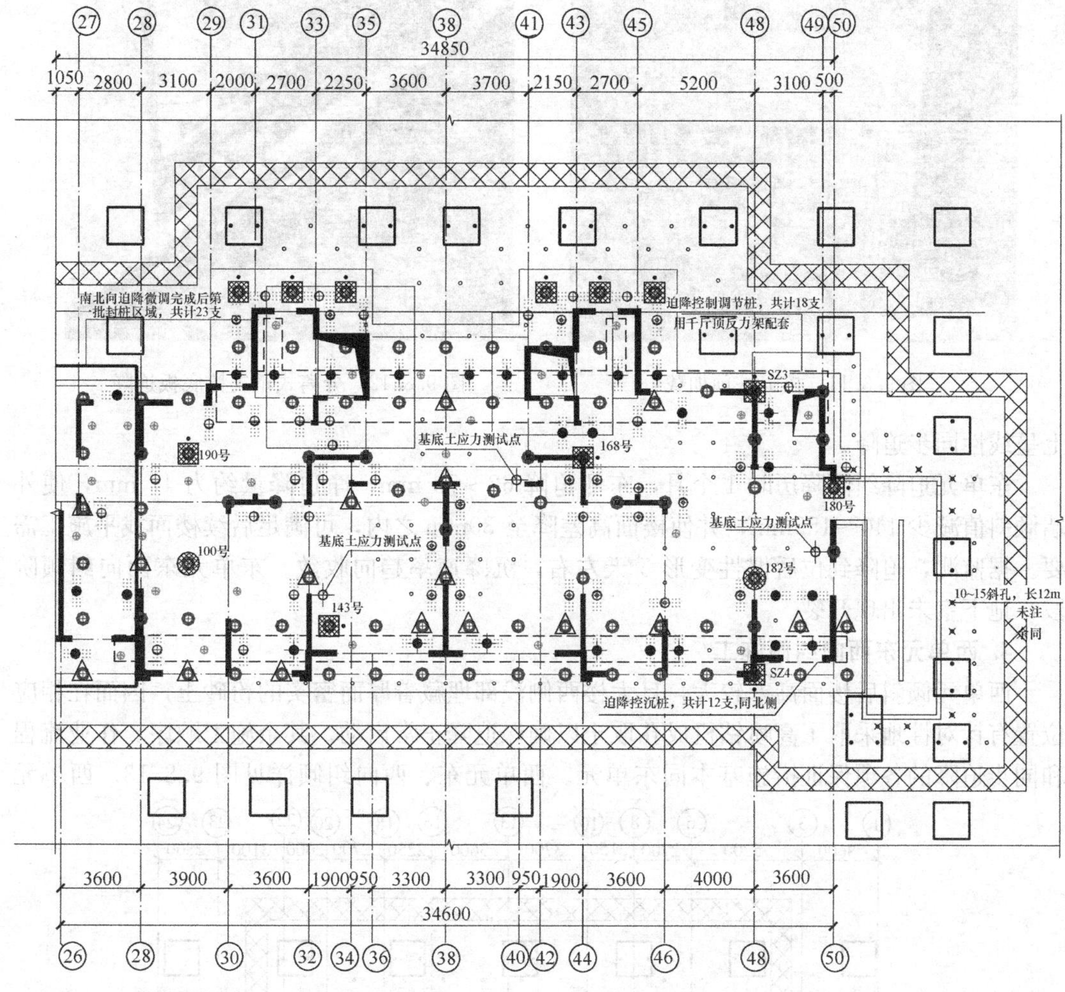

图 9.8.10　东单元东西向纠倾示意图

③ 自东而西，用高喷钻机解除东侧主楼外挑的自行车坡道基础以及北侧外挑的地库筏板下桩的侧阻力。

④ 由东向西，用高喷钻机逐步解除主楼内预定的长管桩侧阻力。

⑤ 利用 6 台螺旋钻机，先在主楼外围的地库筏板基底取土，然后对主楼 36 轴以东部位实施定深取土作业，视迫降启动的速度按 3m～6m～9m 逐渐加深，以减小基底反力和降低管桩的侧阻力，迫使桩群产生较缓慢且可控的刺入变形，迫降速率控制在≤3mm/d。

⑥ 主楼东侧自行车坡道外挑底板宽达 7.70m，且坡道内不能钻孔，通过增打斜孔取土，避免该部位的基底土应力集中而阻碍迫降。

⑦ 主楼北侧相连地下车库底板和顶板外挑跨度达 5.30～6.40m，纠倾前底板与顶板上翘位移多达 100mm 以上，底板与梁柱开裂严重，为减缓和控制地库结构后续开裂破坏，采用分离式钢支撑对底板实施迫降。见图 9.8.12。

⑧ 鉴于管桩的长短无法预判，故对各墙肢均设置监测点进行加密监测，通过分析各点位的迫降数据，对迫降明显滞后部位管桩采用高喷钻机解除阻力以确保东单元各点基本

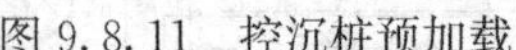
图 9.8.11　控沉桩预加载

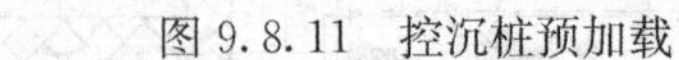

图 9.8.12　分离式钢支撑底板追降

上呈线性同步迫降。

东单元迫降纠倾降历时 1 个月，东侧迫降 62～73 mm，净迫降量约为 47 mm，使外墙倾斜值减少 140～155mm，并使楼面高差降至 30mm 之内，可满足后续楼面找平施工需要。据监测，迫降到位后惯性变形 5 天左右，沉降速率趋向收敛。东单元东西向纠倾阶段，地下室未出现开裂。

4. 西单元东西向纠倾施工

西单元倾斜后楼面高差较大，且大楼西侧浅部埋藏着厚而密实的粉砂土，因而在相应位置有针对性地采取了高喷钻机成孔取土以确保迫降正常启动。其余施工顺序、作业流程和同步迫降的各项保证措施基本同东单元。西单元东、西向纠倾详见图 9.8.13。西单元

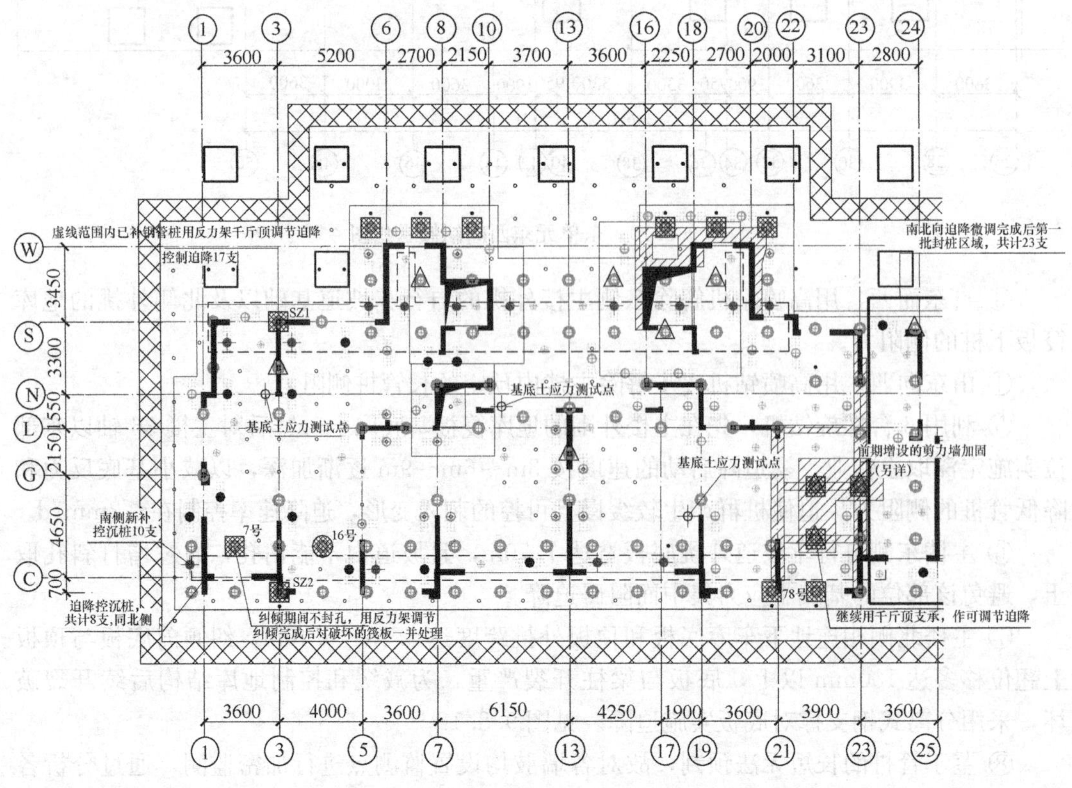

图 9.8.13　西单元东西向纠倾示意图

迫降历时1个多月时间，持续阶段的迫降速率一般控制在2～3mm/d，个别达到4mm/d，可控性较好。在东西向纠倾阶段，西侧迫降84～100mm，净迫降量约70mm，使外墙倾斜值减少217～228mm，并使楼面高差降至30mm之内，可满足后续的楼面找平施工需要。迫降到位后惯性变形持续5天左右，此后，沉降速率趋向收敛，总体上迫降过程具有很强可控性。

纠倾之前，第26层东、西单元之间局部墙体已出现紧靠挤压现象，随着东西向纠倾的进行，变形缝慢慢分离，纠倾使变形缝上口增大了34.7～35.1cm，女儿墙顶部变形缝南、北侧宽度分别达到45.7cm和45.1cm，第26层处缝宽南、北向分别达到31.7cm和29.7cm，详见图9.8.14。

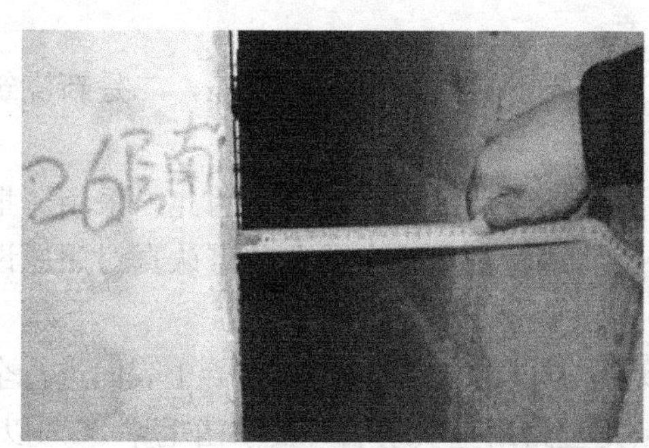

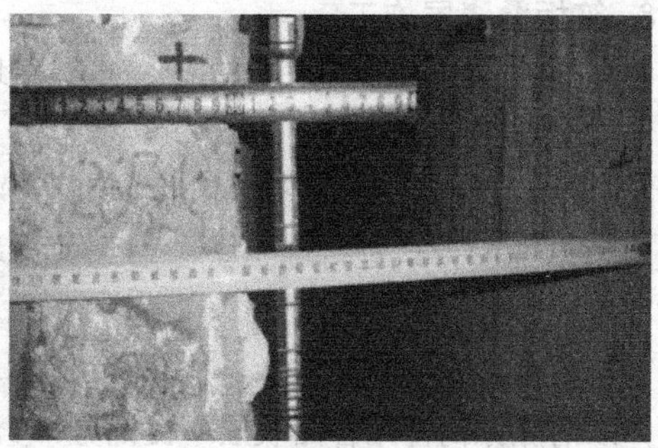

图9.8.14 纠倾后防震缝宽度测量图

17号楼室内外高差1.5m，主楼内地下一层层高5.2m，地下室长高比为11.33：1，东西向具有较强的纵向刚度，西单元迫降致使中段部位地基产生附加沉降，地下室结构中段部位应力集中，顶板与S轴、E轴纵向连梁出现开裂，顶板裂缝较少，其宽度为0.1～0.3mm，连梁裂缝略多，最大裂缝宽达0.3～0.7mm。

5. 第一、二批控沉桩预加载封固及取土孔深层注浆加固

纠倾至目标值后，一方面立即进行第一、二批补入桩预加载封固施工，使其分担上部结构的荷载，控制整体沉降的继续；另一方面采用高压喷射注浆对桩侧深层取土孔进行加固。通过高压注浆泵压入水灰比1：1的水泥浆液，注浆压力控制在20～25MPa，浆液用量小于取土孔理论体积的2倍。经过注浆补强，可缩短残余沉降变形期，减少残余迫降量，并能有效防止矫枉过正以及避免建筑物纠后产生开裂。

6. 第三批控沉桩施工

为了避免因筏板下方浅层土体承担过多荷载而继续产生沉降，按照承载力相等的原则，进行第三批78支钢管桩施工。施工过程采用对称、跳压方式施工，并及时进行预应力加载封桩。

7. 地基补强及筏板注浆孔灌浆封堵

纠偏结束后，利用取土孔对筏板以下500mm深度范围内土层进行压密注浆，以提高地基承载力。其工艺流程按埋管→注浆→封孔三个步骤实施。

注浆管采用$\phi 38\times 3.0$钢管，端头进入设计深度，注浆管与孔壁之间采用高强灌浆料进行封实，确保接头紧密，防止出现漏、渗浆现象。浆液水灰比0.7～1.0，注浆压力控制在0.5～3.0 MPa，按照由外而内的次序依次进行取土孔注浆处理施工。注浆完成后，筏板注浆孔采用高强无收缩灌浆料封堵。为防止底板出现渗漏，还需做好封孔施工和结构性防渗处理，其要求如下：

① 注浆完成后，采用凿岩机进行注浆孔复凿至孔壁底板结构层，以清除和剥落孔壁粘结水泥浆。

② 采用高压气筒向孔内注入高压气体，进行孔内浆块及尘、渣吹除，必要时人工辅助进行孔体内浆块掏除。

③ 清理完成后，采用清水进行孔内清洗，然后将孔内积水吸干以确保封孔施工在干燥状况下进行。

④ 最后，采用高强微膨胀灌浆料进行封孔，以保证封孔料的强度并减少其收缩量。

8. 筏板叠浇层施工

筏板叠浇层施工分两部分进行，一是新增板面钢筋穿透剪力墙的施工，二是新浇筑混凝土与原结构的粘结处理。

叠浇层面钢筋遇到既有墙体，墙脚穿孔将损伤剪力墙的承载能力，因此，采用分批植筋、即植即灌的方式进行施工。考虑到剪力墙钢筋配置密集，在钻孔前需认真对照原设计结构图纸，以尽量避开钢筋。

为确保新浇筑混凝土与原结构粘结可靠，实现协同受力。需对筏板混凝土表面进行全面凿毛，以清除原构件结合面表层不良部分，直至完全露出坚实基层，要求凿毛率 30%以上，深度 3～5mm。此外，为避免新旧混凝土层的滑移破坏，在筏板种植剪力销，剪力销规格 Φ 12@600×600，植入深度不小于 200mm。板面钢筋采用焊接方式连接，接头位置相互错开，以符合规范与设计要求，绑扎焊接之前彻底洗净基层保证新老混凝土的粘结质量。

混凝土浇筑并加浆抹面后采用塑料薄膜加 2 层地毯保湿进行养护，养护日期不小于 14 天。筏板叠浇层施工见图 9.8.15。

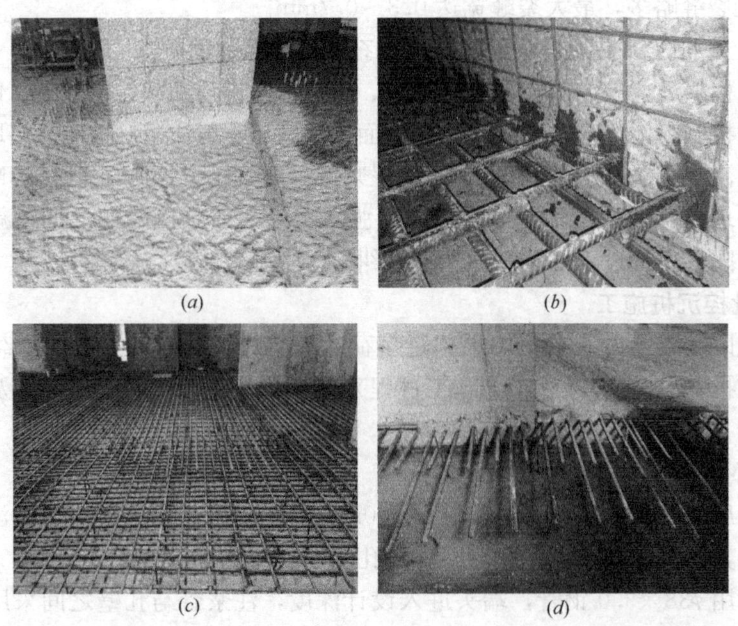

图 9.8.15 筏板叠浇层施工

(*a*) 筏板凿毛；(*b*) 筏板钢筋穿墙锚固；(*c*) 剪力销种植与钢筋排布；(*d*) 部分叠浇层施工养护

9. 地下室结构加固施工

不均匀沉降过程中，地下室墙、柱、梁、板等结构均产生了较为严重的结构性裂缝。补强加固前应先进行裂缝处理，对于混凝土构件上宽度小于0.3mm的较细裂缝，采用钢丝刷等工具，清除裂缝表面的灰尘、浮渣及松散层等污物；对于混凝土构件上大于0.3mm的较宽裂缝，沿裂缝用钢钎凿成“V”槽，凿完后用钢丝刷及压缩空气将混凝土碎屑粉尘清除干净。裂缝处理后采用环氧树脂胶泥封缝，然后进行压力针筒注胶。注胶过程压力应逐渐升高，防止骤然加压，达到规定压力后，应保持压力稳定。

裂缝修补完毕后，对剪力墙采用双面钢筋网聚合物砂浆和高强灌浆料进行截面加固施工。加固前，首先凿除构件表面的粉刷层至混凝土基层，结合面凿毛深度不小于6mm，混凝土缺陷部位应清理至坚实基层。聚合砂浆采用分层抹灰，后续抹灰均在前一道抹灰初凝之前进行施工。施工之前做好原墙面的清洗、湿润等工作，抹灰结束后对墙面进行洒水养护，以保证施工质量。剪力墙加固施工见图9.8.16。

图9.8.16　剪力墙加固施工

(*a*) 凿毛；(*b*) 网片施工；(*c*) 分层抹灰；(*d*) 剪力墙加固完毕

9.9 现场监测及控沉、纠倾监测成果分析

9.9.1 监测内容与频率

1. 监测内容

应力解除法时空效应显著，为了避免纠而不沉或者矫枉过正，需要合理安排控沉桩施工进度，严格控制纠倾过程的迫降速率；此外，结构内力也与不均匀沉降的变化密切相关。因此，必须设置周密的监测体系，通过施工过程监测，及时动态调整纠倾施工的流程、节奏与强度，使纠倾与加固施工始终处于安全可控状态。具体监测内容包括：

① 主楼迫降期间沉降、倾斜、防震缝宽度以及楼面高差监测。

② 主楼在迫降纠倾期间钢管桩持荷与基底应力监测。

③ 外伸筏板基础的挠曲位移监测。

④ 连梁等关键部位裂缝监测。

2. 监测频率

监测频率主要取决于建筑物的倾斜大小以及纠倾施工时的沉降和倾斜速率，为了更好地反映变化过程，确保建筑物回倾在控制范围内，监测频率需满足以下要求：

① 补桩施工期间，每天沉降监测不少于 1 次。

② 纠倾施工期间，每天沉降与倾斜监测不少于 3 次。

③ 对基底土应力、裂缝监测进行实时跟踪监测。

④ 工程竣工后一年内，做好沉降持续监测，前 6 个月内沉降监测每月不少于 1 次，后 6 个月每 2 月不少于 1 次。

9.9.2 控沉、纠倾监测成果分析

17 号楼控沉与纠倾过程中，对外墙垂直度、倾斜率以及控制点沉降等做了详细监测，具体情况如下：

1. 纠倾前、后垂直度分析

图 9.9.1 为纠倾后 17 号楼各角点的垂直度情况，纠倾前后数值对比详见表 9.9.1、表 9.9.2。

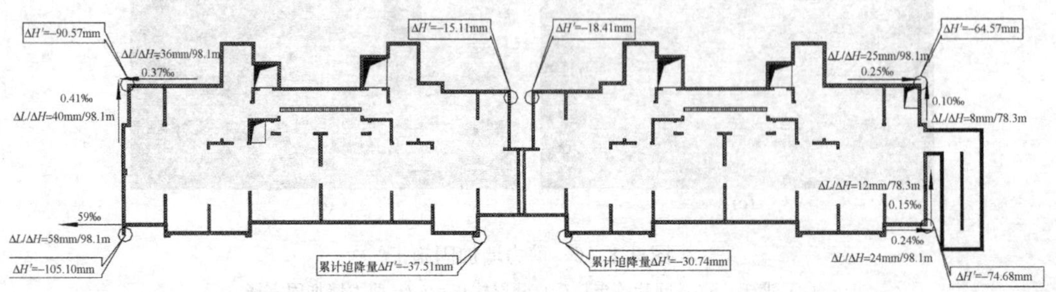

图 9.9.1 纠倾后角点垂直度

外墙纠倾前、后主控角垂直度对比　　　表 9.9.1

序号	主控角	纠倾前		纠倾后	
		倾斜值(mm)/测量高度(m)	倾斜率	倾斜值(mm)/测量高度(m)	倾斜率
1	西北角	偏东 177/98.1	1.81‰	偏西 36/98.1	0.37‰
		偏北 169/98.1	1.72‰	偏北 40/98.1	0.41‰
2	东北角	偏西 101/98.1	1.02‰	偏东 25/98.1	0.25‰
		偏北 66/78.3	0.84‰	偏北 8/78.3	0.10‰
3	东南角	偏西 119/98.1	1.19‰	偏东 24/98.1	0.24‰
		偏北 81/78.3	1.03‰	偏北 12/78.3	0.15‰
4	西南角	偏东 165/98.1	1.68‰	偏西 58/98.1	0.59‰
		偏北/98.1	—	—	—

注：表中纠倾前数据为 2015 年 7 月 22 日所测，纠倾后数据为 2016 年 3 月 21 日所测。

防震缝宽度纠倾前、后对比　　　表 9.9.2

序号	立面	层位	纠倾前（cm）	纠倾后（cm）
1	南立面	34 层	11	45.7
		26 层	7.5	31.7
		1 层	33	33
2	北立面	34 层	10	45.1
		26 层	0.0（墙体紧靠挤压无缝隙）	29.7
		1 层	29.4	30.6

注：1. 表中纠倾前数据为 2015 年 7 月 3 日所测，纠倾后数据为 2015 年 11 月 16 日所测。

2. 由于建筑物并非刚体，纠倾过程中变形缝两侧墙体不能完全保持直线回倾，局部位置缝宽较大。

数据表明，通过纠倾微调，主体结构外墙倾斜率均≤0.6‰；东、西单元之间的防震缝宽度大于 300mm，缝宽满足现行《建筑抗震设计规范》的规定。

2. 迫降分析

为了确保施工过程的安全，进行了整个施工过程的沉降监测，沉降监测控制性点布置详见图 9.9.2。

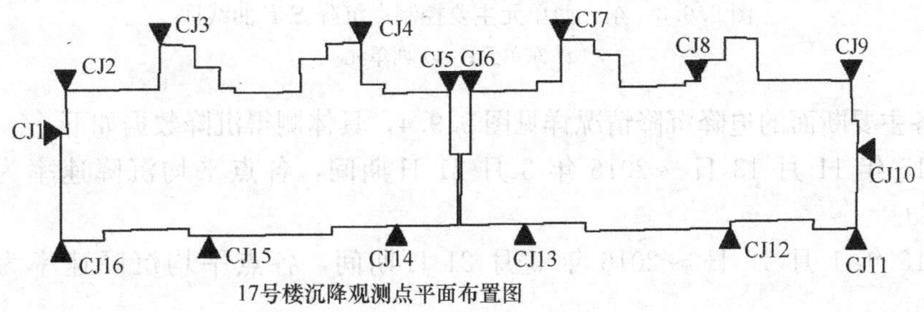

图 9.9.2　沉降监测控制性点平面布置图

本工程倾斜状况复杂，纠倾技术难度高，自控沉纠倾施工以来，截至 2016 年 3 月 21 日，东、西单元主要控制点沉降曲线图详见图 9.9.3，2015 年 8 月 1 日～2015 年 11 月 15

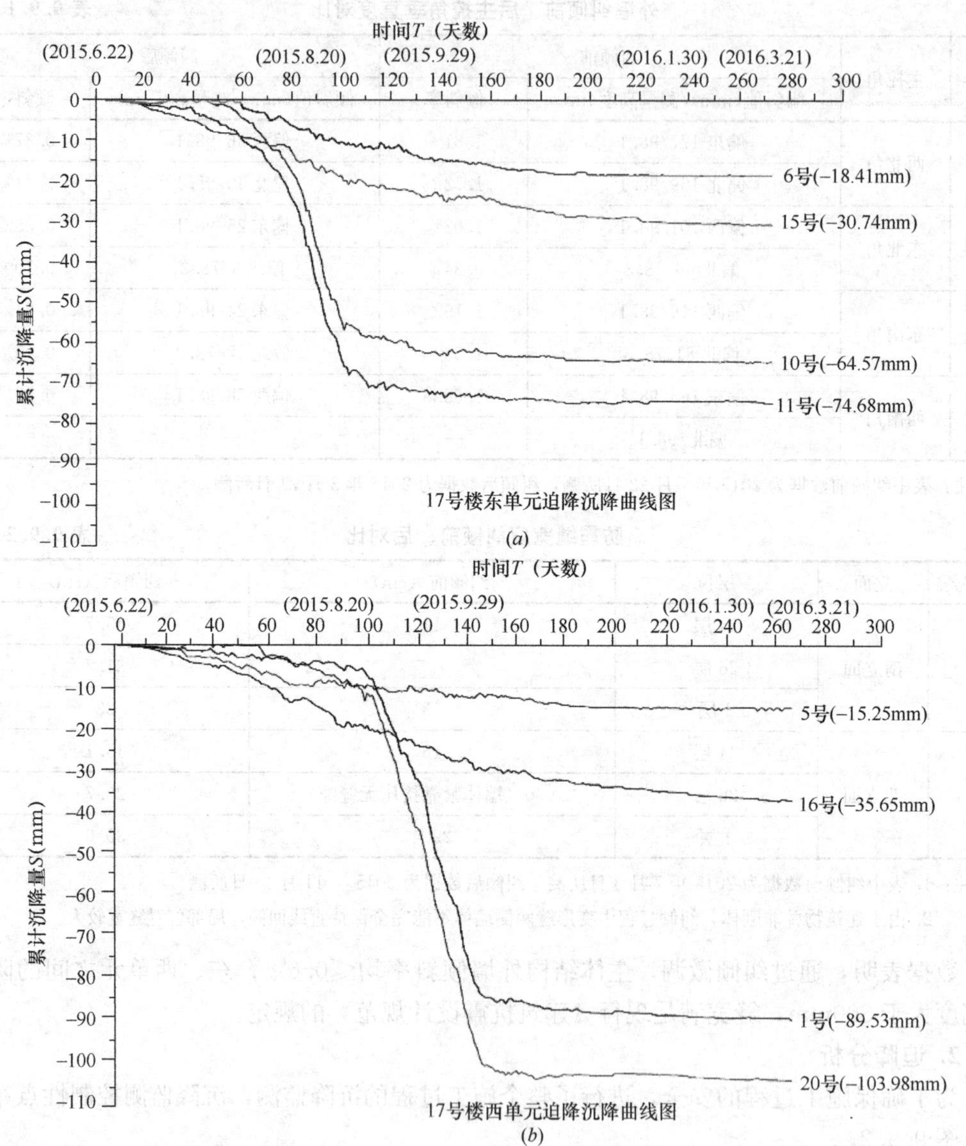

图 9.9.3　东、西单元主要控制点沉降 S-T 曲线图

（a）东单元；（b）西单元

日大楼沿各主要断面的迫降沉降情况详见图 9.9.4，具体测得沉降数据如下：

① 2015 年 11 月 13 日～2016 年 3 月 21 日期间，各点平均沉降速率为 0.019～0.060mm/d。

② 2016 年 1 月 17 日～2016 年 3 月 21 日期间，各点平均沉降速率为 0.002～0.038mm/d。

③ 2016 年 2 月 29 日～2016 年 3 月 21 日期间，各点平均沉降速率为 0.001～0.038mm/d（其中，仅西单元东南角一个点为 0.038mm/d，其他点均≤0.020mm/d）。

监测数据表明，纠倾结束后 21 天内，各点平均沉降速率为 0.001～0.038mm/d；截至 2016 年 3 月 21 日，测得南北向最大倾斜率为北倾 0.41‰，西单元东西向最大倾斜率

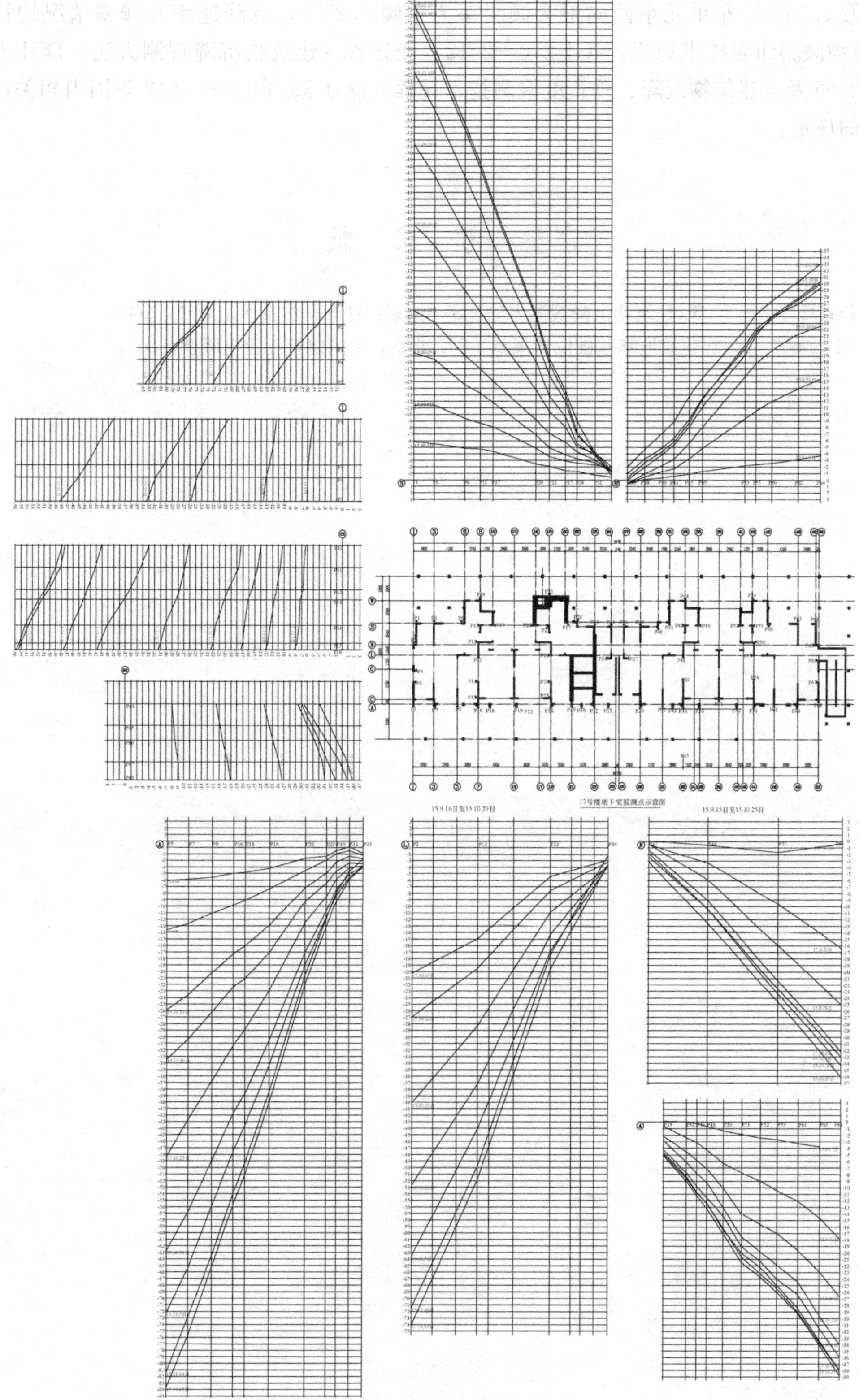

图 9.9.4　17 号楼整体迫降沉降情况

为西倾 0.59‰，东单元东西向最大倾斜率为东倾 0.25‰，沉降速率及倾斜情况均符合《建筑物倾斜纠偏技术规程》JGJ 270—2012、江苏省《建筑物沉降观测方法》DGJ 32/J 18—2006 及《建筑物沉降、垂直度检测技术规程》DGJ 32/TJ 18—2012 等国内相关设计规范的规定。

参 考 文 献

[1] DGJ32/J 18—2006《建筑物沉降观测方法》[S]. 南京：江苏科学技术出版社，2006.

[2] GB 50007—2012《建筑地基基础设计规范》[S]. 北京：中国建筑工业出版社，2011.

第 10 章　深厚人工块石填海地基基础托换控沉工程

10.1　工程概况

10.1.1　不均匀沉降和倾斜情况描述

某住宅小区 21 号楼地上 28 层、地下 1 层，建筑高度 83.9m，地下室层高 4.2m，一层架空层层高 5.6m，标准层层高 2.9m，总建筑面积 14347m^2，主楼地下室与北侧地下车库之间通过两个设有伸缩缝的人行通道相连。该楼平面长 34.2m，宽 19.6m，标准层平面详见图 10.1.1。该楼主体结构采用钢筋混凝土框架—剪力墙体系，建筑结构安全等级为二级。

在工程施工和交付后的使用过程中，发现该楼存在较为明显的结构性裂缝和房屋倾斜现象。2010 年 6 月至 2011 年 12 月的监测表明，21 号楼产生了较大的差异沉降和向南倾斜现象，整体沉降速率过大，差异沉降继续发展且无收敛迹象；另外，地下室部分顶板及外墙出现开裂现象，具体情况如下：

① 沉降速率及沉降情况

自 2010 年 6 月 5 日以来，对 21 号楼四个角点进行了沉降和房屋倾斜监测，具体监测数据如下：

截至 2012 年 1 月 10 日，63 号、27 号、26 号以及 25 号测点总沉降量分别为 50.60mm、33.40mm、32.60mm 和 25.7mm。其中，2011 年 11 月 30 日～2012 年 1 月 10 日之间，63 号点平均沉降速率为 0.116mm/d；其余 3 个测点在监测期间平均沉降速率为 0.044～0.057mm/d。期间沉降具体情况详见图 10.1.2。根据《建筑地基基础设计规范》、《建筑变形测量规范》及《民用可靠性鉴定标准》等相关规定，桩基础高层建筑物沉降稳定时沉降速率不应大于 0.01～0.04mm/d、沉降警戒标准为 0.067mm/d（连续 2 个月每月 2mm）。对比 21 号楼沉降监测数据，3 个测点均远未达到沉降稳定标准，且近期沉降速率均超过沉降警戒标准值。另外，各测点沉降量差异显示，近期西南角 63 号测点相较于其他 3 个测点沉降量偏大，21 号楼向南倾斜趋势进一步加大。

② 房屋倾斜状况

自 2010 年 6 月 4 日开始至 2012 年 1 月 5 日共进行了 11 次房屋倾斜观测，截至 2012 年 1 月，21 号楼东西向西倾斜 0.437‰，南北向向南倾斜 2.20‰，且近期呈加剧之势。根据《建筑地基基础设计规范》相关规定要求，高层建筑物（$60m \leqslant H_g \leqslant 100m$）的整体倾斜允许值为 2.5‰，向南最大倾斜率 2.20‰，虽尚未超过高层建筑物整体倾斜允许值，但目前沉降速率偏大，远未达到稳定标准。

③ 结构变形开裂状况

随着不均匀沉降和倾斜的继续发展，地下室西南部的顶板出现了多条分布较为规律的

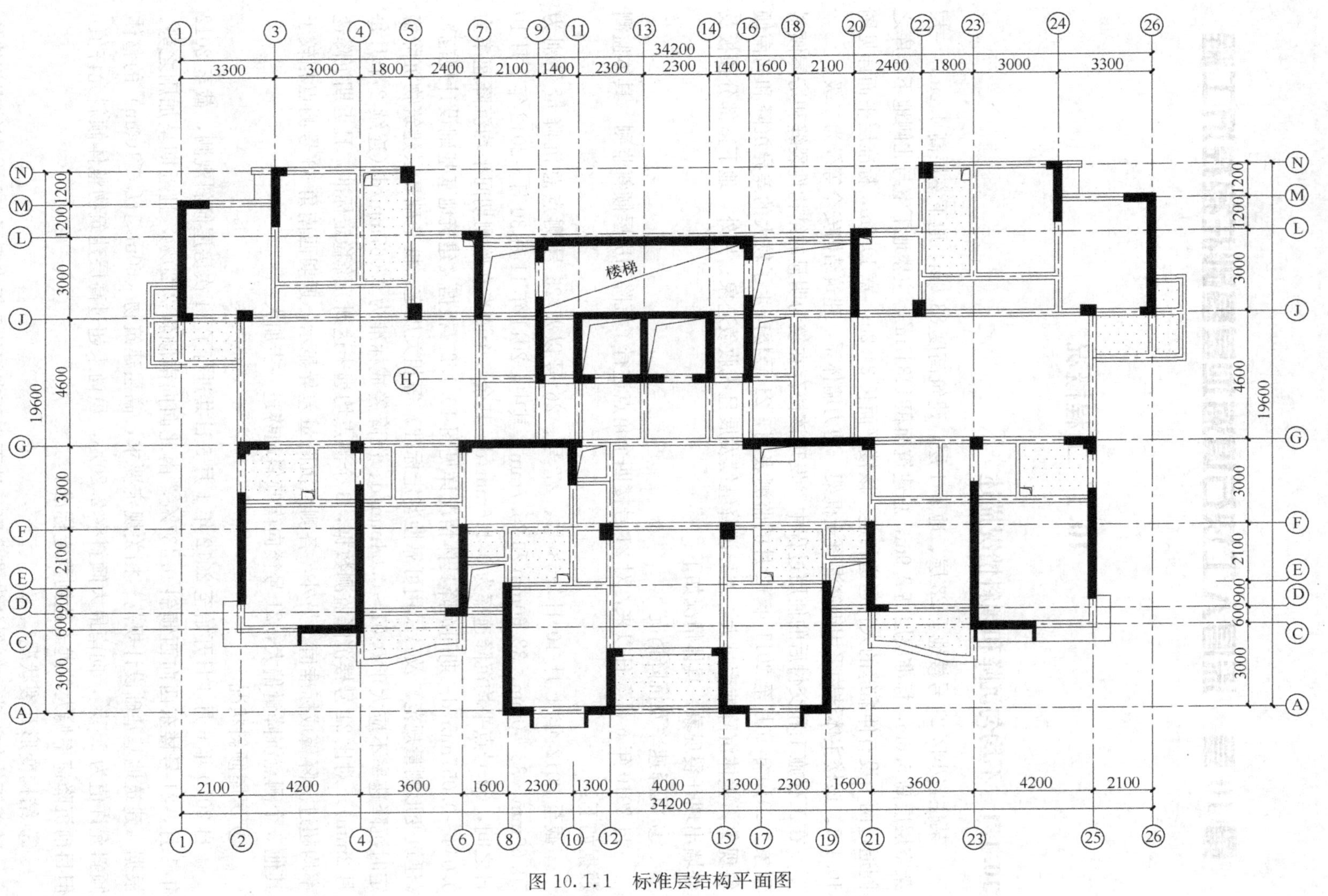

图 10.1.1　标准层结构平面图

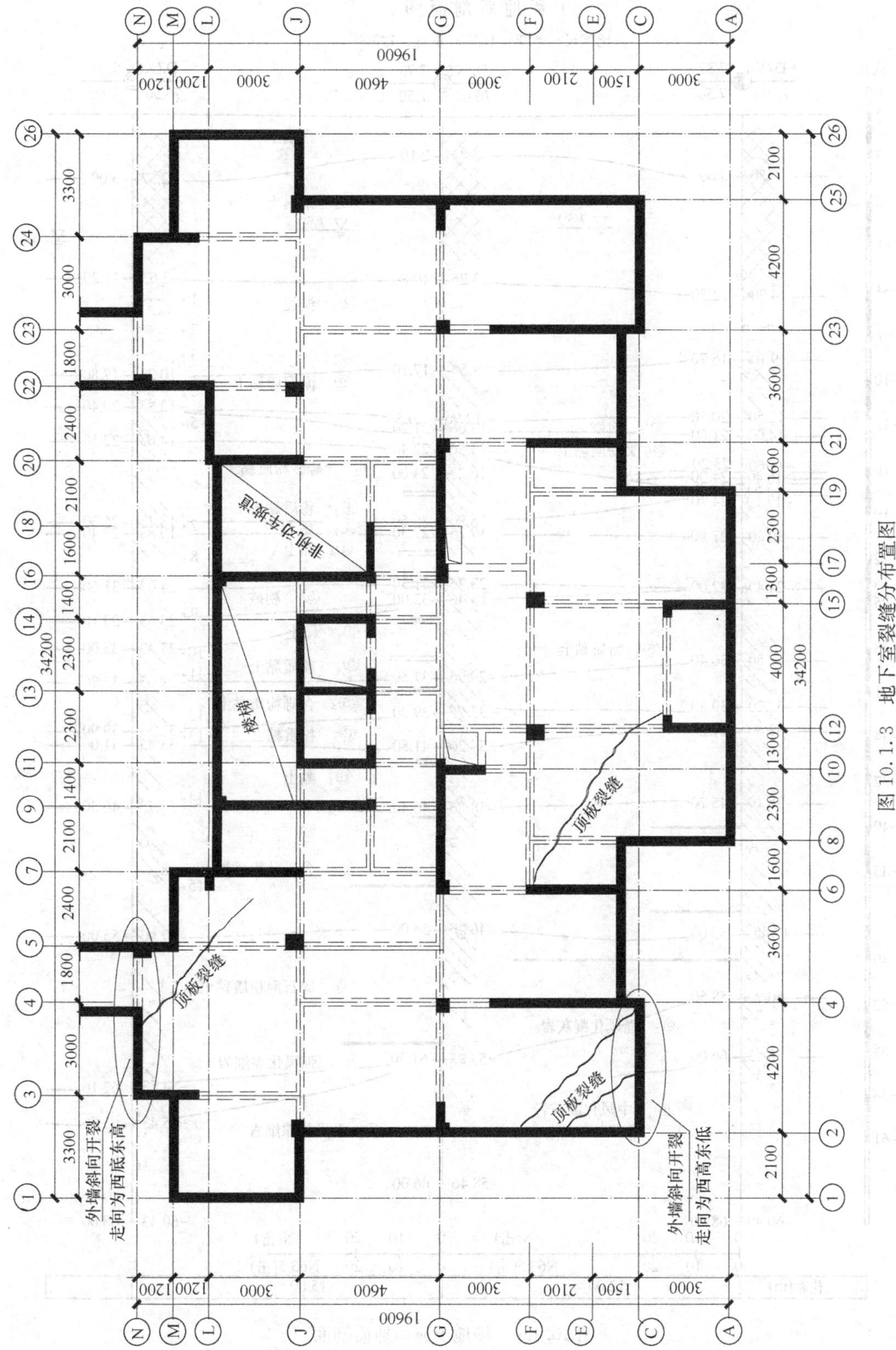

图 10.1.3　地下室裂缝分布置图

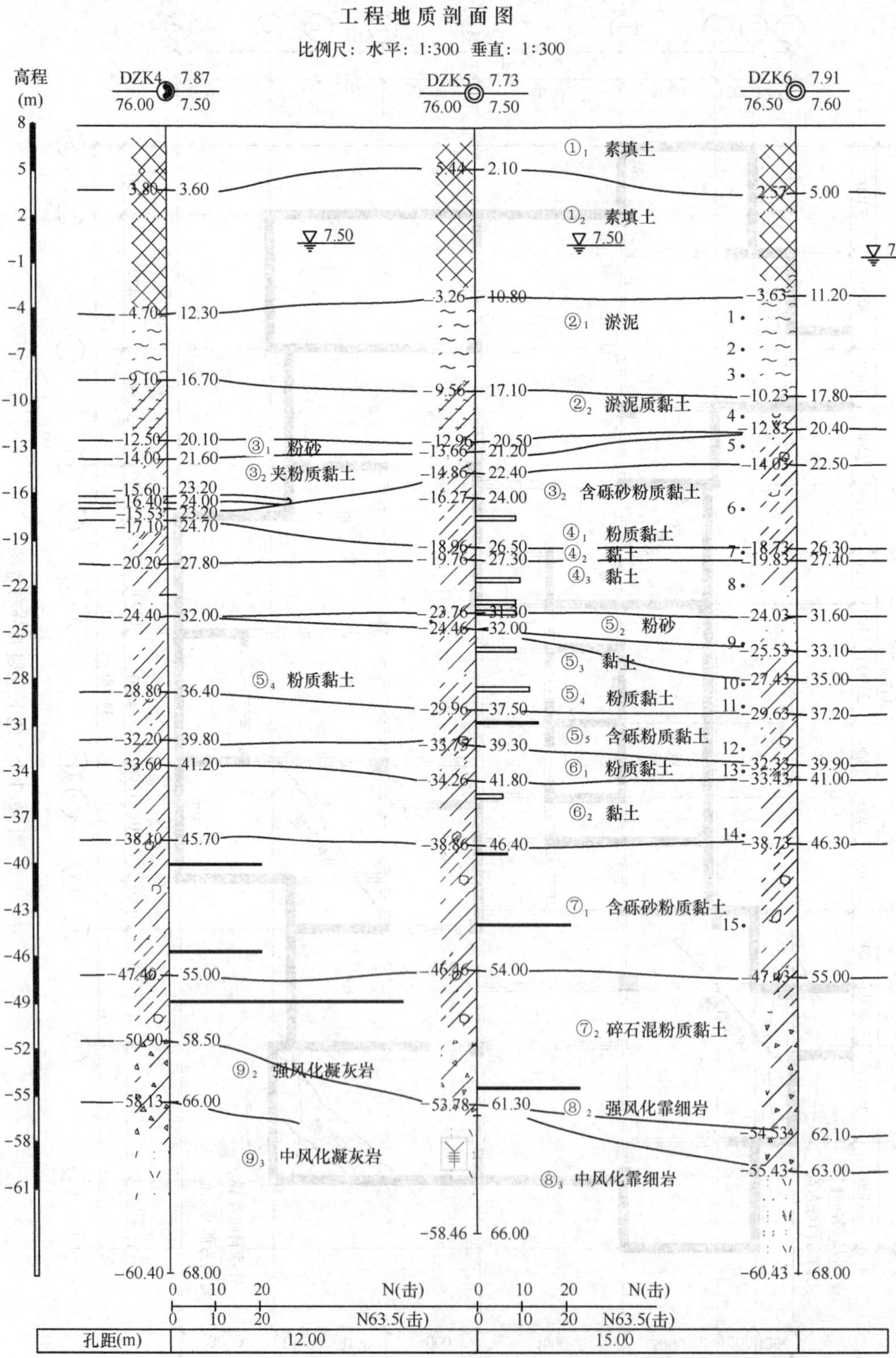

图 10.1.4　场地土典型地质剖面

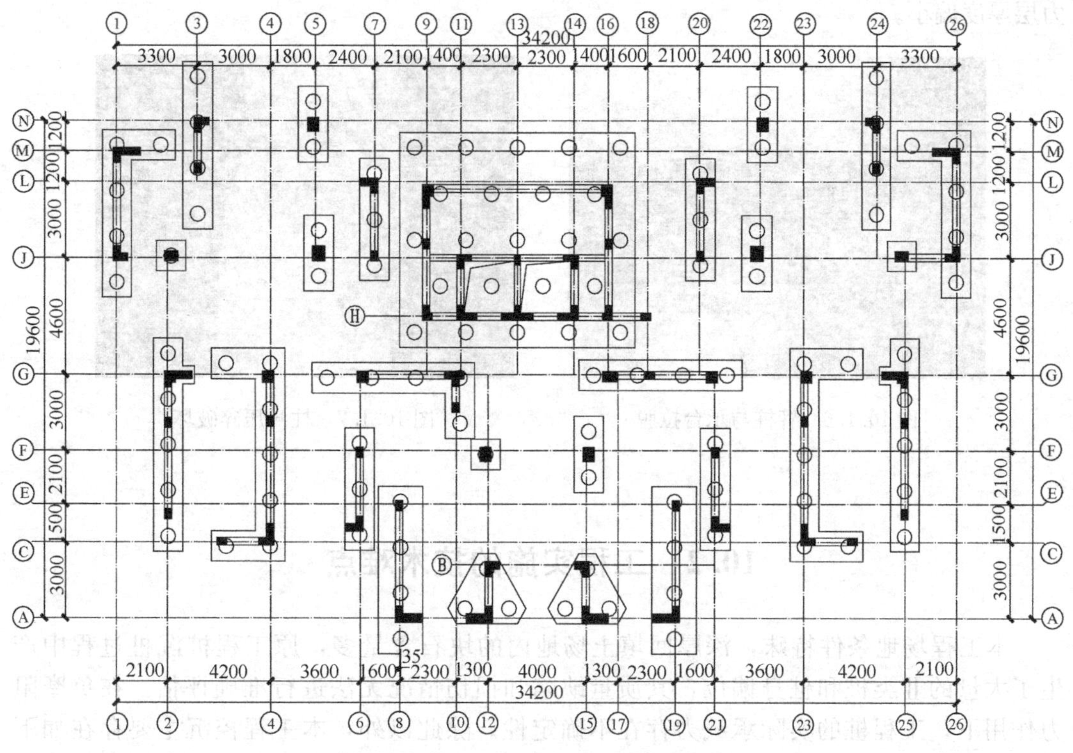

图 10.1.5　原桩基平面布置图

10.1.3　结构倾斜及不均匀沉降原因分析

21号楼结构开裂、倾斜以及不均匀沉降发生后，对场地进行了补充勘察，结合已有的工程技术资料，综合场地形成、勘察、设计以及施工等多种因素，分析表明，21号楼发生不均匀沉降的主要原因如下：

① 该楼所处建设场地系由渔港回填而成，填层厚度8～12m，填土主要成分为硬质花岗岩碎块，其块径大、含量高。回填土层以下分布有厚达24m左右的含水量极高的流塑状滩涂淤泥层。一方面，该场地回填年限不足10年，回填土固结沉降尚未完成；另一方面，深厚填土层的块石不但影响了预制桩的沉桩质量，沉桩过程的扰动使淤泥层发生触变效应，使填土层、淤泥层发生沉降。场地土的固结沉降对桩基础产生了负摩阻力，导致工程桩实际承载力不足，进而引发建筑物沉降。同一小区内另一幢高层住宅在负摩阻力作用下，管桩向下受拉下沉导致桩头与承台脱离（图10.1.6）。一部分管桩与承台拉脱后，相应柱（墙）所承担的竖向荷载向周边竖向构件转移，导致沉降较小部位的承重柱发压碎破坏，见图10.1.7。

② 在场地较深厚的大块径塘渣填层中进行管桩锤击施工，其桩位和垂直度控制难度较大，深厚大块径塘渣填层沉桩过程中没有采取有效的引孔和沉桩工艺，部分管桩沉桩过程可能受损。

③ 高层建筑平面布桩系数较高，由于回填层下方存在深厚的淤泥和淤泥质土，桩基施工的挤土效应明显，施工过程沉桩困难，可能致使部分工程桩未进入持力层或者进入持

力层厚度偏小。

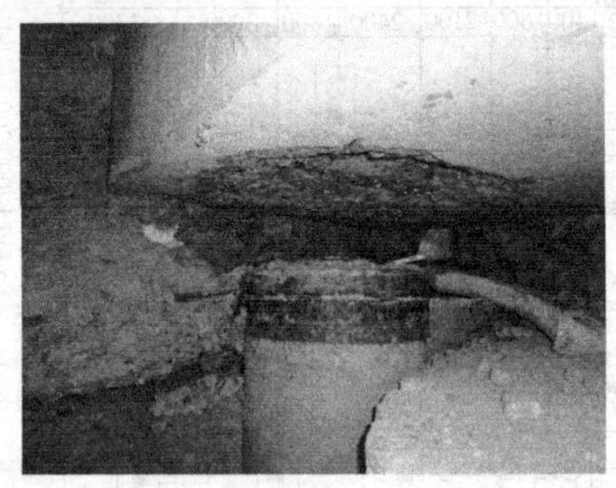

图 10.1.6　管桩与承台拉脱

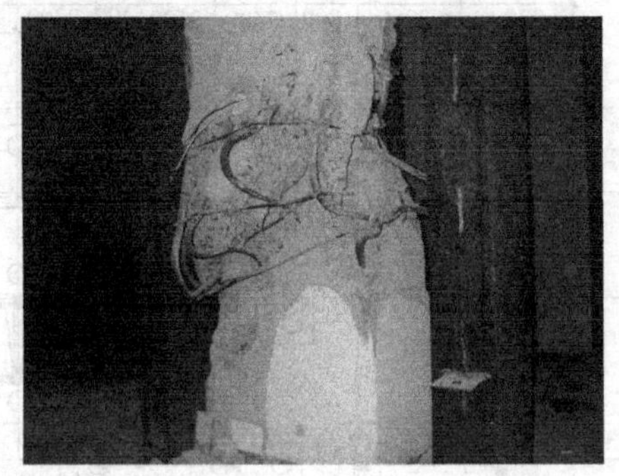

图 10.1.7　柱身压碎破坏

10.2　工程实施的技术难点

本工程场地条件特殊，深厚回填土场地内的块石含量多，原工程桩沉桩过程中产生了大量的Ⅱ类桩和桩身偏位，其质量缺陷和损伤情况无法进行准确评估。在负摩阻力作用下，工程桩的实际承载力存在不确定性。除此以外，本工程控沉主要存在如下困难：

1. 回填场地内大粒径块石多，水文条件复杂

在厚达 8～12m 的深厚塘渣回填场地内，夹杂大量 30～50cm 直径的大粒径块石，管桩在施打过程中容易引起桩头滑移偏位以及桩身受损，而钻孔桩的钻头遇块石也难以钻进。地面以下约 24m 处还存在较坚硬的含砾粉质黏土层，这些因素使得补入桩在桩型选择、桩基成孔方面面临极大困难。

此外，塘渣层的存在使得工程场地地下水与海水之间联系密切，随着潮汐升降，场地内水位在地面以下 7～8m 范围变动，由于填层透水性强，场地无法实施人工降排水，并且地下水位下降引起的场地土固结沉降将进一步加大工程桩负摩阻力。

2. 不均匀沉降持续发展，应急控沉困难

21 号楼沉降处于不稳定状态，向南倾斜不断加大，倾斜率接近《建筑地基基础设计规范》2.5‰的限值，需进行应急控沉。补桩控沉涉及室内补桩与室外补桩，由于室内层高较低，防水底板和地下室外墙薄、配筋率低，应急控沉时地下室补强困难。

3. 工程周边房屋已交付使用，周边限制条件多

该楼位于小区中间部位，周边住宅居民已入住，受场地制约大型清障成孔设备无法进入和运行，施工过程需尽量减小对周边居民和建筑物的影响。

10.3　沉降控制设计

为遏制该楼的倾斜趋势，确保大楼正常使用，必须对其进行沉降控制。基础沉降控制设计包括应急控沉止倾设计、基础补桩托换控沉设计以及辅助性的地下室结构局部补强三部分内容。

10.3.1　应急控沉止倾设计

21号楼建筑高度83.9m，自重大、重心高，倾斜后上部结构必然产生一定程度的次生应力，重力二阶效应将使薄弱区桩顶荷载继续加大，加重不均匀沉降和倾斜趋势。经多方案比较，采用如下措施进行紧急控沉：

① 在地下室南侧、东侧与西侧进行挖土卸载，挖土深度要求4m（挖至地库底板面），宽度不少于6m，以减少桩所承受的负摩阻力。

② 在地下室内南部补入63根ϕ219×10应急钢管桩进行控沉，钢管桩通过底板受力。锚杆静压钢管桩长23～25m，压入后实施预加载控沉封固，预加载值300～500kN。为避免底板的冲切和受弯破坏，锚杆静压钢管桩补入前须预先用钢梁对底板进行加固，底板加固与锚杆静压钢管桩布置图详见图10.3.1。室内应急控沉封桩做法详见图10.3.2，底板钢梁现场临时加固详见图10.3.3。

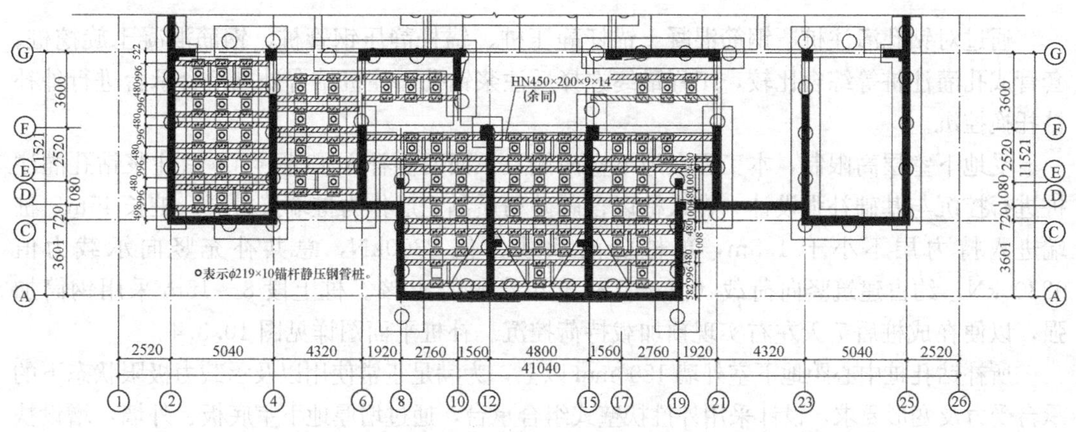

图10.3.1　底板钢梁加固与锚杆静压钢管桩布置图

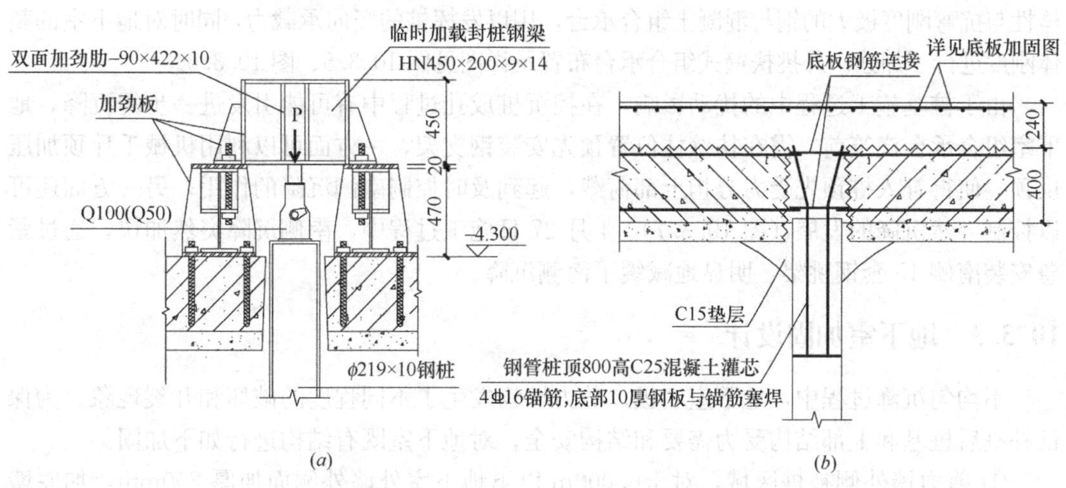

图10.3.2　室内应急控沉封桩做法

（*a*）钢桩临时加载封桩详图；（*b*）底板封桩详图

图 10.3.3 底板现场钢梁临时加固图

10.3.2 基础补桩托换控沉设计

通过对钻孔灌注桩、钢筋混凝土锚杆静压桩、锚杆静压钢管桩、钢筋混凝土旋挖桩、套管成孔灌注桩等综合比较，工程最终选择后注浆钻孔灌注桩结合外挑组合承台进行外补桩托换控沉。

受地下室层高限制，本工程在地下室南侧及东西两侧补入 43 根 ϕ800 后注浆钻孔灌注桩进行控沉与基础补强设计。补入桩以含砾砂粉质黏土层作为桩端持力层，桩长 45m，桩端进入持力层不小于 1.5m，单桩竖向承载力值 2300kN，总共补充竖向承载力值 92800kN，约占建筑竖向荷载（恒＋活标准组合）的 40%。桩上段 8～15m 采用钢筒加强，以便在成桩后 7 天左右实现预加载持荷控沉。补桩平面图详见图 10.3.4。

所补钻孔桩中心距地下室外墙 1200mm 以上，为满足正常使用以及承载力极限状态下的承台受力及变形要求，设计采用外挑扶壁式组合承台，通过增厚地下室底板、外墙，增设扶壁式剪力墙和悬挑钢支架，设置压顶环梁结构以及承台底筋分层超长后锚固等措施，浇筑整体性与抗弯刚度极大的钢与混凝土组合承台，用以发挥桩的竖向承载力，同时对地下室的整体刚度进行了加强。外挑扶壁式组合承台布置及详图见图 10.3.5、图 10.3.6。

由于桩基施工过程中的扰动影响，在控沉桩成孔过程中有可能引发进一步的沉降，地下室组合承台浇筑前，需在扶壁柱位置预先安装钢支架，一方面可以利用机械千斤顶加压反顶，使得补入桩预先受力分担上部荷载，起到及时控制南侧沉降的作用，另一方面还可以控制突然沉降的发展（图 10.3.7）。4 月 27 日施工过程中，南侧沉降突然加快，通过紧急安装南侧 15 套钢挑架，明显地减缓了南侧沉降。

10.3.3 地下室加固设计

不均匀沉降过程中，地下室底板、剪力墙均发生了不同程度的破坏和开裂现象。为保证补桩后桩基和上部结构受力需要和结构安全，对地下室既有结构进行如下加固。

① 剪力墙外侧补桩区域，对＋0.000m 以下地下室外墙外侧面加厚 200mm，加厚墙体钢筋与既有墙体采用植筋方式锚固连接。见图 10.3.8。

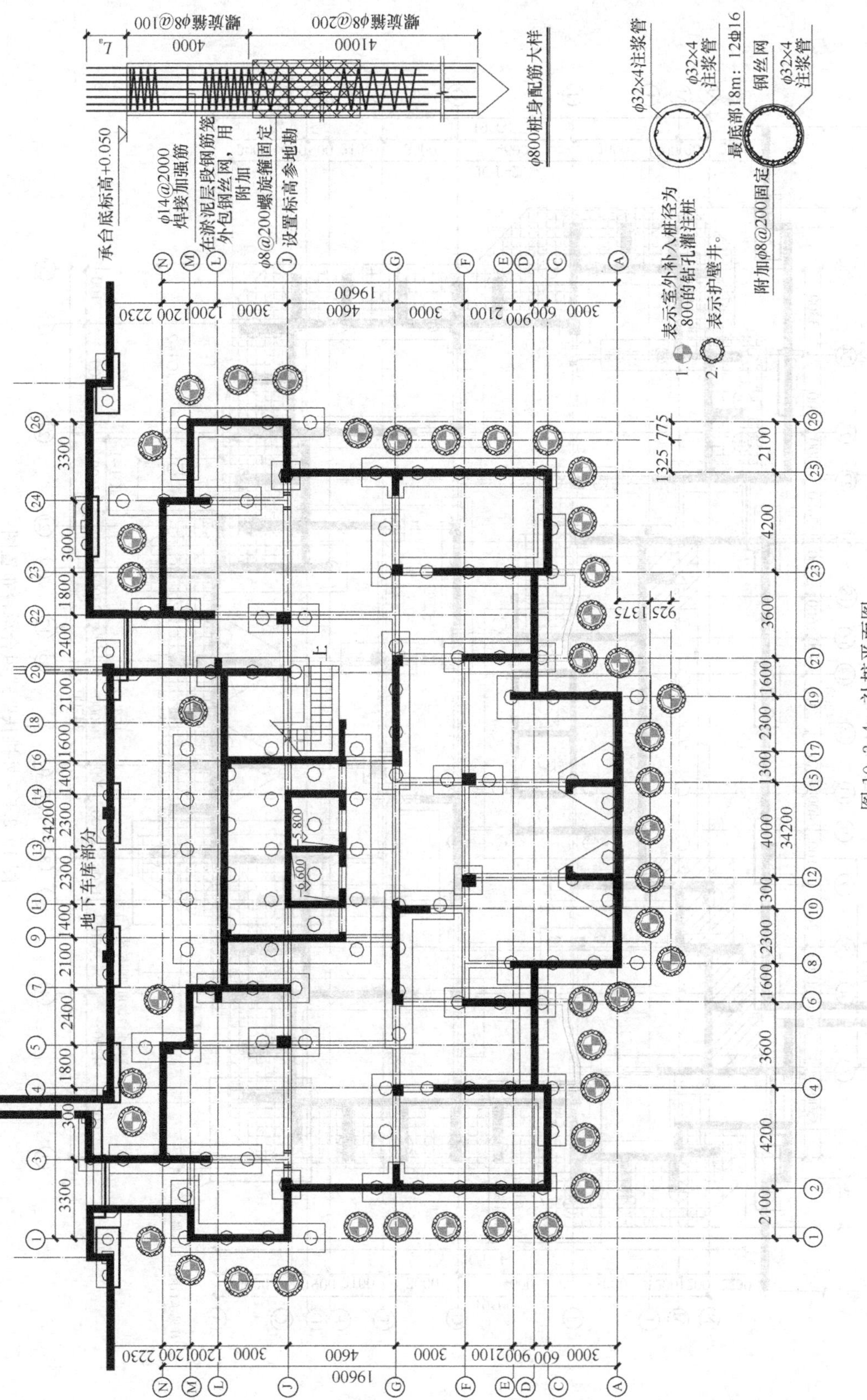
承台底标高+0.050
ϕ14@2000
焊接加强筋
在淤泥层段钢筋笼外包钢丝网，用
附加
ϕ8@200螺旋箍固定
设置标高参地勘
螺旋箍ϕ8@100
螺旋箍ϕ8@200
ϕ800桩身配筋大样
ϕ32×4注浆管
最底部18m：12⌀16
钢丝网
附加ϕ8@200固定
1. 表示室外补入桩径为800的钻孔灌注桩
2. 表示护壁井。
地下车库部分
34200
19600

图 10.3.4　补桩平面图

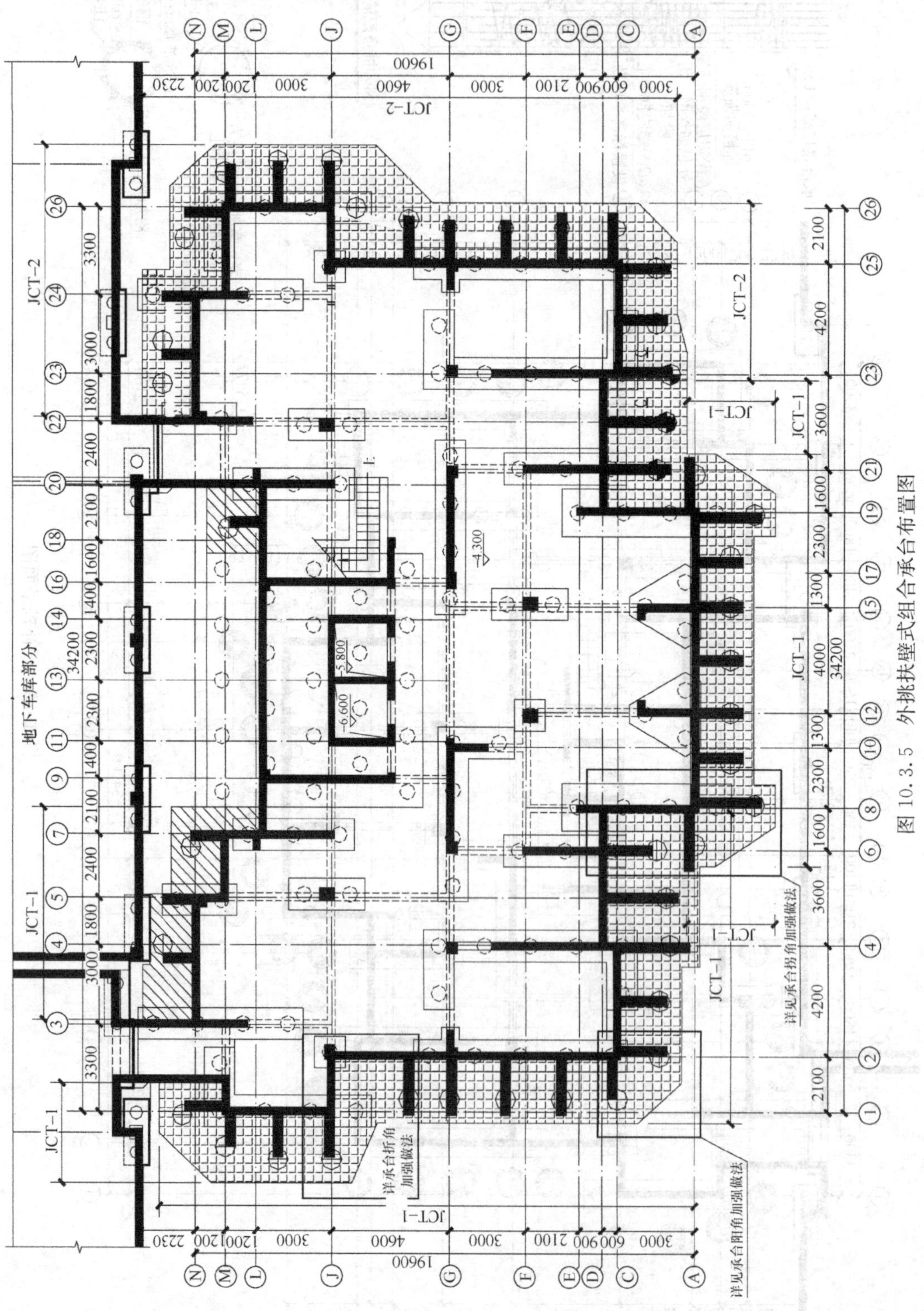

图 10.3.5 外挑扶壁式组合承台布置图

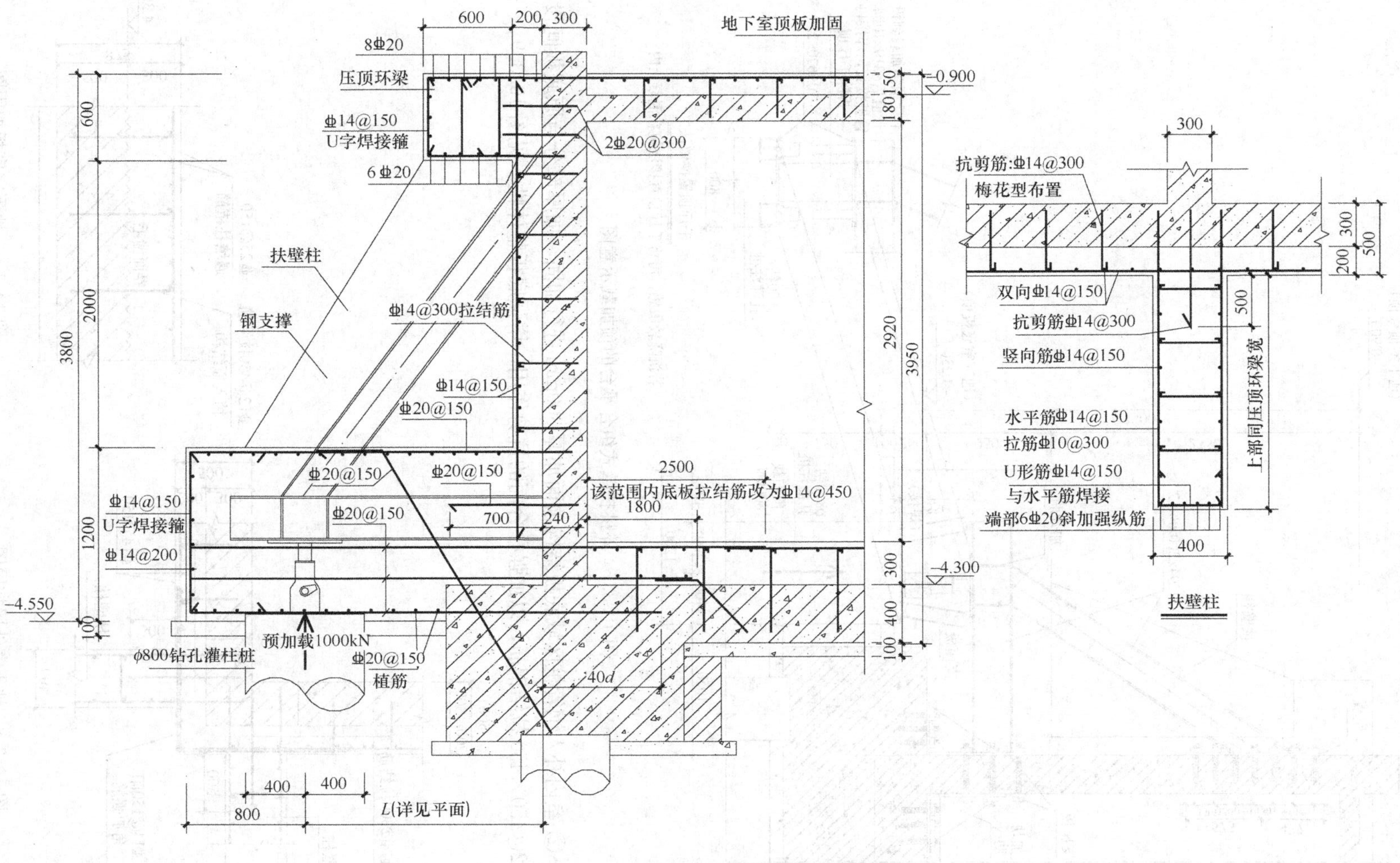

图 10.3.6　外挑扶壁式组合承台详图

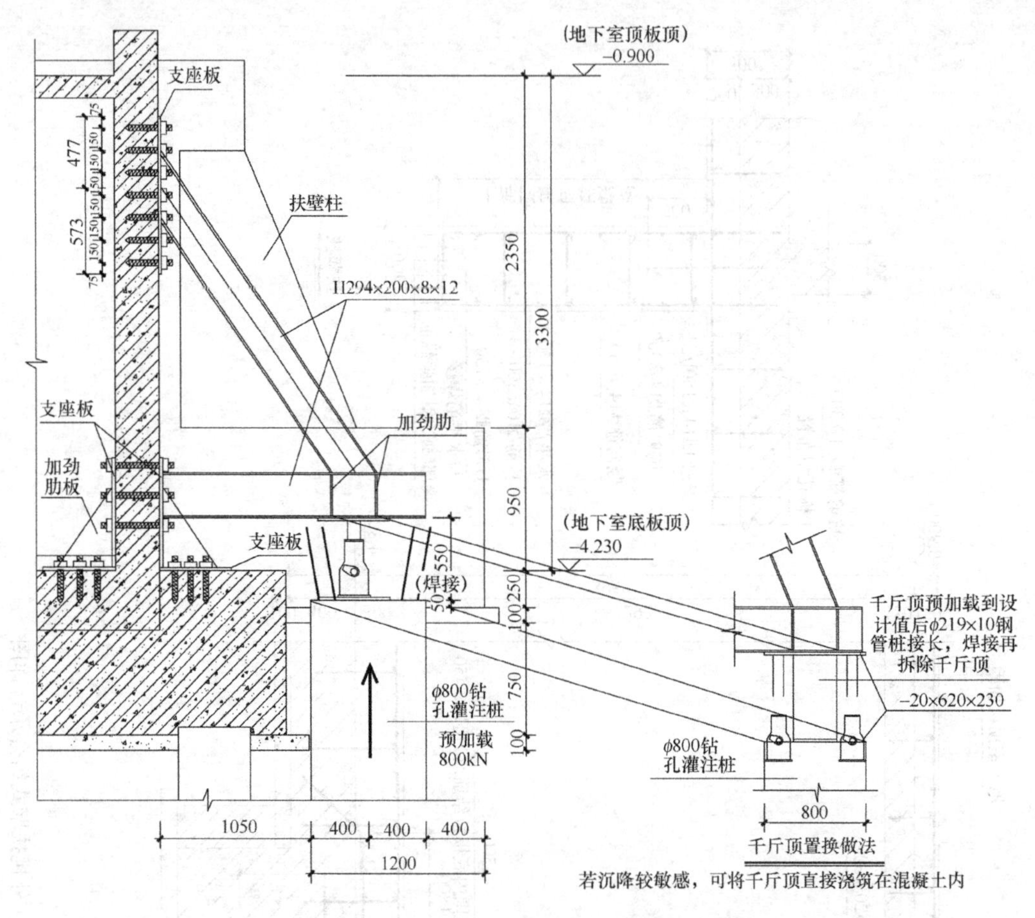

图 10.3.7 外挑扶壁式组合承台的预加载示意图

② 室内补入钢管桩区域底板结构顶面加厚 300mm 进行加固，加厚部分与原底板间设置 ⌀ 12@450×450 拉结钢筋，以加强叠合面的抗剪作用，增强底板整体性。见图 10.3.9。

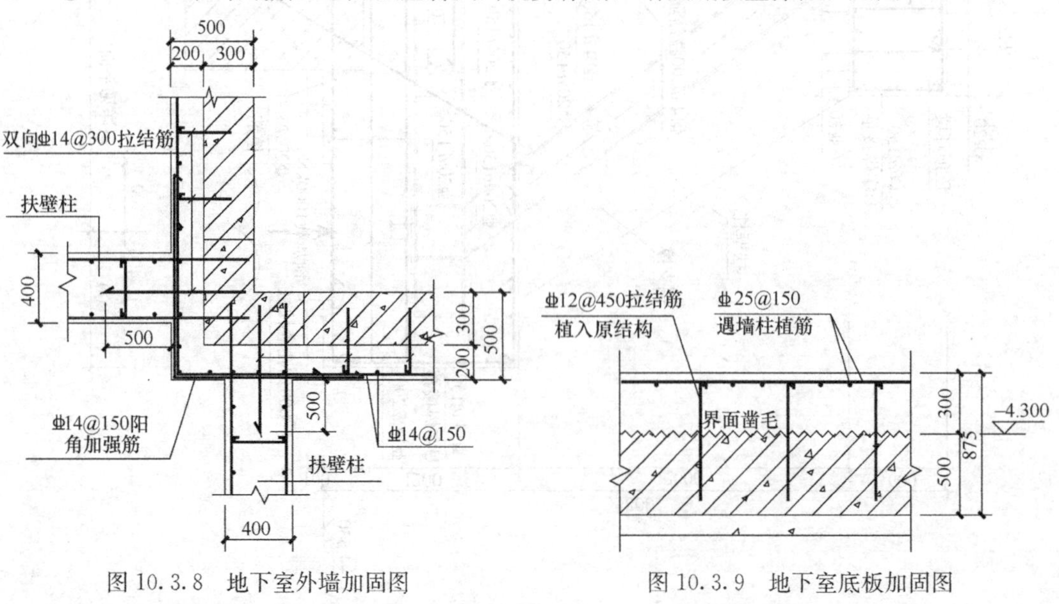

图 10.3.8 地下室外墙加固图

图 10.3.9 地下室底板加固图

③ 在既有基础或底板结构外拼接灌注桩基础承台，并通过墙体外侧扶壁柱加强与既有结构的整体连接。

10.4 施工流程设计

针对大楼的沉降、倾斜状况和地质条件，按照控沉设计的要求，本控沉施工按图10.4.1所示流程实施。

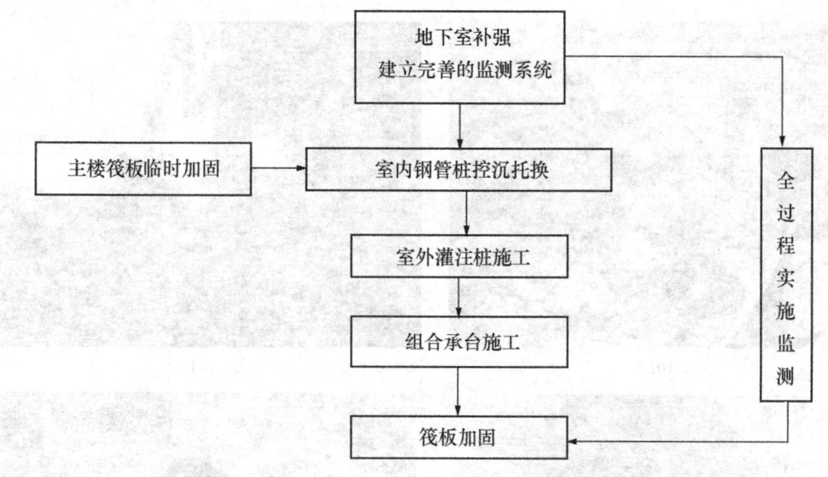

图10.4.1　基础控沉和纠倾流程设计

本工程墙倾斜率为2.2‰，未超过规范限值，在控沉的基础上未进行纠倾设计与施工。然而，在灌注桩钢护筒沉打过程中，利用扰动引发的附加沉降，通过合理安排施工顺序，按照先北后南，尤其是遵循先打东北侧、后打西南侧的施工路径，结合南侧的挖土卸载，使外墙倾斜率降至2.0‰以内。

10.5　深厚块石塘渣层灌注桩施工与托换

本工程地质水文条件特殊，如何顺利穿透夹杂大量块石的塘渣填层、确保钻孔灌注桩成桩是本工程控沉所面临的最大难题。南侧经卸土之后，塘渣填层仍厚达8m左右，填层内块径较大、石质坚硬，而其余填土又松散易坍塌。

由于该楼处于小区中间部位，周边住宅居民已入住，一方面受场地制约大型清障成孔设备无法进入和运行；另一方面，大型冲孔设备对周边居民和建筑的振动影响很大，特别是对地基土的扰动可能加剧本楼的不均匀沉降和倾斜态势。此外，工程场地地下水与海水之间联系密切，随着潮汐升降，场地内水位在地面以下周期性变动，由于填层透水性强，场地无法实施人工降排水，并且地下水位下降引起的场地土固结沉降将进一步加大工程桩负摩阻力。因此，人工挖孔的施工形式也受到极大制约。对于建筑物、人员密集区域内深厚块石塘渣填层钻孔灌注桩施工，目前尚无成熟经验可借鉴。

根据土层分布的特点以及场地水位情况，本工程采取人工开挖与机械冲、钻相结合的方式进行施工，灌注桩成孔分如下三个阶段：

1. 地下水位以上的全钢套筒护壁下的人工挖孔阶段

由于塘渣填层挖孔过程容易产生坍塌，本工程将水位以上的钢筋混凝土护壁开挖调整为全钢套筒护壁进行人工挖孔，钢护筒采用机械振动沉入跟进施工。随着人工开挖的进行，采用半自动气体保护焊工艺对钢套筒实施满焊连接，以保证钢护筒上下连接处能防渗止水。见图 10.5.1。合理选择液压振动打拔桩机是沉压钢护筒工艺成功的关键。

图 10.5.1　水位以上塘渣回填层人工挖孔施工

(*a*) 混凝土护壁人工挖孔；(*b*) 钢护壁井机械沉打；(*c*) 钢护壁下人工开挖图

在塘渣松散区域成孔时，为避免坍孔，可采用振动插拔桩机沉压钢护筒至进入淤泥层土 3m 以上进行护壁开挖，钢护筒规格 $\phi900\times10$。

2. 地下水位以下的护筒跟进冲击成孔阶段

开挖至海平面后，场地内地下水受海水补给，降水难以有效实施，塘渣填层的透水性使得人工作业无法继续进行，在钢护筒全程护壁的条件下，采取小冲锤先行冲孔、大冲锤跟进扩孔的方法继续成孔，然后由泥浆循环排出石渣，钢护筒振动落深跟进。见图 10.5.2。

由于振动对既有地基基础影响具有不确定性，冲锤成孔必须控制落锤冲程高度，做到重锤低击，以减少对既有桩基的扰动；此外，施工期间必须限制冲击桩机数量并加强沉降监测，根据监测数据及时调整成孔部位、路线和速度以避免明显的附加沉降。

(a)

(b)

图 10.5.2　水位以下塘渣回填层人工挖孔施工
(a) 钢护壁井冲击成孔；(b) 护壁井内人工清底

3. 淤泥质土层的钻进成孔阶段

当冲孔穿越深厚块石填层后，将钢护筒沉压至不透水层后，抽去护筒内水，人工下井清理大石块；然后采用反灌泥浆加压预防孔底上涌并进行钻机成孔。见图 10.5.3。钻进过程中，接连发生孔内泥浆管涌漏失而导致无法成孔的现象，通过加深钢护筒深度，并使之穿透淤泥层进入淤泥质土层后，漏浆问题得以解决。

(a)

(b)

图 10.5.3　淤泥质土层钻孔施工
(a) 钻机就位；(b) 钻机成孔

灌注桩成孔后，在桩身灌注过程中，淤泥土层存在明显的超灌现象，混凝土充盈系数达到 2～3.15。后续施工中，通过采取加深钢护筒深度以及在淤泥段的钢筋笼外包钢筋网和加密箍筋的措施（图 10.5.4），有效解决了混凝土超灌问题。此后，混凝土浇灌的充盈系数降至 1.50 左右。

灌注桩基础具体施工流程如下：人工挖孔→钢护筒沉压→挖至海平面→冲击成孔→钢护筒继续沉压落深→冲击成孔穿透塘渣层→人工清底→GPS10 型钻机就位钻孔、泥浆护壁、正循环运行→进入持力层规定深度→正循环清孔 2 小时→提钻杆→下钢筋笼（绑注浆管）、装导管→二次清孔 1 小时→泵送、灌注混凝土、拔导管→桩身养护。见图 10.5.5。

图 10.5.4 防漏浆钢筋笼制作

图 10.5.5 灌注桩浇筑

图 10.5.6 钢支撑安装图

灌注桩浇筑完毕后，在地下室外墙上安装支撑钢架（图 10.5.6），桩身混凝土养护 3～4 天后，对桩端进行处理后通过千斤顶对钢支撑实施预加载，以有效控制施工过程中大楼南侧的进一步沉降。图 10.5.7 为扶壁式组合承台施工。

组合承台外挑部分受力大，其质量控制的关键在于承台底Ф 20 主筋的锚固，为保证锚固质量，本工程采用凿岩机成孔、空压机清孔、灌水湿润、灌浆料初灌锚固、灌封胶注入补强的工艺确保锚固质量。后植承台钢筋锚固深度为 800～1200mm，孔径 $\phi 50$，采用高强无收缩灌浆料锚固。此外，还须进行新老混凝土界面处理，加强大体积混凝土的温差控制和养护。

图 10.5.7 扶壁式组合承台施工

10.6　现场监测与控沉效果分析

由于灌注桩施工过程中需要采用冲击方式成孔，冲击作用对上部松散填层的扰动以及淤泥质场地土的触变效应可能导致建筑物沉降加剧。因此，必须对施工过程中的沉降和倾斜进行监测，以便动态调整控沉施工的流程和实施应急预案，使纠偏与加固施工始终处于安全可控状态。

1. 沉降监测

为了确保施工过程的安全，进行了整个施工过程的沉降监测，沉降监测点布置详见图 10.6.1。

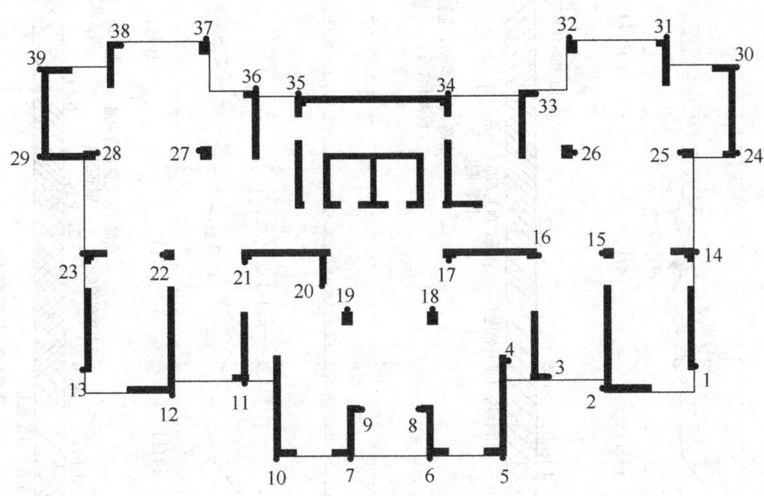

图 10.6.1　沉降监测点平面图

截至 2012 年 8 月 6 日，主要控制点沉降数据详见表 10.6.1，具体沉降过程详见图 10.6.2。监测表明，2012 年 2 月 7 日～2012 年 8 月 6 日的 183 天时间各点平均沉降速率为 0.030～0.034mm/d。

施工阶段沉降数据表　　**表 10.6.1**

降点号	施工阶段（2012.2.7～2012.8.6）	
	沉降量（mm）	沉降速率（mm/d）
1 号（东南角）	6.25	0.034
13 号（西南角）	6.24	0.034
39 号（西北角）	5.70	0.031
30 号（东北角）	5.45	0.030

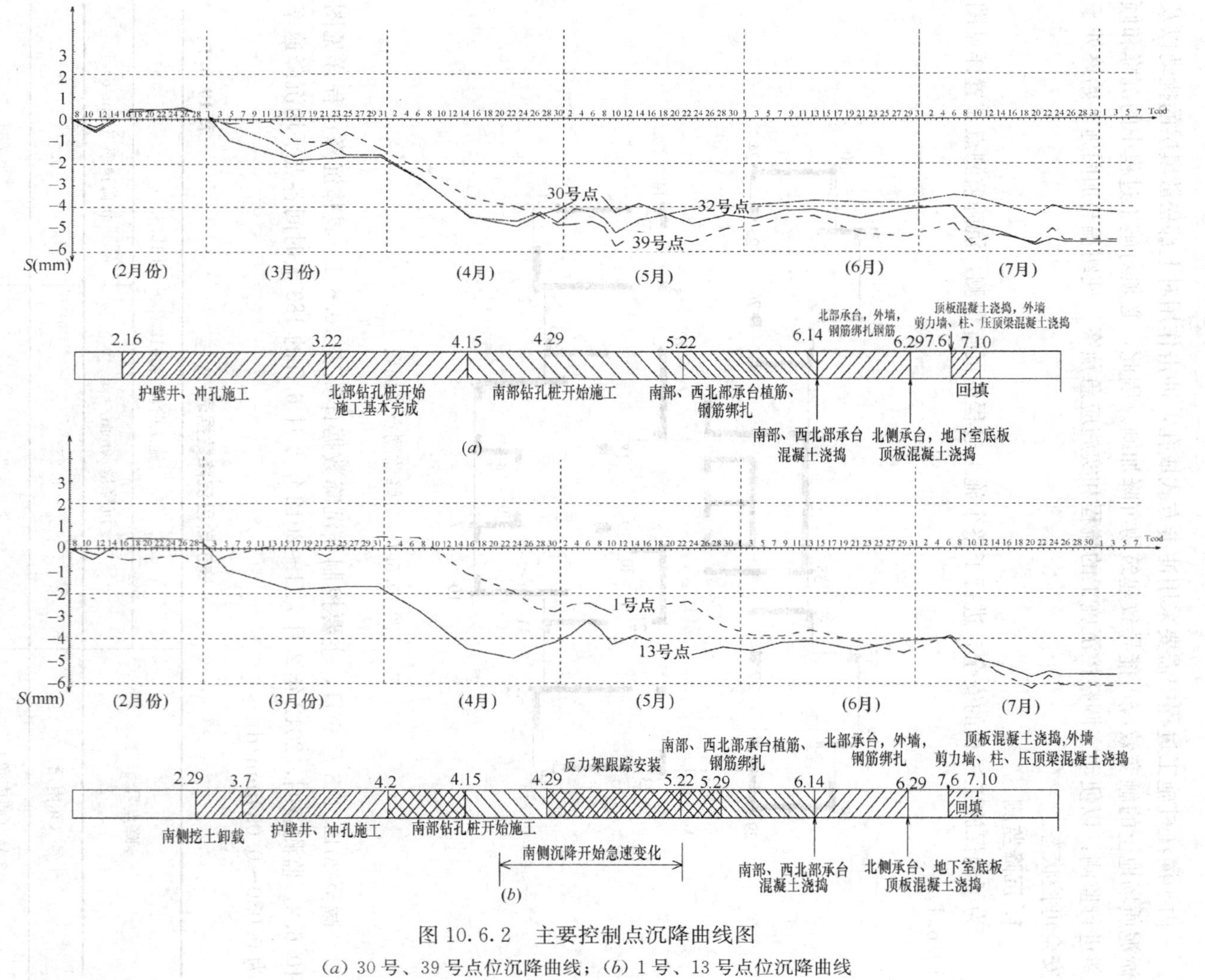

图 10.6.2 主要控制点沉降曲线图

(a) 30号、39号点位沉降曲线；(b) 1号、13号点位沉降曲线

2. 倾斜监测

控沉过程中，对外墙垂直度、倾斜率进行了详细监测。图 10.6.3 为纠倾后 21 号楼各角点的垂直度情况，控沉前后数值对比详见表 10.6.2。

控沉过程倾斜发展状况　　表 10.6.2

沉降点号	开工时（2012.2.7）		竣工时（2012.8.4）	
	倾斜量（mm）	倾斜率	倾斜量（mm）	倾斜率
2 号（西北角）	125	1.528‰	129	1.577‰
3 号（东北角）	168	2.054‰	172	2.103‰
5 号（西南角）	172	2.180‰	162	2.053‰
6 号（东南角）	172	2.180‰	163	2.066‰

注：由于建筑物倾斜率尚未超出《建筑地基基础设计规范》GB 50007—2011 的限值要求，本工程实施沉降控制后未进行纠偏施工。利用南侧卸土减少负摩阻力和打桩扰动引发附加沉降的原理，通过合理安排护壁井和钻孔桩施工顺序，建筑物在施工过程中局部出现回倾。

3. 控沉效果分析

2012 年 8 月 6 日～2013 年 8 月 27 日，竣工交付一年内，大楼北侧的平均沉降速率为 0.0097mm/d；大楼南侧的平均沉降速率为 0.0060mm/d。其中，2013 年 4 月 27 日～2013 年 8 月 27 日四个月内，大楼北侧的平均沉降率为 0.0098mm/d；大楼南侧的平均沉降率为 0.0084mm/d。基础沉降满足《建筑物倾斜纠偏技术规程》的相关规定，沉降速率处于稳定状态。

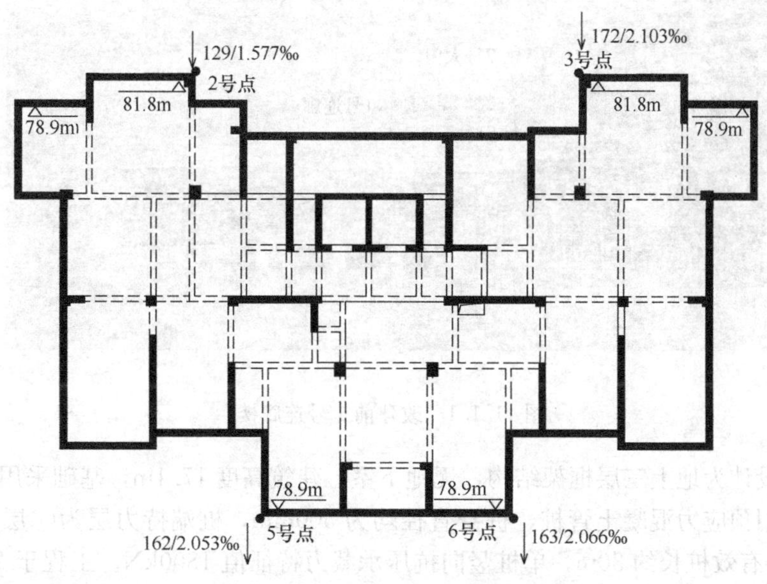

图 10.6.3　纠倾后大楼倾斜情况

竣工交付一年后，大楼 5 号（西南角）、6 号（东南角）点向南的倾斜值分别为 158.0mm 和 167.0mm，其倾斜率分别为 2.002‰和 2.116‰。竣工后倾斜变化微小，外墙最大倾斜率未超过《建筑地基基础设计规范》倾斜率 2.5‰的限值。

第11章 昆明螺蛳湾国际商贸城耗能减震增层

11.1 工程概况

螺蛳湾国际商贸城1号连廊楼连接C5市场和C6市场（图11.1.1），位于昆明市官渡区螺蛳湾国际商贸城规划14号路上。工程跨道路而建，连廊楼1层平面详见图11.1.2。主体结构采用钢筋混凝土框架体系，建筑结构安全等级为一级、抗震设防烈度8度、设计地震基本加速度为0.2g，设计地震分组为第三组，场地类别为Ⅲ类，场地特征周期为0.65s。

图11.1.1 改建前1号连廊楼

该楼原设计为地上三层框架结构，无地下室，建筑高度17.1m，基础采用柱下独立承台，桩基采用预应力混凝土管桩，桩身直径均为500mm，桩端持力层为④层黏土，局部为$④_1$粉砂，有效桩长约30m，单桩竖向抗压承载力特征值1800kN。工程于2011年8月份完成设计，2013年完成施工。建设单位根据运营需要，要求将该连廊楼增加到地上7层，连廊楼2～7层平面详见图11.1.3。改造后连廊楼剖面详见图11.1.4，从室外地面算起，建筑高度为39.9m，总建筑面积15143.7m^2。

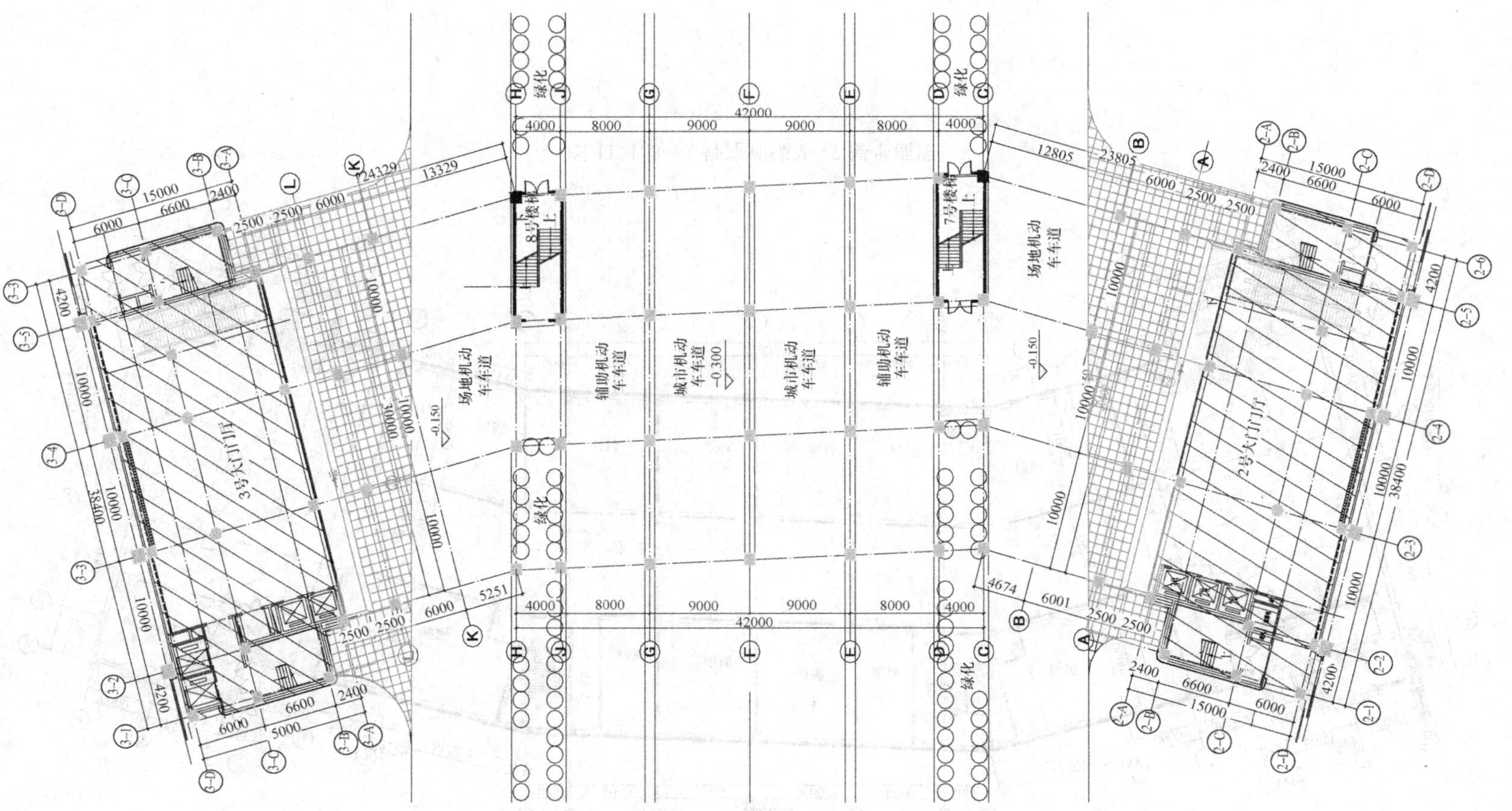

图 11.1.2　1 号连廊楼 1 层平面图

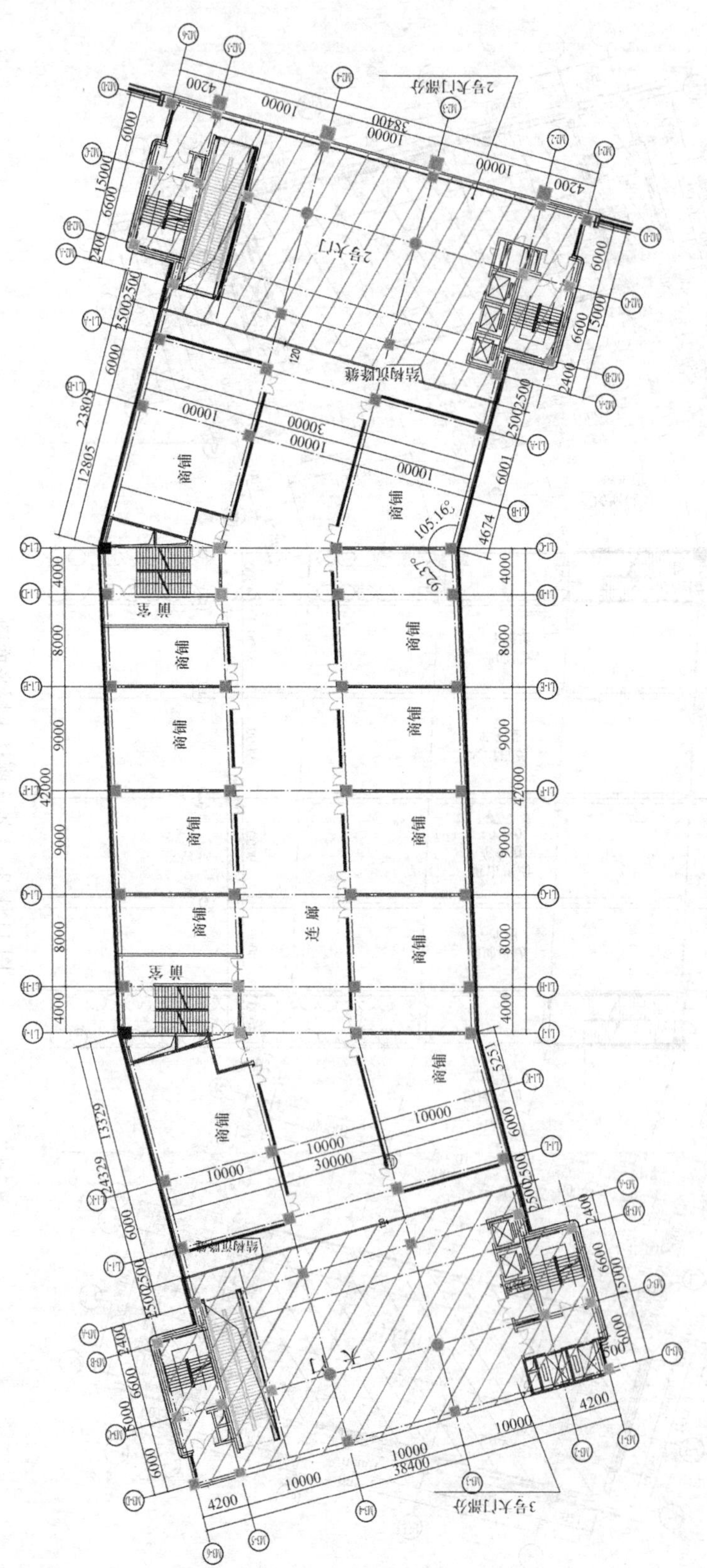

图 11.1.3 1号连廊楼 2~7 层平面图

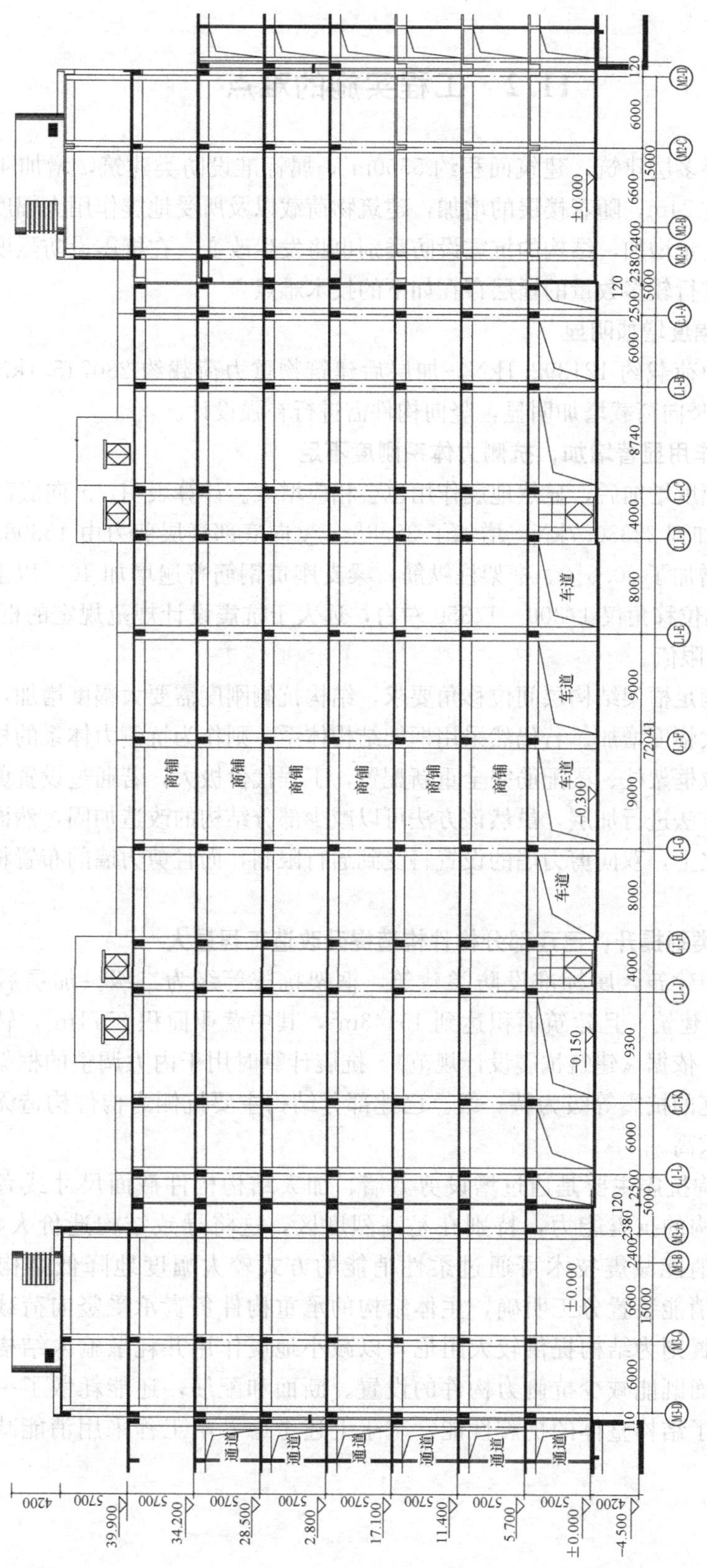

图11.1.4　1号连廊楼剖面图

11.2 工程实施的难点

原结构为三层多层建筑，建筑面积约 5500m^2，属标准设防类建筑，增加 4 层后，加层后建筑高度超过 24m，随着楼层的增加，建筑物荷载以及所受地震作用大幅度提高。此外，商业面积的大量增加，结构的抗震设防类别也将发生改变。在抗震设防烈度为 8 度的高烈度区，直接进行较多数量的增层存在如下的技术难点。

1. 竖向荷载幅度增加明显

原建筑物重力荷载约 121392.1kN，加层后建筑物重力荷载约 280745.1kN，增加了 131.2%。加层后竖向荷载增加明显，竖向构件需进行补强设计。

2. 水平地震作用显著增加，抗侧力体系刚度不足

重力荷载大幅度增加后，显然地震作用也会相应增大。计算表明，x 向底部楼层剪力由 16454.8kN 增加到 22830.7kN，增加了 38.8%；y 向底部楼层剪力由 16308.6kN 增加到 21306.4kN，增加了 30.6%。框架柱纵筋、梁支座负钢筋普遍增加 40%以上。此时 x 向、y 向最大层间位移角仅 1/300～1/350 左右，远大于抗震设计规范规定的框架结构 1/550 的层间位移角限值。

实际上，为满足框架结构层间位移角要求，结构抗侧刚度需要大幅度增加，相应的地震作用还将随之大幅度增加。若仍然采用框架结构体系，则作为抗侧力体系的柱、梁截面需明显加大，导致框架柱、梁配筋完全重新配置，工程代价极大；若通过设置剪力墙，以改变结构体系的方法进行加层，虽然该方法可以减少部分结构的改造加固，然而，由于连廊楼设置于道路之上，双向剪力墙的设置将受到通行限制，而且剪力墙的布置将对商铺运营产生很大影响。

3. 建筑设防类别提升，已建部分构件构造提升改造工程量大

原结构为多层建筑，属标准设防类建筑，框架抗震等级为二级。加层后建筑高度 39.9m，属于高层建筑，且建筑面积达到 15143m^2，其中营业面积 8571m^2，转变为重点设防类商业建筑，依据《建筑抗震设计规范》，抗震计算时用于内力调整的框架抗震等级为一级，构造措施的抗震等级为特一级。已建部分结构主要抗侧力构件构造无法满足要求，提升改造要求高。

传统加层结构抗震主要是通过增设剪力墙、加大结构构件截面尺寸或者增加配筋等途径来提高结构的抗震能力，特别在是高烈度区，这将导致结构造价大幅度提高。采用隔震技术或消能减震技术可通过柔性消能的方式较大幅度地降低结构的地震反应，主体结构和消能装置分工明确，主体结构的承重构件负责承受竖向荷载和侧向地震作用，消能装置则为结构提供较大阻尼，以减小地震作用并耗散输入结构的地震能量。这样，一方面既能减少抗侧力构件的设置、断面和配筋，还能耗散了一部分地震能量，从而提高了结构整体的抗震性能。基于上述考虑，本工程采用消能减震技术进行加层改造。

11.3　结构增层的消能减震设计

本工程可以采用减震或隔震方式进行加层改造，经综合比较，采用消能减震设计方案较为经济，且施工、维护更简洁方便。在抗震设防烈度下减震结构进行强度设计时，可以采用附加阻尼比来考虑阻尼器的作用，从而确定减震后的地震作用，减震效果通过减震前后的结构位移、结构地震力来体现。通过在建筑物的抗侧力体系中设置消能部件，减小结构的地震效应，使地震效应减小，从而提高结构的抗震性能。设置消能部件后，结构构件截面以强度控制为主，可大大减小构件截面尺寸，降低含钢量，达到使用方便，经济合理的目的。由于黏滞阻尼器能提供较大的阻尼，并且不会给结构增加额外的刚度，其耗能减震性能相对其他阻尼器和耗能支撑而言显得更加优越。因此，本工程使用黏滞阻尼器进行消能减震加层设计。

11.3.1　增层结构消能减震设计流程

对于消能减震结构，无法预先估计主体结构在加入消能部件后的最终变形以及已建结构的内力和配筋变化情况，只能在非减震加层结构分析的基础上，预先假设一个阻尼比，将消能部件布置于结构中，并调整消能器的数量和位置，再对消能减震结构进行计算，反算出相应的阻尼比情况下的位移，通过消能器的恢复力模型和相应的公式求解消能减震结构的附加阻尼比，并反复迭代，使计算出的附加阻尼比与预先假设的阻尼比相接近。消能减震流程设计如图 11.3.1 所示。

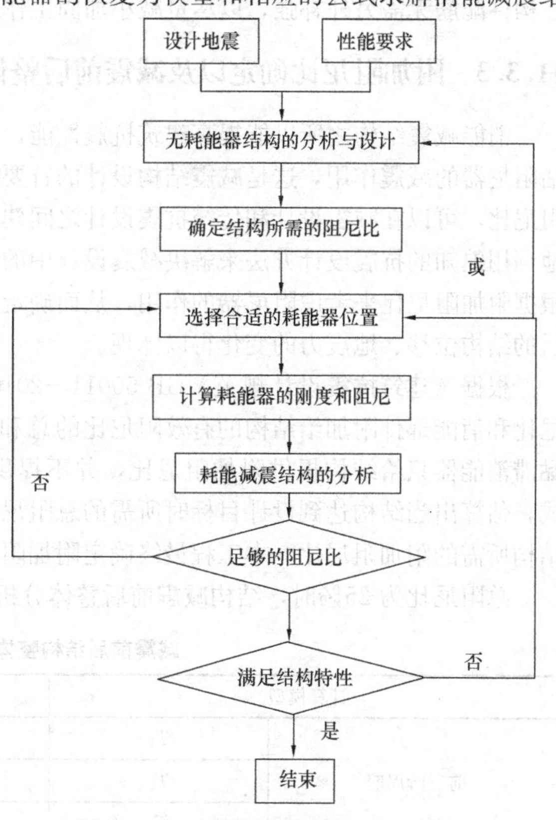

图 11.3.1　增层结构消能减震流程设计

11.3.2　消能减震设计目标确定

消能减震结构主要是通过设置消能减震装置以控制结构在不同烈度地震作用下的预期减震要求及变形，从而达到不同等级的抗震设防目标。其具体设计内容主要包括确定附加阻尼比，确定阻尼器参数和数量，以及阻尼器的安装位置及形式。

本工程为一栋 7 层框架结构，建筑平面相对简单规则，结构刚度中心与质量中心重合，通过消能减震设计要求达到如下目标。

① 在多遇地震下，建筑结构完全保持弹性，且非结构构件无明显损坏；在罕遇地震下，其黏滞阻尼器系统仍能正

常发挥功能。在多遇地震和罕遇地震作用下结构的减震目标，以及与黏滞流体阻尼器相连构件和节点的性能目标及其设计要求如表 11.3.1、表 11.3.2 所示。

结构最大位移角限值要求　　表 11.3.1

结构类别	项目	规范要求	
钢筋混凝土框架结构	层间位移角	多遇	1/550
		罕遇	1/80

注：为体现消能减震技术提高结构抗震能力的优势，《建筑抗震设计规范》以及《建筑消能减震技术规程》[1] 均要求减震结构的层间弹塑性位移角限值应符合预期的变形控制要求，并比非消能减震结构适当减小。因此，本工程罕遇地震作用下层间弹塑性位移角限值取 1/80。

结构的抗震性能目标　　表 11.3.2

名称	项目	性能目标	设计方法
主体	主体结构	多遇地震下所有构件满足弹性	工况组合采用考虑各种系数的设计组合，材料强度采用设计值
消能子结构	消能部件周围框架及节点	罕遇地震下满足极限承载力	按照罕遇地震下阻尼器子框架内力进行配筋复核，材料可采用极限强度标准值
消能部件	阻尼器连接的支撑	罕遇地震下满足弹性	按刚度和强度进行设计，考虑各种系数的设计组合，材料强度采用设计值

② 在阻尼比选择时，控制加层后地震力小于原结构地震力，确保原结构大部分梁、柱构件配筋无需另外补强，以尽量减小加固工作量。

11.3.3 附加阻尼比确定以及减震前后整体参数分析

消能减震结构之所以能提高建筑抗震性能，阻尼器起了关键作用。如何较为准确地评估阻尼器的减震作用，这是减震结构设计的首要问题。在减震结构设计中，通过引入附加阻尼比，可以在减震设计和传统抗震设计之间建立一座相互连通的桥梁，这样，就能有效地利用熟知的抗震设计方法来解决减震设计中的新问题。减震结构进行强度设计时，可以根据附加阻尼比来考虑阻尼器的作用，从而确定减震后的地震作用，减震效果通过减震前后的结构位移、地震力的变化得以体现。

根据《建筑抗震设计规范》GB 50011—2010，消能减震结构的总阻尼比应为结构阻尼比和消能部件附加给结构的有效阻尼比的总和。本工程采用黏滞消能器进行减震设计，黏滞消能器只给结构提供附加阻尼比，并不提供附加刚度，因此，可通过软件试算的方式，估算出当结构达到设计目标时所需的总阻尼比，再用总阻尼比减去结构阻尼比，就是结构所需的附加阻尼比。本工程最终确定附加阻尼比为 20%，即总阻尼比为 25%。

总阻尼比为 25%时，结构减震前后整体分析结果详见表 11.3.3。

减震前后结构整体参数对比　　表 11.3.3

计算模型		非减震结构	减震结构
前三阶周期	T_1	1.6669	1.6669
	T_2	1.5694	1.5694
	T_3	1.5040	1.5040

续表

计算模型		非减震结构	减震结构
扭转平动周期比		0.9	0.9
剪重比	x 向	8.13%	5.28%
	y 向	7.59%	5.04%
地震作用底层剪力（kN）	x 向	22830.7	14828.2
	y 向	21306.4	14158.2
地震作用底层倾覆弯矩（kN·m）	x 向	645903.0	408743.9
	y 向	607188.9	390786.2
地震作用下最大层间位移角	x 向	1/356（第 2 层）	1/560（第 2 层）
	y 向	1/349（第 3 层）	1/564（第 3 层）
风荷载作用下最大层间位移角	x 向	1/3401	1/3401
	y 向	1/5715	1/5715
楼层最大位移/平均位移	x 向	1.23（第 1 层）	1.23（第 1 层）
	y 向	1.14（第 7 层）	1.09（第 7 层）
底层刚重比	x 向	34.93	35.10
	y 向	34.73	35.02

注：1. 加层之前地震作用底层剪力 x 向、y 向分别为 16454.8kN、16308.6kN。

2. 当消能部件在结构上分布较均匀，且附加给结构的有效阻尼比小于 20%时，消能部件附加给结构的有效阻尼比可采用强行解耦方法确定。

3. 不同阻尼比结构的振动周期和频率实际是不同的，抗震设计中的反应谱设计理论所指的周期为结构的自由振动周期。

采用黏滞阻尼进行减震设计后，表 11.3.3 表明：

（1）采用黏滞阻尼进行减震设计后，当按总阻尼比为 25%时，x 向底部楼层剪力由原三层结构的 16454.8kN 减小到 14828.2kN；y 向底部楼层剪力由 16308.6kN 减小加到 14158.25kN。虽然结构荷载和层数大幅增加，但是整体地震剪力却明显减小。由于地震作用力的减小，抗震等级提高后，原结构梁配筋仍能满足要求；加层后竖向荷载增加，2、3 轴交 B、C 轴 4 根框架柱轴压比大于 0.65，达到 0.79～0.88，采用增大截面法进行加固，框架柱由 1000mm×1000mm 变为 1200mm×1200mm；由于消能减震结构的抗震性能明显提高，主体结构的抗震构造要求可适当降低。降低程度可根据消能减震结构地震影响系数与不设置消能减震装置结构的地震影响系数之比确定，最大降低程度控制在 1 度以内。相比于减震前，减震后本工程 x 向、y 向底部楼层剪力分别为减震前的 64.9%和 66.4%，消能减震结构的地震影响系数超过了非减震结构的 50%，因此结构抗震构造要求不作调整。在低烈度区，框架柱的配筋往往由构造要求控制；而在高烈度区，框架柱配筋则基本由计算控制。本工程原结构底部两层框架柱配筋由计算控制。增层改造后，框架抗震等级由原来的二级提高到特一级，原结构底部两层框架柱配筋仍可以满足特一级条件下的构造要求，框架柱三层（标高 11.350m 以上）最小配筋率不能满足构造要求，采用外包钢板进行加固。

（2）按弹性方法计算的楼层层间最大位移与层高之比满足《建筑抗震设计规范》规定的层间位移角不宜大于 1/550 的要求；楼层竖向构件最大层间位移与平均层间位移的比值

均不大于 1.5；结构扭转为主的第一自振周期 T_3 与平动为主的第一自振周期之比不大于规范限值 0.9 的规定。

（3）结构整体稳定性验算均满足要求，可以不考虑重力二阶效应，楼层上下刚度基本无突变，刚度比、抗剪承载力之比均能满足要求。

（4）在风荷载及地震作用下各构件的强度和变形均满足有关规范的要求，结构在地震作用下的抗扭性能较好。为减小扭转效应，在第 6 层、第 7 层在（L1-B）轴、（L1-K）轴设置 400mm×400mm 钢筋混凝土斜杆，以提高整体抗扭刚度。

总体而言采用减震设计后，框架加层较为可行，且整体加固与改造工程量大大减小。

11.3.4 耗能减震装置的设计与布置

阻尼器竖向布置前可先对非减震结构进行计算分析，以确定楼层层间位移，并将阻尼器安装在层间位移角较大楼层，然后重新对安装了阻尼器的结构进行分析，再将阻尼器安装到此时层间位移角最大楼层，迭代计算阻尼器布置位置及数量。根据需要的附加阻尼比，求出结构所需阻尼器的阻尼系数和阻尼指数，同时确定阻尼器的数量。

1. 阻尼器布置的原则

进行消能减震设计后，要求在多遇地震下，建筑主体结构仍保持弹性，非结构构件无明显损坏；在罕遇地震作用下，其减震阻尼器系统仍能正常发挥功能。根据减震设计依据预期的水平向地震力和位移控制要求等参数，选择适当数目的阻尼器进行配置。为使消能构件发挥更大的功效，在基本满足建筑使用要求的前提下，阻尼器设计布置应符合下列要求：

① 消能部件的布置宜使结构在两个主轴方向的动力特性相近。

② 消能部件的竖向布置宜使结构沿高度方向刚度均匀。

③ 阻尼器应配置在层间相对位移或相对速度较大的楼层，条件允许时应采用合理形式增加消能器两端的相对变形或相对速度，以提高消能器的减震效率。

④ 消能部件的布置不宜使结构出现薄弱构件或薄弱层。

阻尼器的布置尽量对称布置，为了保护阻尼器的耐久性，可采用轻质强度低的防火材料作隔板把阻尼器包裹在隔墙中间。

2. 消能减震装置的布置方案

减震设计中，为确保减震结构层间刚度平稳变化，避免生成新的薄弱层，需将消能支撑体系逐层缓变地安装在未进行消能减震设计的 7 层结构上，2～5 层共安装 50 个型号吨位一致的黏滞阻尼器，以达到附加阻尼比 20% 的要求。本工程实际所选用的阻尼器规格和数量详见表 11.3.4 所列，为尽量减小对建筑使用功能的影响，增大黏滞阻尼器的使用功率，采用具有增效机制的肘杆式支撑进行阻尼器连接。黏滞阻尼器及支撑的平面、立面布置详见图 11.3.2～11.3.5。

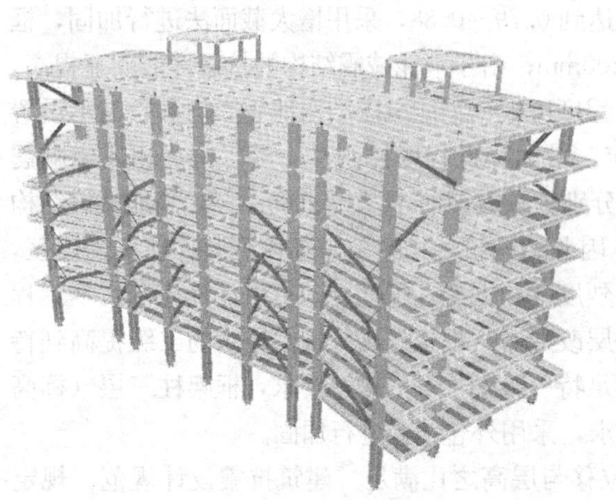

图 11.3.2　安装阻尼器的 ETABS 结构模型

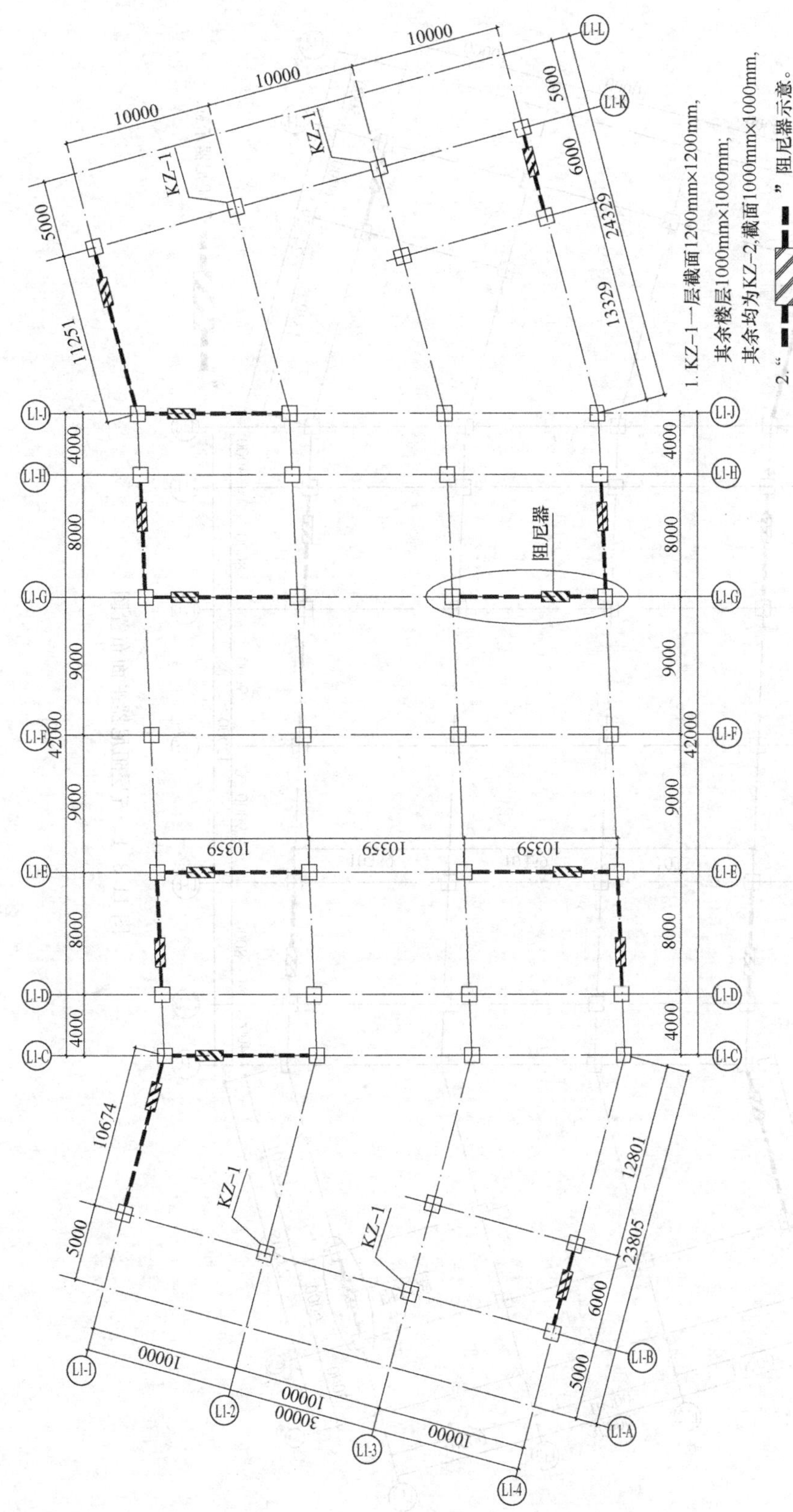

图 11.3.3　二～四层阻尼器平面布置图

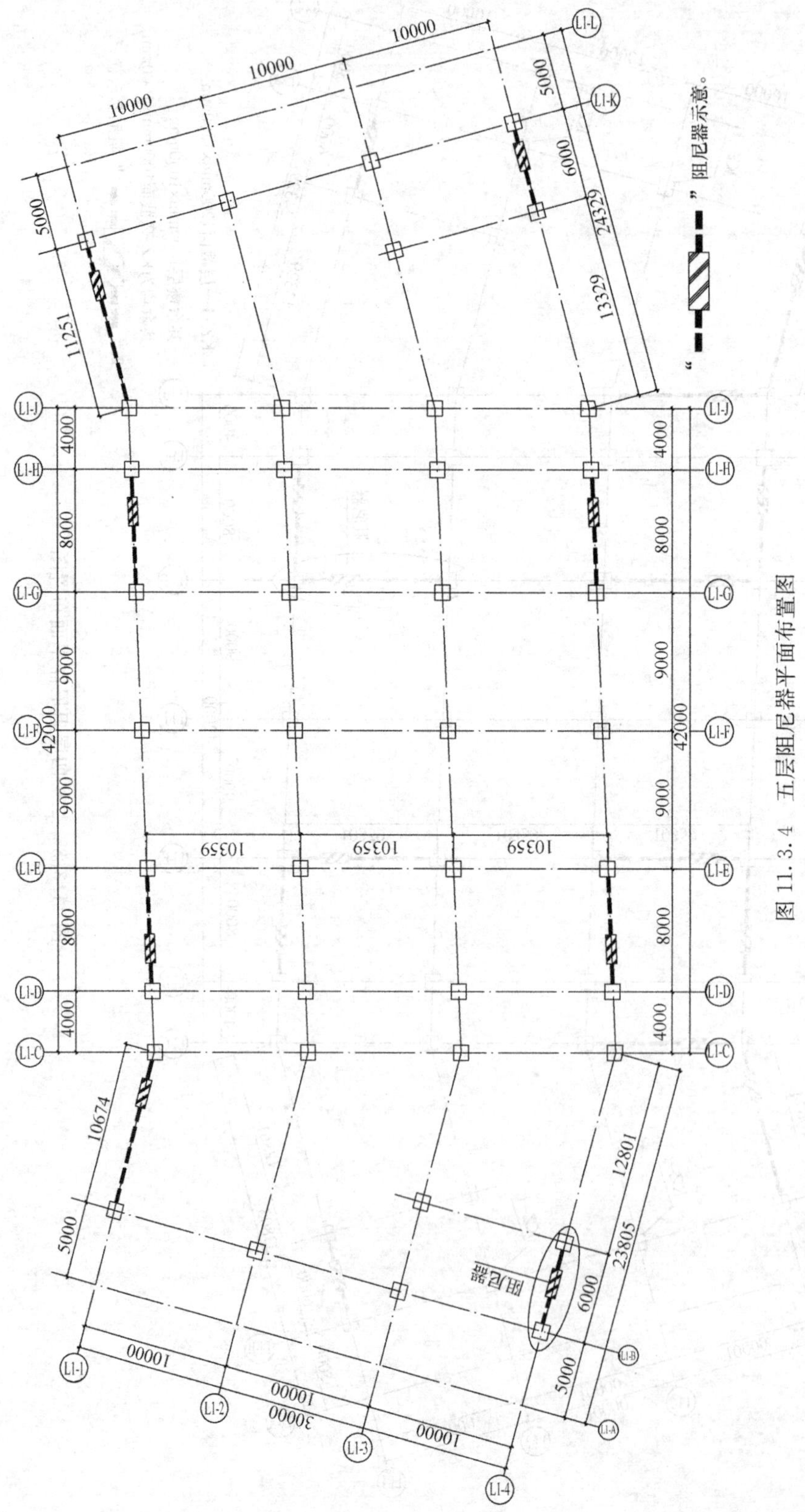

图 11.3.4 五层阻尼器平面布置图

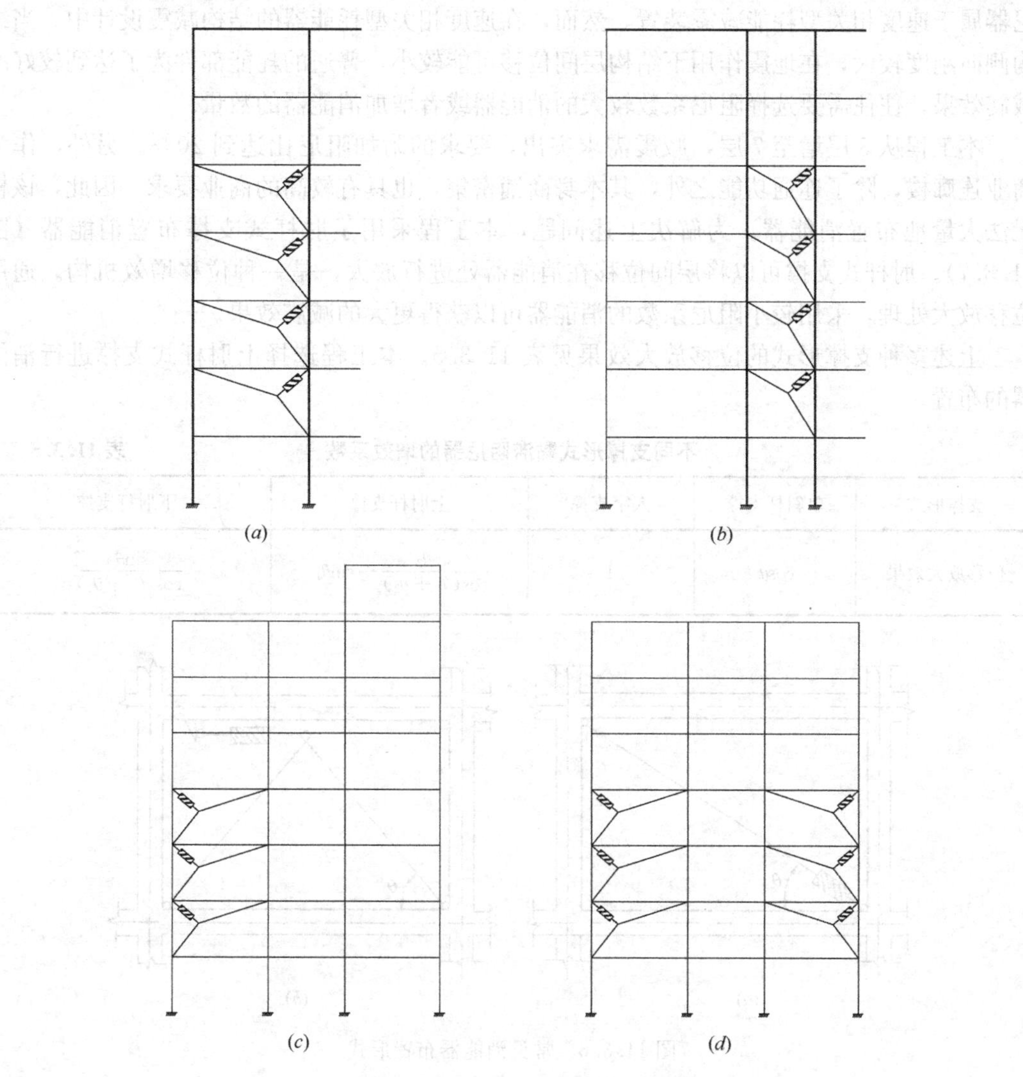

图 11.3.5　阻尼器布置立面图

(*a*) 1 轴阻尼器布置；(*b*) 4 轴阻尼器布置；(*c*) C、J 轴阻尼器布置；(*d*) E、G 轴阻尼器布置

附加黏滞阻尼器的布置方案及设计参数　　**表 11.3.4**

层号	层高 (m)	阻尼器配置方案	阻尼器设计参数	
5	5.7	8 个	阻尼系数 C(kN/(mm/s)$^{0.2}$)	250
4	5.7	14 个		
3	5.7	14 个	阻尼指数 α	0.2
2	5.7	14 个		

3. 耗能减震阻尼器的增效连接

耗能减震阻尼器的常见布置方式有单斜杆支撑式和人字支撑式（图 11.3.6）。黏滞阻

尼器属于速度相关型耗能减震装置，然而，在速度相关型耗能器的结构减震设计中，当结构侧向刚度较大，在地震作用下结构层间位移可能较小，普通的耗能部件为了达到较好的减震效果，往往需要选择阻尼系数较大的消能器或者增加消能器的数量。

本工程从3层增至7层，减震需求突出，要求的附加阻尼比达到20%。另外，作为商业连廊楼，除了连通功能之外，其本身商铺密集，也具有较高的商业要求，因此，该楼无法大量地布置消能器。为解决上述问题，本工程采用了肘杆式支撑布置消能器（图11.3.7）。肘杆式支撑可以将层间位移在消能器处进行放大，是一种位移增效机构。通用位移放大处理，采用较小阻尼系数的消能器可以获得更大的减震效果。

上述多种支撑形式的位移放大效果见表11.3.5。本工程选择上肘杆式支撑进行消能器的布置。

不同支撑形式黏滞阻尼器的增效系数　　　　表11.3.5

支撑形式	单斜杆支撑	人字支撑	上肘杆支撑	下肘杆支撑
位移放大效果	$\cos\theta$	1	$\frac{\sin\theta_2}{\cos(\theta_1+\theta_2)}+\sin\theta_1$	$\frac{\sin\theta_2}{\cos(\theta_1+\theta_2)}$

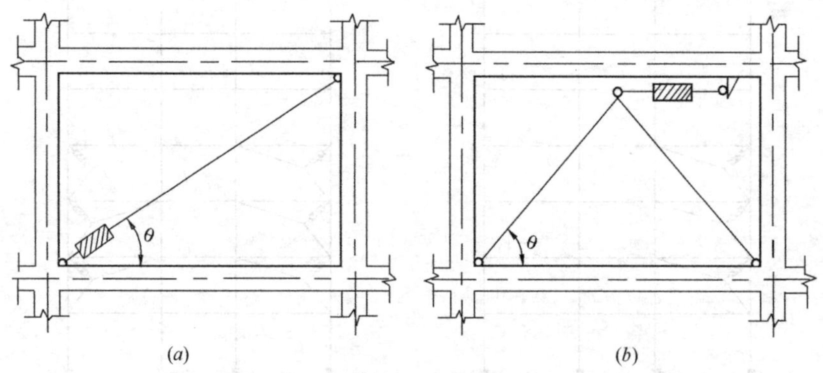

图11.3.6　常见消能器布置形式

（a）单斜杆支撑；（b）人字支撑

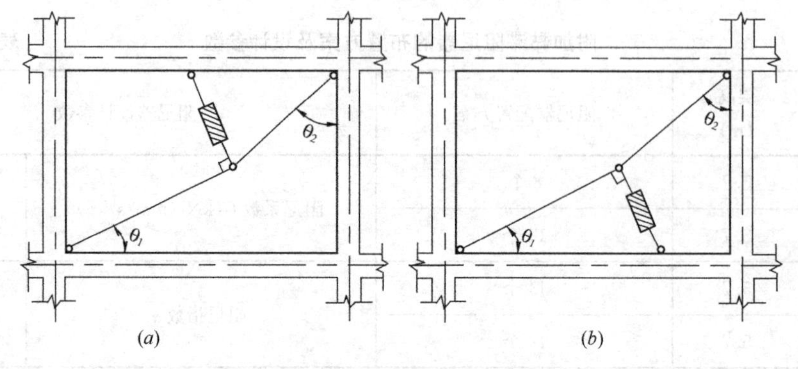

图11.3.7　肘杆式支撑

（a）上肘杆支撑；（b）下肘杆支撑

11.4　消能减震效果分析

消能减震结构的抗震性能分析和减震效果评价可采用非线性时程分析法进行，并与振型反应谱分析法进行比较。在多遇地震和罕遇地震工况输入同一时程曲线，然后通过改变其峰值加速度进行调整。其中，结构 1（ST0）为不设阻尼器的主体结构，结构 2（ST1）为增设阻尼器后的主体结构。

多遇地震作用下的弹性工况分析基于 ETABS 软件进行，其中弹性时程分析采用软件所提供的快速非线性分析（FNA）方法，进行分析迭代求解。分析内容包括：结构减震前后的层间剪力及层间位移角对比、阻尼器在多遇地震下的实际等效附加阻尼比计算和滞回耗能分析等。

对于罕遇地震的工况分析基于 PERFORM-3D 软件进行，主要分析内容包括：罕遇地震作用下结构抗震性能分析、附加黏滞阻尼器的设计承载力和设计行程校核，以及钢支撑的刚度验算等。

11.4.1　多遇地震作用下消能减震结构弹性分析

1. 多遇地震作用下结构地震响应对比分析

工程选取了 Elcentro160 波（EL160）、EUR 波（EUR）、Hos180 波（HOS）、唐山-东西向波（TSDX）、唐山-南北向波（TSNB）等 5 条强震记录和 2 条人工波（AW1、AW2）模拟加速度时程，7 条地震波时程曲线如图 11.4.1 所示，7 条地震波反应谱和规范反应谱曲线如图 11.4.2 所示，基底剪力对比结果如表 11.4.1 所示。

原结构模型反应谱与时程工况的基底剪力对比　　表 11.4.1

工况		反应谱	EL160	EUR	HOS	TSDX	TSNB	AW1	AW2	平均值
基底剪力（kN）	x 向	14513	13219	12519	13607	11746	13103	9891	10367	12065
	y 向	13875	12349	11902	13318	12348	12249	9471	9472	11587
比例（%）	x 向	—	91	86	94	81	90	68	71	83%
	y 向	—	89	86	96	89	88	68	68	84%

注：比例为个各时程分析与振型分解反应谱法得到的结构基底剪力之比。

图 11.4.1、图 11.4.2 表明，所选地震波时程计算的结构底部剪力不小于振型分解反应谱计算结果的 65%，平均值不小于振型分解反应谱法计算结果的 80%，满足抗震规范的要求，且各时程平均反应谱与规范反应谱较为接近。

采用 ETABS 软件对消能减震结构进行多遇地震作用下的弹性分析，在 8 度多遇地震作用下，输入 7 条时程波后，结构 1（ST0）和结构 2（ST1）的计算结果见表 11.4.2 和图 11.4.3。由表可知，消能减震结构底部地震剪力下降了 50%左右，中间楼层剪力下降 60%～70%，顶部下降幅度相对较小。

图 11.4.3 多遇地震作用下 ST0 与 ST1 结构层间剪力对比表明，安装黏滞阻尼器后，在地震时程作用下，各楼层剪力自上而下增幅缓慢，基底剪力仅相当于未减震结构顶部

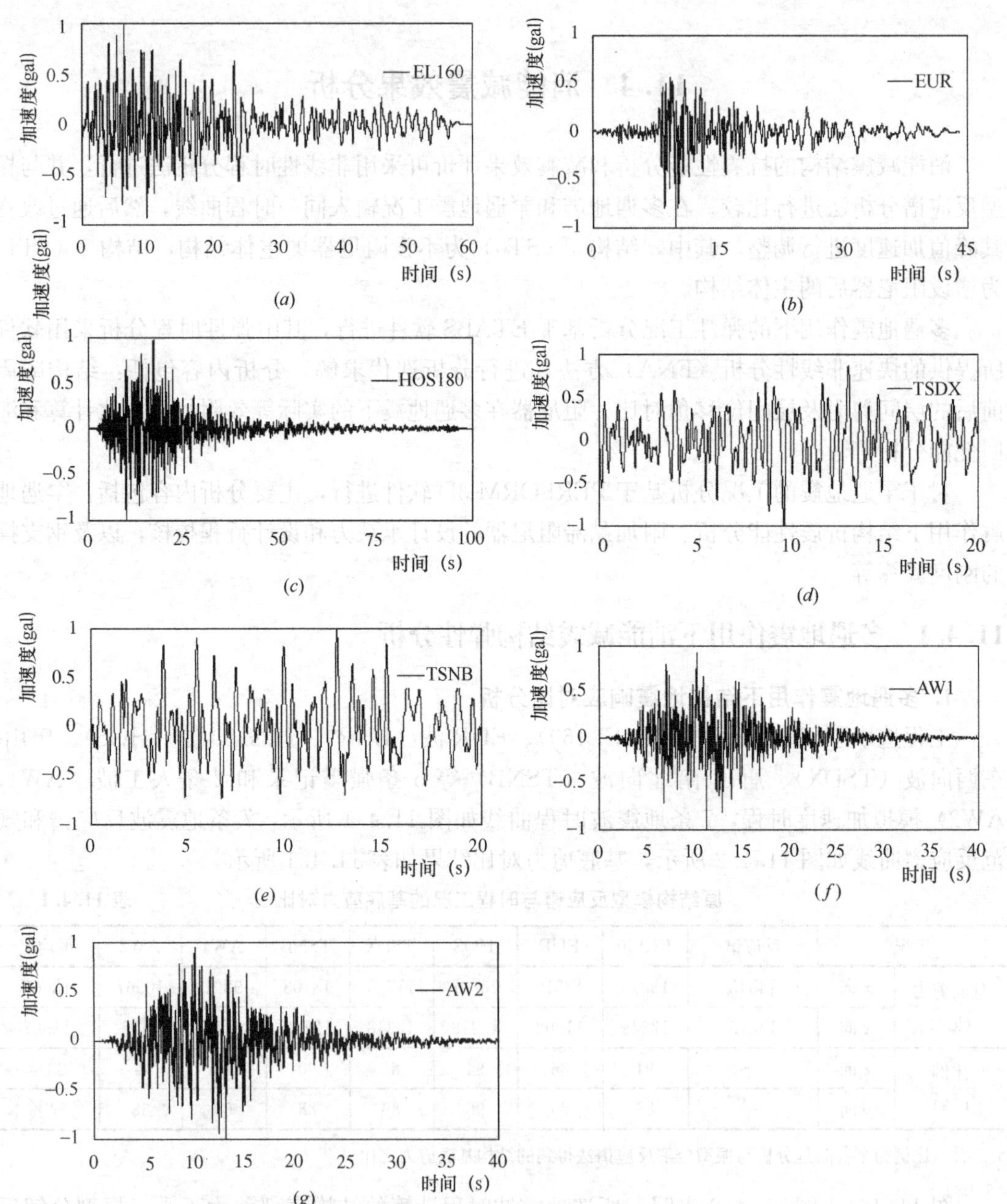

图 11.4.1　时程曲线图

(a) EL160 波；(b) EUR 波；(c) HOS180 波；(d) TSDX 波；(e) TSNB 波；(f) AW1 波；(g) AW2 波

2～3 层的总剪力。图 11.4.4 多遇地震作用下 ST0 与 ST1 结构层间位移角对比表明，安装黏滞阻尼器后，各楼层层间位移角较为均匀（除去屋顶楼梯间），避免了未减震框架结构层间位移角随楼层的大幅度变化现象。这些均表明消能减震结构（ST1）在多遇地震作用下的层间剪力和层间位移角明显优于原结构（ST0），说明结构附加黏滞阻尼器减震之后的抗震性能获得大幅度提高。

8 数度多遇地震作用下减震前后层间剪力对比　　表 11.4.2

x 向

层号	ST0 楼层剪力（kN）									ST1 楼层剪力（kN）									剪力均值比
	反应谱	EL160	EUR	HOS180	TSDX	TSNB	AW1	AW2	平均值	反应谱	EL160	EUR	HOS180	TSDX	TSNB	AW1	AW2	平均值	
8	588	731	894	905	864	1056	688	831	853	266	558	792	929	710	697	727	670	726	0.85
7	5730	7114	7487	6800	8281	10566	6079	7376	7672	3368	5660	4972	5350	5153	5589	4482	5097	5186	0.68
6	10308	12613	13481	12507	14833	17964	10061	12900	13480	6196	7977	5803	7276	6332	6744	5650	6676	6637	0.49
5	14160	17973	19097	17098	19913	22578	12888	16917	18066	8699	7230	3491	5976	5242	5149	4190	5793	5296	0.29
4	17265	22444	23448	19417	22951	26189	16146	19063	21380	10784	8868	5121	7557	7212	6658	5621	7419	6922	0.32
3	19732	26013	25448	20649	24760	30363	18868	22191	24042	12475	11139	6597	9387	8037	7615	7157	8831	8395	0.35
2	21540	28664	25500	23354	27803	33282	19988	24362	26136	13803	13186	8747	11760	9249	9153	9263	11816	10454	0.40
1	22436	29913	26095	24993	29401	34542	20178	25291	27202	14513	15412	10483	13787	11111	10683	10790	14634	12414	0.46

y 向

层号	ST0 楼层剪力（kN）									ST1 楼层剪力（kN）									剪力均值比
	反应谱	EL160	EUR	HOS180	TSDX	TSNB	AW1	AW2	平均值	反应谱	EL160	EUR	HOS180	TSDX	TSNB	AW1	AW2	平均值	
8	641	851	992	1087	851	949	851	887	924	272	692	912	1076	692	668	924	763	819	0.89
7	5820	9150	7877	8886	9150	8920	6674	7871	8361	3390	4731	3898	4420	4729	4753	3886	3862	4319	0.52
6	10089	15305	14572	14338	15300	15046	10287	12022	13839	6099	4803	3624	4338	4803	4790	3822	4042	4320	0.31
5	13519	20188	19624	17324	20180	19122	13105	14700	17749	8415	5305	2839	3962	5304	3730	3808	4434	4189	0.24
4	16313	22888	22354	21133	22875	22698	15734	17141	20689	10340	8075	4866	7001	8075	6533	6009	5986	6646	0.32
3	18539	22676	23080	25784	22672	26869	16729	18365	22311	11924	9047	4685	6866	9044	6246	5707	7120	6968	0.31
2	20185	25659	22899	29388	25659	29650	16815	20567	24377	13196	13322	8692	11234	13322	10360	10042	12646	11391	0.47
1	21005	27790	23463	31054	27790	30824	17373	22954	25893	13875	15316	9706	12582	15316	11802	11327	14630	12976	0.50

8 度多遇地震作用下减震前后层间位移角对比 **表 11.4.3**

x 向

层号	ST0 层间位移角（rad）									ST1 层间位移角（red）									位移角均值比
	反应谱	EL160	EUR	HOS180	TSDX	TSNB	AW1	AW2	平均值	反应谱	EL160	EUR	HOS180	TSDX	TSNB	AW1	AW2	平均值	
8	1/736	1/540	1/456	1/474	1/535	1/451	1/610	1/555	1/512	1/1715	1/733	1/728	1/573	1/716	1/633	1/624	1/771	1/676	0.76
7	1/1431	1/1076	1/1067	1/1209	1/980	1/810	1/1389	1/1129	1/1068	1/2304	1/1805	1/2257	1/2004	1/2114	1/1942	1/2513	1/1996	1/2069	0.52
6	1/871	1/673	1/639	1/732	1/607	1/518	1/914	1/711	1/667	1/1389	1/1359	1/2008	1/1550	1/1776	1/1686	1/2016	1/1592	1/1683	0.40
5	1/521	1/407	1/380	1/446	1/377	1/335	1/579	1/451	1/414	1/828	1/1056	1/2128	1/1299	1/1504	1/1522	1/1770	1/1289	1/1443	0.28
4	1/417	1/316	1/312	1/382	1/318	1/274	1/450	1/380	1/339	1/664	1/921	1/1883	1/1174	1/1473	1/1508	1/1605	1/1172	1/1324	0.27
3	1/367	1/276	1/288	1/355	1/291	1/239	1/391	1/326	1/302	1/585	1/741	1/1272	1/858	1/1152	1/1218	1/1167	1/891	1/1004	0.30
2	1/363	1/272	1/302	1/342	1/282	1/235	1/391	1/319	1/299	1/574	1/703	1/1155	1/801	1/1087	1/1116	1/1075	1/814	1/932	0.32
1	1/584	1/436	1/506	1/537	1/448	1/379	1/641	1/513	1/482	1/915	1/951	1/447	1/1064	1/1393	1/1414	1/1389	1/1033	1/1208	0.40

y 向

层号	ST0 层间位移角（rad）									ST1 层间位移角（rad）									位移角均值比
	反应谱	EL160	EUR	HOS180	TSDX	TSNB	AW1	AW2	平均值	反应谱	EL160	EUR	HOS180	TSDX	TSNB	AW1	AW2	平均值	
8	1/900	1/615	1/599	1/541	1/615	1/615	1/701	1/644	1/616	1/1869	1/1019	1/747	1/671	1/1019	1/993	1/794	1/873	1/854	0.72
7	1/833	1/560	1/599	1/563	1/560	1/569	1/811	1/691	1/611	1/1437	1/1567	1/1992	1/1742	1/1567	1/1534	1/1901	1/1818	1/1716	0.36
6	1/554	1/384	1/389	1/396	1/384	1/387	1/584	1/480	1/420	1/936	1/1383	1/2169	1/1802	1/1385	1/1548	1/1908	1/1701	1/1659	0.25
5	1/430	1/310	1/306	1/332	1/310	1/308	1/461	1/405	1/339	1/715	1/1567	1/2433	1/2222	1/1567	1/1754	1/2445	1/2096	1/1948	0.17
4	1/377	1/291	1/284	1/295	1/291	1/273	1/410	1/384	1/311	1/618	1/1117	1/2564	1/1508	1/1117	1/1748	1/1965	1/1471	1/1520	0.21
3	1/357	1/298	1/294	1/260	1/298	1/252	1/412	1/376	1/304	1/577	1/817	1/1488	1/1027	1/817	1/1241	1/1255	1/948	1/1037	0.29
2	1/377	1/306	1/322	1/262	1/306	1/262	1/446	1/362	1/314	1/584	1/733	1/1280	1/904	1/733	1/1046	1/1050	1/812	1/903	0.35
1	1/619	1/482	1/546	1/423	1/482	1/430	1/743	1/555	1/507	1/947	1/974	1/1563	1/1174	1/974	1/1302	1/1316	1/1027	1/1157	0.44

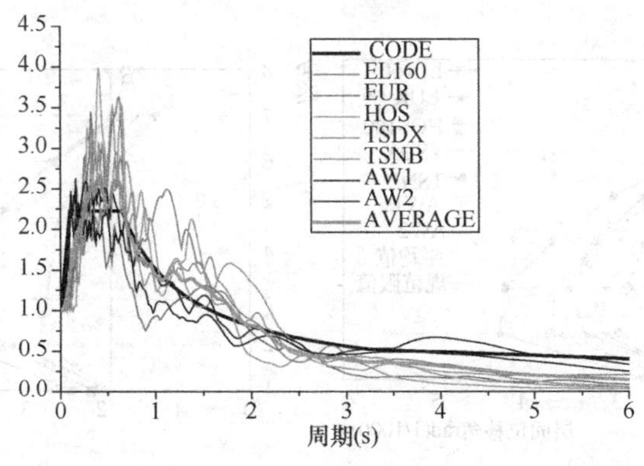

图 11.4.2　反应谱曲线图

(*a*)　(*b*)

(*c*)　(*d*)

(*e*)　(*f*)

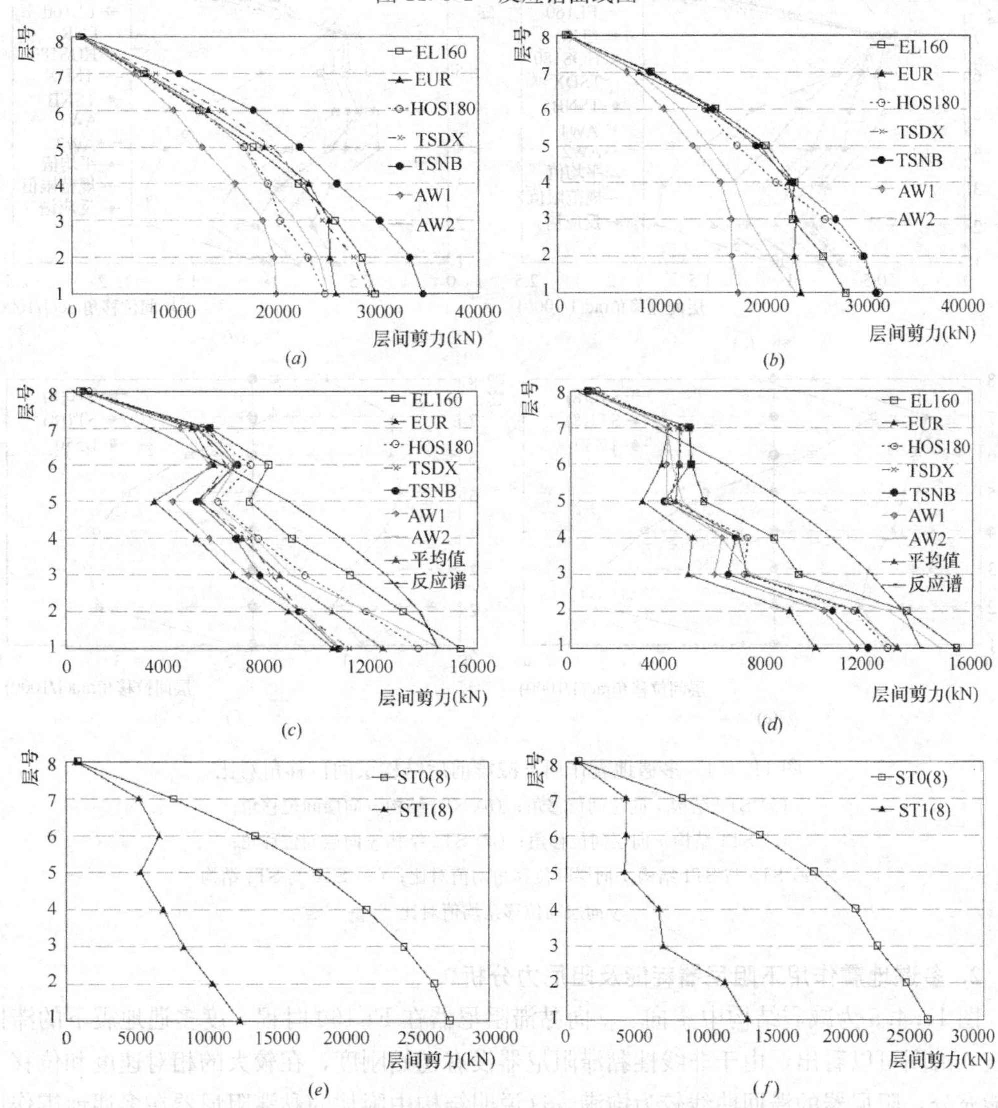

图 11.4.3　多遇地震作用下减震前后结构层间剪力对比

(*a*) ST0 结构 x 向层间剪力；(*b*) ST0 结构 y 向层间剪力；(*b*) ST1 结构 x 向层间剪力；(*d*) ST1 结构 y 向层间剪力；(*e*) ST0 与 ST1 结构 x 向层间剪力均值对比；(*f*) ST0 与 ST1 结构 y 向层间剪力均值对比

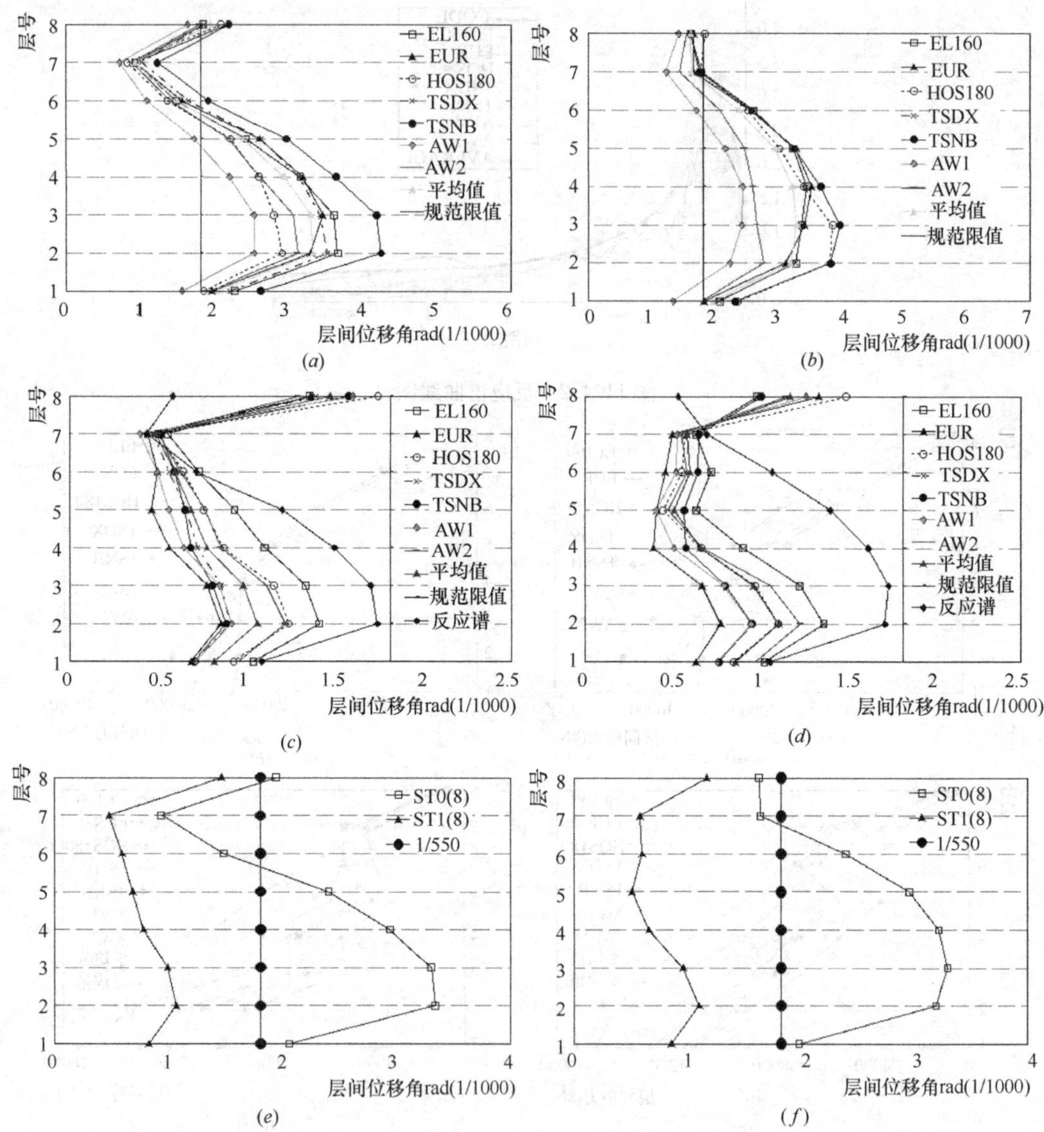

图 11.4.4　多遇地震作用下减震前后结构层间位移角对比

(*a*) ST0 结构 x 向层间位移角；(*b*) ST0 结构 y 向层间位移角；

(*c*) ST1 结构 x 向层间位移角；(*d*) ST1 结构 y 向层间位移角；

(*e*) ST0 与 ST1 结构 x 向层间位移角均值对比；(*f*) ST0 与 ST1 结构 y 向层间位移角均值对比

2. 多遇地震作用下阻尼器耗能及阻尼力分析

图 11.4.5 为减震结构中 x 向、y 向黏滞阻尼器在 EL160 时程 8 度多遇地震下的滞回曲线。由图可以看出，由于非线性黏滞阻尼器没有初始刚度，在较大的相对速度和位移下耗能充分，阻尼器的滞回曲线较为饱满，这说明结构中附加的黏滞阻尼器在多遇地震作用下已经开始耗能，表现出较好的减震能力。图 11.4.6 为多遇地震作用下结构耗能。由图可知，在多遇地震作用下，黏滞阻尼器的耗能已经起主导作用。

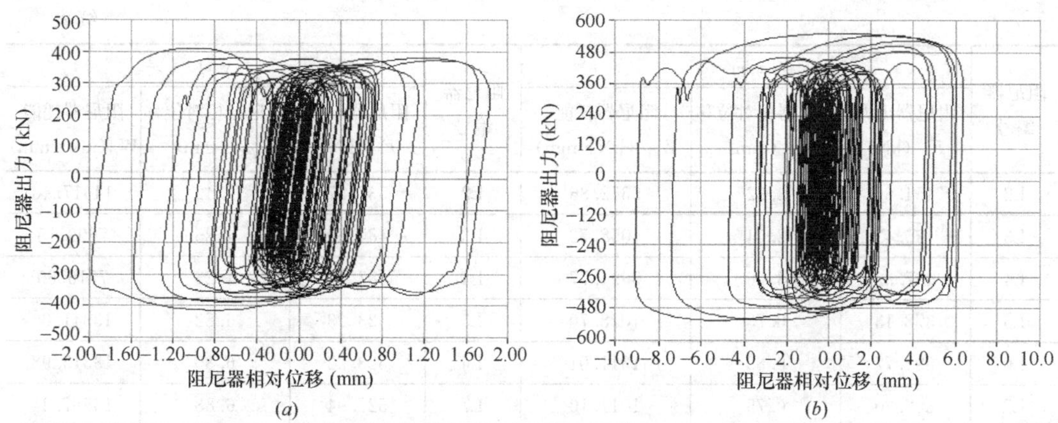

图 11.4.5　EL160 输入波多遇地震作用下阻尼器滞回曲线

(a) x 向黏滞阻尼器滞回曲线；(b) y 向黏滞阻尼器滞回曲线

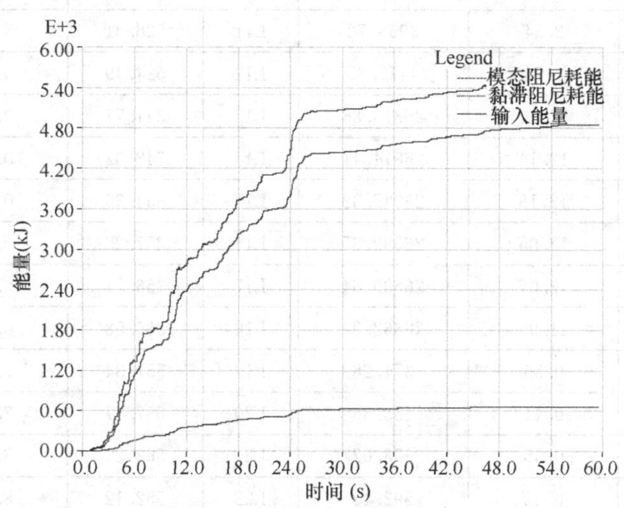

图 11.4.6　EL160 输入波多遇地震作用下结构耗能

1 号连廊结构呈“⏢”形，地震作用下黏滞阻尼器耗散总能量为所有黏滞阻尼器耗能之和。对 ST1 结构中布置的 50 个黏滞阻尼器进行受力分析和位移校核表明，附加黏滞阻尼器在多遇地震下的阻尼力均超过 600kN，其中在 EL160 时程波作用下 x、y 向布置阻尼器的阻尼力最大，分别为 617.56kN 和 628.70kN，相应的 x、y 向阻尼器最大位移分别为 16.46mm 和 16.49mm。选取 EL160 时程波作用下的阻尼器阻尼力和位移结果列于表 11.4.4。

EL160 时程波作用下阻尼器输出阻尼力与位移分析　　　　**表 11.4.4**

阻尼器编号	x 向			阻尼器编号	y 向		
	阻尼器出力 F_c (kN)	阻尼器相对位移 μ_c (mm)	阻尼器耗能 W_{cj} (kN·mm)		阻尼器出力 F_c (kN)	阻尼器相对位移 μ_c (mm)	阻尼器耗能 W_{cj} (kN·mm)
L1	411.71	1.90	2925.91	L1	537.10	7.71	15485.21

续表

阻尼器编号	x向			阻尼器编号	y向		
	阻尼器出力 F_c（kN）	阻尼器相对位移 μ_c（mm）	阻尼器耗能 W_{cj}（kN·mm）		阻尼器出力 F_c（kN）	阻尼器相对位移 μ_c（mm）	阻尼器耗能 W_{cj}（kN·mm）
L2	454.66	3.32	5652.86	L2	537.27	7.42	14917.40
L3	426.43	2.54	4058.72	L3	484.50	4.25	7699.15
L4	467.32	3.26	5694.77	L4	487.79	4.23	7716.60
L5	378.13	0.73	1028.70	L5	523.23	6.82	13341.00
L6	392.77	0.89	1311.01	L6	523.22	6.80	13315.98
L7	362.20	0.75	1011.10	L7	527.94	6.88	13587.34
L8	344.23	0.61	787.25	L8	527.78	6.89	13595.46
L9	436.39	2.38	3884.37	L9	573.43	9.03	19357.77
L10	470.12	3.52	6184.14	L10	569.78	8.64	18405.57
L11	417.11	2.54	3955.72	L11	526.31	5.58	10988.50
L12	437.11	2.74	4475.65	L12	524.49	5.55	10895.46
L13	590.77	12.14	26816.86	L13	341.77	0.84	1075.99
L14	590.77	12.14	26814.41	L14	342.02	0.85	1082.54
L15	591.39	12.18	26947.32	L15	354.36	0.94	1242.06
L16	590.04	12.05	26589.65	L16	357.29	0.78	1042.62
L17	590.12	12.05	26599.64	L17	356.87	0.77	1033.79
L18	589.59	11.96	26362.87	L18	386.58	0.91	1320.40
L19	273.48	0.36	371.28	L19	557.34	7.72	16101.10
L20	293.69	0.41	453.36	L20	557.47	7.74	16144.45
L21	319.49	0.55	658.02	L21	562.23	8.16	17160.50
L22	303.64	0.52	592.12	L22	562.12	8.13	17096.98
L23	439.13	2.43	3986.63	L23	580.05	11.62	25201.46
L24	500.91	4.83	9046.95	L24	574.88	11.04	23745.17
L25	412.83	2.03	3141.68	L25	535.63	7.39	14813.68
L26	465.03	3.36	5843.14	L26	532.78	7.08	14115.71
L27	614.76	13.67	31433.12	L27	345.75	1.06	1373.02
L28	614.83	13.67	31434.14	L28	345.91	1.08	1397.33
L29	615.05	13.75	31630.84	L29	342.26	0.88	1125.44
L30	614.40	13.54	31119.87	L30	365.37	1.31	1789.36
L31	614.51	13.54	31128.27	L31	365.17	1.29	1767.25
L32	614.16	13.43	30847.69	L32	389.10	1.50	2176.28
L33	347.17	0.83	1081.77	L33	564.32	11.06	21236.32
L34	359.95	1.14	1539.85	L34	564.34	11.02	21151.06
L35	377.09	1.34	1893.26	L35	567.76	11.39	22065.16

续表

阻尼器编号	x 向			阻尼器编号	y 向		
	阻尼器出力 F_c（kN）	阻尼器相对位移 μ_c（mm）	阻尼器耗能 W_{cj}（kN·mm）		阻尼器出力 F_c（kN）	阻尼器相对位移 μ_c（mm）	阻尼器耗能 W_{cj}(kN·mm)
L36	366.48	1.06	1458.55	L36	567.87	11.42	22131.49
L37	407.91	1.95	2975.63	L37	628.70	16.49	38763.09
L38	525.99	7.34	14437.27	L38	618.07	15.29	35349.73
L39	488.50	4.95	9036.67	L39	574.89	11.74	23090.96
L40	616.96	16.36	37752.21	L40	439.51	2.38	3908.78
L41	617.00	16.36	37749.63	L41	439.97	2.39	3935.23
L42	617.56	16.46	38017.69	L42	427.76	2.20	3517.15
L43	615.98	16.18	37281.35	L43	455.14	2.68	4564.42
L44	616.06	16.19	37294.23	L44	454.90	2.67	4546.04
L45	615.23	16.03	36887.56	L45	464.54	2.86	4965.37
L46	407.66	2.01	3069.51	L46	608.33	14.22	32345.65
L47	419.81	2.37	3725.18	L47	607.80	14.16	32187.40
L48	427.31	2.66	4251.01	L48	613.42	14.56	33413.61
L49	417.64	2.32	3628.82	L49	613.88	14.62	33566.22
L50	387.15	1.50	2173.42	L50	583.87	11.49	25088.91
ΣW_{cj}	687040.69			ΣW_{cj}	685937.17		

3. 多遇地震作用下阻尼器附加阻尼比计算

黏滞阻尼器附加给结构的等效阻尼比可按应变能法计算，对于以剪切变形为主的多层框架，在不计及其扭转影响时，消能减震结构在水平地震作用下的总应变能仍可按《建筑抗震设计规范》GB 50011—2010 第 12.3.4 条估算。其中黏滞阻尼器的恢复力特性可通过线性模型、Maxwell 模型等来描述，其基本的力学特性是黏滞阻尼力与阻尼器相对速度的指数幂成正比，阻尼器的实际耗能滞回曲线形状可以通过一个平行四边形来表征或等效，当忽略主体结构与消能部件地震响应的峰值相位差时，黏滞阻尼器附加给结构的等效阻尼比 ζ_a 可按式（11.4.1)～式(11.4.3）验算：

$$\zeta_a = W_c/(4\pi \cdot W_s) \tag{11.4.1}$$

$$W_c = \sum_{i=1}^{m} W_{ci} = \sum_{i=1}^{m}\sum_{j=1}^{N_{di}} E_{d(ij),\max} = 4\sum_{i=1}^{m}\sum_{j=1}^{N_{di}} [\lambda_{ij} \cdot |F_{d(ij),\max} \cdot \Delta_{d(ij),\max}|] \tag{11.4.2}$$

$$W_s = \frac{1}{2}\sum (F_i \cdot u_i) = \frac{1}{2}\sum_{j=1}^{n} [M_j \cdot |\ddot{u}_j(t) + \ddot{u}_g(t)|_{\max} \cdot |u_j(t)|_{\max}] \tag{11.4.3}$$

式中：ζ_a 为黏滞消能部件附加给结构的实际等效阻尼比；W_{ci} 为第 i 层消能部件在结构预期位移下往复一周所消耗的能量；N_{di} 为第 i 层所安装阻尼器的总数目；$E_{d\langle ij\rangle,\max}$ 为第 i 层第 j 个阻尼器往复一周做功的最大值；λ_{ij} 为第 i 层第 j 个阻尼器耗能曲线对应于平行四边形面积的折减系数，根据滞回环的饱满程度取值；$F_{d\langle ij\rangle,\max}$ 为第 i 层第 j 个阻尼器的最大阻尼力；$\Delta_{d(ij),max}$ 为第 i 层第 j 个阻尼器在阻尼力为零时的最大位移；F_i 为质点 i 的水平地震作用标准值；u_i 为质点 i 对应于水平地震作用标准值的位移；M_j 为结构第 j 层的质量；$u_j(t)$ 为结构第 j 层质心 t 时刻的位移峰值；$\ddot{u}_j(t)$ 为结构第 j 层质心 t 时刻的加速度峰值；$\ddot{u}_g(t)$ 为 t 时刻的地面绝对加速度。

由式（11.4.1）～式(11.4.3）可以计算阻尼器在多遇地震作用下的等效附加阻尼比，选取 EL160 时程波作用下的等效附加阻尼比计算结果列于表 11.4.5。表 11.4.5 为 7 条时程波作用下 x、y 向结构附加阻尼比，其中 x 向等效附加阻尼比在 22.10%～30.23%之间，y 向等效附加阻尼比在 22.61%～28.70%之间。

EL160 地震波楼层剪力与位移 **表 11.4.5**

(a) x 向

楼层号	x向（主）			y向			附加阻尼比计算
	层剪力（kN）	层位移（mm）	框架应变能（kN·mm）	层剪力（kN）	层位移（mm）	框架应变能（kN·mm）	
8	556.93	6.00	1670.03	283.68	4.21	596.64	阻尼器耗能
7	5665.58	3.16	8945.38	893.96	0.50	221.66	
6	7965.66	4.19	16686.07	1330.17	0.59	394.26	
5	7206.04	5.38	19366.59	1933.14	2.06	1994.42	687040.69
4	8865.20	6.33	28070.31	2884.11	2.06	2967.32	
3	11122.76	7.65	42541.21	1941.89	2.52	2446.20	附加阻尼比
2	13160.23	8.09	53259.46	1900.70	0.98	931.72	
1	15381.78	6.50	49972.34	1289.42	0.74	475.67	
单方向应变能	220511.38			10027.90			23.72%
总应变能	230539.28						

(b) y 向

楼层号	y向（主）			x向			附加阻尼比计算
	层剪力（kN）	层位移（mm）	框架应变能（kN·mm）	层剪力（kN）	层位移（mm）	框架应变能（kN·mm）	
8	692.35	4.33	1497.27	290.70	2.47	359.42	阻尼器耗能
7	4730.51	3.64	8601.49	1531.35	1.52	1160.92	
6	4803.33	4.12	9883.82	2395.54	1.56	1870.67	
5	5305.23	3.63	9631.38	2497.77	1.42	1772.54	685937.17
4	8074.51	5.15	20803.18	6449.39	1.64	5293.66	
3	9047.33	6.98	31560.71	7399.92	2.35	8711.08	附加阻尼比
2	13322.10	7.76	51674.43	8603.98	1.60	6865.98	
1	15316.35	6.35	48620.22	12094.19	1.13	6861.03	
单方向应变能	182272.50			32894.31			25.37%
总应变能	215166.81						

各时程工况附加阻尼比　　表 11.4.6

地震波	EL160		EUR		HOS180		TSDX		TSNB		AW1		AW2	
方向	x	y	x	y	x	y	x	y	x	y	x	y	x	y
附加阻尼比（%）	23.72	25.37	25.19	28.57	24.05	25.35	29.12	25.91	30.23	28.70	25.25	24.72	22.10	22.61

在结构第 2～5 层设置黏滞阻尼器后，综合 7 条时程波的计算分析，多遇地震作用下 x、y 向阻尼器所提供的等效附加阻尼比平均值分别为 25.66%和 25.89%。多遇地震作用下的结构分析表明，结构采用消能减震设计具有良好的效果，主要体现在以下几个方面：

① 在 8 度多遇地震下，未进行减震设计时 x、y 向时程分析的最大层位移角平均值分别是 1/299、1/304，设置黏滞阻尼器后，消能减震结构在 8 度多遇地震下 x、y 向的最大层间位移角则分别降低到 1/934、1/1037。

② 在 8 度多遇地震作用下，x、y 向各楼层（除顶层外）的最大均值剪力比分别为 0.68 和 0.52，结构附加黏滞阻尼器减震设计后主体结构的抗震安全性大大提高。

11.4.2　罕遇地震作用下消能减震结构弹塑性分析

为达到罕遇地震作用下防倒塌的抗震设计目标，需采用以抗震性能为基准的设计思想和位移为基准的抗震设计方法。基于性能化的抗震设计方法使抗震设计从宏观定性的目标向具体量化的多重目标过渡，强调实施性能目标的深入分析和论证，具体来说就是通过复杂的非线性分析，得到结构系统在地震下的反应，以证明结构可以达到预定的性能目标。防倒塌设计目标的实现以限制结构的最大弹塑性变形在规定的限值之内为依据。根据《建筑抗震设计规范》，取弹塑性最大层间位移角限值为 1/50。通过弹塑性时程分析得出阻尼器的最大位移和最大速度为设计提供参数依据。

1. 罕遇地震作用下消能减震结构地震响应分析

基于多遇地震作用下的弹性分析结果，选择其中地震响应相对较大的 EL160、HOS 和 AW2 三条时程波进行罕遇地震作用下的弹塑性动力时程分析。

EL160 时程波罕遇地震作用下，结构减震前后的 x、y 向层间位移角如表 11.4.7 及图 11.4.7 所示。

罕遇地震结构层间位移角　　表 11.4.7

输入地震波		EL160		HOS180		AW2		平均	
地震作用方向		x	y	x	y	x	y	x	y
层数	层高（m）	层间位移角							
8	4.4	1/253	1/181	1/191	1/157	1/245	1/203	1/226	1/178
7	5.7	1/330	1/186	1/384	1/197	1/360	1/209	1/357	1/197
6	5.7	1/191	1/135	1/221	1/150	1/214	1/175	1/208	1/151
5	5.7	1/120	1/122	1/159	1/130	1/161	1/176	1/144	1/139
4	5.7	1/103	1/111	1/124	1/109	1/158	1/161	1/124	1/123
3	5.7	1/92	1/103	1/97	1/96	1/138	1/151	1/106	1/112
2	5.7	1/77	1/97	1/83	1/89	1/131	1/153	1/92	1/107
1	6.2	1/89	1/112	1/87	1/102	1/153	1/179	1/102	1/123

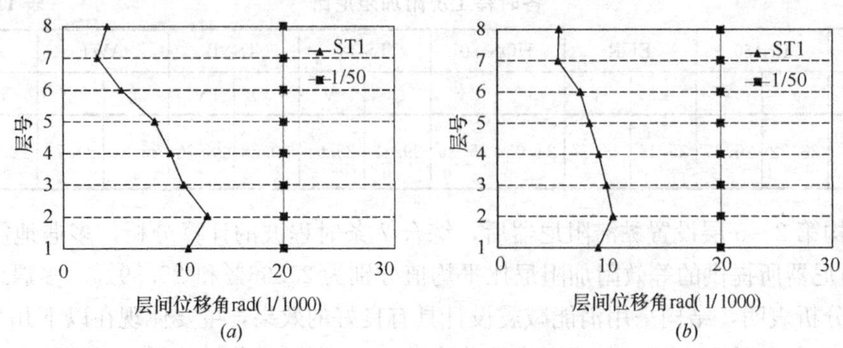

图 11.4.7 EL160 时程波作用下的层间位移角

(a) x 向；(b) y 向

HOS 时程波和 AW2 时程波罕遇地震作用下，结构减震前后的 x、y 向层间位移角如图 11.4.8 和图 11.4.9 所示。

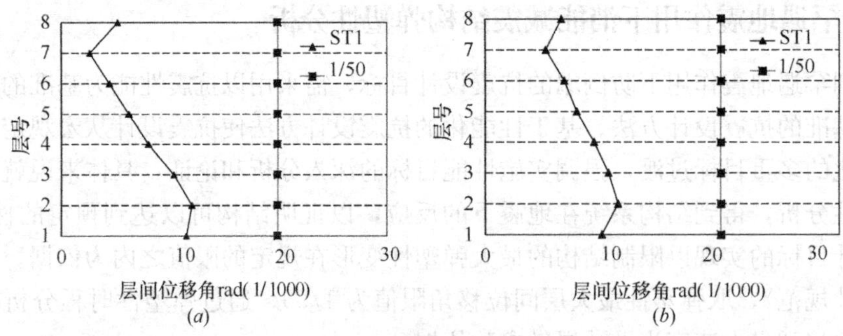

图 11.4.8 HOS 时程波作用下的层间位移角

(a) x 向；(b) y 向

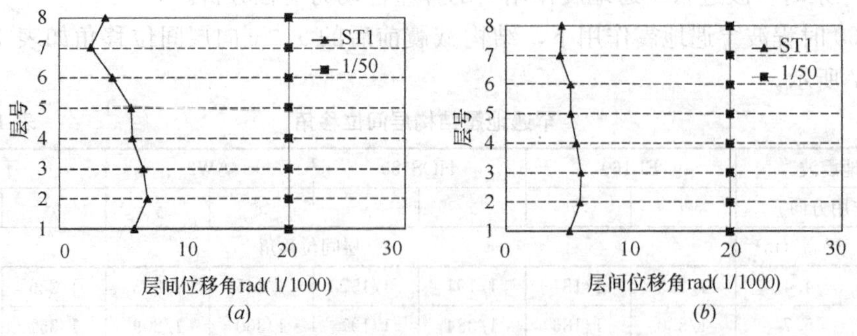

图 11.4.9 AW2 时程波作用下的层间位移角

(a) x 向；(b) y 向

EL160、HOS 和 AW2 三条时程波在罕遇地震作用下 x、y 向的计算结果表明，消能减震结构（ST1）的层间位移角满足规范 1/50 的限值要求，这充分说明结构采用黏滞阻尼器进行消能减震设计是切实有效的。

2. 罕遇地震作用下阻尼器耗能滞回曲线及输出阻尼力分析

选取 EL160、HOS 和 AW2 三条时程波进行罕遇地震作用下黏滞阻尼器的耗能滞回曲线及出力分析，其结果如下：

① 罕遇地震作用下的阻尼器的滞回耗能

图 11.4.10 为 8 度罕遇地震下，阻尼器在 AW2 波作用下黏滞阻尼器的耗能滞回曲线。可以看出，阻尼器的滞回曲线十分饱满，说明结构中附加的黏滞阻尼器在罕遇地震作用下耗散了大量地震能量，从而有效保护主体结构少遭地震破坏，起到了很好的消能减震效果及减震控制作用。

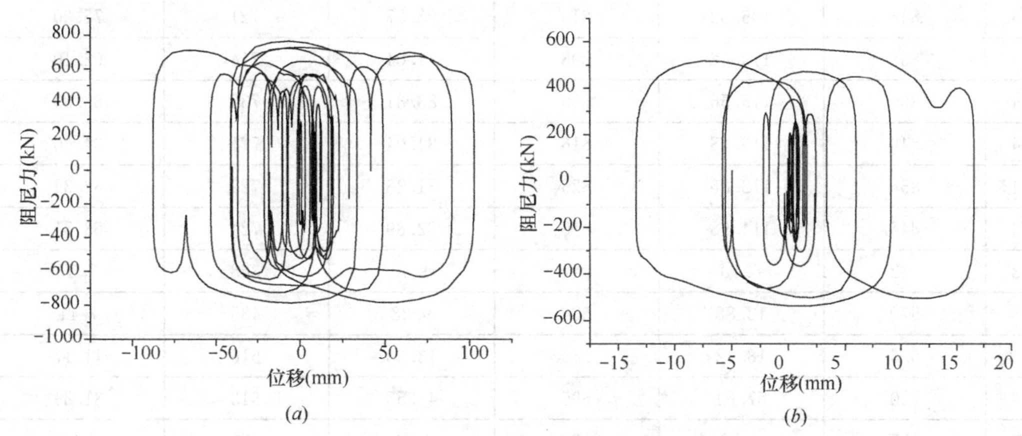

图 11.4.10　AW-2 时程波作用下阻尼器的耗能滞回曲线

(a) x 向；(b) y 向

② 罕遇地震作用下的阻尼器的阻尼力分析

AW-2 时程波罕遇地震作用下，结构中布置阻尼器的最大出力及最大位移见表 11.4.8、表 11.4.9。

罕遇地震 x 方向作用下阻尼器出力与位移分析　　表 11.4.8

楼层	EL160		HOS180		AW2	
	出力 (kN)	位移 (mm)	出力 (kN)	位移 (mm)	出力 (kN)	位移 (mm)
5	331	2.74	319	1.98	282	1.51
5	528	8.67	509	6.25	450	4.79
5	586	11.91	565	8.59	499	6.58
5	705	40.70	680	29.34	600	22.48
5	418	3.41	403	2.46	356	1.88
5	598	11.71	577	8.44	509	6.47
5	576	9.85	556	7.10	491	5.44
5	686	28.36	662	20.44	584	15.67
4	388	4.38	374	3.16	330	2.42
4	548	9.82	529	7.08	467	5.42
4	602	14.87	581	11.72	513	8.21

续表

楼层	EL160		HOS180		AW2	
	出力（kN）	位移（mm）	出力（kN）	位移（mm）	出力（kN）	位移（mm）
4	718	48.95	693	35.29	612	27.04
4	412	4.22	397	3.04	351	2.33
4	604	13.86	583	9.99	514	7.66
4	558	11.56	538	7.61	475	5.83
4	670	31.83	646	22.95	571	17.58
4	846	136.32	816	98.27	721	75.30
4	838	112.42	808	81.04	714	62.10
4	860	115.56	830	83.31	732	63.83
4	846	116.58	816	84.04	721	64.40
4	856	112.86	826	81.36	729	62.34
4	846	114.98	816	82.89	721	63.51
3	432	6.10	417	4.40	368	3.37
3	570	12.88	550	9.28	485	7.11
3	606	18.42	585	13.28	516	11.17
3	720	57.64	695	41.55	613	31.84
3	435	6.87	420	4.95	370	3.79
3	606	16.20	585	11.68	516	8.95
3	554	11.98	534	8.64	472	6.62
3	664	36.85	641	26.56	566	20.35
3	850	133.45	820	96.20	724	73.71
3	846	130.15	816	93.82	721	71.89
3	848	132.69	818	95.65	722	73.29
3	844	131.38	814	94.71	719	72.57
3	858	129.13	828	93.09	731	71.33
3	846	129.56	816	93.40	721	71.57
2	468	7.76	452	5.59	399	4.29
2	600	15.65	579	11.28	511	8.64
2	630	21.70	608	15.64	537	11.99
2	760	67.48	733	48.65	647	37.27
2	509	11.56	491	7.61	434	5.83
2	618	18.37	596	13.24	526	11.15
2	617	13.37	595	9.64	525	7.39
2	700	43.25	675	31.18	596	23.89
2	860	150.80	830	108.71	732	83.30
2	868	152.75	837	111.11	739	84.37

续表

楼层	EL160		HOS180		AW2	
	出力（kN）	位移（mm）	出力（kN）	位移（mm）	出力（kN）	位移（mm）
2	856	154.86	826	111.64	729	85.54
2	868	151.23	837	109.02	739	83.54
2	862	150.16	832	108.25	734	82.94
2	860	148.96	830	107.38	732	82.28

罕遇地震 y 方向作用下阻尼器出力与位移分析　　表 11.4.9

楼层	EL160		HOS180		AW2	
	出力（kN）	位移（mm）	出力（kN）	位移（mm）	出力（kN）	位移（mm）
5	858	102.74	828	74.06	731	56.75
5	842	88.78	812	64.00	717	49.04
5	834	96.75	805	69.75	710	53.44
5	840	89.31	810	64.38	715	49.33
5	828	91.51	799	65.97	705	50.55
5	762	45.38	735	32.71	649	25.07
5	848	88.89	818	64.08	722	49.10
5	830	91.61	801	66.04	707	50.60
4	852	118.27	822	85.26	726	65.33
4	830	102.84	801	74.14	707	56.81
4	840	102.81	810	74.11	715	56.79
4	850	111.22	820	79.46	724	60.88
4	824	99.77	795	71.92	702	55.11
4	846	102.23	816	73.70	721	56.47
4	782	56.26	754	40.56	666	31.08
4	832	99.43	803	71.68	709	54.92
4	846	101.95	816	73.49	721	56.31
4	625	19.24	603	13.87	532	11.63
4	633	19.59	611	14.12	539	11.82
4	609	12.74	588	9.18	519	7.04
4	631	14.24	609	11.27	537	7.87
4	630	20.15	608	14.53	537	11.13
3	868	130.98	837	94.42	739	72.35
3	848	115.39	818	83.18	722	63.74
3	826	114.95	797	82.87	703	63.50
3	836	120.86	807	87.13	712	66.76

续表

楼层	EL160		HOS180		AW2	
	出力（kN）	位移（mm）	出力（kN）	位移（mm）	出力（kN）	位移（mm）
3	844	109.63	814	79.03	719	60.56
3	826	111.78	797	80.58	703	61.74
3	780	67.12	753	48.39	664	37.08
3	846	109.15	816	78.68	721	60.29
3	830	111.65	801	80.49	707	61.67
3	622	19.42	600	14.00	530	11.73
3	627	20.19	605	14.55	534	11.15
3	606	16.01	585	11.54	516	8.84
3	619	18.81	597	13.56	527	11.39
3	626	22.91	604	16.52	533	12.65
2	880	140.56	849	101.33	749	77.64
2	854	123.74	824	89.20	727	68.35
2	856	124.33	826	89.63	729	68.68
2	856	69.04	826	49.77	729	38.14
2	848	115.84	818	83.51	722	63.99
2	858	118.26	828	85.25	731	65.32
2	816	80.92	787	58.33	695	44.70
2	846	116.23	816	83.79	721	64.20
2	860	118.72	830	85.58	732	65.58
2	628	21.79	606	15.71	535	12.04
2	636	22.83	614	16.46	542	12.61
2	639	21.79	616	15.71	544	12.04
2	645	24.92	622	17.96	549	13.77
2	640	27.01	617	19.47	545	14.92

由表可知，结构中所附加的黏滞阻尼器在罕遇地震作用下的最大输出阻尼力为868kN，对应的最大位移为154.86mm。

进一步分析表明，设置黏滞阻尼器后，消能减震结构在罕遇地震作用下呈现“强柱弱梁”的塑性铰发展机制，且在带阻尼器—支撑立面上主体结构部分的塑性发展程度也比较小，主体结构在罕遇地震作用下的损伤状况能够得到有效控制和改善，从而使得整体结构具有良好的抗震性能。

根据黏滞阻尼器在罕遇地震下的计算结果，给出实际工程中黏滞阻尼器的设计控制参数，见表 11.4.10。阻尼器详见图 11.4.11。

黏滞阻尼器产品参数　　　　表 11.4.10

极限位移（mm）	±250
最大阻尼力（kN）	±1000
极限速度（mm/s）	±700
阻尼指数	0.2
阻尼系数（kN/（mm/s）$^{0.2}$）	250

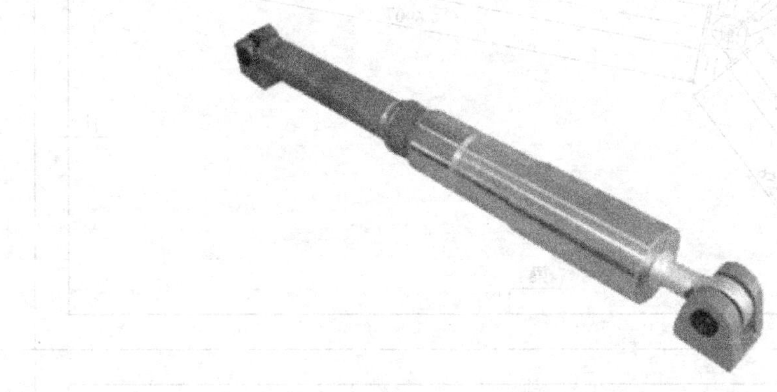

图 11.4.11　黏滞阻尼器

11.5　减震装置深化设计

11.5.1　减震装置连接设计

本工程从 3 层增至 7 层，消能减震要求高，要求附加阻尼比达到 20%。黏滞阻尼器属于速度相关型耗能减震装置，为了达到较好的减震效果，工程运用了位移增效机构，通过上肘杆式支撑布置方式，将层间位移在阻尼器处进行了放大。阻尼器安装图详见图 11.5.1。

11.5.2　阻尼器支撑刚度验算及强度校核

罕遇地震作用下消能器工作时的最大输出阻尼力 $F_{d,max}=868\text{kN}$，对应 A 杆支撑承受最大轴力 $F_N=\dfrac{F_{d,max}}{\cos 50°}=1350.4\text{kN}$，B 杆承受最大轴力 $F_N=F_{d,max}\times\tan 50°=1034.4\text{kN}$。斜杆支撑采用 Q345 钢材，强度设计值为 $f=295\text{kN}$。

（1）支撑强度验算及截面选用

为了保证消能器在最大输出力作用下仍能正常工作，与位移相关型或速度相关型消能器相连的支撑、连接件、预埋件应具有一定的安全系数，斜杆支撑所需承载力应满足下式：

$$N\geqslant 1.2F_{d,max} \tag{11.5.1}$$

式中：N 为斜杆支撑的承载力；$F_{d,max}$ 为效能器最大输出阻尼力。根据承载力要求，

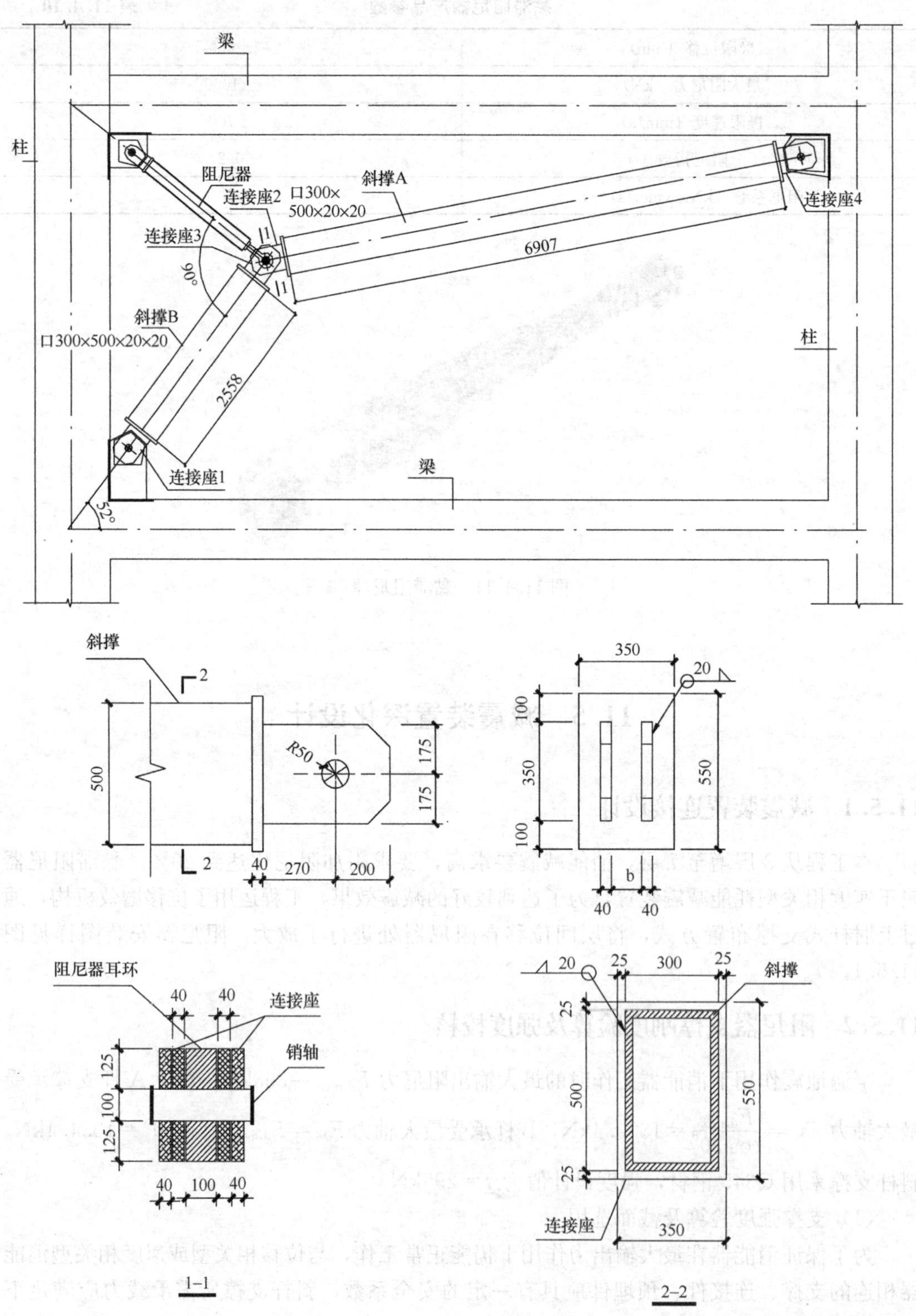

图 11.5.1 阻尼器安装详图

斜杆支撑所需面积应为：

$$A \geqslant N/f \tag{11.5.2}$$

由式（11.5.1）、式（11.5.2），算例中斜杆支撑所需面积为：

$$A \geqslant 1.2 \times 1351 \times 1000/295 = 54.96\text{cm}^2$$

根据计算面积选择 300×500×35×35 矩形钢管，其截面面积为 511cm²，截面回转半径分别为 $i_x = 177\text{mm}$，$i_y = 116\text{mm}$。

（2）支撑杆件稳定性验算

杆支撑的整体稳定性应满足下式要求：

$$\frac{1.2F_{\mathrm{d,max}}}{\varphi A} \leqslant f \tag{11.5.3}$$

式中：φ 为轴心受压构件的稳定系数（取截面两主轴稳定系数中的较小者），应根据构件的长细比 λ、钢材屈服强度和截面分类确定。支撑容许长细比取为 150°。

其中，构件的长细比 λ，应按下式确定：

$$\lambda_x \leqslant l_{\mathrm{o}x}/i_x \tag{11.5.4}$$

$$\lambda_y \leqslant l_{\mathrm{o}y}/i_y \tag{11.5.5}$$

式中：$l_{\mathrm{o}x}$ 和 $l_{\mathrm{o}y}$ 分别为构件对两主轴的计算长度；i_x 和 i_y 分别为构件截面对两主轴的回转半径。斜杆支撑在平面内和平面外的杆端均按铰接计算，计算长度系数 $\mu = 1.0$，则长细比分别为 $\lambda_x = 1.0 \times 6220/177 = 35.1$，$\lambda_y = 1.0 \times 6220/116 = 53.6$。

翼缘截面宽厚比 $\dfrac{b_0}{t} = \dfrac{300}{35} = 8.57 < 20$，截面类型为 C 类，查稳定系数表得 $\varphi_1 = 0.823$，$\varphi_1 = 0.676$；腹板截面宽厚比 $\dfrac{h_0}{t_{\mathrm{w}}} = \dfrac{500 - 2 \times 35}{35} = 12.3 < 20$，截面类型为 C 类，稳定系数同上。两主轴稳定系数中最小值 $\varphi = 0.676$，整体稳定性验算为：

$$\frac{1.2 \times 1351 \times 1000}{0.676 \times 511 \times 100} = 46.9 < f = 295\ \mathrm{N/mm^2}$$

稳定满足要求。

受压翼缘宽厚比按照钢结构设计规范进行复核，箱形截面局部稳定性可满足规范要求。

（3）支撑刚度验算

根据《建筑抗震设计规范》要求，支撑在消能器往复变形方向的刚度 K_{b} 宜符合下式要求：

$$K_{\mathrm{b}} \geqslant (6\pi/T_1)C_{\mathrm{D}}$$

式中：K_{b} 支承构件沿消能器方向的刚度；C_{D} 为消能器的线性阻尼系数；T_1 为消能减震结构基本自振周期。

通过能量相等原则，有：

$$A_{\mathrm{n}} = A_l$$

式中：非线性阻尼耗能 $A_{\mathrm{n}} = \dfrac{1}{4}F \cdot u \cdot \lambda_1(\alpha)$，线性阻尼耗能 $A_l = \dfrac{\pi}{4}C_D \cdot \dot{u} \cdot u$。

对于黏滞耗能模型：

$$F = C\dot{u}^{\alpha} \Rightarrow \dot{u} = \left(\frac{F}{C}\right)^{\frac{1}{\alpha}}$$

阻尼指数 $\alpha = 0.2$ 时，由《建筑消能减震技术规程》表 6.3.2，通过线性插值可得：

$$\lambda_1(0.2) = 3.76$$

按照能量相等原则，求得消能器线性阻尼系数为 $C_D = 2060\text{N/(mm/s)}$。此时，矩形钢管支撑在阻尼器方向提供的刚度：

$$K_b = \frac{EA\cos^2\alpha}{L_1} = \frac{210000 \times 51100 \times \cos^2 50}{6220} = 712828\ \text{N/mm}$$

支撑在消能器往复变形方向的刚度：

$$K_b \geqslant \frac{6\pi C_D}{T_1} = 6\pi \cdot \frac{2060}{1.67} = 23240\ \text{N/mm}$$

故该支撑满足规范要求。

参 考 文 献

[1] JGJ 297—2013 建筑消能减震技术规程[S]. 北京，中国建筑工业出版社，2013.